por uma ecologia política

ANTES QUE A NATUREZA MORRA

FICHA CATALOGRÁFICA

(Preparada pelo Centro de Catalogação-na-fonte,
Câmara Brasileira do Livro, SP)

Dorst, Jean, 1924-

D76a Antes que a natureza morra: por uma ecologia política; tradução, Rita Buongermino. São Paulo, Edgard Blücher, Ed. da Universidade de São Paulo, 1973.

p. ilust.

Bibliografia.

1. Conservação dos recursos naturais 2. Ecologia humana 3. Homem – Influência na natureza I. Título.

17. CDD-301.3
73-0206 18. -301.31
17. e 18. -333.72

Índices para catálogo sistemático:

1. Conservação dos recursos naturais : Economia 333.72
2. Ecologia humana : Sociologia 301.3 (17.) 301.31 (18.)
3. Recursos naturais : Conservação : Economia 333.72

Obra publicada
com a colaboração da

UNIVERSIDADE DE SÃO PAULO

REITOR: *Prof. Dr. Miguel Reale*

EDITORA DA UNIVERSIDADE DE SÃO PAULO

1.ª capa: Campo cerrado muito degradado pelas derrubadas e queimadas contínuas. Emas (próximo de Pirassununga, Estado de São Paulo). Foto: Ferri.

4.ª capa: Paisagem entre Montenegro e Porto Mariante (Estado do Rio Grande do Sul). A árvore florida é um ipê (*Tabebuia avellanedae*). Foto: Ferri.

JEAN DORST

Prof. do Museu Nacional de História Natural de Paris e Vice-presidente da Comissão de Preservação, da União Internacional para a Conservação da Natureza

por uma ecologia política

ANTES QUE A NATUREZA MORRA

Coordenação:

MÁRIO GUIMARÃES FERRI

Tradução:

RITA BUONGERMINO

EDITORA EDGARD BLÜCHER LTDA.

EDITORA DA UNIVERSIDADE DE SÃO PAULO

Título original:
AVANT QUE NATURE MEURE, pour une écologie politique
A edição em língua francesa foi publicada por
Delachaux & Niestlé S.A., Neuchâtel (Suíça)

EDITORA EDGARD BLÜCHER LTDA.
0 1000 CAIXA POSTAL 5450 — RUA PEIXOTO GOMIDE, 1400
END. TELEGRÁFICO: BLUCHERLIVRO — FONES (011)287-2043 E 288-5285
SÃO PAULO — SP — BRASIL

CONTEÚDO

PREFÁCIO

de S. A. R., o Príncipe Bernhard, presidente do World Wildlife Fund

O mundo moderno sofreu um grave desequilíbrio em conseqüência da ação do homem, que tende não só para a eliminação da vida selvagem, como também para a destruição da harmonia do meio onde está destinado a viver. Os recursos renováveis estão comprometidos, fato particularmente grave no momento em que as populações humanas aumentam a uma velocidade crescente, e em que as necessidades se tornam cada dia mais consideráveis. Algumas das nossas atividades parecem conter nelas próprias os germes da destruição da nossa espécie.

Muitos animais e vegetais selvagens encontram-se em vias de desaparecimento ou de rarefação avançada, por todo o mundo, e a lista dessas espécies aumenta dia após dia. Os responsáveis pelos estragos devastadores são essencialmente a caça, realizada levianamente, o verdadeiro vandalismo de alguns e, sobretudo, a destruição dos habitats. Simultaneamente, o homem degrada as terras, devido a um mau tratamento dos solos, espalha pesticidas incontroladamente e envenena o planeta com detritos de uma civilização técnica, derramados de forma abusiva na atmosfera e nas águas. Os recursos marinhos estão sendo pilhados por uma exploração excessiva de uma parte dos oceanos.

Tais problemas são mencionados neste livro, que se ocupa dos grandes perigos que ameaçam o homem e a natureza no mundo moderno e propõe algumas soluções em vista de uma utilização racional da terra. Devem-se preconizar a constituição de reservas consideradas como santuários, o tratamento dos solos em função de sua vocação específica e a preservação de um equilíbrio próximo do natural.

O homem deve tomar consciência do fato de que não tem nem o direito moral nem o interesse material de conduzir à extinção uma espécie animal ou vegetal. Uma verdadeira reconciliação entre o homem e a natureza é desejável para que a humanidade possa viver de acordo com as leis naturais, das quais, até certo ponto, não pode libertar-se.

A preservação do capital natural, incluindo o conjunto dos animais e dos vegetais, constitui, assim, o primeiro dever da humanidade moderna. É este, muito particularmente, o objetivo do World Wildlife Fund, fundação mundial para a proteção da natureza e de suas diversas sociedades nacionais, em vários países. Eis por que pretendo manifestar aqui o desejo de que este livro, que apresenta uma abordagem tão competente e compreensiva do problema dos recursos naturais, assim como do conjunto dos problemas relativos à conservação da natureza, encontre caminho aberto não só nas instituições científicas dos especialistas, mas também nos gabinetes das autoridades competentes e, sobretudo, nas bibliotecas de todos aqueles que amam a natureza e que têm consciência de que grandes esforços são necessários e urgentes "antes que a natureza morra".

Bernhard

Príncipe dos Países Baixos

PREFÁCIO

de Roger Heim, membro do Institut de France

Cabia ao Professor Jean Dorst redigir e publicar, sobre as relações entre o Homem e a Natureza, o livro que conseguisse apresentar a síntese que, muito justamente, esperávamos. Ela é, simultaneamente, mais rigorosa e abundantemente documentada do que aquelas que já nos parecem agora incompletas ou ultrapassadas, mais objetiva que certos estudos, marcados por uma convicção excessivamente apaixonada, ou alguns outros que se limitaram a acumular os fatos, deixando assim o leitor insatisfeito, pois o mesmo esperava conclusões e soluções. O presente trabalho possui não só o mérito raro de apresentar os dados mais recentes sobre os acontecimentos, os incidentes, os estragos, as catástrofes de que somos testemunhas geralmente impotentes, como também o de mostrar o encadeamento histórico, enriquecido de citações ou de pormenores preciosos, ao qual se aplica o "balanço" destrutivo da ação do homem relativamente ao meio onde nasceu. O autor era, com efeito, perfeitamente indicado para confiar à opinião do século, simultaneamente, a matéria dos fatos e o real poder de reflexão e de convicção que neles se baseiam.

Ornitologista de valor, de reputação internacional, é titular, no Museu Nacional de História Natural, de uma cadeira em que as pesquisas científicas sobre os Mamíferos e as Aves, sua sistemática e seu comportamento, suas particularidades fisionômicas e sua biologia têm sido sempre acompanhadas pela preocupação profunda de sua proteção. É sucessor do eminente naturalista, Professor Jacques Berlioz, que também colaborou de maneira significativa na construção do edifício em incessante aperfeiçoamento pelos defensores dos equilíbrios naturais. Jean Dorst nos oferece, assim, não somente uma longa lista de publicações variadas, onde se situam lado a lado estudos rigorosos e originais e prolongamentos didáticos de vulgarização de alto nível, como também as razões de um saber enriquecido pelo contato com a natureza selvagem, na América do Sul, na África tropical e austral, assim como em outras zonas. Desempenhou um papel fundamental nos inquéritos preliminares que permitiram se realizasse a esperança, formulada há uma dezena de anos, de salvar a fauna e a flora desse estranho arquipélago dos Galápagos, primitivo, antidiluviano, povoado de seres quase fantasmagóricos, relíquias derradeiras de um passado que o próprio homem não conheceu. Doravante, em grande parte graças aos relatórios das missões, foi possível edificar o centro de estudos internacional que nós todos desejávamos, nesse local que os homens do século XX transformarão — pelo menos assim o esperamos — num templo respeitado e santificado, oferecido como dádiva suprema do homem à natureza. Dorst preside atualmente o comitê que rege o funcionamento do centro Charles Darwin, que adotou o nome do grande naturalista por ter este colhido nos Galápagos os elementos essenciais para a edificação e maturação da sua doutrina evolucionista.

Assim, o presente livro corresponde às nossas expectativas, ultrapassa-as mesmo. Fortifica-o uma documentação renovada, selecionada, inédita, abundante e cativante. É simultaneamente severo e razoável, não se obstinando no que exigiria o impossível; mostra-se sempre disposto a transigir em situações em que um compromisso pode salvar o essencial. Caracterizam-no também certas considerações, fruto de reflexões do autor, que provam sua sensibilidade, seu amplo acesso aos aspectos filosóficos e morais do tema abordado. Não traz a marca de nenhum impulso de vivacidade passional, mas, pelo contrário, de uma razão rigorosa, inatacável, que freqüentemente surge tanto mais incisiva quanto exposta sem excessos, como que decorrendo naturalmente de um julgamento científico estabelecido, atingido objetivamente, dentro dos limites do já adquirido. Evitou certas generalizações, tendo consciência da complexidade dos problemas examinados. Sem dúvida, algum indivíduo mal intencionado, algum jornalista incompetente, algum funcionário ligado a interesses privados poderá facilmente, usando de uma técnica comum mas transparente, destacar nesta obra notável, aqui e acolá, certas frases isoladas que, retiradas do seu contexto, tornar-se-iam contrárias ao sentimento do autor, desfigurando ou contradizendo suas convicções, que se baseiam em exemplos implacáveis. Estamos pensando particularmente nas precauções que ele toma no que diz respeito à química das sínteses — uma das mais fecundas províncias que as investigações dos homens de ciência já percorreram — e aos perigosos antiparasitários de natureza química; Dorst, felizmente, não confundiu o interesse de tais produtos com a sua utilização excessiva, que se pode freqüentemente constatar, ou com a insuficiência de controle a que são submetidos. Estamos também pensando nas possibilidades de aproveitamento da fauna dos oceanos, domínio aberto a todos os exageros, a todas as avaliações excessivas; na realidade, pouco sabemos acerca das possibilidades nutritivas dessa fauna, susceptível de ser fornecida ao formigueiro humano; em todo o caso, as possibilidades que conhecemos não nos permitem alimentar a esperança de descobrir aí uma solução para esta quadratura do círculo.

Dorst manifestou-se igualmente, sem subterfúgios, sobre a gravidade de uma explosão demográfica à qual muitos países estão expostos. No entanto, não aborda frontalmente o problema no que diz respeito ao nosso, onde as conseqüências inquietantes desse crescimento já são perceptíveis, tornando patente a impotência justificável dos poderes públicos, incapazes de enfrentar obrigações desproporcionais às nossas possibilidades no ensino, nas construções de obras públicas, na rede de estradas, na edificação e manutenção de hospitais, enquanto, por outro lado, a destruição das fontes naturais de abastecimento, das costas, a penetração das habitações nas florestas, a imposição de grandes conjuntos imobiliários dilaceram, esgotam, deformam, escavam e uniformizam a natureza que os homens, em colaboração com ela, tinham preservado para a nossa felicidade. O autor tem plena consciência de que o problema da fome não é a única fonte de inquietações, cada dia mais intensas. Certos fatores políticos, inspirados por um anticolonialismo primário e já ultrapassado, tais como o invocam alguns economistas tendenciosos — estou pensando em Josué de Castro —, assim como a ignorância — com a qual colaboram os grandes organismos internacionais — ou determinadas afirmações gratuitas — como as que pretendem que o aumento das taxas de nascimento esteja intimamente ligado à subalimentação —, conduziram, aqui também, a uma óptica falseada, deformada por incidências passionais. As origens do subdesenvolvimento de certos países são freqüentemente devidas ao seu próprio poder esencialmente destruidor, ao fato de não terem sabido dedicar a atenção necessária à proteção de seus solos, à luta contra a erosão, cada vez mais ameaçadora e mais ativa nos habitats criados pelo homem, à luta contra o desflorestamento, contra a colmatagem das barragens, contra o esgotamento dos solos, contra a drenagem dos pântanos, contra certos processos de cultura, itinerante ou extensiva; e, nos países excessivamente desenvolvidos, como o nosso, o mal vem da inércia relativamente aos problemas da poluição, dos desperdícios, da supressão de certos ambientes — pequenos bosques e turfeiras, por exemplo —, da utilização cega de antiparasitários.

Dorst soube também, por diversas vezes, aproveitar as oportunidades que o seu trabalho lhe oferecia para destacar o aspecto moral ou estético das conseqüências desse vasto tema, que constitui a proliferação da espécie humana, assim como os estragos proporcionais ao seu poder e aos meios de que dispõe. As conclusões deste capítulo caberiam em duas frases. No que diz respeito à pululação urbana, a afirmação de Dorst merece ser relembrada: "Uma das conseqüências do monstruoso desenvolvimento das cidades foi fazer com que perdessem a sua alma". E nós acrescentamos: "Uma política de desenvolvimento excessivo da natalidade conduziria a França à situação dos países subdesenvolvidos, apesar de alguns imaginarem o contrário". Temos esperanças de que os planos de aproveitamento do território se inspirarão, doravante, não mais na pretensa necessidade da eliminação dos mosquitos, por exemplo, problema em que a desproporção entre causa e efeitos permite avaliar, simultaneamente, a gravidade dos resultados e as dimensões do ridículo que o sustenta, mas sim em realizações, em concepções, em compromissos seriamente estabelecidos, baseados não mais unicamente em conselhos de arquitetos, de tecnocratas ou economistas, mas também na opinião de ecologistas, de biólogos, de agrônomos competentes, de silvicultores, de médicos. Estamos convencidos, como o Professor Dorst, de que o conceito de "aproveitamento", finalmente introduzido pelo Governo no estudo do devir do nosso território, poderia ser a marca de uma etapa decisiva e feliz. Todavia, se bem que o termo "aproveitamento", contrariamente à palavra obscura "prospectiva", possa ser aplicado à realidade dos fatos, não estamos certos ainda de que as pressões da incompetência não afastem os resultados do objetivo inicial. Os parlamentares e altos funcionários poderão ler com muito proveito as páginas que Dorst consagra a esses problemas (págs. 202-226), visto que a proposta, aprovada por unanimidade nas duas Assembléias francesas, de uma lei relativa à eliminação dos mosquitos, que teria conseqüências catastróficas no território nacional, chega para provar quanto este século da pesquisa científica permanece ainda, mais do que todos os outros, o século da ignorância.

Muitas outras reflexões, suscitadas por este balanço geral da situação, realizado com notável competência, mereceriam sem dúvida ser expostas aqui. Se nos debruçarmos sobre as nossas origens, nesse primeiro capítulo aberto sobre o homem de outrora, do paleolítico ao neolítico, sobre as lutas que travou para a sua subsistência e sua sobrevivência, constataremos que o autor acentua claramente a oposição entre o comportamento dos "primitivos", obrigados a destruir para viver, mas apenas o estritamente necessário para a preservação da espécie, e, gradualmente, o comportamento dos "civilizados", conduzidos pelo prazer sádico do massacre e pelos atrativos do lucro ao extermínio de todos os indivíduos de múltiplas espécies animais, ou da floresta, como aconteceu em certas épocas, em mais de um país, do século VII ao século XVI, na Europa. O capítulo que trata dos animais já desaparecidos está redigido com uma preocupação constante de desenvolvimento e precisão que merece ser louvada. Os exemplos citados, o grande pingüim, o bisonte, os rinocerontes, o moa, fazem-nos estremecer de revolta, não somente por tocarem a nossa sensibilidade, mas também por avaliarmos a terrível mutilação, realizada para todo o sempre, inexorável e irreversivelmente, na gama de seres criados pela natureza. Por culpa dos homens, seu rasto desapareceu no infinito do passado, antes que o estudo dessas espécies, que para alguns teria uma importância essencial, constituindo a "chave" de certas pesquisas, como por exemplo a descoberta de mecanismos fisiológicos, tivesse podido ser realizado. No entanto, no momento exato em que somos informados de que em 1880 mais de 60 000 elefantes foram exterminados na África, de que em 1953 750 000 peles de antílopes foram controladas à saída dos territórios da África negra francesa, e que 2 milhões de antílopes foram massacrados num só ano, o mesmo jornal informa-nos também que em dois dias de caça, em fins de novembro de 1964, foram abatidos, com o consentimento dos poderes públicos, só no departamento francês de Landes, 1 388 ruminantes, dos quais 43 veados, 62 gazelas e 1 283 corças.

Depois das considerações econômicas, científicas, sentimentais, depois das explicações relacionadas com a necessidade dos equilíbrios naturais para uma vida harmoniosa do homem, onde quer que esteja, depois de ter levado em conta o aspecto prático imediato, fruto do progresso técnico e das exigências do conforto, mesmo quando este se torna inútil, mesmo quando já deixou de ser compatível com a felicidade, depois de ter relembrado a presença dos nossos companheiros, na vida e na morte, na alegria e na miséria, em tempos de sorte ou de destino cruel, vou, para terminar, expor-me à ironia de todos aqueles entre nós que se perderam no caminho, mergulhando numa lembrança que confio aos outros, aos que sabem e que sentem.

Naquela manhã, fui acordado pelo *boy* que literalmente me arrancou da cama, gritando: "Senhor, eles já chegaram, depressa, depressa!" Em poucos segundos me levantei e vesti, e saltamos para o jipe que logo avançou aos solavancos sobre a pista encharcada, em direção ao sul. As árvores da floresta pareciam fantasmas, envolvidas ainda, exceto em seus cumes que rompiam o nevoeiro, por uma bruma azulada. Quase atropelamos os quatro pequenos javalis que atravessavam apressadamente o caminho diante de nós. Logo depois chegamos às margens da vasta extensão pantanosa onde os campos de juncos partilhavam com as medusas a superfície de um espelho prateado. Eles aí estavam, os pelicanos migradores, vindos do norte. Há já uma hora que ocupavam a escala e se preparavam para um novo vôo. Agrupados em semicírculo, divididos em cinco bandos, separados um do outro por uma distância igual à envergadura de suas asas, que a cada instante roçavam com impaciência a superfície das águas, os bicos curvos brilhando como o vermelho das cerejas, erguendo de quando em quando a sua plumagem cor-de-carne, os soldados, eqüidistantes, esperavam receber ordens. No centro, o grande chefe, hirto, como que à espera do silêncio, perante a imobilidade relativa da hoste. Então, de cada grupo se destacou um oficial que, lentamente, com um passo que poderia parecer desajeitado, mas decidido, aproximou-se de seu subordinado. E desenrolou-se então o mais estranho dos colóquios, uma espécie de conversação de estado-maior onde os argumentos, ao que parecia, condicionavam as ordens. Em seguida, os chefes de esquadrilhas regressaram para perto de seus súditos. O general dos pelicanos empertigou-se durante alguns breves instantes, dominando a sua multidão, inchado pela vaidade de líder, emproado em sua plumagem imperial, o olho vermelho fixo nos seus batalhões. E, de repente, levantou vôo para o sul. Então, cada companhia, uma após outra, numa ruidosa vibração de asas, afastou-se no nascer do sol, depois de ter desenhado um óvalo no céu, como que para nele deixar o seu rasto, diante dos meus olhos. E cada qual se distanciou segundo a linha de vôo que lhe fora traçada pelo alto comando.

Os cinco batalhões de pelicanos já tinham desaparecido em suas nuvens rosa, no horizonte, quando o *boy*, puxando-me pela manga, acordou-me de novo, arrancando-me desta vez de um outro sonho que permanecia nos meus olhos como o fantasma de uma caravana aérea de pássaros gigantes, espécie cujo poder o sentido da família, a ordem de classe, a regulação dos costumes, a força do instinto, e as fagulhas da inteligência nenhuma tecnocracia havia alterado. Os pelicanos tinham-se conservado como os seus antepassados, identificáveis à sua própria espécie, respeitosos de suas leis e de seu destino, integrados no equilíbrio soberano da vida selvagem. Mais puros que os homens. Imutáveis e orgulhosos, extraterrestres. Tal como deuses.

Não temos nós o direito, e o dever, de os amar?

Membro do "Institut de France"
Professor no Museu Nacional de História Natural.

PREFÁCIO PARA A EDIÇÃO BRASILEIRA

Antes que a Natureza morra, de Jean Dorst, é um livro excepcional: pela importância, beleza e atualidade dos assuntos de que trata; pela riqueza de exemplos enunciados pelo autor, com total conhecimento dos assuntos de que trata; pela abordagem multidisciplinar, a única admissível em assuntos desta natureza; enfim, pelo "brado de alerta", que só não sensibilizará aos mortos, aos ignorantes e aos inconscientes.

Foi o Professor Antonio Brito da Cunha quem trouxe este livro ao nosso conhecimento, primeiro na excelente versão norte-americana, depois, na quarta edição francesa, bastante ampliada, que serviu de base a esta edição.

A Editora Edgard Blücher apresentou à Editora da Universidade de São Paulo proposta de co-edição, em língua portuguesa. Tal proposta foi prontamente aceita pela Comissão Editorial. Traduziu o livro, de forma bastante apreciável, Rita Buongermino, tendo-me encarregado da revisão técnica do texto, inclusive do acréscimo de muitas notas, por vezes longas.

Estas são de dois tipos: o primeiro, de notas explicativas de certos vocábulos menos conhecidos, possibilitando a leitura mais fácil do texto a maior número de pessoas; o segundo, de notas que procuram inserir, sempre que pertinente, novos exemplos brasileiros ampliando, assim, o interesse pelo livro em nosso País. Algumas fotografias de assuntos brasileiros foram incluídas.

Como o leitor verá, o assunto de que trata este livro é complexo; os responsáveis pela edição brasileira do mesmo tiveram imenso trabalho na tradução de nomes de plantas e animais, na maioria dos casos inexistentes no Brasil, e, por isso, freqüentemente sem nome dicionarizado. Mesmo quando se encontrava um nome em língua portuguesa, sempre surgia a pergunta: será a mesma espécie? Com plantas e animais ocorre freqüentemente este fato: com o mesmo nome vulgar designam-se diferentes espécies, e, reciprocamente, a mesma espécie pode ter diferentes nomes vulgares. Assim, foi necessário recorrer a especialistas, quando os textos à nossa disposição não nos permitiam dirimir uma dúvida qualquer.

A todos que nos auxiliaram, nossos agradecimentos. Mas tais agradecimentos poderão ter um valor negativo, no caso de termos cometido alguns enganos, o que é bem possível numa obra deste tipo. Se isso aconteceu, com nossos agradecimentos, nossas escusas e o pedido de críticas, que serão aproveitadas em eventual futura edição.

Seja como for, estamos convencidos de que este livro será de muita utilidade, no despertar de consciências para a precária situação em que se encontra a Terra, planeta em que vivemos. Se ela está em perigo, nós também estamos ameaçados. "A sua salvação será a nossa salvação" já foi dito por alguém.

Estamos certos de que cada leitor, ao final deste livro, dirá:

"Algo precisa ser feito, *Antes que a Natureza morra*".

São Paulo, 6 de abril de 1973

Mário Guimarães Ferri
Professor do Departamento de Botânica
Instituto de Biociências
Universidade de São Paulo

INTRODUÇÃO

O DESEQUILIBRIO DO MUNDO MODERNO

"Enriquecemo-nos pela utilização pródiga dos nossos recursos naturais e podemos, com razão, orgulhar-nos do nosso progresso. Chegou porém o momento de refletirmos seriamente sobre o que acontecerá quando as nossas florestas tiverem desaparecido, quando o carvão, o ferro e o petróleo se esgotarem, quando o solo estiver mais empobrecido ainda, levado para os rios, poluindo as suas águas, desnudando os campos e dificultando a navegação." Théodore Roosevelt, Conferência sobre a Conservação dos Recursos Naturais, 1908.

Conservação da natureza e exploração racional dos recursos . . . , problemas que remontam, em sua própria essência, à aparição do homem sobre a terra. Pois, desde o início, a humanidade exerceu uma profunda influência no seu habitat, muito maior do que qualquer espécie animal, e, por vezes, num sentido desfavorável aos equilíbrios naturais e aos seus próprios interesses, a longo prazo.

Na realidade, se se considerar a história do globo, a aparição do homem assume para os biólogos a mesma significação dos grandes cataclismos na escala do tempo geológico, das "revoluções" de Cuvier, no decurso das quais a flora e a fauna do mundo inteiro se transformaram radicalmente em sua composição e em seu equilíbrio. As rápidas transformações dos povoamentos animais e vegetais que nos revelam os documentos paleontológicos, em determinadas épocas, não são mais consideráveis do que a "revolução" que se efetua sob os nossos olhos desde a aparição do homem sobre a terra, com uma rapidez e uma amplitude inigualáveis, tendo em conta o curto lapso de tempo durante o qual se manifestou a ação da nossa espécie.

Mesmo se se tomar o "tempo humano" como escala, as modificações mais profundas realizaram-se durante um período extremamente curto. Reduzindo-se a duração total da história do homem, desde a idade da pedra lascada, a um ano de doze meses, a era cristã começa no início de dezembro e Luis XVI sobe ao trono de França no dia 29 de dezembro: nessa época, a energia à disposição do homem é apenas, na prática, o produto do seu próprio trabalho muscular e do dos animais de tração. Toda a história "mecânica" da humanidade decorreu nos dois últimos dias, e foi durante este curto período — uma fração de segundo na escala geológica — que o homem transformou mais profundamente a face da terra, por vezes para seu real benefício, mas também, freqüentemente, desfigurando-a da maneira mais vergonhosa, acumulando ruínas e catástrofes, assim o julgam tanto os naturalistas como os economistas.

No âmbito da história da humanidade, algumas formas de degradação da natureza são, sem dúvida, antigas. O homem primitivo já dispunha de um instrumento cujo poder imenso não era proporcional ao seu pequeno grau de tecnicismo: o fogo. As civilizações da Antigüidade clássica devastaram o mundo mediterrâneo e a queda dos grandes impérios dos dois hemisférios foi devida, em parte, à erosão de suas terras. Mais tarde, os grandes descobridores do século XVI acumularam destruições e massacres, agravados pelo seu prolongamento nos séculos seguintes, a despeito da reação salutar que se está manifestando de há cem anos para cá.

Na época contemporânea a situação atinge, no entanto, um nível de gravidade inigualado até hoje. O homem da civilização industrial tomou já posse da totalidade do globo. Estamos assistindo a uma verdadeira explosão demográfica, sem equivalente na história da humanidade. Todos os fenômenos dos quais o homem participa se desenrolam a uma velocidade acelerada e num ritmo tal que os torna quase incontroláveis. O homem debate-se com problemas econômicos insolúveis, sendo o mais evidente dentre eles a subalimentação crônica de uma parte da população do mundo. Mas existem problemas ainda mais sérios. O homem moderno está dilapidando, sem se preocupar com o futuro, os recursos não renováveis, combustíveis naturais, minerais, correndo assim o risco de provocar a ruína da civilização atual. Os recursos renováveis, aqueles que extraímos do mundo vivo, estão sendo desbaratados com uma prodigalidade desconcertante o que é mais grave ainda, pois pode ter como conseqüência o extermínio da própria espécie humana: o homem pode dispensar tudo, exceto o alimento. O homem moderno manifesta uma absoluta confiança nas técnicas aperfeiçoadas dos nossos dias. Os progressos realizados no campo da física e da química aumentaram em proporções fantásticas o poder dos instrumentos de que dispomos. Isto incita-nos a manifestar um verdadeiro culto da técnica, que acreditamos ser capaz de resolver todos os nossos problemas, sem o auxílio do meio em que surgiram os nossos longínquos antepassados e no seio do qual viveram numerosas gerações.

Muitos dos nossos contemporâneos pensam, assim, poder desligar-se do passado. Todas as leis que regeram até hoje as relações entre o homem e o seu meio parecem-nos obsoletas. Foi rompido o velho pacto que unia o homem e a natureza, pois agora o homem julga ter suficiente poder para se emancipar do vasto complexo biológico que sempre foi seu, desde que está sobre a terra.

Longe de nós a idéia de negar os progressos técnicos, ou de preconizar um retrocesso, um retorno à fase de coletores com que se contentaram os nossos longínquos ancestrais do Paleolítico, e que satisfaz ainda as necessidades de grupos humanos que permaneceram primitivos.

Temos, no entanto, o direito de nos interrogarmos sobre o valor universal de uma civilização tecnicista que aplica tanto aos espíritos como à matéria determinadas leis cuja pertinência só se verificou em casos particulares.

Não queremos desempenhar o papel de Cassandra. Mas cada um de nós já, por vezes, teve a sensação de se ter instalado num trem que se desloca a uma velocidade tal, que não nos é possível abandoná-lo*. Não sabemos para onde nos conduz. Talvez para um grande bem-estar; mas, mais provavelmente, para um impasse, ou mesmo uma catástrofe. O homem, imprudentemente, brincou de aprendiz de feiticeiro, e desencadeou processos que já não consegue controlar. Estas preocupações, na realidade relativas ao devir do homem encarado sob todos os seus aspectos, estão particularmente relacionadas com os problemas que aqui nos ocupam: os problemas da conservação da natureza, no sentido mais lato do termo, encontram-se intimamente ligados a muitos outros, constituindo, assim, um todo, e a sua análise permite-nos avaliar a gravidade do desequilíbrio planetário e da instabilidade que reina na época atual.

*Não podemos deixar de lembrar-nos do que escreveu Le Corbusier, referindo-se, mais especificamente, ao habitat humano: "Dir-se-ia que a sociedade inteira, embriagada de velocidade e de movimento, começou inconscientemente a girar sobre si mesma: tal como um avião desgovernado no seio de uma bruma cada vez mais opaca. Dessa embriaguez só se pode escapar pela catástrofe, quando já se caiu estrondosamente no solo" *(Modo de pensar o urbanismo)*.

Foto 1. Cedros-do-líbano. Serra do Taurus, acima de Pozanti

Foto 2. Carneiro-montês das Montanhas Rochosas

Foto 3. Antilocapra

Foto 4. Urso-cinzento do Alasca

Foto 5. Condor da Califórnia

Foto 6. Pica-pau bico-de-marfim. Macho à entrada do ninho

Foto 7. Uma tetraz (*Timpanuchus cupido*)

Foto 8. "Uma floresta de sequóias deve ser conservada com tanto cuidado quanto a mais bela de nossas catedrais" (T. Roosevelt) Sequoia National Park, Califórnia

Foto 9. Grou-branco americano

Foto 10. Bisontes da América. Wichita Mountain Wildlife Refuge, Oklahoma

De fato, apesar de todos os progressos da técnica e de um maquinismo já avassalador, a despeito da fé que a maioria dos nossos contemporâneos professa numa civilização mecanicista, o homem permanece estreitamente dependente dos recursos renováveis, e, essencialmente, da produtividade primária, a fotossíntese representando o primeiro estágio. Este fato fundamental liga o homem, intimamente, ao conjunto do mundo vivo, do qual constitui apenas um elemento. Elemento principal, sem dúvida (estamos considerando aqui somente o plano material, fazendo abstração das características espirituais, tão peculiares à humanidade), mas, não obstante, simples peça de um conjunto complexo onde se articula um grande número de componentes. Além dos indivíduos que se agregam em populações, além das espécies que formam o reino animal e o reino vegetal, existe uma entidade muito mais vasta, verdadeiro organismo constituindo a biosfera do planeta inteiro. A ecologia — ciência que estuda as relações dos seres vivos entre si e com o meio físico no qual evoluem — ensina-nos que as *comunidades biológicas** têm vida própria e funcionam como entidades definidas, regidas por leis que determinam a sua evolução. É no seio dessas comunidades que se fixa a energia vinda do sol e que se opera a conversão dessa energia, passando por uma série de etapas, ao longo de cadeias com inúmeros elos. A unidade funcional do mundo vivo não pode ser posta em dúvida hoje em dia. Essas vastas comunidades, formando uma fina película à superfície da terra, são regidas por leis rigorosas, tão rigorosas quanto as leis fisiológicas que regulam o funcionamento dos diversos órgãos que constituem um indivíduo.

Estes princípios são ainda apenas parcialmente conhecidos, pois as leis ecológicas são inumeráveis, complexas, e variam em função de múltiplos dados que não se podem dissociar facilmente para serem submetidos à análise. Só recentemente, aliás, é que começaram a ser estudados com rigor, e qualquer generalização, neste campo, é fonte de erro. O homem certamente chegará à lua, e mesmo mais longe, antes de ter decifrado os mistérios que envolvem os seres vivos perto de sua porta.

É neste vasto complexo natural onde nos situamos que temos de admitir a nossa integração, a despeito de uma posição espiritual única, a despeito também de um orgulho que só em parte se justifica. O estudo dos males de que sofremos atualmente e a análise pormenorizada de suas causas mostram-nos que o homem infringiu gravemente certas leis. Toda a sua ação teve como objetivo a simplificação dos ecossistemas, a canalização de seus produtos num sentido estritamente antrópico, e, freqüentemente, o abrandamento do ciclo de conversão das substâncias orgânicas. A ação do homem, de um modo geral, separou os múltiplos elementos que se situam na origem da riqueza dos habitats naturais (por exemplo, as águas salgadas, as águas doces e as terras, dos pântanos costeiros, um dos meios com a maior produtividade orgânica do mundo). O homem comprometeu, assim, gravemente, a conservação de certos habitats, intimamente ligada à sua complexidade. O balanço global é sempre, desse modo, nitidamente deficitário.

É, no entanto, conveniente insistir no fato de que o homem não pode ser um simples elemento num equilíbrio verdadeiramente natural, e, de qualquer forma, não o pode ser logo que tenha ultrapassado um certo nível de civilização — nível esse que é atingido no momento em que o caçador e o coletor de frutos se transformam em pastor e cultivador — devido às qualidades do seu intelecto**. A terra, no seu estado primitivo, não está adaptada ao desenvol-

*Essa expressão designa o conjunto das diversas populações, vegetais e animais, que povoam um determinado habitat.

**Como escreveu, com muita pertinência, o professor Emberger num artigo notável sobre as relações entre o homem e a natureza, "... o homem, por ser dotado de uma inteligência livre, tornou-se um falsificador da natureza, um agente de desordem" (*Atas Soc. Helv. Sci. nat.*, 140.ª reunião, 1960: 31-43).

vimento da nossa espécie, que tem de impor-lhe determinadas sujeições para realizar o seu próprio destino. A satisfação das nossas necessidades elementares, e, antes de tudo, das nossas necessidades alimentares, exige uma atitude de violência para com a natureza e a transformação profunda de certos habitats, de forma a poder aumentar em proporções consideráveis a parte da produtividade direta ou indiretamente utilizável para nosso único benefício. Não poderemos mais dispensar o campo cultivado. Isso, porém, não significa que o homem deva aplicar em todos os casos a mesma "receita", eliminar a vida selvagem e transformar a superfície da terra inteira unicamente para seu proveito imediato. Isso conduziria seguramente à ruína total e irremediável da quase-totalidade das espécies animais e vegetais; a substituição dos habitats naturais por habitats "humanizados", quaisquer que sejam as condições do meio, traduzir-se-ia igualmente por graves perturbações nos sistemas terrestres dos quais, finalmente, depende a sobrevivência do próprio homem, afetando grave e irremediavelmente a produtividade do conjunto da biosfera.

O homem conseguiu domesticar alguns animais selvagens e, até certo ponto, modificá-los. Não mais do que isso, entretanto, temendo destruí-los. O mesmo acontece com esses vastos organismos vivos que são as comunidades biológicas. O homem pode dominá-las, domesticá-las, transformá-las a ponto de os biólogos as considerarem verdadeiros monstros. Mas só pode fazê-lo numa parte da terra; deve respeitar um certo equilíbrio e submeter-se a certas leis que fazem parte da própria constituição da matéria viva.

Ora, o homem moderno infringiu essas leis, por tê-las esquecido, ou, melhor, por ter pensado que elas não mais se aplicavam à sua espécie, doravante liberta de qualquer contato com o mundo natural.

Se sua ação conduziu a uma série de catástrofes, que os naturalistas lamentam, provocou também situações calamitosas no plano da produção de gêneros que o homem não pode e nem poderá jamais dispensar: ele se conservará, sem dúvida, sempre tributário de alguns cloroplastos repletos de clorofila e imersos no seio de uma célula vegetal; a esse nível se sintetizam matérias orgânicas graças à energia solar que, nos cloroplastos, se converte em energia química, dando origem a longas cadeias alimentares*, que constituem as biocenoses**. Assim, o homem será sempre parte integrante de um sistema natural a cujas leis fundamentais deverá obedecer.

Por outro lado, o homem modificou a face do globo a ponto de destruir a harmonia do meio em que estava destinado a viver. Em vez de paisagens equilibradas, em uma escala humana, criamos por vezes meios hediondos, monstruosos, de onde desapareceram quaisquer elementos de dimensão humana. A atmosfera física e moral dos habitats modernos está tão transformada, tão insalubre, que se encontra em contradição flagrante com as exigências materiais e espirituais da nossa espécie. O número crescente de doenças mentais, de neuroses de todos os tipos — "doenças da civilização" — testemunha a profunda discrepância entre o homem e o seu meio.

As atividades humanas, levadas ao seu paroxismo, desenvolvidas até o absurdo, parecem conter em si mesmas os germes da destruição da nossa espécie.

Este fenômeno não deixa de lembrar-nos a *hipertelia*[1] observável no decurso da evolução de certos grupos[2] animais: uma característica, surgida numa determinada geração, pode em seguida desenvolver-se e acentuar-se até o ponto de se tornar prejudicial e contrária aos interesses da espécie, não conservando mais nenhum valor de adaptação. Muitas raças desapa-

*Designa-se pelo nome de *cadeias alimentares* uma série de espécies que constituem uma associação, cada uma delas vivendo na dependência (predador ou parasita) daquela que a precede na série.

***Biocenose:* unidade ecológica incluindo as populações animais e vegetais de um mesmo habitat.

receram assim durante os tempos geológicos como conseqüência do desenvolvimento exagerado de uma característica tornada monstruosa. É lícito interrogar se o mesmo não está acontecendo com o homem e sua civilização tecnicista, que lhe permitiu no início atingir um alto nível de vida, mas cujo excesso pode ser-lhe fatal*.

[1]Hipertelia: o processo evolutivo pode levar a grandes especializações, refletidas externamente por formas aparentemente exageradas, como chifres ou dentes gigantescos. Tais caracteres são adaptativos, mas muito especializados. Por isso, quando há mudanças ambientais, essas formas são as de eliminação mais provável, por não se adaptarem aos novos ambientes. O desenvolvimento dessas características especializadas e aparentemente exageradas recebeu o nome de hipertelia (nota do Coordenador).

[2]No texto a palavra usada é mais técnica: Filo — palavra oriunda do grego, *phyllum*, que significa ramo. Assim, é um ramo (grupo) de animais (ou de plantas), inferior a reino. Há certas diferenças conceituais entre botânicos e zoólogos. A palavra filo tem como sinônimo divisão, para os botânicos. Exemplificando: 1. Reino: Vegetal; Filo ou Divisão: Angiospermas (plantas com flores); Classe: Dicotiledôneas (plantas cujas sementes possuem dois cotilédones — folhas embrionárias de armazenagem de alimentos). 2. Reino: Animal; Filo: Cordados (animais providos de uma corda dorsal); Classe: Mamíferos (alimentam-se com leite materno quando jovens) (nota do Coordenador).

Aliás, é sintomático constatarmos que o homem despende, cada vez mais intensamente, sua energia e seus recursos, para se proteger contra suas próprias atividades e os efeitos perniciosos que delas decorrem: no fundo, para se proteger contra si mesmo. Parecemos, assim, viver num universo absurdo, por termos deturpado certas leis que se aplicavam ao conjunto de um mundo no qual a nossa raça surgiu um dia, emergindo de um obscuro grupo de pequenos mamíferos sem pretensões.

É preciso notar, também, que o impacto do homem na natureza não será nunca comparável ao de nenhuma outra espécie zoológica, pois, a um comportamento biológico instintivo, comum a todos os animais, vêm acrescentar-se os efeitos de tradições culturais e de crenças capazes de modificar radicalmente suas ações e reações elementares.

Nesse ponto é conveniente opor as filosofias orientais às nossas concepções ocidentais. Muitos orientais, com efeito, desenvolveram o respeito da vida sob todas as suas formas, qualquer delas procedendo diretamente de Deus, ou identificando-se com uma parcela desse mesmo Deus**, o homem pertence, metafisicamente, a um complexo de que representa apenas um elemento.

*É o que Fraser Darling chama, jocosamente, "Irish-elkism", por analogia com a evolução do grande alce da Irlanda. No decurso da sua evolução, esse alce desenvolveu chifres cada vez maiores, a tal ponto que tal monstruosidade contribui, sem dúvida alguma, para sua extinção natural. Podem encontrar-se vários casos similares na evolução dos seres vivos; existem muitos também na evolução das raças e das populações humanas: o autor dá-nos o exemplo das antigas civilizações do México (*Pelican in the Wilderness*, New-York, 1956).

**Recordamos, a esse respeito, as palavras de Shri Ramakrishna: . . . "Deus é imanente a todas as criaturas. Existe até na formiga; a diferença reside apenas na manifestação". As regras do taoísmo, que proclama também a unidade de todas as existências, prescrevem o respeito pela vida sob todas as suas formas, salvo em casos de absoluta necessidade por parte do homem. Pedem, por exemplo, ao camponês que cortou milhares de flores enquanto ceifava o feno destinado ao gado, para não bater, por divertimento, nenhuma delas sobre a orla do caminho, pois esse ato contraria a ética a que deve submeter-se. Encontram-se igualmente considerações desse tipo no *Livro das recompensas e dos pesares*, antologia chinesa do século XI aproximadamente, onde um grande número de máximas se referem à proteção que o homem deve conceder aos animais e às plantas, mesmo os mais humildes. As filosofias e as religiões orientais, especialmente o budismo e o hinduísmo, abundam em considerações desse gênero.

Em contrapartida, as filosofias ocidentais acentuam, todas elas, a supremacia do homem sobre o resto da criação, que existe apenas para lhe servir de cenário. Estas afirmações, proferidas por filósofos pagãos da Antigüidade, constituem a base do ensinamento cristão*. Foram retomadas pelo conjunto dos filósofos de pensamento ocidental**, incluindo os mais materialistas, que, todos, viam no homem a criatura suprema à qual tudo devia submeter-se. Não é, portanto, de espantar que a proteção dos animais e dos vegetais não tenha recebido nenhum apoio da filosofia européia, da qual procede diretamente a nossa civilização tecnicista.

Quaisquer que sejam as nossas opiniões pessoais nesse plano, nada disso interfere com a solução do problema que temos de enfrentar. Pois mesmo que o homem tivesse o direito moral de sujeitar o mundo apenas para seu benefício único, deveria fazê-lo nas melhores condições, e todos os biólogos acreditam que só o fará com êxito se se submeter a certas leis naturais, respeitando um equilíbrio que, atingidos determinados limites, não pode mais ser modificado.

Se o problema da conservação da natureza atingiu atualmente uma extrema gravidade, é preciso considerar que seus dados essenciais se modificaram.

Quando, no fim do século passado, os naturalistas se assustaram com a extensão das destruições realizadas por aqueles que, na época, imaginavam que os recursos da natureza eram inesgotáveis, só pensaram na proteção de certos animais e vegetais em vias de desaparecimento. Constituíram-se assim reservas que serviram para protegê-los. Tais medidas tiveram conseqüências felizes, visto que permitiram salvar um grande número de espécies da exterminação total, e proteger parcelas por vezes consideráveis de habitats primitivos.

No entanto, atualmente, o problema já assumiu outras dimensões. Temos ainda de lutar para salvar os últimos vestígios do mundo primitivo. Trata-se, porém, essencialmente de preservar, no momento, o conjunto dos recursos naturais do mundo inteiro e de garantir ao homem um rendimento que permita sua sobrevivência. Assegurar-se-á, salvando a humanidade, a preservação de seres vivos que constituem o conjunto da biosfera, da qual essa humanidade depende inteiramente. Ou se consegue salvar o homem e a natureza, conjuntamente, numa feliz harmonia, ou a nossa espécie estará condenada a desaparecer com os últimos restos de um equilíbrio que não foi criado para dificultar o desenvolvimento da humanidade, mas sim para lhe servir de contexto.

A conservação da natureza assume assim vários aspectos, à primeira vista muito diferentes, mas, na realidade, estreitamente ligados. Os naturalistas continuam, evidentemente, preocupados com a proteção de todas as espécies que constituem o reino animal e o reino vegetal, assim como, aliás, com a conservação de um mostruário tão representativo quanto possível de todos os habitats naturais. A absoluta necessidade dessa proteção explica-se também por considerações práticas; não esgotamos ainda as potencialidades do mundo selvagem, e o estudo dos meios naturais resguardados em "museus vivos" é indispensável se desejarmos compreender a evolução dos meios transformados pelo homem, de que aqueles representam o estágio inicial.

*Basta-nos transcrever um texto revelador das Escrituras: "Deus abençoou-os (o homem e a mulher) e Deus disse-lhes: "Sede fecundos, multiplicai-vos, cobri a Terra, e *dominai-a;* dominai os peixes do mar, os pássaros do céu, e todo e qualquer animal que se mova à superfície da Terra, e toda e qualquer árvore que dê frutos de árvore e que tenha semente: será esse o vosso alimento" *(Gênese,* I. 28-29).

**Entre muitos outros, de igual celebridade, Descartes, que, aliás, declarou que o homem devia tornar-se dono e senhor da natureza *(Discurso do Método),* considerava que os animais eram apenas máquinas indignas da nossa simpatia, e Kant pensava que o homem só tem deveres para consigo mesmo.

Mas a conservação da natureza inclui também a conservação de todos os recursos naturais, tanto da água e do ar como, principalmente, os do solo, dos quais depende intimamente a nossa subsistência. É necessário respeitar o conjunto desse capital para poder extrair dele o melhor rendimento, a longo prazo.

A conservação da natureza inclui, igualmente, a proteção das paisagens, tendo como objetivo conservar um cenário harmonioso para a vida e as atividades do homem. Desfiguramos, demasiadas vezes, regiões inteiras com implantações industriais mal concebidas, ou com culturas que não foram escolhidas em harmonia com a paisagem local. O homem precisa de equilíbrio e de beleza, e aqueles que mais se consideram insensíveis à estética, procuram-na mais avidamente do que imaginam.

É necessário, hoje, que nos debrucemos sobre estes vários problemas e que encontremos uma solução global, ou seja, um aproveitamento racional da superfície da terra. Os planos de desenvolvimento de um país, no sentido de obter o seu máximo rendimento, devem levar em consideração a "vocação" específica dos solos e conservar, particularmente nas zonas marginais, extensões tão vastas quanto possível, nas quais, os habitats naturais sejam preservados, por vezes integralmente, outras vezes num estado próximo do primitivo.

É urgente que desapareça o velho antagonismo entre os "protetores da natureza" e os planificadores. É preciso, sem dúvida, que os primeiros compreendam que a sobrevivência do homem sobre a terra exige uma agricultura intensiva e a *transformação profunda e duradoura* de determinados meios, e que abandonem, assim, muitos preconceitos sentimentais que por vezes prejudicaram a causa que defendiam.

Em compensação, é preciso também que os tecnocratas admitam que o homem não pode libertar-se de certas leis biológicas, que a exploração racional dos recursos naturais não significa a sua dilapidação ou uma transformação automática e radical dos habitats. É necessário, igualmente, que entendam que a conservação dos meios naturais numa parte do globo terrestre constitui também uma utilização das terras, tal como a sua modificação. Um entendimento realista entre os economistas e os biólogos pode, e deve, conduzir a soluções sensatas e assegurar o desenvolvimento racional da humanidade num contexto que se encontre em harmonia com as leis naturais.

Aqueles que se ocupam da conservação da natureza têm, curiosamente, e com certa freqüência, um problema de consciência. Parecem desculpar-se por subtraírem certas zonas da terra à influência humana e por estarem privando assim o homem de um justo benefício. Convém que abandonem o mais rapidamente possível essa atitude, e que se libertem de quaisquer complexos de culpa ou de inferioridade. Seu ponto de vista e suas opiniões são tão justificáveis quanto os dos engenheiros encarregados da transformação de uma região. Como eles, e com eles, devem contribuir para o melhor aproveitamento de um território, o que implica a conservação, em seu estado original, de uma parte dos habitats naturais. A preservação de espécies raras constitui apenas a mais conhecida das múltiplas razões que justificam a pertinência dessa afirmação.

Trata-se, portanto, de um equilíbrio entre o homem e a natureza. O termo "equilíbrio natural" deu origem a freqüentes mal-entendidos e provocou várias controvérsias. Para alguns, conserva aspectos românticos e lembra Jean-Jacques Rousseau e Bernardin de Saint-Pierre. No entanto, os biólogos, homens de ciência tão pragmáticos e realistas quanto os engenheiros, não consideram esse equilíbrio nem como um sonho de poeta, nem como uma simpática utopia. Admitem perfeitamente que o homem deva modificar uma parte da superfície da terra para seu benefício exclusivo e nela intervir de forma inteiramente artificial. Sua concepção de "equilíbrio natural", encarado sob o ângulo mais dinâmico, baseia-se em fatores estritamente antrópicos*. Mas ela recusa ao homem o direito de transformar toda a superfície da terra, porque, a longo prazo, isso se oporia aos seus interesses.

É necessário, no fundo, reconciliar o homem com a natureza, persuadi-lo a assinar um novo pacto com ela, pois ele será o primeiro beneficiado. Este problema deve ser resolvido globalmente; sua solução permitirá a sobrevivência do mundo selvagem numa parte do planeta, e, simultaneamente, permitirá que o homem recupere o equilíbrio material e moral que atualmente lhe está faltando. Fará também com que possa realizar o seu próprio destino e preservar, nas melhores condições, um patrimônio cultural que só a ele pertence. O grau de civilização não se mede apenas pelo número de quilowatts produzidos pelas fontes de energia. Mede-se essencialmente por uma infinidade de critérios morais e espirituais, pela sensatez dos homens que participam de uma civilização cuja perenidade pretendem assegurar no contexto mais favorável ao seu desenvolvimento, de acordo com as leis naturais de que jamais conseguirão emancipar-se, pois elas estão inscritas na própria constituição do mundo.

Como disse Albert Schweitzer, "o destino de toda a verdade é ser ridicularizada antes de ser reconhecida". No momento em que terminamos este trabalho, estamos plenamente conscientes das críticas que o mesmo provocará. Umas virão de protetores da natureza desatualizados, que conservaram a nostalgia do Neolítico, e que lamentarão o fato de não termos assumido com mais paixão e sentimentalismo a defesa da natureza. Outras virão de tecnocratas, que considerarão as nossas concepções ultrapassadas pelo progresso técnico, no qual têm fé, de forma que seu entusiasmo os impele a generalizarem até ao absurdo a aplicação de seus princípios.

No entanto continuamos acreditando no valor de um julgamento matizado, de uma solução de bom senso, e de um compromisso entre as necessidades legítimas do homem e a condição indispensável de se situar no contexto de um mundo cuja unidade biológica é indiscutível.

Temos igualmente consciência de que muitos dos aspectos da influência do homem sobre a face do planeta foram omitidos. Os problemas em causa são, na verdade, inumeráveis, e fomos obrigados a fazer uma seleção entre assuntos relacionados com disciplinas que vão da sociologia e da economia política — por vezes da política — à biologia e à geologia. Nossa ambição foi apenas esclarecer um problema multifacetado, em cuja análise, aliás, qualquer generalização é fonte de erro.

Os biólogos adquiriram a convicção de que o homem só poderá realizar seu destino num meio harmonioso, submetendo-se a certas leis naturais imutáveis. Esperemos que a humanidade dê ouvidos à sua mensagem. Cada um de nós poderá, então, dizer como o herói de Tchékov: "Vocês estão me olhando com ironia, tudo o que vos digo vos parece ultrapassado e ridículo, mas quando eu passo perto de uma floresta que salvei do desflorestamento, ou quando ouço o murmúrio de um jovem bosque que plantei com minhas próprias mãos, sinto que até o clima

*Essa noção de *equilíbrio* é das mais difíceis de definir, podendo o equilíbrio estabelecer-se em múltiplos níveis. Neste trabalho utilizaremos sempre esse termo sem nenhum espírito dogmático, não lhe conferindo nunca uma acepção estática.

O próprio princípio da conservação da natureza deve consistir na procura de um *equilíbrio* entre o homem e os habitats selvagens, de tal forma que possamos, a longo prazo, extrair o máximo rendimento dos recursos não renováveis, assegurando, simultaneamente, a sobrevivência do conjunto dos elementos da fauna e da flora.

está um pouco em meu poder, e que, se dentro de mil anos o homem puder ser feliz, será também um pouco graças a mim".

Um trabalho que aborda uma variedade de assuntos tão considerável não pode ser realizado sem a colaboração de especialistas nos mais diversos ramos. É para mim um agradável dever agradecer a todos aqueles que muito me ajudaram com seus conselhos durante a redação deste trabalho.

Estou particularmente grato ao Professor Roger Heim, membro do Instituto, antigo diretor do Museu Nacional de História Natural, que, tendo-me incitado a escrever este livro, teve a gentileza de o apresentar num prefácio.

Os meus agradecimentos, também, àqueles que releram certos capítulos, fazendo-me beneficiar de suas críticas, muito particularmente aos Srs. F. Bourlière, M. Blanc, P. Ducourtial, R. D. Etchécopar, F. Fournier, D. J. Kuenen, e G. Tendron.

A indispensável documentação foi colocada à minha disposição por numerosas personalidades. Não me é possível mencioná-las todas. Faço questão, no entanto, de agradecer, em especial, aos Srs. J. R. Aubry, J. G. Baer, J. H. Baker, C. L. Boyle, R. C. Clement, J. H. Calaby, K. Curry-Lindahl, G. W. Douglas, R. G. Fontaine, E. H. Graham, L. Hoffmann, à Sra. R. H. McConnell, à Srta. J. Mignon, aos Srs. R. R. Miller, R. H. Pough, H. Siriez, ao saudoso Professor V. van Straelen, a Sir George Taylor e a E. B. Worthington.

Bati a várias portas para reunir as fotografias que ilustram este trabalho. Não podendo mencionar aqui todos aqueles que me ajudaram, limitar-me-ei a agradecer ao Sr. A. G. Bannikov, à Miss Ph. Barclay-Smith, aos Srs. M. Cowie, I. Eibl-Eibesfeldt, R. A. Falla, E. P. Gee, W. Meijer, P. Molloy, P. Pfeffer, F. Roux Peter Scott, R. M. Warnecke e a S. A. I., o Príncipe Yamashina, assim como à National Audubon Society, ao Bureau interafricain des sols, ao U. S. Dept. of Agriculture, ao Forest Service, ao Soil Conservation Service, e à Kansas State Historical Society, cuja ajuda me foi particularmente útil.

Os desenhos à mão são devidos ao talento já conhecido do meu amigo Paul Barruel. Os mapas e os gráficos foram realizados pelo Sr. J. Brouillet. A Srta. Odile Jachiet ocupou-se, com toda a dedicação, do preparo dos manuscritos.

Que todos aceitem a expressão do meu reconhecimento.

Paris, 23 de março de 1964 J. D.

Notas relativas à quarta edição

Seis anos já se passaram desde a publicação deste trabalho, e um ano desde a sua terceira edição. Lapso de tempo demasiado curto para justificar uma reformulação completa, tanto mais que a situação não mudou fundamentalmente. Todavia, alguns dos problemas essenciais tornaram-se mais claros ou assumiram novas dimensões. Novos elementos forçaram-nos a rever alguns capítulos, nomeadamente os que tratam das poluições e dos pesticidas. Teria também sido útil expormos de modo mais prolongado nossa posição relativamente ao conjunto da biosfera, o que nos teria obrigado a recorrer a dados econômicos, sociológicos, e mesmo políticos. Preferimos limitar-nos ao domínio biológico, mas é fácil estender as conclusões a outros aspectos das relações entre o homem e o mundo onde se encontra.

O despontar de sentimentos de responsabilidade entre os homens é um elemento muito encorajador, se bem que nem sempre se coloquem os verdadeiros problemas. A "batalha do meio ambiente" transformou-se na luta de cada um de nós. A conservação da natureza e de seus recursos já não é o apanágio de alguns biólogos, pois todos os homens, hoje em dia, sentem-se responsáveis. Até o grande público tem consciência de que a conservação da natureza é, na realidade, sinônimo de proteção do homem contra si mesmo e suas atividades. A Suíça acaba de incluir na sua constituição um artigo relativo à proteção do meio ambiente. Em vários países, na França entre outros, constituíram-se ministérios especializados, e os progressos realizados já são consideráveis. Em 1972 efetuou-se em Estocolmo uma Conferência intergovernamental sobre o meio ambiente, por iniciativa das Nações Unidas; podem resultar, daí, medidas concretas concebidas em alto nível[3].

[3] Tal conferência estava em andamento justamente enquanto fazia a revisão deste prefácio (10-6-1972): o Brasil participou da mesma. Ainda é cedo para saber se do certame resultarão, como se deseja, muitas medidas concretas. Em todo o caso, o simples fato de realizar-se tal conferência significa que as diversas nações já tomaram consciência da importância do problema. Há alguns dias recebi o livro "Only one earth" (Uma Terra somente) de Barbara Ward e René Dubos, um relatório preparado a pedido do Secretário-Geral da Conferência promovida pelas Nações Unidas, Maurice F. Strong. Preparado com o auxílio de um comitê de 152 membros, de 58 diferentes países, contém numerosos e valiosos informes sobre os problemas do "nosso" ambiente (isto é, do ambiente em que vive o homem), examinados não só numa perspectiva global, mas em suas dimensões sociais, econômicas e políticas.

Certamente foi um trabalho de grande utilidade aos políticos responsáveis pelas decisões que foram tomadas em Estocolmo. E será, igualmente, uma fonte de referência do maior valor a quantos se interessem por problemas de conservação da natureza (nota do Coordenador).

Por outro lado, a situação parece mais séria do que ainda recentemente se pensava.

A ameaça demográfica está-se tornando precisa. De há sete anos para cá, a população mundial aumentou mais ainda. A catástrofe será inevitável se a taxa de crescimento se mantiver no nível atual. A inconsciência de uns, os preconceitos de outros, o obscurantismo anacrônico e cego do ponto de vista científico das mais altas autoridades, o interesse, as tradições, a inércia quase universal, impedem uma verdadeira tomada de consciência no mundo inteiro. Se não for possível resolver esse problema no plano político e sociológico, como ele está sendo ou será brevemente no plano biológico, tornar-se-á vão doravante estudar os outros problemas que se nos oferecem. A humanidade morrerá como as populações de ratos que ultrapassaram a capacidade-limite do seu habitat.

A poluição das águas doces, dos mares e da atmosfera atingiu um ponto tal que, ultrapassado, não será mais suportável. Podem ser previstas, para breve, perturbações em escala mundial. Sabemos que o homem é capaz de modificar o clima de vastas regiões num sentido desfavorável, criando desertos e ruínas. No futuro, a multiplicação dos vôos de aviões supersônicos tem sérias probabilidades de destruir as camadas protetoras existentes a grandes altitudes, esterilizando assim uma parte da terra. Nosso planeta pode tornar-se um astro morto. Não possuímos nenhum dado preciso que nos permita avaliar as probabilidades de semelhante catástrofe; antes porém, de as termos calculado, não temos o direito de expor a humanidade a esse perigo.

Atravessamos atualmente uma verdadeira crise de civilização, talvez a mais grave da nossa história, visto que abrange o conjunto do planeta. A grande Revolução industrial está atingindo o ponto crucial de sua evolução. É lícito interrogar sobre o seu devir e o de nossa civilização ocidental, considerada no seu conjunto. Multiplicam-se à nossa volta sintomas dos males que podem levá-la à morte, vítima de modificações intoleráveis sofridas pelo meio que um dia foi o seu berço.

A civilização industrial baseia-se numa expansão contínua, cujas taxas são determinadas pelos "planos" que fazem todos os governos. Esta "corrida para a frente" pode ter efeitos positivos a curto prazo, melhorando as condições de vida de muitos homens, sobretudo nos países em vias de desenvolvimento. Porém, a longo prazo, um desenvolvimento exponencial torna-se absurdo, visto que se realiza necessariamente num mundo fechado, cujos limites precisos não podemos recuar. Vivemos numa verdadeira nave espacial, onde os recursos são proporcionalmente tão limitados quanto aqueles que enviamos para o espaço. Chegará um momento em que não poderemos mais satisfazer as necessidades em progressão geométrica, pois os recursos naturais do globo não serão suficientes.

Podemos ainda, no estado atual das coisas, remediar os males do "meio ambiente", como o prova a luta contra a poluição. Mas custa caro, e já hesitamos em pagar um preço que é, afinal, o do progresso técnico e de uma forma de civilização que não podemos mais recusar globalmente. A expansão industrial pode aumentar consideravelmente esse preço. Como disse Singer, "existe um nível além do qual uma nação despende grande parte da sua capacidade de produção unicamente para manter a cabeça fora da água suja".

Vamos nos encontrar na obrigatoriedade de fazer opções no que diz respeito ao desenvolvimento econômico. Se se pretende que um processo aumente em progressão geométrica, o esforço para manter o ritmo deverá ser cada vez maior. Além de um certo ponto, o preço é demasiado alto, pois a operação exige uma quantidade de energia e de matérias-primas que também cresce em progressão geométrica. Então, o sistema desmorona, ou estaciona. Constatamos, cada vez mais, que estamos pagando excessivamente caro um progresso tecnológico que não é necessariamente sinônimo de um verdadeiro progresso da humanidade. É errado pensar que a solução dos problemas levantados pela tecnologia reside sempre num aumento dessa tecnologia, e que todos os problemas de hoje serão resolvidos pela técnica de amanhã. As melhores condições para o desenvolvimento material e psicológico da humanidade devem, pelo contrário, ser encontradas num feliz equilíbrio entre os recursos da biosfera, os esforços para os explorar, seus efeitos secundários prejudiciais e as legítimas necessidades de cada um. Estas últimas devem ser proporcionais aos outros parâmetros desta espécie de equação. Atualmente, muitos de nós, além dos biólogos, estão conscientes disso, assim como decepcionados pelas conseqüências inevitáveis do progresso técnico. Basta transcrevermos um trecho de um recente relatório da OCDE sobre a pesquisa científica: "Aqueles que, há mais de um século, projetavam no futuro o sonho de uma sociedade onde a abundância permitisse finalmente a reconciliação do homem consigo próprio e com a natureza . . . poderiam eles ter imaginado que a sombra desse acontecimento seria acolhida não com gritos de triunfo, mas com medidas de precaução?"

Devemos, portanto, iniciar sem demora uma revisão completa das nossas concepções. Ela não será facilmente aceita pela humanidade que viveu até hoje com uma fé ilimitada no desenvolvimento econômico. Tal revisão tornou-se particularmente urgente nos países industrializados, que exercem uma pressão mais forte na biosfera, mas seria também de grande utilidade para os países ainda insuficientemente desenvolvidos, onde um progresso cuidadosamente controlado seria ainda possível. Temos de renunciar a toda e qualquer iniciativa dirigida apenas para o aumento da produção e do lucro.

Só uma revisão profunda da nossa atitude poderá conduzir a uma melhoria da situação presente. A decisiva etapa histórica que vivemos dá-nos a oportunidade de tal reformulação.

É necessário que tenhamos uma concepção global da biosfera, que avaliemos tanto o passivo quanto o ativo de cada um de nossos projetos, e que só os executemos se o balanço for realmente positivo.

Em vez de nos preocuparmos com problemas imediatos, devemos encarar soluções de conjunto, no âmbito de uma *ecologia política.* Só uma reconciliação entre o homem e o meio ambiente pode permitir-nos não apenas a sobrevivência, mas uma vida plena, e colocar-nos nas condições mais favoráveis ao desabrochar de uma civilização de nível superior.

Já é tempo. Se nos atrasarmos, travaremos apenas combates de retaguarda que serão imediatamente seguidos pela derrota da natureza; e a derrota da natureza será também a derrota do homem e da nossa civilização ocidental.

Paris, 24 de julho de 1971 J. D.

CAPÍTULO 1

O HOMEM PRÉ-INDUSTRIAL E SUA INFLUÊNCIA SOBRE A NATUREZA

"A ação do homem difere da do animal quanto a sua influência sobre o mundo material, pelo fato de não ser limitada por compensações ou por equilíbrios." George P. Marsh, *Man and Nature.*

O impacto do homem nos equilíbrios biológicos data da sua aparição sobre a Terra. Tal como os outros animais, o homem exerceu uma ação sobre as comunidades naturais a que pertence, como depredador e como competidor. Inversamente, adaptou-se às condições oferecidas pelo meio, submetendo-se aos seus imperativos e modificando seu modo de vida em função dos climas e dos habitats onde se instalara (Forde 1934; Vayda 1969; Mumford 1967).

Quando aumentou a densidade das populações humanas, e estas começaram a se organizar em comunidades com estruturas sociais cada vez mais aperfeiçoadas, rapidamente dispuseram de um poder crescente à medida que os seus recursos técnicos se desenvolviam. Nessa época, o homem podia ainda ser considerado como um elemento natural, ao mesmo título que qualquer outra espécie animal; mas não permaneceu muito tempo nessa situação de igualdade: a evolução que conduz aos tempos modernos já tinha iniciado. No fundo, a história da humanidade pode ser encarada como a luta da nossa espécie contra o meio em que se insere e sua emancipação progressiva relativamente à natureza e a algums de suas leis, como o domínio progressivo do homem sobre o mundo com seu solo, suas plantas, e seus animais, submetidas às invenções do gênio humano. O homem primitivo não dispunha, evidentemente, de uma quantidade de energia mecânica suficientemente grande para que o seu impacto sobre a natureza pudesse ultrapassar certos limites estreitamente circunscritos. Mas existe apenas uma diferença de grau* entre o cultivador neolítico desflorestando para obter uma clareira e cultivando o solo, e o homem do ano 2 000 que, através de explosões atômicas, deslocará montanhas e modificará o curso dos rios, obrigando-os a irrigar os desertos. O *fato humano* tem de ser levado em consideração no equilíbrio biológico do mundo, desde os primórdios da humanidade, e se o seu impacto é cada vez mais profundo, não se deve, no entanto, perder de vista o momento em que nasceu.

Durante muito tempo, porém, o homem só exerceu no meio uma influência limitada, devido à fraca densidade de suas populações, cuja taxa de crescimento se manteve num nível muito baixo durante milênios, e à modéstia dos meios técnicos de que dispunha. Essa situação prolongou-se até os nossos dias em certas regiões do globo. Se considerarmos as múltiplas civilizações que surgiram por todo o mundo, constataremos que, algumas delas, que atingiram no plano intelectual um nível elevado de aperfeiçoamento, apresentam, incontestavelmente, no plano estritamente técnico, um atraso considerável. Assim, muitas delas exerceram apenas uma influência relativamente modesta no mundo selvagem.

*É preciso, no entanto, reconhecer que essa diferença é fundamental, visto que se refere à rapidez das transformações de que o homem é responsável, fator da mais alta importância pois determina a brutalidade do impacto humano sobre a natureza.

Isto não significa, evidentemente, que já a essa altura o impacto do homem sobre o seu meio não tenha sido dominante, prejudicando por vezes os seus próprios interesses. Contrariamente à maioria das outras espécies animais, ele é capaz de destruir inteiramente o seu habitat e de suprimir os fatores que condicionam sua existência, muito antes de sofrer os efeitos dessa destruição. Assim, um equilíbrio relativamente estável entre o homem e o meio só é atingido depois de um período de latência tal que a degradação do habitat tenha se tornado irreversível. Quando um herbívoro se multiplica além da capacidade-limite do seu habitat e o destrói devido a um excesso de apascentamento, suas populações diminuem rapidamente, o que reduz imediatamente a pressão sobre o habitat. Quando um depredador se multiplica a ponto de suprimir, ou pelo menos de reduzir em proporções maciças, as presas de que se alimenta, suas populações diminuem logo, em conseqüência da subalimentação e suas seqüelas. O mesmo não acontece com o homem que, devido a sua inteligência, a sua resistência às piores condições do meio, e a uma maleabilidade ecológica que é função de suas indústrias, não sofre o efeito de fatores limitantes, a curto prazo. Pode se admitir, assim, que o equilíbrio biológico natural entre o homem e a natureza desapareceu do mundo muito rapidamente, na melhor das hipóteses logo que o caçador se transformou em pastor e, sobretudo, em agricultor. É indubitável que os problemas da conservação dos recursos naturais se colocaram desde os primórdios da humanidade. Algumas regiões do mundo, povoadas em épocas muito remotas e que constituíram o berço de culturas antigas, foram arruinadas muito antes da civilização "moderna" ter penetrado nelas. Em certas zonas da África e da América, os autóctones já haviam cometido estragos consideráveis antes da chegada dos Europeus. Na Ásia, uma forte explosão demográfica e o desprezo da natureza não modificada pelo homem, tão intenso em alguns dos povos que habitam esse continente, já tinham causado danos irreparáveis.

Em outras regiões, pelo contrário, o homem manteve-se em equilíbrio com o seu meio, até o momento em que o branco invadiu o mundo. Uma olhada rápida no conjunto da situação do planeta antes da expansão européia e do advento da civilização "ocidental" permitir-nos-á precisar os fatos.

1 — O CAÇADOR E O PESCADOR

O homem viveu inicialmente da colheita (frutos e fragmentos de vegetais) e de animais fáceis de capturar. Em seguida, inventou vários instrumentos que lhe permitiram a caça e a pesca e, portanto, o exercício de atividades depredadoras. Nesse estágio, atingido no Paleolítico inferior, o homem é parte integrante do meio natural, do qual depende exclusivamente. As flutuações desse meio, agindo sobre a quantidade de alimento disponível, exerceram sobre ele uma profunda influência, forçando-o a adaptar-se ou a procurar em outras zonas os elementos indispensáveis para sua sobrevivência.

Estes homens que viviam da caça e da colheita, de um modo geral modificaram pouco o seu habitat. Se bem que, localmente, tenham abatido árvores para alimentar o fogo e para constituir clareiras onde montavam os seus acampamentos, a influência humana sobre os biótopos[1] foi insignificante. Além do mais, os efeitos das suas depredações eram limitados, pois existia, manifestamente, uma auto-regulação semelhante à que observamos nas relações depredador-presa em todo o reino animal. Podemos estudar essa situação, hoje em dia, em povos que permaneceram primitivos e continuam vivendo da colheita e da caça, como, por exemplo, os aborígenes da Austrália que vivem da pesca, da caça e da colheita de raízes e frutos. O aprovisionamento envolve práticas de conservação e, nomeadamente, o enterramento de fragmentos de vegetais destinados a regenerar as plantas colhidas para a alimentação *(batata--doce, cará)*. É preciso não esquecer, no entanto, que esses australianos também são caçadores e que, para obter mais facilmente a caça que pretendem, ou simplesmente para assinalar a sua presença, deitam por vezes fogo à savana que queimam assim, de uma só vez, numa superfície de 50 a 80 km^2 (Meggitt, 1963).

[1]Biótopo é palavra usada em ecologia para indicar a região, o lugar, em que vive uma determinada comunidade biológica (conjunto de plantas e animais); cada biótopo, por suas condições climáticas e edáficas (do solo), condiciona uma comunidade específica e lhe serve de habitat (nota do Coordenador).

Os povos mais especificamente caçadores são regidos, entre outras, por leis em parte religiosas, em parte éticas, cujo fundamento ecológico é indubitável. Essas leis refletem uma harmonia entre o homem e seu meio. Nenhum depredador tem interesse em exterminar suas presas, e o homem primitivo não escapa à regra. Assim, essas tribos de caçadores elaboraram empiricamente certos códigos legislativos que lembram, na realidade, os grandes princípios ecológicos que regulam o equilíbrio depredador-presa. A título de exemplo, citamos os pigmeus que, na grande floresta africana, vivem da caça e da colheita, e que apresentam uma profunda adaptação ao habitat florestal. Os pigmeus Mbuti, estabelecidos na floresta do Ituri, ao nordeste do Congo, alimentam-se essencialmente de caça (diversos antílopes, ocasionalmente elefantes, ocapis e macacos), de várias presas menores (moluscos terrestres, larvas, térmitas) e de produtos vegetais armazenados em estado bruto (raízes, tubérculos, bagas). Dizem-se "filhos da floresta" (bamili nde ndura) e vivem em equilíbrio estável com o seu meio, que lhes fornece alimento e agasalho mas que eles não tentam modificar, submetendo-se aos seus imperativos, tanto no plano ecológico como no das estruturas sociais. A natureza do solo, os deslocamentos dos animais segundo as estações, o amadurecimento dos frutos e os vários tipos de caça, moldaram diretamente o ritmo de vida assim como a organização social e política das tribos (Turnbull, 1963). Cada uma das comunidades tem o seu próprio território e a caça não é nunca sistematicamente destruída: abatem-se apenas os animais indispensáveis à satisfação das necessidades dos homens.

Na floresta amazônica, os índios têm um modo de vida semelhante e respeitam regras precisas que conciliam a proteção da caça com sua exploração racional.

Algumas tribos de caçadores, no entanto, num estágio de evolução superior, estabelecidas em meios diferentes, exerceram uma influência muito mais profunda no equilíbrio natural de seus habitats, devido ao uso generalizado do fogo, que lhes permitia caçar facilmente as manadas aterrorizadas pelas chamas*. A selva foi — e continua sendo ainda — incendiada por caçadores, sobretudo na África, em detrimento das associações vegetais que o fogo transforma radicalmente. Assim, o homem primitivo já dispunha, em épocas muito remotas, de um instrumento extremamente poderoso, capaz de modificar os equilíbrios naturais e de destruí-los, abrindo caminho à erosão acelerada e à ruína de um país**.

*Alguns historiadores da Pré-história pensam que o desaparecimento de certos mamíferos grandes, nomeadamente o urso-das-cavernas, *Ursus spelaeus*, de hábitos gregários e, por isso, particularmente vulnerável, foi também em parte provocado pelo homem.

**Está provado que os incêndios, voluntários ou não, devastaram, sobre grandes áreas, as planícies do norte da Alemanha e da Bélgica, no Paleolítico, como o testemunha a existência de camadas de cinza, de detritos carbonizados, e até de troncos queimados. Alguns autores suspeitam de que o súbito e recente desaparecimento das coníferas e das bétulas tenha sido devido, em parte, às atividades do homem que, graças ao fogo, teria podido, desde o Paleolítico, modificar consideravelmente os equilíbrios naturais de vastas regiões (Narr, 1956).

A influência do homem é mais evidente ainda nos povos que aperfeiçoaram certas técnicas, constituindo na realidade uma espécie de *pastoralismo selvagem.* O melhor exemplo é o dos índios da América do Norte, que podem ser considerados como os responsáveis pela extensão dos prados através das grandes planícies do centro do continente norte-americano. Sua caça favorita era o bisonte, do qual dependiam para se alimentarem e até para se vestirem e ao qual estavam ligados por laços tanto materiais quanto místicos. Se bem que nenhuma tentativa tenha sido feita para domesticá-los, os índios tinham adquirido um profundo conhecimento dos seus costumes, graças a seu contato cotidiano com esses grandes Ungulados. Tinham constatado, particularmente, que o bisonte apreciava os habitats abertos. Assim, consciente e voluntariamente, incendiavam a floresta, recuando progressivamente os seus limites para aumentar a superfície das savanas cobertas de erva e apreciadas pelo bisonte. Com efeito, as condições climáticas não explicam a área de extensão das pradarias norte-americanas, cujo clima, pelo menos em parte, seria florestal. Os índios, modificando o equilíbrio, desfavorecendo certas espécies vegetais e favorecendo outras, são portanto responsáveis por uma transformação profunda dos habitats numa parte da América do Norte, devido a hábitos já semipastorais.

No seu conjunto, as tribos de caçadores foram as que menos modificaram a face do globo. Dispersos em grandes áreas, esses homens, ainda hoje, são parte integrante do meio. A caça tem a vantagem de proporcionar ao caçador uma satisfação imediata, a motivação sendo assim instantaneamente suprimida. Nas sociedades primitivas, a comercialização dos produtos esbarra com múltiplas dificuldades, pois a conservação da carne só pode ser realizada, de uma forma imperfeita, pela defumação e a salga. Estes processos artesanais não permitem uma comercialização em grande escala, que, desde a descoberta de processos de conservação mais aperfeiçoados, tornou-se muito mais perigosa para o equilíbrio natural.

2 — O PASTOR

No estágio seguinte, os homens modificaram progressivamente os seus meios de subsistência, e, de simples coletores ou caçadores, passaram a ser pastores. No início, é provável que os animais que eram objeto de tentativas de domesticação vivessem ainda no seu habitat de origem, sem que este sofresse transformações profundas. Em seguida o homem deslocou-os, seja levando-os em suas migrações, enquanto nômades, seja modificando o meio em função de conhecimentos empíricos progressivamente adquiridos, de forma a favorecer os animais colocados sob sua proteção. Por vezes, no entanto, os hábitos pastorais e os hábitos agrícolas desenvolveram-se simultaneamente, os segundos podendo mesmo preceder os primeiros*. E, se em certas regiões do globo, a economia humana se tornou exclusivamente pastoral, em muitas outras assumiu desde o início o caráter de uma agricultura mista.

A domesticação dos herbívoros — permitindo a utilização, para benefício do homem, do tapete vegetal (essencialmente de gramíneas) que de outra forma permaneceria improdutivo** — deu-se no Oriente Próximo há 7 000 ou 8 000 anos. Exceto os lhamas e as alpacas, todos os

*É, especialmente, o caso das florestas tropicais higrófilas, onde o pastoralismo é recente, tendo sido importado de regiões mais setentrionais, depois de o homem ter modificado os habitats (a floresta, onde as gramíneas são escassas, é ecologicamente desfavorável aos herbívoros domésticos). A esta altura, o homem passou diretamente do estágio da colheita à economia agrícola.

**Apesar de o rendimento ser muito baixo, raramente ultrapassando 10%, em relação à produtividade primária vegetal do meio.

mamíferos atualmente domesticados são originários das zonas temperadas quentes ou frias do Antigo Mundo. Desde essa época remota, o homem não tentou outras domesticações, contentando-se em melhorar as gerações iniciais através da seleção artificial, e em disseminá-las pelo mundo inteiro.

O impacto dos pastores nos habitats, incomparavelmente mais profundo que o dos caçadores, traduziu-se, antes de mais nada, por uma regressão dos habitats fechados (florestas) em proveito dos habitats abertos (savanas, estepes). O processo de transformação usual reside na utilização do fogo, que elimina as árvores, as moitas e, de um modo geral, as espécies perenes, que são substituídas por plantas herbáceas anuais cujo rebrotamento é favorecido pelo fogo precedendo as chuvas.

O fogo comum — o mais potente meio de transformação dos habitats de que dispunha o homem pré-industrial — é essencialmente utilizado pelos pastores, como ainda se pode observar, hoje em dia, na África tropical. Todavia, nas épocas remotas da história da humanidade, é por vezes difícil distinguir a ação dos pastores da dos cultivadores, que também incendiaram para instalar as suas culturas, após um preparo sumário da terra. O pastor e o cultivador conjugaram os seus esforços na destruição da floresta, substituindo-a por formações abertas que não correspondiam às condições ambientes de clima e solo. A paisagem vegetal foi, desse modo, inteiramente modificada, ao mesmo tempo que se desencadeavam fenômenos de erosão acelerada, perturbações do regime das águas e até do clima. Voltaremos a falar desses problemas mais adiante.

A transformação dos habitats se agrava com a tendência do homem em aumentar rapidamente a carga de animais domésticos nos terrenos de pastagens, determinando assim um excesso de pisoteio, que tem conseqüências desastrosas no equilíbrio dos solos e das comunidades biológicas. Esses excessos são tanto mais freqüentes que, em muitas sociedades pastoris, o gado não tem apenas um valor alimentar, mas transforma-se num signo de riqueza e de poder: seus efetivos crescem então ilimitadamente*.

No seu conjunto, os pastores são responsáveis pela ruína de vastas regiões em todo o mundo, muito antes da civilização industrial ter começado os seus estragos, e, nomeadamente, em grande parte da região mediterrânea e do Oriente Próximo. Aí, as condições são incrivelmente complexas, e uma literatura abundante** já foi consagrada a esse assunto, de um interesse capital tanto para o historiador quanto para o naturalista, visto que essa região foi o berço de várias das mais brilhantes civilizações. Em tais lugares é mais fácil ter-se consciência da antigüidade das devastações de que o homem é responsável. Se bem que inúmeras influências políticas e inúmeras guerras tenham desempenhado um papel importante, provocando, no-

*É o que ainda acontece atualmente, por exemplo, nas sociedades *Masaï* da África oriental.

Seria necessário insistir também nos laços místicos que existem entre os pastores e o seu gado, desde os tempos mais remotos. Esse aspecto, à primeira vista puramente espiritual, tem na realidade uma importância considerável no que diz respeito à multiplicação das manadas cujos efetivos escapam, desse modo, a toda e qualquer lei ecológica e deixam de ser proporcionais às necessidades alimentares dos homens. O exemplo clássico é o da Índia, onde, principalmente nas planícies indogangéticas, as vacas são consideradas como sagradas. Essa tradição religiosa data de épocas muito remotas, do tempo em que certos povos de pastores, desde há muito desaparecidos, conferiram-lhe um caráter de lei. Segundo o Manava-Dharma-Çastra do Código de Manu (atribuído tradicionalmente ao primeiro Manu mas datando, na realidade, de uma época situada entre o século II antes de Cristo e o século II da era cristã), é mais grave matar uma vaca do que matar um brâmane. A importância de semelhantes crenças no que respeita o excesso de apascentamento dispensa qualquer comentário.

**Consultar-se-á, com proveito, a síntese magistral que Th. Monod (1959) consagrou a esse tema.

meadamente, o abandono de práticas culturais conservadoras e de uma sã gestão de terras fracas, devido a fatores climáticos extremos, o pastor teve uma ação determinante na degradação do mundo mediterrâneo *sensu lato,* onde muitas regiões são apenas *falsos* desertos criados pelo homem; a vegetação atual não está em equilíbrio com o meio e, particularmente, com o clima*. Segundo a expressão de Reifenberg** "o nômade é menos "filho do deserto" do que seu pai. "O magnífico esforço que está fazendo atualmente o povo israelita para regenerar o solo da Palestina prova, de forma convincente, que o país de Canaã, gotejando leite e mel", não é um paraíso definitivamente perdido.

Haveria ainda muito a dizer sobre a África, onde os pastores que nela irromperam devem ser considerados como responsáveis por uma transformação profunda dos habitats, sobre vastas extensões; essencialmente pela modificação das savanas, mas também por terem *prosseguido* a obra de destruição iniciada pelos agricultores na conquista da floresta.

Finalmente, não poderíamos terminar esta evocação dos primórdios da economia pastoril sem mencionar a espécie de concorrência que parece existir entre os animais domesticados e as raças que permaneceram selvagens. Essa competição conduziu de forma impressionante ao desaparecimento quase total das espécies domésticas em seu estado natural. É o caso do boi, cujo ancestral selvagem, o auroque, já desapareceu, e do cão, sobre cuja origem nos perdemos em conjeturas, enquanto que os sobreviventes das espécies de onde nasceram os nossos cavalos, burros, camelos, carneiros e cabras estão todos num estado muito precário.

Alguns sustentaram que a domesticação teria salvo espécies condenadas a desaparecer a curto prazo na natureza, independentemente de qualquer influência humana. Nenhuma prova veio confirmar essa afirmação, muito provavelmente errada. Parece mais ter havido uma competição com os estoques domesticados, mas nada permite explicar claramente o acontecido.

3 — O AGRICULTOR

O caçador convertido em pastor transformou-se quase imediatamente, e talvez mesmo simultaneamente, em agricultor***. Essa nova forma de economia provoca modificações mais consideráveis ainda nos habitats naturais, muito particularmente um desflorestamento em grande escala, primeiro estágio da degradação dos solos.

Muitos autores parecem admitir que a agricultura nasceu sob uma forma mista, anteriormente ao 5.º milênio antes de Cristo, no Oriente Próximo, no "Crescente fértil" que cerca as planícies da Mesopotâmia. Alastrou-se em seguida em direção à bacia mediterrânea e à Europa,

*Contrariamente à opinião de alguns, particularmente de Ellsworth Huntington, parece que o clima da região mediterrânea não se modificou durante a época histórica, salvo certas flutuações de amplitude mínima.

**The struggle between the "desert and the sown", *Proc. Int. Symp. Desert Res.,* Jerusalém, 1952 (1953): 378-389.

***A passagem da economia pastoril à economia agrícola reveste-se, aliás, de formas muito diversas, e não pode ser esquematizada com simplismo. Assim como, de resto, os numerosos conflitos que opuseram, desde o início, os homens que praticavam uma ou outra dessas duas atividades (a história de Abel e Caim, relatada pelo Gênese (4. 1-16) traduz, independentemente de qualquer outra significação, o desaparecimento do pastor, substituído pelo cultivador). A natureza sofreu profundamente com esses conflitos, como se pode constatar através dos acontecimentos que marcaram a história do Oriente Próximo até épocas muito recentes, particularmente durante as invasões dos nômades vindos da Ásia Central em vagas sucessivas.

modificando-se de diversas formas em função da natureza do meio. Os aperfeiçoamentos técnicos foram gradualmente permitindo a extensão das zonas cultivadas e, simultaneamente, provocando uma transformação mais profunda dos habitats. Assim, a invenção do arado de ferro, substituindo os instrumentos de cultura primitivos, abriu pela primeira vez à agricultura, até então limitada a solos mais leves, terras pesadas mas ricas. Essa descoberta deve ser considerada como uma verdadeira revolução; acarretou um aumento das superfícies cultivadas e um crescimento da população humana que, daí por diante, pôde estender-se para além das zonas onde até então se confinara.

Na região mediterrânea, a ruptura do equilíbrio natural e a degradação dos solos foram muito precoces (Fries, 1959). Se bem que não tenham provocado imediatamente, e de forma generalizada, uma diminuição da fertilidade das terras, as modificações efetuadas pelo homem foram rápidas e profundas. A evolução da bacia mediterrânea, considerada no seu sentido mais amplo, assim como as causas da diminuição da sua riqueza agrícola, provocaram já acaloradas discussões entre todos aqueles que se detiveram sobre o problema. Alguns (particularmente Huntington, 1915) explicam-nas por uma modificação do clima, acentuando progressivamente a aridez da região no decurso de uma flutuação natural; outros responsabilizam exclusivamente o homem. Esses últimos parecem, na verdade, estar certos; a ação do homem arruinou uma região onde o equilíbrio natural era, sem dúvida alguma, mais instável e muito mais frágil do que em outras zonas do globo, na Europa central, por exemplo (ver particularmente Hyams, 1952 e Monod, 1959).

Enquanto que as planícies mediterrâneas não devem nunca ter sido, propriamente, arborizadas, as vertentes das montanhas e das colinas estavam cobertas de florestas, que, desde a Antigüidade, foram destruídas pelo fogo (utilizado principalmente pelos pastores) e por uma exploração irracional (Heichelheim, 1956). O exemplo clássico é o dos famosos cedros-do-líbano abatidos para a construção dos navios fenícios, dos palácios dos Aquemênidas (as vigas de Persépolis vinham do Líbano) e do templo de Jerusalém*. Este acontecimento, entre mil, traduz claramente o que se passou em toda a bacia mediterrânea. No tempo de Estrabão (nascido por volta do ano 60 antes de Cristo), parece que a cobertura florestal era ainda considerável, nomeadamente na Itália e na Espanha, onde os estaleiros navais recebiam, de regiões hoje inteiramente desarborizadas, excelente madeira de construção. A tendência para o desflorestamento e a ruína dos habitats prolongou-se durante toda a Idade Média, com um ritmo acelerado.

A Europa Central e Setentrional, na origem densamente arborizada, sofreu modificações igualmente profundas. O desflorestamento começou no Neolítico durante o 4.º e o 3.º milênios antes de Cristo, numa vasta zona que se estendia desde a Hungria e do sul das grandes planícies da Alemanha e da Polônia, até a Bélgica. Os homens que praticavam uma cultura dita Danubiana, segundo tudo indica, utilizavam a enxada e cultivavam cevada, assim como um trigo primitivo, concomitantemente com outras plantas; criavam animais domésticos apenas em pequenas escala. Suas formas de exploração eram, muito provavelmente, nômades. O uso do fogo para a constituição de clareiras e de terrenos cultiváveis acarretou um desflorestamento progressivo, se bem que ainda limitado, até mesmo devido à fraca densidade das populações. As florestas da Europa temperada eram mais densas e beneficiavam-se de faculdades de rege-

*"Salomão mandou dizer a Hiran (rei de Tir): . . . ordena agora que cortem para mim cedros-do-líbano. . . Quando ouviu as palavras de Salomão, Hiran teve uma grande alegria e disse: . . . Farei tudo o que desejais acerca das florestas de cedros e das florestas de ciprestes" (1 Reis 5). Estes dois soberanos não imaginavam sequer que estavam arruinando os seus impérios.

neração maiores do que as da região mediterrânea, o que diminuiu consideravelmente o ritmo da sua evolução sob a influência do homem.

Seria igualmente errado pensar-se que as regiões intertropicais permaneceram isentas de qualquer degradação em grande escala até a chegada dos europeus. A destruição progressiva das florestas primitivas pelos agricultores e pastores pôde, com efeito, verificar-se desde o estabelecimento dos primeiros homens nos trópicos.

Um dos grandes princípios da agricultura primitiva universalmente adotado nessas regiões é o da *cultura itinerante (shifting cultivation)*, praticada pelos cultivadores nômades. Os solos esgotam-se rapidamente, e os homens são obrigados a deslocar-se num ritmo determinado logo que a terra se torna improdutiva.

No início da estação seca, o homem prepara um setor da floresta, abate com o machado toda a vegetação arbustiva, deixando apenas as árvores. O sol seca então o resto dos vegetais, e o homem incendeia-os libertando assim o terreno de toda e qualquer vegetação, exceto as árvores grandes, e mobilizando os elementos minerais reduzidos a cinzas. O terreno, preparado dessa forma, é então semeado, e a colheita pode realizar-se durante ou no fim da estação das chuvas seguintes.

A fertilidade desses setores trabalhados mantém-se apenas durante um lapso de tempo limitado, alguns anos no máximo; por vezes só é possível efetuar uma ou duas colheitas. O cultivador abandona então o terreno e desloca-se para recomeçar em outra zona o mesmo ciclo. Na área abandonada, a vegetação reconstitui-se pouco a pouco, num ritmo que varia segundo as condições climáticas; inicialmente arbustiva, transforma-se gradualmente numa floresta secundária, que sua composição florística permite reconhecer.

Após um período por vezes muito prolongado, o solo recupera sua antiga fertilidade. Pode-se então lavrar a terra de novo, e recomeçar o ciclo das culturas. A duração do alqueive[2] varia muito, podendo atingir uns vinte ou trinta anos. Os homens precisam, assim, dispor de vastas superfícies para assegurar uma rotação com um ritmo satisfatório.

[2]Alqueive — diz-se da terra lavrada e deixada em repouso um certo período, para recuperar ao menos em parte sua fertilidade, perdida com uma ou mais culturas anteriores, antes de fazer-se nova semeadura (nota do Coordenador).

Essas culturas itinerantes foram praticadas no mundo inteiro e continuam sendo realizadas pelos autóctones de uma parte considerável das regiões intertropicais. Logo que as populações aumentam, tornam-se responsáveis por uma grave degradação da natureza, com os seus corolários inevitáveis: fogos dos pastores nas parcelas lavradas e nos habitats abertos (savanas e campos). Na África, é certo que a devastação da vegetação aumentou sem dúvida, após a penetração européia e o ingresso do Continente negro no ciclo de produção mundial, especialmente nas zonas de floresta úmida; no entanto, a cobertura vegetal de tipo fechado que, outrora, cobria *inteiramente** o continente (salvo algumas exceções, devidas às condições edáficas) sofreu degradações profundas desde os tempos pré-históricos (Aubréville, 1949).

O homem primitivo incendiou a vegetação, muito antes de ser agricultor, para poder locomover-se mais facilmente e para caçar. As florestas secas e densas evoluíram assim, progressivamente, para aquilo que são hoje, ou seja, uma savana mais ou menos arborizada, en-

*Segundo Aubréville, a totalidade da África estava inicialmente coberta de florestas densas, de tipo úmido em climas chuvosos, de tipo semi-seco ou seco nas outras regiões, a savana arbórea existia apenas, então, nas zonas pré-desérticas e ocupava uma área muito limitada.

quanto que o equilíbrio das espécies se transformava em benefício dos vegetais heliófilos[3] e dos que resistem aos incêndios.

[3]Vegetais heliófilos são aqueles que preferem condições de maior luminosidade (do grego: *Helios*, sol, e *philos*, amigo) (nota do Coordenador).

Essa primeira modificação deu-se muito antes dos homens primitivos terem fabricado instrumentos de ferro e pensado em estabelecer culturas. A fraca densidade de suas populações confirma esta hipótese, pois o fogo pode propagar-se sobre superfícies imensas, durante a estação seca.

Em seguida chegaram as populações africanas atuais, constituídas por cultivadores. Estabeleceram-se primeiro na floresta seca, depois na floresta úmida. A abertura de clareiras para as culturas itinerantes acentuou a regressão da floresta e a sua substituição por savanas, abrindo brechas através das florestas úmidas resistentes ao fogo.

A transformação da África iniciou-se, portanto, em épocas remotas provando-nos que mesmo o homem primitivo pode imprimir a sua marca sobre um continente inteiro, muito antes que os homens dispusessem de meios técnicos poderosos.

Fatos semelhantes produziram-se em outras zonas, essencialmente em Madagáscar, onde uma extraordinária variedade de meios biológicos transformava a ilha num verdadeiro continente em miniatura. Com exceção de alguns distritos, especialmente no sudoeste, a maior parte da ilha era quase completamente coberta de florestas. É o caso, especialmente das terras altas do Oeste, atualmente domínio dos campos de gramíneas que substituíram as florestas secas. Provam-no convincentemente a existência de restos de floresta, a natureza dos solos e a composição da fauna (os pássaros, na sua maioria, são pássaros de floresta e não existem espécies características dos habitats abertos). Se bem que a regressão das florestas possa ser devida a causas climáticas, é mais provável que seja o homem o verdadeiro responsável. Muito antes da chegada dos europeus, as florestas do Leste foram abatidas gradualmente, por parcelas, segundo o método do *tavy* — nome local da cultura itinerante —, para o estabelecimento de culturas que proporcionavam apenas uma ou duas colheitas antes de serem abandonadas e de se transformarem em povoamentos secundários (*savoka*). As florestas baixas esclerófilas[4] do Oeste eram queimadas sobre vastas extensões. Alguns séculos chegaram para consumar a destruição de certos meios naturais de Madagáscar que, muito antes da chegada dos europeus, já faziam parte das regiões mais devastadas do globo (Humbert, 1927; Battistini, 1965).

[4]Esclerófilo — provido de folhas duras: florestas esclerófilas são aquelas em que predominam vegetais de folhas duras (do grego: *skleros*, duro, e *phyllon*, folha) (nota do Coordenador).

Na Ásia, em várias regiões, a cultura itinerante (chamada *jhum* em Assam, *ray* na Indochina e *ladang* na Malásia, entre outros nomes locais) provocou, de forma generalizada, a regressão e a devastação das florestas primitivas. O mesmo aconteceu nas Filipinas, onde a prática do *kaingin* é, desde há muito, responsável pela destruição da floresta e pela extensão das savanas (sobretudo savanas de *Imperata*[5]) e de associações secundárias sem grande valor econômico.

[5]Trata-se de uma gramínea como o nosso conhecido sapé (*Imperata brasiliensis*) (nota do Coordenador).

No Novo Mundo, os territórios onde se estendia outrora o novo Império Maia constituem, para alguns, o exemplo clássico da devastação da natureza pelo homem pré-industrial. A civilização Maia, uma das mais brilhantes da América Central, teria desaparecido, em parte, em conseqüência do desflorestamento, da agricultura itinerante — o *milpa* — e dos fogos ateados para transformar os habitats. Certas cidades, cujos monumentos, ainda visíveis, testemunham seu poder, seu esplendor, e o grande número de habitantes que nelas se concentravam, estão hoje mortas devido a formas de cultura prejudiciais praticadas por homens imprevidentes, a despeito de seu alto grau de civilização*. Formulemos apenas o voto de que o professor Roger Heim tenha sido demasiado pessimista quando escreveu: "O desmoronar do império Maia prefigurou o da civilização mundial que se está preparando para o próximo século" *(Um naturalista à volta do mundo)*.

Poder-se-iam multiplicar os exemplos: todos mostram que a destruição dos habitats naturais começou no momento da aparição do homem sobre a Terra. Não podemos, evidentemente, censurar os nossos longínquos antepassados por terem querido assegurar sua subsistência e a de seus descendentes e, portanto, por terem transformado parcelas da superfície do globo tendo em vista seu benefício exclusivo. Não podemos também acusá-los de terem aumentado seu impacto à medida que progrediam no caminho da civilização e que aperfeiçoavam suas técnicas.

Em contrapartida, devemos mencionar o fato de que, desde essas épocas remotas, o homem empreendeu uma verdadeira destruição da natureza e desencadeou processos de erosão acelerada e de degradação das associações naturais sem nenhum benefício para si mesmo, devido à má gestão e à incompreensão da "vocação"[6] dos solos e de sua utilização racional.

[6]Fala-se, em sentido figurado, em "vocação" dos solos, para indicar que tipo de vegetação eles seriam capazes de condicionar, em condições ambientais naturais, se não houvesse a interferência humana. Assim, um solo de "vocação" florestal é aquele que seria capaz de suportar uma floresta, mas que se apresenta com diversa cobertura vegetal graças às interferências humanas. O mesmo pode-se dizer com relação aos climas (nota do Coordenador).

Sem dúvida, no início, numa fase de estrita subordinação, o homem *sofreu* os imperativos do seu habitat natural, e dispomos ainda de exemplos dessa subordinação na época atual. Mas esse período foi relativamente curto. Rapidamente o homem contra-atacou ou, mesmo, atacou, iniciativa especificamente humana sem equivalente na história das espécies animais. Que o tenha feito para assegurar a sua sobrevivência e para realizar seu destino humano, é racional; mas que o tenha feito arruinando o seu habitat é repreensível, mesmo se levarmos em conta o fato de que as destruições tinham apenas uma importância local devido à pequena densidade das populações humanas. Esses processos de degradação da superfície da Terra acentuaram-se em épocas posteriores durante as quais se constituíram e se desfizeram grandes impérios, em quase todo o mundo, muito antes da irrupção da civilização industrial, de origem européia, e de sua propagação por toda a Terra.

Alguns sustentaram que a degradação da natureza só começou verdadeiramente com a expansão do branco. À economia devastadora desses últimos e às suas pilhagens eles opõem os métodos conservadores dos autóctones de todas as raças, ou, pelo menos, sua menor noci-

*Ver, especialmente, C. W. Cooke, *Journ. Wash. Acad. Sci.* 21, n.º 13: 283-7, 1931. Parece, no entanto, já estar provado que outros fatores, puramente sociológicos e políticos, desempenharam um papel determinante nesse declínio.

vidade, até mesmo pela ausência de meios técnicos tão aperfeiçoados quanto os dos europeus. Trata-se, evidentemente, de um equívoco. No que concerne à conservação da natureza, e mesmo um certo equilíbrio entre o homem e os meios naturais, é óbvio que o "bom selvagem" à Jean-Jacques Rousseau nunca existiu.

As sociedades primitivas, pré-industriais, já haviam comprometido gravemente a existência de alguns habitats naturais. É até provável que a extinção de certos seres vivos date dessa época, em alguns pontos do globo.

Essas degradações tinham apenas, bem entendido, um alcance limitado, que não se pode comparar com o que se observará quando o mundo inteiro tiver acesso à civilização industrial vinda da Europa ocidental.

Mas a humanidade já continha em seus primórdios os germes da destruição, diríamos mesmo, da autodestruição, que se desenvolverá dramaticamente durante as fases posteriores da sua história.

CAPÍTULO **2**

O HOMEM CONTRA A NATUREZA

"Um continente envelhece depressa assim que nós chegamos". E. Hemingway, *Green Hills of Africa.*

Já vimos que o equilíbrio primitivo da natureza é modificado, quando não comprometido, logo que o homem dispõe de meios técnicos um pouco aperfeiçoados, e logo que a densidade de sua população ultrapassa um determinado limite. A bacia mediterrânea, o sudeste asiático e certas regiões do Novo Mundo foram há muito transformados por terem sido o berço de civilizações muito antigas.

Uma vasta parte do globo, porém, permanecia ainda praticamente intacta na época dos grandes descobrimentos. Foi nesse período da história que o homem tomou consciência da unidade do mundo, até então dividido em setores que tinham pouco, ou mesmo nenhum, contato uns com os outros. Após as primeiras viagens ao redor do mundo, os europeus descobriram rapidamente a imensidão das riquezas das outras zonas do globo, até então inexploradas. Simultaneamente, desenvolvia-se uma civilização técnica preparando a verdadeira revolução industrial dos séculos posteriores.

Ao estágio em que as destruições da natureza eram ainda circunscritas, sucedeu-se um período de dilapidações generalizadas; os recursos naturais de todo o planeta foram então saqueados para o benefício imediato dos pioneiros ou em proveito das nações colonizadoras, que praticavam nas novas terras uma economia de exportação.

No decurso dessa expansão acelerada dos povos europeus através do globo, múltiplas ondas humanas se sucederam na conquista das riquezas mundiais, cada uma delas trazendo novos contingentes de colonos, decididos a explorar a todo o custo as terras virgens ou imperfeitamente aproveitadas. O teatro dessa expansão foi inicialmente a América do Norte, onde a população branca data do século XVIII, em seguida a Austrália e a África, que, com a América do Sul, constitui o continente mais recentemente devastado.

É preciso notar que esses três continentes foram, incontestavelmente, os mais danificados; é dentro dos seus limites que se deplora o desaparecimento ou a extinção avançada do maior número de espécies. Semelhante devastação é fruto da brutalidade com que certos homens, dotados de meios materiais poderosos, intervieram sobre regiões praticamente virgens ou, pelo menos, onde a natureza tinha permanecido até então num equilíbrio mais ou menos estável com o homem "selvagem". É certo que na Europa e na Ásia certas espécies animais ou vegetais foram igualmente exterminadas, e os equilíbrios naturais profundamente modificados. Mas essas transformações realizaram-se por etapas, permitindo assim que muitos seres vivos encontrassem territórios de refúgio, e se adaptassem progressivamente à humanidade. A evolução que demorou séculos a se produzir na Europa e na Ásia foi condensada, por vezes, em apenas algumas décadas na América e na África. A uma evolução lenta opõe-se uma verdadeira explosão devastadora.

As causas desses desastres são múltiplas. Algumas delas provêm de uma ação direta do homem, que destruiu, voluntariamente ou não, para seu proveito imediato, uma espécie animal ou vegetal. Outras causas, indiretas, conduziram à destruição de biótopos inteiros, como o desflorestamento em grande escala ou a secagem sistemática dos pântanos. Ao destino desses habitats está ligado o de um grande número de vegetais ou de animais com exigências ecológicas freqüentemente muito estritas. Toda a flora e a fauna desapareceram assim brutalmente, em bloco, sem que possamos mesmo informar-nos sobre os processos de extinção. Não há dúvida de que muitos elementos da flora ou da microfauna foram destruídos pelo homem antes mesmo que este tenha aprendido a conhecê-los.

Nas páginas seguintes tentaremos traçar o quadro das principais devastações de que o homem é responsável, desde a época dos grandes descobrimentos. Deter-nos-emos sobre as aves e os mamíferos, pois o desaparecimento de muitos deles foi particularmente espetacular; dispomos de um grande número de testemunhos históricos, que nos permitem seguir as etapas de sua rarefação*. Cerca de 120 formas de mamíferos e aproximadamente 150 formas de aves encontram-se desaparecidas atualmente**. Mas é preciso não esquecer que o mesmo aconteceu com inúmeros seres vivos de tamanho menor, "obscuros e insignificantes" vegetais e animais, que desapareceram, tal como tinham vivido, "humilde e silenciosamente". Ocupavam, no entanto, um lugar marcante no equilíbrio do mundo vivo, lugar que, freqüentemente, não era proporcional ao seu tamanho. Seu desaparecimento, sob muitos pontos de vista, é tão grave quanto o da grande flora e o da grande fauna.

Ordenaremos os atentados do homem contra a natureza por continentes, colocando estes últimos, aproximadamente, na ordem cronológica das devastações neles cometidas. Todas elas se enquadram num panorama de pilhagem anárquica e inconsciente das riquezas de um mundo abandonado à cupidez de homens deslumbrados pelos tesouros que a eles se abriam, e que, loucamente, os imaginaram inesgotáveis.

1 — EUROPA

A Europa foi, juntamente com a Ásia, o primeiro continente a sofrer as conseqüências do estabelecimento do homem. A quase-totalidade dos habitats originais desapareceu. O traço mais característico da evolução da natureza sob a influência humana consistiu na destruição da cobertura florestal que se estendia sobre a maior parte do continente; essa destruição teve repercussões profundas no equilíbrio natural e no estatuto da maioria das espécies animais e vegetais. Se bem que esse desflorestamento não tenha sido, de modo algum, integral, o conjunto dos biótopos foi, no entanto, profundamente modificado.

Na orla mediterrânea, a floresta, pouco densa, formada essencialmente por carvalhos de folhas persistentes e pinheiros, tem um poder de regeneração relativamente fraco. Além disso, sua destruição foi muito mais precoce do que em qualquer outra zona (a Ática foi inteiramente desflorestada no século V antes de Cristo). A destruição da floresta prolongou-se durante toda a Idade Média, para dar lugar às culturas e à criação de gado, e para satisfazer as necessidades

*Consultar principalmente as obras fundamentais de Allen (1942), de Harper (1945) e de Greenway (1958).

**No que respeita às aves, pode se calcular que uma dezena de formas (espécies e subespécies) se extinguiram antes de 1700, ao redor de vinte no século XVIII; outras tantas entre 1800 e 1850; cinqüenta aproximadamente de 1851 a 1900, e outras cinqüenta depois de 1901. Pode-se constatar uma aceleração do fenômeno, pois, de há um século para cá, desaparece em média uma forma por ano.

Figura 1. Extensão das florestas na Europa central por volta do ano 900

da indústria e dos estaleiros navais, particularmente florescentes no tempo do esplendor de Bizâncio, de Gênova, de Veneza e de outras cidades italianas. A floresta mediterrânea foi substituída, em grandes áreas, pela charneca e os maquis[1], enquanto que a erosão atacava grande parte das superfícies transformadas*.

[1]Charneca é terreno árido, em que só pode crescer vegetação pouco exigente e de pequeno porte. Os maquis, da região mediterrânea, são terrenos cobertos de arbustos e subarbustos; são, igualmente, áridos (nota do Coordenador).

No resto da Europa, a floresta era essencialmente constituída por carvalhos e outras árvores de folhas caducas, sobretudo faias, substituídas, no Norte, por Coníferas. Formava uma zona florestal densa, mais ou menos contínua, como assinalam certos autores da Antigüidade clássica, particularmente Júlio César**.

*A destruição da floresta mediterrânea provocou também a rarefação avançada de várias espécies vegetais, entre as quais certas Coníferas como *Abies nebrodensis* na Sicília, e a *Abies pinsapo* no sul da Espanha (Províncias de Málaga e Cádis).

**A extensão das antigas florestas reflete-se na toponímia de toda a Europa; os sufixos que se encontram em certos nomes de localidades por vezes afastadas das montanhas arborizadas hoje em dia, tais como: *—ham* e *cote* em inglês; *—wald* e *—holz* em alemão; *—drewa* em eslavo, referem-se às florestas onde foram fundadas. Enquanto que os elementos *—sart* em inglês e em francês; *—rode, —schwend* e *—han* em alemão; e *—trebynja* em eslavo, designam os desbravamentos realizados nessas regiões. A toponímia francesa conservou igualmente muitas reminiscências das antigas florestas, em vocábulos tais como "bois", "bosc", ou aqueles que se referem a uma espécie de árvore (ver especialmente G. Plaisance, *Bull. Phil. Hist. Com. Trav. Hist. Sci. Min. Educ. Nat.*, Paris 1959 (1960): 39-55; e *Rev. Geogr. Est.*, 1962: 221-232).

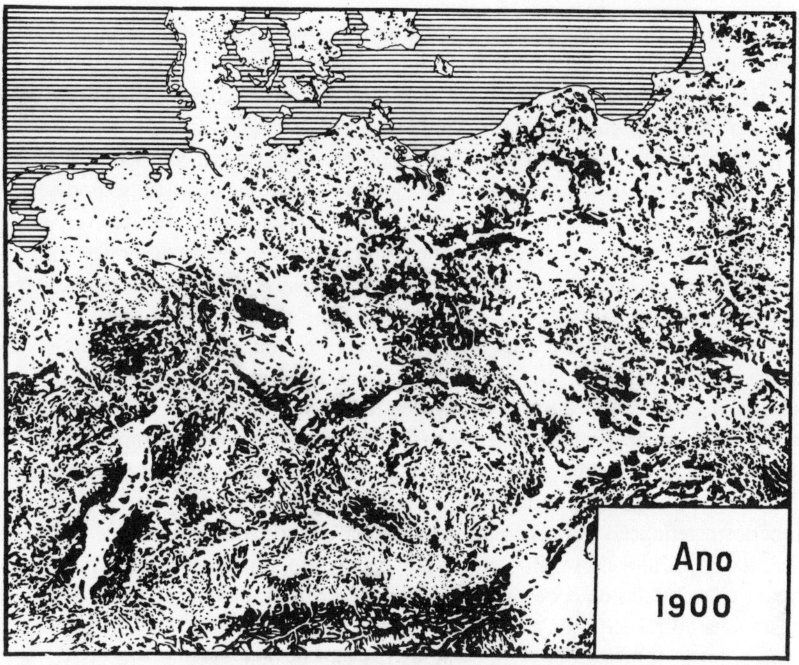

e em 1900. Segundo Schlüter, 1952, *Forsch. Deutsch. Landeskunde*, 63

Só na Idade Média o desflorestamento atingiu proporções sérias; durante séculos, alastrou-se de sul a norte e de oeste a leste à medida que as populações humanas se estabeleciam se estabilizavam (Fig. 1). O desflorestamento foi, aliás, o grande "pensamento" da época: identificava-se, verdadeiramente, a floresta à barbárie, que era conveniente reduzir em benefício da civilização, representada pelas culturas e pelos biótopos "humanizados"*. Note-se que essa espécie de psicose, que possuía incontestáveis fundamentos econômicos e sociais, corresponde exatamente ao que se passou, vários séculos depois noutras regiões do mundo, ao que se está passando ainda, atualmente, em certos países em vias de desenvolvimento**. Basta relembrar as instruções de Carlos Magno outorgando a todos os homens válidos pedaços de floresta para desbravar***. Durante muito tempo, o desflorestamento foi apenas refreado pelos grandes senhores feudais que desejavam conservar enormes florestas para suas caçadas.

Após um rápido recuo das florestas entre o século VII e meados do século IX, seguido de um abrandamento dessa evolução no século X, o desflorestamento acelerou-se a partir do século XI no oeste da Europa em grande parte sob a influência dos mosteiros, Beneditinos inicialmente, Cistercienses em seguida, na França (havia 550 mosteiros no fim do século XII, 750 no século XV). Uma política coordenada visava a fundação de comunidades nas florestas,

*A pastagem é também responsável pelo desflorestamento, devido ao hábito de conduzir o gado para a floresta durante a estação quente. O boi, o carneiro e o porco devastavam assim progressivamente as associações fechadas, cada um deles se especializando num estrato vegetal.

**Não podemos deixar de nos lembrarmos da frase de Chateaubriand: "As florestas precedem os povos, os desertos seguem-nos".

***Na época de Carlos Magno, dois quintos da França foram cultivados após um intenso desbravamento.

constituindo assim inúmeras clareiras que se ampliaram progressivamente, primeiro no oeste e depois no centro-oeste do continente. Na Alemanha ocidental as montanhas do Hartz, de Eifel, da "Thüringer Wald" e da Floresta Negra surgiram, em breve, como verdadeiras ilhas, emergindo em meio às zonas cultivadas.

A partir do século XII, o desflorestamento alastrou-se ininterruptamente em direção ao leste, seguindo o avanço dos povos germânicos que, sob vários pontos de vista, se pode comparar ao avanço para o oeste dos colonos norte-americanos, nomeadamente no que respeita o estabelecimento, no coração das florestas, de pioneiros encarregados de as desbravar. Simultaneamente, aliás, se bem que com um certo atraso, os povos eslavos executavam tarefas similares na Polônia e no leste da Europa.

Esse desflorestamento sistemático não foi, evidentemente, contínuo; houve pausas, em seguida às guerras, às epidemias e a diversas circunstâncias econômicas; houve também, por vezes, regressões da colonização e um retorno local às condições anteriores. Mas, a despeito dessas vicissitudes, o fenômeno prolongou-se até o século passado, e com uma intensidade tal que já desde o século XVI se notam sinais de falta de madeira; essa escassez manifestou-se essencialmente com o desenvolvimento da indústria (vidraria, vigamento de galerias de minas, fundição de minérios e refinação de metais), que consumia quantidades enormes de produtos lenhosos, acelerando o desflorestamento, até então provocado unicamente pela instalação de culturas. Alguns economistas da época aperceberam-se do perigo; citamos, a título de exemplo, uma proposta feita ao rei da França em 1715, visando limitar o número de fundições para permitir a regeneração da floresta. Mas o fato industrial era, evidentemente, irreversível, e a pressão que exercia continuou aumentando enquanto que os estaleiros navais contribuíam para a destruição das mais belas matas. Afirmou-se que a floresta inglesa nunca se restabeleceu das guerras contra a França, assim como certas florestas francesas e bálticas sofreram profundamente com a procura de madeira de construção. Quando, em 1862, durante a revolução americana, a batalha de Hampton Roads provou a superioridade dos barcos de metal, já era demasiado tarde, infelizmente, para salvar algumas das mais belas florestas da Europa.

Atualmente existem ainda, sem dúvida, importantes zonas florestais consideravelmente densas. Mas a comparação de sua dimensão atual com sua extensão nos séculos anteriores demonstra de forma evidente a divisão da antiga floresta em pequenos bosques, em condições ecológicas muito diferentes. Acresce que os esforços dos silvicultores — por mais louváveis que tenham sido no plano econômico — se orientaram no sentido de sua transformação, modificando sua composição florística; por isso, um mapa das florestas pode iludir muito quanto ao seu valor para o naturalista.

Se bem que a destruição progressiva da cobertura florestal seja o fato marcante da modificação dos biótopos naturais da Europa, ela tem sido acompanhada, desde há muito, pela secagem das zonas pantanosas e pelas múltiplas conseqüências do crescimento da população humana e do aumento do seu nível de vida.

A evolução da fauna e da flora selvagens e de sua associação foi dominada por esses diversos fatores. Uma transformação progressiva e relativamente lenta permitiu que muitas espécies se adaptassem às novas condições, refugiando-se em zonas que permaneceram intactas, se bem que reduzidas, e mesmo fracionadas. Os animais pequenos puderam aí proteger-se e se manter até nossos dias, se bem que seus efetivos tenham evidentemente diminuído com rapidez, enquanto que sua repartição se limitava a um certo número de regiões estritamente circunscritas. Em contrapartida, os grandes mamíferos sofreram gravemente, pois suas exigências ecológicas eram incompatíveis com a transformação e o fracionamento dos biótopos originais aos quais estavam radicados. Se alguns desapareceram, é preciso notar-se que nenhuma dessas extinções ocorreu recentemente.

O animal contemporâneo mais prematuramente extinto na Europa é o auroque, *Bos primigenius,* ainda abundante na Germânia no tempo de Júlio César. No século VI, Grégoire de Tours descreve a caça a esse animal na montanha dos Vosges, e até mesmo no oeste da França (Maine). No século IX, Carlos Magno caçava o auroque na região de Aix-la-Chapelle. A caça e o desbravamento das florestas eliminaram-no de toda a parte ocidental da Europa e, desde o início do século XV, o habitat do auroque já estava limitado à Rússia e à Polônia, na floresta de Jaktorowka, na Mazóvia. O último espécime morreu aí, em 1627, apesar dos esforços despendidos pelos reis da Polônia para salvar essa espécie, origem de nossos bois domésticos. Já se tentou regenerar artificialmente a espécie utilizando genitores de diversas raças que, pelo conjunto de suas características, se supunham próximas da forma original, porém sem grandes resultados.

O bisonte da Europa, *Bison bonasus,* teve um destino semelhante. Seu habitat original estendia-se sobre uma vasta zona, do Cáucaso até a França e a Bélgica. Tal como o auroque, o bisonte desapareceu progressivamente do oeste ao leste, à medida que foi progredindo o desbravamento das florestas. Pouco a pouco regrediu, mesmo nos países da Europa oriental, subsistindo apenas na região de Bialowieza, nos confins da Polônia e da Rússia, onde seus efetivos diminuíram lentamente, ano após ano. Em 1892, restavam somente 375, e a manada apresentava já incontestáveis sinais de degenerescência. As guerras, essencialmente a de 1914-18, infelizmente tão devastadora nessa região, puseram em perigo os últimos bizontes, que só medidas muito rigorosas permitiram finalmente salvar de uma extinção total. Note-se que os bisontes do Cáucaso, que os mamalogistas[2] consideram como uma raça particular (*Bison b. caucasicus*), já haviam desaparecido completamente, em estado selvagem, por volta de 1925; foram reintroduzidos no seu país de origem em 1954.

[2] Mamalogistas são os zoólogos especializados no estudo dos mamíferos (nota do Coordenador).

Se bem que outros Ungulados da Europa tenham, incontestavelmente, sofrido menos do que o auroque e o bisonte, seus efetivos, no entanto, diminuíram numa velocidade inquietante. É particularmente o caso do bode selvagem, *Capra ibex,* Caprino das montanhas da Europa, entre a Espanha e o Cáucaso. Algumas de suas populações, nomeadamente certas formas locais na Espanha e em Portugal (forma *lusitanica* considerada como extinta desde 1892), foram inteiramente eliminadas pela caça. Mesmo nos Alpes, o bode selvagem chegou quase à extinção total devido a uma caça demasiado intensiva. Na Suíça, desde o século XVI, seus efetivos eram extremamente reduzidos, acabando mesmo por desaparecer completamente; foram reintroduzidos em 1911. Na Itália, o bode selvagem rarefez-se consideravelmente, pois em 1821 sobravam apenas algumas dezenas de exemplares vivos (Couturier, 1962).

A camurça *Rupicapra rupicapra* sofreu igualmente uma sensível diminuição de seus efetivos devido à caça* e em conseqüência também da redução das florestas de montanha que constituem seu refúgio. No entanto, a espécie nunca esteve verdadeiramente em perigo de extinção. O carneiro montês, *Ovis musimon,* mantém-se com dificuldade na Córsega e na Sardenha, vítima de uma caça ilícita mas intensa.

*Certos caçadores cometeram verdadeiros massacres, como por exemplo o Príncipe Augusto de Saxe-Coburgo que matou, durante a sua vida, 3 412 camurças, a maior parte na Alta Styrie. O famoso caçador suíço G. M. Colani abateu 2 700 desses animais, exercendo uma verdadeira tirania cinegética no Engadin.

Os grandes carnívoros, em contrapartida, sofreram muito, pois é-lhes muito difícil manterem-se em regiões transformadas pela agricultura e pela criação de gado, onde os incontestáveis danos de que são responsáveis provocam a vingança das populações, especialmente dos pastores.

O leão *Panthera leo* foi o primeiro a desaparecer da Europa. Bastante abundante ainda durante a Antigüidade, como o atestam os historiadores gregos que contam suas façanhas na Trácia e na Macedônia, desapareceu dos seus últimos refúgios europeus durante o primeiro século da era cristã. Alguns pensam que não se trata do leão atual, mas sim do leão das cavernas *Panthera spelaeus,* ainda abundante na época pós-glacial.

O urso *Ursus arctos,* pelo contrário, manteve-se numa parte considerável do seu habitat, contentando-se apenas em evacuar as zonas transformadas pelo homem. A França foi habitada em toda a sua superfície, durante o período histórico, por esse grande carnívoro, que, atualmente, persiste somente nos Pireneus (nos Alpes franceses, o último urso foi morto em 1921, na Sabóia; no Vercors, o último foi visto em 1937; Couturier, 1954). Mesmo aí, vai desaparecendo nitidamente, assim como na Espanha. Extinguiu-se igualmente na Suíça, onde habitou os Grisons até o início deste século, assim como na Áustria e na Alemanha. Em contrapartida, é ainda bastante comum na Iugoslávia e nos países da Europa oriental, exceto na Polônia.

O lobo *Canis lupus* teve um destino comparável ao do urso. Existia ainda em abundância no século XIX na França, de onde uma caça sistemática tentou erradicá-lo*. Assim, esse carnívoro desapareceu rapidamente da maioria das províncias francesas entre 1880 e 1920. Subsistem ainda alguns espécimes nas regiões mais selvagens do Maciço Central e de Landes, onde foi assinalado em 1968.

O lobo mantém, no entanto, efetivos consideráveis na Espanha, em certas regiões da Itália, nos Bálcãs e na Rússia; em suma, em todas as regiões que conservaram seus habitats primitivos em áreas suficientemente vastas. É evidente que o lobo constitui uma verdadeira ameaça para os criadores de gado, e que não há outra solução senão a eliminação deste carnívoro, devido aos danos que causa.

As aves também sofreram, sobretudo as espécies maiores**. Algumas desapareceram por misteriosas razões, como por exemplo o íbis *Comatibis eremita,* ainda conhecido na Suíça na época de Gesner, mas que só existe atualmente na África do Norte. Outros foram vítimas de uma caça excessiva e refugiaram-se nas montanhas ainda arborizadas, nomeadamente os tetrazes, que outrora habitavam as planícies e hoje são característicos das florestas montanhosas.

As grandes aves de rapina diminuíram consideravelmente em toda a Europa. As águias (várias espécies do tipo *Aquila*) já se tornaram raras, assim como os abutres, devido à caça e a modificações profundas nos métodos usados pelos pastores. O abutre, *Gypaetus barbatus,* desapareceu também de uma vasta área do seu antigo habitat, nomeadamente dos Alpes; em todas as outras zonas, seus efetivos são escassos. Essa grande ave de rapina é particularmente sensível a qualquer modificação no equilíbrio natural, pois se encontra na extremidade de uma cadeia alimentar complexa, alimentando-se essencialmente dos ossos dos animais mortos pelos

*1 300 lobos, pelo menos, foram mortos em 1883 em todo o território, essencialmente com iscas envenenadas.

**Mencionaremos o caso do grande pingüin *(Alca impennis)* no parágrafo consagrado à América do Norte.

grandes carnívoros, sobretudo pelos lobos. É, portanto, provável que desapareça ao mesmo tempo que esses últimos.

Os exemplos que acabamos de lembrar mostram a intensidade da influência humana na Europa. Em nenhuma outra zona do mundo o homem modificou tão profundamente o equilíbrio natural para o seu exclusivo benefício. Essas transformações são especialmente graves se considerarmos que a Europa faz parte das regiões mais povoadas do globo. Se se deve responsabilizar diretamente a caça pelo desaparecimento ou a rarefação acentuada dos grandes animais, pode se considerar, no entanto, muito mais prejudicial a transformação dos biótopos e as suas repercussões em cadeia. Muitos animais e plantas desapareceram com os meios a que pertenciam. Os progressos da civilização devem ser considerados como responsáveis pela situação criada, como o prova eloqüentemente o estudo cronológico do desaparecimento dos animais e da extensão da civilização do oeste ao leste e do sul ao norte. Com exceção de certos biótopos de zonas montanhosas elevadas e dos habitats árticos, não existe na Europa um só centímetro quadrado de terreno sobre o qual a influência humana não se tenha exercido em profundidade.

Paradoxalmente, a Europa é a região do mundo onde o número de espécies extintas é menos elevado. Isso se deve, essencialmente, ao fato de as modificações terem sido progressivas. Foram necessários vinte séculos para chegar à situação atual. Assim, a fauna e a flora tiveram tempo de se adaptar e de procurar refúgios, o que não aconteceu em outras partes do mundo, sobretudo na América, devido ao caráter a bem dizer explosivo da irrupção do homem. A velocidade de transformação dos habitats naturais é um fator muito importante que deve ser considerado sempre que se trata da conservação da natureza.

2 — AMÉRICA DO NORTE

O continente norte-americano encontrava-se num estado quase primitivo quando os europeus nele se instalaram, em grande número, no início do século XVII. Uma população autóctone esparsa vivia em harmonia com seu habitat. As devastações começaram imediatamente, e se intensificaram nos séculos seguintes, ao mesmo tempo em que a população crescia rapidamente e se espalhava, penetrando em direção ao oeste.

Pode se observar na América do Norte uma evolução semelhante à da Europa, porém com algumas modalidades fundamentalmente diferentes, consecutivas à rápida expansão do homem civilizado, dotado de consideráveis meios de destruição. Aquilo que demorara séculos na Europa, foi realizado no Novo Mundo em 200 anos, numa escala muito maior. A lenta modificação dos habitats europeus durante a Idade Média foi "condensada" e substituída pelo impacto brutal de homens enérgicos, que dispunham de meios técnicos já modernos e para os quais a natureza selvagem representava uma inimiga que devia ser vencida a todo o custo, pois, pelo próprio fato de sua riqueza, os recursos naturais pareciam inesgotáveis (ver, entre outros, Chinard, 1949).

Como disse Fairfield Osborn (1948), nos Estados Unidos — "país da grande ilusão" — "a história da nação durante o século anterior no que concerne à utilização das florestas, das pastagens, da fauna, da flora e da água é a mais violenta e a mais destrutiva de todas as da longa história da civilização. A rapidez dos acontecimentos não tem rival. Na realidade, trata-se da história da energia humana insensata e descontrolada".

Quando os brancos chegaram, todo o leste dos Estados Unidos e do Canadá estava coberto por uma floresta densa que se estendia praticamente da costa atlântica ao vale do Mississipi, e que, bem entendido, apresentava uma composição variável segundo a latitude. O desflorestamento foi relativamente rápido. Calcula-se que, dos 170 milhões de hectares arborizados que existiam na época, subsistem apenas, atualmente, de 7 a 8 milhões; provavelmente só uma parte pode ser considerada como representante das associações florestais primitivas, devido aos reflorestamentos posteriores e a transformações artificiais (menos de 7% das superfícies para o conjunto dos Estados Unidos, encontrando-se no oeste a maioria das florestas primitivas). O desflorestamento começou no fundo dos vales; em seguida, durante o século XIX, mesmo as colinas foram privadas de sua coroa de florestas. Em 1754, no Massachusetts, existiam ainda 9,71 hectares de floresta por habitante; em 1800, só 4,45; em 1830, apenas 3,24.

O desaparecimento da cobertura florestal foi-se agravando, atingindo continuamente novos distritos. Pouco depois, as culturas tinham-se propagado em todo o leste dos Estados Unidos, e, por volta de 1830, os melhores solos, a leste do Mississipi, já estavam ocupados. As terras ricas dos Estados do Sul, reservadas para as culturas de algodão e de tabaco que desnudavam o solo, começaram a apresentar graves sinais de erosão.

Foi então que começou a colonização das grandes planícies do centro dos Estados Unidos, até então cobertas por savanas de gramíneas, as "prairies"[3], e, em seguida, do oeste do continente, provocando uma vasta migração cuja história já é clássica. As planícies foram consagradas à cultura extensiva do trigo e do milho, em detrimento dos habitats originais, da flora e da fauna selvagens, particularmente dos grandes mamíferos e das aves para as quais constituíam habitats e vias de migração muito importantes.

[3]"Prairies" são vastos campos em que predominam de modo absoluto as gramíneas. Entre elas ocorrem ervas, arbustos e algumas árvores, geralmente isoladas, ou formando pequenos grupos. O termo que melhor corresponde a este, no Brasil, é "campo limpo". Costuma-se usar a própria palavra "prairie", que inclusive nos orienta quanto à situação geográfica da vegetação de que estamos tratando (nota do Coordenador).

Para lá das grandes planícies, as cordilheiras apresentam biótopos mais diversificados, que vão das luxuriantes florestas úmidas de Washington e do Oregon, até os mais áridos desertos de Nevada e da Califórnia. Aí também o homem exerceu uma influência considerável, por vezes mais por sua ação direta do que pela modificação dos meios naturais.

Como na Europa, a devastação da natureza modificou profundamente os biótopos originais. A zona leste perdeu sua cobertura florestal, "prairie" do centro do continente foi transformada em região de cultura extensiva; apenas o oeste conservou, nas suas partes mais secas, aproximadamente o seu aspeto original, devido à improdutividade de suas terras, se bem que as associações de gramíneas tenham sido convertidas em pastagens para a criação extensiva de gado, muitas vezes sujeitas a um excesso de pisoteio.

A transformação dos habitats primitivos provocou uma rápida diminuição dos animais, particularmente das aves e dos mamíferos, incapazes de se adaptarem progressivamente às modificações dos biótopos e, provavelmente, mais exigentes do que seus homólogos europeus.

Esta rarefação foi, porém, a expressão de um desejo de destruição, seja por que o homem tenha tido um real prazer em massacrar os animais, seja por que, conscientemente, tenha pretendido erradicá-los. Esse desejo de destruir a vida selvagem, de a eliminar definitivamente, não tem equivalente na história da Europa. Não é, portanto, de espantar que alguns animais norte-americanos tenham desaparecido inteiramente hoje em dia.

O exemplo mais lamentável de destruição de uma espécie permanece o do pombo-migrador, *Ectopistes migratorius* (Fig. 2). Este pássaro, a que os canadenses davam o nome de *tourte,*

Figura 2. Pombo migrador *Ectopistes migratorius*

vivia em bandos imensos nas florestas do leste americano, do sul do Canadá (província de Manitoba, Ontário e Quebec) aos Estados Unidos, nos Estados de Virgínia e do Mississípi. Formava colônias consideráveis nas florestas de árvores frondosas, sobretudo nas associações de carvalhos, faias e bordos. Por vezes, as árvores vergavam sob o peso dos ninhos, construídos lado a lado. Segundo alguns observadores, pelo menos 136 milhões de indivíduos habitaram até 1871, em Wisconsin, uma área de 2 200 km^2. Por volta de 1810, Wilson (*in* Greenway, 1958) calculou 2 230 272 000 indivíduos num só bando.

As migrações desse pombo eram bastante irregulares, a importância dos efetivos migradores variando de ano para ano. Uma fração da população invernava na parte setentrional do habitat da espécie, na Pensilvânia e no Massachusetts; porém a maioria dos indivíduos descia para o sul, para passar o inverno nos estados situados nas margens do golfo do México. Ao pousar sobre as árvores, quebravam os ramos sob seu peso, o que prova a densidade dos bandos. O pombo migrador desempenhava um papel de primeiro plano nas comunidades naturais do leste do continente americano e era, incontestavelmente, o pássaro terrestre com efetivos mais numerosos.

Os índios consumiam, desde há muito, um certo contingente desses pombos, cuja carne era deveras apreciada. A despeito, porém, dessa depredação humana, a espécie era das mais florescentes quando os brancos chegaram à América. No entanto, seu declínio começou rapidamente, devido à ação direta do homem. Milhares de caçadores esperavam passagem dos pombos nas épocas de migração, dizimando seus bandos, disparando por cálculo aproximado, e, a cada tiro, abatendo pássaros que nem se davam ao trabalho de apanhar, pois o único prazer era "acertar no alvo". Por outro lado, durante a época de nidificação, quando os filhotes, ainda gordos e incapazes de levantar vôo, permaneciam no ninho, organizavam-se autênticas "apanhas", cuidadosamente descritas pelos contemporâneos. Não se hesitava mesmo em cortar as árvores onde se encontravam os ninhos dos pobres pombos, a fim de apanhar os filhotes que só com varas não era possível alcançar.

Não é, portanto, de espantar que o número de pombos migradores tenha diminuído rapidamente durante o século XIX. Desde 1870, as grandes colônias de nidificação tinham já desaparecido de toda a área de reprodução da espécie, exceto das regiões próximas dos Grandes Lagos. A rarefação do pombo migrador foi também, é claro, extremamente sensível, ao longo das suas vias de migração. Foram assinalados pequenos bandos com passagens irregulares até por volta de 1880. Em 1899 foi visto, sem nenhuma possibilidade de dúvida, o último espécime em liberdade. Depois dessa data foram ainda assinalados outros indivíduos aqui e acolá, se bem que tenham sido feitas certas confusões com outras espécies de Columbídeos. Em 1909, foi oferecida uma recompensa de 1 500 dólares a quem fornecesse informações precisas sobre a nidificação de um casal. O prêmio nunca pôde ser atribuído, pois os esforços de inúmeros observadores acabaram sendo infrutíferos. O último indivíduo morreu no cativeiro, no jardim zoológico de Cincinnati, Ohio, no dia 1.º de setembro de 1914. Uma espécie particularmente próspera foi assim eliminada pelo homem, único responsável por essa extinção. Devem se incriminar as destruições maciças de filhotes e de adultos, assim como a transformação profunda do habitat: o desaparecimento do pombo mencionado foi um corolário inevitável do desflorestamento da parte leste da América do Norte.

Deve-se responsabilizar também o homem pela total destruição do periquito-da-carolina, *Conuropsis carolinensis,* pássaro com uma longa cauda pontiaguda, plumagem verde contrastando com o laranja da cabeça, que povoava o sudeste dos Estados Unidos, do sul da Virgínia e do Nebrasca ao golfo do México (Fig. 3). Estes periquitos habitavam regiões arborizadas, fazendo seus ninhos nas cavidades das árvores. O declínio das suas populações foi rápido, e, tal como o pombo migrador, o último indivíduo vivo conhecido morreu em 1914 no jardim zoológico de Cincinnati. Formularam-se várias hipóteses para explicar o seu desaparecimento. Invocaram-se especialmente várias epizootias, que teriam dizimado esses pássaros cujos costumes gregários os tornavam particularmente sensíveis a tais infecções. Nenhuma das explicações sugeridas parece ser a verdadeira. A única razão do desaparecimento da espécie foi, sem dúvida, e mais uma vez, a ação direta do homem. Com efeito, os testemunhos históricos mostram sua regressão progressiva à medida que a colonização se alastrou para o oeste e transformou a paisagem vegetal. Os periquitos-da-carolina eram considerados nocivos para as culturas, sem que seja possível, aliás, inocentar esses pássaros que efetivamente apreciam sementes

Figura 3. Periquitos da Carolina *Conuropsis carolinensis*

e frutas. Não é, portanto, de espantar que a espécie, conquanto abundante e prolífera, não tenha suportado as perseguições de que foi vítima e tenha desaparecido por completo num lapso de tempo relativamente curto. Alguns observadores pensaram, por vezes, reconhecê-la, mas parecem ter sido erros de identificação.

O sudoeste da América do Norte viu, da mesma forma, desaparecer outro pássaro, *Campephilus principalis,* cujo biótopo preferido se encontrava nas florestas densas que se estendiam ao longo das margens dos rios, parcialmente inundadas pelas enchentes. Se bem que não se possa incriminar o homem pela destruição direta desse pássaro, deve-se considerar, no entanto, que a devastação do seu habitat foi extremamente prejudicial para a espécie. Segundo os dados mais recentes, subsistem apenas atualmente alguns indivíduos (5 foram vistos em 1962). Estes remanescentes não foram observados durante os últimos anos e, para todos os efeitos, a espécie está virtualmente extinta.

Quando da transformação profunda das grandes planícies do centro do continente, desapareceram também várias de suas aves mais características, enquanto que os efetivos de várias outras, como por exemplo os da espécie *Tympanuchus cupido,* diminuíram em proporções dramáticas e sua área de distribuição se fracionou em zonas largamente separadas (Fig. 4). A caça intensiva é responsável por essa diminuição (chegaram-se mesmo a organizar caçadas comerciais para aprovisionar o mercado das grandes cidades). A transformação dos habitats, porém, teve conseqüências mais desastrosas ainda: a eliminação de certas plantas, de que essa espécie se alimentava exclusivamente, privou-a das condições indispensáveis à sua sobrevivência.

As planícies centrais constituíam vias de deslocamento para inúmeros migradores que, no outono, desciam das zonas setentrionais do continente para irem passar o inverno nas mar-

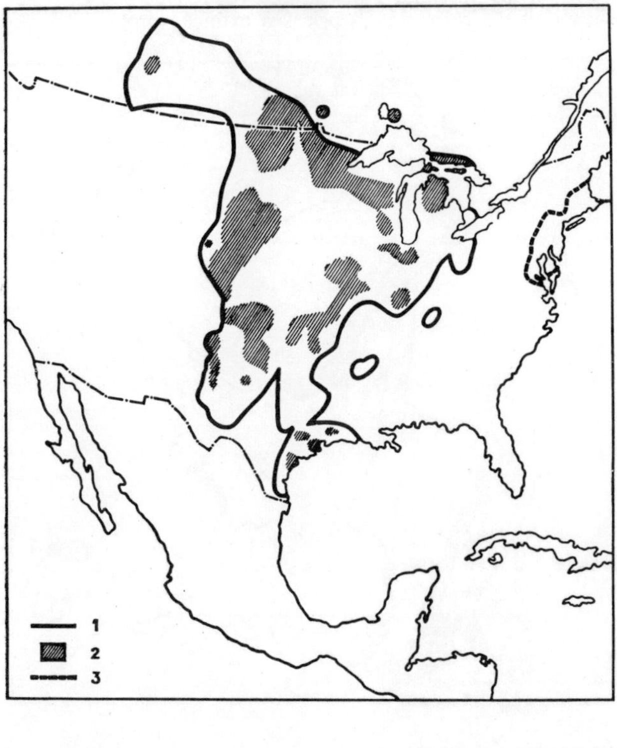

Figura 4. Redução da área de repartição da espécie *Tympanuchus cupido.* 1 – Distribuição no início da colonização pelos europeus. 2 – Distribuição atual (*T.c. pinnatus, attwateri* e *pallidicinctus*). 3 – Limite da distribuição da subespécie oriental (*T.c. cupido*), hoje extinta. Segundo J. W. Aldrich e A. J. Duvall, *Fish and Wildlife Circ.* n.° 34, 1955

gens do golfo do México e mesmo mais além, nas regiões tropicais da América do Sul. Dois desses migradores praticamente já desapareceram. O primeiro é a espécie *Numenius borealis*, que construía seu ninho nas tundras[4] do norte do Canadá, e ia passar o inverno nos pampas úmidos da Argentina. Se descia para o sul ao longo das costas atlânticas da América do Norte e mesmo sobre o oceano, regressava por um itinerário muito mais continental, sobrevoando nomeadamente o centro dos Estados Unidos. Na origem, seus efetivos eram consideráveis. No entanto, uma caça demasiado intensiva acabou por destruir a espécie, ajudada pelos ciclones que, surpreendendo os pássaros sobre o Atlântico durante sua migração de outono, ocasionaram certamente perdas sérias. Indivíduos isolados foram várias vezes vistos desde 1945; atualmente, os efetivos da espécie tornaram-se extremamente escassos, e sua proteção é tanto mais difícil visto que não se sabe a localização nem de seus territórios de reprodução nem das regiões onde passam o inverno.

[4]Tundra é uma formação vegetal que ocorre em regiões de clima extremamente frio. Caracteriza essa vegetação um grande número de musgos e líquenes. Tundras são encontradas, por exemplo, na Rússia e no Canadá (nota do Coordenador).

O mesmo aconteceu com o grou americano, *Grus americana*, cujos territórios de reprodução se estendiam sobre uma vasta zona no noroeste do Canadá, desde o rio dos Escravos até os Estados Unidos, essencialmente no Iowa e no Illinois. Todos os anos, após migrações de grande envergadura, baixava nas margens do golfo do México cujas lagunas costeiras satisfaziam particularmente bem as suas exigências ecológicas (Fig. 5). A própria extensão das suas migrações torna a proteção do grou americano extremamente difícil, e mesmo impossível; certos biólogos americanos pensam que só um milagre pode salvá-lo da destruição total. Os caçadores são responsáveis pela sua extinção progressiva, pois os biótopos de nidificação pa-

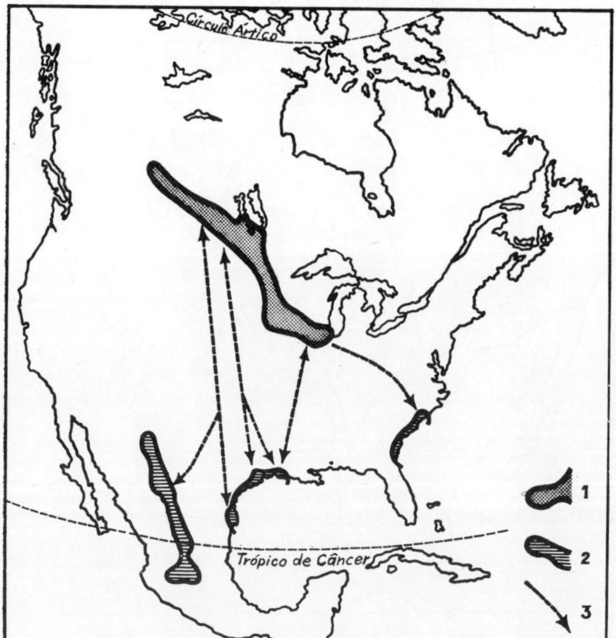

Figura 5. Área de distribuição original do grou americano. 1 — Área de reprodução. 2 — Área de invernagem. 3 — Grandes vias de migração. Esse grou, atualmente, só inverna numa zona muito reduzida em volta do golfo do México. Segundo R. P. Allen, *The Whooping Crane*, Nova York, 1952

recem não ter sido excessivamente modificados, não tanto quanto os que constituem a zona de seus refúgios de inverno. Atualmente fazem-se recenseamentos anuais cada inverno, na reserva de Arkansas, no Texas. Em 1941, recensearam-se apenas 15 indivíduos. Em março de 1969, os efetivos totais eram somente de 68 indivíduos, dos quais 18 se encontravam no cativeiro. De há alguns anos para cá, pode-se assim constatar um lento crescimento da população do grou que, no entanto, permanece sob ameaça de extinção. Todos os anos são apanhados ovos nos locais de reprodução, incubados em seguida artificialmente para aumentar as probabilidades de sobrevivência da espécie, mantendo-a no cativeiro. Os resultados dessas iniciativas foram de um modo geral bastante bons. Uma abundante propaganda difundida pela rádio e pela televisão na ocasião das passagens não impede, no entanto, aqui e acolá, o tiro de um caçador mal informado.

Na América do Norte, mesmo as aves do litoral sofreram gravemente. Foi, particularmente, o caso do célebre grande pingüim *Alca impennis*, o gigante de todos os Alcídeos, atingindo 75 cm de altura e desprovido de toda e qualquer capacidade de vôo em conseqüência de uma redução de suas asas, que se tornaram vestigiais[5] (Fig. 6). Este pássaro, aliás, não era típico da América do Norte, pois habitava as costas rochosas de todo o Atlântico Norte, desde a Terra-Nova e a Groenlândia até a Escócia e a Escandinávia, e mesmo ocasionalmente, mais para o sul, até a França e a Espanha. Restos de fósseis ou de subfósseis marcam um perímetro mais vasto ainda, englobando a Itália.

[5] Muitos órgãos, em plantas e animais, sofrem redução em tamanho, no decurso da evolução, chegando a perder a função que desempenhavam inicialmente. Tais órgãos são chamados vestigiais. Por exemplo, nas jibóias há pernas posteriores vestigiais; no próprio homem, o apêndice é um órgão vestigial (nota do Coordenador).

Figura 6. Grande pingüim *Alca impennis*

Esta ave, incapaz de voar, constituía para os homens uma presa ideal, e parece ter sido caçada desde épocas muito remotas. Sua abundância, atestam-na os restos ósseos encontrados entre os detritos de cozinha, espalhados sobre uma boa parte da costa americana, desde o Maine ao Canadá setentrional, e mesmo na Europa, nomeadamente na Noruega, onde parece que serviu de alimento para os povos neolíticos.

Um grande número de documentos históricos refere-se a esta ave, não apenas relativamente aos esquimós, que dela se alimentavam, mas também aos pescadores e aos marinheiros que percorriam o Atlântico Norte. Sabe-se, por exemplo, que em 1590, um islandês encheu um barco inteiro com despojos de grandes pingüins apanhados na costa oriental da Groenlândia, e vários testemunhos semelhantes mostram-nos como estava organizada a captura desses animais indefesos. Desde essa época, seus efetivos parecem ter diminuído consideravelmente, em relação aos períodos anteriores. Essa rarefação acentuou-se nos séculos XVIII e XIX que assistiram ao desaparecimento da maioria das grandes colônias de nidificação, especialmente a de Funk Island, ao largo da costa oriental de Terra Nova, onde uma colônia extremamente próspera, a mais importante de todas, foi inteiramente destruída pelos pescadores. Quando o norueguês Stuwitz desembarcou na ilha em 1841, encontrou apenas amontoados de ossos, alguns indivíduos mumificados, e detritos de conchas. Entretanto, outras colônias subsistiram naquelas zonas, mas desapareceram progressivamente devido à ação devastadora dos marinheiros, e sobretudo dos pescadores que massacravam os grandes pingüins para os utilizarem como isca. Estas práticas acarretaram rapidamente o desaparecimento total da espécie, cuja última colônia parece ter existido em Eldey Rock, ao largo da costa oriental da Islândia. O último espécime conhecido foi aí apanhado em 1844.

O grande pingüim mostra-nos também, portanto, como o homem pode exterminar uma espécie próspera. Nenhuma outra causa deve ser incriminada pela erradicação dessa ave, cujos efetivos se distribuíam por uma área tão vasta que se encontravam assim ao abrigo das destruições naturais. Existem apenas alguns espécimes naturalizados, conservados nos museus da Europa e da América; os ovos são tão raros que os colecionadores oferecem, por apenas um, 30 vezes o peso de sua casca em ouro.

Não está concluída, infelizmente, a lista das aves norte-americanas gravemente ameaçadas. Deveríamos acrescentar ainda várias, nomeadamente o condor-da-califórnia *Gymnogyps californianus,* aparentado, senão idêntico, a uma espécie fóssil bastante comum na América do Norte. Sua distribuição está hoje limitada a alguns distritos da Califórnia meridional onde os seus efetivos, em 1953 (Koford), se reduziam a 60 indivíduos. Segundo cálculos mais recentes, o número destes pássaros tinha baixado para 40 em 1965, ou seja, uma diminuição de 30%; mas, em 1966, recensearam-se 51, com uma boa proporção de filhotes. O homem é inteiramente responsável por esta rarefação avançada, devida essencialmente ao massacre ilegal, à transformação do habitat e ao envenenamento secundário com iscas destinadas aos coiotes e aos roedores (Miller, McMillan, *Res, Rep.,* n.º 6, Nat. Audubon Society, 1965).

Entre os mamíferos, o exemplo mais espetacular de destruição é, certamente, o que nos oferece o bisonte da América *Bison bison,* cujo extermínio, quase total, constitui um dos mais lamentáveis capítulos da conquista do mundo pelo homem. O domínio desse grande Bovídeo estendia-se sobre vastas áreas das grandes planícies americanas, desde o lago Erié até a Louisiana e o Texas, não ultrapassando os Montes Alleghanys para leste. No interior desse vasto habitat, os bisontes realizavam anualmente, em determinadas estações, migrações condicionadas pelas necessidades alimentares. Como esses deslocamentos se efetuavam ao longo de rotas fixas, constituíam-se verdadeiras vias percorridas pelas manadas migradoras. Calcula-se que, na origem, a população total montava a 40 milhões de indivíduos nas planícies, a 30 milhões nas pradarias, e a 5 milhões aproximadamente nas regiões arborizadas, ou seja, 75 milhões de indivíduos ao todo, número incrível à primeira vista, se se considerar o tamanho desses Bovídeos, cujos machos velhos atingiam um peso de cerca de 100 quilos. Estas grandes manadas não tinham inimigos naturais, com exceção dos coiotes que por vezes atacavam os jovens bisontes. Viviam em perfeito equilíbrio com seu meio natural.

Os primeiros viajantes ficaram profundamente impressionados com estas manadas, que descreveram com entusiasmo. Infelizmente, foi nessa época que começaram os grandes massacres, agravando-se em seguida, sobretudo depois da revolução americana, e à medida que os colonos penetravam a oeste. Se bem que a transformação dos habitats seja, em parte, responsável pela regressão do bisonte, sua verdadeira causa foi o massacre organizado.

De um modo geral, é possível distinguir duas fases nessa destruição. A primeira durou aproximadamente de 1730 a 1840; relativamente limitada, era de uma certa forma justificada pela transformação progressiva das terras virgens em culturas e pela procura de couro. É evidente que a existência de imensas manadas de animais desse tamanho, locomovendo-se continuamente, é *a priori* incompatível com o cultivo do seu habitat; o caso do bisonte repetiu-se em outras partes do mundo, essencialmente na África. Nessa época, no entanto, tratava-se apenas ainda de uma limitação do número de indivíduos e de uma exploração das manadas. A segunda fase, iniciada por volta de 1830, foi muito mais devastadora, pois tinha por objetivo uma total erradicação do bisonte. No norte do habitat, estes bovinos foram exterminados para privar de seu principal alimento os Sioux e outras tribos de índios contra os quais os brancos lutavam impiedosamente. Porém, sua destruição foi também, freqüentemente, organizada como um divertimento; atestam-no os prospectos das companhias de estradas de ferro, que prometiam aos viajantes uma caça aos bisontes, pelas janelas do trem, sem que tivessem de abandonar os seus assentos! Em muitos casos, só se aproveitava a língua, iguaria muito apreciada; o resto do corpo era abandonado no local da chacina. Nessa época, foram mobilizados verdadeiros exércitos, com seus oficiais e seus capelões, em vista de uma destruição sistemática dos bisontes*. Em 1872-73, durante a época da caça, foram exterminados, no mínimo, 200 000 animais, só no Estado do Kansas. Calcula-se que, entre 1870 e 1875 foram abatidos anualmente 2,5 milhões. Depois de um certo tempo, seus ossos eram recolhidos para com eles se fazer adubo. Empresas especializadas encarregavam-se de os recuperar e reunir perto das linhas de estradas de ferro. Os arquivos de algumas delas permitem-nos avaliar a magnitude dos massacres, pois certas pilhas de ossos, prestes a serem transferidas aos vagões, tinham por vezes 20 000 esqueletos. O famoso trem de Santa Fé transportou cerca de 5 milhões de quilos de ossos de bisontes entre 1872 e 1874. Não espanta, portanto, que seja possível calcular que, por volta de 1868, os bisontes já tivessem praticamente desaparecido do sudoeste dos Estados Unidos. Subsistiam certamente algumas manadas errantes, mas seu número era tão reduzido que os caçadores desanimaram e a "exploração" cessou completamente desde essa época.

A manada de bisontes do norte dos Estados Unidos já havia também diminuído consideravelmente quando, por volta de 1880, foi vítima de uma investida final realizada por tribos de índios armados especialmente para o massacre. Calcula-se que um só caçador matava entre 1 000 a 2 000 bisontes apenas numa época de caça (de novembro a fevereiro). Estes animais tornaram-se rapidamente tão raros que os relatos dos caçadores entre 1880 e 1885 contam

*Foi nessa época que se distinguiu W. F. Cody, o célebre "Buffalo Bill", contratado para abastecer os trabalhadores empregados na construção de uma estrada de ferro; em 18 meses matou 4 280 bisontes.

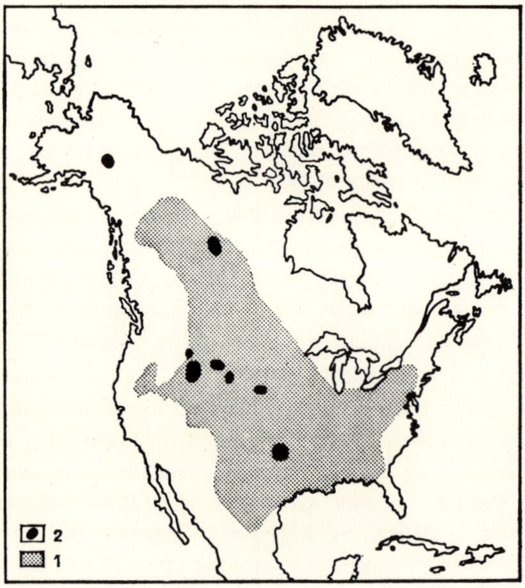

Figura 7. Redução da área de distribuição do bisonte da América. 1 – Distribuição no início da colonização européia. 2 – Distribuição atual. Segundo Petrides, 1961

todos a perseguição do "último" num determinado distrito. Tais relatos traduzem a extrema redução dos efetivos dispersos sobre uma parte da área do habitat original (Fig. 7).

Os caçadores que tinham exercido suas atividades no noroeste dos Estados Unidos pensaram durante muito tempo que os bisontes não haviam sido exterminados, mas que tinham emigrado para o Canadá, de onde regressariam brevemente, em massa. Na realidade, os bisontes já tinham sido virtualmente erradicados do Canadá. Seu desaparecimento tivera, aliás, graves conseqüências sociais e econômicas nas tribos de índios que viviam em equilíbrio com os bisontes, consumindo apenas o contingente necessário à satisfação das suas necessidades. Durante o inverno de 1886-87, estas tribos se encontravam num estado de privação, de subalimentação tal que a mortalidade atingiu uma taxa extremamente elevada em seus acampamentos.

Se a destruição quase total do bisonte constitui, sem dúvida, o episódio mais trágico de toda a história das relações entre o homem e a fauna do Novo Mundo, não foi, infelizmente, a única; todos os outros mamíferos sofreram, paralelamente, perdas consideráveis. Seus efetivos diminuíram em proporções por vezes dramáticas, e sua distribuição foi-se reduzindo progressivamente. Desse modo, o alce americano (Wapiti) *Cervus canadensis,* cuja distribuição se estendia primitivamente desde o sul do Canadá até o norte do Alabama, foi exterminado em todo o leste dos Estados Unidos, paralelamente ao desaparecimento das florestas que constituíam seu habitat.

No norte do Canadá, o caribu da tundra *Rangifer tarandus arcticus* sofreu perdas consideráveis e sua distribuição diminuiu rapidamente, assim como o caribu da floresta *Rangifer tarandus caribou.* Os efetivos do primeiro, avaliados em 100 milhões primitivamente, estavam reduzidos a 30 milhões em 1911, e a 2,5 milhões em 1938. A regressão avançada desses animais teve, aliás, graves conseqüências sociais, devido ao papel importante que desempenhavam na economia dos esquimós e dos índios do Grande Norte canadense.

A antilocapra, *Antilocapra americana,* último sobrevivente de um grupo possuindo inúmeras formas fósseis características da América do Norte, também sofreu consideravelmente sob

Foto 11. Bisontes massacrados para a obtenção de couro. Foto de 1872

Foto 12. Peles de bisontes amontoadas em Dodge City, Kansas, em 1874

Foto 13. Caribus em migração no Grande-Norte canadense

Foto 14. Caribus massacrados ao atravessar um rio

Foto 15. Vicunhas. Planaltos peruanos

Foto 16. Periquito da Nova Zelândia *Cyanoramphus novaezelandiae*, outrora abundante, mas atualmente bastante raro. Várias raças insulares estão já extintas

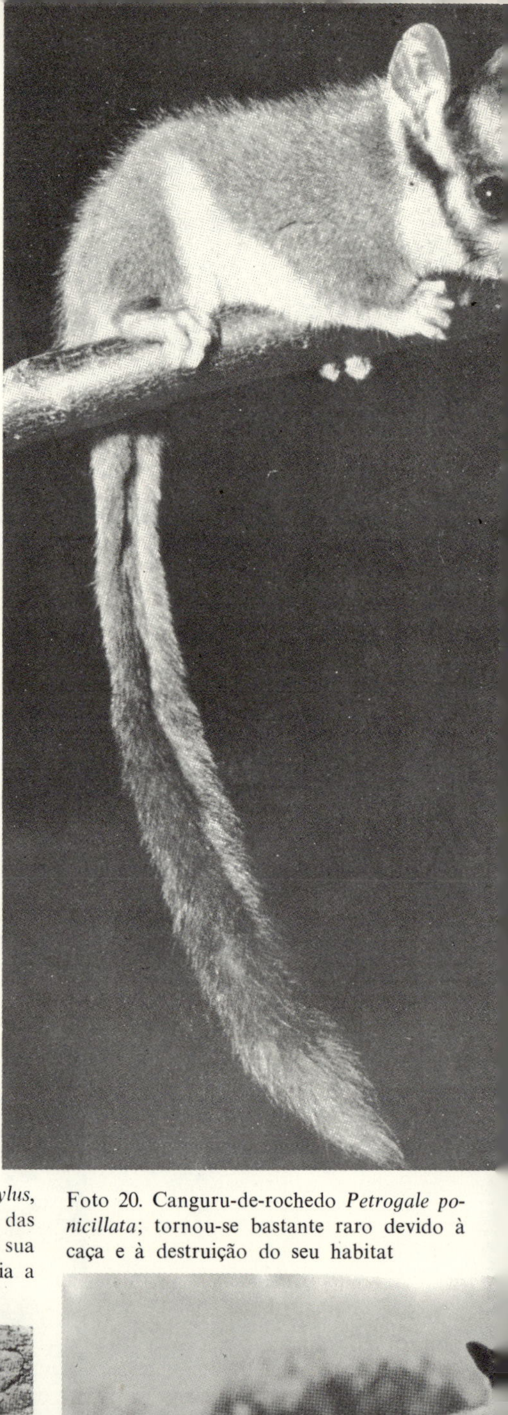

Foto 17. Garça-real-branca. Uma das vítimas dos comerciantes de plumas

Foto 18. Opossum *Gymnobelideus leadbeateri*, considerado como extinto e redescoberto em 1961 em Cumberland Valley, Victoria, Austrália

Foto 19. Potoru, rato-canguru, *Potorous tridaetylus*, extremamente raro devido à predação por parte das raposas. Encontra-se apenas em alguns pontos da sua área primitiva, que se estendia do sul da Austrália a Queensland

Foto 20. Canguru-de-rochedo *Petrogale ponicillata*; tornou-se bastante raro devido à caça e à destruição do seu habitat

a influência humana. Quando os brancos penetraram na América, sua distribuição, consideravelmente vasta, estendia-se desde o Canadá (Manitoba, Alberta) até os planaltos mexicanos, e desde a orla das florestas de leste, até a Califórnia. Seu habitat característico era constituído pelas grandes planícies semi-áridas onde seus efetivos ultrapassavam, localmente, os dos bisontes, atingindo com certeza 30 a 40 milhões de indivíduos. Calcula-se que em 1922 subsistiam apenas aproximadamente 30 000, o que mostra a diminuição maciça da espécie (Fig. 8).

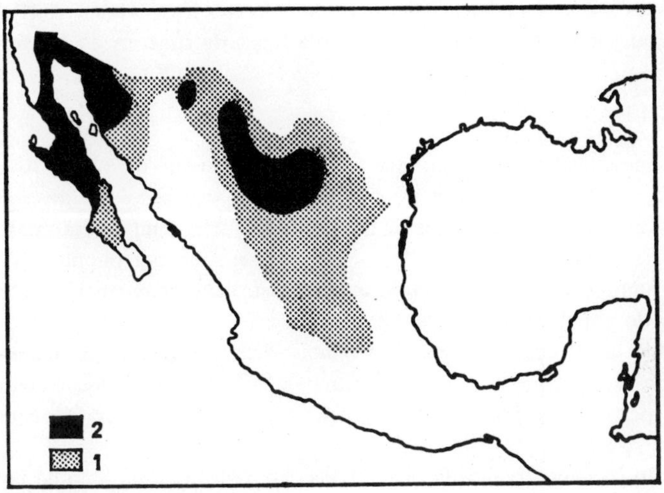

Figura 8. Redução da área de distribuição de antilocapra *Antilocapra americana*, no México. 1 – Distribuição no início da colonização. 2 – Distribuição atual. Segundo A. Stalker Leopold, 1947

A antilocapra desapareceu praticamente de todas as grandes planícies. Atualmente, podem encontrar-se algumas manadas importantes, se bem que numericamente inferiores às de outrora, nas Montanhas Rochosas.

Os Carnívoros, evidentemente, também não foram poupados, especialmente o urso, *Ursus horribilis*, que se pode sem dúvida acusar de ser o animal mais perigoso da América do Norte. Esse urso, de grande estatura, habitava essencialmente o oeste, do limite das grandes planícies até o Pacífico, atingindo ao norte o Alaska e ao sul o México. Exterminado na quase totalidade da área do seu habitat, suas populações diminuíram, em toda a parte, consideravelmente. Segundo certas estimativas, subsistem apenas 1 100 indivíduos no conjunto do território dos Estados Unidos, com exceção do Alaska. Do lobo *canis niger* existem apenas 150 exemplares cuja (distribuição) está circunscrita ao Texas e à Louisiana.

Poderiam multiplicar-se os exemplos. De um modo geral, as populações de todos os animais da América do Norte foram maciçamente reduzidas. O leste e o centro sofreram as conseqüências do cultivo e de uma rápida industrialização, com os seus inevitáveis corolários, essencialmente uma população humana em contínuo crescimento. Mesmo o Oeste, que permaneceu mais selvagem devido ao seu relevo montanhoso e à aridez do seu clima, foi vítima de graves depredações. Por volta do fim do século XIX, todo o continente se encontrava num estado de deterioração total no que respeita às suas riquezas naturais renováveis. Seu equilíbrio natural estava profundamente comprometido; pouco faltava para a completa extinção da maioria dos representantes da grande fauna, para a irremediável degradação de um grande número de seus habitats, e, conseqüentemente, para o desaparecimento de múltiplas das espécies constitutivas da flora e da microfauna do continente.

A América do Norte constitui certamente um dos exemplos mais trágicos da destruição da totalidade de um complexo natural pela influência brutal do homem dito "civilizado". No dia 11 de março de 1967, o Secretário do Interior Stewart L. Udall, que teve uma ação enérgica no domínio da conservação, tornou público uma lista de 78 espécies norte-americanas (14 mamíferos, 36 aves, 6 répteis e anfíbios e 22 peixes) ameaçados de extinção nos E.U.A.; estes animais foram os primeiros a se beneficiarem do "Species Preservation Act" de 1966. Essa lista, por si só, atesta o perigo que está correndo a fauna da América do Norte.

3 — ANTILHAS

Existem poucas regiões no mundo que tenham sofrido tanto quanto as Antilhas em conseqüência da colonização pelos brancos, o que pode ser explicado por diversas razões. Em primeiro lugar, as dimensões reduzidas de muitas dessas ilhas, com exceção das Grandes Antilhas; as espécies animais e vegetais são apenas representadas por populações relativamente fracas, encontrando-se assim em equilíbrio instável visto não intervir nenhuma compensação, como no caso de populações importantes.

Em segundo lugar, como acontece em muitas ilhas, a insularização determinou a diferenciação de animais altamente evoluídos, estreitamente especializados, e obrigados a tipos de vida muito particulares, portanto mais sensíveis a qualquer ruptura no equilíbrio de seu meio natural.

A destruição da fauna foi devida, sem dúvida, em parte, à ação direta do homem e às devastações de que se tornou responsável. As transformações dos biótopos naturais, porém, particularmente, o desflorestamento maciço de certas ilhas, tiveram conseqüências mais desastrosas ainda*.

À ação direta do homem, veio acrescentar-se a dos animais aclimatados. Se, como sempre, os ratos foram trazidos acidentalmente pelos barcos, os mangustos foram introduzidos voluntariamente por volta de 1870 para combater as serpentes, temidas pela sua mordida fatal. Esses carnívoros multiplicaram-se rapidamente, devastando a fauna autóctone, essencialmente as aves e os mamíferos terrestres evoluídos ao abrigo de qualquer depredador desse tipo. Conjugaram-se assim os efeitos de diversos fatores para transformar as Antilhas numa das regiões mais danificadas de todo o mundo. A fauna de mamíferos autóctones, de uma grande pobreza, incluía, no entanto, além dos morcegos, para os quais a passagem do continente às ilhas, em diversas épocas, não constituiu nenhum problema, um certo número de tipos altamente diferenciados, nomeadamente certos solenodontes insetívoros do tamanho de um gato. Estes insetívoros, de um tipo muito arcaico, são de duas espécies características, uma de Hispaniola (*Solenodon paradoxus*), outra de Cuba (*Atopogale cubana*) (Fig. 9).

Durante muito tempo foram considerados extintos, até que em 1907 Hyatt Verrill redescobriu-os no nordeste de Hispaniola e no leste de Cuba, regiões que ainda hoje permanecem selvagens. Encontram-se no entanto num estado precário e seus efetivos são certamente muito fracos devido à destruição alarmante de seu habitat.

*Como o demonstrou Greenway (1958), o número de espécies desaparecidas ou em vias de extinção é proporcional ao desflorestamento. Em Hispaniola, onde subsistem ainda 2,3 ha de floresta por habitante, nenhuma ave se extinguiu; em compensação, nas Pequenas Antilhas, que possuem apenas meio hectare de floresta por habitante, 2 a 4 espécies de aves desapareceram já em cada uma delas.

Figura 9. Solenodonte de Cuba *Solenodon cubanus*

Entre os Roedores, a espécie, *Dasyprocta albida,* das Antilhas, que os viajantes do século XVII, sobretudo o Padre du Tertre, mencionavam em termos eloqüentes, elogiando a delicadeza de sua carne e louvando o sistema de caça com cães, desapareceu de uma parte considerável do seu habitat. Estes grandes roedores, que à primeira vista parecem pequenos antílopes, foram vítimas diretas da caça.

O mesmo aconteceu com vários roedores, de pêlo mais ou menos espinhoso, que comportavam diversas espécies distribuídas sobre uma parte das Grandes e das Pequenas Antilhas. Estes animais, longinquamente aparentados ao porco-espinho, comportavam vários tipos bem definidos (*Boromys, Capromys, Plagiodontia,* etc.). Atualmente a maioria desapareceu. Alguns deles, até, só são conhecidos através de restos de ossos descobertos em algumas grutas de Cuba ou de Hispaniola, o que parece indicar que, em épocas remotas, serviam de alimento aos aborígenes. Algumas espécies ainda estão hoje representadas por pequenas populações, especialmente na Jamaica, no leste de Cuba e no Haiti.

As aves antilhanas sofreram também danos consideráveis, alguns irremediáveis. O desaparecimento mais espetacular foi, sem dúvida, o da arara-de-cuba, *Ara tricolor,* vista pela última vez por volta de 1885 nas regiões pantanosas do sul da ilha, e considerada atualmente como extinta. Essa arara, relativamente pequena, cuja plumagem era quase totalmente vermelha e amarela, é o único papagaio desse grupo verdadeiramente conhecido nessa região, onde provavelmente existiram outras espécies (Fig. 10). Os testemunhos históricos, infelizmente,

Figura 10. Arara tricolor de Cuba *Ara tricolor*

são bastante confusos. É bem possível, aliás, que certas araras de que falam os primeiros viajantes, e em particular Ferdinand Colomb, tenham sido importadas pelos caraíbas que normalmente as mantinham presas. Atualmente já todas desapareceram. Vários outros papagaios, pertencentes a outros grupos sistemáticos sobre os quais possuímos pouca documentação, foram igualmente exterminados, nomeadamente o aratinga de Guadalupe e várias amazonas, cujo desaparecimento é tanto mais lamentável por representarem os mais belos e mais interessantes de todos os seus congêneres.

É preciso igualmente assinalar o desaparecimento ou a rarefação avançada de diversas espécies de galinhas-d'água e de noitibós[6]. O fato de os primeiros não poderem voar e dos outros construírem seu ninho no solo, tornou-os particularmente vulneráveis (mangustos, ratos).

[6] Noitibó — O mesmo que curiango e engole-vento, ave que se mostra ativa especialmente ao anoitecer, como as corujas em geral (nota do Coordenador).

De um modo geral, as populações de todos os animais antilhanos, e particularmente da maioria das aves, reduziram-se a efetivos desprezíveis, habitando freqüentemente zonas estreitamente circunscritas, o que lhe oferecia poucas probabilidades de sobrevivência. Basta consultar uma lista de aves das Antilhas para constatar que sua área de distribuição atual se limita por vezes a algumas dezenas de hectares. Nestas condições, qualquer ruptura do equilíbrio do meio pode acrescentar novas vítimas à lista já abundante das espécies desaparecidas nessa região do mundo*.

4 — AMÉRICA DO SUL

Até muito recentemente, a América do Sul tinha sido, de um modo geral, menos danificada do que o resto do globo, devido ao fato do continente se encontrar no início de uma evolução econômica moderna, com os biótopos originais ocupando ainda áreas muito extensas. As florestas que se estendem do sopé dos Andes até a foz do Amazonas, especialmente, permaneceram, em grande parte intactas. As superfícies de cultura são ainda limitadas. Assim, no Brasil, que ocupa uma área de 8 500 000 km^2, apenas pequena porcentagem da superfície total é atualmente cultivada. Isso não quer dizer, evidentemente, que o resto do País tenha conservado sua cobertura vegetal primitiva; muito ao contrário, especialmente a faixa atlântica do Brasil, cujas florestas foram devastadas desde a época colonial[7]. Essas perspectivas otimistas estão sendo desmentidas atualmente pela evolução dessa parte do mundo, caminhando rapidamente para a civilização industrial.

[7] No livro (*Viagem à Terra do Brasil* — Ed. da Univ. de S. Paulo e Livraria Martins Editora, 1972) resultante de sua viagem ao Brasil, cuja 1.ª edição é de 1578, Jean de Léry menciona o fato de que o pau-brasil (*Caesalpinia echinata*) apresentava alguns exemplares tão grossos que três homens não bastavam para abraçar-lhes os troncos. Léry conta que essas árvores eram abatidas pelos índios que preparavam os seus troncos, transportando-os depois, nos ombros, às vezes por duas ou três léguas de distância, através de caminhos cheios de empecilhos, até os navios franceses e portugueses. Hoje o pau-brasil é uma raridade entre nós, encontrada talvez com mais freqüência em museus que na natureza.

---

*Relembramos o estado precário da procelária *Pterodroma cahow* que só constrói seu ninho nas Bermudas. Considerado como extinto (caçado pelo homem, vítima dos ratos e dos porcos introduzidos), foi redescoberto depois da guerra. Suas populações não ultrapassam, no entanto, uma centena de indivíduos e estão ameaçadas de extinção.

A devastação não cessou. Saint-Hilaire, em seu livro *"Viagem à Província de São Paulo e Resumo das Viagens ao Brasil*, Província Cisplatina e Missões do Paraguai" (Ed. da Univ. de S. Paulo e Livraria Martins Editora, 1940), cujo original data de 1851, documenta a extensa devastação feita em nossas matas após a descoberta, continuando um processo de degradação do ambiente já praticado pelo índio. Assim, refere-se ao fato de que as pastagens são anualmente queimadas a fim de se obter erva nova e fresca para a alimentação do gado. Falando dos altos-fornos de Ipanema, informa-nos que aí eram queimadas, para aquecimento dos mesmos, em lugar de carvão, toras de peroba. Conta-nos que na região de Casa Branca (Estado de São Paulo) hoje totalmente devastada, o Governo Brasileiro instalou, em certa época, diversas famílias de açorianos. Eles, "assustados à vista das enormes árvores que deviam derrubar antes de preparar e semear as terras, fugiram quase todos, atravessaram a Província de Minas e foram lançar-se aos pés do Rei, implorando-lhe que os retirasse de Casa Branca".

O homem alterou, com efeito, de tal forma a natureza, em nossa pátria, que em muitos casos é difícil, quando não impossível, identificar a paisagem natural, com vegetação primitiva.

O exemplo mais recente é o da destruição maciça do pinheiro-do-paraná *(Araucaria angustifolia)*. Essa destruição se faz para satisfação de uma indústria meramente extrativa. Em lugar do pinheiro--do-paraná, plantam-se outras espécies, com freqüência pinheiros europeus ou norte-americanos, de maior valor econômico. Acontece que com isso se alteram completamente as condições ecológicas de imensas áreas no sul do País, fazendo perigar a sobrevivência de inúmeras espécies de plantas e animais, habitualmente em associação com o pinheiro-do-paraná.

Os técnicos que olham para o problema apenas do ponto de vista econômico não vêem inconveniente nessa devastação; ao contrário, acham aconselhável a substituição de *Araucária* por outra espécie mais rendosa. Os ecologistas, porém, interessados nos equilíbrios naturais, não podem concordar com essa visão unilateral de um problema que, resolvido de forma insatisfatória, sem as necessárias cautelas, criará situações extremamente perigosas, talvez para as gerações atuais, mas certamente para as próximas (nota do Coordenador).

Se bem que a flora e a fauna sul-americanas, consideradas no seu conjunto, não tenham sofrido graves modificações[8] até a época contemporânea (sua destruição já começou infelizmente num ritmo acelerado), existem no entanto certas espécies de animais gravemente ameaçadas por vários motivos particulares. É esse o caso de diversos macacos cuja carne é apreciada: os animais são caçados e os seus habitats estão em vias de destruição *(Cacajao melanocephalus*, o macaco-aranha *Brachyteles arachnoides, Leontideus rosalia, L. chrysomelas, L. chrysopygus)*; é o caso também de vários tatus, vítimas da caça e dos cães vadios, do lobo--do-chaco *Chrysocyon brachyurus*, do Urso *Tremarctos ornatus*, da lontra-gigante *Pteronura brasiliensis*, vítima dos caçadores de peles, dos manatis ou peixes-boi do Amazonas, *Trichechus inunguis*, caçados pela sua carne, de diversos Cervídeos tais como o veado dos pântanos *Blastocerus dichotumus* e o veado dos pampas *Ozotoceros bezoarticus*, vítimas de epizootias transmitidas pelo gado, e de uma caça demasiado intensa. A qualidade de sua pele causou a ruína das chinchilas *Chinchilla laniger* (Fig. 11). Esses Roedores, que parecem pequenos coelhos, eram característicos dos altos Andes do Peru, da Bolívia e do Chile, e nunca desciam abaixo de 3 000 m na parte norte de seu habitat. A obtenção de sua pele cinza, de textura delicada, sem rival entre todos os mamíferos, constituiu o motivo de uma caça intensiva durante todo o século passado. Enquanto que outrora os viajantes contam ter visto nos planaltos milhares de indivíduos, hoje esses Roedores já estão praticamente exterminados em toda a sua área de distribuição, mesmo nos distritos do norte da Argentina, onde eram ainda relativamente abundantes no início deste século. No Chile, o grande centro de comércio localizava-se em Coquimbo, e, apenas em 1905, 18 153 dúzias de peles foram aí negociadas. Tal cifra reduziu-se à metade em 1907, e de novo à metade em 1908. Em 1909 só se venderam 2 328 dúzias. Atualmente já não se vendem mais.

Figura 11. Chinchila *Chinchilla laniger*

A chinchila é criada em cativeiro, em fazendas especializadas que assim permitiram a salvação da espécie, praticamente exterminada em estado selvagem, exceto na Bolívia (Sajama) e no norte do Chile.

[8]Estas afirmativas do autor parecem-nos mal fundamentadas. Reporte-se o leitor à nota anterior, em que se afirma justamente o contrário: a flora foi tão perturbada, que, em muitos casos, torna-se difícil, senão impossível, a reconstrução da paisagem original (nota do Coordenador).

Os Ungulados altamente especializados que habitam os altos Andes, vicunhas, *Lama vicugna* e guanacos *Lama huanacus*, viram seus efetivos diminuírem em proporções maciças; pelo menos 400 000 vicunhas foram mortas nos últimos 20 anos, e atualmente as populações globais não ultrapassam 10 000 indivíduos (Jungius, 1971). Subsistem ainda certamente algumas manadas, razoavelmente importantes, no Peru e na Bolívia. Porém, apesar das leis que os protegem, os guanacos e as vicunhas continuam sendo ativamente caçados devido à qualidade de sua lã; estes animais sofrem, além disso, a concorrência do gado introduzido nos planaltos elevados, particularmente a dos carneiros. Seu domínio vital está hoje rodeado por cercas que delimitam as pastagens.

Se o continente sul-americano dispõe ainda, no seu conjunto, de regiões suficientemente vastas para a preservação dos habitats naturais, o mesmo não acontece com os territórios insulares que dele dependem. As ilhas Juan Fernandez foram devastadas pelo homem e pelas cabras aí introduzidas. As magníficas florestas que cobriam largos setores da ilha regrediram consideravelmente e subsistem apenas nas zonas mais retiradas. O sândalo, *Santalum fernandezianum,* uma essência endêmica com madeira muito procurada, desapareceu no início do século XIX devido a uma exploração excessiva. A otária, *Arctocephalus ph. philippii,* era antigamente tão abundante que Dampier, visitando as ilhas em 1683, conta: "Não existe uma só baía ou um só rochedo que se possa abordar que não esteja coberto de otárias". Calculava-se que seus efetivos deviam atingir 2 a 3 milhões de indivíduos. Em 1798 restavam apenas de 500 000 a 700 000; e em 1891 aproximadamente 400 000. A espécie está virtualmente extinta hoje em dia (segundo informações recentes, foram apenas vistas umas trinta em Mas a Tierra); uma subespécie aparentada a essa, *A. ph. townsendi,* mantém-se em pequenos grupos na ilha de Guadalupe, ao largo da Baixa Califórnia. Assim, para a obtenção de peles, o homem exterminou uma espécie próspera, quando um aproveitamento racional lhe teria permitido explorar as otárias das ilhas Juan Fernandez como as das ilhas Pribiloff.

A destruição da natureza assumiu proporções mais lamentáveis ainda nas ilhas Galápagos. Como se sabe, esse arquipélago constitui um verdadeiro laboratório natural onde a fauna e a flora evoluíram de um modo tão peculiar que os fenômenos de evolução se tornaram perceptíveis. Charles Darwin concebeu nas Galápagos uma parte das suas geniais teorias da evolução, quando em 1835 visitou as ilhas com o "Beagle".

Estas ilhas são constituídas pela parte superior de um vasto sistema vulcânico surgido do fundo do mar, a uns 1 000 km da costa sul-americana, em pleno Pacífico, exatamente sob o Equador. São puramente "oceânicas", pois nunca estiveram ligadas de forma alguma ao continente, no decurso de sua história. O seu povoamento animal realizou-se assim de um modo bastante fortuito; os seres vivos chegaram às ilhas voando, nadando ou transportados sobre enormes jangadas de vegetais, semelhantes àquelas que hoje em dia os grandes rios tropicais arrastam para o mar.

As Galápagos vivem ainda na idade dos Répteis, não tendo os Mamíferos podido abordá-las (com exceção de alguns Roedores, de duas otárias e de um morcego). São, essencialmente, o reino das tartarugas terrestres gigantescas, cuja carapaça, por si só, atinge 1,5 m; estas tartarugas são tão características das ilhas que lhe deram o seu nome espanhol. O arquipélago abriga igualmente enormes iguanos, especialmente os iguanos marinhos *Amblyrhynchus cristatus,* únicos Sáurios atuais inteiramente restritos ao mar.

As Aves são tão estranhas quanto os Répteis. Entre as aves marinhas, as mais paradoxais são sem dúvida os pingüins *Spheniscus mendiculus,* representantes de um grupo tipicamente antártico, que atingiu as latitudes equatoriais subindo as correntes frias ao longo das costas do Chile e do Peru. Os alcatrazes ápteros *Phalacrocorax harrisi,* cujas asas são tão pequenas que não lhes permitem voar, constituem um caso muito interessante de apterismo insular relacionado, provavelmente, com a ausência de depredadores.

Essa fauna notável, em perfeito equilíbrio, com seu meio natural, inclui uma proporção considerável de espécies endêmicas, 70% das aves são endêmicas, apesar do número relativamente grande de espécies marinhas.

No século XVI, quando da descoberta das ilhas Galápagos pelos espanhóis, a natureza estava ainda intacta. Logo, porém, a ação do homem se tornou das mais nocivas, como se pode facilmente imaginar, devido à superfície reduzida do arquipélago, povoado de animais arcaicos com pequena potencialidade de adaptação. Nenhum dos animais, aliás, manifestava o medo instintivo do homem que, freqüentemente, constitui a sua melhor chance de salvação. A despeito das graves sevícias às quais foi submetido desde então, ainda não adquiriu esse receio.

Os homens que se sucederam nas ilhas Galápagos foram recrutados, durante séculos, entre os menos recomendáveis. Foram inicialmente corsários e piratas; em seguida, no século passado, colonos vindos de regimentos amotinados e das prisões. Essas tentativas de colonização, por vezes realizadas sob a direção de homens generosos, prolongaram-se até o fim do século XIX.

A flora e a fauna sofreram assim profundamente com a ação do homem. As tartarugas gigantes foram as primeiras vítimas; enormes, inofensivas e indefesas, constituíam uma reserva de carne e de gordura altamente apreciada. Uma exploração industrial das tartarugas estabeleceu-se imediatamente e vinham navios especialmente para caçá-las; equipes percorriam o país, parando nos locais em que as tartarugas eram particularmente abundantes. A gordura era recolhida, derretida, obtendo-se, desse modo, 4 a 11 litros de óleo muito bom, por animal. Examinando os jornais de bordo de um determinado número de baleeiros que se dedicaram a essa exploração durante o século passado, o biólogo Townsend calculou que, entre 1811 e 1844, 105 navios apanharam mais de 15 000 tartarugas. Essa cifra não representa nem de longe, evidentemente, a totalidade dos animais caçados, pois refere-se apenas a uma fração dos navios equipados para essa atividade. Depois de 1830, segundo o mesmo autor, os navios americanos recolheram pelo menos 100 000 tartarugas, enquanto que Bauer, que também se dedicou ao problema, pensa que, desde a descoberta das ilhas Galápagos, foram massacradas 10 milhões de tartarugas.

Tais hecatombes provocaram uma diminuição maciça desses Répteis. Não é portanto de espantar que as tartarugas estejam extintas em diversas ilhas, e se tenham tornado extremamente raras na maioria das outras.

O conjunto dos répteis das Galápagos sofreu gravemente com as conseqüências da introdução de animais domésticos. Como as ilhas não possuíam nenhum mamífero susceptível de constituir uma reserva de alimentos frescos, os corsários ingleses introduziram cabras no arquipélago, no século XVII. Assim como em todas as regiões do mundo, as cabras multiplicaram-se muito rapidamente e começaram sua obra de destruição da cobertura vegetal. Pouco tempo depois entraram em concorrência com as tartarugas, menos bem armadas e também menos ágeis para essa competição: resultou daí uma eliminação progressiva de tartarugas.

Os espanhóis introduziram em seguida cães para exterminarem as cabras. Esses carnívoros preferem caçar os filhotes das tartarugas e dos iguanos, mais fáceis de capturar. Os bois, os porcos, os ratos e os camundongos, introduzidos na mesma época, contribuíram também para a degradação da cobertura vegetal e para a eliminação dos animais autóctones. Os porcos fazem parte, aliás, dos mais maléficos de todos eles, pois destroem sistematicamente os ovos das tartarugas e dos iguanos enterrados sob uma leve camada de areia. Pode-se calcular, assim, que atualmente apenas um ovo em 10 000 produzirá uma tartaruga que possa atingir o comprimento de uns 35 cm, tamanho além do qual estará ao abrigo dos seus inimigos, exceto do homem para quem só nessa altura começa a interessar.

As aves sofreram danos que freqüentemente atingiram proporções dramáticas. Foi esse o caso, particularmente, dos alcatrazes ápteros e dos pingüins, cujos efetivos são hoje escassos e cuja distribuição está limitada a uma pequena extensão de costa, o que aumenta alarmantemente o perigo de extermínio.

As ilhas Galápagos têm assim o triste privilégio de se incluírem entre as zonas do globo onde a natureza está mais ameaçada. E a situação é ainda mais grave por se tratar de um complexo biológico único, cujo estudo é capital para a compreensão de alguns dos fenômenos mais misteriosos da biologia.

5 — ÁSIA E MALÁSIA

Convém evidentemente distinguir o norte da enorme massa continental asiática, que pertence à região paleártica dos biogeógrafos, da parte tropical, incluindo o seu prolongamento natural, o Arquipélago malaio. Devido à extensão considerável da Ásia tropical — que ocupa nada menos que 38 milhões de km^2, ou seja uma parte considerável das terras emersas — a flora e a fauna selvagens foram de certo modo preservadas, refugiando-se em distritos relativamente pouco modificados até os nossos dias. Apesar da antigüidade da colonização dessa parte do mundo, e da importância das suas populações desde tempos imemoriais, as zonas convertidas em terras de culturas representam apenas uma fração das superfícies totais. Assim, na Índia, sòmente 30% da superfície do país foram cultivados; desde há muito que os esforços se exercem mais no sentido de melhorar os rendimentos agrícolas do que de anexar aos distritos cultivados zonas marginais impróprias para a agricultura devido à sua aridez, relevo ou caracteres pedológicos (laterização).

Além disso, os habitats naturais foram modificados lentamente, o que permitiu que a fauna se adaptasse às novas condições e se refugiasse em montanhas relativamente protegidas, muitas vezes arborizadas ou cobertas por uma espessa selva.

Enfim, é preciso não esquecer que certos povos asiáticos nutrem um respeito religioso pela vida sob todas as suas formas, o que determinou uma proteção muito eficaz da fauna selvagem, nomeadamente na Índia, onde muitos animais manifestam uma familiaridade inexistente em outras áreas.

A população humana é, no entanto, muito numerosa na Ásia, atingindo localmente densidades não igualadas em outros pontos do globo (notemos, no entanto, que os homens se aglomeram em certas regiões, planície indogangética, delta tonquinês, planícies chinesas, Java e algumas das Filipinas, e que em outros pontos a sua densidade é nitidamente inferior); essa superpopulação provocou, evidentemente, uma pressão sobre os habitats naturais, que conseqüentemente muito sofreram. Certas regiões foram inteiramente devastadas, sobretudo pelo desflorestamento em grande escala. É o caso das planícies chinesas, de Java e de algumas partes das Filipinas. Perniciosas práticas agrícolas e, nomeadamente, a cultura itinerante arruinaram certas zonas, sendo em particular um grande número de savanas malaias formações secundárias antrópicas em regiões onde o clima é florestal.

No conjunto, uma transformação demasiado intensiva e por vezes mal concebida dos habitats, assim como uma caça desenfreada, diminuíram os efetivos de numerosas espécies animais; algumas tornaram-se tão raras que se receia para breve o seu desaparecimento. No Sudeste asiático, nada menos de 14 mamíferos e 24 aves estão ameaçados de rápida extinção.

Foi esse, particularmente, o caso dos rinocerontes, perseguidos para satisfazer as exigências da farmacopéia chinesa. Com efeito, o chifre do rinoceronte é afamado até aos nossos dias pelas suas propriedades afrodisíacas e estimulantes; todas as outras partes do corpo desse paquiderme gozam, aliás, de propriedades similares. Preços muito elevados (atingindo metade do seu peso em ouro) levaram ao massacre desses pobres animais. Assim, os rinocerontes asiáticos tornaram-se extremamente raros. Certas espécies estão apenas representadas por algumas dezenas de sobreviventes, tendo desaparecido da quase totalidade de sua área de distribuição primitiva.

O rinoceronte da Índia, *Rhinoceros unicornis,* que antigamente se espalhava do nordeste da Índia à península indochinesa, já desapareceu atualmente de todo esse vasto território, exceto do Nepal e de Assam. Em 1966, seus efetivos não ultrapassavam 740 cabeças, das quais aproximadamente 400 na reserva de Kaziranga, em Assam.

O rinoceronte de Java, *Rhinoceros sondaicus,* foi vítima de uma caça tão intensiva que se tornou hoje em dia o mais raro de todos os grandes Mamíferos. Sua área de distribuição estendia-se outrora de Bengala e da península indochinesa a Java, onde recentes recenseamentos permitiram avaliar os seus efetivos entre 24 e 40 indivíduos. Alguns sobrevivem ainda talvez na Birmânia (Fig. 12).

O rinoceronte de Sumatra *Didermocerus sumatrensis,* o único rinoceronte asiático possuindo dois chifres, como os seus congêneres africanos, abundava também desde Assam até Sumatra e Bornéu; atualmente só se encontram em alguns pontos desse vasto habitat e suas populações globais não atingem 170 indivíduos.

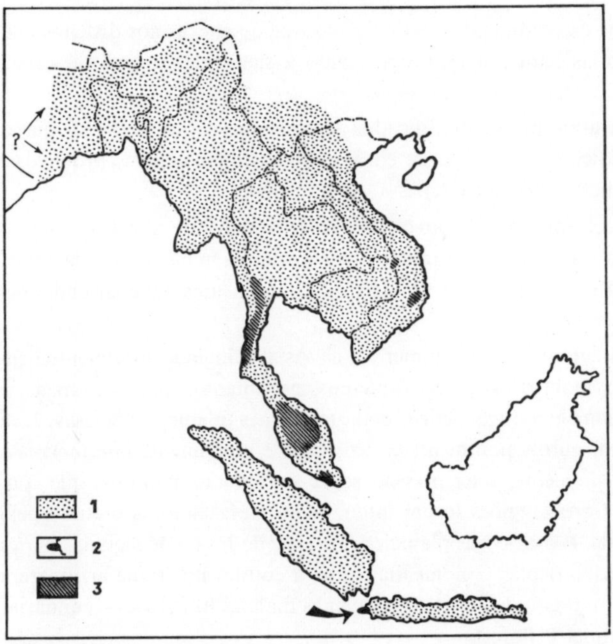

Figura 12. Redução da área de distribuição do rinoceronte de Java *Rhinoceros sondaicus*. 1 — Área de distribuição até por volta de 1850. 2 — Distribuição atual (reserva de Udjung Kulon). 3 — Regiões onde a espécie foi assinalada, segundo testemunhos não confirmados, mas onde subsistem talvez alguns indivíduos. Segundo L. M. Talbot, 1959-60

O homem, devido a uma caça estúpida e desenfreada, empreendida para a obtenção de um produto cuja eficácia é, na realidade, nula, foi o único responsável pelo desaparecimento quase total desses animais cujo futuro está gravemente comprometido.

Quanto aos outros grandes mamíferos, alguns encontram-se igualmente ameaçados de extinção. O leopardo da Índia, provavelmente, já desapareceu por completo. O leão da Ásia *Panthera leo persica,* está hoje confinado a uma área de uns 1 500 km^2 na península de Kathiawar, na Índia; em 1955 restavam ainda entre 250 e 290 indivíduos, mas apenas 180 em 1968 (Dalvi). O tigre *Panthera tigris* vem regredindo consideravelmente por toda a sua vasta área de distribuição. Tornou-se extremamente raro na Sibéria, na Coréia e no norte da China, assim como em Sumatra, em Java e no Bali; está provavelmente extinto na Ásia central soviética. Na Índia, suas populações atingiam por volta de 40 000 tigres no começo deste século; atualmente subsistem apenas entre 2 700 e 3 700, talvez menos. A caça, o extermínio com iscas envenenadas e a destruição dos habitats são responsáveis por essa rarefação que assume proporções dramáticas na península indiana (Sankhala). O panda gigante, *Ailuropoda melanoleuca,* ocupa uma área muito limitada no oeste da China onde sua condição é precária. O *Bibos sauveli* tornou-se muito raro no Camboja, onde parece que só subsistem aproximadamente 200 cabeças (Pfeffer e Ou Kim-San, *Mammalia,* 1967) e parece ter desaparecido também da Tailândia (Boonsong Lekagul). O elefante da Ásia retirou-se progressivamente da parte da sua área de distribuição transformada em terreno de cultura. O búfalo, o zebu, diversos Cervídeos entre os quais o *Cervus duvauceli* e o veado de Cachemira, *C. elaphus hanglu* (menos de 150 indivíduos), o tapir e o gibão, tornaram-se extremamente escassos e sua distribuição é fragmentada. O orangotango diminuiu consideravelmente devido a capturas inconsideradas para jardins zoológicos; é, atualmente, um dos animais mais ameaçados. Nas Filipinas, os mamíferos, na maior parte endêmicos, estão se reduzindo de forma alarmante devido à destruição de seus habitats (particularmente um bovino do maior interesse, *Anoa mindorensis,* característico da ilha de Mindoro).

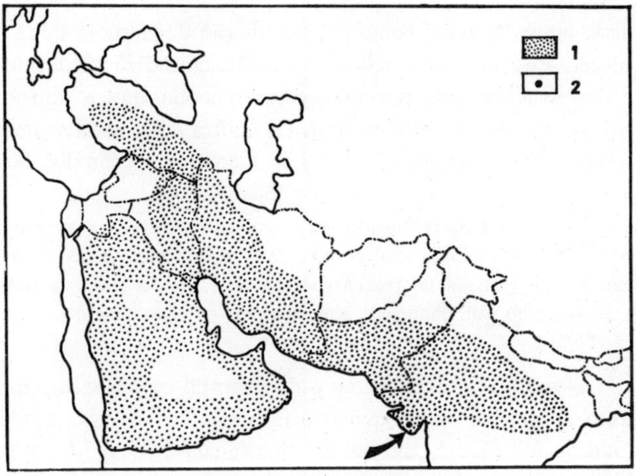

Figura 13. Redução da área de distribuição do leão da Ásia *Panthera leo persica*. 1 – Distribuição até por volta de 1800. 2 – Distribuição atual (Floresta de Gir, na península de Kathiawar). O leão da Ásia está hoje confinado a uma área de aproximadamente 1 300 km². Segundo L. M. Talbot, 1959-60

Diversas aves encontram-se igualmente em perigo. Assim a íbis do Japão, *Nipponia nippon,* a abetarda da Índia, *Choriotis nigriceps* (cujos efetivos se reduzem aproximadamente a 1 200 indivíduos), vários faisões e aves-de-rapina, entre as quais a águia-dos-macacos, das Filipinas, *Pithecophaga jefferyi,* cujos efetivos já não atingem uma centena de indivíduos.

Até mesmo os peixes autóctones regrediram. Em Singapura, das 54 espécies indígenas, apenas 35 foram recentemente encontradas (Alfred). O conjunto da fauna do sudeste asiático reduziu-se assim consideravelmente em conseqüência da ação do homem (ver *Conservation in South East Asia,* UICN, 1968). O mesmo aconteceu com muitas espécies vegetais.

A parte setentrional da Ásia foi muito menos danificada, pois na realidade permaneceu praticamente inabitada até épocas muito recentes. As vastas superfícies cobertas de taiga[9] constituíram reservas onde a fauna pôde subsistir. Sem dúvida os animais fornecedores de boas peles sofreram também, em certa medida, os efeitos da caça excessiva. Porém, nessa parte da Ásia, a caça parece não ter gerado ameaças sérias para a sobrevivência das espécies.

[9] Taiga — Trata-se de floresta de Coníferas, da Eurásia, por exemplo da Sibéria. Nela predomina ora o gênero *Pinus* (pinheiro), ora *Larix* (lariço), ou ainda outros gêneros. Nas partes mais úmidas a taiga pode ter em suas árvores muitas epífitas (plantas que vivem sobre outras mas sem parasitá-las, fabricando seus próprios alimentos) e sobre seu solo um manto de musgos que originam turfa (nota do Coordenador).

O mesmo não aconteceu na grande faixa de estepe[10] que se estende desde o sul da Rússia até a Mongólia, onde a maioria dos animais sofreu gravemente com a influência do homem. É o caso do antílope, *Saiga tatarica,* que até o século XVII habitava uma área extensa, das estepes da Polônia oriental até a fronteira chinesa. Esse vasto habitat reduziu-se progressivamente até 1920. Por essa época, seus efetivos já se tinham tornado insignificantes; a espécie só era representada por algumas centenas de indivíduos, cerca de mil. Causas naturais podem certamente explicar, em parte, a rarefação de uma espécie sensível aos efeitos das tempestades de neve e do congelamento do solo, que diminuíam consideravelmente suas possibilidades alimentares. Uma caça demasiado intensa é, porém, a principal responsável pela diminuição desse animal*, assim como pela instalação de culturas sobre uma parte de sua área de distribuição. Esse antílope precisa de extensões consideráveis devido ao seu temperamento migrador, e sua existência fica, portanto, comprometida após a transformação dos habitats. O motivo da caça era de ordem alimentar. Os chifres eram igualmente procurados, pois os chineses extraíam deles as matérias-primas de inúmeros preparados farmacêuticos**.

[10]Estepe — Esse termo foi usado em tantos sentidos que se tornou um nome ambíguo, insusceptível de definição. Pode-se dizer, no entanto, que é termo usado para designar várias formas de vegetação em que, em geral, não ocorrem árvores, como as estepes graminosas da Rússia, América do Norte (Prairie) e América do Sul (Pampas), por exemplo (nota do Coordenador).

Essa zona foi igualmente o domínio do cavalo selvagem, *Equus caballus przewalskii,* outrora abundante na Mongólia ocidental e na Dzungaria, assim como do Camelo selvagem, *Camelus bactrianus,* cujo habitat se estendia desde a Mongólia ao Turquestão chinês. As populações desses dois grandes mamíferos foram largamente mutiladas pela caça. Um e outro subsistem apenas em áreas muito reduzidas e seus efetivos são quase inexistentes. Não é certo, aliás, que os sobreviventes sejam de raça pura e que não tenha havido cruzamentos com elementos domésticos que voltaram ao estado selvagem.

Vários dos grandes Mamíferos do Oriente Próximo e do sudoeste asiático foram também vítimas da caça. Assim, os Eqüídeos intermediários do cavalo e do burro, típicos dessa região, como o hemipo, *Equus hemippus,* o onagro, *E. onager* (Fig. 14) e o hemíono, *Equus hemionus,* cujas populações são, no seu conjunto, bastante escassas. Esses animais, que os antigos já ca-

Figura 14. Onagro da Pérsia *Equus hemionus onager*

*Caçava-se esse animal encurralando as manadas em vastos recintos vedados que se abriam por um "funil" chegando a atingir 5 km de abertura. O interior desse curral estava eriçado de farpas nas quais os infelizes animais, aterrorizados, acabavam ficando espetados; os caçadores a cavalo matavam os sobreviventes. Chegavam a matar 12 000 por dia com esse método cruel.

**Graças a certas medidas tomadas posteriormente, a espécie está hoje florescente. Ver p. 355.

çavam nas estepes áridas, foram dizimados pelos árabes nômades, logo que estes puderam dispor de armas modernas. Foi esse também o caso do órix da Arábia *Oryx leucoryx,* que antigamente se espalhava por uma vasta parte do Oriente Médio, e cuja distribuição está hoje reduzida à Arábia Saudita. Este órix parece estar condenado a desaparecer de seu habitat original devido à organização de caçadas de automóvel das quais participam inúmeros veículos, formando por vezes grupos de sessenta, que perseguem os pobres animais.

6 — OCEÂNIA

O Pacífico está semeado de inúmeras ilhas com dimensões muito diversas, povoadas de animais na maioria vindos da Ásia em épocas remotas. Tiveram tempo de evoluir sem contatos com o resto do mundo, de forma que a proporção de tipos endêmicos é extremamente elevada. Evidentemente, o número de espécies é relativamente baixo, devido a um empobrecimento insular acentuado. Na maior parte dessas ilhas oceânicas não habitam Mamíferos autóctones, inclusive na Nova Zelândia, onde penetraram apenas alguns morcegos.

Essas inúmeras ilhas foram, em sua maioria, profundamente danificadas pelo homem, especialmente pelos europeus que aí se estabeleceram durante o século passado, e, por vezes, mesmo antes disso. A caça, a introdução de ratos e de animais domésticos, que recuperaram o seu estado selvagem, a transformação dos biótopos e sobretudo o desflorestamento, dizimaram as populações animais e destruíram as associações vegetais. A brutalidade com que se efetuou a penetração da civilização moderna teve graves repercussões sobre um grande número de espécies autóctones, algumas altamente evoluídas, outras primitivas, todas em equilíbrio com seu meio natural, mas muito sensíveis às influências externas, mínimas à primeira vista. A maioria das espécies animais tornaram-se consideravelmente escassas e, atualmente, algumas já se extinguiram mesmo totalmente.

As aves, elementos essenciais das biocenoses[11] oceânicas, foram as primeiras vítimas, situação particularmente grave considerando o elevado número de tipos endêmicos nessa parte do globo. Entre as aves extintas encontra-se o troglodita ou carriça da ilha Stephen, *Xenicus lyalli,* ilhote situado no estreito de Cook. Esse pássaro muito diferenciado, se bem que aparentado a uma espécie típica da Nova Zelândia que ainda existe atualmente, era estritamente endêmico dessa ilha, onde suas populações eram certamente muito reduzidas, devido à pequena extensão do habitat. Não espanta portanto que o gato do faroleiro instalado na ilha tenha conseguido exterminar em apenas um ano (1894) esta pequena ave seminoturna. Os espécimes conhecidos e conservados em museus provêm todos, aliás, de caçadas desse felino. Esse exemplo, particularmente característico, mostra-nos uma vez mais como a introdução de depredadores exógenos é prejudicial para o equilíbrio de faunas diferenciadas ao abrigo de tais fatores.

[11]Biocenose — O conjunto dos seres vivos (plantas, animais, inclusive os microrganismos) de certo habitat (nota do Coordenador).

Os moas (Fig. 15), que fazem parte das aves mais espetaculares da Nova Zelândia, constituem uma família típica dessa parte do mundo; são aves corredoras, vagamente aparentadas aos avestruzes, e algumas de suas espécies chegam a atingir 3,50 m de altura*. Essas aves são conhecidas através de restos fósseis desde o Mioceno e o Plioceno antigo, e um grande número desapareceu muito antes do aparecimento do homem na Nova Zelândia. É possível que os

*O fêmur de *Dinornis maximus,* o maior de todos os moas, podia atingir 47 cm, a tíbia 99 cm, e o metatarso 51 cm.

Figura 15. Moa ou *Dinornis*

moas representem no seu conjunto uma sobrevivência arcaica cuja história estava prestes a terminar na época humana, assim como outros grupos fósseis, tendo chegado ao fim de sua evolução. Mas é evidente que o homem também contribuiu, em certa medida, para a sua extinção. Foram encontrados restos pertencentes a pelo menos 6 espécies, das 27 que constituíam o grupo inteiro, entre detritos de cozinha e perto de fornalhas construídas por mãos humanas; a análise do carbono 14 revelou que esses restos tinham mais de 700 anos. Está provado que os Maoris, cuja grande invasão data de há 600 anos, se alimentaram de moas que caçavam nos pântanos e nas savanas[12]. É provável que os homens incendiassem periodicamente a vegetação para facilitar a caça, destruindo simultaneamente os ninhos e os ovos. Os moas estariam talvez extintos hoje em dia, de qualquer forma. O que não impede que o homem tenha contribuído para o desaparecimento desses "fósseis vivos" de que foi contemporâneo até épocas muito recentes.

[12]Savanas — Como a palavra estepe, o termo savana tem sido usado para designar diversos tipos de vegetação, sendo, pois, um termo ambíguo. Alguns tipos de savanas africanas e antilhanas assemelham-se aos cerrados que dominam no Brasil Central (nota do Coordenador).

Devido à ausência de carnívoros terrestres, a Nova Zelândia permitiu a diferenciação de aves que tinham já perdido sua aptidão para voar e viviam permanentemente no solo. Assim, pode-se imaginar facilmente as chacinas cometidas pelos cães e gatos vadios, que se multiplicaram rapidamente desde a sua introdução. Deste modo, a maioria dessas aves reduziram-se em proporções consideráveis (ver especialmente Williams, 1962). Foi esse o caso dos quivis, *Apterix* (várias espécies), Ratites altamente especializados, assim como dos *Strigops*, estranhos papagaios estritamente noturnos, lembrando corujas (Fig. 16).

Fatos análogos poderiam ser invocados acerca das galinhas-d'água, cujas asas atrofiadas não lhes permitiam o vôo; antigamente povoavam a ilha Auckland *(Rallus muelleri)*, Wake *(R. wakensis)*, Tahiti *(R. pacificus)*, Chatham *(R. dieffenbachi, R. modestus)*, Fidji *(Rallina poeciloptera)*, Laysan *(Porzanula palmeri)*, Havaí *(Pennula sandwichensis)* e Samoa *(Pareudiastes pacificus)**. Todas essas aves estão extintas ou reduzidas a efetivos incrivelmente baixos, tendo sucumbido aos ataques dos porcos e dos ratos que devoravam seus ovos e seus filhotes; das cabras, que destruíam seus ninhos e perturbavam seu habitat; dos cães e dos gatos, por

*Sem contar o *Rhinochetos jubatus*, endêmico da Nova Caledônia, já extremamente raro e ameaçado pelos depredadores introduzidos (especialmente cães).

Figura 16. *Strigops habroptilus*, papagaio terrestre típico da Nova Zelândia. Tendo outrora uma vasta distribuição, está hoje confinado às florestas da ilha do Sul. O desflorestamento e a introdução de mamíferos são responsáveis pela rarefação deste pássaro altamente especializado. Suas populações totais seriam inferiores a 200 indivíduos

vezes dos mangustos, que caçavam os adultos. A maior parte desses extermínios ocorreu no século passado, alguns outros mais recentemente, particularmente o da galinha-d'água da ilha Wake, *Rallus wakensis,* que as tropas japonesas exterminaram durante a última guerra. Os soldados esfomeados e cortados de toda e qualquer fonte de abastecimento em conseqüência da guerra, consumiram tudo aquilo que era suscetível de constituir um alimento. Parece que essa infeliz ave áptera deve ser considerada como inteiramente desaparecida, quando era ainda abundante antes da guerra.

No entanto, de tempos em tempos, temos surpresas agradáveis, sobretudo em ilhas de grandes dimensões onde os animais podem encontrar refúgios mais facilmente. Foi o que aconteceu com o famoso *Porphyrio mantelli,* estreitamente aparentado às nossas galinholas, que antigamente abundavam em todos os biótopos favoráveis, prados úmidos e margens de pequenos lagos da Nova Zelândia. Considerada como extinta durante esses últimos cinqüenta anos, essa ave foi redescoberta em 1948 em alguns pequenos vales mais protegidos dos Montes Murchison. Subsistem apenas, no entanto, uma centena de indivíduos, a espécie permanecendo, desse modo, em grande perigo de extinção. As ameaças são tanto mais graves quanto certos carnívoros introduzidos (furão) povoaram sua área de reprodução, assim como inúmeros veados que perturbam as colônias e por vezes destroem os ninhos. A espécie parece ter chegado, aliás, sob certos pontos de vista, ao termo de sua evolução; parece-nos senil perto de outras espécies de galinholas, como o testemunham certas características biológicas, a fecundidade reduzida, entre outras.

Devastações desse tipo produziram-se em todas as ilhas do Pacífico, e poderíamos multiplicar os exemplos para cada uma delas (Fig. 17).

Devem-se destacar as ilhas Havaí, devido ao excepcional interesse de sua fauna altamente especializada, diferenciada localmente, e contendo uma proporção extremamente elevada de tipos endêmicos. Nessas ilhas, as destruições ultrapassaram tudo o que se possa imaginar, e o conjunto dos vegetais e dos animais foi gravemente danificado. É assim que Zimmermann (1948) calcula que pelo menos um terço dos Insetos tenha sido exterminado desde o aparecimento do homem, em conseqüência da degradação dos biótopos, da rarefação das plantas autóctones às quais estavam ligados, e da introdução de depredadores e competidores. Entre os Moluscos terrestres, os do gênero *Carelia,* os maiores de todos quantos habitam as ilhas

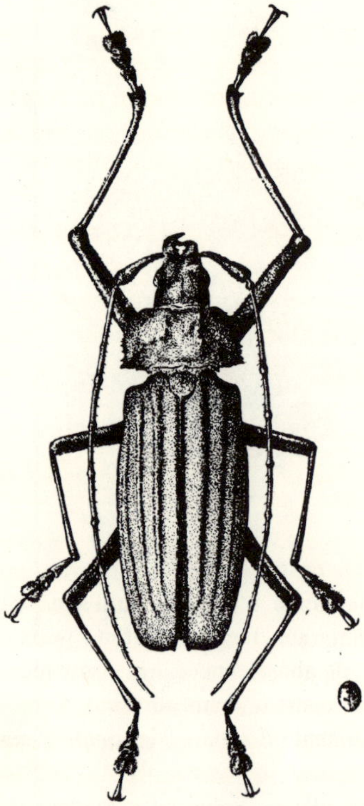

Figura 17. *Xixuthrus heros*, Coleóptero das ilhas Fidji (a escala é dada por uma joaninha *Coccinela septempunctata*). Este inseto gigantesco rarefez-se consideravelmente devido à devastação das florestas que constituem o seu habitat

Figura 18. *Drepanis pacifica*, (Drepanidae) exterminado pelos caçadores de plumas e os desbravadores de florestas da ilha Havaí onde era endêmico. O último indivíduo foi observado em 1898

Havaí, contavam no mínimo 29 espécies; apenas 7 foram apanhadas vivas, as outras sendo unicamente conhecidas pelas conchas encontradas na natureza e atestando seu desaparecimento recente. Nesses últimos anos, apenas 2 espécies foram reencontradas.

Entre as 68 espécies de aves terrestres que povoam as ilhas Havaí, pelo menos 60% devem ser consideradas como extintas ou provavelmente extintas (Greenway, 1958); todas elas se encontram num estado tão precário que se pode esperar o pior quanto ao seu futuro.

É, particularmente, o caso dos passarinhos da família dos Drepanidae, todos típicos das ilhas Havaí, e apresentando um extremo interesse do ponto de vista evolutivo. No seio dessa família produziu-se, com efeito, uma evolução brilhante conduzindo a tipos de aves sem parentesco visível; as várias formas ocuparam todos os nichos ecológicos, disponíveis pela ausência de outros pássaros. Essa evolução lembra a dos tentilhões de Darwin nos Galápagos, mas foi mais profunda, pois o grupo apresenta maior grau de diferenciação, particularmente na forma do bico, fino e pontiagudo em alguns, forte e globular noutros, dependendo da alimentação especial de cada um.

Vários desses pássaros possuindo plumagens vivamente coloridas, amarelas, vermelhas ou alaranjadas, eram procurados pelos havaianos para a confecção de adornos reais. As penas eram arrancadas do corpo do pássaro e cosidas sobre um tecido destinado à fabricação de mantos e de cocares gigantescos, reservados aos chefes. A utilização das penas contribuiu, sem dúvida, para uma perigosa limitação das espécies que as forneciam. Muitas delas, porém, ainda eram relativamente abundantes quando essas práticas foram abandonadas, e parece não ser possível responsabilizá-las pela extinção de nenhum desses pássaros (Fig. 18).

Assim, é na colonização européia e nas suas seqüelas que devem ser procuradas as causas de sua rarefação e de seu extermínio. O desflorestamento maciço, essencialmente nas regiões baixas, desempenhou um papel fundamental*. A maioria dos pássaros, restritos a um regime alimentar rigoroso, desapareceu com as plantas que lhes forneciam alimento. O excesso de especialização foi a origem de seu aniquilamento. Os ratos, freqüentemente arborícolas, trouxeram também graves prejuízos a esses pássaros autóctones**.

Uma caça intensiva, a modificação dos habitats naturais, e a depredação efetuada pelos Mamíferos introduzidos, provocaram o desaparecimento do ganso *Branta sandvicensis,* espécie bem diferenciada, típica das ilhas Havaí, se bem que aparentada às espécies norte-americanas de *Branta.* Os efetivos desse Palmípede, espalhado outrora por todos os habitats abertos das ilhas de Havaí, decresceram rapidamente, reduzindo-se, em 1951, a aproximadamente trinta exemplares. Veremos que só a criação em cativeiro permitiu salvar a espécie de uma extinção total.

Uma outra forma de atividade humana foi extremamente prejudicial para as aves do Pacífico: a caça realizada com o objetivo de utilização das penas na indústria plumária. Os japoneses, que haviam adquirido uma grande reputação nesse campo, exploraram as populações de aves numa escala verdadeiramente industrial, não apenas em seu próprio país e nas ilhas limítrofes, mas também em territórios muito mais longínquos. Organizaram expedições de coleta de material através de todo o Pacífico, entregando-se a verdadeiras hecatombes. O exemplo mais trágico é o do albatroz *Diomedea albatrus,* espalhado sobre uma larga parte do Pacífico, mas construindo seu ninho apenas num pequeno número de colônias estabelecidas principalmente sobre alguns ilhéus dos arquipélagos das Sete Ilhas (Torishima) e Bonin. Essas aves eram aí caçadas impiedosamente pelos coletores japoneses que não tinham nenhuma dificuldade em massacrar os animais no solo. São conhecidos vários pormenores relativamente aos processos de extermínio em Tiroshima. Na época de nidificação, os japoneses matavam a bastonadas os pássaros que estavam chocando seus ovos nos ninhos, e recolhiam assim 100 a 200 indivíduos por dia. Calcula-se que, entre 1887 e 1903, mais de 500 000 albatrozes foram mortos para a obtenção de penas. Os plumaceiros foram vítimas de uma erupção vulcânica em 1903; outros substituíram-nos e, ainda em 1932, mais de 3 000 albatrozes foram chacinados nesse ilhéu. A espécie, atualmente, está em evidente declínio e os seus efetivos são escassos: em março de 1965 foram recenseadas apenas 63 aves. A ilha foi inteiramente evacuada desde

*Segundo um estudo publicado recentemente (Warner, *Condor* 70: 101-120, 1968), parece que os Drepanidae também foram vítimas de doenças transmitidas por mosquitos introduzidos *(Culex pipiens).* De forma sintomática, esses pássaros mantiveram-se apenas nas zonas elevadas, a cima de 600 m, não povoadas pelos mosquitos aclimatados. Várias experiências demonstraram que indivíduos apanhados nas altitudes e mantidos nas regiões baixas morreram em pouco tempo, vítimas das doenças. Este exemplo, que pode comparar-se ao do *Anopheles gambiae* no Brasil (ver p. 280), mostra quanto pode ser perigosa a introdução de um vetor e de germes patogênicos, devido ao fato de os animais autóctones não possuírem nenhuma resistência imunológica.

**Note-se que certos Drepanidae proporcionaram surpresas felizes, pois várias espécies consideradas como extintas foram redescobertas recentemente. Quatro espécies *(Palmeria dolei, Pseudonestor xanthophrys,* que não tinham sido vistas desde 1890, *Psittirostra psittacea, Ps. bailleui)* foram redescobertas entre 1940 e 1950 e é provável que ainda outras subsistam (Richards e Baldwin, *Condor,* 55: 221-2, 1953). Por outro lado, todos os pássaros de floresta conhecidos da ilha Kauai foram reencontrados nos pedaços de floresta remanescentes (Richardson e Bowles, *ibid.*, 63: 179-180, 1961). Estes autores insistem na absoluta necessidade de conservar essas florestas autóctones, últimos refúgios de aves que desapareceriam se tais refúgios residuais fossem modificados.

esse ano, inclusive a estação meteorológica, devido a ameaças vulcânicas. Em 1966 foram contados, de avião, 23 albatrozes, e 31 encontrados no mar (Yamashina, *in litt.*).

As populações de muitas outras espécies de aves decresceram também em proporções inquietantes em conseqüência da caça efetuada para o abastecimento dos grandes centros de comércio de plumas. Os japoneses adquiriram fama de chacinadores nesse campo, mas não foram infelizmente os únicos a merecê-la*.

Notemos, por outro lado que, se a regressão da avifauna atingiu proporções espetaculares no Pacífico, a transformação dos biótopos provocou o desaparecimento de muitos outros animais que faziam parte dessas comunidades altamente especializadas, verdadeiros laboratórios naturais devastados sem nenhum proveito.

7 — AUSTRÁLIA

Na Austrália vive uma fauna altamente especializada, e a maioria de seus representantes é típica desse continente. Isso se verifica especialmente no caso dos mamíferos autóctones, praticamente reduzidos aos Marsupiais[13], e a um certo número de Roedores muito particulares. Como se sabe, esses mamíferos, de tipo primitivo, tinham antigamente uma vasta distribuição em todo o mundo, que regrediu quando do aparecimento dos Mamíferos Eutérios[14], mais bem armados para a luta pela sobrevivência. Alguns subsistiram na América do Sul, onde a invasão

*A propósito do albatroz citado, não podemos deixar de lembrar a indústria de plumas, em seu aspecto geral. Essa indústria desenvolveu-se sobretudo no fim do século passado, época em que dezenas de milhares de peles de aves naturalizadas afluíram no mercado europeu, principalmente em Paris e em Londres. Esse material provinha especialmente da Malásia ("Malacca"), do Japão (os japoneses "escumaram" todo o oceano Pacífico), do Senegal, e finalmente da América do Sul (Bogotá, Trinidad, Bahia). Estupefaz-nos pensar que centenas de milhares de peles dos mais diversos pássaros se amontoaram nas caixas dos plumaceiros à espera de serem preparadas para enfeitarem os chapéus femininos. Inúmeros colibris, junto com outros pássaros (aves-do-paraíso e papagaios por exemplo), podiam ser vistos ao lado de pássaros com uma plumagem tão humilde que não pareciam sequer susceptíveis de interessar a um modista.

Esse comércio, que não parece ter afetado excessivamente as populações das aves da América do Sul, foi em compensação desastroso para as aves oceânicas e para as garças: essas aves pernaltas foram, com efeito, caçadas para a obtenção de sua plumagem nupcial de forma e textura variável segundo as espécies. Massacradas em suas colônias de reprodução, na ocasião em que sua plumagem se ornamenta com longos filamentos muito característicos, os corpos dessas garças eram abandonados no local da chacina depois dos caçadores terem arrancado as penas que desejavam. Foi aliás o espetáculo lamentável das colônias do sudeste dos Estados Unidos que provocou neste país uma sã reação cuja etapa marcante foi a fundação da Sociedade Audubon (dois guardas dessa sociedade foram mortos por plumaceiros quando do estabelecimento das reservas).

O comércio de plumas entrou em declínio progressivo depois da Primeira Guerra Mundial e desapareceu na segunda. As penas atualmente utilizadas na moda provêm de estoques antigos ou de aves domésticas. Devemos felicitar-nos que assim seja, pois essa indústria foi extremamente nefasta e o seu prosseguimento teria provocado graves repercussões na avifauna mundial. É preciso, no entanto, sublinhar que essa quantidade de aves naturalizadas, às quais se dedicaram muitos ornitologistas, permitiu progressos inigualados no estudo de outros grupos zoológicos.

Um certo comércio de plumas ainda subsiste hoje em dia, principalmente no que respeita às das aves-do-paraíso, exportadas clandestinamente das Molucas para a Indonésia, onde são compradas por amadores que pagam preços extremamente elevados. Várias espécies estão, desse modo, seriamente ameaçadas (P. Pfeffer, *Bull.* I.C.B.P. 9: 90-95, 1963).

dos Eutérios foi relativamente tardia e incompleta; as formas atuais são, no entanto, em sua maior parte, típicas da Austrália onde constituem uma fauna notável, no conjunto dos outros mamíferos.

[13]Marsupiais — Grupo de mamíferos cujas fêmeas são providas de marsúpio (bolsa ventral) ou dobras marsupiais protegendo as tetas, no abdome; usualmente não têm placenta; o começo do desenvolvimento ocorre no útero, mas após alguns dias os seres imaturos saem, rastejam até o marsúpio, onde se prendem com suas bocas às tetas, até completa maturação; depois saem, mas recorrem ao marsúpio, enquanto jovens como abrigo; exemplos de marsupiais no Brasil são os gambás (nota do Coordenador).

[14]Eutérios (Eutheria) — Grupo dos mamíferos placentários, cujos fetos de desenvolvem inteiramente dentro do corpo da fêmea, ligado por uma placenta à parede do útero (nota do Coordenador).

Os Marsupiais são, de um modo geral, incapazes de competir vitoriosamente com os mamíferos placentários — o que, aliás, ficou provado pela sua história geológica — devido essencialmente a adaptações menos profundas e a um modo de reprodução que, de certa forma, deixa os filhotes à mercê dos carnívoros. Isso explica as devastações de que são responsáveis os animais introduzidos pelos europeus. As raposas, os cães, os gatos, todos semi-selvagens, tornaram-se depredadores perigosos, enquanto que os coelhos destruíam os habitats originais e entravam em competição alimentar com as formas herbívoras. O homem colaborou com suas próprias destruições, transformando profundamente os habitats selvagens, convertidos em terrenos de cultura ou em pastagens para carneiros. A modificação dos meios naturais constitui provavelmente a causa determinante do declínio dos Marsupiais, estreitamente ligados a comunidades vegetais específicas e manifestando uma ausência caracterizada de maleabilidade ecológica.

Muito rapidamente, a situação tornou-se trágica. A maior parte dos Marsupiais, ainda comuns no século passado, como provam certos relatos de viajantes, reduziram-se em proporções inquietantes. Alguns já podem ser considerados atualmente como extintos.

Muitos dos pequenos Marsupiais carnívoros regrediram rapidamente, devido, sobretudo, aos ataques dos gatos que ou os exterminaram ou os eliminaram pela competição. O diabo-da-tasmânia, *Sarcophilus harrisi,* carnívoro de proporções maciças e, à primeira vista, bem armado, desapareceu de toda a Austrália, mantendo-se apenas na Tasmânia. Esse carnívoro era acusado, infelizmente de forma bastante justificada, de matar as aves de capoeira e os carneiros, sendo assim considerado como o quadrúpede autóctone mais prejudicial. O mesmo aconteceu com o lobo-marsupial ou tilacino, *Thylacinus cynocephalus,* o maior dos Marsupiais carnívoros, por vezes do tamanho de um cão grande (Fig. 19). Foram encontrados restos de fósseis na Austrália, onde este lobo parece ter sido eliminado pelo cão dingo. Quando os europeus chegaram, porém, o tilacino abundava ainda na Tasmânia e cometeu sérias depredações nos rebanhos de carneiros. Tais estragos justificaram uma guerra impiedosa durante as últimas décadas do século XIX*, e o tilacino foi, assim, praticamente exterminado no seu último refúgio. Esse grande carnívoro, extremamente interessante devido às suas inúmeras convergências com os Canídeos, encontra-se atualmente num estado muito precário, sendo que subsistem apenas, certamente, alguns indivíduos no oeste da Tasmânia (Guiler).

Os Marsupiais herbívoros sofreram tanto quanto os carnívoros. Os menores, como por exemplo os *Perameles, Macrotis,* e os ratos-cangurus *Bettongia* foram vítimas de uma caça

*De 1888 a 1909, foi dado um prêmio de uma libra por animal abatido.

Figura 19. Tilacino ou lobo-da-tasmânia *Thylacinus cynocephalus*

intensiva devido à qualidade de suas peles, muito apreciadas por sua delicadeza. Costumavam estabelecer-se em tocas, tornando-se assim particularmente vulneráveis à caça com armadilhas, assim como aos carnívoros introduzidos. As iscas envenenadas, destinadas à destruição do coelho, foram ingeridas, freqüentemente, pelos marsupiais vegetarianos que morreram assim em grande número. O mesmo aconteceu com os cangurus: algumas espécies estão gravemente ameaçadas pela destruição do seu habitat, a depredação realizada pelas raposas, e a caça visando a obtenção de peles. Verdadeiras chacinas foram cometidas para satisfazer as exigências da indústria de peles. A maioria dessas espécies tem, com efeito, uma pelagem densa e fina, e suas peles foram por isso muito procuradas durante todo o século XIX, e inúmeros caçadores profissionais puderam viver dessa exploração. Aliás, esse tipo de caça permanece ainda, hoje em dia, no caso de muitas espécies.

Segundo um balanço realizado por J. H. Calaby (CSIRO, *Wildlife* I, 1: 15-18, 1963), haveria na Austrália por volta de 35 formas de Marsupiais ameaçados de extinção (algumas delas unicamente no continente e não na Tasmânia que parece, desse modo, ter-se tornado um santuário), sem contar os Roedores típicos dessa parte do mundo. A situação de muitas outras é deveras incerta.

Em certa medida, as aves australianas sofreram menos do que os mamíferos, se bem que as populações de algumas delas se tenham tornado consideravelmente escassas. Algumas já quase desapareceram; assim o *Atrichornis clamosus,* pequeno pássaro típico da Austrália, considerado como extinto desde 1889, mas redescoberto em 1961 nas encostas do Monte Gardner, perto de Albany, no sudoeste do continente. Suas populações totais não ultrapassam, no entanto, uns vinte casais. A introdução de gatos e de ratos foi responsável pelo desaparecimento quase total dessa ave, assim como a destruição do seu habitat*. Os mesmos fatores causaram também a ruína de dois periquitos terrestres: o *Pezoporus wallicus,* do sul da Austrália e da Tasmânia, e o *Geopsittacus occidentalis,* típico dos desertos do sul e do oeste; esses dois Psitacídeos vivem no solo construindo seu ninho em pequenas depressões, sem nenhuma outra espécie de proteção; tornaram-se, assim, presas fáceis de todos os depredadores introduzidos. Um e outro são hoje extremamente raros e encontram-se em grande perigo de extinção (Fig. 20).

O desaparecimento mais espetacular, de todas as aves australianas, no entanto, foi o do emu-negro, *Dromaeus ater,* típico da ilha King, no estreito de Bass (Jouanin, 1959). Parece

*Sua área de distribuição está hoje reservada como parque nacional, mas fala-se em implantar uma nova cidade no seu centro.

Figura 20. Periquitos terrestres da Austrália. No primeiro plano: periquito noturno *Geopsittacus occidentalis* (desertos do centro da Austrália ocidental); no plano de fundo: periquito terrestre *Pezoporus wallicus* (Austrália meridional). As duas espécies tornaram-se extremamente raras devido à transformação dos habitats e à introdução de mamíferos depredadores

que os responsáveis pelo desaparecimento dessa espécie, que conhecemos apenas por despojos trazidos em 1804 pela expedição francesa do Capitão Baudin e por ossos subfósseis, foram os caçadores de focas estabelecidos na ilha no começo do século XIX. A ave fornecia-lhes carne, e tinham treinado cães para caçá-la. Os emus *Dromaeus novae-hollandiae* estão igualmente ameaçados de extinção no próprio continente australiano onde são acusados de destruírem as culturas de trigo. Foram eliminados com metralhadoras até 1932, e ainda hoje se oferecem recompensas por animal exterminado. Essas grandes aves corredoras estão condenadas a desaparecerem se semelhantes métodos persistirem.

8 — ÁFRICA

Na África, tal como na América do Norte, a detestável influência do homem pretensamente civilizado repercutiu sobre a natureza, e, muito especialmente, sobre a grande fauna, que até então vivera mais ou menos em equilíbrio com o seu meio e com as populações autóctones.

As destruições começaram durante a Antigüidade, na parte mais setentrional do continente, na África do Norte, e nos confins do grande deserto do Saara, e têm-se acentuado recentemente. Os últimos elefantes que os cartagineses caçavam na Líbia desapareceram há muito (em conseqüência da caça e da destruição do habitat desta população residual).

O mesmo aconteceu com vários grandes mamíferos da África do Norte. O leão *Panthera leo leo,* ainda caçado pelos contemporâneos de Tartarin, desapareceu progressivamente a partir do século passado. Relativamente abundante desde o noroeste da Tunísia até Marrocos, onde, até o século XVI, ainda atingia o litoral atlântico, regrediu pouco a pouco, retirando-se das planícies costeiras para se manter apenas nas montanhas do Atlas. Porém, os desbravamentos das florestas, a construção de estradas, os melhoramentos efetuados nas práticas pastoris e a caça com armas aperfeiçoadas acabaram por eliminá-lo definitivamente. Entre 1873 e 1883, 202 leões foram mortos, "oficialmente", na Argélia; o último foi abatido em 1891, em Souk-Ahras. Em Marrocos, sobreviveu até mais tarde, principalmente nas florestas do Atlas Médio, que até muito recentemente permaneceram zonas perigosas. Foi aí que viveram até por volta de 1922, pelo menos, os últimos leões da África do Norte, cuja regressão é, portanto, paralela aos progressos da pacificação e da civilização.

Esse foi também o destino do búfalo[15] da África do Norte *Alcelaphus b. buselaphus*, representante setentrional de uma espécie ainda abundante na África tropical. No século XVIII, ainda existiam grandes manadas no sul da Argélia e numa parte da cordilheira do Atlas. Este Ungulado evacuou progressivamente as partes mais baixas do seu habitat norte-africano retirando-se para as zonas montanhosas. Característico das grandes planícies abertas, foi ao encontro de suas preferências ecológicas, procurando a tranqüilidade dos refúgios das montanhas e abandonando as planícies já há muito colonizadas. Por volta de 1925, o búfalo ainda subsistia nos confins de Marrocos e da Argélia; tudo nos leva a crer que já esteja extinto hoje em dia.

[15] Búfalo — O mesmo que búbalo (nota do Coordenador).

A África do Norte possui populações em que se misturam os animais vindos de África e os que vieram da Europa. Entre os grandes mamíferos de tipo paleártico deve mencionar-se essencialmente o único Cervídeo africano, o veado-da-barbária *Cervus elaphus barbarus*, estreitamente aparentado ao veado-nobre europeu, de que é o representante local. Espalhado outrora por todas as montanhas arborizadas, de Marrocos até a Tunísia, parece ter desaparecido quase totalmente da parte ocidental do seu habitat, desde a época romana. Constituía então uma presa apreciada, como o provam as inúmeras cenas de caça representadas nos mosaicos romanos da África do Norte. As modificações das florestas foram fatais para esse Ungulado de que subsistem apenas alguns efetivos residuais nas florestas situadas na fronteira algério-tunisiana. Em 1953, calculou-se que sua população global se reduzia a 300 indivíduos, aproximadamente. Teme-se que esse número tenha diminuído consideravelmente em conseqüência dos conflitos recentes, mas, atualmente, seus efetivos estão se reconstituindo devido à proteção das autoridades argelinas.

A África foi, ao sul do Saara, o teatro de uma das mais lamentáveis histórias de destruição da natureza selvagem de que o homem "civilizado" se tornou responsável.

O continente negro não era de modo algum "virgem" quando chegaram os europeus. Já havia sido vítima da ação do homem que o marcara profundamente, e, exceto as regiões florestais úmidas, é provável que os habitats já tivessem sido modificados por certos costumes, tais como os fogos nas selvas e as culturas itinerantes. Já se podiam verificar sinais da degradação dos solos.

A densidade da população africana, porém, dizimada pelas doenças e a escravatura, era particularmente baixa. A África estava praticamente vazia, contrastando de forma impressionante com outras partes do mundo já excessivamente povoadas, como o sudeste asiático.

Assim a fauna africana estava ainda florescente. Mas a chegada dos brancos modificou inteiramente a situação. Durante uma primeira fase, a dos exploradores, os caçadores e dos traficantes — a única que examinaremos aqui — procedeu-se sobretudo a uma exploração dos recursos naturais, sem aproveitamento racional e verdadeira colonização das terras, exceto na África meridional.

A África possui uma fauna muito particular, os mamíferos Ungulados constituindo um conjunto faunístico único em todo o mundo, pela sua diversidade. Esses animais são os últimos sobreviventes de um complexo biológico com um passado geológico denso, já desaparecido no resto do mundo sob essa forma. Os Ungulados têm ainda representantes em todo o mundo, mas em nenhuma parte eles atingiram tal especialização e tal diversificação.

A maioria desses animais, altamente evoluídos e ecologicamente muito sensíveis, depende intimamente do seu meio. Seu regime alimentar, as vastas dimensões do seu domínio vital (muitos deles efetuam deslocamentos de grande amplitude, um tipo de migrações dependentes do ciclo climático das estações e relacionadas também com as flutuações da cobertura vegetal) tornam-nos, evidentemente, muito vulneráveis. Essas condições explicam os extermínios cometidos pelos europeus, logo que penetraram no continente negro, seja diretamente pela caça, que rapidamente degenerou em massacre, seja indiretamente pela modificação dos habitats naturais.

É necessário, bem entendido, imaginar as reações dos primeiros exploradores e de todos aqueles que os seguiram imediatamente. O espetáculo de enormes manadas cobrindo planícies inteiras certamente impressionou esses homens vindos de países de onde esses grandes mamíferos já há muito haviam desaparecido. Como na América do Norte, no caso das manadas de bisontes, os milhares de elefantes, de antílopes de todos os tipos, de zebras e de girafas, deram-lhes a ilusão de que a natureza era inesgotável. O atrativo doentio pelo tiro inútil e pelo quadro de caça incomparável, o incentivo do lucro no que respeita ao marfim, deram azo a verdadeiros massacres. Uma vez mais, pois, tratava-se de uma destruição irrefletida de um capital natural que até então permanecera intacto.

As devastações começaram a partir do século XVIII na parte mais meridional do continente, quando os holandeses se instalaram no sul da África e foram progressivamente subindo em direção ao norte em conseqüência das guerras anglo-boers. Essa parte da África era então habitada por uma fauna de grandes Ungulados de uma riqueza certamente inigualada mesmo na África, na época. Manadas imensas viviam nas savanas efetuando, aí, migrações regulares. Essa fauna desapareceu totalmente, exceto em alguns distritos limitados; várias espécies já se extinguiram mesmo.

O *Hippotragus leucophaeus* teve o triste privilégio de ser o primeiro Ungulado africano exterminado pelo homem (Fig. 21). Nunca ocupou mais do que uma área de distribuição muito reduzida, na África do Sul, não ultrapassando os limites do distrito de Swellendam, na pro-

Figura 21. *Hippotragus leucophaeus*

víncia do Cabo. Esta pequena extensão e efetivos pouco numerosos condenavam-no a um rápido desaparecimento. Segundo o testemunho de viajantes do começo do século XIX, e especialmente o de Lichtenstein, calcula-se que os últimos sobreviventes foram abatidos por volta de 1800.

Várias formas de zebras tiveram o mesmo destino, particularmente a espécie *Equus quagga quagga*, representante meridional muito diferenciado de uma espécie igualmente comum na África oriental, muito característica pelo desaparecimento acentuado das listras na parte posterior do corpo e o seu pequeno contraste na parte da frente (Fig. 22). Se bem que estreitamente circunscritos às regiões próximas do Cabo e ao Estado livre de Orange, não ultrapassando o rio Vaal para o norte, seus efetivos eram importantes, mesmo no início do século passado.

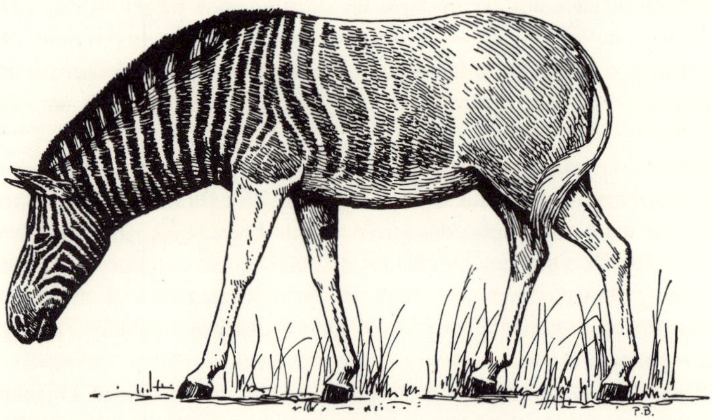

Figura 22. Zebra *Equus quagga quagga*

Os boers massacraram-nos com o intuito deliberado de os eliminar, como, aliás, o fizeram com todos os outros grandes animais, nos territórios que se propunham desenvolver. Em aproximadamente cinqüenta anos, atingiram plenamente os seus objetivos, pois essa zebra já havia praticamente desaparecido da parte do seu habitat situada ao sul do rio Orange, onde o último indivíduo foi morto em 1858. Manteve-se até mais tarde ao norte desse rio, pois a colonização efetuada pelos boers foi mais tardia nessa zona. Estes só começaram a instalar-se na região por volta de 1855. Iniciaram então um massacre em grande escala, motivado pela procura de couro, exportado em quantidades consideráveis ou servindo para a confecção de sacos para grão. A data exata da extinção definitiva dessa zebra é desconhecida, mas situa-se muito provavelmente por volta de 1870-80. Essa espécie desapareceu, assim, apenas um pouco antes da espécie *Equus quagga burchelli*, outro representante do mesmo grupo característico do Bechuanaland e do Estado de Orange, que, a despeito da sua abundância, foi também rapidamente eliminado da parte mais considerável do seu habitat. O último indivíduo morreu no cativeiro, no jardim zoológico de Londres, no início deste século. Uma raça vizinha, *E. q. antiquorum*, está ainda representada por alguns indivíduos que vivem na parte ocidental do sudoeste africano.

Os antílopes sofreram do mesmo modo, a ponto de as populações da maioria desaparecerem quase totalmente. Assim, por exemplo, o *Damaliscus dorcas*, característico, antigamente, do sudoeste da província do Cabo, e o *Damaliscus albifrons*, muito comum no Karoo, até os limites do Transval e do Bechuanaland, outrora o antílope mais abundante de toda a África do Sul, um e outro desapareceram em estado selvagem da maior parte do seu habitat primitivo.

O mesmo aconteceu com o gnu de cauda branca *Connochaetes gnou,* com a zebra-de-montanha *Equus zebra,* o elefante *Loxodonta africana,* ainda abundante, no século XVII, até a península do Cabo, inclusive. Todos foram praticamente exterminados na parte meridional da África.

Poderiam multiplicar-se os exemplos. Todos testemunham a destruição sistemática de uma fauna incrivelmente rica. Salvo a América do Norte e os seus bisontes, não se conhece certamente nenhum outro exemplo de erradicação em maior escala. Um capital natural inestimável desapareceu assim no espaço de apenas um século.

O resto do continente africano seguiu pouco depois a mesma evolução à medida que os colonos europeus se iam instalando. Os grandes mamíferos pagaram um tributo extremamente pesado e regrediram paralelamente à penetração européia.

Essa regressão foi particularmente nítida no caso dos elefantes, outrora espalhados por toda a área habitável ao sul do Saara. Os Proboscídeos eram, sem dúvida, desde há muito, objeto de uma caça organizada para a obtenção de marfim*. Essa preciosa matéria constituía mesmo, com os escravos, o principal produto de troca de todos os centros de comércio instalados na costa africana. A exportação de negros e de marfim prosseguiu paralelamente durante séculos. Até a época da colonização, a caça manteve-se dentro de certos limites, não pondo nunca em perigo a sobrevivência do elefante. Mas a procura do marfim aumentou rapidamente. Entre 1896 e 1910, a Inglaterra recebia em média, aproximadamente, 500 000 quilos de marfim por ano, o que representa um número de elefantes extremamente elevado, principalmente se considerarmos que nessa época eles já eram relativamente escassos. Livingstone informa-nos que, nessa época, o peso médio de cada dente de elefante era de 6 a 7 quilos, pois os caçadores matavam indistintamente os adultos, os filhotes, e as fêmeas. O tráfico, que atingiu o seu auge entre 1880 e 1910, realizava-se então pelos portos do leste africano que davam saída às mercadorias vindas do Quênia, do Tanganica, e do Congo Belga. Como o lembra Jeannin (1947), no Congo, no início da ocupação européia, apareciam freqüentemente dentes de 60 a 70 quilos, com um peso médio de 15 quilos; esse peso baixou para 10 quilos em 1890, para 8 em 1910, e para 6 quilos em 1920**.

Por volta de 1880, entre 60 000 e 70 000 elefantes foram mortos anualmente para satisfazer as exigências do mercado europeu; mas na realidade, as devastações deviam ter assumido proporções ainda maiores, pois uma parte do marfim, que não era absorvido pelo comércio, tornou-se objeto de um artesanato local.

Deu-se uma regressão similar nas populações de rinocerontes. O chifre desses pobres animais, origem de sua destruição na Ásia, foi também o motivo de massacres na África. Seus efetivos diminuíram rapidamente, primeiro na África do Sul, e em seguida na África oriental. Esta diminuição afetou essencialmente o rinoceronte branco *Ceratotherium simum,* outrora muito comum na África do Sul (forma típica) e nos confins do Sudão, do Congo, e do Ubangui (forma *cottoni).*

Todos os outros grandes Ungulados, vítimas de uma caça organizada, tão destrutiva quanto estúpida, que reduzia maciçamente seus efetivos, foram desaparecendo simultaneamente. Na maioria das vezes os caçadores brancos esforçavam-se por obter um resultado tão impressionante quanto possível, ultrapassando os recordes atingidos pelos seus predecessores. Nessa

*"É lamentável que um animal tão inteligente como o elefante seja morto para permitir que criaturas pouco mais inteligentes do que ele joguem o bilhar com bolas feitas com os seus dentes" (R. Meinertzhagen, *Kenya Diary).*

**Uma tendência semelhante manifesta-se em Uganda, onde, em 1926, o peso dos dentes era de 25 quilos, e de 18 apenas em 1958 (Brooks e Buss, *Mammalia,* 26: 10-34, 1962).

cadência, a fauna diminuiu rapidamente e as planícies cobriram-se de esqueletos abandonados às hienas e aos abutres. Em 1932, o rinoceronte já havia praticamente desaparecido dos territórios de domínio francês; o hipopótamo estava em nítida regressão em toda a parte, assim como a girafa, especialmente no Oeste africano, onde subsistem apenas efetivos tão reduzidos que qualquer reconstituição das populações se tornou doravante quase impraticável (Fig. 23). A difusão cada vez maior de armas aperfeiçoadas afetou mortalmente a grande fauna.

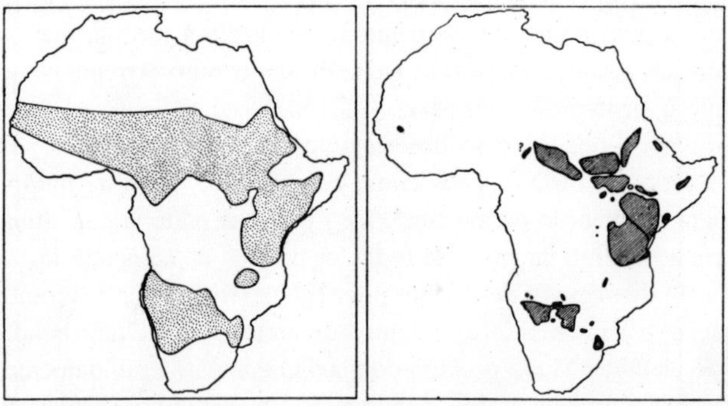

Figura 23. Redução da área de distribuição da girafa *Giraffa camelopardalis* na África. À esquerda: distribuição original; à direita: distribuição atual. Note-se o fracionamento na área de distribuição e o quase desaparecimento deste Ungulado da África ocidental. Segundo A. Innis Dagg, *Mammalia*, 1962

Outras oportunidades surgiram para os caçadores profissionais. Tinham de fornecer carne fresca ou seca à mão-de-obra que trabalhava na construção, em concessões ou explorações agrícolas. Devido às crescentes facilidades de comercialização, as destruições tornaram-se ilimitadas.

Simultaneamente, estabelecia-se um comércio de peles, ainda ativo hoje em dia. Sem dúvida, uma parte dessas peles vinha de espécies comuns, muitas das quais assim permanecem até hoje. Porém, é extremamente difícil, na ausência de recenseamentos precisos, tanto no passado quanto no presente, calcular a proporção de antílopes massacrados. Se nos basearmos nas cifras relativas à época contemporânea, constataremos que o número de peles comercializadas anualmente é considerável. Segundo Marty (1955), 750 000 peles foram controladas em 1953 à saída dos territórios que formavam então a União francesa, a maioria de antílopes. Ora, tais cifras são muito inferiores à realidade, pois dizem respeito unicamente às peles que passaram pela alfândega, e não àquelas que foram utilizadas localmente, com certeza muito numerosas considerando suas múltiplas utilizações por parte dos africanos. Pode-se admitir como verossímil uma estimativa de aproximadamente 2 milhões de antílopes massacrados num só ano. Conclusões similares podem ser aplicadas ao Leste africano e, nomeadamente, à Sumália: Funaioli e Simonetta (1961) informaram-nos de que esse país exportava cerca de 350 000 peles de *Madoqua* e *Rhynchotragus* por ano, e aproximadamente 70 000 peles de antílopes, na maioria (80%) *Lithocranius walleri,* provocando uma rarefação sensível da espécie.

Assim, na África, devido à evolução acelerada desse continente, a grande fauna ficou rapidamente numa situação de extrema precariedade. Sua destruição, particularmente espetacular, foi acompanhada por muitas outras de igual gravidade, conseqüentes à exploração que seguiu as primeiras etapas da colonização européia. A exploração das florestas, freqüentemente mal concebida, pôs em perigo, de uma forma alarmante, as populações de certas essências, contribuindo simultaneamente para a degradação de ambientes florestais particularmente frágeis, ameaçados também pelas derrubadas, visando ao estabelecimento de culturas.

A África, ao sul do Saara, estava portanto entregue à pilhagem. As conseqüências foram incalculáveis.

Foto 21. Colônia de iguanas marinhas. Ilhas Galápagos

Foto 22. Fêmea de hemíono com potro. Ilha Barsa Kelmes, mar de Aral.

Foto 23. Cavalos selvagens nas estepes da Mongólia

Foto 24. Burros selvagens da Índia. Little Rann of Kutch, Gujarat

Foto 25. Elefante da Índia. Reserva do lago Periyar, Kerala, Índia

Foto 26. Caça ao elefante na África do Sul. Segundo uma gravura extraída de W. C. Harris, The Wild Sport of South Africa. Londres 1844. Um testemunho da abundância do elefante, no século passado, numa parte da África do Sul, de onde já desapareceu quase completamente

Foto 27. Zebra quaga. Segundo uma gravura de W. C. Harris, Portraits of the Game and Wild Animals of Southern Africa, Londres, 1840. Essa espécie tornou-se extinta entre 1870 e 1880

Foto 28. Quadro de caça no início deste século. Foto da época, tirada provavelmente na África Oriental ou no Congo

Foto 29. Estância de *Encephalartos* sp. Cicadácea arborescente da África do Sul (reserva florestal do Zuurberg, proximidades de Porto-Elisabeth)

Foto 30. Grupo de *Encephalartos horridus*, Cicadácea acaule da África do Sul (próximo de Amanzi). Estes vegetais, verdadeiros fósseis vivos, são destruídos pelo fogo de savana, aos quais suas sementes são particularmente sensíveis

Foto 31. Antílope sul-africano

9 — MADAGÁSCAR E ILHAS VIZINHAS

Devido ao seu isolamento, essas ilhas, durante a evolução, serviram de refúgio a animais de tipo arcaico, e de zonas de diferenciação a formas endêmicas representando linhas evolutivas muito particulares e altamente especializadas. O conjunto dos ecossistemas sendo extremamente frágil, não é de espantar que essas ilhas tenham sofrido profundamente com a colonização humana e sobretudo com o impacto do homem moderno.

Foi esse, particularmente, o caso das ilhas Mascarenhas onde vivia uma fauna pobre, mas única no seu gênero. Não havendo mamíferos autóctones, certas aves evoluíram ao abrigo dos depredadores, perdendo a capacidade de voar e tornando-se assim particularmente vulneráveis. Essas ilhas, descobertas em 1505, permaneceram inabitadas até o início do século XVII. Começou nessa época a degradação da cobertura vegetal, assim como a destruição da fauna. Abstraindo as espécies de aves apenas conhecidas por restos ósseos cuja identificação é problemática, 24 das espécies de aves terrestres ou de águas doces, das 28 que constituíam a avifauna primitiva, estão certamente extintas hoje em dia, uma das proporções mais elevadas do mundo.

As aves desapareceram por motivos já freqüentemente evocados: caça desenfreada, introdução de animais domésticos que posteriormente recuperaram seu estado selvagem e de várias aves e mamíferos*, degradação dos habitats, e, especialmente, desflorestamento maciço de ilhas que os primeiros viajantes descrevem como os jardins do éden.

As aves mais altamente diferenciadas eram, sem dúvida, gigantescos pombos terrestres: o dodó da ilha Maurícia, *Raphus cucullatus* (Fig. 24), o dronte da ilha Reunião, *R. solitarius*, e o solitário, da ilha Rodriguez, *Pezophaps solitarius*. Essas três aves, cada uma típica de uma ilha, eram totalmente incapazes de voar devido à redução extrema de suas asas; seu peso, de aproximadamente vinte e cinco quilos, tê-las-ia, aliás, impedido de levantar vôo. Estavam situadas na extremidade de uma linhagem extremamente evoluída, e tinham-se mantido devido

Figura 24. Dodó da ilha Maurícia *Raphus cucullatus*

*Especialmente ratos, camundongos e macacos *Macaca cynomolgus*.

apenas à ausência de inimigos naturais. Nenhum de seus despojos foi conservado, exceto alguns elementos do esqueleto; assim, sua aparência exterior só é conhecida através de desenhos e pinturas realizados por artistas holandeses segundo espécimes trazidos dos Países Baixos nos séculos XVI e XVII.

Essas aves indefesas serviam para abastecer os navios com alimentos frescos, a carne de 3 ou 4 chegando para a tripulação inteira. Apanhavam-se de cada vez cerca de trinta, quando não eram mais, para enfrentar as necessidades alimentares de uma travessia. Esse consumo, acrescentado às conseqüências da introdução de cães, gatos, porcos, que de novo se tornaram selvagens ou errantes, como também de macacos, todos perseguindo os adultos e comendo os ovos e os filhotes, acabaram por eliminar a espécie. O dodó desapareceu da ilha Maurícia por volta de 1680, as espécies características das ilhas Reunião e Rodriguez extinguiram-se durante o século XVIII.

Outras aves das ilhas Mascarenhas são mais bem conhecidas devido a uma extinção mais recente. É o caso, por exemplo, do papagaio da ilha Reunião *Mascarinus mascarinus,* cujo último espécime conhecido vivia ainda no cativeiro em 1834, e da famosa poupa *Fregilupus varius* aparentada ao estorninho, cujos últimos espécimes foram coletados na ilha Reunião por volta de 1840 (Fig. 25).

Figura 25. *Fregilupus varius*

O excesso de população, já antigo, e suas inevitáveis conseqüências, bastam para explicar a excepcional amplitude dessas destruições, assim como as de outras espécies. A ilha Reunião, deserta no século XVI, tinha apenas 12 habitantes em 1665, e 37 000 em 1772. Em 1950, já habitavam na ilha mais de 200 000 pessoas. A conseqüência inevitável desse crescimento foi o desflorestamento e a destruição maciça da fauna, incluindo as aves menores (Ph. Milon conta ter visto depenar *Zosterops* em 1950!). Parece que atualmente subsistem menos de 20 tartaranhas *Falco punctatus* em conseqüência da destruição de seu habitat. As aves autóctones tendo desaparecido, ou tendo-se tornado consideravelmente escassas, outras foram aclimatadas para substituí-las. Foram assim introduzidas na ilha Reunião pelo menos 17 espécies, ou seja, 58% das espécies existentes atualmente na ilha, entre as quais o martinho triste *Acri-*

dotheres tristis, perigosamente prolífero. Esses pássaros entraram, evidentemente, em competição com os pássaros autóctones sobreviventes, que só puderam refugiar-se nos restos de florestas onde as aves aclimatadas nunca penetraram.

As ilhas Aldabra, situadas ao norte de Madagáscar, constituem também uma verdadeira reserva de seres estranhos, a maior parte deles endêmicos. Essas ilhas, onde inúmeras tartarugas marinhas vêm pôr seus ovos, possuem uma flora admirável, tanto quanto seus insetos e outros invertebrados, assim como um grande número de aves típicas. Mas a Aldabra constitui sobretudo o último reduto de gigantescas tartarugas terrestres *Testudo gigantea*, tipo de réptil desconhecido no resto do mundo, exceto nas Galápagos. Essas tartarugas, outrora comuns nas ilhas Reunião, Maurício e Rodriguez, desapareceram em conseqüência dos ataques do homem. Mesmo em Aldabra, suas populações, ainda florescentes, ficariam gravemente ameaçadas se se realizassem os projetos de aproveitamento do território, de colonização e de implantações militares.

Essas ilhas mostram, de um modo geral, como uma fauna extremamente evoluída, degenerada devido a circunstâncias particulares do meio, pode desaparecer, expulsa pela "civilização".

Madagáscar, por seu lado, também foi vítima da colonização humana, a degradação da natureza selvagem tendo-se efetuado, aliás, muito antes da penetração européia. A causa principal dessa degradação foi o desflorestamento acelerado. Na origem, o leste estava coberto por uma densa floresta higrófila, enquanto que o centro e o oeste possuíam florestas de folhas caducas, devido a um clima marcadamente seco e a uma alternância de estações nitidamente diferenciadas. O homem devastou rapidamente a Grande Ilha. O machado destruiu quase totalmente as florestas úmidas, enquanto o fogo queimava as florestas secas, eliminando-as rapidamente. A destruição dos habitats primitivos provocou, aliás, modificações climáticas que aceleraram consideravelmente o processo. A erosão e a degradação dos solos transformaram uma vasta zona de Madagáscar num deserto quase improdutivo. Essa ilha teve, assim, o triste privilégio de ser uma das partes do mundo mais tragicamente deterioradas pela ação humana.

A flora autóctone, bem entendido, sofreu profundamente com a modificação dos habitats e com a ação do fogo. O mesmo aconteceu com a fauna, essencialmente com os Lêmures, cuja verdadeira pátria é Madagáscar. Esses animais, que constituem um dos mais interessantes grupos de Primatas devido a seus caracteres primitivos, estão estreitamente ligados ao meio florestal, fora do qual a maioria não consegue sobreviver. Assim, desapareceram à medida que se alastrava o desflorestamento: trata-se de um dos exemplos mais nítidos de regressão de uma espécie animal consecutivamente à destruição de seu habitat.

Foram também, desde sempre, caçados pelos Malgaches que apreciam sua carne e os consomem sobretudo depois de tê-los engordado no cativeiro. Assim, não espanta que a maioria das espécies se tenha tornado consideravelmente rara e que os Lêmures se encontrem atualmente entre os Mamíferos ameaçados de extinção. É este o caso, especialmente, de uma vintena de formas, umas das quais é a espécie *Daubentonia madagascariensis*, tipo de uma família monoespecífica. Parece que subsistem apenas uns cinqüenta indivíduos dessa espécie, o que a coloca entre os mamíferos mais ameaçados.

10 — ILHAS MERIDIONAIS

Não podemos deixar de evocar brevemente a ação do homem em terras meridionais, constituídas por uma série de ilhas de dimensões reduzidas, dispersas no meio dos oceanos antárticos, particularmente a Geórgia do Sul, Amsterdã, S. Paulo, Kerguelen, Crozet e Macária. Essas ilhas são evidentemente povoadas por uma fauna extremamente empobrecida devido às condições ecológicas e, sobretudo, ao seu afastamento de todo e qualquer centro de diferenciação faunística. Nenhum mamífero chegou a essas ilhas, exceto algumas espécies marinhas, e as comunidades animais são essencialmente constituídas por ricas colônias de aves marinhas: milhares de pingüins, albatrozes, e procelárias.

O homem provocou rupturas de equilíbrio extremamente perigosas nesses ecossistemas simplificados e, portanto, muito frágeis. Seu impacto manifestou-se através de destruições deliberadas, especialmente no caso dos Pinípedes, cujas peles motivaram uma exploração excessiva, enquanto que outros animais eram destruídos por "divertimento" ou por motivos fúteis*. A ação do homem, cujas conseqüências foram mais prejudiciais, foi a introdução de mamíferos exóticos, principalmente ratos e camundongos, mas também coelhos, cabras, porcos e gatos, sem contar os vegetais. Os ratos causaram danos particularmente graves, pois atacavam os pássaros que faziam seus ninhos em tocas ou no solo, devorando os ovos, os filhotes e os adultos. As colônias de procelárias foram desvastadas em todas as zonas acessíveis a esses depredadores, e só escaparam as que estavam protegidas pela topografia. Segundo Jouanin e Paulian (*Proc. XII int. Orn. Congr. Helsinki,* (1958): 368-372, 1960), na ilha de Amsterdã apenas quatro espécies de aves se encontram atualmente numa situação aparentemente próspera, enquanto que inúmeras ossadas atestam o número de espécies de procelárias exterminadas nessas ilhas (*Bulweria, Puffinus, Pachyptila, Pelagodroma, Pelecanoïdes*). O mesmo aconteceu nas outras ilhas; mencionaremos mais adiante alguns exemplos particularmente trágicos.

Essas graves ameaças pesam sobre a fauna e a flora dessas ilhas desde o século XVII; têm-se agravado, desde essa altura, em proporções inquietantes, sobretudo atualmente, pois foram estabelecidas bases permanentes em toda a parte, e a presença do homem tem provocado perturbações profundas em comunidades que evoluíram sem contacto com o resto do planeta (Holdgate e Wace, 1960; Dorst e Milon, 1964).

11 — OS MARES

Os mares têm, desde há muito, a fama de serem inesgotáveis. Deram lugar, assim, a uma exploração cada vez mais intensa, que se foi ampliando à medida que o homem aperfeiçoava suas técnicas.

A pesca constituiu, evidentemente, a parte principal dessa exploração. Apesar da quantidade de peixes roubados às águas ter aumentado em proporções enormes, os perigos de uma exploração excessiva só se tornaram evidentes muito recentemente. Assim, não abordaremos o problema aqui.

Em contrapartida, a exploração dos mamíferos marinhos começou há muito tempo a despovoar os mares, especialmente a caça à baleia, que parece ter sido tentada pela primeira vez pelos bascos no golfo da Gasconha e que já desempenhava um papel importante no século XII. A baleia *Eubalaena glacialis*, objeto dessa caça, tornou-se rapidamente muito rara, devido a um excesso de capturas. Para encontrá-la, os bascos foram então obrigados a avançar cada vez mais para o oeste, até o largo da Terra Nova onde talvez tenham chegado antes da descoberta "oficial" da América por Cristóvão Colombo. No início do século XIX, em todo o caso, essa baleia já havia desaparecido das costas da Europa. Diminuiu em seguida rapida-

*Os ossos dos albatrozes serviam para fazer cachimbos para os marinheiros!

mente na parte ocidental do Atlântico, ao mesmo tempo que uma forma afim, típica do Pacífico Norte (*Eubalaena sieboldi*)*. Essas duas baleias tornaram-se tão raras que atualmente correspondem a uma proporção ínfima das capturas globais: Townsend (*in* G. M. Allen, 1942) só encontrou 35 num total de 17 862 Cetáceos capturados entre 1910 e 1920. Essas baleias, outrora abundantes, desapareceram praticamente hoje em dia devido a uma exploração excessiva**.

Assim, em conseqüência dessa rarefação, os centros de exploração de Cetáceos foram obrigados a deslocar-se. Já no século XVII os baleeiros iam sobretudo para os mares árticos, especialmente para os oceanos situados entre o Spitzberg e o norte do Canadá. A espécie que se caçava então era a *Balaena mysticetus*, abundante nessas águas frias onde a perseguiam baleeiros de todas as nacionalidades que, aliás, travavam entre si verdadeiras guerras. Pouco tempo depois, em conseqüência dos massacres cometidos principalmente nas proximidades do Spitzberg, essas baleias tornaram-se extremamente raras. Novamente as zonas de caça se deslocaram para o noroeste, ao longo das costas da Groenlândia e da Terra de Baffin, principais áreas de captura do século XVIII. O número de animais apanhados era considerável, como o atestam os jornais de bordo. Entre 1814 e 1817, 586 navios armados pela Grã-Bretanha capturaram 5 030 baleias, na maioria *Balaena mysticetus*. Durante o século XIX, o número de baleias diminuiu em proporções tais que sua caça deixou de ser rentável. A partir de 1887, apenas uns dez navios baleeiros freqüentaram essa zona; em 1911, 8 navios conseguiram capturar apenas 7 baleias. Desde essa época, as sobreviventes, abandonadas à sua sorte, parecem ter-se multiplicado novamente, em pequenas proporções. Como, porém, a densidade das suas populações permanece baixa, impossibilitando qualquer exploração industrial, a espécie não parece estar ameaçada nos tempos mais imediatos.

Em seguida, foi a vez do cachalote *Physeter catodon*, caçado especialmente pelos baleeiros norte-americanos nos mares quentes do globo. Desde a segunda metade do século XVIII, a caça era florescente nos mares ao longo das costas da Nova Inglaterra. A exploração estendeu-se progressivamente a todo o mundo, atingindo seu apogeu na primeira metade do século XIX. A diminuição dos efetivos e o uso cada vez mais generalizado de petróleo purificado substituindo o óleo da baleia na iluminação, fizeram com que fosse abandonada a caça ao cachalote, que, aliás, nunca esteve verdadeiramente em perigo.

Uma última fase, a atual, refere-se à caça aos Cetáceos antárticos. Várias espécies de *Balaenoptera* constituem atualmente a maior parte das "presas" dos baleeiros. O número considerável de indivíduos capturados anualmente põe em perigo esses gigantes dos mares, grandes fornecedores de gordura. Voltaremos mais adiante a esse assunto.

A maior parte dos Pinípedes também foi vítima de uma caça intensiva, especialmente as focas-orelhudas, cuja pele é muito apreciada. As da Nova Zelândia e da Austrália meridional (*Arctocephalus forsteri, A. doriferus A. tasmanicus*) viram suas populações consideravelmente reduzidas e algumas de suas colônias inteiramente devastadas pelos caçadores de foca, durante o século passado. A *A. gazella* foi quase exterminada por volta de 1850, por um caçador de focas americano; entretanto, seus efetivos regeneraram-se, mas foram novamente dizimados em 1880, ano em que foram massacrados pelo menos 3 000 indivíduos, permanecendo assim tais efetivos pouco numerosos até hoje. O mesmo aconteceu com a *A. pusillus*, do Cabo: mais

*A baleia *Eschrichtius gibbosus* quase desapareceu também nessa mesma região do globo durante as primeiras décadas deste século. Desfrutando de uma proteção total, seus efetivos aumentaram de um modo satisfatório (aproximadamente 6 000 indivíduos ou talvez mais, atualmente).

**Note-se que elas estão hoje inteiramente protegidas por convênios que proíbem sua captura.

de 70 000 peles eram enviadas anualmente para Londres no fim do século passado. Um verdadeiro massacre exterminou as enormes colônias de *A. p. philippii* das ilhas Juan Fernandez, ao largo do Chile (ver p. 56). O mesmo aconteceu com a espécie das ilhas Pribiloff, sobre a qual teremos a oportunidade de falar mais adiante. Deve-se assinalar igualmente a rarefação das morsas *Odobaenus rosmarus*; no decurso do século passado, suas populações do Pacífico passaram de 200 000 a menos de 90 000 indivíduos.

É preciso também relembrar a lamentável história da vaca-marinha-de-Steller, *Hydrodamalis stelleri,* o maior dos peixes-boi, típico do Pacífico Norte e, particularmente dos mares que rodeiam as ilhas do Comendador, ao largo do Kamtchatka (Fig. 26). Esse animal, com mais de 8 metros de comprimento, freqüentava as baías pouco profundas onde se alimentava essencialmente de Algas (sobretudo Laminárias). Foi aí que Bering o encontrou em 1741. Ora, em 1768, apenas um quarto de século depois da sua descoberta científica, esse animal já fora exterminado pelos marinheiros e caçadores russos. Aliás, só é conhecido através de esqueletos, alguns fragmentos de pele, desenhos e relatos de antigos viajantes*.

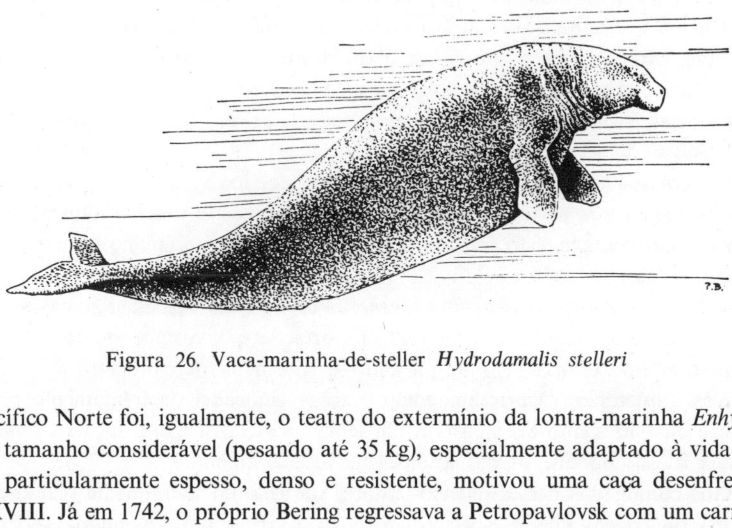

Figura 26. Vaca-marinha-de-steller *Hydrodamalis stelleri*

O Pacífico Norte foi, igualmente, o teatro do extermínio da lontra-marinha *Enhydra lutris,* animal de tamanho considerável (pesando até 35 kg), especialmente adaptado à vida marítima. Seu pêlo, particularmente espesso, denso e resistente, motivou uma caça desenfreada desde o século XVIII. Já em 1742, o próprio Bering regressava a Petropavlovsk com um carregamento de 900 peles, a bordo. A lontra-marinha, abundante nessa época, regrediu rapidamente como o atesta a diminuição do rendimento das caçadas nas ilhas Pribiloff. O preço das peles passou de 20 a 465 dólares por unidade entre 1850 e 1900. A espécie já estava praticamente exterminada em 1900, quando se adotaram medidas que felizmente permitiram à espécie regenerar seus efetivos, que atualmente no Alaska atingem 40 000 indivíduos (a espécie está em expansão para o sul, atingindo a Califórnia, onde, no entanto, encontra-se ameaçada pela poluição dos mares).

Para terminar, teremos de fazer uma breve alusão ao destino do urso-polar *Thalarctos maritimus*, cuja vasta distribuição nas zonas mais frias do Ártico não protegeu contra o homem "civilizado". Ocupando o topo da pirâmide biológica deste habitat polar, e não tendo inimigos naturais, era apenas caçado pelos esquimós que não podiam causar-lhes grandes danos.

*Um navio russo avistou em 1962, ao largo da costa da Sibéria, ao norte do Kamtchatka, alguns animais marinhos de tamanho considerável que poderiam ser vacas-marinhas. Essa redescoberta seria uma das mais sensacionais da época contemporânea, caso fosse confirmada.

A irrupção dos brancos nos seus domínios provocou sua rarefação. O urso-polar foi caçado pela riqueza do seu despojo e também por esporte, por vezes a bordo de aviões e de helicópteros. Regrediu assim em proporções inquietantes, como o atestam as estatísticas das capturas, na maioria das localidades circumboreais. Suas populações, avaliadas em 10 000 indivíduos aproximadamente, talvez mesmo muito menos, não podem suportar a pressão atual da caça. A espécie aparentemente mais bem protegida contra o homem, devido ao meio rigoroso a que está adaptada, corre assim o perigo de uma grave rarefação.

Analisamos muito rapidamente as principais devastações de que o homem foi responsável no decorrer dos séculos anteriores, especialmente no século passado. Vimos que essa evolução, inicialmente lenta, salvo em alguns pontos do globo, se acelerou brutalmente durante o século XIX paralelamente ao aumento do poder mecânico e ao aperfeiçoamento dos meios técnicos à disposição do homem.

No conjunto, as principais causas de destruição foram, portanto, as seguintes:

— *Caça.* Penetrando continuamente em países novos, os europeus ficaram maravilhados com a quantidade dos animais e com sua grande variedade. Por isso caçaram ilimitada e desenfreadamente. Muitas vezes a caça assumiu um caráter sistemático, ora para eliminar totalmente uma fauna que se considerava inútil ou incômoda, ora para a explorar excessivamente (indústria de peles, esqueletos utilizados como matéria-prima, etc.), ora como esporte, bem próximo ao sadismo.

— *Transformação dos biotopos.* Essa transformação, lenta em certos países da Europa e da Ásia, foi brutal nos países povoados há pouco tempo. O desflorestamento em grande escala foi particularmente nefasto pelas suas graves repercussões no plano local, e no conjunto do equilíbrio natural.

— *Introdução de plantas e animais exógenos.* Por diversas razões, algumas sentimentais, outras econômicas, o homem fez questão de transportar seres vivos por todo o mundo. Muitos se transformaram em "pragas" e, multiplicando-se enormemente, competiram ou destruíram os seres vivos autóctones. Ocorreram então reações em cadeia extremamente prejudiciais, a maior parte das vezes imprevisíveis, em particular nos ecossistemas insulares, menos ricos e muito mais frágeis do que os das grandes massas continentais*.

Os efeitos conjugados desses diversos fatores devastaram literalmente o mundo inteiro. As plantas e os animais altamente especializados, não se sabe se ultra-evoluídos, se degenerados, foram os que mais gravemente se ressentiram. As ilhas eram habitadas por um grande número desses seres vivos, todos diferenciados, ao abrigo das correntes evolutivas que varriam as grandes massas continentais, e também ao abrigo de depredadores e de competidores mais bem armados. A irrupção dos brancos e de sua civilização resultou assim em catástrofe nas regiões insulares, e mesmo, por vezes, em continentes inteiros, como por exemplo na África onde a grande fauna se revelou de uma fragilidade extrema, apesar das aparências.

O homem agiu, pois, como o aprendiz de feiticeiro, sem conhecer nem mesmo pressentir as leis que regem o equilíbrio do mundo vivo. Julgou durante muito tempo, ou pelo menos no século passado, que a natureza fosse inesgotável. Tal pôde ela parecer aos europeus, vindos de um continente já seriamente modificado por séculos de civilização, e chegando a terras mais vastas, povoadas por uma fauna de uma riqueza à primeira vista sem limites.

*É indubitável que a introdução de doenças transmitidas pelos animais introduzidos às formas autóctones desempenhou também um papel importante na extinção dessas últimas. São conhecidos casos semelhantes relativamente à espécie humana.

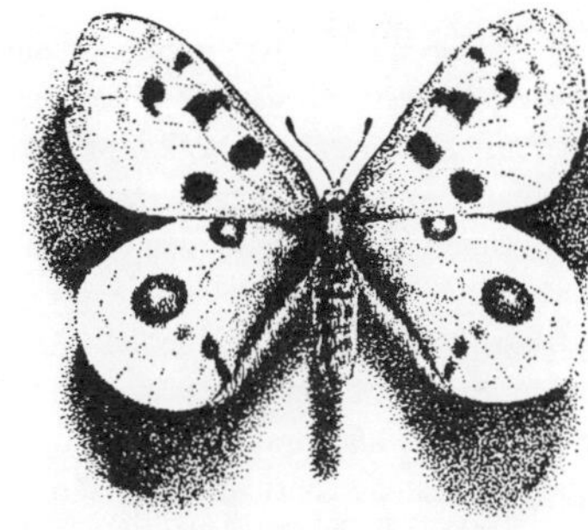

Figura 27. *Borboleta Parnassius apollo melliculus*, macho. Esta raça bem diferenciada ressentiu-se profundamente de capturas excessivas por parte de colecionadores sem escrúpulos

No decurso do século XIX, época do grande desenvolvimento industrial, o homem literalmente se lançou ao assalto do mundo, movido pela necessidade de matérias-primas de toda a espécie. Nunca se condenará demasiado o erro nefasto dos homens das gerações que nos precederam[16]; na ganância de lucros imediatos, privaram o mundo das suas maiores riquezas naturais*.

*Não é possível omitir inteiramente a ação perniciosa dos colecionadores que, movidos por sua paixão, se apoderam de todos os exemplares de uma espécie rara, por vezes estreitamente localizada, e com populações escassas. Foram assinalados entomologistas que, numa só estação, capturaram doze mil zigenas pertencentes a uma forma rara. Nos Alpes franceses, as borboletas *Papilio alexanor*, *Parnassius apollo* e *P. mnemosyne*, várias *Thaïs*, Satirídeos, Ninfalídeos e a famosa *Graellsia isabellae*, pérola dos Lepidópteros franceses, típica do Queyras, são apanhadas desenfreadamente, não apenas para serem vendidas a preços elevados aos colecionadores, mas também para serem utilizadas em explorações mais rendosas: envoltas em plástico, servem para a confecção de cinzeiros, dė pesa-papéis e de porta-chaves. Certas carochas muito localizadas são vítimas de caçadas tão intensivas que suas populações diminuem a cada estação. Os insetos típicos das grutas são igualmente procurados devido ao seu grande valor comercial.

O mesmo acontece com as plantas raras, literalmente saqueadas por coletores mercantis para satisfazer a procura por parte de floricultores e colecionadores de plantas. Inúmeros locais de superfície muito limitada foram assim destruídos (as sociedades de trocas, que exigem 100 exemplares da mesma espécie, difundiram largamente o gosto da destruição entre os seus associados). A flora mediterrânea, rica em formas endêmicas è já tão ameaçada pelo seccionamento em lotes, a urbanização e a transformação dos habitats naturais, particularmente está em perigo. O mesmo acontece com a flora alpina, disputada pelos coletores de bulbos e de rizomas, os colecionadores de herbários e os turistas de domingo. Nos Alpes franceses, os cardos-azuis *(Eryngium alpinum)*, o lírio-martagão *(Lilium martagon)*, o "Edelweiss" *(Leontopodium alpinum)*, os sapatinhos-de-vênus *(Cypripedium calceolus)*, outras Orquídeas e as gencianas, são as principais vítimas desses atos destruidores (P. Vayssière, *C. R. Acad. Agri. France*, 52: 528-535, 1966). As orquídeas foram apanhadas em grande número em todas as regiões quentes do globo, especialmente no Brasil, desse modo, várias espécies já se tornaram raras, fato tanto mais grave por que o seu habitat foi destruído pelo desflorestamento (por exemplo a *Laelia purpurata*, do Brasil oriental).

Esse verdadeiro vandalismo ao qual se entregam os "naturalistas" sem escrúpulos, ou, em todo o caso, dominados por sua paixão, se bem que não deva ser dramatizado, teve no entanto graves repercussões, provocando o desaparecimento de espécies endêmicas com distribuições muito limitadas.

Essas coletas abusivas provocaram, aliás, em certos casos, medidas legislativas. Inúmeras plantas alpinas estão atualmente protegidas na Suíça. Na Suécia, certos Insetos gozam de medidas de proteção (entre outros a espécie *Cerampyx cerdo)*, assim como na Alemanha (entre outros a borboleta *Parnassius apollo*, Fig. 27) (A. Villiers, *in litt.*).

[16]Creio que se deve condenar, no mínimo com a mesma ênfase, o erro dos homens de nossas gerações, que estão insistindo e ampliando os desacertos com que as gerações que nos precederam interferiram na natureza. O motivo principal continua o mesmo: a ganância, o desespero por lucros maiores, imediatos, obtidos da maneira mais rápida e mais simples possível. Alia-se à ganância a ignorância. Muitas vezes, com efeito, o motivo de se agir de forma inconveniente não é a ganância, porque o lucro em questão pode ser relativamente pequeno ou inexistir. Nesse caso, geralmente a ação (ou inação) é fruto da ignorância dos malefícios que ela pode desencadear. Ora, ganância e ignorância são apenas componentes de um processo muito complexo que se chama educação. É preciso educar os cidadãos para que eles não pratiquem atos deletérios à coletividade, inclusive a eles mesmos. E é por isso, ainda, que as questões ventiladas não são de fácil solução, visto que o processo educacional é, por natureza, um processo lento. Tanto maior razão para iniciar-se esse processo o quanto antes e com muita determinação (nota do Coordenador).

CAPÍTULO **3**

O HOMEM A FAVOR DA NATUREZA

"Se algum assunto possui um caráter de grandeza que ultrapassa os horizontes humanos, é certamente o da proteção dos bens eternos dos quais somos os detentores passageiros e responsável." S.A.R. o Duque de Brabante, *Discurso à African Society,* 1933.

"É essencialmente a simpatia do homem por todas as criaturas que verdadeiramente faz dele um homem." Albert Schweitzer, *Falkenjägerei.*

Assim, por volta do fim do século XIX, a Terra inteira estava entregue à pilhagem. O homem "civilizado" havia invadido o mundo, e os seus progressos eram paralelos às suas devastações, de que evocamos apenas as linhas gerais. A exploração irracional e as destruições maciças de que fora, ou continuava sendo, responsável, punham em perigo o equilíbrio natural do planeta. Estava-se a caminho de uma erradicação total da flora e da fauna selvagens, com exceção de algumas espécies particularmente resistentes, que se tinham tornado comensais ou mesmo parasitas da humanidade.

Foi então que alguns homens lúcidos tomaram consciência da gravidade da situação*. Esboçou-se assim uma reação violenta, cujos efeitos ainda são sensíveis, sob a influência de um pequeno número de naturalistas e de homens bem intencionados, movidos por uma fé indestrutível. A eles se deve a sobrevivência da natureza selvagem sobre uma certa parte do globo.

O histórico do conceito de proteção da natureza revelaria certamente que se trata de uma idéia muito antiga, já existente na Antigüidade. Os autores clássicos já haviam suscitado o interesse pelas devastações cometidas na região mediterrânea; contam que certos locais, cobertos na época por cascalho estéril, apenas capaz de alimentar um pequeno número de cabras esqueléticas, estavam outrora cobertos de florestas onde brotavam nascentes, que entretanto tinham secado.

Essa tomada de consciência amplificou-se durante a Idade Média. Inúmeros textos legislativos foram promulgados pelos príncipes, visando à proteção da grande fauna da Europa e à conservação das florestas que, em outras zonas, estavam sendo abatidas de forma generalizada. A maior parte dessas medidas tinha como objetivo principal a monopolização da grande fauna e a preservação de terrenos de caça para o exclusivo benefício dos grandes da

*Convém relembrar particularmente a obra de George P. Marsh, em especial o livro intitulado *Man and Nature, or Physical Geography as Modified by Human Action,* publicado em 1864 em Londres e que é ainda hoje, um clássico no que se refere ao problema da influência do homem no mundo e na harmonia que deve existir entre ele e seu habitat natural. O pensamento de Marsh, verdadeiro pioneiro na sua época, tem indubitavelmente um século de avanço e aplica-se perfeitamente, em suas linhas gerais, à situação atual prevista por esse autor genial com uma lucidez digna de todos os elogios. Os conceitos que devem presidir à conservação da natureza no mundo moderno foram todos expostos nessa obra fundamental.

época. Colocadas no seu contexto social, protegeram, no entanto, a fauna de um modo bastante eficaz, moderando o processo de degradação da natureza.

Citaremos, como exemplo, as medidas ditadas pelos reis e os príncipes da Polônia visando à preservação do auroque, até então abundante na Europa Oriental. Por volta do fim do século XIII, o duque de Boleslaus da Mazóvia havia proibido a caça a esse animal em seus domínios e, um século mais tarde, o rei Jagellon tomou medidas mais radicais ainda. No século XVI, o rei Sigismundo III, consciente das graves ameaças que pesavam sobre este Bovino, cujos efetivos eram extremamente escassos, colocou em reserva total os territórios dos poucos sobreviventes, sem, no entanto, infelizmente, conseguir preservar a espécie. O bisonte foi alvo de prescrições análogas, tanto na Polônia quanto na Rússia. Certas leis promulgadas pelos princípes da Europa Ocidental podem igualmente ser consideradas como medidas visando à proteção da grande fauna e à preservação de uma parte da cobertura florestal.

Poder-se-iam evocar também múltiplos exemplos na Ásia, onde, em certas regiões, as concepções filosóficas e religiosas induzem o homem a preservar a natureza e os seres vivos. Certas legislações prescrevendo medidas de conservação foram, aliás, muito anteriores às que mencionamos na Europa. Assim, particularmente, os decretos do imperador hindu Asoka, que, por volta do ano 242 a.C., concedia sua proteção aos peixes, aos animais terrestres e às florestas (algumas delas, chamadas Abhayarana, constituíam verdadeiras reservas naturais, integrais). Outros soberanos asiáticos proclamaram leis apropriadas, como o provam as de Kublaikhan, o "Grande Senhor" mongol; segundo Marco Pólo, esse soberano proibia a caça durante os períodos de reprodução das aves e dos mamíferos.

Apesar da ação desses precursores, foi preciso esperar pela segunda metade do século XIX para que a opinião pública amadurecesse o suficiente e percebesse a necessidade de transformar em reserva certas porções do globo para o exclusivo benefício da vida selvagem.

A primeira reserva natural parece ter sido estabelecida durante o Segundo Império, na França, na floresta de Fontainebleau. Já em 1853, um grupo de pintores pertencentes à famosa "escola de Barbizon" estabeleceu uma reserva com uma superfície de 624 ha; o decreto de 13 de agosto de 1861 sancionou essa medida.

Na realidade, a idéia de reservas com vastas superfícies nasceu nos Estados Unidos, o que se explica facilmente pelo contexto histórico e psicológico. No século passado, as devastações catastróficas que ocorreram nesse país não podiam deixar de desencadear reações salutares. Por outro lado, os espaços livres eram ainda suficientemente vastos para permitir que fossem criadas reservas em grande escala. Já em 1864, por iniciativa de John Muir, que muitos consideram o pai do conservacionismo na América, o Congresso americano cedeu o vale de Yosemite e o Mariposa Grove ao Estado da Califórnia para aí se estabelecer uma reserva natural, proteger as Sequóias e manter esses distritos em seu estado original, para benefício público. A idéia de um "*parque nacional*" nasceu também no espírito de alguns particulares que, em 1870, passaram seis semanas explorando a região de Yellowstone. Maravilhados com a grandiosidade do espetáculo oferecido por essa parte das Montanhas Rochosas, iniciaram uma campanha que conduziu à promulgação da lei de 1.º de março de 1872, criando o primeiro parque nacional dos Estados Unidos e estabelecendo-o "como um parque público de recreação, para o benefício e a satisfação do povo", como especificava o texto legislativo. Justa reviravolta, depois da desvastação de todo o continente norte-americano (Ise, 1961).

Não devemos essas criações a exigências da opinião pública, mas sim à clarividência e à tenacidade de alguns pioneiros isolados.

Sob a influência de homens como esses, o conceito de proteção da natureza generalizou-se progressivamente por todo o mundo, e a maior parte dos países promulgou leis visando à constituição de reservas: a idéia dominante era a delimitação de zonas onde a fauna e a flora estivessem protegidas contra o homem, e onde pudessem reconstituir seus efetivos, tão empobrecidos em outras regiões. Tratava-se, portanto, de *proteger*, proibindo toda e qualquer atividade humana em determinadas porções de território, conservando suas condições originais. Essas medidas afetavam não apenas os animais, sobretudo a grande fauna ameaçada de forma particularmente espetacular, mas também as paisagens; em suma, e retomando a expressão de Alexander von Humboldt, todos os "monumentos naturais".

Durante essa primeira fase, pensou-se, assim, que bastaria subtrair um território a qualquer influência humana, para conseguir convertê-lo num "paraíso de animais". Rapidamente, porém, percebeu-se que as coisas não eram tão simples assim. Nada é estável na natureza, pois seu equilíbrio nunca é estático, mas, muito ao contrário, extremamente dinâmico. Pode-se admitir que, nas reservas de grande superfície, as diversas forças naturais em jogo se exercem livremente, sem que nenhuma seja modificada pela ação do homem nos territórios vizinhos. Porém, logo que a superfície desce abaixo de um determinado limite, essas forças são profundamente modificadas pelas influências externas. Estas últimas provocam graves desequilíbrios e as principais vítimas são, justamente, os seres vivos que se pretendia proteger. Assim, muito freqüentemente, o homem é obrigado a intervir no interior das zonas protegidas para contrabalançar certas influências que não é possível eliminar. No entanto, é indispensável que se tenha consciência dos verdadeiros problemas. Os predadores são geralmente vítimas de um preconceito desfavorável, pois, segundo alguns, constituem um fator limitante para as populações animais de que se alimentam. Em conseqüência disso, e para permitir o aumento dos efetivos dos vegetarianos, fez-se o possível para destruir os grandes carnívoros e as aves de rapina. Na maior parte das vezes essas tentativas conduziram a verdadeiros desastres, pois, tendo-se excedido a capacidade-limite dos habitats, estes degradaram-se rapidamente, prejudicando a espécie. Contrariamente ao que se pensou durante muito tempo, a importância de uma reserva não se avalia pelo número de animais que ela abriga, mas sim pelo estado dos habitats naturais e das populações animais e vegetais que aí se encontram em equilíbrio com o seu meio.

O homem deve portanto intervir artificialmente na maior parte das zonas de reserva. A regulamentação em vigor deve assim considerar diversas modalidades, e, especialmente, as dimensões dos territórios protegidos e os objetivos propostos. Isto leva-nos a definir várias categorias de reservas*; eis as principais:

— *As reservas naturais integrais* são territórios totalmente reservados: qualquer intervenção no seu equilíbrio é proibida e o seu acesso é restrito aos pesquisadores que trabalham em condições especiais.

— *Os parques nacionais* são territórios relativamente vastos cujo equilíbrio não foi sensivelmente modificado pelo homem, e em cujo perímetro estão incluídas belas paisagens naturais assim como espécies notáveis. Os visitantes são admitidos sob certas condições. Os parques nacionais conciliam assim os imperativos da proteção da natureza e o prazer do público.

*Uma codificação dessa nomenclatura foi finalmente estabelecida, permitindo uniformizar a utilização de termos cuja acepção varia ainda, apesar de tudo, segundo os autores. Para satisfazer aos objetivos deste trabalho interpretamos, ligeiramente, as definições.

— *As reservas parciais*, contrariamente às precedentes, têm como objetivo a proteção, não mais do conjunto do meio natural e de seus componentes, mas sim de uma categoria bem definida de vegetais e de animais, por vezes também de minerais ou de solos. O conjunto das medidas tomadas visa, portanto, à conservação de uma parte dos elementos do meio natural: os outros são função destes últimos, e podem ser modificados segundo normas estabelecidas. Uma certa atividade humana é assim possível (pastagem, agricultura) com a condição de não interferir com os objetivos da reserva.

— *As reservas especiais* pretendem preservar parcialmente certos elementos de um complexo biológico, regulamentando sua utilização. As reservas de caça e de pesca são exemplos clássicos.

A esse conjunto de zonas reservadas, seria preciso acrescentar ainda as zonas de proteção, criadas por vezes ao redor dos parques nacionais ou das reservas integrais; seu objetivo é de circundar o perímetro da reserva com um cinturão onde uma certa atividade humana é permitida, porém com diversas restrições, particularmente no que diz respeito à caça e à modificação dos habitats, além de determinados limites.

Tais medidas de proteção foram completadas em todos os países do mundo por um aparelho legislativo cada vez mais complexo que se propõe a regulamentar, em toda a parte e sempre, a exploração dos recursos naturais. A legislação foi-se aperfeiçoando progressivamente, e a exploração das florestas, o desflorestamento, a transformação dos biótopos, a drenagem dos pântanos, estão doravante submetidos a regras precisas que, pelo menos em seus princípios gerais, são função dos imperativos da proteção da natureza.

Esta regulamentação pode parecer excessivamente complicada. Porém sua complexidade explica-se pela dificuldade de conciliar a proteção da natureza selvagem com as atividades humanas, que não é possível omitir. São necessárias uma adaptação às condições locais e uma regulamentação tão maleável quanto possível. É preciso não contrariar as necessidades econômicas justificadas do homem, assegurando, todavia, da melhor forma possível, a conservação dos habitats naturais, assim como da fauna e da flora que os povoam.

É evidente que a criação de reservas com grandes superfícies só pode ser realizada pelos próprios governos. Através de sua legislação, estabelecem essas reservas e definem sua qualificação, assegurando, simultaneamente, sua gestão, prevendo no orçamento o que for necessário. Em contrapartida, inúmeras reservas de pequena e mesmo de média superfície foram constituídas por particulares ou por sociedades privadas, cujo papel desempenhado no grande movimento de proteção da natureza nunca será suficientemente sublinhado.

A criação e a manutenção de reservas exigem sempre recursos consideráveis. Os créditos indispensáveis, sobrecarregando os orçamentos nacionais, foram criticados por todos quantos lamentavam o "desperdício de terras", preferindo que estas fossem transformadas em terrenos de caça ou de cultura, dando um rendimento imediato. Essa política bitolada refreou o desenvolvimento harmonioso de muitas reservas.

A luta pela proteção da natureza é uma luta de todos os dias, uma luta sem vitórias, pois estas são de novo postas em questão no dia seguinte. O conceito um pouco simplista de "proteção" está sem dúvida ultrapassado hoje em dia. No entanto, nunca se louvará suficientemente os homens que se esforçaram, desinteressada e corajosamente, por conservar no mundo as paisagens naturais, a flora e a fauna selvagens. Vamos deter-nos um pouco nas principais realizações nesse campo, em todo o mundo, sem sequer pretender, evidentemente, propor uma simples lista das reservas mais importantes*.

1 — AMÉRICA DO NORTE

A América do Norte possui, sem dúvida, um dos melhores sistemas de parques nacionais e de reservas de todo o mundo, e, certamente, um dos que melhor conciliam as exigências da proteção da flora e da fauna com as de um turismo bem organizado.

Nos Estados Unidos, certas zonas transformadas em reservas são diretamente regidas pelo governo federal. É esse, particularmente, o caso dos parques nacionais, reunidos sob a direção do National Park Service, que depende do Departamento do Interior. Em setembro de 1967, esse serviço administrava 259 áreas, das quais 33 parques nacionais e 81 monumentos nacionais, espalhados em todo o território, sobretudo no oeste, que permaneceu mais selvagem e particularmente rico em paisagens naturais grandiosas (Fig. 28). Em 1966, esses parques receberam 123 milhões de visitantes, cifra que indica, por si só, o importante papel que desempenham na vida da nação americana.

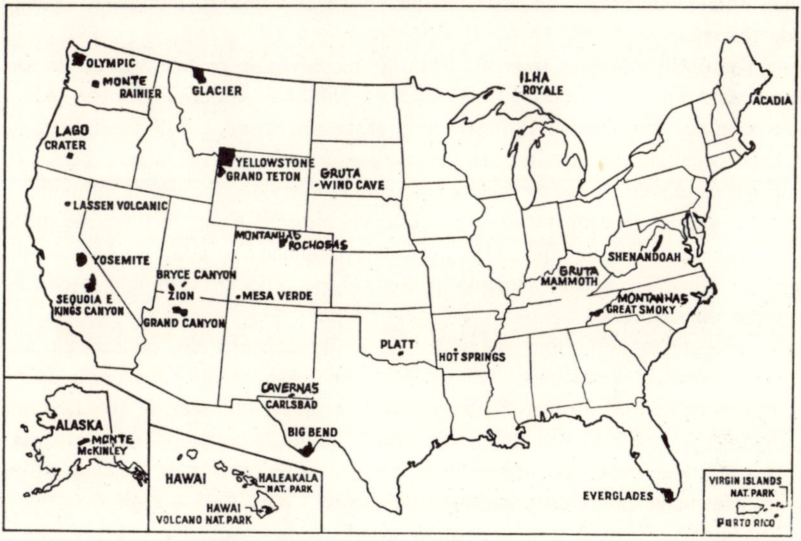

Figura 28. Parques nacionais dos Estados Unidos, administrados pelo National Park Service, U. S. Dept. of Interior. Além desses 30 parques, cobrindo uma superfície total de 5,5 milhões de hectares, esse Serviço administra outras áreas entre as quais parques nacionais históricos e monumentos nacionais. Os parques criados recentemente não estão incluídos no mapa

O mais célebre de todos é, sem dúvida alguma, o Yellowstone National Park, situado nos confins do Wyoming, de Montana e de Idaho. A natureza vulcânica do solo traduziu-se por diversas manifestações, das quais os 3 000 gêiseres são apenas as mais conhecidas. Sua fauna variada justificaria, por si só, os milhões de visitantes que aí se sucederam desde 1872,

*Deve se consultar, sobre este assunto, a *Lista das Nações Unidas dos Parques Nacionais e Reservas Análogas*, publicada em 1967 pela UICN e estabelecida por J. P. Harroy; uma segunda edição, em inglês, acaba de sair (1971).

ano de sua fundação (o parque teve 2 130 313 visitantes, em 1966). Com efeito, o parque possui inúmeros grandes animais tais como ursos, alces, veados (Wapitis) e carneiros-monteses.

O oeste americano possui inúmeros outros parques cuja enumeração seria excessivamente longa. Os mais famosos são: o Grande Canyon, no Arizona, cujo perímetro inclui o fenômeno geológico mais espetacular do mundo inteiro*, o Yosemite N. P., na Sierra Nevada, e o Sequoia N. P., situado ao sul do precedente, ambos possuindo florestas dessas árvores gigantes, enquanto que o último engloba o Mount Whitney, a maior elevação dos E.U.A., se se exclui o Mount McKinley, no Alaska.

No leste, onde os parques são menos numerosos, o Everglades N. P., no extremo sul da Flórida, possui uma fauna particularmente rica, única nos Estados Unidos, assim como biotopos aquáticos cuja fisionomia é nitidamente tropical.

Esse sistema de parques nacionais é completado por uma série de reservas que, sob o nome de National Wildlife Refuges, são administradas pelo U. S. Fish and Wildlife Service (em 1966, existiam 312 reservas ocupando uma área de mais de 11 000 000 ha). Algumas são extremamente importantes: assim, por exemplo, o Aransas National Wildlife Refuge, no Texas, único território de invernagem conhecido do grou-americano. É preciso igualmente acrescentar um grande número de áreas administradas pelo Serviço Florestal, muitas das quais têm situação de reservas.

Existem também inúmeras reservas, fruto de iniciativas de particulares ou de sociedades privadas, a mais poderosa destas últimas sendo a National Audubon Society, federação de sociedades reunidas sob o nome do ilustre naturalista americano, pai da ornitologia no Novo Mundo. Esta sociedade, que possui o seu próprio conjunto de reservas, algumas delas cobrindo vastas superfícies, dispõe de meios financeiros consideráveis que lhe permitem manter centros onde jovens e adultos podem iniciar-se nas ciências naturais e nos métodos de proteção da natureza. Essa sociedade, que aliás edita numerosas publicações, pode ser considerada como um modelo de eficácia; indubitavelmente nenhum grupo privado no mundo inteiro fez tanto pela proteção da natureza.

Outras sociedades com objetivos locais estão desempenhando, igualmente uma ação extremamente positiva. Citaremos a Hawk Mountain Association, que criou uma reserva nas cordilheiras de colinas da Pensilvânia, a fim de proteger milhares de aves de rapina que, no outono, descem para o sul ao longo dessas vias de migração. Essas pobres aves eram vítimas de uma caça tão desenfreada quanto estúpida, antes de uma parcela de suas vias de migração ter sido transformada em reserva, servindo de exemplo para toda a região.

O Canadá seguiu sem demora o exemplo dos Estados Unidos, pois já em 1887 criava o o seu primeiro Parque Nacional em Banff (656 000 ha), nas Montanhas Rochosas. O Jasper N. P. (1 075 000 ha), situado ao norte do de Banff, forma com este um vasto conjunto de montanhas que abrigam uma fauna rica, especialmente cabras-montesas e carneiros-monteses. Outros parques situados nas regiões baixas, como por exemplo o Prince Albert N. P., que se estende sobre uma área de 383 000 ha no Saskatchewan, possuem uma fauna aquática extremamente próspera e mamíferos tais como o alce, o caribu e o castor. O Wood Buffalo National Park, que ocupa uma superfície de 4 428 000 ha, abriga a única manada de búfalos-de-floresta (*Bison bison athabascae*); o grou-americano constrói seus ninhos nesse parque, ficando assim protegido nas duas extremidades de suas enormes vias de migração.

*O Grande Canyon está atualmente ameaçado por um projeto hidroelétrico. Esperemos que esse fenômeno geológico, único em todo o mundo, glória da América, não seja sacrificado a alguns quilowatts que desse modo seriam pagos extremamente caro.

Fizeram-se também alguns esforços no México. Infelizmente, a situação está longe de ser satisfatória neste país já há muito devastado pelo homem. Como na maioria dos países latinos, seus habitantes ainda não têm tanta consciência dos seus deveres para com a natureza, como nos países anglo-saxões. Assim, não espanta que o México esteja atrasado relativamente a outros países. Estão-se criando, no entanto, vários parques nacionais, e, se bem que estes pareçam não ter ainda uma situação suficientemente sólida, tudo leva a crer que possuirão todos os recursos necessários a uma boa administração num futuro próximo.

2 — AMÉRICA DO SUL

Como a América do Sul começou a ser devastada pelo homem bem mais tarde do que as outras partes do mundo, a constituição de parques nacionais não apresentou aí o mesmo caráter de urgência. Com um desleixo sem dúvida lamentável, muitos governos latino-americanos não se preocuparam ainda com esse problema que, no entanto, já se tornou inquietante.

Todavia, diversas zonas já foram transformadas em reservas. Na Colômbia, foram adotadas medidas para evitar o desflorestamento, especialmente nas bacias fluviais que fornecem água para as grandes cidades. O Equador preocupou-se, já em 1935, com a proteção das biocenoses naturais das ilhas Galápagos; as leis promulgadas, que infelizmente permaneceram durante muito tempo sem aplicação rigorosa, foram recentemente reforçadas e tem-se esperanças de que diversas disposições, como por exemplo a criação, em 1959, de uma Estação Biológica dirigida por uma fundação internacional, cooperando intimamente com o governo do Equador, a Fundação Charles Darwin que se dedica às ilhas Galápagos, permitam salvar esse capital científico de um valor incalculável. O Parque Nacional de Galápagos já está realmente constituído, se bem que não possua ainda situação legal definitiva.

A Venezuela tem já no seu ativo a criação de vários parques nacionais, sendo o do Rancho Grande, o mais notável, estabelecido em 1937 nos Andes de Caracas, entre o lago de Valência e o mar. Esse parque protege uma região florestal particularmente interessante, habitada por uma fauna que já deu margem a diversos estudos. Aliás, um laboratório está funcionando na reserva, permitindo assim que os pesquisadores trabalhem em melhores condições.

O Brasil também percebeu o interesse de proteger sua natureza tão rica e variada, principalmente no sudeste do país, mais ameaçado devido ao desenvolvimento econômico. Foi criado, entre outros, o Parque Nacional de Itatiaia, não muito longe do Rio de Janeiro e de São Paulo, numa região acidentada onde se encontram algumas das maiores elevações do Brasil. Um outro protege as famosas quedas do Iguaçu, na fronteira com a Argentina.

A Argentina foi sem dúvida o país pioneiro da América do Sul no que respeita à proteção da natureza. Já em 1903, F. P. Moreno havia dado ao seu país um vasto território nos Andes, esboço do famoso Parque Nacional de Nahel Huapi, criado oficialmente em 1934, e cobrindo uma superfície de 785 000 ha. Certos distritos são verdadeiras reservas naturais integrais, outros estão abertos aos inúmeros visitantes do Parque. Pode, no entanto, deplorar-se que a introdução de espécies exógenas, nomeadamente de veados, trutas e salmões, tenha modificado o equilíbrio original*.

O Chile associou-se também à proteção dos biotopos dos Andes, constituindo no seu território vários parques nacionais que protegem especialmente suas florestas úmidas formadas de espécies tão particulares.

*Outros parques, de uma importância considerável, foram estabelecidos na Argentina, cobrindo uma superfície total de 2 643 412 ha; um deles completa o parque brasileiro de Iguaçu.

Entre os santuários criados na América Central na região das Caraíbas, convém assinalar dois, que constituem notáveis centros de pesquisas: a Estação Biológica mantida pela New York Zoological Society na cordilheira setentrional de Trinidad (Simla), e Barro Colorado, no Panamá, onde a Smithsonian Institution criou uma estação numa ilha artificial formada quando da abertura do canal do Panamá. Um e outro preservam regiões que conservaram seus habitats primitivos, constituindo, simultaneamente, laboratórios naturais onde o biólogo dispõe de todas as facilidades de trabalho desejáveis, num meio de acesso particularmente difícil.

3 — EUROPA

Na Europa, uma grande densidade de população humana, um grau de industrialização elevado e uma modificação já muito antiga dos meios naturais constituem sérios obstáculos à criação de parques nacionais. No entanto foram constituídas inúmeras reservas na maior parte dos países. Apesar da superfície reduzida de muitas delas, garantem, no conjunto, uma proteção eficaz a inúmeros animais e paisagens, assim resguardados das atividades nefastas do homem.

Na França, a mais célebre de todas é, incontestavelmente, a Reserva Camargue, fundada em 1928 pela Sociedade Nacional de Proteção da Natureza e de Aclimatação da França. A Camargue é constituída, como se sabe, por uma vasta extensão de pântanos e lagunas mais ou menos salobras, entre os dois braços do Rhône. Graças à estreita colaboração de grandes sociedades industriais proprietárias do terreno, foi possível transformar uma parte dessa região em reserva, apesar desta se encontrar já ameaçada pela exploração do sal e pela rizicultura, em plena expansão desde a última guerra mundial. A despeito de sérias dificuldades, a Camargue pôde conservar-se intacta e constitui um verdadeiro paraíso para o biólogo. Ela protege uma fauna de grande interesse, essencialmente uma importante colônia de flamengos cor-de-rosa *Phoenicopterus antiquorum*. Aí se encontram também todos os meios naturais, desde as águas doces até as águas salobras; constitui assim um local privilegiado, sem equivalente na Europa*.

A França possui várias outras reservas, umas na montanha, outras no litoral, como por exemplo a Reserva das Sete Ilhas, ao largo das Costas-do-Norte, criada em 1912 pela Liga para a Proteção das Aves, para proteger várias espécies marinhas, especialmente o ganso *Sula bassana* e a procelária *Fulmarus glacialis*. Em 1960, foi votada pelo Parlamento uma lei referente à constituição de parques nacionais. Já foram criados quatro, um na Sabóia (Parque Nacional da Vanoise), um em Port Cros, um terceiro nos Pireneus, e um quarto nas Cévennes. Inúmeras reservas de dimensões mais reduzidas foram constituídas ao longo das vias de migração de galinhas-d'água pos instigação do Conselho Superior de Caça, de que se devem sublinhar os louváveis esforços realizados no sentido de uma proteção eficaz da fauna e de uma exploração cinegética racional.

Na Grã-Bretanha, onde é já conhecido o apego do público a tudo o que se relaciona à história natural, a proteção da natureza foi essencialmente obra de organismos privados, alguns encontrando-se, parcialmente, sob o controle do Estado. O "National Trust", fundado em 1895, administra um grande número de recantos naturais transformados em reservas. O organismo mais representativo, e o único encarregado oficialmente da conservação da natureza, é, no entanto, o "Nature Conservancy", fundado em 1949, que, de uma forma extre-

*Com exceção das Marismas de Guadalquivir, na Espanha, onde uma reserva e uma estância biológica foram criadas em 1963 (Coto Doñana).

mamente eficaz, e com meios materiais e financeiros consideráveis, administra inúmeras reservas, algumas delas pequenas, mas no entanto suficiente para assegurarem a proteção de um habitat especial ou de um biótopo interessante. Tem-se realizado aí pesquisas científicas de alta importância, sobretudo no campo da ecologia.

A Bélgica e os Países Baixos tiveram grandes dificuldades para assegurar a proteção dos restos de sua natureza selvagem. A densidade de sua população, inigualada na Europa, e o seu alto grau de industrialização, tornam os problemas de conservação mais complexos do que na maior parte dos outros países europeus. Nos Países Baixos, a proteção da natureza foi essencialmente obra de um só homem, P. G. van Tienhoven, cujos méritos não serão nunca suficientemente louvados. Inúmeras reservas, colocadas sob o controle de cientistas, e mesmo alguns parques nacionais protegem os biotopos e os animais mais ameaçados. Muitos deles são povoados por uma fauna de aves bastante rica, principalmente as ilhas Frísias e o Naadermeer, pântano situado nas proximidades de Amsterdã, tornado célebre pela variedade de suas aves aquáticas e pela raridade de algumas de suas plantas.

Na Bélgica, a despeito dos esforços despendidos de há uns trinta anos para cá, foi apenas depois da última guerra que algo concreto foi realizado no que concerne à defesa da natureza. Uma rede de reservas e de territórios protegidos, freqüentemente de dimensões reduzidas, mas escolhidos com discernimento, assegura a proteção de complexos biológicos de grande valor, especialmente habitats de plantas raras e zonas de reprodução ou de passagens migratórias de aves com populações pouco numerosas (por exemplo, Hautes Fagnes, Westhoek, Zwin e Lesse e Lomme).

A Suíça, que desde a Idade Média se tem mostrado receptiva às idéias de proteção, criou no seu território uma série de reservas notavelmente bem colocadas, que asseguram de forma extremamente eficaz a proteção de paisagens naturais, da fauna e da flora*. Já em 1914 fora criado na Basse-Engadine, por decreto federal, um parque nacional cuja superfície atinge hoje 16 887 ha, situado entre 1 500 e 3 173 m de altitude. Nenhuma intervenção humana veio jamais modificar seu equilíbrio natural, desde essa época. Os efetivos dos animais cresceram rapidamente, sobretudo os dos veados; a cabra-montesa, reintroduzida em 1920 após ter sido inteiramente exterminada, está hoje bastante próspera, assim como a camurça e outros animais da montanha, inclusive aves de rapina.

Sob a égide da Liga Suíça para a Proteção da Natureza, fundada em 1909, e de diversos agrupamentos, a Suíça soube criar no seu território uma infinidade de reservas, muitas das quais asseguram, particularmente, a proteção de aves e de plantas raras. A despeito da exigüidade de recursos de algumas delas, o senso cívico dos suíços constitui a maior garantia de sua integridade.

A Itália pode legitimamente orgulhar-se do Parque Nacional do Grande Paraíso, nos Alpes piemonteses, que permitiu salvar a cabra-montesa (Couturier, 1962). Antiga zona de caça do rei de Itália, esse território foi transformado em parque nacional em 1922, e cobre uma área de 62 000 ha. Os efetivos da cabra-montesa, já escassos, cresceram rapidamente, atingindo 3 865 indivíduos em 1933. Diminuíram novamente em conseqüência dos acontecimentos políticos, ficando reduzidos, em 1945, a apenas 419 indivíduos, no máximo; tendo sido, porém, eficazmente protegidas, em 1961 já haviam de novo alcançado 3 479 indivíduos. Atualmente chegam mesmo a ser excessivos. (Em caso de epizootias, pode ser extremamente

*Relembramos que no dia de São Lourenço (10 de agosto de 1548), os habitantes do cantão de Glaris declararam a franquia da montanha do Kärpf, perto de Schwanden. Essa zona conserva, de há 400 anos para cá, sua condição de reserva, recorde de conservação digno de todos os elogios.

perigoso ultrapassar a capacidade-limite do parque.) Esse excedente de população permitiu, no entanto, repovoar outras regiões dos Alpes, nomeadamente na Suíça, na Áustria e na Alemanha. A criação de um parque na Sabóia, limítrofe em grande parte de sua extensão, permitiu que uma parte das populações excedentes aí se estabelecesse, como já provaram certas tentativas espontâneas de repovoamento dos Alpes franceses.

Existem, na Itália, outros parques nacionais e reservas, como nos Abruzzi. Alguns parecem não estar sendo suficientemente eficazes.

Todos os outros países mediterrâneos fizeram esforços no sentido de assegurar uma proteção à sua fauna e flora selvagens. Desde a península ibérica à Grécia, foram constituídas inúmeras reservas, com êxitos diversos. Na Espanha existem vários parques nacionais ou reservas, protegendo certos animais, particularmente as cabras-montesas espanholas. Foi também criada uma grande reserva nas marismas[1] de Guadalquivir. Apesar da Iugoslávia ainda possuir vastas extensões que permaneceram em grande parte selvagens, não deixou por isso de criar parques nacionais destinados à proteção de algumas das mais célebres paisagens naturais, e formações vegetais mais típicas desse país de transição. Uma fauna rica — que ainda inclui o urso, a camurça, o lobo e inúmeras aves de rapina — está também sendo protegida de maneira satisfatória.

[1]Marismas são terrenos alagadiços próximos de mares ou rios (nota do Coordenador).

A Grécia é célebre por sua fauna autóctone, uma das mais ricas de toda a Europa, devido a um grau de endemismo extremamente elevado e a contribuições florísticas de origem variada. Alguns de seus animais têm também um grande interesse, particularmente as cabras selvagens diferenciadas em raças locais em certas ilhas do mar Egeu. Múltiplos problemas complicaram a tarefa dos protetores da natureza que, no entanto, conseguiram pôr no seu ativo a constituição de um parque nacional no Monte Olympus, protegendo assim uma das montanhas mais famosas da Grécia. Os gregos criaram também uma reserva em Creta (Samaria), e tomaram uma série de medidas para a proteção das cabras) selvagens das ilhas mediterrâneas (ver Schultze-Westrum, 1963, *Säugetierkundl. Mitt.* II: 145-182).

A Europa Central e Setentrional criou igualmente inúmeras reservas, por vezes mais eficazmente preservadas do que as da Europa Meridional. A Áustria constituiu várias, entre as quais o famoso lago de Neusiedl, ao sul de Viena, onde vivem inúmeras aves aquáticas, e diversas zonas nos Alpes austríacos onde certas plantas gozam de uma proteção total. A República Federal Alemã criou também um grande número de reservas cobrindo uma área de aproximadamente 161 140 ha, que protegem paisagens naturais ou locais notáveis pela sua fauna e sua flora. A Alemanha Oriental classificou os habitats das espécies animais e vegetais já raras; existem atualmente, na República Democrática Alemã, 210 reservas às quais se deveria acrescentar as inúmeras paisagens naturais classificadas como monumentos naturais.

Apesar das múltiplas vicissitudes políticas, especialmente da última guerra, tão fértil em acontecimentos trágicos, a Polônia realizou um dos melhores programas de proteção da natureza de toda a Europa. Um dos seus primeiros êxitos foi ter salvo o bisonte na floresta de Bialowieza. Os efetivos que subsistiram depois da Primeira Guerra Mundial aumentaram rapidamente, e algumas trocas permitiram evitar a consangüinidade. A Segunda Guerra Mundial teve conseqüências desastrosas, tanto pelo massacre dos animais como por uma gestão científica má. Atualmente, a situação já se restabeleceu, a tal ponto que, hoje em dia, a Polônia possui mais bisontes do que nunca. Deve-se assinalar que uma Sociedade para a Proteção do Bisonte da Europa coordena os esforços de todos aqueles que se ocupam da criação desse

Ungulado. Entretanto, o Parque Nacional de Bialowieza, ao qual se juntou uma Estação Biológica afamada, não é de modo algum o único. Existem mais oito no território polonês, dois dos quais preservam vastos distritos montanhosos, a grandes altitudes, próximos da fronteira tcheca: o dos Pieniny, sobre o qual teremos oportunidade de falar mais adiante, e o dos Tatras. Aproximadamente 450 reservas completam o sistema dos parques e protegem biótopos notáveis, florestas, turfeiras, pântanos, ou formações geológicas particulares.

A Tchecoslováquia tem igualmente no seu ativo realizações semelhantes. Mais de 300 reservas e parques nacionais protegem a flora e a fauna das destruições que ameaçam um país tão industrializado.

Haveria também muito a dizer sobre o que foi feito na Escandinávia, especialmente na Suécia, onde grandes parques nacionais, particularmente os de Padjelanta (204 000 ha), de Sarek (195 000 ha), e de Stora Sjöfallet (150 000 ha), protegem uma fauna subártica que inclui inúmeros mamíferos já raros em todo o seu habitat.

A U.R.S.S. criou um gigantesco sistema de defesa da natureza, que prolonga os esforços realizados antes da Revolução, principalmente no domínio da proteção das florestas, da regulamentação da caça, e da exploração dos animais fornecedores de peles. Essas medidas foram consideravelmente desenvolvidas pelo novo regime, e existem atualmente, na U.R.S.S., 93 parques nacionais ou territórios equivalentes estendendo-se sobre 6 359 986 ha. A maior parte deles possui laboratórios de pesquisa, tendo as autoridades responsáveis sensatamente reconhecido que a conservação da natureza é indissociável da pesquisa científica. A constituição dessas reservas foi acompanhada por inúmeras medidas legislativas visando à proteção de todas as espécies ameaçadas no conjunto do território soviético. A gestão dos parques nacionais da U.R.S.S., porém, é efetuada segundo normas ligeiramente diferentes daquelas adotadas nos E.U.A. ou na Europa Ocidental. O ponto de vista econômico é mais importante do que a conservação da natureza. A maioria desses parques serve de campo experimental: introduzem-se freqüentemente animais e vegetais exóticos, prática eminentemente condenável numa zona protegida.

4 — ÁFRICA AO SUL DO SAARA

A África foi, como já vimos, o teatro de devastações catastróficas. Estas parecem ter provocado uma reação salutar, pois o continente negro possui, hoje, um conjunto de reservas notáveis, sob todos os pontos de vista.

A mais antiga de todas elas é, sem dúvida, a que mais tarde constituiu o famoso Krüger Park, no Transval; com efeito, foi fundada com o nome de Sabi Game Reserve no dia 26 de março de 1898, recebendo sua denominação atual em 1926. Situada ao longo da fronteira de Moçambique, e estendendo-se sobre 1 817 146 ha, essa zona abriga uma fauna extremamente rica, incluindo inúmeros grandes mamíferos. Largamente aberto ao público, esse parque constitui uma das maiores atrações turísticas da República Sul-africana.

Para esgotar essa parte mais meridional do continente, deve-se assinalar ainda que muitas outras regiões foram classificadas como reservas. A maior é o Kahalari Gemsbok National Park, que protege uma fauna de Ungulados notavelmente rica. Muitas outras, apesar de pequenas, desempenham um papel importante na preservação da vida selvagem. Assim, por exemplo, o Bontebok National Park, na Província do Cabo, onde vivem os últimos Bonteboks. Quanto aos últimos elefantes do extremo sul da África, podem encontrar-se em dois pontos dessa província: o P. N. de Addo e a reserva florestal de Knysna, perto do Port Elizabeth.

Para proteger os elefantes e impedir-lhes toda e qualquer incursão nas terras cultivadas, o que faria com que fossem imediatamente perseguidos pelos agricultores, cercaram-se as florestas onde habitam com sólidas barreiras feitas de trilhos de estrada de ferro. Assim, as condições de existência desse animal são indubitavelmente um pouco artificiais (é-lhes oferecido, por exemplo, um complemento alimentar de laranjas); porém, essas medidas permitem preservar na África do Sul animais que, de outra forma, já há muito teriam desaparecido*.

Nas outras regiões da África, duas concepções presidiram à constituição e à administração das reservas naturais.

A primeira tinha como objetivo a criação de parques nacionais, conferindo-lhes, na realidade, uma condição de reservas integrais. Foi esse, especialmente, o caso dos parque nacionais do Congo, tal como foram organizados pelos administradores belgas (Fig. 29). Em 1925, o rei Alberto da Bélgica assinou o decreto que fundava o famoso parque Albert, justa homenagem àquele que soube entender o alcance de tal gesto. Foi esse o primeiro passo de uma série de medidas que dotaram a parte oriental do Congo dos parques nacionais mais bem organizados de todo o continente. Sob a direção do Professor V. van Straelen, os parques nacionais Garamba, Albert, Upemba e Kagera, esse último no Ruanda, protegem a fauna, a flora e os biótopos mais famosos de toda a África. O Parque Albert é sem dúvida o mais conhecido de todos (Fig. 30). Ocupando uma área de 800 000 ha, engloba a vertente ocidental do Ruwenzori, as ricas savanas das planícies da Semliki e da Rutshuru, respectivamente ao norte e ao sul do lago Edouard, e a cordilheira de vulcões ao norte do lago Kivu. Esse parque possui uma notável diversidade de meios biológicos, desde savanas secas de Euforbiáceas cactiformes[2] e florestas higrófilas, até os biótopos de grandes altitudes, especialmente as florestas de bambus e as pradarias alpinas entrecortadas por lobélias e senécios[3] gigantes. Os taludes do Graben constituem os limites naturais desse parque, situado no seu conjunto nas grandes planícies baixas entre duas falhas profundas. Uma fauna rica e amplamente diversificada habita os diferentes biótopos. Entre os animais melhor conhecidos figuram os gorilas da mantanha, típicos dos vulcões do Congo Oriental, e inúmeros Ungulados, elefantes, búfalos, antílopes, enquanto que nas margens dos rios Rwindi e Rutshuru vive a maior concentração de hipopótamos conhecida em todo o mundo.

[2]Muitas Euforbiáceas, e plantas de outras famílias, que vivem em ambientes áridos e semi-áridos, assemelham-se a Cactáceas que dominam em ambientes de características semelhantes. Esse fenômeno, pelo qual plantas que não são aparentadas apresentam semelhança de aspecto por serem adaptadas a ambientes semelhantes, é conhecido com o nome de convergência (nota do Coordenador).

[3]Senécio é planta do gênero *Senecium*, família Compositae, à qual pertencem a margarida, o girassol, o dente-de-leão, os crisântemos, as dálias, as gérberas, e tantas outras plantas espontâneas e cultivadas, no Brasil (nota do Coordenador).

O Parque Nacional de Garamba, situado nos confins do Sudão, foi criado, especialmente, para a proteção da girafa e do rinoceronte-branco, constituindo o único refúgio desses animais no Congo. O P. N. de Upemba, o mais vasto de todos, cobrindo uma área de 950 000 ha, está situado na fronteira biogeográfica entre a região catanguesa e a África Central. O P. N. de Kagera tem o mérito de conservar, num país profundamente modificado por um apascenta-

*A conservação em cativeiro permitiu salvar também várias espécies de grandes mamíferos na África do Sul, particularmente a zebra-da-montanha, *Equus zebra*, cujos efetivos estão reduzidos a, aproximadamente, 130 indivíduos, e o *Damaliscus dorcas* (aproximadamente 750 indivíduos em 1965). Estão sendo feitas reintroduções em certas reservas.

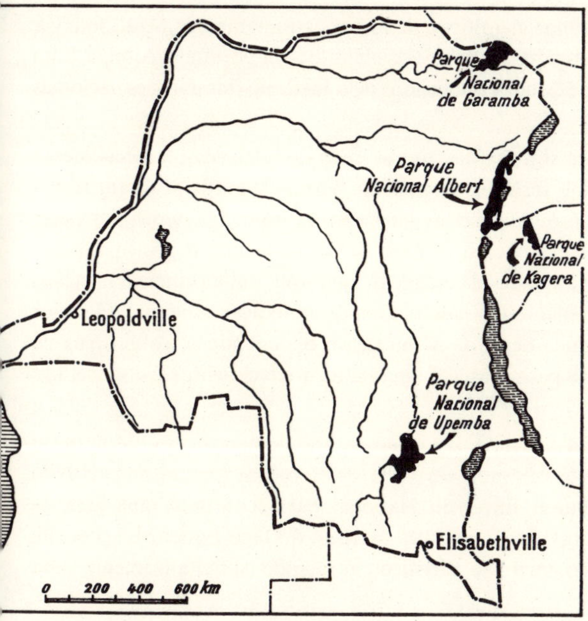

Figura 29. Parques nacionais do Congo e do Ruanda

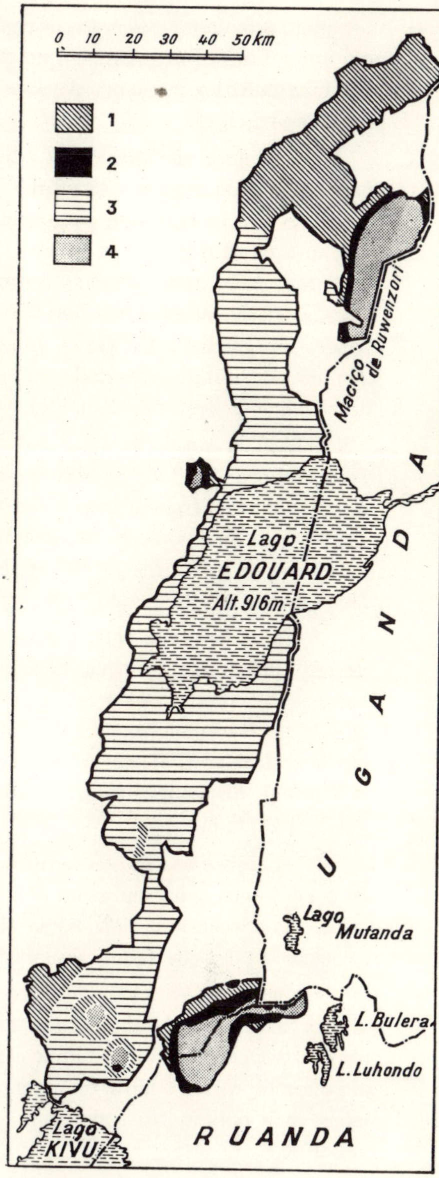

Figura 30. Principais zonas de vegetação do Parque nacional Albert, Congo. 1 — Florestas umbrófilas* equatoriais e de montanha; 2 — florestas de bambus; 3 — savanas herbáceas e arborizadas; 4 — formações vegetais de grande altitude. Este parque constitui um conjunto bem equilibrado, comportando todos os meios naturais existentes nessa parte da África. Segundo Robyns, *Os territórios biogeográficos do P. N. Albert*, Bruxelas 1948, simplificado

*Umbrófilas — Diz-se da planta ou da associação vegetal que busca os lugares sombrios (nota do Coordenador).

mento excessivo, zonas intactas onde subsistem restos de uma fauna de Ungulados reduzida pela concorrência, ou já eliminada, em todas as outras regiões. Esse parque possui vastos pântanos onde se mantém uma fauna aquática abundante. Em dezembro de 1970, o Congo criou quatro novos parques nacionais, os de Salonga e de Maiko na bacia congoleza, protegendo florestas inundáveis muito particulares, e os do Kahuzi-Biega e do Kundelungu.

Os parques nacionais do Congo constituem portanto um conjunto grandioso onde a natureza foi protegida na sua integridade; daí o seu excepcional valor. Apesar de terem sido parcialmente abertos aos visitantes, especialmente o P. N. Albert, a maior parte de sua extensão continua, no entanto, reservada às pesquisas científicas, de forma extremamente liberal, todavia No interior de seu perímetro foram efetuados trabalhos da mais alta importância sobre a flora e a fauna da África, como prova a série de estudos publicados pelo Instituto dos parques nacionais do Congo Belga*.

Outra concepção presidiu à administração das outras reservas africanas, especialmente das que se encontram em territórios sob influência britânica. Vastas superfícies foram transformadas em reservas, sem que sejam proibidas certas intervenções humanas, tanto por parte dos autóctones quanto dos turistas. Tal é o caso dos parques do Quênia, e principalmente do Parque de Nairobi, situado nas proximidades da cidade de que constitui a principal atração: leões, girafas e antílopes perfilam-se no plano de fundo de uma aglomeração moderna. O maior parque do Quênia, o de Tsavo, situado a oeste de Mombasa e estendendo-se sobre mais de 2 milhões de hectares, foi criado em 1948 para proteger uma fauna notavelmente rica, sobretudo de elefantes e pequenos Koudous.

O Uganda constituiu, desde a última guerra, dois parques de grande superfície. O Murchison Falls National Park, de 384 000 ha, está centrado em volta das famosas quedas onde o Nilo se lança numa garganta estreita; o Queen Elizabeth National Park, cobrindo uma área de 220 000 ha, contíguo ao P. N. Albert do Congo, na outra margem do lago Edouard, apresenta uma série de paisagens de um grande interesse turístico, abrigando simultaneamente uma fauna abundante.

A Tanzânia criou, entre outros, em 1951 o Serengeti National Park, com uma superfície de 1 295 000 ha; esse parque, infelizmente, foi amputado de uma parte da sua área inicial em conseqüência de enormes pressões por parte das populações Masaï e de seus rebanhos. A célebre cratera de Ngorongoro, onde se concentra uma fauna de uma abundância inigualada, principalmente de gnus, de gazelas e de zebras, beneficia-se também de uma condição de reserva. A Tanzânia dispõe igualmente de 10 reservas de caça que são, na realidade, magníficos reservatórios de fauna.

A Rodésia criou em seu território vários parques nacionais, entre os quais o Wankie N. P. de 1 439 080 ha, e a Zâmbia criou o Kafue N. P. de 2 200 000 ha, aberto ao público em 1955, onde está concentrada uma fauna abundante. Diversas reservas completam esses parques na proteção da grande fauna assim como das paisagens naturais célebres.

Os países da África de influência francesa entenderam também o interesse da preservação de sua fauna, constituindo parques nacionais e reservas em inúmeros pontos de seus territórios. A África Ocidental foi, indubitavelmente, teatro de uma destruição mais profunda da fauna do que a da África Central ou Oriental, e as populações de seus grandes animais sempre foram, aliás, mais pobres. No entanto, foi possível transformar em reservas alguns belos conjuntos faunísticos.

Foi esse o caso, especialmente, do Parque Nacional do Niokolo-Koba no Senegal, com uma situação bem definida desde 1954. Este parque estende-se sobre 813 000 ha de savanas sudanesas entrecortadas por florestas em galeria[4]. Possui inúmeros Ungulados, entre os quais búfalos, alces e elefantes.

*Devem-se louvar os esforços feitos desde a independência pelo governo congolês. Os novos responsáveis, conscientes do valor dos parques como patrimônio nacional, protegeram essas zonas contra qualquer degradação. A ação dos guardas — alguns dos quais pagaram com a vida a sua dedicação — foi particularmente importante.

[4]Chama-se de florestas em galeria, em pestana, ou matas ciliares, aquelas que acompanham os cursos d'água. Há dois grupos de tais florestas: 1) em regiões em que, longe de maior umidade dos rios, não pode haver, naturalmente, florestas, devido à escassez das chuvas; 2) em regiões em que, longe dos rios poderia haver florestas, poque as chuvas são suficientes, mas o homem as destrói, respeitando-as, porém, nas vizinhanças dos rios, seja para proteção destes, seja por ser mais difícil sua erradicação aí (nota do Coordenador).

Na Guiné, a reserva mais conhecida é incontestavelmente a do Monte Nimba. O topo dessa montanha possui savanas de um tipo particular, ricas em formas endêmicas, manifestando por vezes adaptações espantosas. Um laboratório foi anexado à reserva, cuja conservação em seu estado original tem sido freqüentemente comprometida devido à riqueza mineral desses distritos.

A República dos Camarões constituiu um importante sistema de reservas destinadas à proteção de algumas de suas paisagens, assim como de sua fauna, especialmente o Parque Nacional de Waza, estendendo-se sobre 170 000 ha ao norte da República dos Camarões, onde abundam os grandes Ungulados e aves aquáticas. O Tchad estabeleceu em 1963 o Parque de Zakouma sobre 297 200 ha, assim como reservas de fauna e de caça bem concebidas; sua gestão permitiu a preservação dos animais e, simultaneamente, uma exploração cinegética[5] na base de um turismo extremamente próspero.

[5]Cinegético — Relativo à caça (nota do Coordenador).

Finalmente, Madagáscar possui uma série de reservas florestais que preservaram belos remanescentes de florestas primitivas, nessa ilha tão desarborizada, convertida em parte em deserto laterítico*. As populações de Lêmures são objeto de uma proteção particularmente cuidada, mas infelizmente por vezes pouco respeitada.

Assim, de um modo geral, a África tomou um grande número de medidas visando à proteção da sua fauna, especialmente dos grandes mamíferos cujo interesse turístico e cinegético é evidente. Uma legislação pertinente à caça foi elaborada em cada um de seus territórios. Essas medidas tiveram freqüentemente resultados positivos. Porém, a despeito de êxitos incontestáveis, deve se deplorar que, em inúmeras regiões, seus efeitos se tenham reduzido a um abrandamento dos fenômenos de degradação de origem extremamente complexa.

5 — ÁSIA

Todos os países asiáticos fizeram esforços para proteger sua flora e sua fauna, e muitos deles obtiveram resultados satisfatórios.

A Índia, onde o sentimento de proteção dos animais é tão grande, multiplicou as reservas, das quais é difícil oferecer uma visão geral devido à complexidade administrativa desse país. Uma de suas mais belas realizações é a famosa reserva de Kaziranga, em Assam. Esse santuário de 42 994 ha protege mais de metade dos rinocerontes da Índia ainda vivos, os outros encontrando-se em várias reservas do Nepal. Inúmeras facilidades são oferecidas aos visitantes que podem percorrer a região transportados por elefantes, e observar os rinocerontes nos seus biótopos pantanosos. No sul da península, o lago artificial de Periyar, cercado por uma floresta onde vivem ainda muitos animais, especialmente elefantes e gaurs[6], está protegido e atrai

*Existem 11 reservas naturais integrais, cobrindo uma superfície global de 500 000 ha, 18 reservas especiais e 2 parques nacionais (Montanha de Ambre e Isalo).

todos os anos inúmeros turistas. O Ceilão possui também belas reservas e vários parques nacionais (Wilpattu, Gal Oya e Ruhunu) que protegem os remanescentes da natureza selvagem (especialmente os últimos elefantes ceilaneses, cujos efetivos se reduzem a 1 000-1 500 indivíduos aproximadamente) nessa ilha infelizmente muito devastada pelo homem.

[6]Gaurs — são bois selvagens: *Bibos* (*Bos*) *gaurus*, da Índia Burma (nota do Coordenador).

A Malásia preserva muito particularmente o Taman Negara N. P., fundado em 1938 sob o nome de Parque Nacional George V, zona montanhosa cobrindo uma área de 434 340 ha, e povoada de animais com efetivos ainda numerosos, sobretudo elefantes, rinocerontes, tapires e grandes Carnívoros.

Na Indonésia, a administração holandesa e diversos grupos particulares, fundaram uma série de reservas: em 1939 existiam aproximadamente cem. Os novos dirigintes mostraram imediatamente que não menosprezavam esse importante problema e que tencionavam preservar as 116 reservas que ocupam uma superfície de 2 200 000 ha. A mais valiosa é incontestavelmente a Reserva de Udjung Kulon no oeste de Java, estabelecida em 1921, estendendo-se sobre 41 150 ha, e constituindo o refúgio dos últimos rinocerontes de Java, que são os animais mais ameaçados do mundo inteiro*. Essa península foi transformada em reserva integral, e espera-se poder salvar os rinocerontes que, aliás, estão também protegidos . . . pelos tigres, mal vistos pelos caçadores que desrespeitam a lei.

Outras reservas importantes, em Rintja e em Komodo, nas Pequenas ilhas da Sonda, protegem o *Varanus komodoensis,* réptil gigantesco, carnívoro, estritamente típico dessas ilhas.

O Japão tem o grande mérito de ter constituído parques nacionais a despeito do seu crônico excesso de população. Os japoneses, povo com gosto e tradições, conseguiram, apesar das dificuldades, criar 19 parques nacionais estendendo-se sobre 1 745 806 ha, e protegê-los contra as influências exteriores. O mais célebre é, sem dúvida, o do Fuji-Hakone-Izu, no centro do qual se ergue o famoso Fuji-Yama. Outros preservam as paisagens dos Alpes japoneses e as belezas da ilha de Hokkaido (Akan e Daisetsuzan). A fauna ainda é abundante.

Com exceção da Tailândia e das Filipinas (inúmeros parques nacionais e reservas, especialmente na ilha de Luçon), não existem infelizmente reservas de grande superfície na maior parte dos outros territórios do Extremo Oriente e, particularmente, numa parte da península Indochinesa. Vários parques estão, no entanto, sendo classificados e os animais foram objeto de medidas de proteção. É de lamentar-se, entretanto, que certos biótopos não tenham sido preservados de forma eficaz, sobretudo em países com grandes densidades populacionais.

6 — AUSTRÁLIA E TERRITÓRIOS VIZINHOS

Se a Nova Guiné permaneceu até hoje virgem, em boa parte do seu território, não se colocando nesse país problemas muito urgentes, o mesmo não acontece com a Austrália que já tomou várias medidas de proteção, especialmente criando inúmeros parques nacionais e reservas. A maior parte deles situa-se na porção oriental do país, de Queensland a Vitória, e na Tasmânia. Sua superfície total é considerável (os parques nacionais ocupam, por si só, uma área de 8 179 214 km^2)[7], sobretudo se a eles se acrescentam as reservas florestais. Na Nova Gales do Sul, o Kosciusko State Park, com uma superfície de aproximadamente 600 000 ha, preserva biótopos quase primitivos no Monte Kosciusko, a maior elevação australiana.

*Em 1966, restavam apenas 25 rinocerontes nessa reserva, e talvez uns 15 no exterior.

[7]Para se avaliar essa extensão basta lembrar que o Brasil, com seu imenso território, tem uma superfície de 8 500 000 km^2 (nota do Coordenador).

Infelizmente, em boa parte da Austrália o fogo continua fazendo graves estragos na cobertura florestal, e os parques nacionais não estão protegidos contra as devastações causadas pelos animais introduzidos, especialmente coelhos, gatos e raposas, sem mencionar as depredações que são ocasionadas pelos turistas (certos parques são, na realidade, vastos terrenos de acampamento)[8]. Assim, certas reservas menores, situadas em ilhas onde nunca penetraram animais exóticos, como por exemplo a Flinders Chase Reserve, na Ilha dos Cangurus, ao largo da costa meridional da Austrália, são particularmente valiosas. Note-se, por outro lado, que a caça dos Marsupiais foi regulamentada e que muitos deles estão rigorosamente protegidos.

[8]Pode-se usar perfeitamente essa palavra de nosso idioma em lugar da palavra em voga "*camping*" (nota do Coordenador).

A Nova Zelândia tomou igualmente várias medidas para proteger sua natureza selvagem. Em 1894 foi criado o Tongariro N. P., na ilha do Norte. Atualmente 10 parques nacionais cobrem uma área de mais de 2 milhões de hectares, entre os quais, o Fiordland N. P., na ilha do Sul, que ocupa sozinho 1 223 654 ha. Algumas das pequenas ilhas que cercam a Nova Zelândia foram convertidas em reservas de aves.

7 — COOPERAÇÃO INTERNACIONAL

O homem conseguiu, portanto, restabelecer parcialmente uma situação já muito comprometida na maior parte das regiões do globo. Várias iniciativas, por parte dos governos e de organismos privados, originaram um vasto movimento a favor da proteção da natureza. Nunca se acentuará, aliás, suficientemente o papel desempenhado pelos "amadores" nos movimentos de proteção da natureza. Inúmeras sociedades foram constituídas para esse fim no mundo inteiro, e em certos países a quase-totalidade das iniciativas foi tomada por uma minoria atuante de particulares, que obteve *a posteriori* a colaboração das autoridades.

A constituição de reservas foi completada por medidas legislativas visando à proteção de certas espécies em toda a parte e para sempre. A caça foi, desse modo, regulamentada para preservar os animais durante a época da reprodução. Alguns deles beneficiam-se mesmo de uma proteção total.

Muito rapidamente, os protetores da natureza compreenderam que os seus esforços seriam vãos se não fossem realizados em bases internacionais. Em todos os países se apresentaram problemas idênticos, alguns deles só podendo ser resolvidos por um acordo internacional, como por exemplo a proteção das aves migradoras, cujos deslocamentos anuais não respeitam fronteiras (C. de Klemm, 1969).

O suíço Paul Sarazin foi, indubitavelmente, o primeiro a militar em favor de uma internacionalização da luta, pois, já em 1913, provocara, em Berne, uma Conferência Internacional para a Proteção da Natureza, à qual 17 países enviaram seus delegados, e que decidiu a criação de uma comissão permanente. Infelizmente a guerra bloqueou as atividades dessa comissão.

Retomando a idéia de 1928, o holandês P. J. van Tienhoven criou em Bruxelas e em Amsterdã o Escritório Internacional para a Proteção da Natureza, cujo objetivo era difundir as idéias de proteção e de servir de centro de documentação. Essa organização subsistiu até a Segunda Guerra Mundial.

Diversos movimentos conseguiram entretanto uma integração mais completa. Várias reuniões realizadas em Paris em 1895 e em 1902 para a proteção das aves conduziram à elaboração de uma convenção adotada e integrada na legislação de inúmeros países. Após esse êxito incontestável, foi criado em Londres, em 1922, o Comitê (hoje Conselho) Internacional para a Preservação das Aves, que agrupa secções nacionais de cada um dos países aderentes. Largamente divulgado em todo o mundo depois da guerra, tem hoje em seu ativo notáveis realizações, assim como a Comissão Internacional de Pesquisas sobre Aves Aquáticas, que estuda as medidas necessárias a uma sensata administração da fauna aquática.

Estabeleceram-se também, por vezes, certos acordos no plano geográfico, especialmente na África. As nações africanas e as que possuíam colônias nesse continente sentiram rapidamente a necessidade de conjugarem seus esforços para salvar sua fauna e sua flora, gravemente ameaçadas. Sob a iniciativa da Grã-Bretanha, uma Conferência internacional em Londres, em 1933, reuniu delegados de todos os países interessados, sob a presidência do duque de Brabante, que reinaria mais tarde com o nome de Leopoldo III, e que proferiu na ocasião um discurso que pode ser considerado como a "carta constitucional" da proteção da natureza na África. Essa conferência elaborou um convênio, ratificado em seguida pela maioria dos países em questão; seu objetivo era suscitar a criação de reservas e parques nacionais, assegurar a sobrevivência das espécies selvagens, conservar "amostras" de biótopos no seu estado original, e regulamentar a caça para evitar toda e qualquer destruição inútil da grande fauna.

Essa conferência teve um êxito incontestável, pois contribuiu eficazmente para a conservação da natureza selvagem na África. Um protocolo previa reuniões periódicas; a primeira delas, realizada em Londres em 1938, registrou os progressos adquiridos desde 1933. A guerra impediu a organização de outras conferências até 1953, data em que se deu uma nova reunião em Bukavu, no Congo, sob os auspícios da Comissão de Cooperação Técnica na África (CCTA).

Os esforços de cooperação interafricana prosseguiram e conduziram à assinatura de uma Carta Africana para a Proteção e a Conservação da Natureza, em Dar es Salaam, em fevereiro de 1963. Esse fato deve ser considerado como o esboço de um novo convênio reunindo os países africanos independentes, conclusão lógica do ato mais marcante da Conferência de Arusha, em 1961, a saber, a declaração de Sir J. K. Nyerere, primeiro ministro da Tanzânia, que proclamou, no que se chama hoje o "Manifesto de Arusha": "A preservação da nossa vida selvagem é um assunto grave que diz respeito a todos os africanos. As criaturas selvagens, no seu meio natural, não são somente importantes enquanto fonte de interesse e de inspiração; são, também, parte integrante dos nossos recursos naturais, da nossa felicidade futura, e do nosso bem-estar.

Aceitando a responsabilidade da vida selvagem, declaramos solenemente que faremos tudo o que estiver em nosso poder para que os netos dos nossos filhos possam usufruir dessa rica e preciosa herança".

Na realidade, os esforços só agora deram os seus frutos. Após longas negociações, durante as quais diversas organizações internacionais, FAO e UICN entre outras, desempenharam um papel fundamental, os Estados africanos acabaram elaborando um projeto de um novo convênio africano, baseado em concepções ecológicas extremamente modernas. Este foi discutido pelo Conselho de ministros na Organização da Unidade Africana, em Addis-Abeba, em fevereiro de 1968, tendo sido assinalado pelos Chefes de Estado dos países membros da OUA reunidos em Alger em setembro de 1968. Esse texto constitui, no plano internacional, a prova flagrante da tomada de consciência dos dirigentes de novos Estados, na escala de um continente inteiro.

No quadro dos acordos efetuados num plano geográfico, deve-se citar igualmente o *Tratado Antártico*, assinado em 1959, em Washington, por todas as nações que tinham interesses nessa parte do mundo. Certas cláusulas desse acordo internacional referem-se a medidas visando à proteção da fauna e da flora, de uma extrema fragilidade devido à alta especialização das espécies que conseguiram colonizar essas zonas inóspitas. As recomendações adotadas no decurso das várias reuniões dos países contratantes definiram essas medidas baseando-se em conhecimentos ecológicos especializados.

No entanto, já há muito se sentia a necessidade de dispor de uma organização internacional mais ampla, que pudesse reunir os esforços de cada um e conferir-lhes um alcance mundial. Se as tentativas de Paul Sarazin não foram, infelizmente, coroadas de êxito, seus compatriotas da Liga Suíça para a Proteção da Natureza estão, no entanto, na origem do movimento que conduziu à constituição de um organismo internacional. Com efeito, a Liga suscitou a reunião de duas conferências na Suíça, uma em Brasiléia em 1946, outra em Brunnen em 1947, que levaram à fundação de uma liga internacional, ratificada no ano seguinte em Fontainebleau, justamente no local onde haviam surgido as primeiras reservas naturais na Europa. Esse organismo adquiriu, alguns anos mais tarde, a denominação de União Internacional para a Conservação da Natureza e de seus recursos (UICN). Suas tarefas são múltiplas: a União está encarregada de reunir uma documentação completa sobre a proteção da natureza e os indispensáveis conhecimentos científicos de base, de oferecer um balanço dos problemas técnicos da atualidade, e de estudar as medidas suscetíveis de solucionar os males causados pelo impacto do homem na natureza.

A UICN está atualmente estabelecida na Suíça, em Morges, às margens do lago Léman, assim transformada em árbitro da conservação da natureza no mundo.

Suas tarefas são, portanto, inúmeras, pois a União tem o dever de facilitar a cooperação entre os governos e as organizações internacionais, de promover programas com vistas à preservação de espécies ameaçadas, de coletar e analisar toda a informação sobre a situação dos seres vivos e dos habitats ameaçados pelo homem, de difundir, por todos os meios e em todos os níveis, inclusive para o grande público, uma Política de Conservação da Natureza. Suas comissões de Ecologia, de Educação, de Parques Nacionais, de Legislação e de Proteção encontram-se todas em plena expansão. A última desempenha um papel essencial, pois está encarregada dos inquéritos sobre a situação das espécies em vias de rarefação e das intervenções com vistas à sua preservação.

Dispomos, portanto, atualmente, de uma organização internacional bem aparelhada para coordenar os esforços de cada um. Devem ser mencionadas igualmente as instituições especializadas das Nações Unidas. A UNESCO, que está na origem da criação da UICN, já tomou inúmeras iniciativas para assegurar uma proteção eficaz dos recursos naturais em todo o mundo. Seu desejo deliberado de contribuir substancialmente para essa obra de proteção materializou-se, aliás, em uma *Recomendação Referente à Proteção da Beleza e do Caráter das Paisagens e dos Habitats*, adotada pela 12.ª Conferência Geral no dia 11 de dezembro de 1962. Nesse texto, verdadeira Carta Constitucional Mundial da Conservação da Natureza, figuram os pontos mais intensamente ambicionados pelos naturalistas, principalmente a proteção dos habitats, a especificação das paisagens naturais, a constituição de reservas e de parques nacionais. Desde então, os esforços dessa organização não esmoreceram.

A FAO, cujo objetivo é o desenvolvimento dos recursos alimentares da Terra, não podia deixar de se interessar pelos problemas de conservação. Com efeito, desempenhou um papel considerável nos programas de administração do patrimônio natural. Devem-se assinalar os estudos de aproveitamento e de proteção da grande fauna selvagem, aos quais se dedicaram os seus especialistas, não sendo possível mencionar as inúmeras pesquisas realizadas no campo da pedologia, da determinação da "vocação" das terras, e da utilização racional dos recursos agrícolas.

Algumas altas instâncias políticas se interessaram também por estes problemas. Não se pode esquecer as múltiplas iniciativas do Conselho da Europa, cujas várias comissões têm como objetivos a conservação, a luta contra a poluição, e a exploração racional dos recursos de um continente densamente povoado. Os esforços dessa alta instituição internacional materializaram-se na *Declaração sobre o Aproveitamento do Meio Natural na Europa*, adotada durante uma conferência realizada em Strasburgo, em fevereiro de 1970.

A Organização dos Estados Americanos interessou-se, igualmente, de forma muito nítida, pela solução desses problemas no Novo Mundo.

Certas iniciativas internacionais privadas não podem ser omitidas, principalmente o World Wildlife Fund. Fundado em 1961, na Suiça, possui atualmente representações em muitos países. Seu presidente, S. A. R. o príncipe Bernhard, dos Países Baixos, e as múltiplas altas personalidades que dele participam, conseguiram transformá-lo numa das organizações mais ativas no campo da conservação da natureza no mundo moderno. Suscitando o entusiasmo do público e reunindo fundos consideráveis, o W. W. F. tem no seu ativo realizações cuja lista ocuparia um volume (ver especialmente, da autoria de Peter Scott, a viga-mestra dessa Fundação, *The Launching of a new Ark*, Londres (Collins), 1965); a amplidão dos resultados assinalados nesse primeiro relatório já aumentou consideravelmente (*The Ark under Way*, Second Report of the W. W. F. 1965-1967 e *Yearbook* 1968, 1969 e 1970-71).

Para terminar, mencionaremos o *Programa Biológico Internacional*, vasto movimento mundial no qual colaboram cientistas de todas as nações, conjugando seus esforços na elaboração de estudos sobre a produtividade dos meios naturais ou transformados pelo homem, sua conservação e sua melhor exploração. Essas pesquisas coordenadas, que estão sendo atualmente efetuadas, permitirão um conhecimento mais profundo dos mecanismos ecológicos, ainda misteriosos; podem conduzir a um aproveitamento racional do planeta, num momento crucial da história da humanidade.

A colaboração entre as nações manifesta-se, por vezes, de um modo ainda mais direto, principalmente pela constituição de reservas internacionais. O melhor exemplo é o do Parque Nacional dos Pieniny, na Polônia, que se prolonga na Tchecoslováquia por um parque semelhante. A idéia de tal colaboração data de 1924. No entanto, foi apenas em 1957 que os governos polonês e tchecoslovaco concluíram um acordo definitivo para a constituição, de um lado e de outro de sua fronteira comum, de um grande parque que transformasse em reserva a montanha dos Pieniny, especialmente os magníficos desfiladeiros do Dunajec, talhados no calcário; atualmente, cada um dos países administra a parte situada no seu território nacional baseando-se num regulamento comum e em perfeito entendimento, em todos os níveis, garantia de uma proteção eficaz da natureza.

Um projeto semelhante poderia ligar a França e a Itália nos Alpes, pois o Parque Nacional do Grande Paraíso, na Itália, e o Parque Nacional da Sabóia associam-se, intimamente, para assegurar a proteção de uma vasta região alpina. Uma colaboração desse tipo já existe, aliás, em outras regiões do globo.

Se fizermos um balanço, constataremos que a proteção da natureza progrediu notavelmente em conseqüência dos esforços de todos os que compreenderam a urgência de conservar intacta uma porção considerável da superfície da Terra. Depois das graves devastações do século passado, os primeiros anos do século XX foram, de um modo geral, favoráveis à natureza selvagem. Os resultados positivos são inúmeros.

Simultaneamente, o interesse pela proteção da natureza despontou sensivelmente no grande público, em parte graças a uma ativa propaganda dirigida às crianças, nas escolas, e aos adultos através da imprensa, da rádio e, finalmente, da televisão. Os problemas da conservação da natureza são hoje de domínio geral. O número de turistas que visitam os parques nacionais e outros locais onde a natureza selvagem é preservada tem aumentado consideravelmente, enquanto que o cinema documentário e os livros sobre a natureza difundem conhecimentos básicos no campo das ciências naturais.

Se bem que nunca a situação tenha podido ser qualificada de plenamente satisfatória, deve-se admitir que se realizaram grandes progressos relativamente às condições anteriores e que, incontestavelmente, a natureza foi protegida. Deve-se essa recuperação ao notável movimento suscitado, na origem, por alguns pioneiros movidos por uma fé digna dos maiores elogios.

INTRODUÇÃO

As relações do homem moderno com o planeta . . . não foram relações de parceiros vivendo em simbiose, mas sim as da tênia com o cão que ela infesta, as do míldio[1] com a batata que ele parasita. Aldous Huxley, *Ape and essence*.

[1] Trata-se de um grupo de fungos que parasitam d versas plantas, por exemplo a batatinha e a videira (nota do Coordenador).

Desde o fim do século passado, pensou-se que as reservas e os parques nacionais bastariam para conservar eternamente a flora e a fauna selvagens. Para proteger alguns de seus representantes, bastaria impedir toda e qualquer ação devastadora por parte do homem em territórios tão vastos quanto possível, considerados então como "santuários"; o resto do planeta poderia, desse modo, ser abandonado a uma exploração desenfreada e sem limites. Havia, portanto, duas espécies de territórios: aqueles que eram entregues à influência humana e outros que, perdidos no meio de zonas onde a natureza selvagem podia ser inteiramente destruída, haviam sido transformados em reserva.

Essa concepção foi gerada, é certo, numa época em que se tratava, antes de mais nada, de preservar a todo o custo os últimos vestígios que tinham sobrevivido às devastações dos séculos anteriores. Temia-se o desaparecimento a curto prazo da maior parte das espécies animais e vegetais; eram necessárias medidas urgentes de conservação, estabelecendo-se refúgios invioláveis.

Essa visão do problema já não corresponde, no entanto, à situação atual. Por mais construtiva que tenha sido a atitude dos "protetores da natureza", já está hoje ultrapassada pela evolução política e econômica de um mundo cuja face foi profundamente modificada por toda a espécie de perturbações e por várias guerras cujas seqüelas foram inumeráveis. Ameaças cada dia mais pesadas põem em grave perigo o frágil equilíbrio que a natureza manteve durante as primeiras décadas deste século. Em toda a parte, os massacres de animais assumiram proporções até hoje inigualadas. O crescimento da população humana, os progressos da industrialização, práticas agrícolas mal concebidas, uma exploração excessiva e irracional das terras e dos mares, obrigam os homens a recorrerem incessantemente a novos distritos que permaneceram intactos ou apenas ligeiramente modificados.

É preciso agora reconhecer a evidência: para preservar a natureza não basta transformar em reserva algumas parcelas de território. O parque nacional e o "santuário" constituem apenas soluções locais e parciais. Em conseqüência da unidade do mundo, qualquer solução deve aplicar-se ao conjunto do planeta, cujo aproveitamento deve ser concebido em função dos reais interesses do homem.

Por outro lado, pode se constatar cada vez mais nitidamente que as atividades humanas estão prejudicando nossa própria espécie. O homem intoxica-se envenenando, no sentido literal do termo, o ar que respira, a água dos rios e o solo de suas culturas. Práticas agrícolas deploráveis empobrecem a terra de forma por vezes irrecuperável, e uma exploração excessiva dos mares está reduzindo os recursos que deles poderiam ser extraídos.

Poder-se-ia quase dizer, de um modo paradoxal, que o mais urgente problema colocado hoje em dia pela conservação da natureza é a proteção da nossa espécie contra ela mesma: o *Homo sapiens* precisa ser protegido contra o *Homo faber*. Já não é possível dissociar o homem de um meio natural de onde não pode ser omitida nenhuma espécie animal ou vegetal, cada uma delas intervindo parcialmente num vasto equilíbrio. A salvação do homem exige essa harmonia. E a proteção da natureza realizar-se-á simultaneamente, ao contrário do que pensam ainda alguns "protetores" desatualizados.

Não devemos colocar-nos na posição de um amador de arte que, tendo protegido numa vitrina alguns objetos preciosos, abandonasse a visitantes pouco cuidadosos cristais valiosos que estes usariam sem o menor cuidado. O problema consiste, certamente, em poder colocar sob "proteção integral" determinadas parcelas desses tesouros artísticos; porém consiste, essencialmente, em saber utilizar com cuidado os frágeis cristais a fim de não fazer perigar sua conservação. A verdadeira solução desse problema reside num aproveitamento racional, numa utilização sem abusos.

A luta pela natureza deve realizar-se atualmente em todas as frentes, mas esta não deve ser preservada *contra* o homem; no mundo moderno, deve ser preservada *para* ele e *com* ele.

CAPÍTULO **4**

A EXPLOSÃO DEMOGRÁFICA DO SÉCULO XX

"O Senhor disse: 'Crescei e multiplicai-vos. . .' — Sim, mas não disse quanto!" Marcel Franck, *Isabelle et Pélican.*

Os problemas da conservação da natureza e da exploração racional dos recursos naturais devem ser encarados em função do crescimento acelerado das populações humanas, fato contemporâneo inteiramente novo, sem equivalente, até hoje, em nossa história. Se se desejasse caracterizar o nosso século por um fenômeno único, não seria pela descoberta de inúmeros aperfeiçoamentos técnicos, nem mesmo pela fissão nuclear, mas sim pela explosão demográfica cujas conseqüências são incalculáveis.

Há aproximadamente 600 000 anos surgia o "homem moderno" (*Homo sapiens* Linné 1758). Foi preciso esse longo período para que a nossa espécie atingisse efetivos de três bilhões de indivíduos; porém, no ritmo atual de crescimento, bastarão 35 anos para duplicar essa população. Esse fato, confirmado por múltiplas provas formais, confere a todos os nossos problemas a sua verdadeira dimensão. A explosão demográfica, tempestade que modifica inteiramente o equilíbrio das forças e que ameaça mesmo os nossos meios de subsistência, ultrapassa todos os outros problemas, que assim parecem menores.

Um relatório das Nações Unidas (*Estudos demográficos* n.º 28, Nações Unidas, Nova York 1958) informa-nos que, se o atual ritmo de crescimento se mantiver durante mais 600 anos, "o número de seres humanos sobre a Terra será tal que cada indivíduo poderá apenas dispor de um metro quadrado de sua superfície. Isso significa que semelhante acontecimento não poderá ocorrer". Alguma coisa impedirá essa proliferação intempestiva; esperemos que não seja uma catástrofe na escala do planeta.

Desde a mais remota antigüidade, os sábios e os economistas se interessaram pelo problema do aumento da população e de suas incidências na estrutura e no equilíbrio das sociedades humanas. Desde Confúcio que se pensa na hipótese de um crescimento excessivo das populações conduzir a conflitos, baixando o nível de vida do homem. Vários economistas pretenderam que a humanidade deveria manter-se num nível populacional o mais adequado possível aos seus meios de subsistência. Foi, no entanto, necessário esperar o século XVIII para que um autor abordasse o problema demográfico com precisão: em 1798, Thomas Robert Malthus publicou o seu famoso *Essay on the Principle of Population*, no qual sustenta que o homem aumenta mais facilmente o seu número do que a quantidade dos alimentos de que dispõe. A curva demográfica, segundo esse autor, obedeceria a uma progressão geométrica, enquanto que a dos alimentos se desenvolveria segundo uma progressão aritmética.

Durante os séculos XVIII e XIX os economistas exprimem opiniões muito divergentes sobre o problema. Se alguns, como Adam Smith, Jérémie Bentham, James Mill e J. B. Say, compartilham de um modo geral as idéias de Malthus, e acham que se deve limitar o crescimento da população, os pré-marxistas e os marxistas afirmam que o excesso populacional desaparecerá espontaneamente com a eliminação da sociedade capitalista.

Os problemas demográficos têm incidências muito diversas, especialmente nos planos sociológico e econômico, estando diretamente ligados ao volume dos consumos e das produções. Assim, deram margem a uma gama infinita de interpretações.

Evitaremos entrar aqui nessas controvérsias, principalmente nas que opõem os "malthusianos" aos "antimalthusianos", o economista inglês encontrando-se no centro de todas essas polêmicas. É preciso, porém, conhecer com toda a objetividade que, a despeito de erros evidentes, provenientes, especialmente, do desenvolvimento do maquinismo que ele não previra, Malthus tinha razão ao menos em certos pontos.

O crescimento atual das populações humanas ultrapassa de muito as incidências sociais e econômicas nas quais se centralizam as discussões dos filósofos e dos economistas, pois põe em jogo a própria existência da nossa espécie colocada no seu contexto biológico.

Para o naturalista, esse fenômeno tem as características de uma verdadeira pululação, tal como ocorre em certas espécies animais ou vegetais. O problema é, evidentemente, muito mais complexo no caso do homem, pois certas motivações irracionais, conceitos morais e religiosos, e tradições antigas, modificam radicalmente os dados do problema que assim se tornam extrabiológicos. No entanto, os fatos permanecem, em sua essência, os mesmos. E quanto às perspectivas futuras, tudo leva a crer que a cadência atual de crescimento da população, acelerada de há cem anos para cá apenas, vai manter-se no futuro, salvo no caso de uma catástrofe, ou salvo se o homem tomar consciência, verdadeiramente, do perigo que o ameaça. Seres humanos dotados de razão, controlando sua expansão de modo a mantê-la proporcional aos meios de subsistência, ou criaturas proliferantes, degradando o seu próprio habitat, cabe a nós escolhermos aquilo que pretendemos ser.

Sem abandonar o ponto de vista do biólogo, contentar-nos-emos em apresentar alguns fatos que evidenciam o crescimento da população, inicialmente lento, com flutuações que, de uma certa forma, se assemelham às das populações animais, e em seguida uma súbita explosão demográfica de que somos atualmente testemunhas. Devem também ser lembradas as repercussões desse aumento maciço das populações humanas sobre os meios de subsistência de cada indivíduo e sobre o "clima moral" no qual já vivemos e viveremos cada vez mais devido aos amontoados de homens em algumas zonas excessivamente povoadas, onde o ambiente não tem mais condições satisfatórias.

Limitar-nos-emos a apresentar fatos. Estes são suficientemente eloqüentes para podermos não interferir nas controvérsias de economistas, por mais interessantes que sejam no plano da ecologia humana. Implicações biológicas e psicológicas complicam problemas que os naturalistas tentam penosamente estudar e entender no caso de animais desprovidos daquilo que se convencionou chamar "razão".

Não hesitamos em afirmar, desde já, que o problema do excesso populacional é o mais angustiante de todos quantos temos de enfrentar nos tempos modernos. Trata-se de um fato recente, cuja gravidade permanece ainda camuflada por um obscurantismo profundo, e do qual muito poucos estão conscientes. O excedente da população pode não só comprometer o destino da flora e da fauna selvagens, como também pôr em causa a sobrevivência de toda a humanidade, com tudo aquilo que constitui a civilização e a dignidade do homem.

1 — O HOMEM ANTES DOS TEMPOS MODERNOS

Os homens modernos, *Homo sapiens*, surgiram na Terra, como já informamos, há aproximadamente 600 000 anos. Durante as primeiras fases de sua história, mesmo até ao advento dos tempos modernos, suas populações obedeceram, espantosamente, às leis gerais da ecologia. Sua densidade estava então intimamente ligada à capacidade de produção, fator limitante extremamente eficaz. O crescimento demográfico era proporcional ao aumento de espaço e alimentos disponíveis. Os progressos técnicos permitiram o desbravamento, cada dia mais fácil e rápido; aumentaram os rendimentos pastoris e agrícolas e, paralelamente, determinaram o crescimento dos efetivos humanos.

Durante o Paleolítico, as populações eram evidentemente muito pequenas e dispersas sobre vastas superfícies*. Durante o Neolítico — ou seja, por volta de 8 000 ou 7 000 anos antes de Cristo —, a economia humana estabeleceu-se sobre novas bases na bacia mediterrânea oriental, graças ao desenvolvimento da criação de gado e da agricultura. Um acréscimo de alimentos disponíveis permitiu um aumento populacional. Os progressos da agricultura, a construção de diques e de plataformas (provavelmente por volta de 4 000 anos antes de Cristo, no vale baixo do Nilo e na Mesopotâmia; essas técnicas surgiram também na China, no vale do Rio Amarelo, assim como na América do Sul e na América Central) atraíram grandes concentrações humanas para certas zonas privilegiadas.

De um modo geral, no entanto, as populações permaneceram fracas durante a Antigüidade. O império romano tinha aproximadamente 54 milhões de habitantes quando da morte de Augusto, no ano 14 depois de Cristo, com uma densidade média de 16 habitantes por km^2 (o Egito tinha então 179 habitantes por km^2, e a Itália aproximadamente 24). Na China, na dinastia dos Han, ou seja, no início da era cristã, parece ter havido por volta de 60 milhões de habitantes — 70 milhões segundo certos autores. A Índia possuía entre 100 e 140 milhões de habitantes na época de Açoka, no século II antes de Cristo.

Em seguida, a população duplicou ou triplicou entre os primeiros anos da era cristã e o início dos tempos modernos, atingindo globalmente de 500 a 550 milhões de indivíduos em meados do século XVII, o que implica um crescimento médio anual situado entre 0,5 e 1,0 por mil. Na Europa, uma estreita correlação entre o aumento da população estabelecida ao norte dos Alpes e dos Cárpatos, e os progressos do desbravamento, é claramente perceptível, simples caso particular de uma lei ecológica válida para todas as populações animais (crescimento das populações paralelo ao aumento da superfície habitável e à quantidade de alimento disponível). No entanto, esse crescimento não foi nunca regular; longe disso: descreveu enormes flutuações consecutivas às epidemias, às guerras, e às suas seqüelas, essencialmente o fato de se terem interrompido os desbravamentos e abandonado o cultivo**.

Na França, a população avaliada em 6,7 milhões quando da conquista romana, aumentou para 8,5 milhões sob os Antonins, mas nunca ultrapassou esta cifra até Carlos Magno. Cresceu em seguida, de um modo regular, atingindo aproximadamente 20 milhões em meados do século XIII. Durante a guerra dos Cem Anos, diminuiu de um terço ou mesmo de metade, aumentando de novo até o século XVI para diminuir outra vez durante as guerras de religião. Ulteriormente, um crescimento lento mas regular fez com que a população francesa atingisse aproximadamente 18 milhões de habitantes em 1712; essa tendência manteve-se até a Revolução.

Podem-se observar flutuações semelhantes na Grã-Bretanha: tendo um milhão de habitantes na época da dominação romana, 1,1 milhão em 1086 e 3,7 milhões por volta de 1348,

*A densidade dos povos vivendo da colheita e da caça no período histórico permite-nos ter uma idéia da densidade populacional no Paleolítico. Assim, antes da chegada dos europeus, havia, em média, na Austrália, 8 habitantes por 100 km^2 (nas zonas povoadas) e 16 na América do Norte.

**Na Alemanha, as variações das taxas de desflorestamento, conhecidas através de testemunhos históricos precisos, são nitidamente paralelas às flutuações das populações humanas.

as epidemias de peste eliminaram aproximadamente 40% da população entre 1348 e 1377. O mesmo aconteceu na Alemanha (sua população aumentou dos 2-3 milhões no tempo de César, para 17 milhões no início do século XVII, paralelamente ao aumento das superfícies cultivadas) e na Itália (sua população passou de 7,1 milhões no tempo de Augusto, a 11 milhões em 1560, permanecendo nesse nível até o começo do século XVIII).

Fatos análogos podem ser observados na Ásia, apresentando todavia flutuações de maior amplitude; variações consideráveis e súbitas diminuições maciças são explicáveis pelas vicissitudes das grandes civilizações que aí se sucederam. Assim, no Ceilão, uma civilização agrícola extremamente evoluída, que atingiu seu apogeu no século XII, entrou em seguida em declínio progressivo; paralelamente, a população baixava de, aproximadamente, 20 milhões de indivíduos, para apenas 3 milhões no início do século XIX.

2 — O HOMEM DESDE O ADVENTO DOS TEMPOS MODERNOS

A humanidade, cujos recursos haviam sido até então essencialmente agrícolas, passou por uma fase decisiva quando do advento dos tempos modernos. As grandes descobertas haviam alargado singularmente o campo de ação dos homens da civilização ocidental, proporcionando-lhes o conhecimento da quase-totalidade do planeta. O Novo Mundo fora conquistado e progressivamente ocupado. A América tropical foi colonizada pela Espanha e por Portugal, que aí fizeram afluir milhares de imigrantes. A América do Norte era suscetível de ser povoada pelos brancos devido à pequena densidade da sua população autóctone e ao seu clima temperado.

Por outro lado, os europeus estavam aperfeiçoando máquinas cada dia mais potentes, que aumentavam prodigiosamente a energia de que o homem poderia dispor. No século XVIII começou a industrialização da Europa Ocidental, que permitiu a prosperidade de uma população mais numerosa, colocando à sua disposição recursos suplementares e libertando-a de uma dependência estritamente biológica. Os intercâmbios comerciais multiplicavam-se e os gêneros afluíam para a Europa.

Simultaneamente, diversos motivos econômicos e políticos determinavam uma forte corrente de imigração dirigida essencialmente para as terras virgens do hemisfério ocidental. Como se sabe, uma população animal introduzida num novo meio prolifera rapidamente, visto que inúmeros fatores limitantes são suprimidos, especialmente a quantidade de alimento disponível. Esse fenômeno ocorreu na América do Norte, onde uma taxa de natalidade extremamente elevada acarretou, ajudada por uma migração acelerada, um aumento rápido das populações humanas.

Na zona de civilização européia — ou seja Europa, Ásia russa, América e Oceânia — assistiu-se, desde essa época, a um início de expansão demográfica, devido a uma taxa elevada de crescimento natural que aumentou progressivamente do século XVI até a segunda metade do século XIX. Na Europa, a partir do século XVIII o excedente dos nascimentos em relação às mortes tornou-se constante, apesar de flutuações provocadas por diversos fatores econômicos e políticos*. Tais circunstâncias explicam o lento mas constante crescimento das populações

*Em 1947, no conjunto da zona de civilização européia, habitada por 902 milhões de habitantes, registraram-se 24,3 milhões de nascimentos e 13 milhões de mortes, o que implica um crescimento natural de 12,5%.

européias, apresentando taxas diversas segundo os países, mas raramente entrecortada por importantes diminuições*.

Nas outras partes do mundo onde se manifestou a expansão da raça branca, o aumento da população humana assumiu, por vezes, proporções ainda mais consideráveis. Na América do Norte, a taxa de crescimento natural era mais elevada do que na Europa, no início do século XIX, tendo em seguida baixado até a Primeira Guerra Mundial; essa baixa foi, no entanto, compensada por uma forte imigração. A taxa de crescimento permaneceu, porém, pouco elevada, pois em 1966 registrou-se um aumento de 1,15% apenas. Na América do Sul o crescimento da população foi muito mais rápido. No Brasil, houve um aumento de 131% entre 1840 e 1890, e de 190% entre 1890 e 1940, correspondendo a uma taxa de crescimento natural anual de 16,9‰. Para o conjunto da América Latina essa taxa foi, em média, de 19‰ entre 1920 e 1950. No México, passou de 6‰ em 1922 para 17‰ em 1932, subindo ainda para 19‰ em 1937 e para 29‰ em 1947, atingindo 34‰ em 1960-65. Esse crescimento rápido da população latino-americana pode por vezes explicar-se pela importância da imigração (por exemplo no Brasil), porém devem-se procurar suas verdadeiras causas numa natalidade elevada e na nítida diminuição da mortalidade.

Os povos não europeus manifestaram a mesma tendência demográfica sob a influência da colonização e da expansão da civilização ocidental (principalmente os progressos da higiene e a luta contra as doenças endêmicas). As populações asiáticas cresceram em proporções consideráveis, essencialmente desde o início do século passado. Na China, a população triplicou entre 1650 e 1850, passando de 113 a 350 milhões. No conjunto do país, incluindo os territórios periféricos além das 18 províncias, havia 450 milhões de habitantes em 1933, reduzidos a 400 milhões em 1946 pelas fomes e guerras, e aumentados novamente para 583 milhões em 1953.

Esse aumento foi ainda consideravelmente maior na Índia, onde o crescimento da população apresenta desde há muito uma aceleração progressiva. Calcula-se que a população passou de 100 milhões em 1600 para 255 milhões em 1877, ou seja, um crescimento anual médio de 3,5‰. Essa tendência assumiu maiores proporções nas décadas seguintes, devido a uma taxa de natalidade elevada e constante, acompanhada por uma diminuição da mortalidade (redução da mortalidade infantil, diminuição da cólera e da peste). A tabela seguinte mostra o considerável aumento da taxa de crescimento anual da população, que fez com que a Índia ultrapassasse, em 1967, os 500 milhões de habitantes.

Avaliação das taxas médias anuais de natalidade e de mortalidade na Índia

Períodos	Nascimentos por 1 000 habitantes	Mortes por 1 000 habitantes	Diferença aproximada
1901-1911	48	42,6	5
1911-1921	49	48,6	0
1921-1931	46	36,3	10
1931-1941	45	31,2	14
1951-1961	41,7	22,8	19

Outras partes da Ásia apresentam uma evolução semelhante, especialmente o Ceilão, um dos pontos do globo onde o ritmo do crescimento populacional é hoje mais acelerado, devido,

*Na Irlanda, por exemplo, observa-se uma extraordinária diminuição da população, que passou de 8,2 milhões em 1841 para 4,4 milhões em 1861, e para 3 milhões em 1946. Fome, emigração e uma baixa taxa de natalidade foram certamente as causas dessa redução.

sobretudo, aos progressos espetaculares da higiene pública (regressão da malária entre outras coisas). A tabela seguinte mostra o aumento da taxa anual de crescimento natural nessa ilha:

Períodos	Taxa anual de crescimento natural por 1 000 habitantes
1871-1880	4,6
1881-1890	5,0
1891-1900	6,8
1901-1910	9,3
1911-1920	7,4
1921-1930	13,4
1931-1940	13,4
1941-1945	17,1
1946	18,1
1947	25,1
1948	27,4
1949	27,3
1967	23,3

O Oriente Próximo manifesta, simultaneamente, um considerável aumento populacional; segundo os dados das Nações Unidas, a população teria passado de 55 milhões em 1920 para 75 milhões em 1950, o crescimento médio anual sendo, por vezes, da ordem de 20% entre 1945 e 1950. O mesmo aconteceu na região mediterrânea, especialmente no Egito, onde a população duplicou entre 1882 e 1937, passando de 7,55 milhões para 15,9 milhões, ou seja, um crescimento anual médio de 12%. Na Argélia, os 2,5 milhões de habitantes de 1856 já se tinham transformado em 7,2 milhões em 1936 (em parte devido à imigração européia, mas sobretudo em conseqüência do aumento da população muçulmana, que passou de 2,3 para 6,1 milhões), e em 12,5 milhões em 1967. Entre 1931 e 1936, o crescimento anual médio era de 20%.

A África constitui um caso particular, pois sua população permaneceu praticamente estacionária entre o século XVII e o fim do século XIX devido às guerras tribais, às razias de escravos e a um grande número de epidemias. No entanto, o continente negro manifesta atualmente um despertar demográfico, e sua população já duplicou desde 1850. Se algumas regiões ainda se mantêm nitidamente subpovoadas, noutras a densidade humana já assumiu proporções consideráveis.

A Zâmbia e a Rodésia apresentam, particularmente, uma natalidade recorde, pois sua população duplicou numa só geração. Na Tanzânia, a população avaliada em 4 145 000 de pessoas em 1913, passou de 7 410 269 em 1948 para 8 665 336 em 1957 (ou seja, 17% de aumento numa dezena de anos) e para 12 231 342 em 1967. Em Uganda, a população passou de 4 917 555 habitantes em 1948 para 6 536 616 em 1959, apresentando, portanto, um aumento de 31%. No Quênia, o crescimento anual médio é de 25%, a população duplicando, desse modo, em 31 anos*. Quanto ao Ruanda e ao Burundi, certos demógrafos apresentaram um índice de crescimento de 33%, cifra sem dúvida um pouco forçada, o que não impede que esses dois países sejam os mais densamente povoados de toda a África tropical, com uma densidade de 126 habitantes por km^2 no Ruanda e de 120 no Burundi (contra 7 no Congo, 13 na Tanzânia e 34 no Uganda).

*Segundo J. G. C. Black. The demography of East Africa, *The Natural Resources of East Africa*, Nairobi, 1962.

Poder-se-ia multiplicar esse tipo de exemplos. Eles traçam as grandes linhas da expansão numérica da nossa espécie em todo o planeta. Certamente, deve-se sublinhar que esse fenômeno de crescimento não foi simultâneo em todas as partes do mundo, apresentando assim uma grande diversidade.

No entanto, já se tornou manifesto que desde o advento dos "tempos modernos", e, singularmente, desde 1850, a população global do mundo está crescendo num ritmo acelerado; a variação da taxa de crescimento médio anual mencionada na tabela seguinte representa essa aceleração (ver igualmente Figs. 31 e 32)

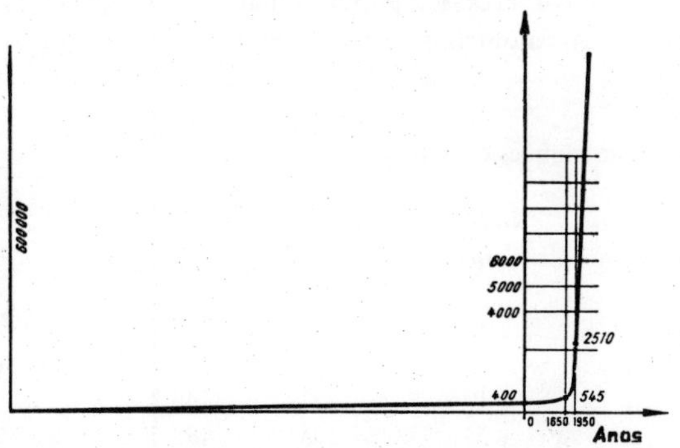

Figura 31. Crescimento da população mundial desde o aparecimento do homem sobre a Terra, há 600 000 anos, aproximadamente. No eixo das ordenadas, efetivos em milhões

Taxa de Crescimento Médio Anual por Mil Habitantes
(Média mundial)

	Segundo os dados de	
	*Willcox** e *ONU*	*Carr-Saunders** e *ONU*
1650-1950 (Média)	5	5
1650-1750	4	3
1750-1800	6	4
1800-1850	3	5
1850-1900	7	6
1900-1950	9	8
1900-1920	8	7
1920-1930	9	9
1930-1940	10	10
1940-1950	8	8

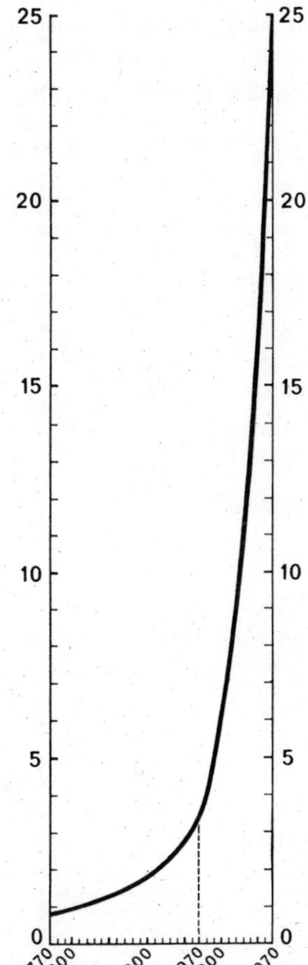

Figura 32. Crescimento da população mundial entre 1770 e 1970, e previsões até 2070, em função da taxa de crescimento atual (cifras em bilhões de indivíduos)

*Na ausência de recenseamentos precisos e gerais, os demógrafos podem apenas *calcular* aproximadamente os efetivos humanos dos séculos anteriores. Dispomos, nesse campo, de dois estudos básicos: W. F. Willcox, *Studies in American Demography*, Ithaca 1940; e A. M. Carr-Saunders, *World Population: Past Growth and Present Trends*, Oxford 1936. Esses dois peritos divergem ligeiramente em suas avaliações devido à interpretação de fatos por vezes difíceis de precisar e é costume considerar simultaneamente as cifras propostas por eles.

Essa evolução explica-se, antes de mais nada, por uma redução da mortalidade consecutiva aos progressos da higiene e à elevação do nível de vida. Começou na Europa no momento da revolução industrial, estendendo-se em seguida paralelamente ao estabelecimento de estruturas econômicas de tipo europeu no resto do mundo. Estas últimas desalojaram velhas estruturas sociais e econômicas, freqüentemente obsoletas, mas por vezes também em melhor equilíbrio com o meio biológico e com determinados habitats que o homem não pode modificar no estado atual das coisas.

Flutuações de enorme amplitude manifestaram-se no seio de certas populações humanas durante os séculos anteriores, chegando a provocar excessos populacionais. Uma espécie de auto-regulação, porém, intervinha sempre nesses fenômenos, fazendo com que nunca transbordassem de um quadro local.

População Mundial (em milhões de habitantes)

Ano	*Mundo*	*África*	*América do Norte*	*América latina*	*Ásia (exceto URSS)*	*Europa e URSS*	*Oceânia*
Dados de Willcox							
1650	470	100	1	7	257	103	2
1750	694	100	1	10	437	144	2
1800	919	100	6	23	595	193	2
1850	1 091	100	26	33	656	274	2
1900	1 571	141	81	63	857	423	6
Dados de Carr-Saunders							
1650	545	100	1	12	357	103	2
1750	728	95	1	11	475	144	2
1800	906	90	6	19	597	192	2
1850	1 171	95	26	33	741	274	2
1900	1 608	120	81	63	915	423	6
Dados da ONU*							
1920	1 811	141	117	91	966	487	8,8
1930	2 070	164	134	108	1 120	534	10,0
1940	2 295	191	144	130	1 244	575	11,1
1950	2 517	222	166	163	1 381	572	12,7
1960	3 005	278	199	213	1 660	639	15,8
1969	3 552	345	224	276	1 988	700	18,9
Taxa de crescimento anual durante o período 1950-60(%)*							
	1,8	2,2	1,8	2,5	1,9	0,8 (URSS: 1,7)	2,4
Taxa de crescimento anual durante o período 1960-69(%)*							
	1,9	2,4	1,4	2,9	2,0	0,9 (URSS: 1,3)	2,1

*Segundo as Nações Unidas, *Anuário demográfico* 1961 e os seguintes até 1969.

Hoje em dia, a situação é fundamentalmente diferente. O homem da civilização ocidental apoderou-se de todo o planeta e converteu, em graus diversos, a quase-totalidade da humanidade ao seu estilo de vida. O conjunto da espécie humana prolifera. As cifras reunidas na tabela que acabamos de apresentar permitem avaliar esse crescimento numérico que, com algumas correções, obedece a uma progressão geométrica. Porém, pode também constatar-se que ele se está acelerando em valor absoluto: a humanidade necessita de períodos cada vez mais curtos para duplicar seus efetivos, devido ao aumento da natalidade e à diminuição da mortalidade. Foram esses fenômenos recentes que puderam ser qualificados de *explosão demográfica.*

No decurso destes últimos anos registrou-se um ligeiro abrandamento. Certos países conseguiram controlar a natalidade, principalmente o Japão, mas também Taiwan, Hong-Kong, Ceilão e algumas das Antilhas. Infelizmente isso não significa que a natalidade tenha começado a regredir, pois, nos países em vias de desenvolvimento, ela mantém-se, de um modo geral, num nível elevado, manifestando mesmo, por vezes, tendência a aumentar. Não são perceptíveis quaisquer sintomas de uma reviravolta dessa tendência.

3 — AUMENTO PREVISÍVEL DA POPULAÇÃO NO DECURSO DAS PRÓXIMAS DÉCADAS

Baseando-nos nas atuais taxas de crescimento da população humana e nas tendências manifestadas desde o início deste século, podemos avaliar a importância numérica da humanidade num futuro próximo. Se bem que tais conjeturas comportem certos fatores aleatórios, é pouco provável que sejam erradas, em todo o caso nunca por excesso. Os serviços demográficos das Nações Unidas dedicaram-se, por três vezes, a esse tipo de estimativas, em 1951, em

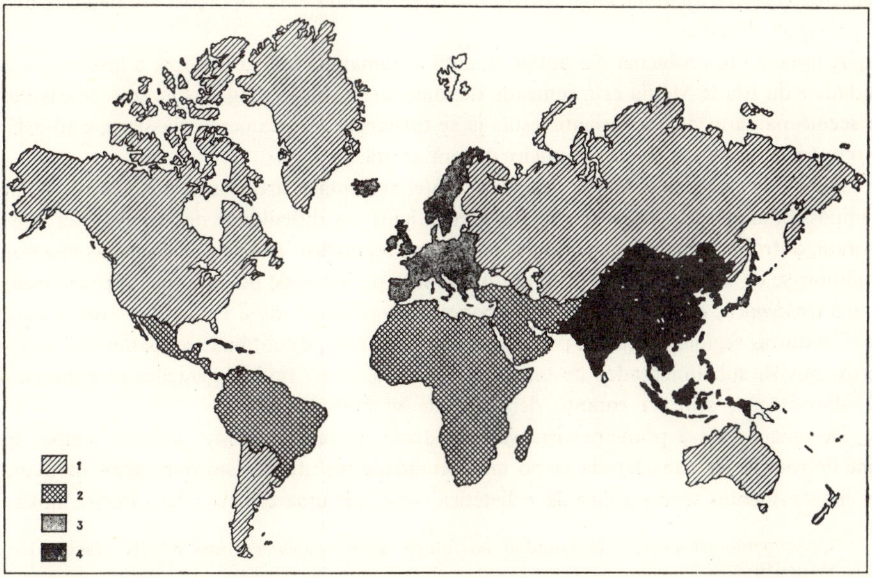

Figura 33. As regiões do mundo segundo a densidade populacional e a taxa de crescimento atuais. 1 – Grupo I: densidade baixa, crescimento moderado. 2 – Grupo II: densidade baixa, crescimento rápido. 3 – Grupo III: densidade alta, crescimento moderado. 4 – Grupo IV: densidade alta, crescimento rápido. Segundo *Nações Unidas, Anuário demográfico,* 1961

1954 e em 1958. Em cada uma dessas previsões os demógrafos apresentaram cálculos inferiores à evolução real das populações, devido à rapidez e à amplitude do seu crescimento. As avaliações baixas são atualmente próximas das avaliações altas de 1954 e muito superiores às de 1951. (Estas últimas não incluíam, nos seus cálculos, os recenseamentos realizados recentemente na China, visto os seus resultados só terem sido divulgados depois dessa data.) Calculou-se* assim que, em 1980, a humanidade possuiria 3 850 milhões de almas na hipótese baixa, e 4 280 milhões na hipótese alta. Nesse último caso, as previsões são de 652 milhões para a América do Norte, a Europa (exceto a Europa Oriental) e a Oceânia; de 893 milhões para a América Latina, a Europa Oriental, a U.R.S.S. e o Japão; e de 2 735 para o resto da Ásia e a África (Fig. 33).

Se essa tendência continuar se manifestando, a humanidade atingirá certamente efetivos que se situarão, no ano 2 000, entre 6 e 7 bilhões de indivíduos, ou seja, pelo menos o dobro da população atual. Isso num lapso de tempo mais curto do que aquele que nos separa do fim da Primeira Guerra Mundial, portanto de ontem, para muitos dos nossos contemporâneos.

Essas cifras são hipotéticas. Foram estabelecidas, porém, após um inquérito aprofundado das taxas de crescimento demográfico em cada um dos países, e baseiam-se na tendência manifestada desde o início da explosão populacional.

Sua enormidade dispensa qualquer comentário.

4 — DEMOGRAFIA E SUBSISTÊNCIA

Considerando a explosão demográfica contemporânea, é lícito manifestarmos uma certa apreensão quanto ao equilíbrio entre o número de consumidores e o volume dos recursos alimentares. O *deficit* aparente atual corre o risco de aumentar em proporções inquietantes durante as próximas décadas.

A fome é um problema tão antigo quanto a humanidade. Na Europa, a história da Antigüidade e da Idade Média está semeada de fome, de inanição, flagelo que se verificava ainda no século passado**. No Oriente, estas já se tornaram tragicamente clássicas, e só a China sofreu 1 828 penúrias desde o início da era cristã.

Essas catástrofes tiveram por vezes um caráter acidental, particularmente no nosso ocidente. A impossibilidade de conservar gêneros alimentícios e a dificuldade dos transportes não permitiram, outrora, o estabelecimento de um sistema regulador. Boas e más colheitas não podiam equilibrar-se de ano para ano. Entretanto, durante períodos de penúria que apresentavam um caráter *epidêmico*, os homens tinham esperança de subsistir até a época das "vacas gordas".

Em outras regiões do globo, pelo contrário, a fome foi, e continua sendo, um mal *endêmico*. Certos povos, subalimentados de um modo crônico, já há muitas gerações se habituaram à má alimentação, sem no entanto deixarem de se multiplicar***.

De uma forma à primeira vista surpreendente, foi apenas nestes últimos tempos que a fome deixou de ser considerada como uma fatalidade inelutável. Isto por vários motivos, um dos mais evidentes sendo o fato de a dietética constituir uma ciência relativamente nova. Um

*Crescimento da população mundial no futuro. *Estudos demográficos* n.º 28, Nações Unidas, Nova York, 1958.

**Houve treze "epidemias" de fome, na França, durante o século XV, e outras tantas no século seguinte.

***Evidentemente, uma regulação cruel interveio sempre até épocas recentes, devido à mortalidade elevada, especialmente infantil.

conhecimento exato das necessidades energéticas do homem desde o início deste século substituiu um empirismo repleto de erros. E só mais recentemente ainda se começou a atribuir à má nutrição uma série de desordens patológicas, fisiológicas e mesmo sociais, imputadas até então a causas mais imediatas, ou, pelo contrário, mais misteriosas.

Os fisiólogos ensinam-nos que o homem, bem como os outros animais, funcionam como máquinas às quais deve ser fornecida uma quantidade determinada de energia que lhes permite conservarem-se vivos (ração de manutenção) e efetuarem um certo trabalho. Essa quantidade de "combustível" necessário para fazer funcionar o "motor" orgânico é avaliada em calorias fornecidas pelos alimentos. A quota calorífica cotidiana indispensável ao homem adulto varia em função de diversos fatores (ambiente, trabalho físico efetuado), situando-se, de um modo geral, entre 2 300 e 3 800 calorias, às vezes mais.

O balanço alimentar de um indivíduo, todavia, não se mede unicamente em calorias. A máquina humana precisa de energia, mas também de determinadas substâncias destinadas à formação ou à manutenção dos tecidos que se recompõem continuamente. Como o organismo não os sintetiza e como eles não podem substituir uns aos outros, é necessário fornecer a cada indivíduo uma ração *equilibrada*, comportando, em quantidades mínimas, cada uma das substâncias indispensáveis à cobertura das exigências específicas. Algumas delas só são necessárias em doses extremamente diminutas (minerais, micronutrientes, vitaminas, certos aminoácidos); entretanto, mais cedo ou mais tarde, sua ausência impede o funcionamento fisiológico normal, provocando graves perturbações.

Existem, portanto, duas espécies de fomes: uma energética, relativa a uma insuficiência de calorias (fome global), a outra específica, qualificada de carência alimentar ou de má nutrição. Esses dois aspectos confundem-se na prática no caso da fome aguda ou crônica de que a humanidade ainda é vítima, comportando, todavia, efeitos distintos.

A fome específica é, sob certos pontos de vista, a mais devastadora. As doenças provocadas pela carência alimentar são extremamente numerosas* e, freqüentemente, combinam-se umas com outras; por outro lado, diminuindo a resistência do organismo, favorecem as doenças "clássicas" (tuberculose, tifo, conjuntivites, parasitoses).

A fome endêmica acarreta, assim, um lamentável cortejo de males fisiológicos e de desordens patológicas. Simultaneamente, marca os homens em sua alma, "desumaniza-os", mais do que qualquer outro fator do meio. A preguiça, a apatia, o fatalismo, que corroem certas sociedades humanas, são conseqüências da carência alimentar de que estas são vítimas desde há muito, talvez desde sempre.

Atualmente, a subalimentação crônica e as carências nutricionais constituem problemas agudos. Foram realizados inúmeros inquéritos em todo o mundo para calcular a importância do *deficit* alimentar e a proporção de homens vítimas dessa carência. Publicaram-se os mais diversos resultados. Já em 1950, a FAO, fundamentando-se em estatísticas baseadas nas produções agrícolas, no número de habitantes e no regime alimentar corrente em cada um dos países do globo, não hesitou em afirmar que dois terços da humanidade passava fome (J. B. Orr, 1950, *Scientific American,* 183, II; ver igualmente FAO, *Second World Food Survey*, 1952). Mais tarde provou-se que tais afirmações eram totalmente falsas, pois repousavam em erros

*As doenças resultantes de carência vitamínica são bem conhecidas. Outras são fruto de uma prolongada ausência de proteínas, provocando deficiências dramáticas nos adultos e, principalmente, nas crianças, cujo crescimento exige quantidades relativamente importantes de alimentos nitrogenados. O *Kwashiorkor,* devido a carências de proteínas animais, é a doença mais clássica. Esses desequilíbrios protéicos encontram-se principalmente nas regiões tropicais.

flagrantes, por vezes grosseiros, feitos no decorrer dos inquéritos e na interpretação estatística dos resultados. Segundo dados mais recentes, os peritos reduziram essas cifras a uma proporção de 10-15% (ver Colin Clark, 1963); essa estimativa, aliás, foi aceita pela FAO (*Third World Food Survey*). No entanto, essas últimas avaliações parecem-nos demasiado otimistas.

Por vezes os resultados não coincidem: devem-se tais divergências a diversos fatores. Em primeiro lugar é preciso evitar comparações entre os regimes alimentares dos europeus e dos norte-americanos, pois esses últimos são, manifestamente, demasiado ricos, o que constituiu outra forma de má nutrição. Em segundo lugar, é muito difícil estabelecer com exatidão um balanço alimentar para todos os homens, em todas as partes do mundo; é difícil obter cifras globais significativas, assim como analisá-las em seguida com rigor através do cálculo estatístico. O menor erro de interpretação conduz a equívocos cuja falsidade nem sempre é manifesta. Por outro lado, também, certos informantes mostraram-se muito pouco imparciais nas suas conclusões, deformando-as em função daquilo que pretendiam provar. Misturou-se uma certa paixão a esses problemas que os biólogos e os médicos estudam, à custa de muito esforço, de um modo objetivo.

De qualquer forma, é certo que uma fração considerável da humanidade é vítima, com mais ou menos intensidade, de uma fome crônica. A situação é particularmente grave no Extremo Oriente. A Índia tem trágicos problemas alimentares, devido ao seu grande crescimento demográfico e a uma produção agrícola deficitária*. O Egito enfrenta também sérias dificuldades. Certas populações da África tropical sofrem de carências específicas (particularmente de proteínas animais). Na América, os habitantes do nordeste do Brasil — esgotado por más práticas de cultivo[1] — dispõem de uma ração calorífica cotidiana insuficiente e são vítimas de graves desequilíbrios alimentares.

[1] Faltam-nos elementos para avaliar até que ponto a situação do nordeste é devida a más práticas de cultivo, e até que ponto ela é devida a condições ambientais naturais (nota do Coordenador).

No entanto, essa situação deplorável não é, realmente, conseqüência direta de uma população humana excessiva, se se encarar o conjunto do planeta, mas sim fruto de profundos desequilíbrios sociais, econômicos e políticos entre os vários países, e mesmo dentro de cada um deles. A organização do comércio internacional, o preço das matérias-primas e dos produtos agrícolas brutos, as desigualdades flagrantes de rendimentos e recursos entre os povos e entre as classes sociais, e as economias de exportação, são responsáveis pela má repartição dos produtos alimentares e pela fome endêmica de uma parte considerável do globo. A organização política e social, gerando rupturas de equilíbrio econômico, está na origem desse problema, um dos mais inquietantes de todos com que a humanidade já se defrontou.

Incontestavelmente, as soluções são de ordem econômica, e consistem numa redistribuição global dos gêneros de primeira necessidade. Se se admite, porém, facilmente, que a produção

*A subalimentação, na Índia, provoca uma taxa de mortalidade extremamente elevada, especialmente infantil. A esperança de vida é apenas de 32 anos, contra 69 na França e nos Estados Unidos. Não se pode deixar de lembrar Pierre Loti e a sua descrição das crianças indianas "pobres pequenos esqueletos, com grandes olhos espantados de tanto sofrer" *(A Índia sob os Ingleses)*. A Índia, com a sua pululação de multidões famintas e passivas, constitui indubitavelmente a exata imagem da fome endêmica levada ao seu extremo. A situação complica-se devido à destruição das terras. Um exemplo entre muitos: no vale do Indus, a população aumenta de 10 bocas para alimentar a cada 5 minutos; porém, no mesmo lapso de tempo, um acre (um pouco mais de 40 ares) de terra perde-se devido à erosão acelerada.

do globo pode ainda hoje proporcionar à humanidade os meios de subsistência que lhe são indispensáveis, é lícito que nos perguntemos se o mesmo acontecerá quando a população atual tiver aumentado*. Sem apelar para os números, e evitando relembrar o exemplo clássico de Malthus, devemos no entanto constatar que o aumento maciço e acelerado das populações humanas acabará transformando o problema da subsistência num problema absurdo; os recursos alimentares não poderão nunca seguir semelhante progressão, e, mais cedo ou mais tarde, haverá um profundo desnível entre a importância numérica dos consumidores e o volume dos gêneros consumíveis.

Estamos perfeitamente conscientes do considerável aumento dos rendimentos agrícolas, desde os primórdios da humanidade. O caçador paleolítico precisava de 10 km^2 para se alimentar; o pastor neolítico, apenas de 10 ha; o camponês medieval, dois terços de hectare de terra que pudesse ser lavrada; o cultivador japonês pode atualmente sustentar-se com um décimo de hectare**.

Os rendimentos dos solos aumentarão ainda no futuro, em função dos progressos técnicos*** e talvez também, do estabelecimento de novos regimes alimentares dos quais não falaremos para não sermos acusados de estar fazendo ficção científica (algas, plâncton e culturas em meios sintéticos são apenas os mais divulgados desses recursos do mundo futuro).

Admitimos, sem dúvida, que um crescimento razoável da população humana é ainda possível se o homem souber explorar racionalmente o planeta e valorizá-lo sem esgotar os seus solos. É preciso, porém, não esquecer que as dificuldades de distribuição dos gêneros e as desigualdades de recursos entre as diversas frações de populações não desaparecerão facilmente, talvez mesmo nunca. Como observa Dasmann (1959), se só existe *um* mundo, sob vários pontos de vista, especialmente na perspectiva do biólogo, existem *vários*, no plano econômico. Se bem que nossos esforços devam orientar-se no sentido de pôr fim a essa situação, é provável que vários "mundos" econômicos subsistam ainda durante muito tempo. Assim, seria mais seguro que cada fração da humanidade controlasse sua expansão demográfica de modo a mantê-la proporcional aos seus próprios recursos, esperando que no futuro possa ser realizada uma distribuição melhor, e que a economia do mundo se torne mais homogênea.

De qualquer forma, convém sermos realistas. A situação difícil em que se encontra a humanidade atualmente no que respeita a sua alimentação é devida a fatores complexos, entre os quais os fatores biológicos, que desempenham apenas um papel parcial. A despeito de todos os nossos esforços, tal situação manter-se-á durante muito tempo ainda, e uma solução de conjunto não será facilitada pela presença de efetivos humanos mais numerosos.

*O problema coloca-se igualmente no que concerne aos recursos não renováveis, como por exemplo os minérios, muitos deles esgotando-se exatamente no momento em que as necessidades por habitante aumentam em conseqüência dos progressos técnicos.

**O Japão pode, aliás, ser citado como exemplo quanto ao aumento da produção agrícola. Quando esse país se abriu para a civilização moderna, era "subdesenvolvido", no sentido atual da expressão. Sua população aumentava 1% ao ano, fato grave num país já excessivamente povoado. Graças a um esforço digno de todos os elogios e também devido a um "contexto" cultural favorável ao progresso, conseguiu-se aumentar sua produtividade agrícola de 3,5% ao ano e criar uma indústria que lhe possibilita suprir o *deficit*. Belo exemplo a ser meditado por muitas nações que se encontram ainda no mais completo marasmo.

***Devemos, no entanto, mostrar-nos céticos quanto ao otimismo de alguns, que baseiam suas conclusões em experiências de laboratório e não em práticas agrícolas em grande escala.

Quando pensamos que o crescimento demográfico está obedecendo a uma progressão geométrica, não podemos senão alimentar sombrias preocupações quanto ao futuro da humanidade. Por outro lado, não devemos também tomar as rações mínimas como bases das avaliações, pois, apesar de tudo, o homem tem o direito de esperar que sua alimentação lhe proporcione um certo prazer. Isso também faz parte da sua civilização, que não consiste apenas na sobrevivência no mais baixo limite. Uma economia de subsistência seria, incontestavelmente, para toda a humanidade um retorno à animalidade.

Por todas essas razões, a fome do mundo corre o risco de aumentar; o *deficit* alimentar, o de se aprofundar, a despeito dos esforços e da boa vontade que se observam atualmente. A multiplicação *inconsiderada* da raça humana relegará, portanto, a humanidade inteira a um nível cada vez mais baixo, tendo repercussões cada vez mais profundas no bem-estar de todos.

5 — CONSEQÜÊNCIAS MÉDICAS E SOCIAIS DA PROLIFERAÇÃO HUMANA

Certos economistas não hesitaram em afirmar que a terra era biologicamente capaz de alimentar uma humanidade muito mais numerosa. Colin Clark (1963) propõe a cifra de 45 bilhões de indivíduos. Se bem que sejamos extremamente céticos quanto a tais possibilidades, admitamos que as populações humanas possam ainda multiplicar-se sem, no entanto, ultrapassarem a capacidade-limite global do planeta, no plano alimentar. Mas, nesse caso, partilhamos a opinião de Paul Sears: mesmo que cada homem tenha a garantia de uma ração suficiente, é todavia "mais agradável não ser obrigado a comer de pé"!

Essa simples "piada" evoca, na realidade, um outro aspecto fundamental, não mais ecológico mas sim etológico[2], o da influência do excesso populacional em nossa vida cotidiana, pelo menos tão importante quanto o fator nutricional. O excesso da população pode ter profundas repercussões no comportamento humano.

[2] Ecologia – É a ciência que estuda as relações dos seres vivos com o meio em que vivem. A palavra provém do grego: *oikos* (casa) e *logos* (tratado, estudo). Etologia – Parte da ecologia que estuda o comportamento dos seres vivos. É palavra originária do grego: *ethos* (costume) e *logos* (tratado, estudo) (nota do Coordenador).

Sabe-se que, nos animais, os fatores que limitam sua importância numérica são tanto de ordem psicológica quanto ecológica. Freqüentemente, uma população de vertebrados é limitada na sua multiplicação por interações sociais, muito antes de ter sofrido os efeitos de uma verdadeira penúria alimentar. A espécie humana não escapa a essa regra, a despeito do gregarismo que tem manifestado desde as suas mais longínquas origens.

Esse aspecto "bio-social" será aqui rapidamente lembrado, sem que entremos no pormenor de considerações sociológicas, no entanto extremamente interessantes no que se refere à evolução do habitat humano em função da transformação da face da Terra.

Relembremos que um cálculo simples permite constatar que, se a população humana continuar aumentando no ritmo atual, haverá, dentro de 600 anos, aproximadamente, um homem em cada metro quadrado de terra emersa (com exceção da região Antártica). Como observou o Professor Bourlière — utilizaremos alguns de seus dados neste parágrafo —, mesmo se todos esses homens conseguissem se alimentar (com a ajuda de alimentos sintéticos, evidentemente), teriam de estabelecer um sistema de rodízio para dormir, e precisariam absorver doses consideráveis de tranqüilizantes para combater as neuroses provocadas por esses amontoamentos.

Nunca atingiremos esse estágio, bem entendido. Graves problemas surgiriam certamente muito antes, os quais, resolvidos de um modo violento, reduziriam imediatamente os efetivos da nossa espécie.

O aumento maciço da população humana, juntamente com a industrialização e a evolução econômica do mundo moderno, conduziu, entretanto, a uma urbanização cada vez maior. As cidades tentaculares estendem-se a ponto de se tornarem monstruosas*. Todas as grandes cidades da Europa Ocidental assumem proporções tais que inúmeros problemas práticos apresentam, a cada dia maior urgência (o problema dos transportes é um dos mais imediatos). Prevê-se que dentro de poucos anos as aglomerações estabelecidas de Amsterdã até a fronteira belga constituirão uma cidade apenas. Nos Estados Unidos é provável que as grandes cidades do leste se reúnam também para formarem um formigueiro gigantesco, como o indicam certos sinais precursores.

Em alguns distritos a densidade de população atinge cifras consideráveis, mesmo que a média para uma certa cidade seja nitidamente mais baixa. Certos bairros têm 38 600 habitantes por km^2 em Chicago; 69 500 em Londres; 92 700 em Tóquio e 302 600 em Hong-Kong, onde o amontoamento da população não tem rival. Trata-se, portanto, de verdadeiros formigueiros humanos que prefiguram o que serão as "megalópolis" de amanhã.

Deve-se sublinhar, aliás, que a extensão das cidades é obtida muitas vezes em detrimento de excelentes áreas agrícolas[3]. As aglomerações primitivamente estabelecidas no centro de regiões ricas ou sobre vias de comunicação manifestam uma tendência natural para se alastrarem sobre as planícies onde os problemas de construção e de aproveitamento são mais fáceis de resolver**.

[3] Esse fato ocorre também em nosso País: às vezes uma cidade surge, cresce e se estabiliza em terra-roxa das mais férteis. O asfalto cobre extensas áreas desses solos. Não muito longe podem existir áreas de solos pobres, onde se poderiam, sem maiores prejuízos, erigir as cidades. Dentre outros, o Prof. Aziz Nacib Ab'Sáber, do Instituto de Geografia da Universidade de São Paulo, tem-se preocupado com tais problemas (nota do Coordenador).

Outra conseqüência desse monstruoso desenvolvimento das cidades foi ter feito com que perdessem a sua "alma"; nenhum desses grandes aglomerados pode hoje, ou poderá nunca, em sua forma presente, constituir uma *comunidade* humana, ou mesmo um agregado de comunidades. Como o afirmou Le Corbusier***, "uma ruptura brutal, única nos anais da história, desviou, em três quartos de século, toda a vida social do ocidente do quadro relativamente tradicional e notavelmente bem adaptado à geografia". Tanto a cidade como a aldeia estão hoje desequilibradas e perderam suas qualidades de organismos urbanos coerentes. A vida

*Enquanto que, em 1800, apenas uma cidade possuía um milhão de habitantes (Londres), em 1956 já havia 82. Dentro de 150 anos, a proporção de homens vivendo em aglomerações de mais de 100 000 habitantes terá passado de 2 a 13%. Se bem que determinados fatores econômicos expliquem essa evolução, a demografia também contribuiu largamente.

**Esse fenômeno verifica-se particularmente em Paris, onde os subúrbios do sul se estão desenvolvendo sobre terras com uma nítida "vocação" agrícola.

****Modo de pensar o urbanismo*. Gênova (Gonthier).

dos citadinos deixou de ser uma vida comunitária, tal como foi durante séculos, para se transformar numa vida em comum, e em seguida numa existência em concentração. Essa evolução teve as mais graves repercussões sociais.

As proporções gigantescas das cidades determinaram também a própria natureza do habitat humano. Os homens podem doravante optar entre viver "encaixotados" em mínimos apartamentos ou em pequenas casas individuais situadas cada vez mais longe dos locais onde trabalham, o que implica, diariamente, perda de tempo considerável, sem contar o cansaço físico e nervoso. O custo do habitat (construção, serviço de limpeza, canalizações, transportes, administração urbana) aumenta muito mais rapidamente do que o número de habitantes, além de um certo limite. A energia e os capitais assim dilapidados em pura perda ultrapassam qualquer avaliação.

A atmosfera física das cidades é igualmente má. A poluição atmosférica, o barulho da rua, do *atelier* e das habitações*, a vida em comum e as tarefas domésticas obrigatórias, determinaram condições ecológicas anti-higiênicas para a nossa espécie que vivera, até épocas muito recentes, num contexto que satisfazia mais profundamente as suas necessidades fundamentais.

Essa nova vida, à qual a espécie humana ainda não se adaptou, apesar da sua maleabilidade ecológica, teve graves repercussões na existência dos citadinos nossos contemporâneos. Tornou-se lugar comum dizer que a "vida está ficando intolerável". Os estudos parciais já realizados pelos médicos, psicólogos e sociólogos apóiam e justificam as queixas de todos.

A tensão nervosa à qual são submetidos os habitantes das metrópoles, fruto de uma infinidade de "agressões" respiratórias, digestivas e nervosas repetidas dia após dia, tem efeitos extremamente perniciosos para a saúde física e mental. Assim, os benefícios da nossa civilização técnica, como por exemplo a higiene, estão sendo neutralizados por desordens fisiológicas e mentais que assumem proporções cada vez mais inquietantes. O número de doenças cardiovasculares, diretamente ligadas ao gênero de vida do homem do século XX que, juntamente com as doenças de senescência, são aquelas que atualmente provocam um maior número de mortes, continua aumentando. Por outro lado, também, inquéritos imparciais revelaram que entre 10,9 e 23,4% dos habitantes das grandes cidades sofrem de perturbações mentais mais ou menos graves**. Todos esses fatos explicam que o alongamento da esperança de vida dos citadinos não corresponde ao que os progressos da medicina preventiva e curativa já permitiriam esperar.

Esses males prefiguram aqueles de que os homens serão vítimas nos próximos tempos, quando a humanidade tiver crescido em proporção geométrica e for forçada a amontoar-se

*Pensamos no que dizia Lamartine: "Estes ruídos de automóveis, estes gritos agudos do povo, e este incessante trovejar de todos os sons estridentes, que, nas ruas das grandes cidades, não dão nenhum descanso ao ouvido ou tranqüilidade ao pensamento". No entanto, o poeta não chegou a conhecer as metrópoles modernas, nem o barulho dos aviões à reação ultrapassando a barreira do som: o "bang" supersônico pode ter conseqüências neurofisiológicas graves. O barulho dos aviões perturba igualmente os animais, especialmente os pássaros.

**Pode se consultar, proveitosamente, o *Manhattan Midtown Survey*, inquérito realizado no centro mesmo do aglomerado nova-iorquino. O fato de essas investigações básicas não terem sido efetuadas com o rigor científico que se desejaria não elimina o valor das conclusões gerais deste relatório, que mostra a influência do meio urbano moderno sobre o corpo e o espírito dos citadinos.

Lembremos também o que disse P. Zivy: "Uma cidade como Paris transformou-se numa fábrica de doentes" (*Observações sobre a fisiopatologia* das cidades modernas).

em superfícies reduzidas. A cidade tornar-se-á mais monstruosa ainda. Os múltiplos problemas da vida cotidiana tornar-se-ão mais complicados para cada um de seus habitantes. Estes precisarão encontrar então, urgentemente, atividades que possam compensar as deficiências do modo atual de vida urbano. É nessa perspectiva, aliás, que importa conservar certas porções do globo em seu estado natural. Só elas poderão servir de "zonas de recreio" para os citadinos e permitir-lhes "mergulhar na natureza". A tendência atual, que reflete essa necessidade instintiva do homem afastado do seu meio, acentuar-se-á progressivamente, tornando a evasão tão necessária quanto o alimento.

Mesmo se o homem conseguir sustentar-se depois de uma nova proliferação intempestiva, os problemas psicológicos resultantes do seu acúmulo na superfície do globo permanecerão intactos. Já são angustiantes no contexto da explosão demográfica atual.

Tais são, rapidamente lembradas, as principais características e as conseqüências da explosão demográfica contemporânea. O século XX constitui, deste modo, um período único, tendo produzido uma verdadeira revolução, bem mais profunda do que muitas das que freqüentemente são qualificadas de "grandes". O crescimento da nossa espécie vai continuar no mesmo ritmo durante algumas décadas. Não poderá, no entanto, prosseguir, pois tal evolução conduziria inevitavelmente a uma catástrofe. Aquilo que hoje em dia não é mais do que um prognóstico para alguns sociólogos, já é uma fatalidade inelutável para o biólogo. "Dêem liberdade a Vênus, ela vos trará Marte", dissera já Bergson. Esse axioma não pode ser posto em questão por todos aqueles que se interessaram pela dinâmica das populações e pelo fim trágico de todas as pululações animais. Guerras poderão pois, eventualmente, ser desencadeadas por motivos biológicos.

Pode-se prever, desde já, que consideráveis modificações vão intervir nas sociedades humanas. O número crescente de convidados para o "banquete da vida" vai transformar radicalmente as nossas estruturas e conceitos clássicos, pondo em risco todas as nossas aquisições sociais. O bem-estar material da humanidade, pelo qual se pagou tão caro, como também a sua dignidade e a sua cultura, estão comprometidos em seus fundamentos, mesmo se, como diz Teilhard de Chardin, a pressão demográfica nos forçar a um esforço coletivo orientado para a espiritualização e a ultra-humanização.

Não nos cabe discutir aqui o problema nos seus aspectos filosóficos, sociológicos e econômicos. A perspectiva biológica chega para nos deixar extremamente receosos, no momento em que as riquezas naturais estão sendo seriamente desperdiçadas.

É preciso que o homem tome consciência da gravidade da sua própria pululação, fato capital que condiciona todo o nosso futuro, comprometendo, simultaneamente, e para todo o sempre, a possibilidade de um feliz equilíbrio com a natureza. Adotar a política de avestruz seria um crime por parte dos nossos governos. Não entender o problema seria, por parte de cada um de nós, um prova de debilidade mental. A trágica simplicidade do fato demográfico torna-o acessível ao intelecto mais limitado do *Homo sapiens*.

CAPÍTULO **5**

A DESTRUIÇÃO DAS TERRAS PELO HOMEM

"Em relação ao que foi outrora, nossa terra transformou-se num esqueleto de um corpo descarnado pela doença. As partes gordas e macias desapareceram e tudo que resta é a carcaça nua."
Platão, *Critias,* III.

1 — EROSÃO NATURAL E EROSÃO ACELERADA

O capital natural mais precioso é, indubitavelmente, o solo. A sobrevivência e a prosperidade do conjunto das comunidades biológicas terrestres, naturais ou artificiais, dependem em última análise do fino estrato que constitui a camada mais superficial da terra. Como nos primeiros tempos da humanidade, e apesar dos progressos realizados pelas indústrias de síntese à base de produtos minerais, o homem extrai ainda do solo a quase totalidade das substâncias* de que necessita, e a maioria das matérias-primas que servem para a fabricação de seu vestuário e até mesmo de seus objetos usuais.

O solo não é estável, nem inerte; muito pelo contrário: constitui um meio complexo em perpétua transformação, submetendo-se a leis próprias que regem sua formação, sua evolução e sua destruição. Forma-se no ponto de contato da atmosfera, da litosfera, e da biosfera; participa intimamente nesses mundos tão diversos, pois mantém relações constitutivas com o mundo mineral, assim como com os seres vivos. Tal como esses últimos, os solos possuem um verdadeiro metabolismo. A decomposição da rocha-mãe sob a ação de agentes físicos variados (fatores térmicos, ventos, precipitações atmosférica), e a sua transformação pelos seres vivos, constituem processos anabólicos que produzem os solos; em contrapartida, estes podem ser destruídos pelos mesmos agentes dinâmicos: o conjunto desses fenômenos, que se agrupam sob o nome de *erosão*, constitui um verdadeiro catabolismo das camadas mais superficiais do globo.

Se bem que comportando sempre as mesmas modalidades, a erosão apresenta, no entanto, intensidades diferentes, pois o homem pode modificá-la consideravelmente. Existe uma *erosão natural*, inevitável, evidentemente. Efetua-se em ritmo lento. O desaparecimento de uma parte das matérias que constituem o solo é compensado, *pari passu*, pela decomposição da rocha-mãe e por elementos alóctones[1] carreados por forças físicas. Assim, os solos encontram-se geralmente em equilíbrio, pelo menos nas condições médias que reinam atualmente à superfície do globo. Paralelamente, porém, a esse fenômeno geológico normal, que faz parte da própria evolução da Terra, existe uma *erosão acelerada*, fenômeno artificial, conseqüência dos maus cuidados dispensados aos solo pelo homem; nesse processo acelerado as perdas já não são compensadas pelas transformações locais do substrato geológico ou pelas contribuições aluviais. Essa forma brutal da evolução dos solos é a conseqüência direta da modificação profunda, ou mesmo

*Com exceção dos recursos alimentares extraídos do mar.

da destruição total, dos habitats originais, que já não estão protegidos por uma cobertura vegetal suficiente.

[1] Diz-se do que é transportado de uma região para outra; o que é originário de outra região. Oposto de autóctone (nota do Coordenador).

A erosão natural está na origem da fertilidade do solo. A modificação das rochas-mãe produz solos "vivos". As matérias mobilizadas pelos ventos e pelas chuvas enriquecem os locais onde se acumulam em camadas de vasa extremamente fértil. Um exemplo clássico é o das lamas arrastadas pelo Nilo, durante as enchentes, que fizeram a prosperidade do Egito: o único solo cultivável desse país, concentrado no delta e numa estreita faixa ao longo das margens, foi trazido pelo rio dos planaltos etíopes. Será preciso relembrar, como o disse o geógrafo grego Hecataeus, de Mileto, no século VI antes de Cristo, que o Egito é uma dádiva do Nilo? Todos os meios naturais do globo devem sua prosperidade a esses processos erosivos que estão na origem de toda e qualquer forma de vida[2].

[2] Naturalmente o Nilo, que enriquece certas regiões nelas depositando os materiais trazidos por suas águas, está continuamente empobrecendo outras regiões, das quais retira os referidos materiais que transporta para depositar no seu delta e numa estreita faixa ao longo de suas margens.

Para que se tenha idéia da importância do trabalho das águas nesse setor, lembremos o caso do Amazonas, que lança ao mar, com suas águas, algumas centenas de milhões de toneladas de nutrientes minerais e de matéria orgânica, anualmente.

Tais valores, determinados nas condições naturais da região, seriam aumentados de forma alarmante, atingindo cifras que nem podemos prever, caso o homem viesse a interferir, em larga escala, na natureza, por exemplo destruindo a floresta em grandes extensões (nota do Coordenador).

Não é esse o caso da erosão acelerada, que constitui o impacto mais sério do homem sobre o seu meio, aquele que até hoje teve conseqüências mais pesadas. Após os primeiros estágios da modificação dos biótopos climáticos pelo homem — fase que já evocamos anteriormente —, a humanidade, em perpétuo crescimento, acentuou sua pressão sobre as terras emersas, transformando progressivamente os habitats naturais. Certas porções do globo têm uma incontestável "vocação" agrícola; uma administração racional pode manter essa fertilidade num nível muito elevado, e talvez mesmo aumentar a produtividade natural (fertilidade adquirida). Práticas de cultivo mal concebidas, no entanto, provocaram a ruína, por vezes irremediável, de uma parte considerável do globo. O homem desbravou então novos territórios, levado por uma "fome de terra" resultante do aumento das suas populações e da destruição das zonas anteriormente convertidas em terras de cultura, mas já estéreis; o estímulo do lucro e uma espécie de necessidade instintiva de moldar a superfície da terra segundo os seus desejos constituíram também poderosas motivações. Desse modo, o homem invadiu *terras marginais*, sem "vocação" agrícola, e cuja produtividade e equilíbrio só podem ser assegurados pela conservação das biocenoses naturais, pelo menos no estado atual dos nossos conhecimentos. A destruição de certos habitats originais conduziu a situações desastrosas, evidentes tanto para o "protetor da natureza" quanto para o economista.

As terras profundamente erodidas em conseqüência da ação do homem ocupam superfícies espantosas. Em 1939, Bennett* calculou que durante os 150 anos, aproximadamente, de história dos Estados Unidos, nada mais nada menos que 114 milhões de hectares de terras

*Hugh Hammond Bennett, que foi diretor do Serviço de Conservação dos Solos nos E.U.A., foi um dos promotores mais entusiastas da luta contra a erosão.

cultiváveis foram arruinados ou seriamente empobrecidos; a erosão acelerada eliminou, numa superfície de 313 milhões de hectares adicionais, uma parte considerável dos horizontes superficiais que constituem a terra arável. A degradação estendia-se, na época, num só dia, sobre 600 ha aproximadamente (120 dos quais de terras cultivadas), ou seja, 220 000 ha por ano. Cada ano, a erosão levava 2,7 bilhões de toneladas de materiais dos campos e das pastagens dos Estados Unidos, 650 milhões de toneladas só para o Mississípi. Mesmo se se descontarem os efeitos da erosão natural, essas cifras impressionantes dão idéia da grandeza do empobrecimento de um país, quase intacto há um século e meio; os prejuízos dessa erosão alcançaram 2 400 milhões de cruzeiros (em 1939), sem contar os danos secundários (regime das águas, navegação, inundações, etc.).

Semelhantes considerações podem ser estendidas a quase todas as partes do mundo, especialmente a região mediterrânea, maltratada* desde épocas tão remotas, e mesmo na Europa Ocidental e Central, onde, no entanto, práticas de cultivo seculares e altamente conservadoras, deveriam ter limitado os danos. Assim, na França (Fig. 34), 5 milhões de hectares, dos quais 2,8 milhões estão situados ao sul de uma linha que liga Andorra a Modane, apresentam sinais de erosão (500 ha são afetados pela erosão eólica, o resto por efeitos das precipitações), não apenas devido a um empobrecimento em matéria orgânica, mas também pelo fato da camada arável ter sido deslocada (inquérito do Ministério da Agricultura; ver Hénin e Gobillot, *C. R. Acad. Sci.*, Paris 1950).

A erosão acelerada é mais perceptível ainda nas regiões intertropicais, onde, ao contrário do que se pensa geralmente, os solos são muito menos férteis e infinitamente mais frágeis do que nas regiões temperadas.

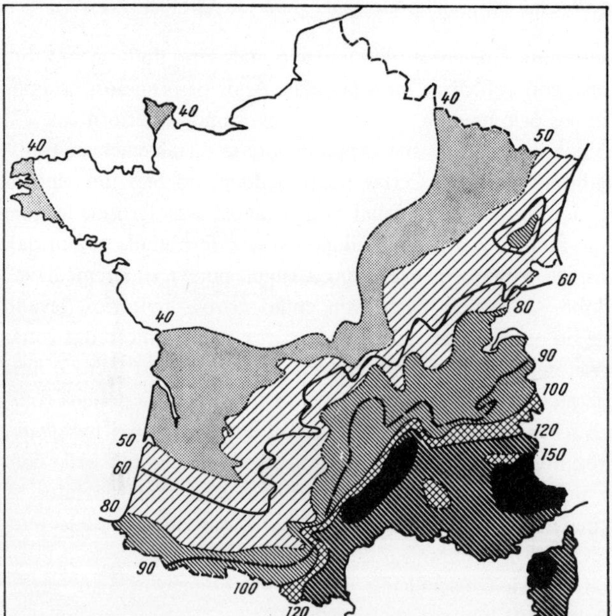

Figura 34. Mapa da freqüência de erosão hídrica na França. A intensidade do fenômeno (traduzida pela densidade das zonas sombreadas) é proporcional às variações do índice inscrito no mapa. Esse índice tem como fórmula: $\frac{p^2}{P} = r$, onde p = pluviosidade do mês mais chuvoso do ano; P = pluviosidade anual; e $r = \frac{365}{n}(1 - 0{,}1)$, com n = número de dias de chuva do ano. A comparação das freqüências de erosão e das características climáticas (regime das chuvas), tendo em conta o relevo, apresenta uma estreita correlação. Segundo Hénin e Gobillot, *Câmaras de agricultura*, 24.° ano, supl. do n.° 26, 1953

*Na Argélia, cada dia da estação das chuvas lança ao mar o valor de 200 ha de terra arável. Esse exemplo, entre mil, revela a extensão do mal.

Foto 32. Adax. Norte de Tchad. Este antílope do Saara, estreitamente adaptado ao deserto, está ameaçado por uma caça excessiva

Foto 33. Couve-de-kerguelen *Pringlea antiscorbutica,* Crucífera endêmica, praticamente erradicada de todos os locais acessíveis ao coelho

Foto 34. Macho, fêmea e filhote de otária. Ilha Amsterdã (*Arctocephalus t. tropicalis*); essa espécie, perseguida impiedosamente, chegou quase à extinção no fim do século passado. Subsistem atualmente menos de 3 000 indivíduos nessa ilha do oceano Índico Meridional

Foto 35. Lontra-marinha sobre rochedos descobertos na maré baixa. Amchitka Island, Alasca

Foto 36. Lontra-marinha flutuando sobre as costas e quebrando entre as patas os Moluscos de que se alimenta

Foto 37. Tartaruga "Caret"

Foto 38. "Old Failhful", o mais famoso gêiser do Yellowstone National Park, primeiro Parque Nacional criado no mundo

Foto 39. Colônia de flamingos cor-de-rosa. Reserva da Camargue

Em Madagáscar, por exemplo, os desflorestamentos e as queimadas que são praticados, de há 5 e mesmo 20 séculos, para cá, nos planaltos, comprometeram gravemente a fertilidade da ilha, assim como a sua flora e a sua fauna selvagens: Humbert (1959) calcula que numa superfície total de 58 milhões de hectares, apenas 5 milhões estão ainda cobertos de vegetação primária, enquanto que 4/5 da ilha sofreram as conseqüências de uma erosão ativa.

Trata-se, portanto, de um mal generalizado que assumiu proporções catastróficas devido aos meios técnicos utilizados pelo homem moderno.

O problema capital do futuro da humanidade e da sobrevivência dos habitats naturais não pode ser tratado aqui em profundidade, pois constitui objeto de uma ciência particular, a *pedologia*. Traçaremos apenas um quadro rápido da degradação das terras e de suas modalidades, sobre as quais foram publicadas obras já clássicas (ver principalmente Bennett 1939, Harroy 1944, Furon 1947). Uma volumosa literatura é consagrada a esse assunto todos os anos.

Estudaremos brevemente os modos de ação da erosão acelerada e os seus sintomas; em seguida, examinaremos como o homem provoca essa erosão, evocando também as possíveis soluções para essa catástrofe. Um agravamento desse fenômeno significaria, sem dúvida, o fim da humanidade, ou, pelo menos, da civilização contemporânea.

2 — MODALIDADES DA EROSÃO ACELERADA

Sem entrar no pormenor dos diferentes tipos de erosão*, relembramos que esse fenômeno é de origem *eólica*: os ventos provocam a remoção das partículas soltas, cujo diâmetro se situa entre 0,1 e 0,5 mm, e a suspensão dos elementos de diâmetro inferior a 0,1 mm. As partículas arrastadas são sempre relativamente finas, pois o vento efetua uma seleção local, abandonando rapidamente as partes mais grosseiras, por evidentes razões mecânicas. As poeiras mais tênues podem ser levadas a grandes altitudes, e transportadas, desse modo, a distâncias consideráveis, antes de tornarem a cair sobre o solo, por vezes sob forma de precipitações de lama.

O agente de destruição dos solos mais poderoso é, no entanto, constituído pelas chuvas violentas que provocam a ruptura dos agregados e a dispersão dos cimentos. A erosão pluvial reveste formas diversas.

A erosão que se faz por camadas descama uniformemente, sobretudo nas vertentes suaves e regulares, a camada superficial, rica em húmus, sem modificar o aspecto geral ou relevo, durante os primeiros estágios. Em geral pouco visível no início, portanto particularmente perigosa, traduz-se apenas por imperceptíveis modificações na cor dos solos e pelo aparecimento de pedras que permanecem no local, enquanto que os materiais mais finos em que elas estavam imersas vão desaparecendo**. O elemento que estabelece a ligação entre os vários constituintes do solo, assim como as partículas finas, são retirados, provocando um rápido empobrecimento das terras em elementos nutritivos e uma baixa da capacidade de retenção da água, com todas as conseqüências previsíveis sobre a vegetação, cujo desaparecimento progressivo agrava os efeitos da degradação. Essa forma de erosão, por vezes lenta e insidiosa, assume em certos casos proporções consideráveis: nos Estados Unidos (Connecticut), apenas numa semana, as chuvas levaram 20 mm de solo de um campo de tabaco (perda de 300 to-

*Um notável resumo desses problemas pode ser encontrado numa série de artigos publicados por S. Henin, no *Buletin technique d'information*, Minist. agric. (Paris), n.º 50 e 51, 1950.

**Os camponeses dizem que se vê "brotar o cascalho" ou que as pedras estão se "desengordurando".

neladas de solo por hectare); no Quênia, um furacão de algumas horas eliminou uma camada uniforme de 25 mm (Hailey, *in* Harroy 1944).

Freqüentemente, porém, as chuvas agem de forma menos regular devido aos efeitos do escoamento das águas, vivíveis, essencialmente, no caso de terrenos acidentados. A água que não penetra no solo reparte-se em filetes que escorrem segundo as linhas de maior declive, determinando uma rede de pequenas ranhuras paralelas, por onde descem minúsculas torrentes formando, a jusante, cones de dejeção em escala proporcional. Essas torrentes, rápidas e impetuosas, arrastam partículas cada vez maiores. Dá-se a esse fenômeno o nome de *erosão em sulcos*.

Rapidamente a evolução acentua-se, pois esses sulcos aprofundam-se, acabando por se transformar em ravinas profundas, por vezes mesmo em pequenos vales, onde, a cada chuva, se precipitam torrentes cujos efeitos são consideráveis. A *formação de ravinas* ou *erosão em ravinas* é, sem dúvida, a mais rápida e mais espetacular forma desse fenômeno, sobretudo nas regiões submetidas a chuvas intermitentes e violentas, particularmente na região do Mediterrâneo e em regiões tropicais. Uma pequena depressão de terreno pode, em apenas alguns anos, transformar-se numa ravina de várias dezenas de metros para onde convergem as águas que se acumulam numa bacia de vasta superfície. Não apenas o solo é retirado, como também a rocha-mãe fica profundamente corroída.

A erosão pode, igualmente, manifestar-se por movimentos de massa, o solo deslocando-se em blocos e não mais grão a grão. Esses deslocamentos são motivados por um desequilíbrio do solo, consecutivo a um desgaste ou à saturação das terras, quer na superfície, quer em profundidade, acima de um horizonte impermeável (nesse último caso, um bloco de solo como que desliza sobre uma superfície lubrificada). Tais movimentos apresentam-se sob diversos aspectos: escoamento de lama, deslize de terreno, reptação, erosão subterrânea, desmoronamentos. Por vezes lentos, adquirem freqüentemente uma velocidade considerável.

Diversos tipos de erosão muitas vezes apresentam-se combinados. Os movimentos de massa não excluem de forma alguma, por exemplo, uma erosão em ravinas dos blocos deslocados; a erosão em ravinas não exclui uma erosão em camadas entre as ravinas, etc.

Deve-se mencionar também uma forma particularmente perniciosa de evolução do solo, que provoca sempre a sua "morte": a laterização. Trata-se de um fenômeno típico das regiões quentes e úmidas: a liberação de grandes quantidades de óxidos de ferro e alumínio que se acumulam em certas camadas do solo, seguida de sua oxidação e consolidação segundo diversos processos; muitas vezes o homem interfere nesses processos, acelerando-os, por exemplo pelo desflorestamento, pela remoção da cobertura vegetal e pelas Práticas agriculturais inadequadas, que conduzem à formação de "couraças" no solo, verdadeiras rochas inertes destinadas a uma estabilidade prolongada*. Essas rochas tornam-se perfeitamente estéreis e não podem mais evoluir, a não ser num tempo em escala geológica, que possibitará de novo sua desagregação e a conseqüente volta da vida a este solo. Este fenômeno constitui, sem dúvida, com a escavação de ravinas profundas, a derradeira conseqüência do escoamento, a faceta mais trágica da verdadeira morte das terras sob a influência direta do homem.

*Os silicatos complexos sofrem uma hidrólise que liberta os óxidos de ferro e de alumínio (Fe_2O_3, Al_2O_3) e a sílica; dá-se em seguida uma concentração, quer por migração dos óxidos libertos vindos de outros horizontes do solo, quer pelo desaparecimento dos outros elementos, particularmente da sílica. Esses óxidos cristalizam-se e desidratam-se, produzindo uma solidificação em massa segundo modalidades que variam com as condições pedológicas. Chega-se assim a uma formação puramente mineral. Relembramos que a bauxita, minério de alumínio, representa uma laterita fóssil.

Qualquer que seja a sua forma, a influência antrópica afeta gravemente a fertilidade do solo, devido à perda de substâncias e à transformação da estrutura física, química e biológica das terras*. Observam-se os efeitos, aliás, não apenas nas zonas de retirada de materiais, mas, igualmente, bem longe, a jusante, nas bacias hidrográficas.

Os materiais arrancados pelas águas vão acumular-se, em quantidades excessivas, nos fundos dos vales baixos ou nos canais com correntes lentas ou nulas, saturando-os rapidamente; esse acúmulo de detritos tem conseqüências profundas no equilíbrio físico e biológico dos meios aquáticos. Finalmente, a erosão acelerada modifica o regime das águas, ocasionando diminuição da infiltração, baixa dos lencóis freáticos, instauração de um regime torrencial com enchentes brutais dos rios, o que acentua os processos de degradação das terras, que variam infinitamente em função de fatores diversos, especialmente do relevo, da natureza dos solos, do regime climático e do estado de conservação da cobertura vegetal.

Os habitats naturais oferecem uma resistência notavelmente maior à erosão do que os habitats transformados pelo homem, sobretudo se estes só possuírem um tapete vegetal esparso ou temporário. A floresta, com vegetação rasteira, constitui desse ponto de vista, o mais eficaz defensor dos solos, devido à complexidade da cobertura vegetal, que vai das grandes árvores com um sistema radicular poderoso, encerrando a terra numa rede solidamente constituída, até as plantas herbáceas cujas raízes formam um tênue retículo. Ela retém, desse modo, a água da chuva, impedindo o seu escoamento e restituindo-a progressivamente. Como observou Furon (1947), um metro quadrado de musgo, pesando 1 kg no seu estado normal, retém 5 kg de água após uma chuva forte; numa floresta de 10 000 ha só os musgos retêm, portanto, 500 000 m^3 de água!

O prado é, depois da floresta, o meio natural que melhor protege o solo. As plantas herbáceas possuem um sistema radicular extremamente eficaz, penetrando freqüentemente em profundidade, e formando uma camada absorvente rasteira que assim protege o solo contra o impacto das gotas de água e contra a ação do sol.

Em contrapartida, a cultura desnuda o solo, privando-o, por vezes inteiramente, durante um longo período do ano, da sua cobertura vegetal protetora. Assim desprotegido, o solo sofre o impacto da chuva, por vezes extremamente violenta nos países tropicais, que nela cava microcrateras**. Em seguida a água escorre; apenas uma parte penetra no solo, o resto desce segundo a linha de declive, determinando pequenas correntes que imediatamente vão arrastando partículas de terra. Calculou-se que a taxa de escoamento atinge 27% num solo cultivado com milho, enquanto que num prado vizinho é apenas de 11%. A ação da água provoca ravinas cada vez mais profundas, retirando progressivamente a terra arável.

*Se bem que não se conheçam ainda perfeitamente as modificações químicas das terras cultivadas, a lavagem dos solos pelas águas e o seu empobrecimento, fruto de práticas de cultivo que não restituem os elementos minerais, particularmente as matérias nitrogenadas, são extremamente perniciosos. Estudos efetuados nos Estados Unidos (Kansas) mostraram uma rápida baixa do teor das colheitas em substâncias nutritivas, essencialmente em proteínas. Essa baixa está relacionada com a perda de elementos minerais, que pode atingir proporções gigantescas. Calculou-se que o Mississípi retirava, por ano, 62 188 toneladas de fósforo, 1 626 312 toneladas de potássio, 22 446 379 toneladas de cálcio, e 5 179 788 toneladas de magnésio.

**A energia cinética de uma gota de chuva de 6 mm de diâmetro é suficiente para erguer um corpo de 46 g a 1 cm. A energia cinética de uma chuva de 22 mm caindo durante 80 minutos sobre 1 cm^2 representa energia suficiente para levantar 1 250 g a 1 cm de altura (segundo Mihara, *in* Fauck, *Rapport mission aux U.S.A.*, 1955).

É evidente que, por outro lado, a evaporação física é muito mais intensa num solo nu: três vezes maior em terreno descoberto do que na floresta. A ação de secar traduz-se também por uma diminuição sensível das condensações ocultas sob forma de *orvalho*, cujo volume pode, em certos casos, especialmente em regiões áridas, igualar, e mesmo ultrapassar, o das precipitações. E não podemos esquecer que o solo que sofre diretamente o impacto dos raios solares se aquece mais rapidamente e mais intensamente, provocando uma alteração da sua microfauna, por vezes mesmo a sua destruição, sob a dupla ação da elevação da temperatura e das abundantes radiações solares nocivas para os microorganismos. Estes são elementos fundamentais à fabricação do húmus cuja função é primordial. Existem, por vezes, em proporções consideráveis no solo: medidas efetuadas na Inglaterra mostraram que num só hectare havia 140 toneladas de húmus contendo 2,2 toneladas de organismos vivos (insetos, vermes, algas, cogumelos, bactérias), que desempenham um papel de importância fundamental na transformação e no ciclo dos elementos químicos, assim como na transformação das matérias orgânicas.

É preciso finalmente notar que a transformação dos biótopos fechados, sobretudo florestais, em culturas tem uma repercussão profunda nos climas locais, que assim ficam perturbados e com tendência a secas.

Essas ações múltiplas, na maioria das vezes combinadas, provocam a erosão acelerada e a transformação de solos originalmente férteis em terras improdutivas no plano agrícola.

A conservação de uma cobertura vegetal natural ou artificial é portanto indispensável à preservação dos solos.

Alguns números permitem-nos avaliar a sua importância, na defesa das terras. Em Ohio, Estados Unidos, calculou-se, por exemplo, que o escoamento da água precisaria de 174 000 anos para retirar das camadas superficiais de um solo aluvial coberto de florestas uma espessura de 20 cm; 29 000 anos se se tratasse de um prado; apenas 100 anos se fosse um terreno cultivado segundo métodos racionais, incluindo uma rotação das culturas bem concebida, e somente uns 15 anos no caso de monocultura de milho (Bennett, 1939). No Congo, os cálculos mostraram que seriam necessários 40 000 anos para retirar 15 cm de solo cultivável, sob cobertura florestal, 10 000 anos sob pastagem, e apenas de 28 a 10 anos numa cultura de algodão. Por vezes a erosão é muito mais rápida ainda, e um furacão tropical pode, em algumas horas, levar uma camada de solo com vários centímetros de espessura. Essas cifras tornam-se mais impressionantes se nos lembrarmos de que são necessários de 300 a 1 000 anos para que se formem 3 cm de solo, ou seja, de 2 000 a 7 000 anos para que se forme uma camada de aproximadamente 20 cm que constitua solo arável.

Segundo cifras fornecidas por Furon (1947), a duração relativa da erosão de um determinado peso de solo é de 18 minutos quando se trata de um solo nu após ter sido lavrado, de 2 horas e 40 minutos no caso de um campo de *Andropogon scoparius*[3] que já serviu de pasto, e de 3 horas e 30 minutos para o mesmo campo antes do gado ter aí pastado. As cifras citadas mais adiante dão igualmente uma idéia da importância do escoamento e da taxa de erosão, conforme a natureza da cobertura vegetal e o declive do terreno:

[3]Trata-se de uma gramínea. Algumas espécies desse gênero *(Andropogon)* ocorrem no Brasil (nota do Coordenador).

Declive %	Escoamento (mm)		Erosão (em kg por ha)	
	Campos	Culturas	Campos	Culturas
2	8	117	250	25 000
8	80	245	700	170 000
10	4	115	32	55 000
16	23	177	80	220 000
30	69	175	625	202 000

A erosão acelerada, responsável pela destruição de inúmeros habitats em todo o mundo, sem nenhum proveito para a economia humana, não data do advento dos tempos modernos. Alguns exemplos lamentáveis, deplorados desde a mais remota Antigüidade, já foram lembrados neste livro. Atualmente, porém, os fenômenos de erosão, sensivelmente acentuados, abrangem todo o planeta. Sem dúvida alguma, constituem uma das maiores ameaças que pesam sobre a humanidade, pois provocam uma diminuição progressiva das superfícies cultiváveis, portanto dos recursos agrícolas, enquanto que o número de consumidores aumenta continuamente. Daí resulta uma pressão cada vez mais intensa sobre as terras que permaneceram intactas e que se transformam no objeto de todas as cobiças. A exploração, por vezes irracional, das terras marginais, sem "vocação" agrícola ou pastoril, acaba conduzindo-as à ruína, provocando simultaneamente o desaparecimento da flora e da fauna selvagens, enquanto que avança a erosão acelerada.

Esse processo inquietante, tanto para o economista quanto para o naturalista, possui múltiplas causas imediatas, se bem que todas elas traduzam uma exploração irracional dos solos. Os fatores de destruição são essencialmente o desflorestamento, a eliminação da vegetação com fogos, as práticas agrícolas mal concebidas e um pisoteio excessivo. É necessário lembrar esses estragos, alguns deles já antigos, mas cujos efeitos decuplicados na época contemporânea se devem à ampliação dos meios técnicos de que o homem dispõe e ao crescimento da população humana.

3 — DESFLORESTAMENTO

Podem-se abater florestas quando necessário, mas é chegado o momento de acabar com a sua destruição. As florestas . . . gemem sob o machado, milhares de árvores morrem, os covis dos animais selvagens e os ninhos dos pássaros esvaziam-se, os rios enchem-se de terra e secam, paisagens maravilhosas desaparecem para sempre. Tchekhov, *L'esprit des bois.*

O desmatamento* constituiu, e constitui ainda, em inúmeras regiões do globo, o primeiro estágio da destruição dos meios primitivos e da degradação dos solos. Já lembramos aqui mesmo os seus efeitos catastróficos. Infelizmente o homem não soube ler as lições da história. No passado, o machado e o fogo estão na origem de um processo infernal, pois o desflorestamento gera uma erosão acelerada. As inundações e a degradação dos solos consecutivas à destruição da floresta arruinaram as cidades e as lavouras nas regiões baixas. No entanto o

*Utilizaremos este termo como sinônimo de *desflorestamento,* se bem que a sua acepção não seja exatamente a mesma.

desflorestamento prossegue num ritmo intensificado em todo o mundo, sendo particularmente nefasto nos terrenos em declive, onde a cobertura florestal constitui a única proteção verdadeiramente eficaz.

Sem dúvida, alguns dos motivos para o desflorestamento já desapareceram, especialmente porque a madeira já não é mais utilizada como combustível na metalurgia (essa utilização está na origem da destruição das florestas numa parte considerável da Europa). Vários e novos fatores, todavia, vieram acrescentar-se aos antigos, a maioria tendo já assumido proporções inquietantes. Em 1953, o desflorestamento forneceu 1,4 bilhão de metros cúbicos de madeira (essa cifra é certamente inferior à real), dos quais 38% foram utilizados nas construções, 13% na fabricação de papel, 5% em vários tipos de utilização industrial, 44% no aquecimento e na preparação dos alimentos. Em 1967, a exploração de madeira em toras atingiu 2,1 bilhões de metros cúbicos (Nações Unidas, *Anuário estatístico*, 1968). Assim, a utilização de lenha como combustível, seja diretamente, seja após a fabricação de carvão (freqüentemente por métodos irracionais provocando perdas consideráveis de matéria-prima), ocupa ainda o primeiro lugar, visto que dois terços da humanidade se servem de lenha para cozinhar os alimentos, e que esta constitui o único combustível utilizado pelos latino-americanos[4].

[4] Essa afirmativa merece reparos: de um lado a lenha não é "o único combustível utilizado pelos latino-americanos; em numerosos centros brasileiros, e, certamente, também de outros países, a utilização de gás é freqüente e cresce dia-a-dia; utiliza-se, também, embora em escala muito menor, a eletricidade; de outro lado, em outros centros, especialmente na África, a utilização de lenha com o combustível é tão freqüente quanto na América Latina (nota do Coordenador).

Criaram-se, simultaneamente, novas necessidades. A procura de madeira de construção aumentou a despeito da substituição desse material em algumas de suas utilizações. A procura crescente de papel exige uma exploração maciça das florestas (45,5 milhões de toneladas em 1952). As dezenas de milhares de jornais, de revistas e de livros que surgem no mundo inteiro consomem cada vez mais celulose fornecida por florestas*.

Por outro lado, a pressão demográfica e a substituição de solos de cultura já estéreis devido a práticas agrícolas mal concebidas, conduzem ao desbravamento ininterrupto de novas zonas, transformadas em campos. As culturas, inicialmente confinadas às regiões baixas, demonstram uma tendência generalizada para se estenderem às vertentes ainda arborizadas, privando desse modo as partes superiores das bacias dos rios da sua cobertura protetora. As experiências lamentáveis que ocorreram outrora na Europa mediterrânea e na América Central estão se reproduzindo em inúmeras regiões do globo. Por outro lado, também, os meios técnicos de que o homem pode dispor aperfeiçoaram-se consideravelmente, enquanto que, simultaneamente, a abertura de novas vias de penetração em distritos de acesso difícil, entregam-nos à pilhagem de seus recursos naturais. As máquinas tornaram o desflorestamento uma tarefa fácil e rápida, decuplicando o rendimento do machado primitivo.

Por todas essas razões, o desflorestamento continua causando prejuízos no mundo inteiro, tendo já assumido em certas zonas proporções catastróficas. Na Europa, sem dúvida, o des-

*Um grande jornal cotidiano precisa anualmente da quantidade de madeira que cresce durante esse lapso de tempo numa superfície de 400 ha. Um número de domingo do *New York Times* — cujo enorme volume é conhecido — consome, por si só, a madeira que cresce durante um ano em 77 ha de floresta. Como observou jocosamente Furon (1953), felizmente a Unesco ainda não atingiu os seus objetivos; pois se já tivesse conseguido alfabetizar todos os iletrados, ou seja, três quartos da humanidade, seria preciso abater o resto das florestas para satisfazer as exigências dos novos leitores.

florestamento estendeu-se por vários séculos e por vastas superfícies, as florestas tendo assim cedido lugar a terras com uma produtividade elevada, relativamente estáveis devido a um clima favorável e a práticas de cultivo aperfeiçoadas. Na Europa Ocidental a taxa de arborização, aliás, está aumentando ligeiramente de um século para cá*. O mesmo não acontece, porém, no resto do mundo, especialmente nos países mediterrâneos onde a floresta foi em grande parte abatida e substituída pela exploração pastoril. A Espanha estava coberta de florestas que hoje só existem sobre 1/8 do seu território. A superfície arborizada da Grécia foi da ordem de 65%, mas está hoje reduzida a 15% (4% apenas de florestas produtivas) e, correlativamente, menos de 2% das terras cultivadas conservaram a sua estrutura anterior, o resto estando já profundamente desgastado, por vezes em estado esquelético. Como observou Lamartine (*Voyage en Orient*), em 1835: "Esta terra grega já não é mais do que a mortalha de um povo; lembra um velho sepulcro despojado de seus ossos e cujas próprias pedras estão dispersas e polidas pelos séculos".

Na África do Norte, igualmente, está se efetuando, de várias gerações para cá, um desflorestamento rápido, intimamente relacionado com uma erosão acelerada e uma profunda modificação no regime das águas. Desde o período histórico, a superfície arborizada da Berbérie teria diminuído de mais de 10 milhões de hectares, e a taxa de arborização teria passado de 30 a 14%. Na Argélia, a superfície coberta com árvores ou arbustos entre 1870 e 1940 pode ser avaliada em um milhão de hectares (segundo P. Boudy, 1948, *Economie forestière nord-africaine,* Paris (Larose), tomo I).

O desflorestamento foi muito mais brutal na América do Norte, cuja parte leste estava em grande parte coberta de florestas, consideravelmente reduzidas atualmente. Mesmo no Canadá, que no entanto permaneceu muito arborizado (taxa de arborização de 43%), na parte meridional do território, de vocação agrícola, foram eliminados dois terços das florestas desde o início da colonização. O volume de madeira das árvores não abatidas, que era na origem de mais de 135 milhões de metros cúbicos, foi avaliado, em 1912, em cerca de apenas 45 milhões. Inúmeras explorações agrícolas instaladas nos solos florestais foram abandonadas devido à erosão provocada pelo desflorestamento.

Nos Estados Unidos, a superfície arborizada era primitivamente de uns 365 milhões de hectares sobre os quais se distribuíam mais de 1 100 variedades de árvores, das quais aproximadamente cem tinham um considerável valor econômico; subsistem apenas 262 variedades** e só 18 milhões de hectares conservaram a sua cobertura florestal primitiva. Pode seguir-se o deslocamento de leste para oeste dos centros de exploração que iam da Nova Inglaterra à Pensilvânia; em seguida, por volta de 1870, até o Wisconsin e o Minnesota, e em direção ao sul no início deste século. Os grandes centros de exploração encontram-se atualmente no oeste, os estados de Washington e de Oregon sendo, há muitos anos, os mais importantes de todos eles. Às devastações provocadas pelo homem e por uma exploração por vezes organizada da maneira mais irracional vieram acrescentar-se os efeitos do fogo que assumem por vezes, nos Estados Unidos, proporções de verdadeiras catástrofes nacionais. Em 1951, os danos causados pelo fogo foram avaliados em 46 milhões de dólares. Em 1952, 30 milhões de metros cúbicos de madeira foram destruídos por 188 000 incêndios que devastaram 5,6 milhões de hectares. Não se podem também esquecer os prejuízos causados pelos fungos e insetos nocivos, alguns deles importados pelo homem (a ferrugem-da-castanha, causada por um

*Na França, passou de 16,8% em 1850 para 19,1% em 1939 e para 22,64% em 1966.

**Segundo certos autores, em cada três árvores abatidas nos Estados Unidos, apenas duas são replantadas.

fungo introduzido do Extremo Oriente no início do século e outra ferrugem importada da Alemanha)[5]. Em 1952, mais de 2 000 milhões de *board feet** de madeira foram destruídos por doenças criptogâmicas, 5 000 milhões por insetos; apenas uma parte diminuta dessa enorme quantidade de matéria lenhosa pôde ser utilizada (cifras citadas por Dasmann, 1959).

[5] No Brasil, para citar um só exemplo, dos mais perniciosos e muito atual, lembremos o caso da ferrugem-do-café *(Hemileia vastatrix)*. De descoberta muito recente no País, alastrou-se com velocidade espantosa, preocupando imensamente cafeicultores, agrônomos, economistas e autoridades governamentais, todos altamente empenhados no combate à doença que ameaça causar sérios danos à nossa economia (nota do Coordenador).

O desflorestamento é ainda mais grave nas regiões intertropicais, muitas delas já profundamente afetadas antes da época contemporânea (como por exemplo a América Central, a África e Madagáscar), pela cultura itinerante que mutilou seriamente as florestas, comprometendo o equilíbrio das regiões arborizadas.

Na África tropical, a colonização modificou profundamente a vida dos povos autóctones, trazendo-lhes a paz. Outrora, grandes regiões de insegurança separavam as tribos que guerreavam entre si, constituindo na realidade reservas naturais arborizadas. Essas reservas desapareceram, simultaneamente com certos tabus que protegiam parcelas determinadas. Por outro lado, a densidade da população aumentou, provocando a aceleração do ciclo de rotação dos setores de cultivo, e não permitindo a regeneração da cobertura florestal. Na Nigéria, 1,3 milhões de hectares era cultivado em 1949, com um desbravamento anual de 150 000 a 250 000 ha, para um período de cultura de 3,4 ou 7 anos; sendo indispensável alqueivar a terra durante um período que vai de 4 a 20 anos, uma reserva permanente de 1,8 a 3 milhões de hectares de terras frescas ou restauradas seria, desse modo, necessária; como tal reserva não existe, devido à densidade da população, a rotação tem de ser mais rápida, provocando uma erosão acelerada, uma perda de rendimento agrícola, e um desflorestamento maciço (Guilloteau, 1949, 1950).

Por outro lado também, a colonização e a modernização modificaram os dados do problema de forma catastrófica. Além das culturas alimentícias, os europeus quiseram produzir gêneros de exportação, desbravando para esse fim superfícies consideráveis. A industrialização das culturas determinou, por sua vez, um desflorestamento maciço cujas conseqüências foram extremamente graves, os seus efeitos sendo mais prejudiciais ainda que os das culturas autóctones, limitadas pelas necessidades das populações locais. As plantações industriais, estabelecidas em todo o mundo tropical, cujo principal objetivo, declarado ou não, é obter um rendimento máximo num tempo mínimo, conduziram a uma regressão rápida da floresta, e, simultaneamente, a um empobrecimento dos solos; os produtos são exportados sem nenhum proveito para os ecossistemas locais, representando assim uma perda em matéria mineral e orgânica.

O desflorestamento assumiu proporções dramáticas em certas zonas da África (Fig. 35); todos os viajantes que percorreram esse continente repetidas vezes, com intervalos suficientemente grandes, descrevem, unanimemente, a regressão da floresta. Shantz (1948) calcula que as florestas tropicais africanas diminuíram de dois terços. Em Ghana as plantações de cacau

*O "board foot" é uma unidade de volume utilizada nos Estados Unidos representando o volume de madeira de um pé (33 cm) de comprimento, de um pé de largura e de uma polegada (25 mm) de espessura.

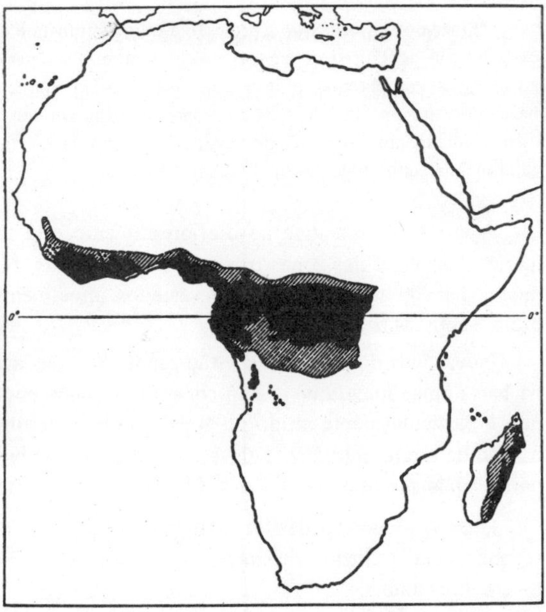

Figura 35. Regressão da floresta densa na África (maciços florestais guineano-equatoriais) e em Madagáscar. Em preto: área atual; em tracejado: antiga área de onde a floresta já desapareceu. Segundo Aubréville, 1949

aumentam 75 000 ha por ano, em detrimento da floresta que ocupa apenas 15% da superfície do país. Na Nigéria desaparecem 250 000 ha florestados, cada ano, para cederem lugar a plantações rapidamente devastadas pela erosão. Nos territórios da antiga África equatorial francesa, essas superfícies são da ordem dos 100 000 ha. No Quênia e em Tanganica persistem apenas 2% das florestas; em Ruanda e no Burundi a floresta recua, todos os anos, um quilômetro em todo o seu perímetro.

Simultaneamente, aliás, a grande floresta está sendo ameaçada pela exploração da madeira, principalmente de certas espécies com maior procura, tais como o acajú. O aperfeiçoamento dos meios técnicos de corte e de transporte permite o desflorestamento de distritos cada vez mais afastados, no interior das grandes concentrações de floresta higrófila (Fig. 36).

O mesmo está acontecendo atualmente na América do Sul, continente que permaneceu até épocas muito recentes preservado de devastações excessivamente graves, salvo em certos setores, como por exemplo o Brasil Oriental. Nessa região a floresta começou a ser abatida na época colonial e, atualmente, a encosta atlântica da Serra do Mar, ainda florestada, é deveras enganadora pois esconde, na realidade, montanhas e planaltos desnudados. A floresta de Araucárias (*Araucaria augustifolia*) dos estados do Sul está particularmente ameaçada: essa riqueza encontra-se em vias de desaparecimento rápido. Só no Estado do Paraná, estendia-se primitivamente sobre 7 620 000 ha. Em 1953, essa superfície estava reduzida a 2 770 000 ha: aproximadamente 5 milhões de hectares foram eliminados em 20 anos. Não há nenhuma possibilidade de regeneração dessas florestas, pois a exploração consiste num desflorestamento puro e simples, e uma operação de limpeza do solo precede a criação de pastagens que se tornam rapidamente improdutivas. Dentro de 30 ou 40 anos, a exploração das Araucárias determinará o seu desaparecimento definitivo (Aubréville, *Estudo ecológico das principais formações vegetais do Brasil*, Nogent-sur-Marne, 1961)[6].

[6]Quer-nos parecer que a previsão é muito otimista e que o desaparecimento das florestas de araucária do Sul do País ocorrerá em menor tempo, a menos que medidas administrativas emanadas das autoridades competentes o impeçam. Isso, porém, parece-nos pouco provável, pois as autoridades baseiam-se na opinião de técnicos especializados em tais assuntos, e, segundo estamos informados, esses técnicos, em geral, acham razoável o abate dessas florestas, para plantio de essências de maior rendimento econômico (nota do Coordenador).

A erosão consecutiva ao desflorestamento está também afetando gravemente as regiões andinas, ao nível das zonas tropicais e subtropicais. Na Colômbia, por exemplo, aproximadamente 200 000 ha estão sendo devastados anualmente, sobretudo nas Cordilheiras centrais e em Santa Marta.

Novas vias de penetração estão sendo traçadas através da América Latina, especialmente na bacia amazônica, que já não constitui a massa enorme e inviolada que fora até hoje. Esse fato é particularmente nítido no Brasil, onde os tesouros de uma parte da Amazônia correm o risco de serem entregues à devastação nos próximos anos, após as catástrofes ocorridas nas partes mais meridionais.

Quanto à Ásia, o desflorestamento continua provocando a erosão de inúmeros setores, segundo uma tradição infelizmente multissecular. Somente 18% da Índia e 9% da China persistem florestados.

De um modo geral, portanto, a cobertura florestal tende a diminuir rapidamente em todo o mundo, a despeito dos esforços dos silvicultores. É preciso notar, aliás, que as cifras que representam as superfícies arborizadas e a sua evolução não traduzem o estado exato dos biótopos florestais, apresentando um real interesse do ponto de vista da conservação da natureza selvagem. A tendência da exploração florestal moderna é de considerar a floresta como um conjunto de árvores úteis para o homem, um "campo" de árvores de uma só espécie, tal como existem campos de trigo: tanto uns como outros são artificiais para o biólogo. Foram realizados inúmeros reflorestamentos com espécies importadas, especialmente eucaliptos e espécies resinosas. Se bem que tais medidas assegurem um rendimento satisfatório e permitem regenerar os solos empobrecidos pela erosão, é preciso não nos equivocarmos quanto ao seu valor biológico. As associações vegetais artificiais assim criadas são, com efeito, de uma extrema pobreza em comparação com as florestas naturais. Uma floresta artificial parece vazia se comparada a uma floresta primitiva, e não possui os inúmeros vegetais e animais que acompanham as espécies dominantes nas florestas temperadas, e muito menos ainda a diversidade excepcional das pujantes florestas tropicais*.

O desflorestamento atingiu, portanto, no conjunto, taxas alarmantes. Sob a dupla ameaça do desbravamento para a instalação de culturas e da exploração florestal, assistiremos muito provavelmente, no futuro, a novas reduções das superfícies florestais. Certos autores não hesitaram em afirmar que toda a "floresta virgem" tropical corre o risco de desaparecer durante a próxima geração. A procura de madeira vai aumentar, durante as próximas décadas, de

*E, no entanto, certos especialistas de florestas mais lúcidos (por exemplo G. Plaisance) insistiram nas vantagens de *misturas* de essências especialmente no que se refere ao crescimento das árvores, à poda, à resistência às doenças e aos parasitas, e à defesa do solo por sistemas radiculares de tipos variados. Existe uma incontestável "ajuda mútua" vegetal, o que não constitui novidade alguma para os ecologistas que estudam a sinecologia de um habitat natural. Criando uma floresta o homem tem interesse, de um modo geral, em não ignorar a lei da diversidade, cuja eficácia é patente nos meios naturais.

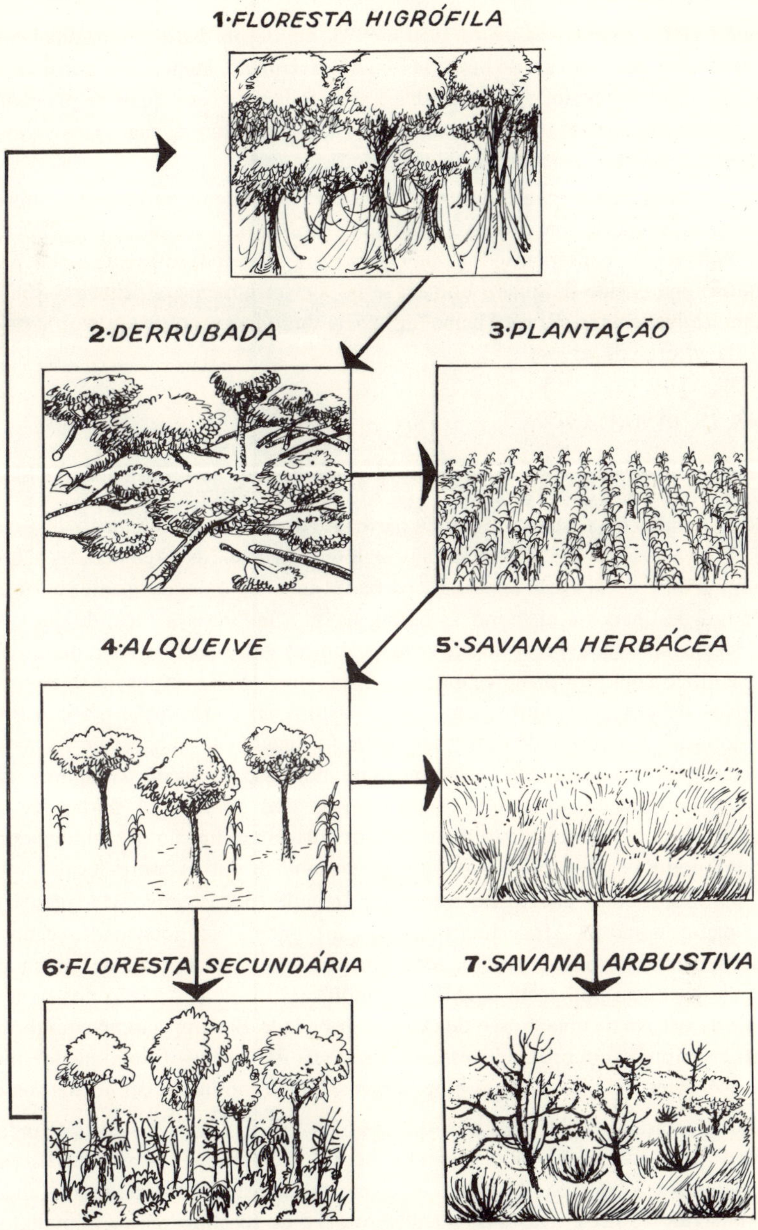

Figura 36. Evolução da floresta primária sob a influência do homem e da cultura itinerante. 1 – Estado primitivo, antes da intervenção do homem. 2 – Desbravamento para a instalação de culturas. 3 – Plantação (milho, mandioca, etc.). 4 – Alqueive após o abandono das culturas. 5 – Transformação progressiva em savana herbácea se prosseguir o cultivo; se as condições forem favoráveis, pode-se assistir à transformação em savana arbóreo-arbustiva, devido à colonização por espécies invasoras (7). 6 – Se as culturas forem rapidamente abandonadas, assiste-se a uma evolução para a floresta secundária, que, em condições muito raras, e caso não haja nova intervenção do homem, poderá de novo evoluir até uma floresta de tipo primário. Segundo Sillans, 1958, modificada sob orientação do Coordenador

17%, segundo certas estimativas, entre 1950 e 1975. Se, de um lado, o consumo de madeira em certas indústrias deve baixar, de outro lado deve certamente aumentar o consumo de papel (60% durante o mesmo período) e de madeira para folheados, aos quais se prestam particularmente bem certas espécies tropicais, enquanto que a utilização de materiais lenhosos como combustíveis não oferece perspectiva de diminuição.

Por todos esses motivos, as florestas continuam seriamente ameaçadas, sobretudo as florestas naturais, as únicas que preservam inúmeros seres vivos intimamente ligados a habitats fechados*. Somente a conservação de uma cobertura florestal suficiente pode proteger o planeta contra uma erosão da qual o homem seria, inevitavelmente, a primeira vítima. Como observou, muito justamente, Roger Heim, "A vitória do homem, ou seja, a vitória do seu solo será fruto da vitória da árvore"**.

4 — AS QUEIMADAS

Não queimarás as pastagens e as florestas da montanha. 67.º mandamento do taoísmo.

Desde os tempos mais remotos, grande parte da África ao sul do Saara, salvo os grandes maciços de floresta úmida, e certas zonas das regiões intertropicais e temperadas são varridas, segundo o ritmo das estações secas, por fogos correntes ateados voluntariamente pelo homem***. Esses incêndios destinados a melhorar as pastagens ou a favorecer a caça, de que constituem um dos processos clássicos, provocaram vivas polêmicas entre partidários e detratores, tanto no plano científico como no plano econômico. Essas divergências explicam-se essencialmente pelos objetivos de uns e de outros, exploração pastoril ou conservação e reconstituição da cobertura florestal. A nocividade desses incêndios foi igualmente julgada de forma extremamente diversa por todos quantos se interessaram por esse problema complexo. Querendo generalizar excessivamente, todos eles exageraram as suas opiniões. A prática de incêndios deve ser encarada como um conjunto de casos particulares em função das condições do meio, da época e dos modos de utilização dos mesmos, assim como de outros fatores locais (por exemplo o relevo): são muito mais nocivos em terreno acidentado (por exemplo Madagáscar) do que em terreno plano (como na África Central, Ubangui), onde a sua nocividade, segundo certos autores, particularmente Sillans (1958), seria bastante reduzida. Porém, de um modo geral, os incêndios constituem poderosos agentes de modificação e de destruição dos biotopos, freqüentemente na origem de uma erosão de extrema gravidade. Seu impacto no equilíbrio natural dos habitats é sempre muito profundo, essencialmente na África, cuja fisionomia foi modificada em vastas superfícies; referir-nos-emos especialmente a esse continente em nossos comentários.

Durante a estação seca, os pastores queimam as savanas já áridas, propagando o fogo pelos terrenos de pastagem do gado. Quando chegam as chuvas, as plantas herbáceas desenvolvem-se facilmente num solo liberto das ervas mortas, constituindo assim um alimento ideal para os animais domésticos, ávidos de plantas jovens e de rebentos tenros. Simultaneamente,

*Nas Filipinas, por exemplo, a ilha Cebu foi largamente desflorestada no começo do século XX. Devido a essa desarborização, todas as espécies endêmicas de aves, exceto uma, podem, segundo tudo indica, ser consideradas como extintas.

***Um naturalista à volta do mundo*, Paris (Albin Michel), 1955.

***Lembraremos, aqui apenas uma categoria muito particular de queimadas, as que são utilizadas periódica e tradicionalmente nas savanas e em outros habitats abertos, principalmente na África, ao sul do Saara, com exceção das queimadas para desbravamento, já evocadas anteriormente.

Foto 40. Elefantes. Reserva de Amboseli. Quênia

Foto 41. Rinoceronte-negro da África. Reserva de Amboseli, Quênia

Foto 42. Grupo de gorilas de montanha, vulcões Virunga, Parque Nacional Albert, Congo

Foto 43. Aye-Aye, *Daubentonia madagascariensis*

Foto 44. Propiteco, *Propithecus verreauxi coquereli*: Dois Lêmures raros e ameaçados de Madagáscar

Foto 45. Paisagem do Parque National das Montanhas Rochosas, Estados Unidos (Nymph Lake)

Foto 46. Jovens íbis do Japão *Nipponia nippon*, prestes a deixarem o ninho. Ilha Sado, Prefeitura de Niigata. Segundo os últimos recenseamentos (1965), existem apenas uns doze indivíduos no Japão, únicos sobreviventes de uma espécie comum há 80 anos, mas exterminada pela caça e pela destruição de seu habitat

Foto 47. Concentração de tadornas (*Tadorna tadorna*) nos lodaçais das costas alemãs do Mar do Norte. A conservação desse habitat é indispensável para a preservação desse Palmípede, que aí efetua a muda das penas

Foto 48. Búfalo da Índia. Reserva de Kaziranga, Assam

Foto 49. Veados *Cervus duvauceli.* Kanha National Park, Madhya Pradesh, Índia Central

o fogo deve destruir uma quantidade de parasitas, especialmente carrapatos*, abundantes nas ervas secas, sem falar de moscas como as tsé-tsés e dos gafanhotos**.

De um modo geral, a prática regular de queimadas na savana é, à primeira vista, benéfica para os pastores, pois provoca a substituição de uma savana arbórea por outra graminosa, altamente favorável aos bovinos domésticos. Os motivos das rivalidades entre pastores e exploradores da floresta são, desse modo, evidentes.

Os incêndios da savana têm assim uma poderosa ação transformadora nos habitats naturais da África. O fogo não está evidentemente na origem das grandes savanas criadas a expensas das florestas primitivas úmidas que lhe são refratárias enquanto não forem degradadas; na melhor das hipóteses, consegue apenas devorar suas orlas que recuam ligeiramente a cada uma de suas passagens. Só ataca as superfícies que já foram anteriormente objeto de desbravamentos humanos. Sua ação, porém, manifesta-se mais intensamente nas florestas secas, onde pode propagar-se sob as árvores. Se bem que se trate de um problema muito debatido, parece que em muitos casos a savana arbórea representa o estágio de degradação direta das florestas secas e densas. É sempre extremamente difícil no entanto, afirmar que o fogo agiu como fator único e que seus efeitos não se conjugaram com os dos desbravamentos.

Em contrapartida, o fogo afasta toda e qualquer possibilidade de regeneração da floresta, salvo algumas exceções devidas a condições muito peculiares. Destrói especialmente os rebentos novos e as plantas nascidas durante a estação precedente, e tem uma influência nítida nas árvores, que vão desaparecendo pouco a pouco sem que seja possível incriminar outro fator qualquer. As experiências de proteção contra o fogo provaram, em toda a África, que o termo normal de evolução das formações vegetais abertas, protegidas contra o fogo, é a reconstituição de uma floresta por vezes rala, mas diferenciando-se sempre, no entanto, dos estágios iniciais pela sua densidade e pela composição da sua flora.

A transformação profunda e espetacular da paisagem vegetal nas zonas submetidas a fogos correntes impressionou todos os viajantes (ver particularmente Aubréville, Humbert, Trochain e Gillet). Essas regiões possuem apenas algumas árvores esparsas, em mau estado, torcidas, moitas definhadas, e gramíneas freqüentemente grosseiras, aparência que pode ser interpretada como uma conseqüência direta da passagem do fogo e de temperaturas elevadas registradas durante as queimadas***. Todo e qualquer vegetal que não esteja protegido por adaptações particulares ou de um modo fortuito está condenado a morrer num prazo mais ou menos curto. Mesmo as árvores grandes são atacadas pouco a pouco, o que explica seu aspecto mirrado.

O fogo age diversamente segundo as espécies vegetais e exerce uma nítida seleção na composição da vegetação, favorecendo certas espécies ditas *pirófitas*[7]. Sementes possuindo um tegumento lignificado[8] extremamente espesso rebentam sob o efeito do calor; sua germinação

*Este argumento já não é válido atualmente, pois já dispomos hoje de outros meios que nos permitem destruir esses parasitas, libertando os animais. Queimar a savana para matar os carrapatos equivale, segundo H. Humbert, a incendiar uma casa para exterminar as pulgas e os percevejos. Na mesma ordem de idéias efetuaram-se na Sibéria queimadas de mais de 100 km para expulsar os mosquitos.

**No caso desses animais, porém, as superfícies desnudadas pelo fogo favorecem a sua multiplicação melhorando as zonas de postura.

***A elevação da temperatura é o fator principal dessa modificação. Segundo dados citados por Guilloteau (1958), é freqüente medirem-se à superfície do solo temperaturas indo dos 100 aos 250 graus e atingindo por vezes 700 e 850 graus. A elevação da temperatura varia muito em função das condições locais, especialmente do vento, que ativa as combustões.

torna-se, desse modo, mais rápida pelo fato delas já estarem libertas de seus invólucros impermeáveis. As plantas mais favorecidas são especialmente aquelas que dispõem de órgãos de resistência subterrâneos que se desenvolvem a grandes profundidades. As gramíneas perenes, com vigorosos sistemas radiculares, e que brotam com facilidade, reproduzindo-se de um modo puramente vegetativo (como por exemplo certos *Andropogon* e *Cymbopogon*), levam vantagem sobre outras[9].

[7]Pirófitas — Do grego *pyro* — fogo, e *phyton* — planta. Diz-se dos vegetais adaptados a suportarem o fogo, por terem estruturas especiais que os protegem contra a sua ação. Em ambientes sujeitos a queimadas constantes, estas espécies levam vantagem em relação a outras desprovidas dos mencionados elementos de proteção (nota do Coordenador).

[8]Lignina é substância de natureza química imperfeitamente conhecida. Impregna as paredes celulósicas de certos tecidos vegetais, tornando-os muito resistentes a agentes químicos e à ação de microorganismos. Lignificado — diz-se do que foi impregnado com lignina (nota do Coordenador).

[9]É digno de menção, entre nós, um trabalho feito por M. Rachid-Edwards (*Bol. Fac. Fil. Ciênc. Letr. USP*, 209, Botânica 13, 1956) intitulado "Alguns dispositivos para proteção de plantas contra a seca e o fogo". A autora descreve vários mecanismos de proteção, comuns em campos queimados freqüentemente. Entre as plantas consideradas citam-se a barba-de-bode (*Aristida pallens*), o sapé (*Imperata brasiliensis*) e certas filicíneas (*Anemia*). Estas formam diversos tipos de túnicas que protegem os "pontos vegetativos". Outros mecanismos de proteção freqüentes, como os xilopódios (partes subterrâneas lenhosas) tão comuns nos cerrados, são também mencionados (nota do Coordenador).

As associações vegetais são, portanto, modificadas quantitativa e qualitativamente pelo uso freqüente do fogo. Os habitats fechados — como, por exemplo, as savanas arbóreas — tendem a transformar-se em habitats abertos, devido ao desaparecimento progressivo das árvores. Em vez de formações-clímax[10] estabelece-se um equilíbrio artificial freqüentemente qualificado de *piroclímax*[11], mantido pela passagem anual do fogo. Se bem que a floresta úmida propriamente dita não seja destruída pelas queimadas, não pode mais reconstituir-se quando, durante um primeiro estágio, foi desbravada para o estabelecimento de culturas.

No conjunto, o ecossistema inteiro fica consideravelmente empobrecido, principalmente no que concerne ao número de espécies vegetais (esse feito é ainda acentuado pela criação de animais domésticos que exercem uma seleção sobre as espécies que consomem). As formações tendem a se tornar cada vez mais xerofíticas[12], verificando-se, por vezes, mesmo a desertificação do meio, evolução em que intervêm diversos fatores além do fogo, que permanece, porém, o principal fator no sistema.

[10]Entende-se por clímax o grau mais evoluído de vegetação que um habitat, por suas condições naturais, seria capaz de sustentar. Em muitos lugares as condições naturais, principalmente de solo e clima, permitiriam o desenvolvimento e a manutenção de uma floresta que seria, então, o clímax. O homem, derrubando e queimando com freqüência a vegetação, impede o estabelecimento, nesse local, do clímax (nota do Coordenador).

[11]Piroclímax ou clímax de fogo não é, na verdade, um clímax. É um estágio anterior (subclímax) ou posterior (pós-clímax) ao clímax, impedindo que este seja alcançado ou mantido por causa das queimadas freqüentes (nota do Coordenador).

[12]Xerófitas são plantas adaptadas a ambientes secos. Xerofitismo é o conjunto das características das xerófitas. Muitas características são morfológicas e o conjunto destas é chamado xeromorfismo, reservando-se ao conjunto das características, inclusive as fisiológicas, que não são aparentes, o nome de xerofiismo.

Ocorre que há plantas xeromorfas que não são adaptadas a ambientes secos. Na verdade os ambientes em que vivem não são, em geral, secos. É o caso geral dos nossos cerrados. Não se trata, pois, de vegetação xerofítica, mas de um caso de falso xeromorfismo, que parece estar ligado com a pobreza dos solos em nutrientes. Fala-se, pois, nesses casos, em pseudo-xeromorfismo, ou melhor em escleromorfismo oligotrófico (nota do Coordenador).

Tais transformações influem também na composição faunística. Pode-se constatar, no caso dos mamíferos, que os herbívoros que consomem plantas herbáceas são favorecidos em detrimento daqueles que se alimentam de folhagem e vegetação silvestre. É desse modo possível explicar certos deslocamentos de equilíbrio entre espécies de Ungulados, como a abundância dos búfalos em certas reservas periodicamente queimadas (por exemplo no Krüger Park, na África do Sul).

Note-se igualmente que incêndios afetam profundamente os solos. Se bem que a elevação da temperatura seja por vezes mínima*, ela pode, em certos casos, sobretudo quando a camada de húmus está seca, ser considerável. Assinalaram-se *incêndios de húmus*, como ocorre às vezes nas florestas de Coníferas das zonas temperadas, o incêndio propagando-se tanto por baixo quanto por cima da superfície do solo. Nesse caso, como é evidente, as raízes das árvores, assim como as sementes enterradas no solo, ficam também queimadas; a microfauna e a microflora podem ser, desse modo, inteiramente destruídas e a terra completamente esterilizada.

Mesmo quando o fogo não tem uma ação tão profunda, destrói a cobertura vegetal, incluindo a camada superficial de vegetais mortos que deveria gerar o futuro húmus. Desse modo, o solo fica entregue à erosão, ao escoamento da água e à remoção dos minerais, devido à ausência de cobertura protetora (se bem que esta se reconstitua na maior parte das vezes rapidamente, logo após o início da estação das chuvas).

Encarado sob um prisma puramente ecológico e no plano da produtividade primária (vegetal) do meio, o fogo constitui um fenômeno absurdo, inteiramente artificial**. Destrói em pura perda uma quantidade considerável de seres vivos e matérias orgânicas, provocando uma considerável perda de energia para o conjunto do habitat, ponto em que insistiu vivamente Fraser Darling (1960). Tudo se passa como se a natureza se esforçasse por produzir substâncias vegetais que são destruídas antes mesmo que tenham podido se integrar verdadeiramente no ecossistema. Esse autor assinala também que as plantas perenes das savanas africanas não estão adaptadas à alternância das estações e que, durante a estação seca, elas acumulam em seu aparelho subterrâneo as substâncias elaboradas que efetuam uma migração para baixo. Ora, se o fogo é ateado prematuramente na estação seca — medida freqüentemente preconizada devido a certas vantagens —, essa migração não teve ainda tempo de se realizar e as subs-

*Registraram-se na África elevações térmicas de 3° a 15°, a 2 cm *por baixo* da superfície do solo, freqüentemente superiores em outros ambientes (por exemplo no *chaparral*[13] americano), onde elas podem, por vezes, ultrapassar uma centena de graus.

[13]Chaparral é um tipo de vegetação de ambientes áridos, em que predominam árvores de pequeno porte e arbustos espinhosos (nota do Coordenador).

**Foram assinaladas queimadas espontâneas provocadas pelos raios das primeiras tempestades precedendo a estação das chuvas ou por fermentações de detritos vegetais. Trata-se, no entanto, de acontecimentos extremamente raros, que só excepcionalmente se produzem na natureza[14].

[14]No Brasil não há notícias fidedignas dessa ocorrência. É muito improvável, realmente, que isso aconteça. Os raios precedem as chuvas torrenciais que apagariam o fogo assim que, por acaso, ele se iniciasse (nota do Coordenador).

tâncias elaboradas durante a estação das chuvas ficam, desse modo, irremediavelmente perdidas. O desperdício de matéria vegetal é lamentável no plano pastoril, particularmente nas regiões com um clima muito contrastado. Gillet (1960) insiste no fato de que, no centro do Tchad, o fogo suprime o colmo de gramíneas, que é transformado, pela seca, em palha, único alimento do gado durante a prolongada estação seca. Esse botânico informa-nos de que, sobrevoando um rancho experimental protegido contra incêndio, pode-se observar um impressionante contraste entre a abundância de palha na parte protegida e a esterilidade das terras circundantes*.

De um modo geral, portanto, o fogo provoca uma profunda transformação dos habitats e da aparência vegetal das zonas submetidas à sua ação periódica. Se dermos crédito a certos especialistas em botânica africana, particularmente Aubréville (1949), teremos de admitir que a África, tal como se apresenta hoje em dia, está em grande parte ocupada por formações secundárias que substituem as verdadeiras e antigas comunidades climáxicas. O recuo da orla da floresta umbrófila é evidente e, na maior parte das vezes, rápido (marcado pela existência de clareiras cobertas de savanas espessas, formadas especialmente por capim-elefante (*Pennisetum)*; trata-se de parcelas desbravadas e cultivadas após terem sido queimadas, sendo em seguida abandonadas. Essas formações antrópicas tornam-se cada vez mais esparsas à medida que nos afastamos da orla da grande floresta, cedendo lugar a savanas arbóreas que, à primeira vista, parecem formações naturais climáxicas; no entanto, segundo tudo indica, estas representam apenas um estágio da regressão de comunidades florestais. É nesse nível, em que o desbravador preparou a invasão das ervas, que o fogo assegura a permanência dessas associações "artificiais", impedindo qualquer regeneração da cobertura densa. O solo, esgotado pelas culturas e corroído pelo fogo e pela lavagem das chuvas, perde suas qualidades iniciais e consegue apenas suportar uma vegetação empobrecida de savana. Certas espécies, que resistem melhor ao fogo, são favorecidas e colonizam o habitat. Assiste-se então ao estabelecimento dessas formações "parasitas" que parecem por vezes naturais por serem muito antigas e fazerem parte da fisionomia da África.

A evolução não pára infelizmente nesse estágio, pois a perda de água, representada em suma pela passagem da floresta à savana, vai acentuar-se sob o efeito de práticas culturais perniciosas, de um pastoreio excessivo, da destruição contínua da vegetação, fatores responsáveis por uma erosão acelerada. O próprio clima fica profundamente afetado e, sem demora, o homem encontra-se perante um encadeamento de fatos cujo término é a desertificação progressiva de regiões inteiras. Se bem que, evidentemente, o fogo não seja o único responsável por essa evolução**, constitui, no entanto, o fator principal, especialmente na África onde o problema das queimadas de savanas se coloca com maior nitidez. O fogo constitui uma calamidade tal

*Deve-se assinalar, a esse respeito, a opinião diametralmente oposta de certos agrônomos sul-africanos (citados por Guilloteau, 1958), que consideram que a proteção das Gramíneas contra o fogo conduz a um acúmulo de matérias vegetais velhas e à deterioração do tapete herbáceo. Essas divergências, sem dúvida relacionadas com as diferenças das condições ecológicas e com outras concepções da utilização dos recursos naturais, mostram que devem ser evitadas generalizações prematuras e condenações indiscriminadas que omitiriam as circunstâncias locais.

**Note-se que existem agentes naturais de desflorestamento, alguns deles sendo os próprios animais. É o caso do elefante que, nas regiões onde se encontra em abundância, constitui um poderoso agente de desflorestamento, abatendo as árvores para delas retirar os ramos de que se alimenta (ver, sobre esse assunto, Bourlière e Verschuren, 1960, que assinalam modificações profundas dos habitats, causadas pelos elefantes do Parque Nacional Albert, no Congo).

que alguns não hesitaram em lhe atribuir a transformação de todo o continente, cujas "espessas florestas estão diminuindo e desaparecendo como manchas que se evaporam" e onde "a pele nua (do solo) surge quando o ligeiro véu verdejante de savana queima, deixando apenas na atmosfera uma bruma cinza de poeira", em conseqüência da "ação perseverante de duas calamidades, o desbravador e o fogo" (Aubréville, 1949).

O fogo corrente foi assim um poderoso fator de transformação e de degradação dos habitats naturais na África e em Madagáscar (onde esse método desastroso está originando uma grave regressão dos prados, provocando o empobrecimento da vegetação, o endurecimento das terras e a sua erosão acelerada). O mesmo acontece em outras partes do mundo onde os pastores utilizaram processos idênticos nos terrenos de pastagens do gado, especialmente na região mediterrânea, na América do Norte, numa parte da América do Sul (Venezuela, altos Andes) e no sudeste da Ásia*.

A maioria dos que se preocupam com a conservação da natureza e de seus recursos opõe-se às queimadas. É preciso, no entanto, aceitar os argumentos dos criadores que parecem tirar proveito do fogo. É incontestável que este mantém e desenvolve uma cobertura de gramíneas considerável, destruindo as moitas que não convêm ao gado que se alimenta essencialmente de plantas herbáceas. O desaparecimento dos arbustos aumenta o rendimento do território quando constituído por pastos**.

Observou-se igualmente que os terrenos entremeados com arbustos são mais afetados pela erosão do que as pastagens mais homogêneas. Nos biótopos mistos, os bovinos têm tendência a se concentrar nas zonas mais favoráveis, evitando as outras. Produzem-se assim erosões consecutivas a uma sobrecarga local, o que origina a ruína de toda a região.

A ação do fogo pode incontestavelmente conduzir, em certos casos, a habitats estáveis, altamente proveitosos para o homem e para seus animais domésticos; assimila-se então a uma prática de conservação. Apesar do fogo estar freqüentemente ligado à origem de associações herbáceas compostas de gramíneas duras e ásperas, observou-se que em certas partes dos campos da África do Sul, a sua ação conduz a uma associação de gramíneas com *Themeda triandra*, excelente pastagem muito apreciada pelo gado. Sem dúvida, esta estende-se hoje sobre terrenos cujo clímax se caracteriza por habitats mais densos; porém, a associação estável resultante da ação do fogo protege o solo e permite uma exploração agrícola próspera. O mesmo acontece em certas regiões da África Oriental, especialmente no Congo e no Quênia: numa parte das planícies Masaï, um pastoreio razoável, combinado com o uso do fogo na savana, conduziu à constituição de uma cobertura estável de gramíneas, associadas a plantas perenes que protegem eficazmente o solo e asseguram forragem adequada. Tais acontecimentos, relacionados com a natureza do solo e a composição da flora nessa parte da África, explicam as divergências de opinião dos biólogos da África do Sul em relação a outros pesquisadores que trabalharam na África Ocidental.

A nocividade dos incêndios depende igualmente, em larga medida, das condições nas quais são praticados. Diversas medidas foram propostas para limitar os seus prejuízos na África Tropical.

*No Vietnã, um terço da zona arborizada (especialmente florestas ralas) é ameaçado pelo fogo todos os anos.

**Estudos efetuados no oeste dos Estados Unidos, onde se colocam por vezes problemas do mesmo tipo, mostraram que a invasão dos terrenos de pasto pelas moitas de arbustos indesejáveis (*bush encroachment*) provoca no Estado do Texas uma perda, no rendimento pastoril, da ordem dos 60 milhões de dólares.

Umas consistem em fogos preventivos realizados deliberadamente pelos serviços de agricultura, evitando deixar a iniciativa aos pastores que, freqüentemente, provocam incêndios em épocas desfavoráveis. A ação das queimadas depende, parcialmente, da época em que são praticadas, os fogos precoces sendo, segundo alguns agrônomos, menos nocivos (outros pensam exatamente ao contrário!)*.

Outras medidas repousam num conhecimento preciso da vocação das terras. O uso do fogo é, sem dúvida, sempre condenável sob um ponto de vista estritamente científico, devido às modificações profundas que provocam no equilíbrio *natural* de uma região: transformação dos habitats fechados em habitats abertos, destruição das formações-clímax. É igualmente nociva na perspectiva do explorador de florestas, pois conduz ao desaparecimento progressivo da floresta. O agrônomo também a considera prejudicial, pois essa prática engendra freqüentemente associações vegetais degradadas, impróprias mesmo para o uso racional pelo gado, sobretudo quando os efeitos do fogo vêm acrescentar-se a outros fatores de erosão acelerada.

O uso do fogo, porém, que deve ser considerado inclusive como um fator de aproveitamento do meio, não deve ser condenado de forma sistemática. Em certas zonas da África Oriental e Austral, por exemplo, ele conduz ao estabelecimento de terrenos de pastagem estáveis, eminentemente favoráveis ao gado pela excelente qualidade das gramíneas que as constituem, enquanto que os solos ficam eficazmente, protegidos contra a erosão, salvo em casos de acidentes secundários.

Devemos, sem dúvida, deplorar a regressão das florestas, como naturalistas, mas é preciso não esquecer que se devem considerar as necessidades econômicas das populações humanas. Trata-se de imperativos perante os quais o biólogo tem de inclinar-se *com a condição de as terras transformadas permanecerem protegidas contra a degradação e a erosão acelerada, e de uma exploração bem concebida lhes assegurar uma produtividade perene.*

Ora, parece que em certas regiões africanas se estabeleceu um equilíbrio, artificial é certo, entre os elementos do meio primitivo e as práticas pastoris, inclusive o fogo, de onde resulta maior produtividade das terras e estabilidade de seu rendimento, caso sejam controlados os outros elementos de destruição, principalmente o excesso de pastoreio.

A opinião sobre as queimadas deve ser nuanceada, e o julgamento tem de levar em consideração as condições climáticas, pedológicas e florísticas de cada região, em suma, a sua vocação própria. Deve-se, assim, estudar o problema a fundo, numa perspectiva local, e tentar encontrar paliativos que limitem os danos causados pelos incêndios; deve-se regulamentar o uso do fogo em função da utilização dos solos e dos dados climáticos e ecológicos.

O fogo não constitui, em si mesmo, nem um bem nem um mal; é simplesmente um *instrumento* à nossa disposição para modificar os habitats em função da utilização proposta. Como no caso dos outros meios de ação do homem, o seu *uso* pode ser bom ou mau. O seu *abuso* é sempre pernicioso. E é, infelizmente, o que se pode deplorar numa vasta parte do mundo, principalmente na África.

Esse abuso conduz a uma degradação lamentável dos habitats, tanto no plano científico quanto no plano econômico. Devido à má utilização de um instrumento particularmente poderoso, pode-se considerar, na prática — exceto casos particulares — que as queimadas são provocadas sem levar em consideração a estabilidade e a produtividade perene das terras[15].

*No início da estação seca os fogos exalam menos calor e propagam-se menos, sendo assim mais facilmente controláveis; desse modo, causam menos prejuízos à vegetação lenhosa ainda verde e que, por isso, resistem melhor ao fogo.

[15]O presente capítulo, no original, dedicava-se particularmente ao fogo nas savanas da África. Procuramos, na medida do possível, generalizar a abordagem do assunto, pois o que estava restrito ao caso da África é aplicável, via de regra, a outras partes, inclusive o Brasil. Aqui, é especialmente nos vastos cerrados dos vários tipos, que ocupam cerca de 2 milhões de quilômetros quadrados, principalmente no Brasil Central, que o problema é mais importante. Muitos autores nacionais e estrangeiros, têm se dedicado à discussão do papel desempenhado pelo fogo na manutenção e na extensão das áreas ocupadas por vegetação de cerrado. Já em trabalho de 1943 sobre Lagoa Santa, defendíamos a idéia de que "nem sempre a ausência de floresta indica que são condições naturais do ambiente que impedem o seu desenvolvimento. Pode-se tratar de causas acidentais direta ou indiretamente influenciadas pelo homem: derrubadas, queimadas, pisoteio do gado, etc.". (Observações sobre Lagoa Santa. M. G. Ferri, 1943 — Ceres, 4(21), Viçosa, Minas Gerais) (nota do Coordenador).

5 — EXCESSO DE PASTOREIO

"O homem é um nômade, e permanece-lo-á sempre, pois devora o próprio país onde instala a sua tenda e onde apascenta o seu gado . . . " Carl Fries, *The Fate of Arcadia.*

Para tirar proveito dos recursos das associações gramináceas e herbáceas, o homem é obrigado a recorrer a intermediários herbívoros que se utilizam da cobertura vegetal. Sobe, assim, um degrau da pirâmide alimentar e comporta-se como um carnívoro predador, alimentando-se de carne e de leite de animais domésticos e utilizando-se de seus despojos: couros, peles, ossos, chifres.

Se bem que a criação de gado constitua uma importante fonte de alimentos para a humanidade, permitindo a utilização de zonas marginais impróprias para qualquer outra exploração, pode também provocar graves degradações nos solos. Com efeito, uma extensão determinada só consegue alimentar um número limitado de herbívoros, que varia em função da natureza do solo, do clima e da composição da vegetação, devendo o ritmo de regeneração do tapete vegetal equilibrar-se com o ritmo do pisoteio*. Essa noção define a *capacidade-limite* do terreno. Se esta é ultrapassada, ocorre um empobrecimento da vegetação e a degradação do solo que já não se encontra protegido por uma cobertura vegetal suficiente. Aliás, o processo vai-se acelerando, pois, à medida que o solo se degrada, sua capacidade-limite diminui, e a distância entre a carga real de animais consumidores e aquela que o terreno pode suportar aumenta em progressão rápida.

Não se trata, evidentemente, de condenar a criação de gado, mas unicamente o seu excesso, o *excesso de pastoreio*, ou seja, a utilização abusiva das associações de gramíneas que se está manifestando atualmente em todo o mundo, especialmente na região mediterrânea, na América do Norte e nas regiões intertropicais, sobretudo na África.

Como é evidente, a carga de gado que uma pastagem pode suportar é eminentemente variável. Os terrenos de pasto áridos do oeste dos Estados Unidos e os da África Tropical, onde a estação seca constitui o fator-limite, são essencialmente diferentes, nesse ponto, das pradarias da zona temperada onde a água é sempre suficientemente abundante para garantir a regeneração da cobertura vegetal.

Eis, a título indicativo, as capacidades-limite de algumas pastagens, em várias regiões do mundo.

*No Leste africano, por exemplo, os animais herbívoros não podem consumir mais de 60 a 70% do sistema vegetativo das Gramíneas, caso contrário a cobertura vegetal corre o risco de ser destruída.

Comparação entre cargas de diversas pastagens em várias partes do mundo
(segundo Bourlière, Unesco, 1963, e inúmeros autores)

Pastagens naturais	*Carga em kg/km²*
Pampas argentinos	14 000
Prairie do Texas	11 000
Campos (velds) sul-africanos	8 500
Savana de *Themeda*, Quênia	3 500-5 500
Savana, Rodésia	5 000

Pastagens artificiais	*Carga em kg/km²*
Kivu, Congo	65 000
Prairie, Bélgica	48 000
Rubona, Ruanda	40 000
Nioka, Ituri, Congo	34 000
Kiyaka, Kwango, Congo	5 500
Oklahoma	3 600

A noção de capacidade-limite não se aplica só, evidentemente, aos animais domésticos, pois trata-se de uma lei ecológica absolutamente geral. Uma determinada superfície não poderá, do mesmo modo, "suportar" mais do que um número determinado de antílopes ou de veados, tendo em conta as condições do meio e as necessidades alimentares dos animais. Se esta carga for ultrapassada, as populações de animais selvagens sofrerão processos de auto-regulação (depredação, doenças e parasitoses consecutivas à subalimentação). Salvo algumas exceções nas quais o homem tem, aliás, a sua parte de responsabilidade (retomaremos esse problema mais adiante), as populações de herbívoros selvagens mantêm-se em equilíbrio com o seu meio, equilíbrio esse que, bem entendido, está sempre em perpétua evolução em função das flutuações do meio.

O mesmo não acontece com os animais domésticos, subtraídos, em grande parte, às leis naturais pela ação deliberada do homem. Certos fatores econômicos, particularmente o custo elevado da carne, do couro e da lã, estimulam a sobrecarga de gado. Aí, também, o homem manifesta uma lamentável tendência para ter o privilégio de um proveito imediato em detrimento de uma sensata gestão do capital natural que representam as terras de criação de gado. Finalmente, é preciso não esquecer que, além do seu valor econômico, o gado tem, por vezes, um valor religioso — como, por exemplo, as vacas sagradas da Índia — ou um valor de prestígio — como no caso de povos criadores do leste africano, Masaï e Batutsi; nesse caso, não existe nenhum freio natural controlando o aumento do número de cabeças de gado como quando se trata apenas de satisfazer as exigências alimentares.

Os animais domésticos substituíram os selvagens numa parte considerável dos habitats abertos do globo (aliás, multiplicados pelas queimadas). Ora, a exploração da cobertura vegetal difere profundamente no caso de uns e de outros. Os Ungulados selvagens dispersam-se por todo o biotopo, em parte graças a uma estrutura social distinta da dos animais domesticados pelo homem, pois a domesticação acentuou o seu gregarismo a ponto de o ter transformado numa característica monstruosa. Além disso, nenhum deles, pelo menos as espécies que vivem nas savanas e nas estepes, é sedentário; todos se deslocam segundo um ritmo anual em peregrinações que se assemelham a migrações. Finalmente, várias espécies, cada uma com seu modo de vida particular e suas preferências alimentares co-habitam no mesmo meio; o "espectro de povoamento" é extremamente aberto, cada espécie explorando um nicho ecológico distinto do dos outros Ungulados de que é, em certa medida, complementar; daí resulta uma exploração equilibrada de toda a cobertura vegetal.

A situação é bem diferente no caso dos Ungulados domésticos, pois o seu gregarismo exacerbado incita-os a efetuarem concentrações maciças em pontos precisos do habitat colocado à sua disposição. Por outro lado, a evolução do pastoreio — sob a influência de princípios elaborados nas zonas temperadas úmidas, e em conseqüência de uma política geral visando sedentarizar as populações nômades — tende a fixar as manadas no interior de perímetros limitados. Finalmente, a gama das espécies domesticadas, especialmente bovinos, caprinos e ovinos, é singularmente fechada, o que restringe em proporções notáveis a utilização da cobertura vegetal, e não permite a sua exploração racional como no caso dos Ungulados selvagens; todo o peso da depredação incide sobre certos tipos de vegetação e sobre certas categorias de plantas. Tal como todos os herbívoros, os Ungulados domésticos não comem qualquer planta quando têm possibilidade de escolha, e manifestam uma preferência por certos vegetais que eliminam, desse modo, em proveito de espécies com menor valor alimentar, que então invadem as pastagens. Isto é especialmente grave porque os animais domésticos, sobretudo as cabras, são freqüentemente mais devastadores que os Ungulados selvagens.

Antes da influência européia se ter manifestado, a criação de gado na maior parte das tribos pastoris, particularmente na África, era regida pelas leis ecológicas gerais, os fatores em jogo sendo os mesmos que no caso dos animais selvagens. O número de cabeças de gado era controlado pela capacidade-limite das pastagens e o nomadismo limitava os excessos da sua exploração; já se manifestavam, porém, sinais de erosão e uma profunda influência dos pastores sobre o conjunto dos habitats. A civilização européia, com suas incontestáveis vantagens, trouxe a esses povos a segurança, enquanto que as vacinas preservavam suas manadas das epizootias. As vacas permaneceram esqueléticas, apesar dos melhoramentos devidos aos enormes progressos da zootecnia, porém já não morrem mais de doenças. Essas medidas sociais, políticas e sanitárias tiveram como efeito a progressiva multiplicação do número de cabeças de gado, fazendo com que ultrapassassem a capacidade-limite das pastagens.

As populações humanas aumentaram simultaneamente, e é ainda no contexto de uma curva demográfica rapidamente ascendente que se deve colocar o problema do excesso de pastoreio, já inquietante na quase totalidade do mundo, com exceção, sem dúvida, das zonas temperadas úmidas.

Modos de ação do pastoreio excessivo

A erosão devida ao excesso de pastoreio resulta, especialmente, do próprio *ato de pastar*. Quando os animais são muito numerosos, provocam um acentuado desnudamento do biotopo, retirando mais do que a brotação natural, num lapso de tempo determinado pelo ritmo da pastagem. Em vez de explorar o crescimento da planta, em seu "interesse", a bem dizer, o herbívoro consome a própria planta, ou seja, o capital.

Paralelamente, o *pisoteio* das pastagens pelas manadas constitui também uma das principais causas da sua destruição. Mantido em áreas limitadas, o gado esmaga a cobertura vegetal, cortando-a rente ao solo com os seus cascos. A vegetação desaparece assim progressivamente, sobretudo ao nível das pistas e dos bebedouros, e nas proximidades dos currais onde se encerra o gado à noite. Nesses locais surgem rapidamente fenômenos de erosão, sobretudo a constituição de ravinas que depressa se estendem aos terrenos vizinhos. Tanto na África quanto na América, podem-se ver desfiladeiros de uns dez metros de profundidade que, na origem, eram apenas simples trilhas de gado. Percorrendo sempre as mesmas vias, os animais acabam por cavar pequenas ravinas por onde, em seguida, a água se escoa. A ação combinada do apascentamento e do pisoteio provoca uma sensível diminuição de matéria verde. A taxa de restabelecimento do solo diminui (para o Tchad, Gillet (1960) cita uma baixa de 40-50% para 20%) e o tapete vegetal torna-se cada vez menos denso. As plantas ficam raquíticas, freqüentemente com apenas metade do seu tamanho normal, e não conseguem mais atingir um desenvolvimento completo.

A tais efeitos vêm acrescentar-se efeitos qualitativos, provocando a transformação dos habitats, essencialmente a da composição da vegetação. Os animais selecionam os vegetais que consomem, em função de suas preferências alimentares. As plantas desdenhadas, particularmente as venenosas, duras ou espinhentas, são como que privilegiadas e multiplicam-se. O excesso de apascentamento ocasiona, assim, profundas transformações nas associações vegetais, e um empobrecimento da flora pela diminuição do número de espécies. De um modo geral, as plantas duradouras são eliminadas em proveito das plantas anuais com um ciclo curto de vegetação, o que, num plano estritamente ecológico, traduz sempre um empobrecimento do meio*. Por outro lado, as plantas anuais, devido a suas características biológicas e especialmente ao seu aparelho radicular menos desenvolvido, protegem menos o solo contra a erosão hídrica**.

Deve-se considerar também o fato de que as terras excessivamente exploradas por um pastoreio abusivo estão igualmente sujeitas a graves desequilíbrios no seu povoamento animal, especialmente no que respeita os pequenos mamíferos, considerados como nocivos; seu impacto no meio conduz a uma nova agravação do mal. Se bem que se tenha freqüentemente tendência a responsabilizar a sua pululação pela degradação do meio, a verdade é que a proliferação desses animais é determinada pela modificação da composição da cobertura vegetal e pelo desequilíbrio de todo o ecossistema. Os especialistas norte-americanos explicam desse modo a pululação dos ratos-cangurus (*Dipodomys*), das lebres (*Lepus*) e dos esquilos-terrestres (*Citellus*), por vezes ainda agravada pela destruição de predadores capazes de limitar a sua proliferação***.

Os insetos também se beneficiam da degradação das pastagens, principalmente os gafanhotos, aos quais as terras cobertas por um tapete de curtas gramíneas e semeadas de vastas placas nuas oferecem condições ecológicas particularmente favoráveis. É o que se observa

*No caso do Tchad, Gillet (1960) cita, por exemplo, que a 20 metros de um poço encontrou apenas 5 espécies num quadrado de 1 m^2, com uma nítida predominância da espécie *Cenchrus biflorus*, Gramínea aliás veiculada pelas manadas e quase exclusiva das zonas muito pisoteadas; 60 m mais longe, numa zona menos pisoteada, encontrou 13 espécies já instaladas, e uma cobertura mais densa do solo. O empobrecimento das zonas já muito utilizadas como terrenos de pasto e muito pisoteadas torna-se manifesto quando comparadas com zonas inteiramente protegidas do gado.

**Nos Estados Unidos, por exemplo, no Estado de Idaho, constatou-se que nas pastagens com uma sobrecarga de gado, e apresentando uma nítida predominância de plantas anuais, durante as chuvas violentas 61% das precipitações escoavam arrastando 16 toneladas de solo por hectare, enquanto que nos prados vizinhos, protegidos contra excessos de pastoreio e onde dominavam plantas perenes, apenas 0,5% das precipitações se escoavam, as águas arrastando apenas 7 kg de solo por hectare.

***Inúmeras observações provam que os Roedores nunca proliferam nas zonas cobertas por um tapete vegetal denso. Estes são, portanto, os "filhos" de uma excessiva exploração das pastagens, e não a causa da degradação da vegetação e da erosão que se segue. Ver, especialmente, J. M. Linsdale, 1946, *The California ground squirrel,* Univ. Calif. Press.

nos Estados Unidos, na Ásia Soviética, na Austrália e na África do Sul, onde as pululações de gafanhotos são em parte devidas ao excesso de pastoreio.

Os múltiplos efeitos de um pastoreio excessivo, resultando, de um modo geral, de um grave desequilíbrio entre a vegetação eliminada pelos herbívoros e aquela que renasce, variam evidentemente em função de diversos fatores relacionados com as características físicas e biológicas do meio. Tais efeitos dependem igualmente do tipo de animais domésticos que são criados. Os bovinos, os mais exigentes de todos, são incontestavelmente os que cometem danos menos graves. Quanto às cabras, poder-se-ia escrever um livro inteiro sobre os prejuízos que causam. Com efeito, os caprinos estão na origem da ruína de uma parte do globo, essencialmente da bacia mediterrânea*. É certo que alguns agrônomos lhes atribuem o mérito de lutar contra a invasão das pastagens pelos arbustos, considerados como inimigos dos pastores. Essa concepção constitui, no entanto, uma falsa abordagem do problema, pois a cabra, capaz de resistir às secas e de permanecer vários dias sem beber, capaz portanto de viver em zonas possuindo um equilíbrio extremamente frágil, corta a grama até as raízes, que ela arranca muito melhor do que o carneiro; elimina assim toda a possibilidade do campo se regenerar; além disso, a cabra, pouco exigente, chega mesmo a trepar nas árvores para devorar os ramos quando o tapete de gramíneas já desapareceu** .

Certos economistas louvaram os seus méritos, insistindo no fato de que a cabra é capaz de se sustentar em meios onde nenhum outro animal doméstico consegue subsistir; tratar-se-ia, assim, segundo eles, de um maravilhoso aliado que permite a sobrevivência em regiões que o homem seria forçado a abandonar sem esse transformador dos mais pobres vegetais em substâncias alimentares assimiláveis.

Na realidade, tal economia representa um beco sem saída, última etapa de uma evolução comportando estágios muito mais prósperos. A cabra é, na verdade, "a filha da má utilização dos solos, e, simultaneamente, a mãe de uma erosão acelerada". Em inúmeras regiões do globo, os pastores criaram inicialmente bovinos, e em seguida, à medida que a região se ia modificando sob o efeito da má exploração das terras, foram substituindo os bovinos por carneiros; quando estes já não puderam subsistir devido a uma nova agravação das condições do meio, artificialmente provocada, restou apenas o caprino. É fácil lamentarmos o destino dos infelizes pastores que possuem agora apenas "umas pobres cabras", porém só se trata de uma fatalidade no caso de algumas regiões naturalmente pobres onde esse animal representa realmente a única utilização possível da cobertura vegetal. Em todas as outras regiões, o caprino elimina toda e qualquer probabilidade de regeneração da vegetação. Depois da cabra já não há mais nada; quando ela morre de fome, o homem morre com ela. Uma utilização dos re-

*Um outro exemplo clássico é-nos fornecido pela ilha de Santa Helena, onde a cabra foi introduzida em 1513 pelos portugueses; os estragos efetuados por este animal foram descritos por A. R. Wallace (*Island Life*, 1902), segundo o qual, em 1588, existiam já milhares de cabras atacando a rica cobertura vegetal da ilha. Em 1709, o governador pediu que esses depredadores fossem destruídos para proteger os recursos florestais; tal pedido foi-lhe recusado sob pretexto de que a cabra era mais preciosa do que o ébano. Em 1809, nada restava das florestas, tendo o conjunto da flora original praticamente desaparecido, substituído por plantas exóticas que proliferam desmedidamente. Os solos apresentam um estágio de erosão extremamente avançado devido à violência das precipitações e ao acentuado relevo da ilha.

**Relembramos, a esse respeito, que esse comportamento foi observado desde a mais alta antigüidade, como o atestam, principalmente, as abundantes representações sumerianas de uma cabra sobre uma árvore.

cursos do solo baseada na cabra representa indiscutivelmente um dos melhores exemplo de autodestruição dos habitats que se possa imaginar, a despeito de todas as aparências, sobretudo logo que o número de caprinos ultrapassa a capacidade-limite, o que acontece quase sempre nas zonas com um clima extremo ou arruinadas pela ação do homem.

Alguns exemplos de pastoreio excessivo

Várias regiões do globo ressentiram-se de um pastoreio excessivo*. É sem dúvida na região mediterrânea que ele é conhecido há mais tempo; seus efeitos vieram acrescentar-se aos do desflorestamento e da má gestão agrícola. A expansão das pastagens fez-se em detrimento da floresta que protegia ainda as vertentes superiores das montanhas e onde os pastores conduziam, em transumância[16], manadas excessivamente numerosas para o seu habitat. Na França pode-se citar particularmente o caso do monte Aigoual, devastado pelas indústrias utilizando carvão de madeira, e cujo reflorestamento foi impedido durante muito tempo por um pastoreio abusivo. Na Espanha, os criadores de gado, reunidos numa poderosa corporação, a Mesta, favorecida pelo poder central em detrimento dos agricultores, impuseram a lei durante séculos; os pastores tinham até o direito de conduzir os rebanhos através das culturas no decurso de longas transumâncias que agrupavam milhões de carneiros. A nudez dos planaltos ibéricos, particularmente em Castilha, é o resultado de suas devastações. O mesmo aconteceu nos Apeninos, na Itália, na península Balcânica e na África do Norte, arruinada e gravemente desgastada pelos excessos de um pastoreio cada vez mais devastador e por uma sobrecarga crônica em animais domésticos, especialmente cabras.

[16] Transumância é a emigração do rebanho da planície para as montanhas no verão, daí retornando quando se aproxima o inverno (nota do Coordenador).

O excesso de pastoreio assumiu recentemente proporções consideráveis nos Estados Unidos. A colonização do oeste do continente abriu as vastas planícies áridas à criação de gado; observou-se então uma corrida comparável às que o ouro determinou na Califórnia e no Alaska. O número de cabeças de gado aumentou rapidamente, tendo os criadores de gado feito uma avaliação exagerada da capacidade das pastagens nessas regiões submetidas a um clima extremo, principalmente a secas prolongadas; essas circunstâncias naturais, que não constituem, a bem dizer, calamidades, devido à sua regularidade, constituem, no entanto, um fator limitante no que respeita ao número de animais que essas pastagens podem suportar. Esse aspecto foi esquecido. Calcula-se que em 1850 havia aproximadamente 500 000 carneiros no Oeste: em 1890, 20 milhões. O Estado de Wyoming possuía 309 000 carneiros em 1886, e mais de 2,6 milhões em 1900, o número de bovinos baixando simultaneamente. No Estado de Montana, os carneiros passaram de 1 a 3,5 milhões no mesmo lapso de tempo.

O oeste dos Estados Unidos apresentou assim, rapidamente, sinais de erosão, conseqüência de um pastoreio excessivo. Quando os primeiros colonos aí se estabeleceram, a capacidade-limite era, de um modo geral, de 112,5 milhões de unidades-carneiros**; em 1930, já estava reduzida a 54 milhões de unidades, mas o território suportava ainda pelo menos 86,5

*Seria necessário, aliás, estudar o problema em função da noção de propriedade do solo. As terras lavráveis constituíram rapidamente a propriedade de um particular, enquanto que as pastagens, assim como as florestas, eram submetidas a direitos de utilização muito particulares, que não incitavam os pastores a uma sensata administração desse capital.

**Uma unidade é representada por um carneiro ou uma cabra; um bovino ou um cavalo representam 5 unidades.

milhões de unidades de herbívoros domésticos, que prolongavam as devastações cometidas num período de menos de sessenta anos de ocupação. Em 295 milhões de hectares de pastagens, aproximadamente 240 milhões apresentavam sintomas de erosão, e apenas um pouco mais de 38 milhões se encontravam num estado satisfatório; 55% das pastagens tinham perdido mais da metade de sua capacidade. Os criadores de gado dessa parte dos Estados Unidos agiram levianamente, esquecendo que essas terras eram pobres, frágeis e sujeitas a todas as formas de erosão consecutivas a uma utilização abusiva dos solos.

No Irã, segundo estatísticas recentes, existem 27 milhões de carneiros, 12 milhões de cabras e 5,24 milhões de bovinos, ou seja, ao todo 66 milhões de unidades-carneiros. Ora, a superfície total dos terrenos de pastagens é de 40 milhões de hectares, aos quais se acrescentam 12 milhões de hectares de pastagens florestais. Como são necessários 2 hectares para alimentar um carneiro durante um ano, a capacidade-limite é, portanto, de 26 milhões de carneiros, menos da metade do gado que explora atualmente esses territórios. Por motivos administrativos, sociais e econômicos (tradições tribais, procura crescente de gado) não é possível reduzir o número de animais que utilizam a cobertura vegetal; esta fica, portanto, submetida a um pastoreio excessivo (Golesorkhi, *Colóquio Conservação e Restauração dos Solos*, Téhéran, 1960).

Na Índia, entre 1900 e 1940, o número de cabeças de gado passou de 84 para 147 milhões, enquanto que, simultaneamente, os terrenos de pasto diminuíram de aproximadamente 19 milhões de hectares (Abeywicrama, 1963). A floresta de Gir, que no entanto goza de uma situação de reserva devido à presença do leão da Ásia, suporta 55 000 cabeças de gado (talvez mais), apesar da sua capacidade-limite ser apenas de 5 000 (um dos grande problemas das reservas indianas provém, aliás, de sua invasão pelo gado doméstico).

A África pode igualmente ser citada como exemplo da má utilização pastoril dos seus habitats abertos, particularmente na zona oriental. Antes da colonização, o meio natural gozava, na medida do possível, de um relativo equilíbrio com os animais de criação: estes eram limitados pelas epizootias, especialmente as tripanossomíases que tornam a criação de gado precária em áreas imensas, vastas reservas naturais assim protegidas pelas tsé-tsés*. A colonização européia modificou esse estado de coisas, o que, juntamente com o aumento da população autóctone, provocou uma proliferação excessiva dos rebanhos e uma sobrecarga das pastagens, também submetidas a variações climáticas consideráveis, principalmente a secas pronunciadas. O excesso de pastoreio, com todo o seu cortejo de fatores de erosão, produziu de um modo geral uma redução do valor e da extensão das pastagens. A multiplicação artificial de bebedouros constituiu, por si só, uma causa de desequilíbrio profundo. Até épocas muito recentes, o número de bebedouros disponíveis na estação seca limitava rigorosamente a importância dos rebanhos. Os serviços competentes das potências colonizadoras esforçaram-se então por abrir novos poços, aumentando assim os recursos hídricos e permitindo um aumento numérico do gado. Porém, se a água se tornou menos rara, o alimento permaneceu no mesmo nível, constituindo ainda um fator limitante para uma população de herbívoros que crescera excessivamente. O mesmo desequilíbrio existe, aliás, no caso dos grandes mamíferos selvagens, num certo número de reservas onde a água foi retida artificialmente com barragens. Um maior

*C. F. M. Swynnerton escrevia, em 1936 (*Royal Entom. Soc. London Trans.* 84): "as tsé-tsés são os mais poderosos agentes de preservação da flora e da fauna selvagens. Exterminem as tsé-tsés, e toda a paisagem se modificará . . . O solo, abandonado nu aos ventos e às chuvas, é submetido à erosão em camadas ou à formação de ravinas, segundo a sua natureza e o seu declive, e fica cada ano mais devastado". É certo que durante esse tempo toda a pressão da pastagem pesa sobre os distritos isentos de tsé-tsés, fazendo aí seus estragos.

número de animais dispõe de água à vontade mas o homem não lhe proporciona alimento extra e, assim, aumenta a pressão sobre as pastagens. A criação de bebedouros só se justifica nas regiões onde a quantidade desse precioso líquido constitui verdadeiramente um fator limitante, o que é bastante raro; quantidade de água e quantidade de alimento estão sempre relacionadas, salvo em casos particulares.

Os exemplos de pastoreio excessivo poderiam ser colhidos em toda a África. No Quênia, calculou-se que a região do Suk podia suportar 20 000 cabeças; ora, já em 1935 existiam 38 000 bovinos e 150 000 ovinos e caprinos. Na região de Machakos, ao sudeste de Nairobi, havia 1 bovino e 2 cabras por hectare, enquanto que 20 hectares de pastagem teriam sido necessários para os alimentar. O conjunto dos territórios ocupados pelos Masaï apresenta incontestáveis sinais de erosão devido a um pastoreio excessivo, proveniente das transformações no modo de vida desses pastores. Só no Quênia, os Masaï possuíam, em 1961, 973 000 bovinos, 660 000 cabras e carneiros, assim como um grande número de burros: a forte seca que houve naquele ano matou três quintos dos animais, segundo certas estatísticas.

A situação é igualmente grave em certas partes da República da África do Sul, onde especialmente as reservas de nativos estão profundamente desgastadas devido à má administração do pastoreio, entre outras coisas, por uma sobrecarga de carneiros e cabras. Em alguns territórios calcula-se que 75% da superfície do solo foram afetados pela erosão consecutiva ao excesso de pastoreio.

Na África, como em inúmeras outras regiões do mundo, o problema da exploração pastoril deve portanto ser cuidadosamente repensado para evitar que as terras se arruínem de um modo definitivo. As soluções adaptadas às condições ecológicas do meio e ao ambiente psicológico dos pastores consistem, antes de mais nada, no melhoramento da qualidade do gado, ao qual se dedicaram os zootecnistas com um êxito incontestável; o melhoramento das pastagens pela aclimatação de novas espécies herbáceas, sobretudo de gramíneas, pela regulamentação das queimadas e do conjunto das práticas pastoris, deve prosseguir ininterruptamente. É sobretudo necessário reduzir o número de animais, tornando-o proporcional à capacidade real das pastagens. Uma restauração das terras que sofreram excesso de pastoreio já está sendo realizada em certas regiões. Esperemos que esses esforços tenham êxito, caso contrário ficará comprometida, talvez irremediavelmente, uma das mais belas riquezas agrícolas do mundo.

Já mencionamos o fato de que os animais selvagens utilizam a cobertura vegetal de forma consideravelmente mais equilibrada do que os animais domésticos introduzidos pelo homem. A carga de mamíferos herbívoros selvagens é, de um modo geral, mais forte do que a do gado, sem que as terras apresentem sinais de erosão. Tais constatações sugeriram a utilização desses animais como transformadores dos recursos vegetais. Eis problemas importantes, recentemente solucionados, sobre os quais voltaremos a falar, particularmente no caso da África. A exploração racional da fauna selvagem, mais bem adaptada ao seu meio do que o gado doméstico, pode constituir a solução do aproveitamento das zonas marginais, preservando a fauna e os habitats, assegurando simultaneamente ao homem um rendimento econômico, e, sobretudo, as preciosas proteínas animais de que carecem inúmeras regiões tropicais do globo.

6 — PRÁTICAS AGRÍCOLAS PERNICIOSAS

"... A terra não era um capital, mas sim uma oportunidade para especular, não era um tesouro, mas uma simples mina que se pretendia esgotar. Era a história de uma terra fecunda, mal explorada, assassinada por negligência, ignorância ou cupidez." Louis Bromfield, *Pleasant Valley.*

O cultivo, consecutivo ao desbravamento e ao desflorestamento, completa, freqüentemente, a destruição dos habitats. Certas práticas agrícolas mal concebidas, que aceleram catastroficamente os processos de erosão, podem desse modo conduzir à ruína total de um país. Encarando-se o cultivo sob um ângulo estritamente ecológico, constata-se que essa transformação simplifica consideravelmente o conjunto do ecossistema, pois substitui as múltiplas espécies que constituem as associações vegetais primitivas por um número extremamente reduzido de espécies "domesticadas". A energia solar que incide sobre uma determinada área é assim captada e transportada por uma única via; converte-se em uma só produção agrícola, o que, *a priori*, implica um péssimo rendimento ecológico. As cadeias alimentares ficam excessivamente simplificadas. Segundo uma lei geral, tal redução provoca uma sensibilização do habitat, ao qual é retirada a maior parte das defesas. No entanto, isso não significa *ipso facto* que a fertilidade natural seja destruída. Práticas de cultivo racionais podem, por vezes, transformar os solos, conferindo-lhes uma *fertilidade adquirida*, assegurando simultaneamente a estabilidade a um meio artificialmente criado pelo homem. O "rendimento" ecológico pode ser extremamente satisfatório, se bem que a economia seja orientada num sentido antrópico.

Assim, na Europa Ocidental e Central, os solos marrons e os solos lixiviados são os que melhor se prestam a uma utilização agrícola. A lavoura mistura os horizontes criando um solo arável estável, cuja fertilidade e estrutura são permanentemente mantidas e mesmo melhoradas por adição de estrume e determinados adubos. Práticas agrícolas complexas, a rotação das culturas segundo um ritmo adaptado aos diversos meios, uma economia agrícola mista em que a criação de gado desempenha um papel importante, a conservação de um mosaico de meios diferentes, do qual resultam uma grande diversidade de biótopos e um aspecto harmonioso da paisagem, permitiram ao homem não só manter a fertilidade dos seus solos, como também aumentá-la consideravelmente ao longo dos tempos.

Práticas similares permitiram, assim, aos primeiros colonos europeus que chegaram à América do Norte estabelecer culturas semelhantes no nordeste dos Estados Unidos, utilizando solos do mesmo tipo e atingindo estágios de evolução das terras de uma extrema estabilidade.

As zonas de chernozem[17], cobertas originalmente por uma vegetação densa de estepe, possuindo uma camada superior escura, consideravelmente espessa, rica em matérias orgânicas, foram igualmente convertidas em cultura, mantendo sua fertilidade enquanto foram objeto de práticas agriculturais conservacionistas. As estepes e as savanas na origem cobertas por formações vegetais baixas são, no entanto, muito mais frágeis do que os solos florestais e exigem grandes precauções para conservarem sua fertilidade.

[17]Chernozem é solo negro de clima semi-árido, verão quente e seco, e inverno muito frio, com muita neve. Sua coloração é devida ao rico teor em matéria orgânica (nota do Coordenador).

Os países de antigas tradições agrícolas souberam manter sua prosperidade. É esse o caso da Europa Ocidental e Central, assim como, aliás, de certas regiões asiáticas de baixa altitude: apesar de um população numerosa, desde há muito, uma sábia utilização das terras e de todos os detritos utilizados como adubo, assim como de práticas de cultivo semelhantes às da jardinagem, permitiram atingir rendimentos inigualados no mundo inteiro. Nos arrozais não se deu praticamente nenhuma erosão, pois só as partículas mais finas são arrastadas pelas águas de movimentos lentos, nas quais estão em suspensão*.

*A China é um dos países do mundo com uma experiência agrícola mais antiga. Sabe-se que foi estabelecida há 4 000 anos — ou seja, 1 000 anos antes da tomada de Tróia — uma classificação dos solos segundo as suas características pedológicas (citado por Bennett, 1939). Isso, porém, não impediu algumas de suas regiões de fazerem parte das zonas mais desgastadas pela erosão em todo o mundo.

Note-se finalmente que nas regiões tropicais, enquanto a densidade da população humana se manteve abaixo de um determinado nível e que se tratava apenas de uma economia de subsistência, a cultura itinerante permitiu uma exploração agrícola satisfatória e conservadora, com uma condição: a rotação rápida das parcelas. Quando o desflorestamento e o cultivo são seguidos por um período de exploração agrícola suficientemente curto para não esgotar o solo, a cobertura natural regenera-se rapidamente e a fertilidade recupera o seu nível primitivo. Infelizmente o lavrador, na maioria das vezes, só abandona a terra quando ela já está arruinada, sendo necessário, então, dezenas de anos para recuperar alguma fertilidade. Os solos tropicais, de um modo geral, são pobres e extremamente frágeis, apesar das aparências e da vegetação natural luxuriante que por vezes os cobre. A dispersão dos agregados e a perda de seus constituintes devido à erosão, especialmente o escoamento consecutivo às chuvas torrenciais, podem arruinar em apenas alguns anos, até mesmo em alguns meses, uma estrutura que demorou séculos para se formar. O cultivo depois do desbravamento, seguido por um longo período de alqueive, preserva o solo, pelo menos em certos casos, de um esgotamento causado pelas culturas alimentícias; esse ciclo permite a reconstituição da cobertura vegetal e da própria estrutura do solo. Semelhante prática de cultivo degenerou rapidamente em catástrofe logo que a pressão demográfica se acentuou; a ruína de várias regiões do globo possuindo um relevo acentuado foi a triste conseqüência desse crescimento populacional.

No entanto, a revolução agrícola esboçada durante o século passado determinou rapidamente modificações profundas. Simultaneamente, o homem descobria a riqueza das vastas extensões herbáceas de que se apoderara pacífica ou violentamente; aperfeiçoando o maquinário agrícola, lançou-se à prática de culturas em escala industrial, abandonando o velho artesanato camponês, fruto de longos séculos de aperfeiçoamentos e de tradições, mas que ele considerava inútil ou ultrapassado. Os solos de estepe possuem, no seu estado natural, uma estrutura próxima da dos solos cultivados, enquanto que os solos florestais demoram muito tempo para adquiri-la. Também os agricultores abandonaram os antigos processos conservacionistas, que já haviam sido provados, sem que nenhum obstáculo pedológico se opusesse à sua ação. Por outro lado, surgia o maquinário agrícola, permitindo a exploração de vastas superfícies com mão-de-obra especializada mas reduzida, tal como na indústria; a máquina substitui os animais de tração que exigem a conservação de pastagens e de culturas forrageiras, constituindo, com os cereais, conjuntos bem equilibrados. Quando o homem descobriu as possibilidades agrícolas das vastas extensões de estepe, a cultura assumiu proporções industriais. Esse conjunto de circunstâncias mais ou menos relacionadas entre si conduziu a uma monstruosidade ecológica: a *monocultura*, que deve ser considerada, na maioria dos casos, como uma das calamidades da agricultura moderna, quando encarada no seu contexto econômico e político. Não se pode, em um plano estritamente biológico, garantir a perenidade do rendimento cultivando apenas uma planta, mesmo que se proteja eficazmente o solo, restituindo-lhe os restos da cultura (principal fonte de conservação do teor de matéria orgânica) e os elementos que dela foram retirados (distribuindo adubos adequados). É muito raro que isto seja possível, e, desse modo, tal prática de cultivo empobrece o solo, fazendo incidir toda a pressão da cultura sobre deter-

O desflorestamento e as más práticas agrícolas nas regiões montanhosas retiraram o solo sobre vastas superfícies (queimadas, culturas temporárias, rotação excessivamente rápida, provocaram a erosão das vertentes doravante desnudadas, e a migração das populações para as regiões baixas), determinaram inundações de uma excepcional gravidade, e ocasionaram fomes, infelizmente clássicas e repetidas durante a longa história chinesa.

Atualmente a erosão afeta, na China, 160 milhões de hectares, ou seja, um sexto do território.

minados elementos minerais e orgânicos*. A policultura, pelo contrário, com o seu corolário inevitável, a rotação das culturas (entre as quais culturas que enriquecem a terra, como por exemplo as leguminosas) permite explorar sucessivamente todas as possibilidades do solo, concedendo-lhe períodos de repouso. Além do mais, inúmeras culturas, especialmente os cereais, possuem o grave defeito de deixarem o solo descoberto durante uma boa parte do ano, sem nenhuma proteção vegetal contra a erosão eólica e hídrica, acentuando consideravelmente o ressecamento da terra exposta à ação do sol e do vento. Mesmo durante o período de vegetação, o estrato único formado pela planta cultivada não garante uma proteção tão eficaz quanto um sistema mais complexo, como uma associação vegetal natural. Nenhum adubo ou fertilizante foi utilizado no início, e mesmo atualmente só se empregam adubos químicos (os adubos naturais nem sempre estão disponíveis nas regiões consagradas à monocultura, de onde já praticamente desapareceram os animais domésticos). Ora, se bem que os adubos químicos restituam ao solo os elementos minerais mobilizados pelas plantas cultivadas, não lhe fornecem as substâncias orgânicas de que necessita para conservar sua estrutura, assim irremediavelmente destruída (Fig. 37).

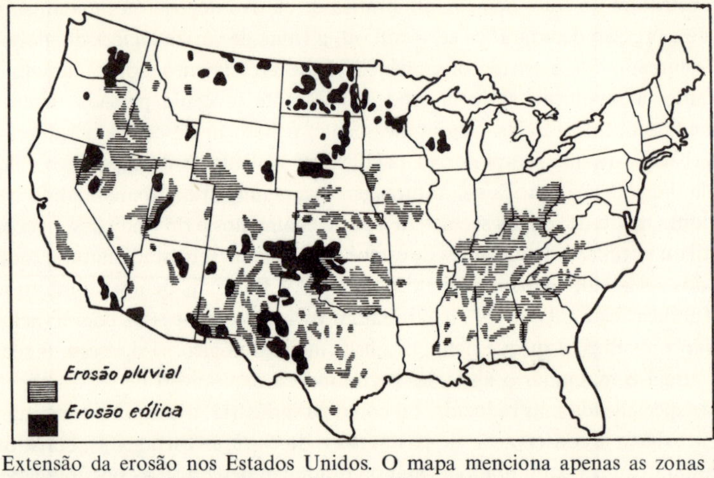

Figura 37. Extensão da erosão nos Estados Unidos. O mapa menciona apenas as zonas mais profundamente degradadas; na realidade, uma superfície consideravelmente mais vasta do território apresenta sinais de degradação, exceto na parte mais oriental. Observar a enorme extensão vítima da erosão eólica nos confins do Kansas, do Texas e de Oklahoma, formando a bacia de poeira tão tristemente célebre pelas tempestades que removeram o seu solo. Segundo Bennett, 1939, simplificado

A riqueza dos terrenos de estepe fez com que o homem acreditasse que se tratava de uma qualidade permanente do solo. Na realidade, essas práticas deploráveis conduziram à ruína de regiões que no entanto apresentavam uma nítida vocação agrícola.

O melhor exemplo de uma degradação dos solos provocando graves problemas econômicos e sociais é-nos fornecido pelas grandes planícies dos Estados Unidos, entregues a uma exploração inconsiderada, a partir da segunda metade do século XIX, momento em que chegaram os colonos vindos da zona florestal do leste do continente norte-americano (recordemos que foi essa a época da destruição sistemática das manadas de bisontes).

*No plano econômico, a monocultura executada por vezes em escala nacional tem a grande desvantagem de sensibilizar o equilíbrio financeiro de um país cujo destino fica, assim, ligado ao preço de um só produto nos mercados mundiais. Instabilidade da economia e ruína do capital natural são, desse modo, simultâneos e podem acarretar sérias perturbações políticas e sociais.

Eliminou-se a cobertura vegetal, sobretudo de gramíneas, substituindo-a por campos de cereais e de milho, cujo poder protetor em relação ao solo é bastante reduzido. O estabelecimento de culturas começou por volta de 1880 e foi favorecido por um período de chuvas abundantes. A partir de 1890, porém, começou um período de secas prolongadas, como acontece freqüentemente nessa região de clima irregular. Muitos fazendeiros abandonaram a região. No início deste século, recomeçou-se o cultivo, aproveitando novamente maior abundância de precipitações. Com vicissitudes diversas, a exploração agrícola foi-se estendendo, principalmente durante a Primeira Guerra Mundial e nos anos que seguiram as hostilidades, devido à escassez de gêneros alimentícios.

Em 1931, no momento da famosa depressão econômica americana, surgiu uma terrível seca que se prolongou nos anos seguintes. O solo ressecado, totalmente degradado, privado de toda e qualquer proteção vegetal, converteu-se em poeira finíssima arrastada pelos tufões. O dia 12 de maio de 1934, especificamente, permanecerá nos anais da utilização das terras como um dia de luto, pois as grandes planícies foram vítimas de um cataclismo sem precedentes na história americana. Com efeito, os ventos arrancaram violentamente as terras reduzidas a poeira de uma vasta zona estendendo-se sobre o Kansas, o Texas, Oklahoma e a parte oriental do Colorado, arrastando-as para leste em nuvens negras e fazendo-as atravessar dois terços do continente americano. Uma parte dessa poeira caiu sobre o leste dos Estados Unidos, escurecendo o céu de Washington e de Nova York; uma outra parte foi transportada até o Atlântico. A região de onde toda essa terra foi retirada, chamada desde então bacia de poeira (*dust bowl*), foi vítima de uma erosão eólica cujos estragos se repetiram por várias vezes durante esse mesmo período. Os tufões carregados de poeira cobriam freqüentemente distâncias da ordem dos 1 000 km, numa frente de 500 km, e transportavam as partículas arrancadas até 3 000 m de altitude. Alguns desses furações, estendendo-se sobre 450 000 km^2, transportaram mais de 200 milhões de toneladas de solo. O vento retirava até 25 cm de terra da superfície. A poeira, caindo em outras regiões, provocava novos estragos, cobrindo as terras aráveis, as estradas e as habitações*. Esses acontecimentos constituíram uma das maiores catástrofes econômicas

*"Uma brisa ligeira seguiu as nuvens de tempestade, empurrando-as para o norte, uma brisa que fez sussurrar docemente o milho que secava. Passou-se um dia e o vento aumentou, contínuo, sem ímpetos ou calmarias. A poeira dos caminhos ergueu-se, estendeu-se, caiu sobre as ervas à beira dos campos, e, dentro dos campos também, um pouco. Então o vento tornou-se duro e violento, atacou a crosta formada pela chuva nos campos de milho. Pouco a pouco o céu escureceu por trás da mistura de poeira, e o vento lambeu a terra; levantou a poeira, arrastando-a. O vento aumentou. A crosta quebrou-se e a poeira ergueu-se por cima dos campos, traçando no ar penachos cinza semelhantes a fumaças preguiçosas. O milho agitava-se ao vento com um sussurro seco. A poeira mais fina já não caía mais sobre a terra, desaparecendo no céu ensombrecido.

"O vento aumentou, penetrou sob as pedras, arrastou a palha e as folhas mortas e até pequenos torrões de terra, marcando sua passagem através dos campos. Através do ar e do céu obscurecidos, surgia um sol vermelho, e pairava no ar uma secura mordente. Uma noite, o vento acelerou sua marcha através dos campos, retirando insidiosamente a terra em volta das pequenas raízes do milho, e o milho resistiu enquanto pôde com suas folhas enfraquecidas, até que, libertas pelo vento penetrante, as raízes soltaram-se da terra. Então cada pé caiu por terra, esgotado, segundo a linha de sopro do vento.

Levantou-se a aurora, mas o dia não. No céu cinza surgiu um sol vermelho, um disco vermelho e mal definido emitindo uma fraca luz de crepúsculo, e, à medida que o dia avançava, o crepúsculo ia-se transformando de novo em trevas e o vento uivava e gemia sobre o milho deitado."

Estas linhas, extraídas das primeiras páginas da obra de John Steinbeck, *As vinhas da ira*, retratam de forma admirável as tempestades que devastaram as terras mal exploradas do centro dos Estados Unidos.

cuja origem deve ser procurada somente na ação do homem, contrária às mais elementares leis naturais. Milhões de hectares ficaram assim arruinados, e os fazendeiros tiveram de enfrentar sérios problemas de reemprego, tanto mais difíceis de resolver por quanto os Estados Unidos estavam, então, atravessando uma grave crise econômica.

Diante dessa ameaça, o governo criou o serviço de conservação dos solos*, um modelo no gênero, que imediatamente começou a transformação dos distritos devastados em pastagens, iniciando assim uma lenta restauração dos solos, favorecida por um retorno das chuvas a partir de 1940. Durante a Segunda Guerra Mundial, uma procura crescente de produtos agrícolas e o aumento correlativo dos preços fizeram com que se recomeçasse a cultivar essas terras frágeis. Em 1950 veio um novo período de aridez e a catástrofe repetiu-se, sem ter, no entanto, as mesmas conseqüências econômicas. Os estragos, inicialmente menos importantes, acentuaram-se em seguida devido às chuvas diluvianas que caíram a partir de 1957, imediatamente após a seca, arrastando torrentes de lama, deixando a rocha nua sobre vastas superfícies, e eliminando assim toda e qualquer esperança de regeneração dos solos. Esperemos que desta vez os agricultores tenham aprendido a terrível lição e não continuem a arruinar suas terras com uma exploração excessiva e nefasta, acabando, antes de mais nada, com a monocultura. Parece, todavia, não ter sido esse o caso, pois em 1965, o "Dust Bowl" estava mais uma vez ressecado, após dois anos de chuvas deficientes, 110 000 ha de terras de trigo estavam já ressecados, só no Texas. É preciso, no entanto, reconhecer que, desde essa época, uma sensata administração das terras permitiu restaurar uma boa parte das zonas vítimas da erosão eólica. A construção de inúmeras barragens, especialmente em Oklahoma, regularizou a caudal das águas correntes, atenuando os efeitos da erosão. Um projeto visa o controle do rio Arkansas por um sistema de diques e de reservatórios, de modo a torná-lo acessível à navegação e a aumentar o potencial econômico desses distritos. Essas medidas permitiram desde já estabilizar o meio, oferecendo recursos a populações há muito arruinadas por erros ecológicos.

O homem moderno cometeu erros igualmente graves nos trópicos, onde sua irrupção fez desmoronar as estruturas econômicas existentes. As culturas alimentícias indígenas foram modificadas, por vezes de uma forma feliz, mas freqüentemente também da maneira mais detestável. A instauração em certas regiões de uma economia "predadora" — a *Raubwirtschaft* dos autores alemães — teve conseqüências muito mais graves ainda; depois de ter destruído a natureza selvagem, pilhado as florestas e massacrado os animais, o homem civilizado quis igualmente violar a terra, tendo em vista, unicamente, o seu proveito imediato. Enganado pela miragem da riqueza das terras quentes, instalou culturas industriais cujos produtos eram destinados à exportação, sem nenhum benefício para o equilíbrio *biológico* do país, ao qual nenhum elemento foi restituído. Não nos é possível analisar aqui os múltiplos fatores que estão na origem da devastação dessas terras pelas grandes empresas que se instalaram, sobretudo por toda a África**, mas também na América Latina e no sudeste asiático. Por ignorância ou por ganância, resultaram daí as mais graves degradações dos solos. A monocultura foi,

*Tomando simultaneamente uma série de medidas legislativas, tais como o Soil Conservation Act (1938) e o Taylor Grazing Control Act (1934).

**É preciso, no entanto, insistir no fato de que, na África, as devastações provocadas pelas culturas européias, se bem que graves, têm apenas um caráter local. Sem dúvida, esse continente foi arruinado pelos próprios africanos durante séculos de má utilização generalizada dos solos, muito antes da chegada dos colonizadores, como o atestam o recuo da floresta e a degradação dos solos.

entre muitas outras, uma das principais causas dessa deterioração, especialmente nas regiões de savanas ou no limite entre a savana e a floresta. O café*, a borracha, o algodão e o chá foram cultivados em grande escala, em superfícies cada vez maiores. Em outras zonas cultivou-se o amendoim**, o tabaco e o piretro, responsável pela degradação de vastas superfícies na África Oriental e no Congo; esta última planta é extremamente perigosa para os solos, pois esgota-os e deixa-os sem proteção, tal como todas as plantas que são arrancadas.

Devem-se incriminar certos projetos excessivamente vastos, cuja rentabilidade era, especialmente, função de uma profunda transformação dos habitats e de mecanização abusiva. Podem-se citar aqui especificamente, os planos de aproveitamento do Nyari, no Congo; de Séfa, em Casamance; assim como o projeto do amendoim da Tanzânia***, um dos fracassos mais estrondosos do pós-guerra. Só foi possível prosseguir esses projetos modificando radicalmente os processos de exploração e abandonando seus objetivos iniciais, que não eram viáveis nem economica nem biologicamente. Haveria ainda muito a dizer sobre certas práticas agrícolas, por vezes deploráveis, como foi, particularmente, o arrancar sistemático de todos os vegetais "parasitas"[18] nas plantações de tipo europeu, a fim de suprimir a competição entre a planta cultivada e as "ervas daninhas". Deixa-se assim o solo nu sob as plantas cultivadas — por vezes árvores ou arbustos — à mercê da erosão pluvial e de uma dessecação acelerada. Nas plantações indígenas, pelo contrário, o solo fica coberto de plantas diversas, que o cultivador deixa na terra, talvez por simples descuido, mas provavelmente também devido a um conhecimento instintivo de uma lei ecológica elementar. Os colonos reconheceram posteriormente seu erro e os agrônomos estabeleceram uma longa lista de *plantas de cobertura*, que, juntamente com aquelas que constituem o objeto da exploração, assumem aspecto de um sistema natural.

[18]A expressão "parasita" é aqui empregada em sentido figurado. Parasita é um ser, vegetal ou animal, que vive a expensas de outros seres. No caso de plantas superiores, o parasita vive sobre outras e delas retira, por meio de raízes sugadoras (haustórios), alimentos. É o que se dá com o cipó-chumbo (*Cuscuta*) e com as ervas-de-passarinho (várias espécies de Lorantáceas), por exemplo. Não é o caso das Bromeliáceas e Orquídeas que vivem sobre outras mas fabricam seus próprios alimentos (epífitas). No caso presente, estão sendo chamadas de parasitas as plantas que invadem culturas, mas alimentam-se por sua própria atividade. Melhor falar, nesse caso, em plantas daninhas, ou, melhor ainda, plantas invasoras (nota do Coordenador).

Não nos é possível aqui julgar todos os métodos de cultivo utilizados pelos agricultores estabelecidos nas terras quentes após sua colonização, quer sejam emigrantes da Europa,

*O café é responsável pela ruína de uma boa parte do Brasil, principalmente da parte situada entre o Rio de Janeiro e São Paulo. Destruiu-se a floresta de forma impensada, abandonando o solo à ação dos agentes atmosféricos contra os quais o cafezal não pode protegê-lo. A cultura teve de ser abandonada devido a uma rápida erosão; a "frente" do café foi avançando progressivamente para o oeste, deixando atrás de si um ambiente arruinado onde, atualmente, só se pode manter uma economia de subsistência.

**Na África Ocidental, a degradação progressiva dos solos traduz-se pelo deslocamento das culturas de amendoim; no Senegal esse movimento dá-se em direção ao sul e ao leste; no Niger, para o norte e o nordeste. Como já o disse Guilloteau (1950), "trata-se de um exemplo de cultura industrial desenvolvida para além das necessidades dos autóctones, praticada de forma extensiva, sem precauções nem limites, por motivos econômicos e de poder aquisitivo".

***Este projeto, ao qual se dedicaram três distritos da Tanzânia (Kongwa, Urambo e Nachingwea) entre 1947 e 1952, foi abandonado após a dilapidação de 36 milhões de libras esterlinas. Tal fracasso explica-se por uma inadequada utilização dos solos e pela mecanização exagerada.

quer nacionais. Tanto mais que a situação é incrivelmente complexa, os dados do problema variando infinitamente em função da natureza do meio. Algumas dessas colonizações tiveram êxito absoluto no plano agronômico, entre as quais devem ser assinaladas as grandes fazendas das regiões elevadas do leste africano. Nas "White Highlands" do Quênia, os colonos britânicos, aproveitando um clima extremamente favorável devido à altitude, estabeleceram culturas prósperas, que garantem uma parte considerável dos rendimentos do país (85% das exportações agrícolas, especialmente café, chá e sisal). Modificaram profundamente, é certo, os habitats naturais, sendo que essa parte da África assemelha-se, hoje em dia, à Europa; transformaram-nos, porém, em terras estáveis com uma produtividade elevada; nenhum conservacionista pode fazer objeções sérias a essas modificações da natureza selvagem. O mesmo pode-se dizer de outras partes da zona intertropical.

No entanto, em outras regiões, a irrupção dos homens de civilização ocidental foi extremamente nociva. Eliminando por vezes os autóctones, ou convertendo-os em trabalhadores agrícolas*, e instalando-se a seu lado, transformaram as zonas ainda virgens ou pouco modificadas e exploraram industrialmente os solos, com vistas a um proveito imediato. Esse tipo de exploração continua ainda; a extensão de culturas industriais prossegue da maneira mais insensata. Freqüentemente, por trás de declarações generosas escondem-se ainda interesses sórdidos e o desejo de se apropriar das terras, explorando-as sem preocupações com o futuro.

Pode-se constatar nitidamente as diferenças no ritmo de erosão entre as terras cultivadas segundo métodos tradicionais africanos e aquelas em que são utilizados processos industriais modernos, num exemplo descrito por Fournier (*Contribuição para o estudo da conservação do solo na A.O.F.*, não publicado) relativo à cultura de amendoim na Casamance Central (em Séfa, perto de Sédhiou). Foram criados dois campos experimentais idênticos, um deles cultivado segundo métodos indígenas, o outro preparado em função de uma cultura mecanizada: desbravamento mecânico da floresta, extração dos troncos e raízes mais espessos, *rootcuttages* sistemático (passagem de uma lâmina reta a 20 cm de profundidade), gradeamento. Após rotação de culturas durante quatro anos, a erosão nas duas parcelas foi a seguinte:

		1954	1955	1956	1957
Culturas		*Amendoim*	*Alqueive e arroz*	*Amendoim*	*Arroz*
Escoamento	I	33,3	19,9	33,1	22,4
(%)	II	47,0	49,3	39,5	25,3
Erosão (em	I	1 257	560	577	695
toneladas por km²)	II	1 728	2 713	1 075	975

(I = alqueive na cultura indígena; II = Arroz na cultura mecanizada)

Pode-se verificar que o escoamento é nitidamente superior na parcela cultivada mecanicamente (diminuição da permeabilidade, oclusão da porosidade), e, sobretudo, que a perda de solo é consideravelmente maior no caso de uma cultura industrial. Com efeito, a erosão média

*Tal é o princípio das reservas naturais, que concentram as populações autóctones em zonas que lhes são concedidas, recusando-lhes, no entanto, a propriedade dos distritos, reservada aos imigrantes colonizadores. Tais concepções não foram aplicadas nos países com grande densidade de população indígena e dispondo também de uma sólida estrutura política e social (por exemplo, na Ásia e em certas partes da África, como a Nigéria e o Ghana). Ver especialmente Harroy, 1944, e os trabalhos consagrados aos problemas de colonização, raramente imparciais, infelizmente; entre outros, a interessante obra de René Dumont, *A África negra começou mal*, Paris, 1962, objeto de inúmeras controvérsias.

anual para o conjunto retirou 772 toneladas por km^2 na parcela cultivada segundo métodos indígenas; e 1 623 toneladas no caso da cultura mecanizada. Isso se explica pelos efeitos do desbravamento, que provoca uma diminuição da coesão do solo e uma degradação da sua estrutura, assim como pela ação dos trabalhos mecânicos que todos os anos deixam o solo em estado de menor resistência. A cultura que "revolve" menos o solo provoca, evidentemente, uma perda de solo menor. E, se bem que, incontestavelmente, o rendimento da cultura mecanizada seja maior (1840 kg/ha contra 970 kg/ha), é muito provável que esse aumento de produção não se justifique a longo prazo, tendo em conta que provoca uma erosão acelerada dos solos, em detrimento da perenidade de sua produtividade.

É preciso que se diga que quando o homem moderno penetrou nas regiões tropicais — algumas delas verdadeiramente inocupadas, como por exemplo uma boa parte da África e a quase totalidade da América Latina — não possuía conhecimentos científicos e técnicos suficientes (não dispunha deles também quando se lançou à exploração agrícola das grandes planícies da América do Norte). Em alguns casos pensou, de boa fé, que os métodos agriculturais, que haviam dado bons resultados nas zonas temperadas, poderiam ser aplicados. Desde então, nossos conhecimentos fizeram progressos consideráveis. Por instigação dos governos interessados foram criados institutos de pesquisas agronômicos cujos resultados constituem hoje uma impressionante soma de documentação. A aplicação dos dados adquiridos pela ciência permitiu superar situações difíceis e realizar, em bases sadias, o aproveitamento de territórios preservados, até então, contra a ação do homem.

Desse modo, pode-se considerar que a pesquisa científica aplicada à agricultura tropical teve um êxito absoluto? Não, evidentemente. O melhor que podemos fazer é reproduzir o que escreveu em 1944 J. P. Harroy, no seu livro *África, terra que está morrendo* (p. 377): ". . . a ciência agronômica tropical, como aliás algumas outras, teve até hoje de concentrar-se num melhoramento qualitativo e quantitativo da produção, em detrimento da procura de normas de administração parcimoniosa dos fundos cultivados. Salvo raras exceções, os colonizadores preferem ver os créditos que a sua coletividade outorga aos pesquisadores compensados, a curto prazo, por um aumento dos benefícios comerciais, a esperar a hora longínqua em que essa amortização se traduzirá pela possibilidade de prosseguir frutuosamente uma exploração que, caso contrário, teria periclitado ou parado completamente." Se bem que a situação política na África tenha atualmente se transformado, os problemas econômicos permanecem os mesmos; por vezes mesmo agravaram-se, deslocando-se. As novas nações africanas procuram desesperadamente os fundos que lhes são indispensáveis a curto prazo. Esperemos que não sacrifiquem o seu futuro pelo presente, cultivando com métodos inadequados terras cujo rendimento imediato só se obtém em detrimento da fertilidade de amanhã. É este o verdadeiro drama da África, muito mais do que a falta de dinheiro atual dos novos Estados independentes. E o mesmo acontece em outras partes do mundo ditas "subdesenvolvidas" ou "em vias de desenvolvimento".

O futuro da agricultura

Faremos apenas uma breve alusão a este importante problema, sobre o qual teremos oportunidade de falar mais adiante. Frente às graves devastações efetuadas pelo agricultor e pelo pastor, o homem interrogou-se sobre as práticas de cultivo a adotar a fim de restaurar os solos degradados e, em seguida, manter e mesmo aumentar o seu rendimento agrícola. Sem entrar nos pormenores, podemos dizer que se fizeram inúmeras descobertas, especialmente no campo da economia química dos solos; a agronomia transformou-se numa ciência complexa tal como todas as ciências biológicas. Os técnicos do século XX, no entanto, recorreram freqüentemente a métodos seculares.

Algumas dessas medidas baseiam-se em técnicas de engenharia. Entre outras, particularmente as *culturas em plataformas* e em *terraços*. As primeiras visam o fracionamento de uma longa vertente numa série de planos de cultivo sucessivos, limitados por fossas que interceptam a água. As segundas assemelham-se aos sistemas utilizados antigamente na Ásia, na bacia mediterrânea e nos Andes. Implicam obras gigantescas que evitam a erosão, fracionando a montanha e transformando assim os planos inclinados numa série de degraus.

A lavração da terra em sulcos correspondendo às curvas de nível parte do mesmo princípio, e evita que cada sulco do arado, dirigido segundo a linha de maior declive, se transforme numa pequena ravina por onde se precipitam as águas de cada chuva. A luta contra a constituição de ravinas e a recuperação daquelas que já se constituíram, implicam obras de sustentação por vezes consideráveis, precedendo a reconstituição da cobertura vegetal.

Existem também processos químicos que visam o restabelecimento do equilíbrio do solo, oferecendo-lhe os elementos minerais e orgânicos que lhe são retirados pelos produtos de cultura. Tais medidas são particularmente importantes no que respeita ao equilíbrio do nitrogênio, necessário para garantir aos produtos agrícolas um alto teor protéico (reduzido em proporções inquietantes nas terras desgastadas pela erosão). As mesmas precauções são tomadas relativamente aos sais minerais (potássio e cálcio) e aos micronutrientes.

Finalmente, determinadas medidas de ordem biológica pretendem restabelecer uma situação próxima ao equilíbrio natural. Deve-se constatar, aliás, que são atualmente as mais divulgadas. A estrita monocultura já pertence ao passado e está desaparecendo, em toda a parte, em benefício de uma economia agrícola mista. A prática da rotação foi recuperada pelos agricultores modernos, especialmente nos Estados Unidos onde a cultura em faixas alternantes está sendo praticada em larga escala, fazendo alternar a cultura de cereais com a de plantas que asseguram uma proteção eficaz ao solo, particularmente às pastagens, segundo uma rotação regular. Sob esse ponto de vista, é curioso constatar que os tecnocratas da agricultura descobriram agora métodos de cultivo que eram praticados há séculos na Europa. Cultivam-se também certas plantas para proteger o solo contra a ação dos raios do sol, evitando o dessecamento, tão intenso em solos nus.

A luta contra a erosão eólica foi igualmente iniciada: tenta-se, na medida do possível, fazer com que o solo esteja sempre coberto por uma camada de detritos vegetais (cobertura com palha, *mulching* cultura de plantas de cobertura, constituídas de gramíneas que se mantêm na estação seca).

A conservação de sebes, de fileiras de árvores dispostas em corta-vento e de taludes, fazem igualmente parte da defesa dos solos. As experiências de reunião de parcelas, necessárias em certos países europeus excessivamente desmembrados, realizadas de uma forma desmedida e sem estudos agronômicos e ecológicos aprofundados, fracassaram na maior parte dos casos. A destruição das sebes deixou as terras à mercê da erosão eólica e de um dessecamento excessivo. A supressão dos taludes provoca uma erosão pela água acelerada e uma perturbação do equilíbrio geral das águas. Sebes e pequenos bosques são, por outro lado, favoráveis à conservação dos animais, insetos e pássaros, muitos dos quais são úteis à agricultura. Nessas pequenas matas não existem pululações de roedores predadores, freqüentes nas zonas transformadas. A conservação da diversidade da paisagem rural não se justifica apenas por motivos estéticos, mas também pela procura do melhor rendimento agrícola, tendo em conta a natureza do solo e as condições climáticas.

Por outro lado, devem-se manter zonas cobertas de florestas, naturais ou artificiais, para proteger as bacias superiores dos rios. Realiza-se, desse modo, um *equilíbrio agro-silvo-pastoril*, dividindo o território em lotes, cada qual com um destino específico. Isto equivale, em suma, a restabelecer um simile de equilíbrio natural entre as formações fechadas e as formações abertas, algumas delas consagradas à cultura, outras à criação de gado, em função da natureza de seu solo e segundo uma rotação propícia, simultaneamente, a um alto rendimento agrícola e à conservação dos solos. O homem constata uma vez mais que nada lucra em destruir inteiramente os equilíbrios naturais, e que a melhor maneira de garantir uma alta produtividade é *aproveitar* a natureza, e não violar suas leis.

Essas considerações são igualmente válidas, bem entendido, para as regiões tropicais onde devem ser tomadas precauções especiais para proteger um solo generoso mas frágil. Aí também, o homem deve inspirar-se na natureza para constituir um meio, artificial, por certo, porém extremamente complexo, próximo ou semelhante à natureza selvagem. A monocultura e a cultura em escala industrial representariam a morte dos solos tropicais que só podem ser protegidos por associações vegetais complexas e métodos de cultivo adaptados às condições do meio*.

Notemos, para terminar, que o homem está começando agora a entender que a melhor maneira de tirar partido da natureza nem sempre consiste no desbravamento e na destruição dos habitats naturais, precedendo o estabelecimento das culturas. É preciso respeitar a *vocação* específica das terras, e muitas delas, pelo que podemos julgar no estado atual dos nossos conhecimentos, não têm vocação agrícola. Ao contrário do que se pensou levianamente, nem todos os terrenos podem ser explorados do mesmo modo, em vista de uma produção agrícola determinada. Os princípios de *utilização* dos solos são muito mais complexos.

A agricultura moderna transformou-se em indústria, esquecendo, assim, que depende de fenômenos biológicos regidos por leis rigorosas e universais, às quais o homem não pode fugir. Até mesmo a matéria-prima principal, o solo, funciona como um ser *vivo*, sujeito a modificações em grande parte incontroláveis. As grandes catástrofes que devastaram e continuam devastando o mundo atual resultam desse equívoco. A fome dos homens não se saciará com a violação da terra.

*Se bem que as culturas autóctones sejam freqüentemente criticáveis e que certos métodos tenham provocado a ruína das terras, merecem ser citadas algumas técnicas altamente conservadoras, que mantêm no solo uma cobertura vegetal extremamente complexa, protegendo eficazmente as terras contra todas as formas de erosão. Citaremos, a título de exemplo, as culturas intensivas efetuadas na África Oriental, nas vertentes do Kilimandjaro e do Meru, pelos povos Warush e Chagga. As grandes árvores são conservadas e formam um estrato arborescente protetor e gerador de sombra sob o qual são cultivadas bananeiras, cafeeiros e plantas alimentícias mais baixas. A associação desses diversos vegetais forma vários estratos por cima do solo e mistura sistemas radiculares distribuídos em vários níveis do solo. O homem reconstituiu, desse modo, um sistema complexo, protegendo eficazmente a terra, mantendo sua fertilidade e garantindo aos exploradores recursos equilibrados, o café proporcionando-lhes um certo lucro e as culturas alimentícias cobrindo suas necessidades alimentares. Exemplos semelhantes podem ser encontrados em outras regiões tropicais, especialmente na África Central, onde certos métodos de cultivo dos agricultores bantos protegem bem os solos (associações em seqüências contínuas, nas quais diversas culturas e plantas de cobertura se sucedem sem interrupção).

7 — EROSÃO E REGIME DAS ÁGUAS

"É difícil dar uma idéia da desolação das regiões mais expostas aos estragos das torrentes e das inundações... Atravessando semelhantes paisagens, é difícil resistir ao sentimento de que a natureza lançou qualquer maldição sobre esses desertos sublimes mas assustadores, condenando-os a uma esterilidade e a uma ruína perpétuas; é difícil pensar que foram um dia, e seriam ainda, sem a loucura do homem, abençoados com todas as vantagens naturais que a Providência concedeu às regiões mais favorecidas." G. P. Marsh, *Man and Nature*, 1864.

O problema da erosão acelerada está intimamente ligado ao regime das águas, profundamente modificado nas zonas degradadas pelo homem. A água é, em valor absoluto, inesgotável à superfície do globo. Dentro de certos limites, porém, não é tanto a sua abundância quanto a regularidade do seu ciclo que condiciona a fertilidade de uma região. As civilizações nascem e prosperam, em certa medida, em função de uma feliz administração do capital hídrico. Se considerarmos os exemplos das grandes civilizações do Oriente Próximo, constataremos que nasceram na orla dos desertos, tornados férteis pelo homem que soube aproveitar as águas vindas das montanhas vizinhas. A ruína dessas civilizações foi, em parte, determinada pela erosão das montanhas que deixaram de funcionar como coletores e acumuladores hídricos. Os vestígios das grandes cidades da Ásia Ocidental e do Norte da África sugerem-no de forma peremptória; existem exemplos similares na Ásia Oriental e na América Central e do Sul.

Esses dramas da época histórica estão se repetindo hoje em dia em certas regiões do globo, em conseqüência da erosão acelerada devida à transformação irracional dos biotopos, ao desflorestamento e a práticas de cultivo perniciosas. A ação humana teve repercussões particularmente graves no equilíbrio hídrico das regiões desgastadas pela erosão. Essas repercussões podem ser classificadas em três tipos diferentes, se bem que intimamente ligados: dessecamento progressivo, por vezes mesmo desertificação das zonas afetadas pela erosão; inundações; acúmulo desordenado e incontrolável de materiais arrancados nas partes superiores das bacias hidrográficas.

Dessecamento progressivo

De um modo geral, a água tende a abandonar as regiões desgastadas. O solo, privado da sua cobertura vegetal, fica modificado em sua estrutura e perde as propriedades físico-químicas capazes de garantir a retenção da água. As perturbações na economia hídrica, que põem em jogo mecanismos extremamente complexos, provêm, em grande parte, do fato de uma proporção considerável das precipitações atmosféricas não se infiltrar no solo ao nível das zonas afetadas pela erosão, escoando-se imediatamente sem benefício para as terras onde caem; a parte que é retida tende a descer até as camadas profundas. As ravinas profundas, esculpindo as camadas superficiais, facilitam o escoamento, diminuem a infiltração e contribuem para o abaixamento do lençol de água subterrâneo. Resulta daí um dessecamento progressivo dos horizontes superiores, provocando um empobrecimento da vegetação, ele próprio na origem de um agravamento do balanço hídrico. E, entretanto, o homem consome cada vez mais água para as suas inúmeras necessidades industriais e domésticas. A maioria das grandes cidades em todo o mundo carecem de água e utilizam muito mais do que a que cai na zona de coleta normal, esgotando assim os recursos do subsolo.

Por outro lado, a profunda transformação dos habitats e a erosão consecutiva têm repercussões de grande amplitude no clima. Esta questão, muito debatida, deu margem a inúmeras polêmicas, devido à ausência de dados objetivos e à dificuldade de interpretação de observações relativas a fenômenos complexos. Limitando-nos ao caso particular da grande floresta higrófila equatorial (ver especialmente Aubréville, 1949), não há dúvida de que esse habitat exerce uma influência moderadora e reguladora nas temperaturas médias e extremas (proteção do solo contra o aquecimento direto, umidificação da atmosfera reduzindo as oscilações térmicas). Parece também que as florestas aumentam o volume das precipitações (devido, entre outras coisas, a um resfriamento das camadas de ar sobrejacentes, provocando a condensação do vapor-d'água*; um ciclo de convecção e de evaporação torna a situação mais complexa ainda. Essa influência, que provoca um aumento em valor absoluto das precipitações e um prolongamento das estações úmidas, exerce-se muito além das regiões florestadas propriamente ditas, podendo modificar o regime das chuvas em regiões circunvizinhas. No que se refere à África, o professor Aubréville não hesita em afirmar que a pluviosidade das regiões pré-desérticas e sudanesas diminuiria, pela redução da quantidade de chuva e da duração da estação úmida, se as densas florestas da Guiné e equatoriais fossem suprimidas. Declara, especificamente, que "é preciso considerar a influência das florestas densas úmidas como um prolongamento da ação dos mares para o centro do continente e, do ponto de vista da pluviosidade e da umidificação desse continente, considerar as orlas interiores da floresta como a costa do Oceano".

As florestas exercem ação similar nas regiões temperadas. Os outros habitats exercem também, provavelmente, uma influência considerável no regime das chuvas e no clima em geral, se bem que não se possa ainda tirar conclusões definitivas a partir de observações fragmentárias. Inúmeros dados históricos, especialmente da bacia mediterrânea, induzem-nos a aceitar tal interpretação das variações climáticas relacionando-as com a destruição dos habitats naturais e com o desnudamento dos solos.

De qualquer modo, está fora de dúvida que a eliminação de uma cobertura vegetal suficiente — quer se trate de florestas, quer de associações de gramíneas — diminui consideravelmente o volume das condensações ocultas sob forma de orvalho, fato grave nas regiões secas onde essas precipitações representam uma parte importante do capital hídrico.

A erosão acelerada provoca, portanto, uma sensível diminuição das precipitações atmosféricas, acelerando os processos de desertificação. Destruindo excessivamente os habitats naturais e os solos, o homem desencadeia um verdadeiro mecanismo infernal, que repercute até nas camadas da atmosfera mais importantes para a preservação da sua prosperidade sobre a terra.

Perturbações no regime dos rios

Durante as chuvas fortes, o solo não consegue reter toda a água, sendo que uma parte das precipitações escoa-se, assim, diretamente para jusante, determinando as enchentes dos rios. Esse fenômeno natural, que depende de inúmeros fatores geográficos e climáticos, é, naturalmente, anterior às transformações efetuadas pelo homem na superfície da terra. Os geógrafos há muito classificaram os rios segundo o seu regime e as flutuações de seu caudal. As enchentes, por vezes súbitas, são bastante freqüentes e têm conseqüências graves nas regiões de clima contrastado, possuindo uma cobertura vegetal escassa.

*Um aumento da pluviosidade variando entre 2 e 36% foi obtido após experiências infelizmente criticáveis.

As perturbações causadas pelo homem devido à má administração das terras provoca, como já vimos, uma considerável diminuição da capacidade de retenção de água dos solos. Assim, é fácil entender por quais motivos as enchentes de maior amplitude se localizam especialmente nas zonas desgastadas pela erosão. Nessas regiões, o regime dos rios ficou totalmente perturbado, pois o regulador poderoso constituído pelos solos nas partes superiores das bacias e pela vegetação, sobretudo arbóreas (relembramos que já se afirmou que uma floresta equivale a uma barragem), já não consegue amortecer e "espalhar" os efeitos das precipitações mais violentas*. De fato, todas as regiões vítimas da erosão são periodicamente devastadas pelas inundações**.

As enchentes dos grandes rios chineses já se tornaram clássicas sob esse ponto de vista, especificamente as do Rio Amarelo, cuja história representa uma longa luta entre as águas e as populações ribeirinhas. As erosões causadas pelo homem desde há milhares de anos, porém, conferiram a esse fenômeno, originalmente natural, proporções catastróficas. Os chineses são, sem dúvida, os inimigos mais ferrenhos da floresta, que conseguiram suprimir, na maior parte de seu território nacional (consultar os trabalhos de R. P. Licent que, durante as suas longas estadias na China, pôde avaliar o ritmo com que desaparecem os últimos vestígios florestais.)

Os rios dos Estados Unidos estão igualmente sujeitos a enchentes espetaculares, que provocam inundações catastróficas. É esse o caso de muitos rios do Oeste, pois a aridez dessa região torna-a particularmente sensível à ação humana, que provocou também sérias catástrofes na bacia do Mississípi. As inundações custaram aos Estados Unidos quantias que ultrapassam tudo o que se possa imaginar: entre 1903 e 1938 as grandes cheias deram prejuízos avaliados por Bennett em 1 697 507 124 dólares (ao valor de 1939), aos quais devem acrescentar-se os estragos efetuados nas próprias terras. A grande inundação do Mississípi em 1927 estendeu-se sobre 75 000 km^2 (mais que o território da Bélgica e dos Países Baixos) e custou aproximadamente 300 milhões de dólares.

O homem não "inventou", evidentemente, as enchentes dos rios e as inundações consecutivas a essas cheias. Acentuou, porém, as suas características, a ponto de transformá-las em verdadeiras monstruosidades nas regiões que ele modificou sem as necessárias precauções. Essas catástrofes devem também ser atribuídas à erosão acelerada, fruto da má utilização das terras.

Acúmulo acelerado de sedimentos

Os materiais arrancados pelos rios ao nível das bacias superiores são transportados para jusante, onde uma parte se deposita e a outra, de maior ou menor importância, é arrastada

*Devem-se assinalar também os poderosos efeitos das zonas pantanosas capazes de armazenar o excedente das precipitações e de regularizar, assim, o regime dor rios, restituindo a água durante as épocas secas.

**Foi esse o caso, particularmente, dos Alpes franceses, devastados no século passado pelo desflorestamento e pela modificação do regime das águas. Os efeitos das torrentes foram descritos de forma particularmente eloqüente pelo economista A. J. Blanqui em páginas hoje clássicas ("Desflorestamento das montanhas"; relatório, *Academia de Ciências Morais e Políticas*, Paris, 1843). A destruição dos habitats primitivos está na origem de uma profunda degradação das zonas montanhosas do sudeste da França, que causou a ruína dessas regiões: consideráveis modificações econômicas e um despovoamento cuja história foi descrita por inúmeros geógrafos e economistas. As marcas dessa devastação ainda são visíveis e provavelmente não mais desaparecerão.

até o mar. Essa sedimentação, que também é um fenômeno natural, constitui em circunstâncias normais um fator de riqueza agrícola. O Egito e o limo fértil depositado pelas enchentes na parte baixa do vale do Nilo fornecem o melhor exemplo do poder fertilizante dos aluviões trazidos pelos rios.

Mas a esse processo normal, que faz parte do ciclo dos materiais que constituem as camadas mais superficiais do solo, opõe-se o acúmulo desproporcionado de materiais arrancados pelas águas nas zonas que sofreram os efeitos de uma erosão acelerada. O volume de corpos sólidos trasladados é por vezes verdadeiramente desmedido, como revelam os efeitos dos depósitos: vasas de inundação, amontoados de cascalhos e blocos de rocha entulham as barragens e os reservatórios, enchem a foz dos rios com aluviões, e enlodam os portos com materiais vindos do interior das terras. Aos prejuízos causados a montante pela erosão acrescentam-se os que o acúmulo de "escombros" da degradação provoca a jusante.

A quantidade de matérias sólidas finas transportadas pelas águas pode facilmente atingir de 2 a 8 kg por metro cúbico de água. Os sedimentos arrastados em um ano pelo Mississípi são ainda hoje da ordem dos 300 milhões de metros cúbicos.

Na China, o Rio Amarelo é célebre pelo seu poder erosivo e pela importância do seu depósito sólido, que representa, em valor absoluto, a média anual de 1 890 milhões de toneladas (o Rhône transporta apenas de 20 a 30 milhões). O depósito sólido anual máximo já medido foi de 2 643 milhões de toneladas; num só dia do mês de agosto de 1933, o Rio Amarelo trasladou ao nível de Chancheou mais de 500 milhões de toneladas de limo em suspensão. A degradação correspondente para a totalidade da bacia (ou seja, uma região do tamanho da França) seria de 18 a 19 toneladas por hectare (J. Messines, Atas do *Colóquio Conservação e Restauração dos Solos*, Téhéran, 1960).

Se a China bateu o recorde no que respeita à amplidão do fenômeno, a quantidade de materiais transportados é, em valor relativo, igualmente importante em outras partes do globo. Nos Estados Unidos, a degradação específica média é de 6 a 144 t/ha/ano na região de Los Angeles; de 36 t/ha/ano no vale de um afluente do Ganges, na Índia; de 45 a 150 t/ha/ano na Argélia (bacia de Oued el Oudja); de 450 t/ha/ano nas partes superiores das do Drac e do Durance na França; e de 1 650 a 1 800 t/ha/ano na Vorarlberg, na Áustria (em superfícies felizmente muito circunscritas, da ordem dos 10 a 40 ha).

Depositando-se em terras férteis, esses materiais podem arruiná-las, modificando-as radicalmente. Se certos aluviões depositados em camadas finas têm um grande valor agrícola — os do Nilo, por exemplo —, muitos outros, pelo contrário, são extremamente nefastos, pois perderam sua estrutura pedológica e são constituídos por elementos demasiado grosseiros, cascalho ou pedaços de rocha arrancados pelas águas que simultaneamente vão retirando os materiais mais finos das terras por onde passam, materiais esses que constituíam a riqueza desses campos submergidos sob o cascalho.

Outra conseqüência que permite sem dúvida alguma, melhor do que qualquer outra, avaliar a quantidade de materiais transportados pelas águas é o entulhamento das bacias de retenção construídas para a irrigação, a indústria hidroelétrica e a regularização do caudal dos rios.

Na Argélia, por exemplo, as barragens enchem-se numa razão de 300 000 m^3 por ano, suas bacias de alimentação ficando profundamente degradadas pelo desflorestamento e pelo excesso de pastoreio. A barragem de Oued Fodda (de uma capacidade inicial de 225 milhões de m^3) recebeu 600 000 m^3 de detritos sólidos por ano entre 1932 e 1937; 1,25 milhão de 1937 a 1941; e 3,75 milhões de 1941 a 1947, o que corresponde a uma decapagem dos solos de 7 mm por ano, atualmente (Furon, 1953). Se esse processo prosseguir, a obra terá durado, ao todo, 80 anos, na melhor das hipóteses.

Na Grécia, a barragem edificada sobre o Strymon (Kerkini) perdeu um terço da sua capacidade em 19 anos e a diminuição anual atinge 5,5 milhões de m^3, de forma que, se não for possível parar a erosão, a barragem não funcionará mais dentro de 40 anos, interrompendo a irrigação das planícies de Serres.

O entulhamento dos reservatórios construídos nos Estados Unidos prossegue igualmente com uma velocidade acelerada, alguns deles perdendo 80% da sua capacidade em 30 anos aproximadamente. Calcula-se que 39% desses reservatórios tornar-se-ão inúteis em menos de 50 anos, e 25% em menos de um século. Em certos casos, as barragens perderam a sua eficácia em 10-15 anos devido aos acúmulos de materiais sólidos. No Texas, uma barragem do rio Colorado perdeu 47% da sua capacidade original em seis anos e nove meses; uma nova barragem construída para substituir a antiga perdeu 83% da sua capacidade em nove anos, e 95% em treze anos (Bennett, 1939).

A China fornece-nos um exemplo muito demonstrativo: a célebre barragem de Kuanting, construída em 1951-54 no Yungting Ho, na região de Pequin. Sua capacidade inicial era de 2 270 milhões de m^3. Os engenheiros chineses calcularam que o acúmulo de corpos sólidos atinge 90 milhões de m^3; assim, a parte inoperante do reservatório estará provavelmente entulhada dentro de 30-40 anos e a longevidade total da obra, que tem o dobro da capacidade da barragem de Serre-Ponçon na França, seria de 75 anos, no máximo. Os chineses estão tentando preservar essa barragem reflorestando a bacia drenada.

A colmatagem das reservas de água pode ter conseqüências mais graves ainda, determinando uma pressão excessiva sobre as obras, provocando o seu desmoronamento. Essa catástrofe produziu-se na Argélia, na barragem de Oued Fergoug. Na França, a célebre barragem de Serre-Ponçon está igualmente ameaçada pelas modificações geomorfológicas que provocam um acúmulo de detritos na reserva*,[19]. O programa de reflorestamento e de consolidação dos terrenos não pôde ainda ser realizado, por falta de créditos. Corre-se assim o risco de uma catástrofe por se terem feito "economias ridículas" (Tricart, 1962).

[19] No Brasil já lembramos as imensas quantidades de materiais transportadas para o mar, isto é para fora do País, pelas águas do Amazonas; já alertamos, também, contra o perigo que uma destruição maciça das florestas dessa região pode representar. O mesmo vale para outras regiões.

Quanto a desequilíbrios provocados pela introdução de espécies exóticas, certamente o caso mais discutido entre nós foi o da introdução do eucalipto, nem sempre com base sólida em dados experimentais. O combate ao eucalipto se fez, especialmente, partindo-se do pressuposto de que essa planta consome água exageradamente. Isso é verdade: segundo dados de Franco e Inforzato (1952), *Eucalyptus saligna* de 7 anos de idade consome 49 000 m^3/ha/ano. Segundo Villaça e Ferri (1954-Bol. Fac. Fil. Ciênc. e Letr. USP 173 Botânica 11), isso corresponde a um consumo de 19 600 litros/planta/ano. Esses autores, partindo de dados de Rawitscher e Ferri (1943), mostraram que o nosso cedro *(Cedrela fissilis)* consome muito mais: uma planta isolada, de 6 anos, gasta 37 500 litros/ano.

Não se deve combater, sistematicamente, esta ou aquela espécie de planta. Cana-de-açúcar também consome muito. Dados de Meguro e Ferri (1956- An. Ac. Brasil. Ciênc. 23:4) revelaram um gasto de 32 344 268 litros/alqueire/ano, o que corresponde a 1 336 mm de pluviosidade anual, em região com precipitações de 1 400 mm por ano.

---

*Os acúmulos anuais de materiais sólidos são avaliados em 2,9 milhões de m^3, dos quais 300 000 m^3 de depósitos sólidos no fundo, 2 000 000 m^3 de limos e 600 000 m^3 de vasas.

Precisamos de açúcar, de álcool, de lenha, de celulose, entre outros materiais que a planta constrói a expensas de água. Se produz muito, em pouco tempo, gasta muita água.

É indispensável agirmos com bom senso. Se em determinada região chove certa quantidade de água, a parte que não escoa para os rios e que não é evaporada vai se infiltrar no solo, constituindo uma reserva. É um "saldo" que temos num "banco" chamado solo. É claro que, da mesma forma que não podemos emitir cheques sem fundo, não podemos plantar vegetação que venha consumir mais água que a disponível.

Assim, podemos plantar eucalipto, cana-de-açúcar, cedro e tudo mais que precisamos, tendo sempre, porém, o cuidado de calcular cuidadosamente o consumo de água que vamos impor à área cultivada, a fim de não ultrapassar a capacidade dessa área.

O mesmo raciocínio é válido para os nutrientes. Cada safra de café, de feijão, de arroz, de milho, enfim, de qualquer cultura, representa uma retirada do solo de uma certa quantidade de nutrientes. É preciso repor no solo tais nutrientes; caso contrário, este se esgota como se consome nosso dinheiro no banco, se emitirmos continuamente cheques sem fazermos novos depósitos que compensem as retiradas.

Finalmente, quanto à poluição de rios, entre nós, figuram como principais fontes de poluição as matérias orgânicas trazidas pelos esgotos, fato tanto mais notável quanto mais densa for a população, e os resíduos da indústria açucareira (restilo) (nota do Coordenador).

Estes exemplos são particularmente eloqüentes pois mostram quanto pode ser nefasta para o bom funcionamento de obras magníficas e extremamente dispendiosas um mau aproveitamento dos solos, principalmente a destruição da cobertura vegetal original. Mostram igualmente a necessidade imperiosa de uma utilização racional do capital natural, mesmo em vista de uma economia humana à primeira vista artificial.

Finalmente deve-se considerar o fato de que as águas correntes que ficaram turvas devido à quantidade de matérias sólidas em suspensão originaram modificação muito profunda de sua fauna; inúmeros peixes abandonaram as águas enlameadas às quais vieram acrescentar-se, por vezes, poluições industriais.

Pesquisas efetuadas no sudoeste dos Estados Unidos revelaram que as populações de peixes ressentiram-se gravemente das diversas modificações infligidas às águas correntes; as poluições industriais e diversas outras ações do homem contribuíram, do mesmo modo, para eliminar essas populações (Miller, 1961, 63). A destruição da cobertura vegetal (pastoreio excessivo, desflorestamento), os aproveitamentos hídricos (modificação profunda do caudal dos rios e de suas condições ecológicas), a introdução de espécies exóticas (1/3 pelo menos dos peixes que povoam as águas é constituído por espécies introduzidas), os detritos jogados nas águas e o tratamento destas por peixes seletivos (para eliminar os peixes ditos "indesejáveis") modificaram radicalmente o equilíbrio primitivo das biocenoses aquáticas*. Provocaram a extinção de 6 espécies de peixes e comprometeram gravemente a existência de 13 outras, constituindo ao todo perto de 20% da fauna ictiológica do sudeste dos Estados Unidos.

Este exemplo mostra até que ponto o equilíbrio dos rios pode ser modificado pelo homem. Se bem que pouco se saiba até agora acerca dos peixes — e menos ainda sobre os outros animais aquáticos —, pode-se no entanto pensar que muitos deles estão em perigo, talvez mesmo extintos, em conseqüência da ação do homem. O acúmulo exagerado de sedimentos, fruto das devastações, arrasta-se até o mar, e mesmo aí pode ocasionar sérios estragos. O acúmulo

*Esse efeito é particularmente sensível ao nível dos locais de desova, cujas condições ecológicas ficam de tal modo modificadas que estes são abandonados pelos reprodutores. Tal fenômeno foi assinalado, particularmente nos Estados Unidos, no lago Erié.

excessivo de lama nos estuários da costa oriental dos Estados Unidos, especificamente da baía de Chesapeake, é devido, segundo tudo indica, aos materiais arrancados pelos rios às terras estragadas pelos métodos de cultivo (Tricart, 1962); a erosão "agrícola" é, desse modo, responsável por perturbações que se estendem até as águas marinhas*.

8 — DESTRUIÇÃO DOS HABITATS AQUÁTICOS

"Os pântanos são a juventude da terra". Jacques Perret, *La bête mahousse.*

Deve-se mencionar também o problema dos habitats aquáticos, que no mundo inteiro, e especialmente nas zonas temperadas, fazem parte atualmente dos habitats mais ameaçados. Esses meios, de uma importância fundamental para a preservação de inúmeras espécies animais e vegetais, assim como para a conservação de comunidades inteiras, são extremamente diversos; cão das lagunas costeiras salobras até os pântanos de água doce e as extensões lacustres. Se alguns deles são de grande pobreza biológica (meios ditos *oligotróficos*), outros (*eutróficos*) são, pelo contrário, extremamente ricos devido à multiplicidade das cadeias alimentares e a uma alta produtividade. Tais características são fruto de um verdadeiro intercâmbio entre os meios terrestres e os meios aquáticos; seu contacto propicia produções vegetais e animais de volume considerável. Este fenômeno verifica-se especialmente nos habitats costeiros onde o mar, as águas doces e as terras se misturam de forma complexa, tendo como resultado um "rendimento" biológico sem equivalente em outras regiões.

Desprezando totalmente a interação desses diversos meios, o homem esforçou-se precisamente pcr separá-los, como se quisesse aplicar à natureza os princípios cartesianos! Queremos separar as águas da terra; as águas salgadas das águas doces. Essa atitude traduziu-se na construção de diques, na canalização e retificação dos rios, e, sobretudo, na drenagem e secagem de todo os solos encharcados.

Esse tipo de realizações data de épocas remotas, pois até os manuais escolares nos contam que desde a mais longínqua Antigüidade o homem sempre cuidou de secar os pântanos. Isso, sobretudo nos países de antigas civilizações, determinou uma considerável redução dos meios aquáticos que hoje em dia ocupam apenas uma superfície mínima relativamente ao conjunto das terras. Muito poucos pântanos gozam da situação de reserva (10% aproximadamente nos Estados Unidos, menos de 2% na França, onde só a Camargue representa dois terços dessa avaliação), e todos se encontram gravemente ameaçados pelos planos de aproveitamento.

Na maioria dos casos, razões estéticas e morais bastariam para justificar a preservação de certos biotopos aquáticos no seu estado natural. A maior parte deles são extremamente pitorescos e a sua conservação pode preservar a existência de inúmeros animais e vegetais cuja sobrevivência depende de condições ecológicas estritas e bem determinadas. Poder-se-iam invocar múltiplos argumentos em favor de sua conservação, especialmente várias considerações de caráter econômico. Antes de mais nada é preciso não esquecer que as zonas pantanosas desempenham um papel muito importante no equilíbrio hídrico de regiões inteiras, regularizando o caudal dos rios e fornecendo volumes de água consideráveis durante os períodos

*Devemos assinalar, a esse respeito, o assoreamento que ameaça o litoral do Languedoc, ao sul da França. Esse fenômeno parece resultar das obras hidroelétricas efetuadas no Ródano. O caudal do Pequeno Ródano diminuiu de modo considerável e, conseqüentemente, a massa de limos arrastados pelo rio deixou de se depositar, provocando um recuo da costa; os materiais retirados foram transportados pelas correntes, indo depositar-se a oeste, assoreando a costa e dificultando seriamente o aproveitamento desse distrito no quadro dos atuais projetos de valorização econômica.

Foto 50. *Varanus komodoensis*: um réptil gigantesco, carnívoro, nativo nas ilhas "Little Sunda"

Foto 51. A fome na Ásia

Foto 52. Incêndio de floresta nos Estados Unidos (Salmon National Forest, Idaho)

Foto 53. A conservação dos habitats naturais, que constituem pontos de descanso para inúmeras aves aquáticas migradoras, é indispensável para a sobrevivência desses grandes viajantes. Aqui, ostreiros na baía de Aiguillon

Foto 54. Erosão por escavação de ravinas. Jonesboro, Arkansas

Foto 55. Erosão eólica perto de Kimberley, África do Sul. As acácias que cobriam o solo foram abatidas para serem utilizadas nas minas; as gramíneas selvagens substituíram-nas antes de serem, por sua vez, substituídas por culturas de milho, planta que retém mal o solo. O vento fez o resto sobre essas terras frágeis e mal protegidas contra a erosão

Foto 56. Erosão por escoamento e escavação de ravinas, consecutiva ao desflorestamento (note-se o começo do processo na orla da floresta)

secos. Por outro lado, contribuem também para a fertilização dos distritos para onde são drenadas as suas águas, que aí depositam matérias orgânicas. Finalmente — fato comprovado em vários casos precisos — o rendimento econômico (caça, pesca e pastoreio) de regiões pantanosas é por vezes maior antes de sua transformação, que implica, aliás, investimentos consideráveis.

Dispomos atualmente de bases sólidas que nos permitem afirmar que, num certo número de casos, a transformação brutal dos habitats naturais implica tantos equívocos no plano econômico quanto no plano científico. Deve-se assim preconizar — uma estreita colaboração entre economistas, engenheiros e biólogos. Nenhum projeto de drenagem deveria ser efetuado sem um inquérito prévio no qual a opinião dos naturalistas deveria ser tomada em consideração, afim de se conseguir uma planificação que incluísse a conservação de determinadas zonas em seu estado natural.

Como em tudo o que diz respeito à conservação da natureza, deve-se estabelecer um equilíbrio entre os vários interesses. É incontestável que a drenagem de certas zonas pantanosas se justifique por motivos de ordem econômica. O cultivo das regiões inundadas pode ter um excelente rendimento agrícola, e as exigências da saúde pública, particularmente a luta contra a malária, impõem por vezes a drenagem de ambientes onde proliferam mosquitos.

Seria um erro, porém, incontestavelmente, pensar que o único futuro dos pântanos é uma secagem sistemática, de que ainda hoje se orgulham aqueles que conseguem realizá-la. Em muitos casos, podem-se invocar sérios argumentos a favor da manutenção das condições naturais e da preservação de uma série de habitats aquáticos.

Argumentos científicos

Não é necessário desenvolver argumentos desse tipo. As comunidades animais e vegetais estabelecidas nas zonas úmidas devem com efeito ser conservadas na sua integridade se se quiser preservar as espécies que as constituem. Poder-se-iam estabelecer longas listas de vegetais e animais de dimensões reduzidas que ficariam ameaçados de rarefação, ou até mesmo de desaparecimento, se se eliminassem os habitats indispensáveis para a sua sobrevivência. Seria esse também o destino de inúmeros vertebrados; cada espécie é extremamente especializada, ocupando um nicho ecológico específico, cuja supressão implica o desaparecimento do animal que o habita.

Quanto à vegetação, um dos meios úmidos mais ameaçados é sem dúvida o das turfeiras. Estes locais, de uma grande riqueza botânica e originalidade biogeográfica indubitável, são desprezados tanto pelos agricultores quanto pelos economistas. No entanto, possuem uma flora notável, incluindo muitas espécies perfeitamente adaptadas ao meio, por vezes endêmicas ou relictuais[20], pelo fato de as turfeiras terem constituído refúgios onde se conservaram espécies de áreas consideravelmente afastadas. A transformação, mesmo limitada, desse meio altamente especializado conduz ao desaparecimento de toda essa flora sem equivalente em outros habitats (ver M. Bournerias, *Rev. et Soc. Sav. Haute Normandie Sci.*, 37, 1965).

[20]Relictos são seres animais ou vegetais que tiveram em épocas passadas maior representação, sendo hoje escassos, raros. A palavra não está registrada nos dicionários que compulsamos, mas é bem conhecida dos biólogos e geólogos. Provém do latim *relictus*, particípio passado do verbo *relinquere* que significa deixar, abandonar. Relictos são, pois, seres deixados, isto é, que restaram de outras épocas. Cientificamente o termo tem a mesma acepção que a palavra relíquia (do latim *reliquiae* = restos, despojos)(nota do Coordenador).

A conservação dos meios aquáticos adquire uma importância muito particular no caso de aves aquáticas migradoras. De um modo geral, as populações de aves aquáticas são muito menores do que se pensa. O Internacional Wildfowl Research Bureau, após se ter dedicado durante anos ao recenseamento das populações de Palmípedes em toda a Europa, assinala que as populações de certos gansos que invernam na Europa Ocidental não ultrapassam os 70 000 indivíduos; informa-nos de que o efetivo mundial de algumas bernacas é de 40 000 indivíduos, o de outras de 30 000; e que a população européia de outras ainda não ultrapassa os 20 000 indivíduos.

A maioria desses Palmípedes vive em áreas imensas nas tundras do Extremo Norte, onde ficam relativamente protegidas devido à sua grande dispersão e ao fato de o homem ter modificado pouco o seu habitat. Todos, porém, são migradores, e assim que começa o mau tempo vêm refugiar-se nas regiões mais meridionais. Contrariamente ao que se passa durante a estação de reprodução, suas populações concentram-se então sobre áreas extremamente limitadas, utilizadas quer como etapas de migração quer como territórios de invernagem. Os patos e os gansos que habitam uma zona que vai da Islândia e do norte da Europa até a Sibéria Ocidental vêm assim passar determinados períodos, ou invernar, em certas regiões privilegiadas distribuídas pela Europa Ocidental e pela África Tropical. Podem formar então concentrações consideráveis. Nos Países Baixos não se considera excepcional encontrar 500 000 a 600 000 aves migradoras sobre as extensões de lodo do Waddensee na ilha de Vlieland. Podem ser observadas também enormes concentrações na baía de Aiguillon, na costa da Vendée. O mesmo se passa nas zonas pantanosas da África Tropical. A parte baixa do vale do Senegal abriga uma importante população de cercetas, assim como a zona inundada pelo Niger.

Essas populações de aves notáveis sob vários pontos de vista e de um grande interesse cinegético só podem ser eficazmente protegidas se se criarem nas suas vias de migração reservas em número suficiente que lhes permitam invernar nas condições necessárias, muitas vezes rigorosas e variáveis segundo as espécies. Os gansos precisam de prados úmidos e francamente abertos, enquanto que as aves pernaltas (Caradriídeos)[21] preferem os lodaçais e as extensões de alta produtividade que a maré baixa deixa a descoberto*.

[21]Grupo de aves ribeirinhas e aquáticas ao qual pertencem, por exemplo, as gaivotas. Têm pernas mais ou menos longas (aves de praia), asas fortes (gaivotas). As alcas "voam" sob a água. Os pingüins, que podem atingir até 1 m de altura (grande-alca), também pertencem a este grupo. As narcejas, as batuirinhas e os maçaricos são outros representantes do grupo (nota do Coordenador).

Pode-se assim constatar que a proteção das aves aquáticas implica medidas de preservação dos habitats aquáticos excepcionalmente amplas. Um vasto esforço de cooperação internacional deve ser empreendido desde já. O desaparecimento de alguns dos elos essenciais dessa cadeia de pontos de repouso e de etapas de migração comprometeria a sobrevivência das populações, já consideravelmente escassas, de aves migradoras**.

*Deve-se sublinhar, sob esse ponto de vista, a importância da baía de Aiguillon, em Vendée, onde a maré baixa descobre extensões de vasa consideráveis. Certos projetos pretendem transformar esse habitat construindo um dique que o separa do mar, constituindo um lago de água doce no lugar dos lodaçais. Destruir-se-ia totalmente, desse modo, um local de extrema importância para a sobrevivência do conjunto das aves marinhas da Europa Ocidental.

**Essas medidas devem ser acompanhadas por uma exploração cinegética racional e por uma diminuição, pelo menos temporária, da pressão da caça, atualmente demasiado intensa na Europa. A supressão da caça na primavera deve ser preconizada nos países onde ainda é praticada, pois cons-

Para terminar, não seria possível omitir o grande interesse estético dos meios aquáticos onde os pintores encontraram inúmeros temas de inspiração e que os turistas freqüentam cada vez mais. Seu desaparecimento teria como conseqüência a perda de uma boa parte dos atrativos e do encanto de um país.

Argumentos econômicos

Inúmeros argumentos econômicos podem ser invocados a favor da conservação dos pântanos e demais ambientes úmidos. A opinião pública tem freqüentemente tendência a considerar que as zonas pantanosas são sistematicamente improdutivas e só apropriadas para recolherem os detritos industriais ou domésticos. O maior desejo de muitos é ver os engenheiros efetuarem a sua drenagem; estes últimos nunca hesitam em fazê-lo e, como afirmou Gabrielson (1962), até parece que os pântanos foram criados para que os engenheiros possam demonstrar a sua habilidade. Nas zonas temperadas, esses habitats considerados como malsãs são vistos com maus olhos, simultaneamente como terrenos perdidos para o homem e como sedes de inúmeros "miasmas" maléficos, indo do mosquito até o duende[22]; trata-se, em parte, de conceituação antiga da qual o homem moderno não conseguiu ainda libertar-se totalmente. Nas zonas tropicais, no entanto, as circunstâncias são outras, pois os pântanos constituem um perigo real para a saúde e a higiene públicas. Malária e bilharziose são flagelos freqüentes. O segundo só pode atualmente ser combatido por drenagens e saneamento das águas, em detrimento da fauna. Devemos, portanto, ser prudentes em nossos julgamentos e nuanceá-los em função das regiões do globo.

[22]Duende é entidade fantástica ou espírito sobrenatural, figura criada pela imaginação do homem. Naturalmente o autor faz referência, aqui, ao folclore de várias regiões (nota do Coordenador).

Os pântanos têm, no entanto, um grande valor econômico, e a conservação de alguns deles deve, desse modo, integrar-se no aproveitamento de um território.

Funcionam especialmente como reguladores do caudal dos rios, desempenhando a função de uma esponja que retém o excesso de água no momento das enchentes e o restitui em seguida progressivamente. A secagem dos pântanos e a colonização humana das zonas inundáveis contribuem poderosamente para a desorganização dos sistemas fluviais e para o desencadeamento de inundações catastróficas.

Por outro lado, os pântanos não são de modo algum improdutivos no plano agrícola e florestal. Fornecem pastagens apreciadas em certos períodos do ano, especialmente durante as épocas das grandes secas; seus recursos em lenha e madeira não podem também ser desprezados.

Em seu conjunto a produtividade primária dos pântanos é considerável, particularmente a dos pântanos costeiros (manguezais)[23] submetidos ao vaivém das marés; sua influência

titui um verdadeiro absurdo biológico. Os biólogos constataram que as densidades das populações de inúmeras espécies de aves aquáticas que se reproduzem na Escandinávia não são proporcionais à extensão dos meios favoráveis. O potencial ecológico máximo de produção de patos, gansos e de pequenas aves pernaltas não está manifestamente sendo atingido. A pressão exagerada da caça impede essas populações de atingirem um nível correspondente à plena capacidade dos biótopos (ver *Proc. Ist. Eur. meeting on Wildfowl Conservation*, 1963, Nature Conservancy, Londres, 1964, e particularmente Curry-Lindahl, p.3-13). Gabrielson (1959) já havia feito as mesmas observações relativamente à América do Norte, onde é apenas utilizado um décimo da capacidade dos territórios de reprodução.

fertilizadora exerce-se até grandes distâncias do mar (importante para o rendimento da pesca ao largo das costas e para a ostreicultura).

[23]Manguezais são regiões vizinhas do mar que podem ser periodicamente invadidas pelas águas nas marés cheias. Aí, a água salgada do mar se encontra com a água doce dos rios que, descendo as encostas das serras vizinhas, vêm desembocar no mar. Estas águas contêm muito material orgânico, coloidal, em suspensão. Ao se encontrarem tais águas com a água do mar, há uma alteração do seu grau de acidez, o que determina a floculação das partículas e sua conseqüente precipitação. Quando se retraem as águas do mar, nas vazantes, o solo persiste encharcado, movediço, salgado e pouco arejado. Nesse ambiente de condições muito especiais, poucas plantas podem sobreviver. São quase sempre as mesmas espécies que ocorrem nos manguezais, onde quer que existam, em todo o mundo. Uma fauna especial também se faz presente.

Drenados esses solos, as águas de chuva logo lavam o excesso de sais e as condições para culturas são muito boas, pois tais solos são bastante férteis. Em nosso litoral, são freqüentes, por exemplo, culturas de bananeira em tais solos (nota do Coordenador).

Segundo estudos efetuados nos Estados Unidos, na Geórgia, os pântanos dos estuários produzem, por ano, uma média de 22 toneladas por hectare de matéria orgânica seca, enquanto que um campo de trigo produz aproximadamente 3,4 toneladas, na mesma região, incluindo a palha e as raízes, e apenas 14 toneladas nas regiões mais produtivas da Europa Ocidental. É certo que tais quantidades de matéria orgânica não são comparáveis em valor absoluto, pois, no caso dos campos, uma parte considerável é diretamente utilizável pelo homem, enquanto que no caso dos pântanos apenas uma fração relativamente pequena é diretamente oferecida ao consumo humano. Esta última, no entanto, poderia ser consideravelmente aumentada por um aproveitamento racional, especialmente pela piscicultura. Devem ser citados aqui os rendimentos excepcionalmente elevados em produtos orgânicos obtidos na China e na Europa Central pela exploração dos peixes, rendimentos esses que seriam muito menores se estes habitats originais tivessem sido transformados em campos ou em prados, o que implicaria enormes investimentos*.

É preciso notar igualmente que muitos peixes, especialmente nas águas tropicais, realizam migrações locais que os conduzem para as zonas inundadas durante a estação das chuvas. Na altura desses deslocamentos, os nativos dedicam-se a uma pesca extremamente frutuosa que desempenha um papel importante na economia local, por exemplo no Quênia, nos afluentes do lago Vitória (Wasawo, 1963); a secagem dos pântanos prejudicaria gravemente essas pescarias, destruindo os locais de desova e perturbando as condições ecológicas.

Os pântanos salobres que cercam os estuários são, em todo o mundo, particularmente importantes do ponto de vista econômico. Certos peixes marinhos vão aí reproduzir-se, e os pequenos peixes passam nos pântanos os primeiros tempos da sua existência, devido à riqueza orgânica das águas. Outros, sedentários, permitem uma exploração intensiva. De fato, inúmeras pescarias são realizadas nesse ambiente (peixes e crustáceos). A pesca comercial, assim como

*O melhor rendimento, em proteínas, de uma terra conservada ou aproveitada como charco para peixes herbívoros (fitófagos), comparado com o que seria se essa terra fosse secada e utilizada para a criação de gado, explica-se por considerações ecológicas simples. Os consumidores de sangue quente, que utilizam necessariamente uma parte de sua energia na manutenção de uma temperatura interna constante, têm menor eficiência na transferência de energia do que os animais de sangue frio, como já observaram, com muita razão, Vibert e Lagler. O rendimento pode ser vinte vezes superior nas terras pobres da zona subtropical.

a pesca esportiva, garantem uma alta produtividade sem que sejam necessários investimentos por parte do homem.

Um outro recurso extremamente importante das zonas úmidas é constituído pelas aves aquáticas, muito procuradas pelos caçadores. A locação dos esconderijos, das tendas portáteis e dos terrenos de caça dá um excelente rendimento, freqüentemente superior ao das mesmas zonas transformadas em terrenos de cultura, após dispendioso investimento. A importância econômica da caça aos Palmípedes é particularmente grande nos Estados Unidos, onde perto de 2 milhões de licenças de caça de aves aquáticas são distribuídas todos os anos; calcula-se que as somas pagas pelos caçadores são da ordem dos 89 milhões de dólares. Pode-se citar, a esse respeito, uma organização privada, a "Duck Unlimited", associação fundada em 1937 nos Estados Unidos, para compensar a sensível diminuição dos Palmípedes na América do Norte. Os fundos recolhidos por subscrição, especialmente nos Estados Unidos (90% dos recursos), servem para a constituição de terrenos de reprodução no Canadá (principalmente nas províncias de Manitoba, Saskatchewan e Alberta) onde se reproduzem 75% dos patos que são mortos nos Estados Unidos. Essa organização dispõe de um orçamento anual de mais de 500 000 dólares e já gastou 8,5 milhões de dólares desde a sua fundação. Essas cifras, por si só, atestam a importância econômica de tais operações que têm o mérito de conservar os habitats no seu estado original, de preservar os estoques reprodutores de patos, garantindo, no entanto, uma excelente rentabilidade econômica.

Por outro lado, também, as zonas pantanosas abrigam certos mamíferos cuja pele é muito procurada, e que proporcionam recursos consideráveis. Se bem que a procura tenha diminuído nestes últimos anos, em parte devido à criação de animais em cativeiro, o valor das peles de vison, de rato almiscarado, de lontra e de outros animais, coletadas nos Estados Unidos, é de 10,5 milhões de dólares. Os répteis, especialmente jacarés, constituem igualmente fontes de lucro importante que desapareceriam se os ambientes fossem transformados*.

Deve-se assinalar finalmente que as extensões lacustres podem servir para inúmeros esportes, que vão do iatismo à pesca esportiva. Através da indústria e do turismo, criados por por essas atividades ao "ar livre", os habitats aquáticos podem dar um excelente rendimento econômico**.

De um modo geral, portanto, os habitats aquáticos devem ser protegidos contra transformações abusivas. Durante séculos o homem pensou que a melhor maneira de tirar partido desses ambientes era secá-los, destruindo assim comunidades biológicas inteiras. Não há dúvida de que, em certos casos, estas soluções radicais se impõem, quer por motivos agrícolas, para aumentar a produção de gêneros alimentícios, quer por motivos de natureza médica, para obter, através da secagem dos pântanos, a erradicação de determinadas doenças.

Porém, em muitos outros casos, o homem pode tirar melhor partido das zonas pantanosas conservando-as em seu estado natural, ou aproveitando-as, com aumento de sua produtividade.

*Os jacarés diminuíram de 98% desde 1960 na Flórida, no Everglades Nat. Park, devido à drenagem das zonas limítrofes.

**As últimas estatísticas avaliaram em 21 milhões o número de pescadores de água doce, e em 385 milhões o número de dias consagrados anualmente a esse esporte nos E.U.A. Na França, 2 717 000 licenças de pesca foram concedidas em 1963.

Essa política permitiria evitar inúmeros enganos pagos mediante emprego de capitais consideráveis. Em vários países, os planos de secagem dos pântanos foram improdutivos, conduzindo à criação de terrenos de cultura inúteis*.

O mesmo aconteceu em certos vastos programas de transformação e aproveitamento de bacias fluviais inteiras. Foi esse, por exemplo, o caso do Volga; 50% de suas águas são atualmente retidas por barragens destinadas à produção de energia elétrica e à irrigação de distritos áridos. Essas obras provocaram uma evaporação considerável ao nível das zonas irrigadas, que acabaram recebendo menos água do que aquela prevista pelos autores do projeto. Provocaram também uma baixa no nível do mar Cáspio (1,8 m entre 1929 e 1946, e muito mais, posteriormente) e um dessecamento progressivo do delta do Volga. Estas modificações tiveram repercussões profundas nos habitats e, conseqüentemente, na fauna e na flora dessa região, que apresenta um interesse considerável para o biólogo; além do mais, acarretaram uma diminuição do rendimento das pescarias e da produção de caviar (três quartos da produção russa provém do Volga), de uma grande importância econômica; em 1957, as capturas no mar Cáspio baixaram de 65% relativamente a 1917 (o esturjão diminuiu 50% desde 1913). Um complexo de uma incrível riqueza está assim desaparecendo sob os nossos olhos, devido a uma série de erros cometidos pelo homem (Curry-Lindahl, *A Europa,* Paris, 1966).

Constatações similares foram feitas após a construção da barragem de Assuan, no Nilo. A produção de energia elétrica e o controle do caudal do rio devem, sem dúvida, ser inscritos no ativo dessa operação. Existe, porém, um passivo, cuja importância foi subestimada por falta de estudos ecológicos. As plantas aquáticas invadiram as margens do lago de barragem, aumentando as perdas de água devido à sua transpiração e à modificação das condições de evaporação nas zonas pouco profundas. Por outro lado, a barragem modificou consideravelmente o depósito de limo, de modo que já não compensa a erosão efetuada pelas águas na parte baixa do vale do Nilo. Resulta daí uma erosão acelerada e uma diminuição dos rendimentos, talvez superior ao lucro proveniente da extensão das culturas na parte alta do vale. As terras recentemente irrigadas nem sempre se revelaram propícias para a agricultura, principalmente pelo fato de ter havido aumento no teor de sais, consecutivo à irrigação. A modificação do regime das águas provocou a multiplicação de moluscos vetores de esquistossomose de que sofrem as populações do delta. Finalmente, a diminuição maciça de sais minerais nos aluviões que chegam ao Mediterrâneo Oriental perturbou o ecossistema marinho, reduzindo consideravelmente a sua produtividade. Tais modificações repercutiram desastrosamente nas pescarias. A tonelagem de sardinhas pescadas pelos egípcios baixou de 18 000 toneladas, em

*Citaremos, em particular, o exemplo dos Países Baixos, onde o governo decidiu acabar com a transformação das turfeiras e dos pântanos devido ao custo dos investimentos e à ausência de rendimentos. Uma quantidade de produtos agrícolas — especialmente manteiga e queijo — está em excesso, enquanto que o preço de locação de terrenos inundados em vista de sua utilização para a caça, a pesca ou os esportes náuticos aumenta de dia para dia.

Em muitos outros países, as drenagens resultaram em fracassos financeiros e agrícolas. O melhor exemplo é incontestavelmente o caso do lago Hornborgasjörn, na Suécia. No seu estado natural, o lago cobria aproximadamente 26 km^2 e possuía uma vegetação luxuriante, assim como uma fauna extremamente rica. As primeiras tentativas de drenagem foram efetuadas em 1803, e retomadas em seguida em 1850 e 1870, acarretando cada vez sérios prejuízos. No entanto, um novo projeto foi executado em 1903, resultando em fracasso quase total. Apesar de tudo, fez-se uma quinta tentativa em 1930. Em 1958, as despesas haviam atingido um total de 4 milhões de coroas suecas. Atualmente o lago Hornborgasjörn continua sendo uma extensão pantanosa onde foram empatados, sem qualquer proveito, capitais consideráveis.

1965, para 500 toneladas, em 1968. Seria necessário efetuar-se um balanço antes de modificar tão profundamente um fenômeno natural de suma importância como o regime das enchentes do Nilo.

Restrições similares deveriam ser feitas no caso do gigantesco projeto do Mekong, que afeta a economia de quatro países da península indochinesa. Os estudos ecológicos não foram certamente tão desenvolvidos quanto os projetos técnicos das barragens. Amargas desilusões serão, provavelmente, o fruto dessa modificação radical do regime das águas em toda essa parte da Ásia.

Tais empreendimentos conduziram por vezes a um verdadeiro retrocesso; em certos casos não se hesitou em restabelecer as condições anteriores, após inquéritos econômicos e técnicos cuidadosos*.

Deve-se, por outro lado, insistir nos perigos que representa a edificação de barragens no que respeita a conservação dos meios aquáticos. As realizações visando um aproveitamento hidroelétrico transformam radicalmente o regime das águas, modificando o caudal e as suas variações, nos rios onde se instalaram paredes de retenção, podendo assim repercutir gravemente no conjunto das bacias. Por outro lado, os lagos artificiais submergem freqüentemente vastas áreas, onde vivem plantas e animais raros. As barragens impedem igualmente as migrações dos peixes, sobretudo dos salmões, apesar da construção de *"escadas para peixes"*, que lhes permitem transpô-las; modificam as condições ecológicas dos locais de desova e perturbam, com isso, a reprodução**. Finalmente, certas barragens desfiguraram totalmente algumas das mais belas paisagens da montanha e constituem verdadeiros desafios ao turismo devido às construções efetuadas e ao aspecto das margens dos lagos de retenção: submetidos a rápidas variações de nível, esses lagos ficam cercados por uma faixa desprovida de qualquer tipo de vida, coberta por uma camada de lama seca que completa a desfiguração da paisagem.

Evidentemente, devemos aceitar as necessidades da indústria que exige cada vez mais energia, obtida a baixo preço graças à força hidráulica. O nosso desenvolvimento econômico depende da obtenção dessa energia. No entanto, devem-se considerar também, na medida do possível, os interesses da conservação da natureza. Certas paisagens naturais foram definitivamente estragadas sem nenhum proveito para o homem. A constituição de uma barragem não consiste apenas na construção de um muro de alvenaria e de algumas centrais elétricas; implica igualmente o estudo das condições hidrológicas e da taxa de erosão de toda a bacia. Já mencionamos todos esses problemas cuja omissão conduziu, por vezes, a verdadeiras catástrofes. A construção de uma barragem, cujas conseqüências, a curto e a longo prazo, são freqüentemente incalculáveis, deve ser concebida como uma parte de vastos planos de aproveitamento do território que incluem a conservação das paisagens e dos habitats naturais. Se é impensável renunciar à construção de obras hidroelétricas (se bem que possamos dentro em

*Citaremos aqui o exemplo do lago Mattamuskeet, na Carolina do Norte, com uma superfície de 20 000 ha, drenado em aproximadamente metade da sua área, entre 1915 e 1932, e recolocado sob a água após projetos de aproveitamento visando a multiplicação da fauna aquática.

**Citaremos, a título de exemplo, a bacia do Rio Colúmbia, no noroeste dos Estados Unidos, onde, após a construção da barragem de Bonneville, o rendimento da pesca comercial do salmão baixou de 80% (passando de 22,5 milhões de quilos em 1911, para cerca de 5 milhões em 1956). Se bem que essa diminuição não seja apenas imputável aos aproveitamentos hidráulicos (devem-se acrescentar os efeitos das poluições, da modificação do regime das águas, consecutivo ao desflorestamento e a uma pesca excessiva indubitável), essas cifras mostram como uma riqueza natural pode ser comprometida pela construção de barragens.

breve dispor de outras fontes de energia), é necessário preservar um certo número de paisagens em todo o mundo, mesmo que seja preciso renunciar a uma fração de proveitos materiais, aliás rapidamente compensados de outras formas*.

Estes exemplos mostram, mais uma vez, que o homem deve integrar-se num equilíbrio natural em vez de empreender sistematicamente a destruição de tipos de habitats muito característicos, de uma importância considerável para o homem moderno e de um valor incalculável para a preservação de grande parte da fauna e da flora mundiais. A diminuição progressiva das zonas úmidas torna as preocupações dos conservacionistas particularmente atuais**.

9 — A EROSÃO PODERÁ DESTRUIR O HOMEM?

"Nós, civilizações, sabemos hoje que somos mortais". Paul Valéry, *Variété I. La crise de l'esprit*, 1.ª carta.

A superfície dos solos cultiváveis está, portanto, diminuindo de ano para ano, devido à má administração desse capital que apresenta para o homem um valor inestimável. A degradação desmedida das terras não é um fenômeno atual, pois não há dúvida de que o homem primitivo, caçador, pastor ou agricultor nômade, começou a transformação dos habitats, por vezes em grande escala, graças ao fogo, instrumento cujos poderosos efeitos não eram proporcionais à técnica ainda rudimentar da humanidade nos seus primórdios.

O problema assumiu, porém, atualmente, proporções imensas. A procura crescente de madeira, o estabelecimento de plantações industriais, o abandono de métodos agrícolas conservadores em proveito daqueles que asseguram um rendimento imediato, mesmo que sem futuro, a colonização do mundo inteiro pela civilização de tipo ocidental, generalizaram a degradação em todo o planeta e aceleraram os processos de erosão em proporções gigantescas. O cultivador deixou de ser um campônes para se tornar um homem de negócios. A evolução econômica e política de certos continentes inteiros — especialmente a África, mas também a América tropical — faz com que as novas nações procurem desesperadamente desenvolver os seus recursos para poderem participar do grande "concerto" dos países "modernos". Tais progressos correm o risco de se realizarem em detrimento do solo. E essa evolução está se efetuando num momento em que uma parte considerável da superfície cultivável já está arruinada e em que a população humana está passando por uma crise demográfica de amplidão inigualada desde o aparecimento do homem sobre a Terra.

O conservacionista lamenta a transformação dos habitats selvagens que provocaram o desaparecimento, ou pelo menos a rarefação, de espécies animais e vegetais cuja existência

*Consultar principalmente *Hidroeletricidade e Proteção da Natureza*, UICN, 3.ª Reunião Técnica, Caracas (1952); mesmo título; *Pro Natura*, vol. 2, 1955; e *As conseqüências das barragens no habitat e na paisagem*, UICN, 7.ª Reunião Técnica, Atenas (1958), vol. 2.

**Devemos assinalar, igualmente, que a UICN organizou na França, em novembro de 1962, uma importante conferência em Saintes-Maries de la Mer, perto da reserva da Camargue, no quadro do seu projeto MAR, programa para a conservação e o aproveitamento das zonas úmidas em países temperados. Reuniu-se nessa ocasião uma documentação pormenorizada sobre os métodos de conservação, de aproveitamento e de restauração dos meios úmidos, e efetuou-se um inventário dos principais locais que deveriam ser preservados na Europa e no norte da África. Esperemos que uma estreita colaboração internacional estabeleça um programa de conservação do qual depende a sobrevivência de comunidade de um interesse capital para a proteção da natureza, para a ciência, assim como para a economia humana.

faz a felicidade do naturalista. E o economista, o agricultor e o industrial acabaram por aderir ao seu descontentamento, ao verem os territórios que exploravam tornarem-se estéreis ao fim de alguns anos, as terras desaparecerem, levadas pelos ventos ou pelas chuvas, e a rocha surgir, nua, sob as carapaças de laterite ou as colinas entalhadas pelas ravinas.

Os processos de erosão, uma vez desencadeados, produzem, como já vimos, uma aceleração do fenômeno, uma espécie de autodestruição da natureza, onde a atmosfera, a água e a terra reagem umas com as outras conduzindo a uma esterilização total das regiões onde o homem provocou imprudentemente uma ruptura do equilíbrio natural. Se bem que restem ainda algumas zonas de alta produtividade no mundo, o "câncer" da erosão já corroeu grande parte do planeta. Como as terras tornaram-se improdutivas, o número de consumidores está aumentando continuamente, e a pressão dos especuladores se intensifica cada vez mais, é necessário desbravar ininterruptamente novas zonas. Em toda a parte a "frente" das culturas avança como uma vaga que se vai desenrolando sobre as terras que permaneceram praticamente intactas, deixando atrás de si paisagens desoladas, solos cobertos de escaras ou de feridas profundas e uma economia arruinada, enquanto que os tufões e as chuvas retiram os restos de terra em redemoinhos de poeira ou em rios de lama. A bacia mediterrânea perdeu há muito uma parte considerável das suas potencialidades agrícolas. Nas grandes planícies da América do Norte, a superfície "útil" diminui em proporções inquietantes. Na América Latina, os fenômenos de erosão atingiram uma dimensão tal que colocam sérios problemas sociais e econômicos; e, no entanto, continua-se utilizando os mesmos métodos, "valorizando" os terrenos que permaneceram selvagens.

A África Tropical está devastada pela erosão sobre uma vasta parte de sua superfície, devido aos efeitos conjugados de um desflorestamento rápido, de uma administração má dos solos pelos africanos, e de um cultivo de produtos destinados à exportação, sem nenhum proveito para a economia biológica local. A Ásia segue lentamente uma curva descendente, se bem que a evolução, iniciada há milênios, seja aí mais lenta do que em outras zonas.

Não se trata, portanto, de um problema local que só deveria interessar a alguns especialistas, A própria existência do homem sobre a terra está em jogo, e uma degradação que se estende sobre territórios imensos está preocupando tanto os economistas quanto os agrônomos e os médicos.

Essa situação já provocou, no entanto, algumas reações salutares. A pedologia ou ciência dos solos, nascida na Rússia sob uma forma racional somente no fim do século passado, assumiu hoje em dia dimensões consideráveis. Cada país possui atualmente organismos encarregados de pesquisas sobre os solos, a sua natureza e a sua evolução, assim como sobre os processos que permitem simultaneamente a sua conservação e a sua exploração. Os Estados Unidos, por exemplo, criaram um serviço com meios poderosos (Soil Conservation Service, Dept. of Agriculture); na França e em outros países, esses serviços, freqüentemente conhecidos sob a sigla de D.R.S. (Defesa e Restauração dos Solos), já efetuaram um trabalho considerável, por exemplo, na Argélia. Organismos internacionais garantem a indispensável coordenação, favorecem os intercâmbios de documentação e preparam programas de pesquisas. Tais medidas tiveram resultados felizes, e uma exploração das terras baseadas em conhecimentos aprofundados teve início em inúmeras regiões.

Classificação dos solos em função de sua "vocação"
(segundo a classificação do U. S. Soil Conservation Service, modificada segundo diversos autores

Cat.	*Características*	*"Vocação" principal*
A.	*Terras apropriadas para o cultivo*	
I.	Terras planas, podendo ser cultivadas sem precauções especiais	Agricultura
II.	Terras podendo ser cultivadas com precauções elementares (cultura em faixas, coberturas herbáceas)	Agricultura, pastagens
III.	Terras podendo ser cultivadas com meios intensivos de proteção	Agricultura, pastagens. Conservação da vegetação primitiva
B.	*Terrenos permitindo uma cultura momentânea*	
IV.	Terras muito frágeis, devido ao seu declive, a sua estrutura pedológica ou as suas características hidrográficas	Conservação da vegetação primitiva
C.	*Terras impróprias para a cultura, mas suscetíveis de um "aproveitamento"*	
V.	Terras estáveis se dotadas de uma cobertura vegetal permanente explorada racionalmente	Floresta, pastagem extensiva. Conservação da vegetação primitiva
VI.	Terras necessitando precauções contra a erosão acelerada	Floresta, pastagem extensiva. Conservação da vegetação primitiva. Urbanização
VII.	Terras muito frágeis, necessitando grandes precauções	Floresta, conservação da vegetação primitiva. Urbanização
D.	*Terras impróprias para qualquer exploração*	
VIII.	Terras muito frágeis, sem estrutura pedológica, com declive acentuado e condições hidrográficas extremas	Conservação da vegetação primitiva Urbanização

N. B. Tal classificação está baseada na natureza do solo, no declive, no grau de erosão, no clima e na natureza da exploração. É evidente que, na realidade, as terras formam uma série contínua, o que justifica as subcategorias propostas por certos autores.

As terras incluídas nas categorias V a VIII prestam-se particularmente bem para a constituição de reservas que preservariam a fauna e a flora selvagens.

Por outro lado, os exploradores agrícolas estão se apercebendo agora de um fato fundamental que os biólogos conhecem, no entanto, desde Aristóteles: a extraordinária diversidade dos habitats naturais existentes no mundo, onde cada distrito comporta uma cobertura vegetal e um povoamento animal estreitamente relacionado com a natureza geológica do seu solo e com o seu clima. Esses fatos foram desprezados durante muito tempo, e pensou-se que os mesmos métodos proporcionariam os mesmos rendimentos, quaisquer que fossem os fatores físicos do meio. Compreende-se hoje que, se determinadas zonas possuem uma nítida vocação agrícola, e são portanto suscetíveis de serem cultivadas, mesmo se o naturalista lamentar a sua transformação, outras áreas não podem ser modificadas, pelo menos no estado atual dos

dos nossos conhecimentos, sem correrem o risco de ficarem arruinadas de forma irremediável. Essas *zona marginais* devem ser conservadas em seu estado original, e o homem deve apenas explorar, em certa medida, as suas produções naturais (por exemplo a madeira e a caça).

Tais concepções conduziram os especialistas americanos a realizarem uma classificação dos solos em oito categorias, formando na realidade, uma série contínua, segundo a natureza das terras (composição física e química), o seu declive, o seu grau de erosão, o clima e a natureza da exploração. As três primeiras categorias são constituídas por terras adequadas à cultura (com ou sem processos especiais); a quarta inclui as terras nas quais se pode praticar um cultivo temporário; as três seguintes englobam todas as terras impróprias para a cultura, mas onde a exploração da cobertura vegetal, natural ou artificial, pode ser empreendida com ou sem precauções especiais (pastagens, florestas, charnecas); a última é constituída pelos terrenos improdutivos pelo menos no que respeita à agricultura. Essa classificação foi adotada após correções estabelecidas pela maioria dos especialistas de todo o mundo. Ela permite constituir um mapa das "vocações" das terras, infelizmente ainda por estabelecer na maior parte da superfície do globo.

Pode-se constatar, portanto, que um certo equilíbrio entre a floresta, o prado e o campo, variável segundo os fatores físicos do meio, é sempre necessário*. Foi este equilíbrio agro-silvo-pastoril que gerou a riqueza da Europa Ocidental e Central, assim como suas paisagens harmoniosas. Foi ele também que fez a prosperidade de uma parte da Ásia e do nordeste da América do Norte, onde métodos racionais foram aplicados por colonos que tinham assimilado longas tradições agrícolas vindas da Europa. Foi por terem desprezado tais métodos que os agricultores transformados em homens de negócio arruinaram as grandes planícies do centro dos Estados Unidos, as savanas e as florestas claras da África e da América Tropical. A monocultura foi uma calamidade que certamente nos custará caro, assim como as conseqüências da unificação das parcelas cultivadas, que colocam problemas geomorfológicos graves se efetuadas de forma inadequada.

Essa concepção do equilíbrio permitiu restaurar determinadas regiões, que foram reflorestadas ou reconvertidas em prados sobre vastas superfícies, enquanto que, simultaneamente, se impunham aos agricultores práticas de cultivo susceptíveis de preservar os solos. Poder-se-iam multiplicar os exemplos. Um dos mais clássicos é o do Tennessee Valley nos Estados Unidos. Este vale foi devastado pelo desflorestamento e pelas práticas de cultivo perniciosas. Sob a direção de David E. Lilienthal foi criado, em 1935, um organismo autônomo, a Tennessee Valley Authority, freqüentemente conhecida sob a sigla TVA, que realizou uma obra gigantesca, baseada em inúmeras pesquisas científicas prévias, o primeiro vasto programa de desenvolvimento integrado. Graças aos capitais concedidos pelo Estado, esse organismo elaborou um plano de aproveitamento geral do território, construindo quarenta barragens bem colocadas, produtoras de eletricidade e reguladoras dos rios. Bloqueou a erosão acelerada e permitiu que se efetuasse um notável desenvolvimento agrícola da região. O desenvolvimento harmonioso desta foi fruto da aplicação de princípios de uma lógica elementar: o equilíbrio entre diversas produções naturais e a utilização das terras em função de sua "vocação" própria.

Esse deve ser, atualmente, o nosso principal objetivo. Os programas de *aproveitamento dos territórios* e de renovação agrícola pretendem garantir uma utilização melhor das terras, baseada em inquéritos ecológicos complexos aos quais se devem dedicar previamente equipes

*Deveríamos escrever: "Constatamos, *novamente* . . . " pois esses sábios princípios, esquecidos durante muito tempo, foram formulados por Olivier de Serres no século XVI, e por Duhamel du Monceau no século XVIII.

de especialistas nas mais diversas disciplinas. Teremos oportunidade de falar sobre esse assunto mais adiante.

Note-se também que a criação de vias de comunicação entrecortando as vertentes, a implantação de construções (pontes, etc.), não contando a extensão das cidades, das aglomerações, dos campos de aviação, infligiram igualmente sérios traumatismos às camadas superficiais da terra, esboçando assim processos erosivos por vezes graves.

Esperemos que o homem tenha aprendido essas lições e que não seja vítima da perigosa engrenagem que imprudentemente pôs a funcionar; e também que a curva demográfica não ultrapasse a das produções agrícolas resultantes de uma gestão racional das terras. Os terríveis exemplos das montanhas reduzidas à rocha nua ou carapaças lateríticas às quais só o tempo poderá conferir uma nova vida deverão fazer com que doravante evitemos cometer os mesmos erros.

CAPÍTULO 6

FLAGELOS E REMÉDIOS PERNICIOSOS

"Cada um é responsável pelo prejuízo que causou, não apenas pelo seu ato, mas também pela sua negligência ou imprudência." *Code civil*, art. 1383

A ação do homem sobre a natureza traduziu-se, como já vimos, por profundas modificações nos equilíbrios biológicos. O cultivo provocou transformações radicais nos estados originais. Se, por um lado, conduziu à rarefação ou mesmo à destruição total de um grande número de espécies animais e vegetais, por outro lado favoreceu outras, muitas das quais se tornaram devastadoras ou parasitas das culturas. O homem dedicou-se a uma verdadeira experiência de seleção, transformando uma região. A introdução, voluntária ou não, de espécies transportadas de outras partes do globo provocou, da mesma forma, graves rupturas de equilíbrios: os parasitas mais nocivos para as culturas são freqüentemente animais ou vegetais alóctones; retirados de seu meio natural, onde suas populações são limitadas por competidores ou predadores, podem proliferar ilimitadamente nos territórios onde foram imprudentemente aclimatados.

As "pragas", especialmente os insetos, não são de modo algum calamidades acidentais, e devem, pelo contrário, ser consideradas como conseqüências fundamentais e inevitáveis das práticas agrícolas e das transformações efetuadas pelo homem nos habitats naturais (Kuenen, 1960). A multiplicação das plantas cultivadas põe subitamente à disposição de certos animais uma enorme quantidade de alimentos; eles se aproveitam da abundância e o seu número cresce paralelamente, segundo uma lei biológica elementar, sobretudo durante os primeiros estágios do cultivo. Esse fenômeno é particularmente nítido no caso das culturas de cereais. Os insetos, até então confinados às gramíneas selvagens — qualificadas de "plantas hospedeiras *substitutas*" enquanto que, na realidade, constituem fontes de infestação —, descobrem de repente recursos alimentares mais regulares, mais seguros e em quantidades desmedidas, relativamente ao estado original. As associações de gramíneas virgens são, assim, vastos reservatórios de devastadores em potência, que operam uma transferência para a planta cultivada logo que começa a exploração das terras. Nas regiões semi-áridas do sudeste da U.R.S.S., certos observadores encontraram 312 espécies de insetos nos terrenos virgens; se bem que apenas se tenham reencontrado 135 nos campos recentemente criados nas vizinhanças, a densidade média da população de insetos era, no entanto, quase duas vezes maior. Entre uns vinte insetos de culturas que se tinham tornado extremamente abundantes, um deles era aí vinte vezes mais numeroso do que nas gramíneas selvagens, e um *Thrips* do trigo, 360 vezes mais. Uma transferência análoga do inseto, da planta hospedeira autóctone para a cultivada, foi observada em outras regiões do mundo, especialmente na África, no caso do sorgo (Uvarov, 1963).

Para restabelecer o equilíbrio e controlar os animais nocivos, o agrônomo inventou meios de luta artificiais, utilizando vasta gama de produtos que a química punha à sua disposição.

Essa batalha foi essencialmente dirigida contra os insetos, que são os mais perigosos devido à sua extraordinária fecundidade e ao seu poder de destruição, causador de estragos consideráveis nas culturas e nas florestas*. Por outro lado, alguns deles desempenham um papel essencial como vetores de doenças graves que afetam o homem e os animais domésticos, e por vezes também os vegetais cultivados.

O homem descobriu igualmente que a luta química podia permitir-lhe eliminar os vegetais indesejáveis. Foram assim elaborados inúmeros *herbicidas* para controlar as plantas nocivas, inclusive os fungos que devastavam as culturas (*fungicidas*).

Até épocas relativamente recentes, tais substâncias pertenciam todas, ou quase todas, ao domínio da química inorgânica, e a célebre "calda bordalesa" à base de sulfato de cobre com que os viticultores pulverizavam as suas videiras para protegê-las contra doenças parasitárias constituiu um exemplo clássico. Os produtos à base de arsênico — ainda utilizados hoje — têm igualmente uma longa história na luta contra os insetos.

Rapidamente, no entanto, graças aos sensacionais progressos realizados na química orgânica, o homem pôde dispor de uma infinidade de produtos sintéticos consideravelmente mais eficazes. O diclorodifemiltricloroetano, conhecido pela clássica abreviatura de DDT, elaborado e lançado em 1942, foi, a bem dizer um precursor (embora seja o mais utilizado de todos os inseticidas ainda atualmente; sua produção nos Estados Unidos ultrapassa a de todos os outros principais inseticidas reunidos) num campo em que as novas descobertas sempre foram, e continuam sendo, bastante rápidas**. O DDT foi a primeira de uma longa série de substâncias cujo número se multiplica em velocidade acelerada desde o fim da Segunda Guerra Mundial. Só nos Estados Unidos registraram-se oficialmente, em 1966-67, sob os seus nomes comerciais, 58 831 marcas diferentes de *pesticidas* — nome geral que designa as substâncias químicas empregadas na luta contra as "pragas" animais ou vegetais que causam prejuízos ao homem e às suas culturas — (contra 7 851 em 1960) e todos os anos surgem novos produtos. As quantidades utilizadas em 1966 representam 3,5 bilhões de cruzeiros, devendo atingir, muito provavelmente, 6 bilhões de cruzeiros em 1975. Cerca de 5 bilhões de cruzeiros de pesticidas são aplicados anualmente em uma superfície de aproximadamente 35 a 40 milhões de hectares de terras cultivadas. Deve-se notar, no entanto, que essa área, considerável em valor absoluto, representa apenas uma fração do território dos Estados Unidos, constituindo, em 1962, 15% das superfícies cultivadas, 0,28% das florestas e 0,25% dos campos, ou seja, ao todo 4,62% da área total dos E.U.A. Se bem que a América do Norte seja o país que recorre mais intensamente à luta química, muitos outros o seguem de perto, particularmente a Europa Ocidental.

A humanidade deve muito, sem dúvida, aos pesticidas, sobretudo aos inseticidas. Essas substâncias permitiram obter o controle de perigosos parasitas das culturas e diminuir os seus estragos em proporções consideráveis em todo o mundo, resultado particularmente importante, considerando-se penúria alimentar que nos aflige atualmente. Tais produtos permitiram igual-

*Relembramos que só nos Estados Unidos, os insetos pertencendo a cerca de 6 500 espécies e aproximadamente 2 500 espécies de Acarídeos fazem mais estragos nas florestas do que o fogo e as doenças criptogâmicas reunidos. Na Índia, as perdas de gêneros alimentícios foram avaliadas em 5,5 bilhões de cruzeiros e representam o equivalente ao alimento de 40 milhões de habitantes.

**Note-se que muitas dessas substâncias já eram conhecidas há muito tempo. Assim, o DDT foi sintetizado pela primeira vez em 1874 por Zeidler, na Alemanha, o HCH em 1825 por Faraday, ou seja, respectivamente 68 e 118 anos antes de se descobrirem as suas propriedades inseticidas.

mente eliminar ou limitar consideravelmente certas doenças, especialmente a malária*. Vários prêmios Nobel foram atribuídos aos químicos que descobriram e elaboraram essas substâncias; eles mereceram amplamente essa honra.

O uso de pesticidas sintéticos deve assim, sob certos aspectos, ser considerado como um progresso na defesa da humanidade e de seus meios de subsistência. O próprio princípio dessa luta permanece válido. No entanto, a utilização dessas substâncias ocasionou abusos deploráveis. O homem, orgulhoso de suas descobertas e de sua técnica, pensou que podia espalhar esses produtos em grandes quantidades na natureza, eliminando, sem riscos e definitivamente, todos os predadores. Trata-se, no entanto, de venenos violentos**, suscetíveis de provocar desequilíbrios graves, eliminando cegamente todos os animais. Os inseticidas conhecidos atualmente não são seletivos, na sua quase totalidade, matando indiscriminadamente todos os insetos, tanto os nocivos quanto os úteis ou os indiferentes. Para mais, sua ação vai muito além da classe dos Insetos; a maioria é igualmente prejudicial aos outros animais, particularmente aos vertebrados de sangue frio, aos mamíferos e às aves. São também tóxicos para o homem e, se bem que tenha havido poucos casos de acidentes mortais***, pouco sabemos quanto à sua ação a longo prazo.

*Pode-se citar como exemplo a erradicação do Anófeles proveniente de Gâmbia, durante a epidemia tão tristemente célebre no Brasil. Até épocas muito recentes, deploravam-se anualmente 400 milhões de casos de malária no mundo inteiro, provocando 5 milhões de mortes. Graças às campanhas de desinsetização efetuadas na Índia, o número de casos desceu de 75 para 5 milhões e a longevidade média passou de 32 para 47 anos. Em Bengala, a produção de arroz aumentou 15% devido ao melhoramento do estado sanitário da população. Nas Filipinas, as faltas das crianças nas escolas, motivadas pela malária, passaram de 40-50% em 1946, para 3% em 1949. Esses resultados, de uma extrema importância social e econômica, não podem ser omitidos no "processo" dos inseticidas.

**Certos pesticidas pertencem às mesmas famílias químicas das substâncias que agem sobre o homem como venenos nervosos; encarou-se a possibilidade de sua utilização como substitutos das armas "convencionais", no caso de uma guerra química. As descobertas feitas originalmente no campo dos inseticidas, tanto na Alemanha quanto em outros países, estão ligadas a pesquisas destinadas à destruição do homem e não do inseto. No entanto, deve-se assinalar que essa semelhança só se refere a uma pequena parte da química dos inseticidas e que os produtos que mais se aproximam das substâncias de combate são também aqueles que se degradam mais rapidamente na natureza e no organismo humano. Entre eles está, atualmente, o inseticida menos tóxico para o homem.

***Do mesmo tipo que aqueles que ocorrem durante a manipulação de outros produtos tóxicos na indústria. Nos Estados Unidos, onde os pesticidas são mais utilizados, em 1956, sobre um total de 95 000 acidentes mortais, apenas 152 são imputáveis a essas substâncias, 94 dos quais foram provocados por inseticidas do tipo antigo, especialmente à base de arsênico (*World Review of Pest Control*, 1:6-18, 1962). Por outro lado, é impossível avaliar a toxidez a longo prazo, talvez considerável, mas sobre a qual não dispomos de *nenhum* testemunho objetivo atualmente; apenas se têm feito suposições gratuitas. Muitas idéias sem fundamentos reais circulam entre o público, freqüentemente informado de forma tendenciosa; acrescenta-se o fato de que uma fração importante desse público desconfia *a priori* de toda e qualquer prática nova. Basta relembrar que o tratamento com enxofre e a sulfatagem das videiras provocou grandes temores quando, por volta de 1880, se começou a recorrer a estes processos; o público chegou até a acusar os viticultores de estarem envenenando o vinho. O futuro mostrou que estes últimos estavam no caminho certo. Existe atualmente o mesmo tipo de suspeita relativamente aos pesticidas sintéticos que não devem ser nem subestimados nem superestimados. É extremamente difícil, porém, conservar a objetividade relativamente a este problema na atual conjuntura.

As repercussões dessas substâncias tóxicas são manifestas em toda a natureza, desde o solo até o homem. Finalmente, o abuso dos pesticidas conduz a um verdadeiro envenenamento das biocenoses naturais ou artificiais, cujas conseqüências começam agora a ser avaliadas.

Inúmeras polêmicas tiveram e têm ainda por tema esse problema complexo, mesmo fora dos círculos científicos e técnicos aos quais deveriam confinar-se. Um livro célebre, escrito por uma bióloga de talento, Rachel Carson[1], abalou a opinião pública mundial despertando a atenção para o envenenamento do planeta. A grande imprensa apoderou-se também do assunto. Como no caso de certos medicamentos modernos, vários artigos com títulos ostensivos expuseram o problema de um modo espetacular, dramático e definitivo, enquanto que o leitor merecia ser informado mais pausada e pormenorizadamente sobre esse grave problema.

[1]Trata-se do livro "Silent Spring", que foi traduzido para o português com o título *Primavera silenciosa* (nota do Coordenador).

Trata-se, na realidade, de um assunto extraordinariamente complexo, e é muito difícil ter atualmente uma visão serena e objetiva. Demasiados interesses materiais e financeiros — indústria química, produção agrícola — e demasiados sentimentalismos e conclusões apressadas complicaram um problema sobre o qual, no entanto, já possuímos atualmente uma série de informações provenientes de um número crescente de experiências e observações. As conclusões conduziram, freqüentemente, a posições extremadas em que a impulsividade de uns se opunha aos interesses materiais de outros.

O abuso de pesticidas provocou desastres no plano biológico e mesmo nos planos econômico e sanitário. Uma vez mais o homem agiu com leviandade, manipulando instrumentos de destruição poderosos.

É apenas o abuso desses produtos que deve ser proscrito, podendo-se admitir o princípio de um abuso razoável. Dá-se com os pesticidas o mesmo que com as drogas que o homem ingere para se curar das doenças. A maioria são venenos perigosos que matam se se ultrapassar uma determinada dose, calculada em função da natureza do produto, do seu caráter tóxico e também do estado do paciente. Ninguém pensaria em tomar uma dose dez ou cem vezes superior às prescrições médicas, pensando que o medicamento agiria dez ou cem vezes mais depressa. É isso, no entanto, o que o homem costuma fazer no caso dos pesticidas, esquecendo que a natureza forma como que um organismo vivo, freqüentemente doente e sempre frágil, no equilíbrio do qual se deve intervir somente com a prudência de um bom médico. Isso não implica uma condenação sumária dos pesticidas, assim como ninguém condenaria a farmacopéia sob pretexto de que o seu arsenal mata em doses excessivas.

A nocividade dos pesticidas varia imensamente. Existem finalmente tantos problemas quanto possíveis aplicações. A influência dos pesticidas sobre a natureza varia em função da composição química dos produtos, de suas condições de emprego e da biocenose na qual vão agir. Qualquer generalização apressada conduziria, nesse campo, como em muitos outros, a enganos e a vãs polêmicas.

1 — PRINCIPAIS INSETICIDAS UTILIZADOS ATUALMENTE

Existem inúmeras substâncias químicas* empregadas atualmente na luta contra os insetos; um inventário de J. Lhoste (*Os inseticidas sintéticos*, Marselha, 1962) apontava mais de 150 em 1962, e esse número aumentou em seguida, ininterruptamente, devido às pesquisas químicas**.

Os inseticidas podem, de um modo geral, separar-se em três grandes categorias, em função de sua natureza química e de sua origem.

1. *Inseticidas inorgânicos.* São feitos principalmente à base de arsênico (sobretudo arseniatos e aceto-arseniatos, tais como o "verde de Paris", aceto-arseniato de cobre) e de flúor (fluoretos e fluorssilicatos).

2. *Inseticidas de origem vegetal.* Principalmente a *nicotina*, extraída do tabaco, o *piretro*, extraído de diversas Compostas do gênero *Chrysanthemum* e a *rotenona*, extraída de diversas Papilionáceas[2].

[2]Há uma importante família de plantas com o nome de Compostas. Ela se caracteriza por produzir flores reunidas em inflorescências em capítulo, como as margaridas, dálias, crisântemos e girassóis.

Outro importante grupo é o das leguminosas, com folhas divididas em folíolos (folhas pinadas) e com frutos do tipo legume (fruto seco, deiscente, unicarpelar, unilocular, com várias sementes), como a vagem e a ervilha. Esse grupo, que pode ser considerado uma superfamília, abrange as famílias: Mimosáceas (exemplo, acácia mimosa), Cesalpináceas (exemplo, sibipiruna) e Papilionácea (exemplo, feijão) (nota do Coordenador).

3. *Inseticidas orgânicos sintéticos.* São, sem dúvida, os mais importantes hoje em dia, pois são fabricados industrialmente em grande escala e a um preço de custo relativamente baixo.

Os inseticidas podem dividir-se segundo as famílias químicas a que pertencem; Lhoste (*op. cit.*) agrupa-os, desse modo, em 14 classes; não entraremos aqui nos pormenores dessa classificação. Os mais clássicos desses produtos são, entre os compostos clorados o HCH (hexaclorocicloexano) e um de seus isômeros, o lindan, o chlordane, o dieldrin, o endrin, o aldrin, o toxafene, e, evidentemente o clássico DDT e os seus derivados mais próximos. Os carbamatos (por exemplo dimetan, sevin, isolan, etc.) tornaram-se há pouco extremamente importantes. Outros são compostos organofosfatos (JETP, TEPP, malathion, mevinphos, parathion, etc.), e é nessa família química que surgem atualmente mais produtos novos. Os inseticidas desses dois últimos grupos têm a vantagem de se degradarem rapidamente em produtos atóxicos, se bem que eles próprios sejam freqüentemente venenos perigosos.

*Essas substâncias, misturadas com diversos excipientes e acompanhadas de produtos destinados a favorecer a sua ação, como, por exemplo, umectantes e compostos de efeito sinergístico, são comercializadas e vendidas sob a forma de inúmeros produtos específicos.

**Além de uma abundante literatura especializada, podem-se consultar, particularmente, os dois relatórios seguintes: Effects of pesticides on fish and wildlife: a review of investigations during 1960, *Fish and Wildlife Service,* circ. n.º 143, Washington, 1962; e Pesticide-Wildlife Studies. A review of Fish and Wildlife Service Investigations during 1961-1962, *Fish and Wildlife Service,* circ. n.º 167, Washington, 1963. Deve-se consultar igualmente o excelente trabalho de K. Mellanby (1967), pois trata dos pesticidas como agentes de poluição.

É igualmente possível classificar os inseticidas segundo o seu modo de ação. Distinguem-se, assim, os *inseticidas de contacto*, que penetram através da cutícula quitinosa do inseto* (o DDT age verdadeiramente como se a cutícula não existisse, tal é a facilidade com que penetra); os *inseticidas de ingestão*, que penetram no meio interno por via digestiva; e os *inseticidas de inalação*, penetrando pelas vias respiratórias. Deve-se notar, no entanto, que o modo de ação dos inseticidas é, na maioria das vezes, múltiplo, assim, o HCH e o aldrin agem por contacto, ingestão e inalação; o dieldrin e o toxafene, sobretudo por via cutânea e digestiva.

O mecanismo de ação sobre os insetos é igualmente variado; esses compostos químicos agem sobre o metabolismo (paralisia dos mecanismos respiratórios, influência sobre a musculatura) e, especialmente, sobre o sistema nervoso, com uma velocidade variável segundo os tipos de insetos, pois afetam os mecanismos fisiológicos mais íntimos. Agem também como venenos em animais superiores. O DDT, particularmente, é extremamente tóxico para os vertebrados de sangue frio, menos para os vertebrados homeotermos[3]. Certos derivados fosforados constituem venenos violentos**; o dieldrin e, sobretudo, o endrin são, do mesmo modo, altamente tóxicos. Alguns desses produtos são igualmente fitotóxicos[4], em maior ou menor intensidade. A toxicidez dessas diversas substâncias químicas varia, no entanto, na prática, segundo as modalidades de sua utilização e as condições do meio.

[3]Os vertebrados podem ser grupados em homeotermos e poiquilotermos ou pecilotérmicos. Os primeiros, chamados animais de sangue quente, mantêm uma temperatura corporal constante, independente da temperatura ambiente (aves e mamíferos). Os segundos variam sua temperatura de acordo com a temperatura do meio em que se encontram (peixes, anfíbios e répteis); são chamados animais de sangue frio (nota do Coordenador).

[4]Fitotóxicos – diz-se de produtos tóxicos para as plantas (*phyton* = planta) (nota do Coordenador).

Aos inseticidas organoclorados convém acrescentar certos poluidores, especialmente os bifenilpoliclorados, os PCB dos autores ingleses. Esses produtos, utilizados na indústria (plastificantes) ou espalhados durante a combustão das matérias plásticas, possuem, de fato, uma estrutura química muito semelhante à dos inseticidas, e uma ação nociva do mesmo tipo.

2 — O ABUSO DOS INSETICIDAS E A SUA AÇÃO PERNICIOSA

Os inseticidas são, portanto, um meio de destruição extremamente poderoso, o homem dispondo hoje de uma arma química suscetível de devastar a natureza selvagem ou não. Não se deve proscrever atualmente o uso de produtos sintéticos devido à sua extrema eficácia no campo médico e agrícola; deve-se porém, reconhecer que aquilo que poderia ser um meio de luta válido, se racionalmente utilizado, transformou-se numa verdadeira calamidade, cujas múltiplas conseqüências afetam o conjunto dos equilíbrios naturais. A ação perniciosa dos produtos utilizados provém tanto de sua toxicidade quanto da generalização do seu uso, em quantidades crescentes.

*Esses produtos penetram tanto mais rapidamente quanto maior a sua solubilidade nos líquidos. O solvente no qual se encontram tem uma função importante em sua ação, consideravelmente favorecida se o produto puder misturar-se, simultaneamente, com gorduras e com água. Os compostos organoclorados possuem fraca solubilidade em água e forte solubilidade em gorduras, fato importante no que respeita a sua ação sobre os Vertebrados.

**Felizmente, a "duração de vida" desses produtos, na natureza, é bastante curta e eles se decompõem rapidamente em resíduos de fraca toxicidez.

a) *Toxicidez relativamente aos animais*

Os inseticidas, cuja ação, a bem dizer, nunca é seletiva, têm, em graus diversos, propriedades tóxicas relativamente ao conjunto dos animais. Todos os insetos são mais ou menos sensíveis a esses produtos, que destroem indiscriminadamente a entomofauna[5] das áreas tratadas, inclusive os insetos úteis. Na França, durante o tratamento com HCH de uma vasta área, visando a eliminação dos besouros, constatou-se que esse produto estava destruindo, simultaneamente, 48% das espécies de Dípteros, 21% dos Himenópteros, 14% dos Coleópteros, 15% dos Hemípteros[6] e 2% das borboletas (Grison e Lhoste, 1960). Assim, a utilização de inseticidas provoca, muito freqüentemente modificações no equilíbrio existente entre as diversas espécies, e isso tem conseqüências contrárias ao efeito procurado. Os insetos entomófagos (entre os quais estão várias espécies úteis que matam os devastadores das culturas) são freqüentemente mais sensíveis que os insetos fitófagos que se pretende destruir. Note-se que as abelhas também foram, por vezes, vítimas do uso de inseticidas, especialmente na Europa durante o tratamento da colza[7], cujo pólen é sugado por esses insetos. Em 1954, foram inteiramente destruídas 20 000 colmeias apenas na região parisiense. Desde essa época, felizmente, uma legislação protege mais eficazmente a apicultura na França, exigindo que as plantas melíferas sejam tratadas com produtos atóxicos para as abelhas (toxafeno, *diethion*), e, se possível, fora do período de maior floração.

[5]Fauna é o conjunto dos animais. Quando se pretende referir à parte da fauna, isto é dos animais, constituída pelos insetos, fala-se em *entomofauna* (do grego *entomon* = inseto) (nota do Coordenador).

[6] Dípteros, Coleópteros, Himenópteros, Hemípteros são algumas das muitas ordens (ordem é grupo superior à família) de insetos. As borboletas e mariposas pertencem à ordem dos Lepidópteros (nota do Coordenador).

[7]Colza é uma variedade de couve. Suas sementes produzem um óleo que foi usado para iluminação, o óleo de colza (nota do Coordenador).

A maioria dos inseticidas age igualmente como venenos perigosos relativamente a outros animais, que por vezes têm um grande valor econômico. É esse o caso, particularmente, dos animais de sangue frio, afetados pela destruição das larvas aquáticas de Mosquitos ou de Simulídeos[8]. Os peixes atingidos por certos inseticidas, particularmente pelo DDT, podem morrer imediatamente, pois essas substâncias afetam o sistema nervoso (central e periférico) e o aparelho respiratório, perturbando também certos processos metabólicos; em doses mais fracas, a ação dessas substâncias tem graves seqüelas, acarretando sérias desordens fisiológicas. Citaremos ainda a poluição acidental do Reno durante o verão de 1969; avalia-se em 40 milhões o número de peixes mortos na Alemanha e nos Países Baixos.

[8]Grupo de insetos ao qual pertencem, por exemplo, os borrachudos (nota do Coordenador).

O tratamento das zonas pantanosas, assim como das florestas percorridas por torrentes, é, por vezes, extremamente grave para o equilíbrio desses ambientes aquáticos, e particularmente para os peixes. As aspersões aéreas com DDT ocasionaram, desse modo, no Oeste dos Estados Unidos e do Canadá, a morte de centenas de milhares de trutas e de salmões, cujo valor econômico todos conhecem. No Canadá, avaliações numéricas efetuadas durante vários anos na bacia do Miramichi, New Brunswick, mostraram que as pulverizações de inseticidas (DDT) sobre as florestas vizinhas provocaram a perda de dois terços dos efetivos de salmões, por envenenamento direto ou privação de alimento; os peixes jovens foram inteiramente eliminados em 1954 e em 1956, enquanto que os insetos devastadores das florestas voltavam em abundância após cada tratamento. Na Colômbia Britânica, a mortalidade dos salmões atingiu quase 100% nas mesmas condições.

Na África* ocorreu um caso similar, citado por Blanc (1958), na região do Alto Volta. Vastas superfícies foram tratadas com lindan para lutar contra a oncocercose**, doença extremamente grave, do grupo das filarioses, que provoca a cegueira devido à formação de quistos e de lesões oculares. Tal afecção é transmitida por Simulídeos, pequenos Dípteros cujas larvas aquáticas vivem fixadas nas plantas imersas nas correntes rápidas; não existe nenhum meio preventivo para proteger as populações, e a terapêutica atual consegue apenas resultados medíocres. O único meio de luta consiste, portanto, na erradicação dos agentes vetores, os Simulídeos; campanhas de desinsetização em grande escala foram efetuadas a partir de 1955, incluindo vários tratamentos a intervalos regulares. Tais medidas, coroadas de um sucesso muito relativo no plano entomológico, provocaram consideráveis perdas de peixes, podendo-se observar uma forte mortalidade logo após a aspersão. As águas foram, portanto, seriamente despovoadas, e diminuíram assim os recursos alimentares das populações que se pretendia preservar da oncocercose. Felizmente foram inventados meios de destruir os insetos limitando os prejuízos causados aos peixes (substituição do DDT por lindan, aplicação seletiva e localizada nos canais com correntes rápidas); caso contrário, encontrar-nos-íamos perante a alternativa de deixar morrer os homens de fome ou de doenças! Na Ásia, o tratamento dos arrozais com inseticidas protegeu as colheitas mas exterminou os peixes criados nesse meio. Comprometeram-se assim os recursos em proteínas animais, para aumentar os recursos em hidratos de carbono (Moore)[9].

[9] Note-se, no caso, que as proteínas de origem animal são consideradas como alimentos de categoria mais elevada que os carboidratos (nota do Coordenador).

Os pesticidas tiveram igualmente repercurssões nas pescarias ao longo das costas. As quantidades de produtos derramados em doses crescentes nos pântanos costeiros e nas extensões de água doce ou salobra dos estuários são arrastadas para o alto mar, provocando mortalidade elevada de organismos marinhos. Todos os pesticidas, cuja toxicidez pôde ser avaliada no laboratório, mostraram ser tóxicos para os crustáceos, os moluscos***, e os peixes de mar, em doses comparáveis às de seu uso habitual. As aves costeiras são igualmente afetadas por esses poluidores, como o atesta a destruição de uma colônia de andorinhas-do-mar devido a inseticidas trazidos pelo Reno (Koeman). O homem pode, portanto, "envenenar" as águas costeiras pelo abuso de inseticidas, provocando uma baixa no rendimento das pescarias, principalmente ao nível dos estuários cuja importância, nesse campo, é amplamente conhecida.

*Na África tropical, é provável que venha a ter graves conseqüências, o tratamento de certas extensões de água com produtos destinados a destruir os Moluscos vetores dos agentes da bilharziose. Segundo as autoridades médicas, essa grave doença de origem parasitária só pode ser suprimida pela erradicação dos Moluscos que servem de intermediários. Uma fauna de água doce inteira pode, assim, desaparecer da vizinhança dos centros habitados; mesmo que os efeitos dos produtos utilizados afetem apenas os Moluscos, o desaparecimento destes terá uma profunda influência sobre as biocenoses aquáticas.

**Essa doença parasitária é devida à presença, nos tecidos, de uma filária *Onchocerca volvulus* transportada por diversos Simulídeos (no presente caso, trata-se de *Simulium damnosum,* cujo nome específico traduz bem a maleficência, assim como a picada dolorosa).

***O crescimento das jovens ostras foi inibido por doses de 3 para 100 milhões de chlordane, de heptacloro e de rotenona.

Os inseticidas têm igualmente, uma ação tóxica relativamente às aves e aos mamíferos, inclusive ao homem. As doses letais são relativamente baixas para alguns deles (por exemplo o dieldrin, cuja dose letal é de 20-30 mg/kg, e o endrin, cuja dose letal é de 7,5 mg/kg para o rato). As aves, alimentando-se de insetos repletos de inseticidas, podem absorver uma dose capaz de destruí-las, bem como as suas ninhadas*. Se estes efeitos são evidentes no caso de certos inseticidas sintéticos, também o são no caso dos arseniatos e dos fluoretos, felizmente cada vez menos utilizados, que ocasionam fenômenos cumulativos cujas conseqüências podem ser extremamente graves. Observaram-se mortalidades elevadas nos Estados Unidos, por exemplo, durante as campanhas de luta contra a Formiga da Argentina; o dieldrin, utilizado inicialmente, acarretou sérias perdas entre os vertebrados de sangue quente (até 97% de aves) e foi necessário substituí-lo por outros inseticidas menos tóxicos. No Estado de Indiana, um único tratamento com parathion provocou a morte de pelo menos 65 000 tordos e outros pássaros canoros. Foram assinaladas perdas atingindo 87% das populações totais. Fatos análogos foram constatados na Europa, por exemplo na Inglaterra (em 1960 foram observadas, apenas no Lincolnshire, nada mais nada menos que 10 000 mortes de aves, manifestamente devidas aos inseticidas); as aves carnívoras, particularmente as aves de rapinas, sofreram simultaneamente perdas consideráveis após se terem alimentado de pássaros intoxicados. Devem-se deplorar também as sérias devastações devidas ao fato de se terem envolvido as sementes em pesticidas (especialmente aldrin, dieldrin e heptacloro, para lutar contra certos insetos, e compostos organomercuriais agindo como fungicidas).

Os inseticidas provocam também sérias desordens fisiológicas, especialmente nos mecanismos de reprodução. Concentram-se facilmente nas glândulas sexuais das aves, acarretando uma esterilidade parcial ou total dos reprodutores. Uma profunda perturbação do equilíbrio dos hormônios sexuais é provocada, assim, por fracas doses de inseticidas organoclorados, diminuindo o número de ovos ou até mesmo bloqueando a maturação das gônadas. Por outro lado, o depósito de calcário na casca dos ovos é profundamente afetado, e estes tornam-se frágeis, por vezes moles, quebrando com facilidade. Demonstrou-se que a diminuição da espessura das cascas era diretamente proporcional ao nível de contaminação por metabolitos do DDT (Peakall, 1970; Ramade, 1970). Esses fatos foram evidenciados em inúmeros pássaros, aves marinhas, palmípedes, e aves de rapina, especialmente em falcões e gaviões, e sobretudo na águia americana *Haliaetus leucocephalus*, que se alimenta freqüentemente de peixe, podendo assim absorver grandes quantidades de inseticidas de caranguejos e peixes que ingere. Com efeito, em 26 espécimes cujos tecidos foram analisados pelos laboratórios do Fish and Wildlife Service dos Estados Unidos, 25 continham DDT, por vezes em doses reconhecidamente mortais, e a espécie parece particularmente sensível aos seus efeitos. A rarefação acelerada dessa Águia, emblema nacional dos Estados Unidos, foi desse modo imputada especificamente aos inseticidas, como parece prová-lo o seu rápido declínio nas regiões costeiras do Leste do país, tratadas freqüentemente com vistas à eliminação de mosquitos. A percentagem de ovos cho-

*Devem-se assinalar aqui, incidentemente, as campanhas de destruição de mamíferos nocivos que, freqüentemente, provocam a destruição de muitas outras espécies. A luta química contra os Roedores pode acarretar uma mortalidade elevada de outros mamíferos. A colocação de iscas envenenadas para a destruição dos carnívoros ocasiona perdas sérias entre todos os vertebrados atraídos por esses alimentos. Assim, por exemplo, os cadáveres repletos de veneno para destruir os lobos em certos países da Europa, principalmente na Iugoslávia, atraem os abutres, causando perdas sérias dessas aves já raras. O mesmo acontece na Austrália, onde as iscas destinadas a matar coelhos são responsáveis pela morte de muitos Marsupiais.

cados férteis diminuiu de modo considerável, sendo hoje em dia particularmente baixa (muito inferior à média nos Estados atlânticos).

A situação é igualmente alarmante no caso do *Pandion haliaetus*. Em 1962, no vale do Connecticut, 18 casais puseram 46 ovos dos quais apenas 3 produziram uma jovem ave. A análise dos ovos não desenvolvidos revelou a presença de produtos de degradação do DDT. O abuso desse inseticida é, portanto, verdadeiramente "genocida" no caso dessa ave. O número de casais produtivos passou de 150 em 1952 para 5 em 1970, ao longo do rio Connecticut.

Fatos semelhantes foram recentemente evidenciados na Escócia relativamente à águia--real *Aquila chrysaëtos*. Segundo recenseamentos efetuados numa vasta área dos Highlands, o número de casais reprodutores passou de 72% dos efetivos totais durante o período de 1937-60, para 29% em 1961-63. As observações mostram que a baixa da taxa de reprodução e o declínio das populações são manifestamente devidos aos inseticidas sintéticos ingeridos com as presas (diversos pesticidas foram evidenciados nos ovos dessas aves de rapina) (Lockie e Ratcliffe, 1964; ver também Cramp, 1963). Na Suécia as águias também diminuíram consideravelmente durante estes últimos anos. Os efetivos do *Haliaetus albicilla* compreendiam 48 casais, dos quais 17 tiveram filhotes em 1964; em 1965 havia somente 42 casais, dos quais apenas 10 procriaram.

Devemos assinalar que foram feitas constatações idênticas relativamente às garças-reais (que possuem a taxa de resíduos de organoclorados mais elevada de todas as aves da Grã--Bretanha; Prestt), assim como aos Galináceos, faisões e perdizes (posturas menos numerosas, ovos inférteis, mortalidade elevada dos filhotes). Na Suécia, as perdizes diminuíram de 50 a 90% nas áreas tratadas, e observações do mesmo tipo foram feitas em inúmeros países.

É conveniente, no entanto, ser prudente ao tirar conclusões das observações relativas à mortalidade direta, consecutiva à ingestão de inseticidas pelos vertebrados e pelo homem*. Os resultados são por vezes extremamente contraditórios. Em certos casos a mortalidade entre os vertebrados de sangue quente é bastante elevada; em outros, é muito inferior às outras causas de morte (particularmente predação, caça, doenças), como o revelaram os inquéritos efetuados na Grã-Bretanha por equipes do Ministério da Agricultura. Essas diferenças explicam-se pelas diversas modalidades de aplicação, assim como pelas doses utilizadas (que são, de modo geral, mais fortes nos Estados Unidos do que na Europa). O mesmo acontece no que se refere à ação carcinógena de certas substâncias abundantemente espalhadas na natureza: pode-se pensar, *a priori*, que elas desempenham um papel importante no desencadeamento de cânceres na população humana que se alimenta de produtos vegetais tratados. É preciso considerar, no entanto, que não foi ainda evidenciada, nas condições de utilização desses produtos, a despeito de algumas afirmações, nenhuma relação entre os pesticidas e o desencadeamento de doenças humanas (câncer, leucemia, hepatite, etc.) A ação cancerígena de certos inseticidas foi já provada no caso do rato e do camundongo, assim como uma influência no sistema endócrino, inclusive nas glândulas sexuais. Seria necessário poder prová-lo de forma irrefutável no caso do homem, dissociando a ação dos inseticidas da que podem ter, simultaneamente, todos os outros produtos tóxicos com os quais a civilização moderna nos põe em contacto: produtos de detritos, poluições atmosféricas, resíduos radioativos, etc.

*Convém assinalar que os inseticidas se concentram no leite e que as crianças que consomem esse produto ingerem fortes doses dessas substâncias. Segundo as análises efetuadas na Suécia, o leite de mulher contém uma dose superior de 70% ao limite máximo admitido (Löfroth) e, em certos casos, 2 a 6 vezes mais nos Estados Unidos.

b) *Toxicidez relativamente aos vegetais*

Os inseticidas podem igualmente causar danos diretos às plantas cultivadas ou selvagens sobre as quais são espalhados. Assim, o HCH, utilizado em grandes doses, diminui o ritmo de crescimento dos vegetais e age profundamente sobre o seu mecanismo hereditário, determinando diversas poliploidias. Os organoclorados provocam um abrandamento da fotossíntese, especialmente nas algas marinhas, que pode repercurtir no equilíbrio dos ecossistemas e na biosfera inteira.

c) *Ação sobre o solo*

Se bem que a ação dos inseticidas sobre a microfauna do solo seja ainda mal conhecida, sabe-se que estes provocam seguramente modificações profundas no equilíbrio dos diversos elementos bióticos, maiores ou menores segundo a sensibilidade desses elementos. Em grandes quantidades, essas substâncias podem provocar uma esterilização parcial do solo, principalmente no que respeita os processos de fixação do nitrogênio, fenômeno tanto mais grave quanto se sabe que os produtos espalhados se acumulam, persistindo por vezes durante períodos extremamente longos.

d) *Efeitos retardados*

Tem-se por vezes tendência a considerar que os inseticidas se limitam a matar, de forma imediata, uma determinada porção de animais, e que os indivíduos resistentes permanecem incólumes. Os efeitos retardados são, no entanto, muito mais importantes do que se pensou inicialmente, podendo manifestar-se de diversas formas, principalmente no caso dos derivados clorados. Muitos deles são persistentes e vão exercer suas devastações longe dos pontos de aplicação. É esse, especialmente, o caso do DDT.

Antes de mais nada, os inseticidas não acarretam *ipso facto* a morte imediata dos animais que os ingeriram. Podem acumular-se no seu organismo ao nível das gorduras, antes de serem novamente libertados no momento da mobilização das reservas, particularmente durante o inverno (como se observou, por exemplo, no rato almiscarado, Rudd, 1960). Esse fenômeno pode ainda ser agravado pelos efeitos cumulativos*, pois as doses libertadas após altas concentrações tornam-se então mortais.

Os inseticidas podem igualmente passar para os ovos das aves e para o leite dos mamíferos, envenenando assim os filhotes. Isto foi observado mesmo no caso das vacas leiteiras, cuja produção ficou contaminada pelo fato de elas se terem alimentado com forragem tratada com DDT.

O maior perigo consiste, no entanto, na concentração das substâncias tóxicas ao longo das cadeias alimentares. Com efeito, nem sempre há ingestão ou contacto direto da vítima com o pesticida; este é absorvido por um ser vivo no organismo do qual se concentra, sem ocasionar perturbações sérias devido a uma forte resistência específica; passa em seguida para o corpo de um outro animal predador do primeiro, podendo assim intoxicá-lo se este for sensível às doses em questão. O caso mais conhecido é o dos Turdídeos, por exemplo do tordo migrador americano *Turdus migratorius* (Barker, 1958). Aplicações maciças de DDT foram efetuadas nos Estados Unidos para evitar que os olmos fossem dizimados por uma doença

*As gorduras de reserva acumulam a maior parte dos inseticidas, particularmente o DDT, concentrando-os por vezes de 100 a 150 vezes.

transmitida por certos insetos. A fração de DDT que caiu no solo foi ingerida por minhocas muito pouco sensíveis ao DDT, mas que o concentram em seus tecidos. Ora, os tordos, consumindo estes vermes em grandes quantidades, ingeriram assim, muito tempo após o tratamento, doses consideráveis de substâncias tóxicas às quais o seu cérebro e o seu sistema nervoso são particularmente sensíveis (Fig. 38). A morte surge após paralisias locomotoras e convulsões, sem que nada possa impedir o desfecho fatal. A mortalidade dos tordos migradores é desse modo extremamente elevada, atingindo 86% em certos casos, após um período de latência de 3 semanas depois do tratamento. Certos ornitologistas não hesitaram em afirmar que essa espécie, no entanto, tão comum na América do Norte, pode atualmente ter um destino comparável ao do pombo-migrador. Sabe-se que, nos Estados Unidos, pelo menos 140 espécies de aves são vítimas dos efeitos dos pesticidas, principalmente devido à concentração ao longo das cadeias alimentares. No entanto, é difícil imputar a diminuição de certas populações de aves unicamente a esses efeitos, pois outros fatores interferem também (transformação dos habitats, flutuações naturais das populações).

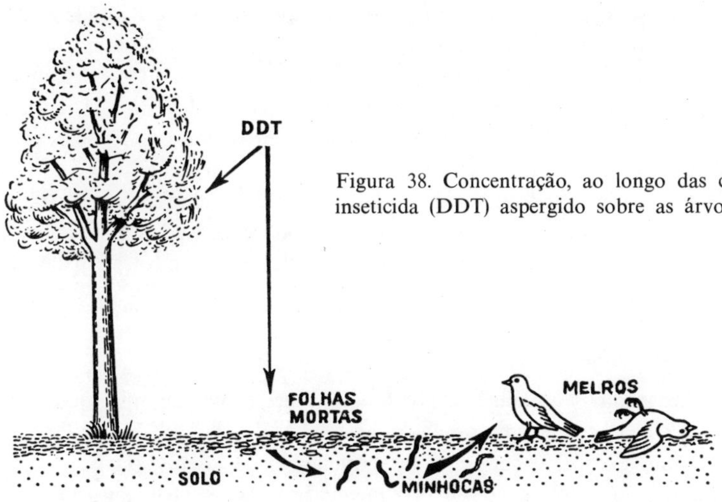

Figura 38. Concentração, ao longo das cadeias alimentares, do inseticida (DDT) aspergido sobre as árvores

Tal concentração de substâncias tóxicas processa-se, igualmente, nas biocenoses aquáticas, ao longo das cadeias alimentares, indo dos organismos planctônicos aos peixes, e em seguida às aves aquáticas. Foi o que demonstraram Hunt e Bischoff (1960) no caso de um lago da Califórnia (Clear Lake), tratado com DDD (ou TDE, substância aparentada ao DDT) a partir de 1949, para destruir as larvas de mosquitos (Fig. 39). Aplicado em doses de uma parte para 70 milhões, o produto concentrou-se, passando do meio líquido para o plâncton (5 : 1 milhão), em seguida para os peixes comedores de plâncton e para os peixes carnívoros, atingindo finalmente as aves que comem peixes (mergulhões) em doses variando de 40 a 2 500 partes para 1 milhão e provocando uma mortalidade extremamente elevada em suas populações. A análise da carne dos peixes revelou doses consideráveis de DDD e de seus produtos de degradação, que podem assim ser considerados como responsáveis pela morte das aves predadoras*.

*Convém assinalar as dificuldades técnicas encontradas na análise e na obtenção desses produtos; os resultados, utilizados como armas de batalha, incluem por vezes erros graves, num sentido ou no outro.

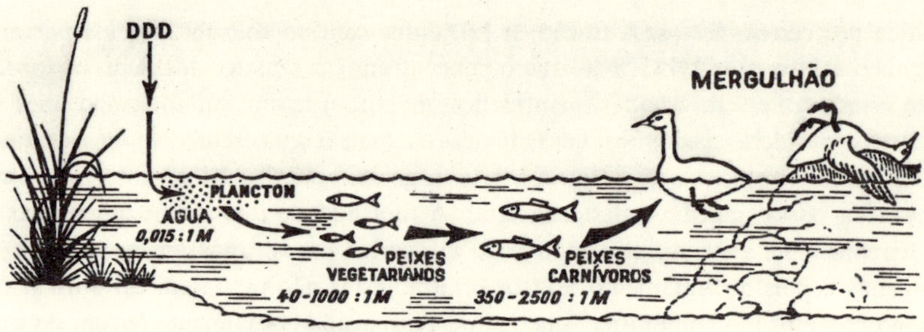

Figura 39. Concentração, ao longo das cadeias alimentares, do inseticida (DDD) espalhado sobre o Clear Lake, Califórnia. Ver explicações no texto.

Dos 1 000 casais de mergulhões reprodutores, subsistem apenas uns vinte que parecem estéreis. Entre 1958 e 1963 foi visto apenas um único filhote no lago.

Note-se que, depois disso, foram suprimidas as aplicações de DDD, cujos efeitos são persistentes, substituindo esse produto por metil-parathion, que se degrada rapidamente. Empreendeu-se, sobretudo, um vasto programa de luta biológica aclimatando peixes que se alimentam de larvas de mosquito, e que deram nova vida às águas lacustres. Os mergulhões estabeleceram-se novamente no lago e, em 1969, 82 filhotes foram aí criados, ou seja, 4 vezes mais do que no ano anterior. Seria conveniente introduzir peixes predadores de forma a controlar os que se alimentam de mosquitos, e a restituir à biocenose o seu equilíbrio.

Tais fenômenos podem ser observados na maioria das cadeias alimentares. Além da transformação química dos pesticidas, que pode conduzir à formação de derivados mais tóxicos, esta concentração explica a impossibilidade de julgar *a priori* os efeitos de produtos espalhados sem um prévio controle prolongado.

e) *Rupturas dos equilíbrios biológicos*

A ação dos pesticidas traduz-se igualmente por modificações profundas nos equilíbrios biológicos. O mais simples consiste em uma rarefação acentuada da quantidade de alimento animal disponível. Em muitos casos, o conjunto das populações de insetos, quaisquer que sejam as espécies a que pertençam, diminui consideravelmente. Essa escassez tem conseqüências graves para todos os animais entomófagos, mamíferos insetívoros (musaranhos) e, sobretudo, aves que subitamente deixam de dispor, em quantidades suficientes, da biomassa de que depende a sua sobrevivência. O efeito dessa redução sobre as suas populações é muito sensível, pois o êxito das ninhadas está estreitamente relacionado com a quantidade de alimento disponível. Devido ao desaparecimento dos insetos, este pode ser nulo, ou, em todo o caso, muito inferior ao normal, no habitat considerado.

A influência dos inseticidas traduz-se, por outro lado, por transformações mais importantes ainda, que afetam seriamente o equilíbrio de diversas espécies de insetos, freqüentemente em detrimento dos interesses econômicos do homem.

A existência de uma população importante de insetos parasitas das plantas cultivadas acompanha-se necessariamente pela presença de insetos predadores que contribuem, por vezes em larga medida, para limitar o número dos primeiros. Ora, os tratamentos químicos com produtos sintéticos de efeitos persistentes têm como conseqüência a morte desses aliados do homem, pois essas substâncias matam indiscriminadamente os insetos nocivos e os úteis. Quando cessam os efeitos das aplicações de inseticidas, as populações de insetos vegetarianos, utilizadores primários da produção vegetal, têm todas as probabilidades de se reconstituírem mais rapidamente, antes dos insetos carnívoros aos quais servem de presa: estes últimos, por ocuparem o segundo lugar nas cadeias alimentares, têm um crescimento mais lento. Produz-se assim um desequilíbrio profundo, o tratamento antiparasitário beneficiando paradoxalmente os parasitas. O homem destrói, desse modo, uma comunidade biológica inteira, fato particularmente grave nos meios relativamente próximos de um equilíbrio natural, como, por exemplo, certos pomares ou plantações tropicais. Foram freqüentemente descritas súbitas pululações de insetos parasitas após um tratamento com pesticidas.

Segundo Basilewsky, um percevejo parasita do cafeeiro, no Congo e em Uganda, *Habrochila ghesquieri*, começa a proliferar nas plantações após tratamentos com DDT, causando estragos muito mais graves do que antes das pulverizações. Com efeito, esse devastador é muito pouco sensível ao DDT, enquanto que outro percevejo, *Apollodotus chinai*, predador do primeiro e contribuindo, portanto, para diminuir o número de seus efetivos, é destruído por esse inseticida. O parasita pode assim proliferar à vontade, o homem tendo inconscientemente destruído o seu aliado e favorecido o inimigo de suas culturas.

Na Califórnia, aplicações de DDT para lutar contra a cochonilha do limoeiro *Coccus pseudomagnoliarum*, e o *Thrips* do limoeiro *Scirothrips citri*, provocaram a multiplicação do número de cochonilhas que começaram a pulular após o desaparecimento dos predadores (Clausen, 1956). Infestações maciças desse tipo foram também observadas nos E.U.A. no caso de inúmeros parasitas vegetais.

Casos similares foram assinalados em todo o mundo, especialmente na Europa*, onde a destruição de insetos carnívoros se acompanha sempre de uma proliferação de insetos nocivos cujos efetivos em condições normais são limitados pelos primeiros. Parasitas que até então tinham apenas uma importância secundária podem, por outro lado, ser favorecidos quando da destruição dos principais devastadores, provavelmente devido à eliminação dos predadores que limitavam suas populações. Assim, na Califórnia, os acarídeos, sem importância antes do tratamento intensivo com pesticidas sintéticos, tornaram-se parasitas perigosos.

3 — RESISTÊNCIA DOS INSETOS AOS INSETICIDAS

Desde que se utilizam inseticidas na luta contra os parasitas do homem e de suas culturas, constatou-se que os insetos vão se tornando pouco a pouco insensíveis aos seus efeitos tóxicos. Essa constatação foi feita muito antes do uso de produtos orgânicos sintéticos e, antes de 1945, já fora efetuada uma lista de aproximadamente uma dúzia de espécies que se tinham tornado resistentes aos inseticidas clássicos. Pensou-se que o aparecimento de produtos sintéticos ia permitir resolver esse problema inquietante. Foi uma decepção, no entanto: incontestavelmente, o problema mantinha-se.

As primeiras observações foram efetuadas em 1946, na Suécia, onde as moscas domésticas pareciam ter-se tornado insensíveis ao DDT. Uma resistência semelhante apareceu em seguida em outros países, como a Itália, a Dinamarca, o Egito e os Estados Unidos. Rapidamente manifestou-se também em outros insetos, particularmente em mosquitos (*Culex*) na Itália em 1947, e em *Anopheles* (as primeiras populações resistentes foram observadas na Grécia em 1949, três anos apenas após as primeiras utilizações de DDT na luta antimalárica). Progressivamente essas observações foram se generalizando em todo o mundo, relativamente a

*Por exemplo na Inglaterra ou na França, onde o DDT destrói, nos pomares, o Himenóptero *Aphalinus mali*, predador do pulgão *Eriosoma lanigerum*, que se multiplica, então, rapidamente.

um número crescente de insetos, entre os quais perigosos parasitas das culturas e vetores de doenças graves (malária, febre amarela, entre outras) de que já se podia observar uma simultânea recrudescência.

Utilizaram-se então outros inseticidas para conseguir um controle das pestes. Porém, na maior parte das vezes, o aparecimento de uma nova arma química era seguido por uma defesa do inseto segundo um processo já clássico na luta contra inúmeros flagelos da natureza*.

Atualmente, sabe-se que mais de 20 espécies de Artrópodes, já criaram uma resistência aos inseticidas; metade dessas espécies é constituída por parasitas de culturas, e a outra por vetores de doenças (entre eles estão 54 Dípteros, 23 Hemípteros, e 14 Lepidópteros) (Brown, 1960). A aranha-vermelha é um exemplo típico, mundial, da corrida entre a pesquisa de novos inseticidas e o desenvolvimento inexoravelmente rápido da invulnerabilidade da espécie. Essa resistência se exerce tanto relativamente ao DDT quanto o dieldrin, aos seus derivados e aos produtos organofosfatados.

Essa invulnerabilidade crescente das populações repousa num mecanismo de seleção de mutantes resistentes, preexistentes e pré-adaptados. Algumas linhagens são naturalmente imunes a um produto tóxico determinado e são os seus descendentes que pouco a pouco vão substituindo a população inicial**. Esse fenômeno, aliás invocado pelos especialistas em genética como prova da eficacidade da seleção natural, está intimamente relacionado com a extraordinária fecundidade dos insetos e com a rapidez com que se sucedem as suas gerações. As experiências demonstraram que cada população possui várias "soluções" ou possibilidades genéticas para se adaptar aos inseticidas (Lamotte, *Rev. Quest. Sci.*, 1966).

Essa resistência fisiológica é, por outro lado, completada por uma transformação do comportamento: assim, os insetos que pertencem às linhagens recentemente selecionadas têm costumes que os protegem mais eficazmente contra os pesticidas.

O aparecimento de linhagens resistentes apresentou, portanto, inúmeros problemas aos que se preocuparam com a luta contra os insetos nocivos, especialmente as autoridades sanitárias. A Organização Mundial da Saúde realizou várias conferências sobre esse tema, e a sua 8.ª Assembléia Geral preconizou uma intensificação da luta a fim de obter a erradicação dos insetos vetores de doenças antes do aparecimento da resistência. Ainda recentemente, essa instituição nos informava de que a quase totalidade dos principais vetores de germes patogênicos resiste a um ou a outro dos inseticidas correntes.

O aparecimento de resistência é igualmente inquietante para os que se alarmam com os progressos do envenenamento dos habitats pelos produtos químicos que neles são aspergidos, pois a resistência dos insetos provocou um aumento das doses utilizadas num ritmo cada vez mais rápido, assim como a substituição dos inseticidas clássicos por substâncias freqüentemente mais tóxicas relativamente a outros animais***.

*Note-se que a resistência de uma população de insetos não é de modo algum irreversível em certas condições, o que pode explicar-se pelas leis da genética, salvo se os genes em questão não foram completamente eliminados.

**O mecanismo da resistência parece estar essencialmente ligado à existência de enzimas de desintoxicação nas linhagens resistentes; esses componentes celulares atacam os produtos tóxicos, transformando-os em compostos inofensivos. Tal mecanismo, conhecido especialmente no caso do DDT e do HCH, não se manifestou de forma tão eficaz relativamente aos produtos organoclorados.

***Não se deve deduzir daí, no entanto, que a toxicidez dos inseticidas descreve uma curva sempre ascendente. É inegável que os produtos utilizados antes do aparecimento dos produtos sintéticos, particularmente os compostos de arsênico e de mercúrio, assim como a nicotina (mortal em doses de 1 mg/kg), eram pelo menos tão perigosos quanto estes últimos, senão mais.

As resistências desenvolver-se-ão à medida que surgirem novos produtos. Esperemos que isso não obrigue o homem a utilizar substâncias com uma toxicidez crescente e a utilizá-las de um modo abusivo, aumentando assim os riscos de envenenamento do planeta*.

4 — A LUTA QUÍMICA CONTRA OS VEGETAIS INDESEJÁVEIS

Os animais não são os únicos a sofrerem com o abuso dos produtos sintéticos na luta contra os inimigos das culturas. A utilização de substâncias químicas chamadas *herbicidas*, destinadas a suprimir um grande número de "ervas daninhas" — termo que designa as plantas que invadem as culturas e competem com as plantas cultivadas —, é igualmente criticável em certos casos, por ser responsável pela destruição de comunidades vegetais e pela rarefação de algumas espécies particulares.

O agricultor tem muitas razões de queixa contra as plantas invasoras. Acusa-as de entrarem em concorrência com as plantas cultivadas, tirando-lhes uma parte importante de água, de ar, de luz e de elementos minerais; por outro lado, algumas delas são tóxicas para o gado, quer por sua folhagem, quer por suas sementes ou seus esporos. Há ervas que servem de hospedeiros para certas doenças ou de abrigo para insetos nocivos. Os danos que causam na agricultura são por vezes tão importantes quanto os que são provocados pelos insetos, como já se constatou nos Estados Unidos. Assim, foram elaboradas várias substâncias ativas que eliminam essas plantas indesejáveis muito mais eficazmente do que as antigas práticas manuais**.

Algumas dessas substâncias*** são herbicidas totais, que destroem indistintamente todos os vegetais (como por exemplo os cloratos de sódio e de potássio, uréias substituídas tais como o Monuron ou CMU). Outras são *herbicidas seletivos*, agindo por vezes por contacto, mas freqüentemente de modo mais sutil: é esse o caso dos *herbicidas de translocação* ou *de ação interna*, qualificados como fitormônios ou substâncias reguladoras do crescimento. Tais substâncias, freqüentemente derivadas do ácido fenoxiacético (2,4-D, elaborado em 1942 nos Estados Unidos; MCPA, elaborado no mesmo ano na Inglaterra), se bem que quimicamente diferentes dos hormônios vegetais naturais ou auxinas, comportam-se como estas últimas. Em doses infinitesimais, provocam um crescimento anormal da planta (malformações diversas,

*Deve-se considerar que, se o fato de submeter populações de insetos aos efeitos dos inseticidas determina a seleção de linhagens resistentes, o mesmo pode acontecer no caso dos Vertebrados que se dizimam atualmente. Relatórios vindos dos Estados Unidos assinalam esse fenômeno em diversos peixes, particularmente em trutas (*Salmo trutta*) e em *Gambusia affinis*. Porém a resistência surge muito mais lentamente devido ao ritmo menos acelerado com que se sucedem as populações de vertebrados, mesmo se uma grande proporção de genitores é destruída em cada geração.

**Pode-se dizer que um galão de herbicida tem o mesmo efeito que 7 homens armados de 7 enxadas, e trabalhando durante 7 anos.

***Sobre os herbicidas, consultar: Os herbicidas seletivos e os reguladores de crescimento, *Jornadas francesas de informação da Fed. nat. de proteção das culturas*. Paris, 28-29 de novembro de 1956; L'Hoste, J. 1958, *Os herbicidas químicos*, Paris (Orstom); Klingman, G. C. e Noordhoff, L. J., 1961, *Weed Control as a Science*, Nova York (J. Wiley); Audus, L. J. (edit.), 1964, *The Physiology and Biochemistry of Herbicides*, Londres (Academic Press).

Do ponto de vista de sua composição, os herbicidas pertencem a famílias químicas muito diversas. Ao lado dos produtos minerais (ácido sulfúrico, sulfatos, cianamidas, bórax, cloratos), existem inúmeros produtos orgânicos (acetamidas, derivados dos ácidos orgânicos halógenos, derivados dos ácidos ariloxiacéticos, derivados do ácido carbâmico, fenóis e cresóis).

bloqueio do desenvolvimento), desorganizam os tecidos e acarretam murchamento rápido. A maioria desses herbicidas destroem as Dicotiledôneas e não de um modo geral, as Monocotiledôneas*, devido a diferenças histológicas e fisiológicas profundas entre estes dois grandes grupos vegetais. Note-se que essas substâncias têm em geral uma toxicidez fraca relativamente aos animais, apresentando, portanto, riscos mínimos no que respeita as biocenoses animais, exceto algumas delas, como o 2,4-D, que se comporta como um veneno cumulativo em relação às aves, especialmente patos, e mesmo em relação ao homem.

Os herbicidas têm uma ação extremamente profunda nas associações vegetais sobre as quais são aspergidas. Deve-se admitir, evidentemente, que a sua nocividade é fraca quando se trata de campos ou de outros meios inteiramente artificiais, onde destroem muitas "ervas daninhas". Os naturalistas deploram o desaparecimento rápido de muitas delas.

Os efeitos dos herbicidas são muito mais lamentáveis no caso de pastagens, onde a eliminação das Dicotiledôneas em proveito das gramíneas pode conduzir à rarefação de certas espécies e mesmo prejudicar o rendimento e o valor das forragens. Seu impacto é mais sério, na opinião do naturalista, quando são espalhados sobre taludes, diques, aterros de estradas de ferro, margens de rodovias e locais semelhantes, que constituem, freqüentemente, os únicos ambientes em que medram certas plantas.

Seus efeitos são mais graves ainda nos meios aquáticos. Querendo eliminar um determinado número de vegetais considerados nocivos, o homem corre o risco de destruir comunidades inteiras de plantas aquáticas, tanto mais facilmente quanto as águas correntes transportam as substâncias para longe do ponto onde foram aplicadas. Segundo Westhoff e Zonderwijk (1960), 17% das plantas da flora aquática dos Países Baixos poderiam ser destruídas desse modo, caso fosse feito um uso abusivo de herbicidas nas águas holandesas. Os efeitos agravam-se pelo fato da modificação das comunidades vegetais provocarem, por sua vez, graves perturbações no equilíbrio da fauna aquática; além disso, certos herbicidas têm efeitos tóxicos consideráveis sobre os animais, particularmente sobre os peixes e sua desova.

O uso de herbicidas permite, finalmente, ao homem obter, sem grande esforço, uma radical transformação da totalidade de certas associações vegetais naturais. Foi, por exemplo, o que se tentou nos Estados Unidos nas associações de artemísias[10], o famoso "*sagebrush*" do oeste, regiões sem dúvida pobres no que respeita o rendimento econômico, porém de um grande interesse biológico devido às comunidades animais que aí se estabeleceram (por exemplo a antilocapra e um tetraz, ambos muito característicos desse habitat). Sob a pressão dos criadores de gado, foi efetuado um vasto plano de aproveitamento da região baseado na eliminação das artemísias e de seus associados com a ajuda de herbicidas, e na sua substituição por gramíneas; já foram tratados milhões de hectares. No entanto, o regime das chuvas e as condições edáficas não parecem ser propícios ao desenvolvimento de uma vegetação diferente daquela que aí se estabeleceu naturalmente. Corre-se, portanto, o risco de destruir um habitat inteiro, com sua flora e sua fauna, sem nenhum benefício para o homem.

[10] *Artemisia* é um gênero de plantas da família das Compostas, à qual pertencem as dálias, os crisântemos, o girassol, a gérbera, entre inúmeras outras plantas nativas ou cultivadas em nosso País (nota do Coordenador).

*Algumas Monocotiledôneas, tais como os *Stratiotes* e os *Carex*, são também extremamente sensíveis a essas substâncias. Por outro lado, existem herbicidas que atacam as Monocotiledôneas, sendo menos tóxicos para as Dicotiledôneas.

Assim, de um modo geral, o abuso dos herbicidas, especialmente nos habitats pouco modificados pelo homem, pode provocar a rarefação de certas espécies e contribuir para a degradação de certos ambientes que apresentam um extremo interesse científico*,[11].

[11]Este capítulo é particularmente importante para países como o nosso, com vastas regiões de clima quente e úmido que permite o crescimento da vegetação natural o ano todo. Assim também, o ano todo, diversas culturas são mantidas na mesma área, às vezes num regime de rotação. Essas culturas são invadidas por "ervas daninhas" que são combatidas seja pela capina, seja pelo uso de diferentes herbicidas. Um e outro processos apresentam vantagens e inconvenientes que devem ser cuidadosamente analisados. Naturalmente, botânicos e agrônomos voltam-se para o estudo das "plantas invasoras", no Brasil como em todo o mundo.

Entre as "invasoras" de nossas culturas, de erradicação mais difícil, figura a tiririca (*Cyperus rotundus*).

Quanto às "ervas-daninhas" aquáticas, existe entre nós, com muita freqüência o "aguapé" (*Eichhornia crassipes*), planta de ocorrência comum em inúmeros países (nota do Coordenador).

5 — UTILIZAÇÃO RACIONAL DOS MEIOS DE LUTA QUÍMICA

O homem tem-se dedicado, desde os tempos mais remotos, a uma luta contra os invasores de suas culturas e contra os insetos vetores de doenças. Só conseguiu controlar razoavelmente esses verdadeiros flagelos quando a indústria química colocou à sua disposição meios extraordinariamente poderosos, sob a forma de produtos sintéticos em quantidades ilimitadas e a um baixo preço.

Como, porém, a cada vez que pôde dispor de um novo instrumento não soube utilizá-lo comedidamente, abusou das armas químicas, acreditando nas suas virtudes universais e na sua inocuidade, quaisquer que fossem as doses utilizadas. Esse abuso acarretou a destruição desmedida de animais inofensivos ou mesmo úteis, e determinou graves desequilíbrios nos habitats naturais ou transformados. Com efeito, o mundo inteiro correu o risco, e corre ainda atualmente, de ser envenenado, no sentido próprio do termo, pois essa forma de poluição tornou-se, hoje em dia, geral.

O alarme foi dado inicialmente pelos biólogos; foram considerados como doces sonhadores preocupados com a proteção de vegetais e de animais que se pensava não terem importância para o resto da humanidade. Porém, ante a extensão do perigo, a opinião pública abalou-se igualmente, seguida pelos poderes públicos. A aspersão desmedida de venenos violentos em quantidades crescentes sobre áreas cada vez mais vastas, tanto sobre os campos quanto sobre regiões que tinham conservado um equilíbrio próximo das condições naturais, põe atualmente em perigo, de forma extremamente grave, quer a natureza quer o próprio homem, como o deixa prever uma série de constatações convergentes.

Medidas rigorosas contra o abuso de produtos tóxicos utilizados na luta antiparasitária devem, portanto, ser tomadas imediatamente, se bem que não seja possível, desde já, proscrever o seu uso. O homem provocou desequilíbrios para assegurar a sua subsistência. Transformou o campo em ambiente inteiramente artificial. Multiplicou *ipso facto* os animais preda-

*Deve-se assinalar que os herbicidas foram igualmente utilizados em grande escala durante as guerras. Sua aplicação sobre vastas superfícies nas florestas do Vietnã é um exemplo lamentável. As conseqüências de uma derrubada geral das folhas, mesmo passageira, sobre a vegetação e a fauna podem ser extremamente sérias, assim como sobre o solo, que fica exposto aos raios solares. Hoje em dia, tais práticas são proibidas.

dores, cuja pululação só poderá controlar por meios artificiais. O uso dos inseticidas entrou na prática agrícola e não sairá mais, pois integra-se num conjunto coerente de práticas, das quais depende o rendimento da produção agrícola. Um instrumento *natural* não permitirá jamais controlar a pululação de parasitas num meio *artificial*.

Temos, porém, de procurar novas formas de luta.

Um dos primeiros métodos a preconizar deve ser a *luta biológica**, especialmente pelo intermediário dos inimigos naturais autóctones dos predadores. Cada inseto implica a presença, no seu habitat original, de um certo número de artrópodes predadores que limitam as suas populações**. Ora, um tratamento com inseticidas tem como efeito a morte de uns e de outros, provocando assim graves distúrbios nos equilíbrios e, freqüentemente, uma pululação ulterior dos parasitas. O mesmo acontece com as aves que consomem enormes quantidades de insetos, sobretudo na época da nidificação. A percentagem de parasitas assim destruídos é considerável, contrariamente ao que alguns pensam; as aves desempenham, de certa forma, nos ecossistemas terrestres, a função de limitar parcialmente as populações de artrópodes***. No entanto, isto só acontece nos habitats conservados num estado próximo do clímax, enquanto que nos meios profundamente transformados um freio natural não poderá nunca contrabalançar as pululações dos predadores.

Para lutar contra os insetos introduzidos artificialmente e que se transformaram em praga (relembramos que uma forte proporção de insetos nocivos para as culturas tem uma origem exógena), o homem pode introduzir em seguida insetos predadores para, de certo modo, restabelecer o equilíbrio presa-predador do ambiente original. Esses princípios foram diversas vezes aplicados em várias regiões do mundo. Em 1881, nos Estados Unidos, foi aclimatado o Díptero *Apanteles glomeratus* para lutar contra um parasita da couve desastrosamente introduzido. Atualmente foram aclimatadas nada menos de 95 espécies de parasitas (81 espécies) ou de predadores (14 espécies) dos insetos que constituem pestes nos Estados Unidos; 390 outras espécies foram introduzidas sem êxito (Clausen, 1956). Tentativas similares foram empreendidas em outras partes do mundo. Esperemos que essa luta biológica seja prosseguida e amplificada, após sérias pesquisas preliminares, pois a introdução de um elemento exógeno em uma fauna deve sempre ser realizada com precaução. Bem conduzida, essa luta constitui um dos meios eficazes de controle das populações de pestes.

A introdução de *doenças dos insetos* pode igualmente dar bons resultados. Vários microorganismos, vírus, bactérias, fungos****, ou mesmo nematóides, são suscetíveis de determinar doenças nos insetos. Pesquisas foram feitas nesse sentido, a fim de controlar as pragas. Os vírus*****, por vezes extremamente eficazes, e as bactérias têm a vantagem de ser cultivados sem

*Chama-se luta biológica o método que consiste em destruir os insetos, ou outros seres vivos nocivos, pela utilização racional de seus inimigos naturais.

**14 ordens e 224 famílias de insetos possuem formas entomófagas, isto é, que se alimentam de insetos.

***Note-se, todavia, que tal como os inseticidas, os pássaros destroem indistintamente os insetos nocivos e os úteis.

****Tal o fungo *Beauveria bassiana*, eficaz no controle das larvas de Lepidópteros.

*****Por exemplo, na França, no caso das larvas processionárias do pinho (*Thaumetopoca pityocampa*), que devastam os pinhais. São combatidas com um vírus (*Smithiavirus pityocampae*) específicos dessa espécie, cultivado em larvas de criação. Espalham-se cadáveres triturados misturados com uma carga inerte nas zonas infestadas; a virose se estabelece nas zonas em questão, destruindo sistematicamente esse Lepidóptero, sem afetar mais nenhum ser vivo.

grandes despesas (contrariamente aos insetos, cuja criação em insetários é muito dispendiosa), de se poderem espalhar sob forma de pulverização como um inseticida, e de serem específicos dos insetos. Foram obtidos resultados encorajadores particularmente no caso das larvas do Coleóptero *Popillia japonica* e do besouro *Melolontha melolontha*, que são destruídos por doenças específicas. A bactéria *Bacillus thuringiensis* foi utilizada contra as larvas de diversos Lepidópteros; sua ação apresenta a particularidade de não infectar os insetos, matando-os pela secreção de toxinas específicas, sem ação sobre o homem e os outros animais, agindo como um verdadeiro inseticida biológico (Grison e Lhoste, 1960). Resultados interessantes podem ser esperados desse método de controle biológico elegante e inofensivo para os outros animais.

Deve-se assinalar, finalmente, que novos métodos deixam prever que o homem poderá conseguir um controle de certos predadores, através de uma espécie de auto-extinção de seus efetivos. Este processo de luta consiste em introduzir machos esterilizados que entram em competição com os machos normais, reduzindo assim o número de fêmeas que produzem ovos férteis. Esse método, criado por E. F. Knipling*, foi tentado em grande escala na Flórida e nas Antilhas neerlandesas, em Curaçao, na luta contra um Díptero extremamente nocivo para a criação de gado (*Callitroga hominivorax*, que põe os seus ovos nas feridas do gado; a pululação das larvas provoca infecções graves e uma forte mortalidade dos animais parasitados). Como durante alguns meses o Díptero possui apenas populações reduzidas, que servem de ponto de partida para as invasões estivais**, um cálculo teórico mostrou que, se fosse possível introduzir nessa população um número de machos fisiologicamente castrados duas vezes superior ao dos machos normais, a redução da taxa de natalidade que daí resultaria, conduziria a uma extinção da população em quatro gerações. Se a população não for estacionária, o mesmo efeito pode ser obtido com um aumento da proporção inicial. As experiências efetuadas esterilizando os machos por irradiação, o que não modifica o seu comportamento reprodutor (fato importante, pois as fêmeas só se acasalam uma vez e, assim, os machos tratados e os machos normais devem apresentar o mesmo comportamento, se se pretende obter o efeito desejado sobre a fecundidade), libertando-os em seguida na natureza, mostraram que esse método é eficaz***; os Dípteros desapareceram praticamente das áreas onde foram efetuadas tais experiências.

Tal método poderia evidentemente ser generalizado, a despeito de inúmeras dificuldades (devidas aos costumes de certos insetos, à necessidade de sua monogamia, etc.), podendo talvez ter um grande futuro na limitação dos insetos nocivos. Pode também ser consideravelmente aperfeiçoado, especialmente pela esterilização dos machos na natureza, sem que seja necessário capturá-los (produtos químicos esterilizantes misturados com iscas)****.

Porém, apesar de serem muito menos perigosos para o equilíbrio da natureza do que o uso de pesticidas, é evidente que tais métodos continuam sendo, por enquanto, o meio mais

*Ver, especificamente: The Eradication of the Screw-worm fly. *Scient. Amer.*, 203(4):54-61, 1960.

**Nos Estados Unidos, esses Dípteros passam o inverno em determinadas zonas reduzidas (sul da Flórida, do Texas, do Novo México, do Arizona, e da Califórnia), de onde emigram em seguida, na primavera, invadindo uma vasta área.

***Na Flórida, um insetário fornecia 50 milhões de Dípteros por semana, espalhados por aviões que lançavam sacos especiais contendo, cada um, várias centenas de machos esterilizados, sobre todo o território. No fim da operação haviam sido libertados cerca de 3,5 milhões de indivíduos esterilizados.

****Os compostos ativos conhecidos são, infelizmente, dotados de acentuadas propriedades cancerígenas.

eficaz e menos dispendioso na maior parte dos casos. Como já dissemos, deve-se considerar a utilização de pesticidas como uma terapêutica, ou seja, estudar cada caso particular em função da natureza do meio, do clima, dos animais que se pretende combater e dos outros elementos da biocenose. Deve-se igualmente levar em consideração a natureza do produto utilizado, sua toxicidez, a velocidade de sua degradação e dos produtos que gera, por vezes mais tóxicos do que o produto inicial.

Antes de mais nada, deve-se abolir o uso de certos inseticidas e estudar novos produtos sintéticos. A química orgânica apresenta infinitas possibilidades, e milhares de novos corpos ainda estão por descobrir. O arsenal químico de que dispomos aumenta continuamente. Como cada espécie de inseto possui uma biologia distinta, e, sobretudo, um "mecanismo" químico celular diferente, deve-se procurar descobrir pesticidas específicos, inofensivos para todos os outros animais que não os insetos, e mesmo até especialmente tóxicos para as espécies que se pretende combater, poupando assim as outras. E, de fato, as substâncias recentemente elaboradas tendem para uma especificidade cada vez maior.

Os *inseticidas sistêmicos* são, desse ponto de vista, extremamente interessantes. Trata-se de substâncias que se fornecem aos vegetais e que, absorvidas por estes, tornam sua seiva tóxica para os insetos que as possam atacar*. Os principais inseticidas desse tipo pertencem à série dos compostos organofosfatados. Um dos primeiros a ser conhecido foi o *schradan***, descoberto em 1937 por G. Schrader na Alemanha, abandonado atualmente devido à sua alta toxicidez, mesmo para as plantas às quais se aplicam doses eficazes. Outros compostos, tais como o *demethon* e o *endothion*, foram utilizados contra os Dípteros e os pulgões. Os mesmos são postos em contacto com as sementes ou as raízes (por vezes ao nível da folhagem), distribuindo-se em seguida por todo o aparelho vegetativo.

Obtiveram-se excelentes resultados com as aplicações desses inseticidas de um tipo muito particular, tanto nas plantas tropicais (luta contra uma praga do cacaueiro) quanto nas dos países temperados. Tais produtos são freqüentemente mais eficazes que os inseticidas pulverizados e têm uma ação mais durável que estes últimos.

Infelizmente, a maioria dessas substâncias é extremamente tóxica para os animais de sangue quente***, e ignora-se por enquanto o seu grau de toxicidez sobre o homem e os animais domésticos que ingerem produtos agrícolas tratados dessa forma. Assim, convém ser prudente em seu uso**** e procurar novas substâncias que não apresentem os mesmos inconvenientes, o que lhes garantiria um grande futuro.

Desse modo, apesar de o campo de investigação dos químicos ser altamente promissor, é preciso insistir no fato de que nenhum produto novo deveria ser utilizado em grande escala antes de se terem realizado várias experiências nas condições de uso reais e analisado cuidadosamente as suas conseqüências, a curto e a longo prazo. Sem dúvida, tais precauções são prescritas, teoricamente, pelas leis e pelos regulamentos de inúmeros países; tais disposições deveriam, porém, ser reforçadas e rigorosamente aplicadas. Confunde-nos a leviandade com que por vezes são aplicados certos produtos em doses maciças, sem que se saiba exatamente o impacto que terão na natureza.

*Inseticidas desse tipo foram também elaborados em vista da luta contra os parasitas de animais, aos quais se fornecem essas substâncias tóxicas (por exemplo, luta contra os Dípteros parasitas do gado).

**Conhecido igualmente sob as siglas de OMPP ou OMPA, ou seja, octa-metil-pirofosfamida.

***Agem também como anticolinesterases e transforma-se, ao nível do fígado, em corpos muito mais tóxicos, provocando a morte após vômitos, paralisia e síndromes vasculares e hepáticos.

****Seu uso é proibido nas culturas hortícolas na França.

As condições de aplicação devem também ser cuidadosamente examinadas. Nas habitações, e nas proximidades destas, pode-se utilizar qualquer produto na natureza sem grande perigo (por exemplo, na luta contra os insetos que picam, vetores de doenças), desde que não seja tóxico para o homem, a curto ou a longo prazo.

Ao nível dos campos e dos habitats inteiramente transformados pelo homem, o uso de pesticidas nem sempre tem uma gravidade excepcional, dentro dos limites normais de utilização. Nesses habitats totalmente artificiais, apenas os inseticidas químicos podem controlar os parasitas das culturas. Isso não quer dizer, evidentemente, que o homem tenha interesse em "envenenar" inteiramente esses meios, o que, aliás, prejudicaria o seu rendimento e teria conseqüências graves, nos solos particularmente. É preciso não esquecer, por outro lado, que, utilizando pesticidas, o homem combate apenas o mal e não as suas causas; a limitação brutal dos efetivos de uma população animal não a impede absolutamente de proliferar imediatamente depois, segundo uma lei ecológica geral. Um tratamento antiparasitário pode destruir uma forte proporção de predadores, mas as populações sobreviventes terão um maior poder de reprodução, pois sua densidade depende apenas das condições do meio. O uso de meios químicos deve acompanhar-se de práticas de cultivo favoráveis a um feliz equilíbrio biológico.

O mesmo não acontece nos habitats naturais ou apresentando certas analogias com esses últimos. Aí, o ecossistema é muito mais complexo e as diversas espécies vivem em equilíbrio muito mais estável. Os inseticidas devem ser utilizados nesses meios como simples colaboradores das defesas naturais, e não como meios de luta exclusivos. É esse o princípio da *luta integrada.*

Tal concepção aplica-se particularmente aos pomares que, do ponto de vista ecológico, são, de certa forma, os equivalentes das florestas pouco densas. Um tratamento antiparasitário foi assinalado no Canadá, nos pomares de macieiras, um dos grandes recursos da Nova Escócia (Patterson, 1956; Pickett, 1960). Entre 1930 e 1949, as populações de parasitas tornaram-se resistentes ao arseniato de chumbo, que foi então substituído pelo DDT e por outros inseticidas sintéticos. Esses produtos provocaram, é certo, uma diminuição dos efetivos dos predadores. Como, porém, exterminavam igualmente os predadores dos parasitas, cada interrupção nos tratamentos era imediatamente seguida por uma pululação dos parasitas, responsáveis por graves estragos nos frutos.

Modificou-se, então, o próprio método do tratamento, diminuindo a natureza, as doses e a freqüência das aplicações de inseticidas, de forma a preservar a fauna de predadores que limita o número de insetos parasitas, simplesmente, pois, complementando a sua ação. Constatou-se que as devastações eram proporcionalmente menores (entre 80 e 94% das frutas ficavam incólumes) e que se obtinha o mesmo resultado do que com os tratamentos maciços, dispendiosos e prejudiciais a longo prazo. O homem contentou-se, assim, em ajudar as defesas ecológicas em vez de destruir o equilíbrio natural, sendo obrigado a se substituir inteiramente às forças conservadoras do meio.

Não podemos deixar de assinalar igualmente os métodos preconizados na Suíça pela Estação Federal de Experiências Agrícolas de Lausanne (Mathys e Baggiolini, *Agriculture romande*, 6, n.º 3, 1967). A *luta integrada* aconselhada para as culturas de frutas constitui um sistema de regulação das populações de insetos predadores, baseado num conjunto de técnicas, o uso de inseticidas sendo apenas um elemento entre muitos outros. Favorece-se a fauna útil, e a interferência das armas químicas é realizada de modo a não se opor à defesa natural do meio. Desse modo, a luta biológica, graças a espécies autóctones ou introduzidas, acrescenta os seus efeitos aos da luta química. Os resultados de semelhantes métodos, estudados e aplicados hoje em dia em diversos países europeus, são extremamente promissores.

Note-se que, por vezes, o homem tem interesse em conservar os habitats que explora num estado comparável ao de um meio natural, como já verificamos em outros domínios. Isso foi provado especificamente por um exemplo citado por Grison e Lhoste (1960), mostrando até que ponto os métodos de cultivo repercutem na abundância dos insetos predadores e no controle de suas populações*. Na Itália meridional, como em muitas outras regiões mediterrâneas começou-se a retirar todos os arbustos e ervas que cobriam o solo dos olivais. Constatou-se, então, uma proliferação da mosca-da-oliva *Dacus oleae* e sérias devastações nos frutos, apesar do uso de inseticidas. Com efeito, com as plantas invasoras tinham sido eliminados os abrigos onde os insetos parasitas da mosca se refugiavam durante o tratamento das oliveiras com inseticidas; aí eles encontravam outros insetos que podiam parasitar, o que lhes permitia manterem as suas populações num nível elevado. Os processos de "cultura limpa" dos americanos são, portanto, pelo menos em certos casos, prejudiciais para as plantas cultivadas, assim como, aliás, para o equilíbrio dos solos, diminuindo sua resistência à erosão**.

Sob esse ponto de vista, a conservação de povoamentos vegetais à primeira vista inúteis, tais como sebes, moitas arbustivas e outras plantas, é na realidade extremamente útil para a preservação de um equilíbrio entre as diversas populações de insetos e para o controle das espécies nocivas. A monocultura e a reunião das parcelas conduzem, desse modo, à supressão de preciosos auxiliares do homem.

Tais considerações são particularmente válidas no caso de habitats naturais, como florestas ou meios aquáticos. É indispensável ter-se a maior prudência ao tratá-los com pesticidas, pois corre-se o risco de desencadear reações em cadeia, conduzindo a graves rupturas de equilíbrio, que se opõem aos objetivos iniciais.

Deve-se assinalar que os acidentes devidos ao uso e abuso de pesticidas, assim como as destruições injustificadas de animais inofensivos, apresentam uma freqüência variável segundo os países. São particularmente numerosos nos Estados Unidos, onde o uso de pesticidas atingiu proporções enormes. Os países tropicais também já "descobriram" estes produtos e começam a consumi-los excessivamente, o que pode comprometer os equilíbrios naturais. Em compensação, estes revelaram-se menos tóxicos em certos países europeus que souberam proteger-se de modo mais eficaz contra a utilização abusiva de pesticidas, e onde um melhor equilíbrio agrícola contribuiu para preservar as culturas da pululação de parasitas perigosos***.

*Pensa-se cada vez mais que a luta contra os insetos predadores deve apelar para as práticas ecológicas e para um aproveitamento do habitat, de modo a controlar as pululações de insetos. Existe uma literatura abundante consagrada a esse assunto. Entre as mais recentes publicações, assinalamos os *Proceedings, Tall Timbers Conference on Ecological Animal Control by Habitat Management,* Tallahassee, E.U.A. 1971.

**Deve-se notar, no entanto, que, em certos casos, as plantas invasoras podem servir de abrigo para os próprios parasitas, que voltam a infestar as plantas cultivadas logo que acaba o tratamento. As terras não utilizadas ou abandonadas podem igualmente servir de focos de infestação.

***É, particularmente, o caso da França, onde na verdade os danos são limitados. A venda de pesticidas é rigorosamente regulamentada, podendo efetuar-se somente depois da obtenção de um visto atribuído pelos Ministérios da Agricultura, da Indústria e da Saúde Pública, sob proposta de uma comissão de estudo da utilização dos tóxicos na agricultura. A homologação de um novo produto é submetida a condições severas, assim como os métodos de seu uso. Por outro lado, a produção das substâncias e a sua comercialização estão nas mãos da grande indústria química; os consideráveis interesses em jogo exigem um controle rigoroso da toxicidez relativamente ao homem e aos meios onde esses

De um modo geral, portanto, o homem deve ter interesse em considerar os pesticidas apenas como um dos elementos da luta contra os inimigos das suas culturas e do seu bem-estar. É fundamental que se efetue um aproveitamento racional dos habitats, mesmo daqueles que já foram profundamente transformados. Sobretudo, seria desejável que os indispensáveis estudos ecológicos que devem preceder qualquer valorização de um território incluíssem uma análise da entomofauna[12] autóctone, especialmente da fração suscetível de se transferir para as plantas que se pretende cultivar. Seria possível, assim, escolher as que têm menores probabilidades de ficarem expostas a uma pululação de parasitas.

[12]Entomofauna é o conjunto de insetos de certa região. A palavra compõe-se da raiz grega *entomon* = inseto, e do termo fauna, que significa conjunto de animais (nota do Coordenador).

Por outro lado, devem-se preferir as práticas agrícolas menos favoráveis à multiplicação dos predadores em função das condições ecológicas locais. Só então o homem poderá utilizar as armas químicas de que dispõe para combater esses flagelos, sem gerar calamidades mais graves ainda.

O homem já só pode doravante assegurar sua subsistência mantendo uma parte da superfície da terra em condições artificiais; a utilização de substâncias químicas faz parte da conservação de um alto rendimento econômico nessas áreas profundamente transformadas, onde já não é possível restabelecer o equilíbrio natural. Evidentemente, tem-se de correr um risco. É dele que dependem a maior abundância de alimentos e de matérias-primas, fundamentais para a humanidade, assim como o recuo das endemias que assolam o mundo. No entanto, como já se afirmava em 1963 num relatório ao Presidente dos Estados Unidos*, convém reduzir esse risco ao mínimo e limitar o uso de pesticidas, evitando a sua aplicação em grande escala sempre que não for indispensável; convém controlar continuamente a taxa desses produtos no ar, na água e no solo, e limitá-los ao rigorosamente necessário, proibindo em seguida, tão rapidamente quanto possível, e totalmente, o uso de substâncias estáveis, com efeitos persistentes. A utilização de um pesticida não deveria nunca ser autorizada antes de estudos sérios e *objetivos* terem provado que não é nocivo, nem mesmo a longo prazo, e que não tem efeitos simultâneos sobre as terras e as comunidades vivas, naturais ou artificiais, nas proximidades das quais é aplicado**.

É preciso tornar a dimensão da luta com pesticidas proporcional aos objetivos que se pretendem atingir. Como no caso de medicamentos utilizados no tratamento das doenças, existem indicações e contra-indicações. Cabe ao homem estudar cada caso e estabelecer o tratamento sem "ultrapassar a dose prescrita". Essa dose varia essencialmente em função

produtos são utilizados, pois qualquer acidente grave traria prejuízos para firmas que não podem correr semelhantes riscos.

Já existe igualmente uma colaboração técnica internacional em vários escalões (FAO, OMS, Comissão Internacional dos Métodos de Análise dos Pesticidas ou CIMAP); é lamentável que os organismos cujos objetivos são a conservação da natureza não sejam consultados da mesma forma que outros.

Tudo está ainda muito longe da perfeição. No entanto, as estruturas existentes mostram em que sentido o homem deverá trabalhar para proteger a natureza contra os perigos da química moderna.

**Use of Pesticides.* A report of the President's Science Advisory Committee. The White House, Washington, 1963.

**Os Estados Unidos, o Canadá, a Suécia e a República Federal Alemã já proibiram, ou limitaram de forma extremamente rigorosa, o uso de diversos inseticidas, entre os quais o DDT.

do meio e das condições ecológicas, pois o uso dos pesticidas deve ser encarado apenas como uma intensificação das defesas naturais dos habitats*.

O homem tem de entender que a luta química que empreendeu será seguida por uma "vitória de Pirro" se ele não evitar o abuso desses meios de destruição insuspeitavelmente poderosos que, segundo a sua vontade, poderão ser medicamentos benéficos ou "venenos dos Borgia"[13].

[13]Creio que deve ser dado ênfase particular a um caso negligenciado pelo autor. O uso abusivo de inseticidas em comunidades vegetais leva a uma destruição maciça de insetos. Os pássaros, ou comem os insetos envenenados e morrem, ou abandonam esses ambientes à procura de outros onde encontrem alimento. Com isso, faltam insetos e pássaros sem os quais inúmeras espécies de plantas não são polinizadas, e não podem formar sementes. O número dessas espécies vegetais acaba, pois, decrescendo também. Assim, o homem, ao penetrar num ponto de uma cadeia ecológica, produz efeitos que, muitas vezes, não prevê e não deseja. Ao interferir com a natureza, pode saber onde começa a sua ação, mas geralmente não sabe onde ela termina (nota do Coordenador).

*Note-se que tais considerações já foram várias vezes formuladas nos votos e resoluções de inúmeros congressos e reuniões biológicas, especialmente nos da União Internacional para a Conservação da Natureza (desde 1949), e do Conselho Internacional para a Preservação das Aves (desde 1950). É lamentável que os poderes públicos dos países interessados não tenham dado crédito a esses conselhos repetidos por cientistas de grande objetividade.

CAPÍTULO 7

OS DETRITOS DA CIVILIZAÇÃO INDUSTRIAL INVADINDO O PLANETA

"O homem sucumbirá, morto pelo excesso daquilo a que chama civilização." J. H. Fabre, *Souvenirs entomologiques,* VI.

Em nossos dias, o problema dos resíduos das atividades humanas de origem doméstica ou industrial tornou-se extremamente sério. Apesar de, no fundo, ser um problema antigo, pois as grandes coletividades da Antigüidade já se preocupavam com a evacuação dos detritos, mudou totalmente de escala atualmente devido à intensificação das atividades do homem moderno.

Enquanto que, até épocas relativamente recentes, pelo menos até a revolução industrial, os detritos eram essencialmente orgânicos e, portanto, suscetíveis de serem atacados, com facilidade, pelos agentes de destruição e de transformação (bactérias, fungos, etc.), subitamente a indústria espalhou sobre o planeta produtos mais resistentes. Sua "duração de vida", por vezes considerável, torna o seu impacto muito mais profundo, tanto no seio das comunidades naturais quanto relativamente ao próprio homem. Podemos citar, por exemplo, os hidrocarbonetos pesados, que só são atacados, e de forma extremamente lenta, por certas bactérias altamente especializadas; as praias, poluídas por longas faixas negras, provam a sua persistência. Devem também ser mencionados, particularmente, os corpos radioativos — alguns deles inteiramente artificiais, como por exemplo inúmeros isótopos —, cujos efeitos podem durar, por vezes, milhões de anos.

A situação agravou-se, nas mesmas proporções, no plano quantitativo: o vertiginoso desenvolvimento das atividades industriais, aliado ao acentuado crescimento demográfico, provocou um aumento considerável do volume dos resíduos.

Ora, a atitude do homem relativamente aos detritos permanece a mesma de antigamente: contenta-se em despejá-los na natureza, tanto no ar como na água, sem se preocupar com o que acontecerá com eles. De um modo geral, a situação não era muito grave quando a velocidade com que esses detritos eram espalhados era mais ou menos proporcional à velocidade com que se degradavam, pois era possível estabelecer, assim, um certo equilíbrio.

O mesmo já não acontece atualmente, pois a natureza e as suas forças de destruição já não se encontram em estado, qualitativamente, nem quantitativamente de poderem reabsorver o enorme volume de detritos que o homem continua espalhando, sem por vezes os submeter a um tratamento prévio. Esses resíduos, pertencentes a mil espécies químicas, acumulam-se, portanto, e envenenam, literalmente, a atmosfera, a terra e as águas.

Convém reformular inteiramente a nossa "política" relativamente aos resíduos e considerar que não basta despejá-los sem controle na natureza, deixando a esta última o encargo de os destruir ou de os assimilar. Esbarramos, é certo, com dificuldades técnicas, pois a eliminação de certas substâncias é por vezes extremamente difícil. Dificuldades financeiras deverão ser enfrentadas igualmente, pois a depuração das águas utilizadas, assim como a retenção, a transformação e a armazenagem dos detritos industriais, custam caro e sobrecarregam os preços de custo, aparentemente sem lucro: assim, o homem prefere fechar os olhos no que respeita o devir dos detritos e a sua influência sobre a natureza.

Ao se comparar um processo industrial com um sistema natural, podem-se constatar diferenças evidentes. Na natureza, os elementos evoluem de uma forma cíclica; uma vez formados, os materiais são utilizados, em seguida degradados antes de serem recuperados no ciclo seguinte. Essas duas fases desenvolvem-se com a mesma velocidade. Contrariamente ao sistema natural, um sistema artificial, como por exemplo a fabricação de um produto qualquer, é, na realidade, um sistema aberto. O homem só se interessa pela primeira fase, que lhe dá lucro, desprezando a segunda, que lhe custa energia sem lhe trazer nenhum benefício. A reciclagem dos elementos não o preocupa, confia na natureza. Ora, esta não pode intervir com eficácia, pois o volume e a qualidade dos detritos ultrapassam as suas possibilidades. É preciso modificar semelhante atitude, e passar de uma economia voltada para a exploração dos recursos naturais a uma economia de reciclagem. A *economia externa* já não é compatível com a manutenção de condições convenientes para o homem. Devemos persuadir-nos de que, a partir de agora, teremos de pagar pela água e o ar puros, e não podemos mais retirá-los gratuitamente do meio para os devolver poluídos depois de os termos utilizado.

Já se efetuaram, sem dúvida, progressos sensíveis em vários campos. A legislação de cada país esforça-se por proteger as águas e as terras, por vezes também o ar; realizaram-se convenções internacionais relativamente ao alto mar. Por outro lado, foram elaborados meios técnicos de reter e filtrar os mais variados detritos.

Tais medidas devem ser aplicadas rigorosamente, e reforçadas, pois atualmente a poluição já assumiu proporções consideráveis. Nenhum meio está incólume. Se, como é evidente, a poluição é sobremaneira importante nas zonas industriais, densamente povoadas, os rios, as correntes marinhas e os ventos encarregam-se de transportar os produtos deletérios para longe do ponto onde foram depositados.

Convém igualmente mencionar os depósitos de lixo que o homem tem cada vez mais tendência a disseminar à beira das ruas mais pitorescas. As cornijas de onde se podem desfrutar os mais belos panoramas são geralmente escolhidas, com predileção, para jogar lixo doméstico, utensílios velhos e detritos de toda a espécie. Devem-se mencionar, particularmente, os "cemitérios" de automóveis. Essa invenção deplorável, que permaneceu durante muito tempo típica da América do Norte devido ao valor mercantil irrisório dos automóveis usados (em 1964, mais de 6 milhões de automóveis foram abandonados dessa forma), já atingiu a Europa. Podem-se ver freqüentemente, à beira das nossas estradas, velhas carcaças de automóveis já desprovidos de todas as peças desmontáveis[1]. Deve-se proscrever também a publicidade intempestiva ao longo das estradas.

[1] Tudo isso é, a nosso ver, conseqüência de um desenvolvimento tecnológico desmedido que não se fez acompanhar de igual progresso moral. Monta-se uma indústria para produção de grande número de carros; diminui-se a qualidade dos mesmos e, em conseqüência, a sua durabilidade; entra em ação o sistema promocional que "obriga" — pelo condicionamento — a troca contínua do carro, que não é mais consertado, mas trocado por um novo, de último tipo, que muda ao menos uma vez por ano; conseqüência: os "cemitérios" de automóveis onde "enterramos" carros que seriam perfeitamente utilizáveis, caso a indústria estivesse montada em bases diversas. Se falamos em falta de progresso moral, acima, o fizemos deliberadamente, pois para nós é imoral qualquer sistema em que poucos usufruem de benefícios, em detrimento da coletividade (nota do Coordenador).

Foto 57. Gado tuberculoso alimentando-se de ramos de árvores cortados pelos pastores do Quênia

Foto 58. Gado masai deslocando-se sobre pastagens profundamente danificadas pela erosão

Foto 59. Nuvens de poeira arrancada ao solo pelo vento no "dust bowl", Springfield Colorado, maio de 1937

Foto 60. Depósito de poeira acumulada pelo vento sobre terras de uma fazenda do Texas que teve de ser abandonada

Foto 61. Efeito da erosão hídrica numa cultura de milho

Foto 62. Terras de cultura profundamente danificadas pela erosão, perto de Pretoria, África do Sul

Foto 63. Vertentes de colinas erodidas, antes de sua restauração no quadro do programa da "Tennessee Valley Autherity"

Foto 64. Culturas em terraços, segundo as curvas-de-nível

Foto 65. Águia-de-cabeça-branca (indivíduo imaturo, não possuindo ainda a plumagem de adulto). Essa grande ave de rapina está ameaçada pelo abuso dos pesticidas. Vítimas da poluição das águas

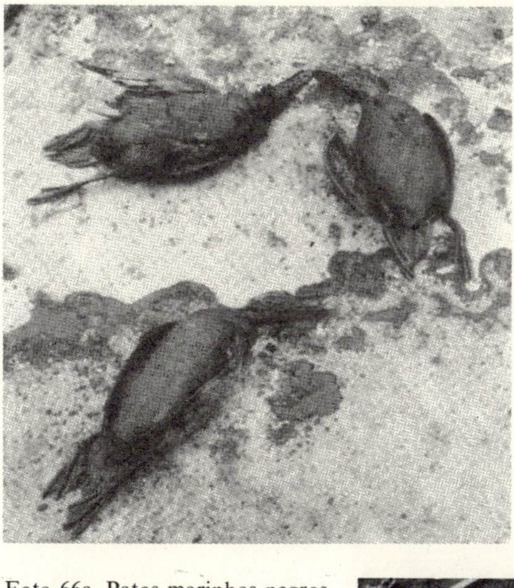

Foto 66a. Patos marinhos negros mortos, ilha de Sylt, Alemanha

Foto 66b. Pingüin preso no mazute (Bretanha, abril de 1967) depois do naufrágio de um petroleiro

Foto 67. Trutas mortas nas águas da Broye (Suíça), envenenadas por resíduos industriais

A essas poluições de tipo clássico veio juntar-se, de há alguns anos para cá, a ameaça nuclear, a mais grave de todas, pois pode ocasionar a ruína total do nosso planeta.

Vamos deter-nos um pouco nesses verdadeiros envenenamentos, pois eles causam sérios prejuízos ao homem e põem igualmente em perigo comunidades naturais do mundo inteiro.

1 — POLUIÇÃO DAS ÁGUAS DOCES

O problema da poluição das águas doces não é recente; o Zend Ayesta e as Escrituras* já continham preceitos relativos aos detritos e à forma de distribuí-los de modo a não incomodar o homem e a não comprometer suas provisões de água. No entanto, esse problema conservou, até épocas muito recentes, proporções pouco inquietantes. No início do século XIX, os membros do parlamento britânico ainda pescavam salmão em Londres, na ponte de Westminster, e, até o fim do século XVIII, a água potável dos parisienses era retirada do Sena sem que fosse preciso submetê-la a nenhum tratamento particular. Infelizmente o salmão já desapareceu do Tâmisa** e, atualmente, durante o verão, o Sena conduz para jusante de Clichy a mistura em partes equivalentes de água de rio e de água de esgoto.

Até mesmo as águas subterrâneas foram gravemente poluídas, tanto por detritos orgânicos e pesticidas, espalhados em quantidades excessivamente grandes (saturação dos filtros naturais), quanto por sais que alcançam, sem nenhum tipo de impedimento, o lençol freático. Durante certos períodos de águas baixas, várias cidades importantes ficaram privadas de água potável, fenômeno cada vez mais freqüente devido ao desgaste das camadas de aluviões, o qual provoca uma realimentação destas últimas pelas águas poluídas.

As razões da poluição das águas doces são evidentes e pertencem a duas ordens de fatos diferentes. A primeira está relacionada com o crescimento da população humana e com o grau elevado de urbanização, corolário desse crescimento. As metrópoles, onde se concentram inúmeros habitantes, devolvem um enorme volume de águas usadas, incompletamente depuradas, que poluem os canais de fuga dos rios. A segunda provém do desenvolvimento da indústria, que exige quantidades de água cada vez mais consideráveis e, sobretudo, que despeja nos rios os múltiplos produtos químicos que constituem os resíduos das suas atividades.

Esses dois fatores redimensionam totalmente o problema da poluição das águas doces, de uma extrema gravidade na Europa e na América do Norte, especialmente na parte oriental dos Estados Unidos. O Ruhr, o Luxemburgo, a Bélgica, o norte da França e a Inglaterra podem ser citados como exemplos lamentáveis dessa evolução. Na U.R.S.S., a industrialização e o desenvolvimento dos grandes centros urbanos conduziram, apesar da abundância das águas, a uma grave poluição de 360 000 km de rios.

A situação agrava-se de ano para ano, tanto mais que a tendência atual, manifesta na Europa Ocidental e especialmente na França, consiste na descentralização e na implantação de indústrias em regiões que haviam permanecido até então agrícolas, provocando assim a multiplicação dos focos de poluição.

*A transformação das águas do rio em "sangue", uma das dez pragas do Egito de que fala o Êxodo (7, 14-25), é devida, provavelmente, a uma poluição biológica (produzida por dinoflagelados, algas pardas em decomposição ou sulfobactérias). Aparenta-se às "marés vermelhas" das águas litorâneas.

**Assim como da maior parte dos rios da Europa Central e Ocidental. No fim do século passado ainda se pescaram 100 000 no Reno, ou seja, 1 000 toneladas, antes de este ter-se transformado num dos esgotos do nosso continente.

Por outro lado, a situação é tanto mais séria quanto as necessidades de água aumentam continuamente. O consumo anual por habitante atinge 1 200 m^3 nos Estados Unidos, e calcula-se que duplicará dentro de aproximadamente quarenta anos (produção de energia hidráulica e navegação, excluídas). Ora, a quantidade de água de superfície é limitada, assim como a das águas subterrâneas cuja fração suscetível de ser aproveitada é relativamente diminuta. Já se sente a falta de água, mesmo para o consumo humano, em regiões onde, no entanto, as precipitações atmosféricas são abundantes*.

A primeira causa de poluição consiste na devolução, pelos esgotos, dos resíduos da vida coletiva (Ellis, 1937; Klein, 1962; Erichsen, 1964; Ternisien, 1968; Carbenier, 1969). Embora existam processos aperfeiçoados de purificação das águas, filtradas através das camadas do solo, o contínuo crescimento das cidades, diversas dificuldades técnicas e o preço elevado das instalações que ultrapassam as possibilidades de investimento de certas coletividades provocam a inoperância de instalações freqüentemente insuficientes, ou mesmo totalmente ausentes. Os casos de águas de esgotos não, ou imperfeitamente, purificadas estão apresentando uma deplorável tendência a se multiplicarem. O Ródano, a jusante de Genebra, fica periodicamente poluído pelo despejo da barragem do Verbois (que recebe as águas usadas da cidade), cujos efeitos repercutem até Culoz, 60 km a jusante. O baixo vale do Sena era reputado, outrora, pela abundância dos seus peixes, e, em Quilleboeuf, chegava-se a pescar 58 espécies diferentes. Essa fauna rica já desapareceu em conseqüência tanto da industrialização dessa região quanto dos volumes crescentes de águas usadas devolvidos pelos esgotos. Os lagos, particularmente os dos Alpes suíços e franceses, já não estão ao abrigo desse tipo de poluição, como o provam observações reiteradas, e ficam mais profundamente afetados pois constituem sistemas fechados onde se acumulam as substâncias nocivas. Os fundos do lago de Annecy ficam desprovidos de oxigênio de agosto a dezembro, assim como os dos lagos de Nântua e de Zurich, devido às águas de esgoto que aí são despejadas e que provocam perturbações no equilíbrio químico. Os fundos ficam cobertos de detritos, a vegetação aquática desaparece, substituída por fungos e bactérias filamentosas; os próprios animais ressentem-se profundamente, sobretudo certos peixes outrora abundantes.

A poluição do lago Leman agravou-se consideravelmente durante estes últimos anos (*Relatório sobre o estado sanitário do Leman de* 1957 *a* 1960. Com. Int. Prot. águas do Leman e do Ródano, 1964). A ação das águas domésticas e industriais provocou uma diminuição da transparência das águas (de 2 metros em média desde o início do século), uma baixa do teor de oxigênio e o aparecimento de substâncias nitrogenadas orgânicas. O número de germes aumentou de forma inquietante, especialmente os de origem fecal presumida (Coliformes) que já invadiram todo o Leman. As modificações químicas e físicas e a contaminação bacteriana mostram claramente que o lago está em vias de se transformar numa cloaca[2].

[2]Não deveríamos abandonar esse ponto sem considerar que, infelizmente, no Brasil, ao menos nas regiões de população mais densa a situação não é em nada mais favorável: o Pinheiros e o Tietê são rios que funcionam como verdadeiras cloacas de São Paulo.

*Nas zonas industriais do leste e do norte da França, contam-se, em certas estações, com os fins-de-semana e as férias para permitirem que as águas subterrâneas recuperem o seu nível. A imprensa relata periodicamente os esforços efetuados para aumentar a provisão de água da região parisiense, graças a aproveitamentos hidráulicos contra os quais se insurgem os habitantes de outros distritos. E o fato de uma central térmica produzindo 500 000 kW exigir a evaporação de 1 000 m^3 de água por hora, retirados definitivamente da circulação (Colas, 1962), é suficiente para dar uma idéia das necessidades da indústria.

Não só estes, mas muitos outros rios, no Estado de São Paulo, funcionam, também, como receptores dos indesejáveis subprodutos, por vezes altamente tóxicos, de certas indústrias, principalmente da indústria açucareira. Certamente o Estado de São Paulo não é o único, no País, a apresentar problemas dessa natureza (nota do Coordenador).

O segundo tipo de poluição, muito mais grave ainda, qualificado de poluição de *caráter coletivo*, é uma conseqüência da extensão da indústria e do preço do progresso técnico*. Em função da natureza química dos produtos incriminados, podem-se dividir as poluições em diversas categorias. Os hidrocarbonetos constituem uma das mais aparentes. Espalhando-se à superfície da água em faixas visíveis, formam um filme superficial impedindo a difusão do oxigênio na água. Os detergentes sintéticos — cuja utilização industrial, agrícola e doméstica está se ampliando** — são mais perniciosos ainda, pois modificam a tensão superficial, desempenhando o papel de emulsionantes, de espumantes e de solventes***. Seus efeitos são consideráveis, pois diminuem a capacidade de reoxigenação das águas, inibem as bactérias atacando as substâncias orgânicas (campos de purificação das águas) e produzem espumas que se acumulam na superfície (sobretudo ao nível das barragens). Em determinadas doses, são tóxicos para os peixes adultos e para os peixes em crescimento (os detergentes aniônicos, os mais abundantes, são tóxicos em doses de 10 a 25 mg/litro), e mesmo para as plantas aquáticas (por exemplo, o ranúnculo-aquático *Ranunculus aquatilis* não cresce quando a água contém 1 mg/litro de detergente, e o *Potamogeton* 2,5 mg). Outras substâncias comportam-se como verdadeiros venenos, como por exemplo os detritos de fábricas de carvão ou de fábricas a gás (fenóis, alcatrões, derivados cianetos), assim como inúmeros sais de cobre, de zinco, de chumbo e de níquel****, sem contar os fluoretos. Outros ainda têm propriedades corrosivas, particularmente os ácidos e as bases que modificam o pH das águas, perturbando assim o equilíbrio dos microorganismos. Finalmente, não se podem esquecer as matérias espalhadas voluntariamente — sobretudo inseticidas e herbicidas — que ocasionam sérias perturbações nas águas doces.

Essas substâncias têm, portanto, uma ação química, introduzindo nas águas compostos normalmente ausentes, ou presentes em quantidades infinitesimais, entre os quais venenos violentos. Têm freqüentemente também uma ação física; algumas podem modificar a cor, a transparência, a tensão superficial, e mesmo até, por vezes, a viscosidade e a temperatura das águas. Finalmente modificam-lhes o sabor e o cheiro podendo torná-las pútridas e, portanto, impróprias para o consumo humano ou a prosperidade da fauna aquática.

*A agricultura intensiva provoca igualmente poluições sérias. O abuso dos pesticidas, principalmente dos inseticidas, já foi assinalado. Essas substâncias são levadas pelas águas que as distribuem até as zonas mais afastadas dos oceanos. Por outro lado, a utilização de adubos químicos pode também ter repercussões nefastas. Os nitratos transformam-se parcialmente em nitritos, prejudiciais para as comunidades naturais e mesmo para o homem, visto passarem para os alimentos (perturbações graves nas crianças pequenas).

**Enquanto que os "syndets" representavam apenas 1% das vendas de sabão nos Estados Unidos em 1941, passaram para 54% em 1951, e, depois disso, seu uso generalizou-se ainda mais.

***Um fato à primeira vista inesperado foi assinalado nos Estados Unidos relativamente aos patos que freqüentam águas carregadas de detergentes; estes, suprimindo a ação das secreções gordurosas que impregnam a plumagem dos patos, deixam-na desprotegida da água que, umedecendo as penas, teria provocado o afogamento de vários indivíduos (citado por Klein, 1957).

****Os peixes morrem com concentrações da ordem de 0,1 mg por litro de sais de chumbo, de zinco, de cobre, de cádmio, de níquel e de cromo.

Essas diversas substâncias agem assim de forma variada num meio natural de uma complexidade extrema. As águas doces constituem biocenoses com inúmeros elementos, múltiplas cadeias alimentares partindo de um grande número de microorganismos, bactérias, algas, fungos que transformam a matéria orgânica, tornando-a assimilável aos seres superiores. Nesses meios, o equilíbrio em sais minerais e em substâncias orgânicas é complexo e, na maioria das vezes, extremamente frágil. Basta qualquer modificação mínima no equilíbrio iônico ou no teor de elementos minerais ou orgânicos para que certas transformações fiquem inibidas ou, ao contrário, aceleradas. Ora, é exatamente nesse meio frágil que vão agir as substâncias tóxicas imprudentemente espalhadas pelo homem. Sua ação varia segundo se trata de poluição orgânica ou mineral.

As substâncias orgânicas despejadas nos rios são, aí, atacadas por microorganismos, especialmente bactérias aeróbias. Se a sua concentração não ultrapassa um certo limite, as águas podem regenerar-se, graças à ação das bactérias em suspensão. Formam-se então nitratos, sulfatos e fosfatos, enquanto que os compostos ricos em carbono são transformados em carbonatos. Tais transformações exigem, no entanto, grandes quantidades de oxigênio, o que faz com que esse processo só seja possível no caso de fracas concentrações das substâncias a degradar e de um teor elevado de gás dissolvido*.

Logo que a concentração das substâncias poluintes se torna muito elevada, sua degradação provoca um esgotamento total do oxigênio dissolvido na água, eminentemente prejudicial a um grande número de animais aquáticos, sobretudo peixes, que ficam a bem dizer asfixiados. Por outro lado, as reações de degradação passam-se doravante num meio redutor, desprovido de oxigênio, e a ação das bactérias anaeróbias** suplanta a das bactérias aeróbias. Os produtos de degradação diferem então largamente e incluem uma série de substâncias tóxicas que provocam a putrefação das águas, pela produção de derivados de metano, de aminas, de enxofre ou fósforo***. Assim, o despejo de quantidades excessivas de produtos orgânicos nas águas conduz simultaneamente a um empobrecimento em oxigênio e a uma intoxicação grave pelos produtos de decomposição. Eis por que razão o despejo de substâncias orgânicas aparentemente inofensivas pode ter conseqüências de uma excepcional gravidade sobre o equilíbrio químico e biológico das águas cujo poder autodepurador fica diminuído****.

Não nos alongaremos sobre a segunda ação das poluições e, principalmente, das poluições industriais. É evidente que o despejo de produtos tóxicos nos rios provoca um verdadeiro envenenamento dos mesmos, que ficam desse modo esterilizados; todos os seres vivos que constituem as comunidades aquáticas sofrem a ação desses produtos, que os eliminam direta ou indiretamente.

*O grau de poluição das águas pode ser avaliado pela determinação da *demanda bioquímica de oxigênio* (abreviado DBO), que representa a quantidade de oxigênio absorvida em cinco dias pela água a uma temperatura de 18°C. Pode-se igualmente saber a quantidade de matérias orgânicas presentes medindo a oxidabilidade com permanganato.

**Que não utilizam o oxigênio em estado puro, mas retiram-no de compostos químicos (nitratos, sulfatos, compostos orgânicos)

***Os sulfetos, não sendo mais oxidados em sulfatos, acumulam-se em depósitos escuros que exalam gás sulfídrico.

****É esse, por exemplo, o caso da serragem de madeira, que não é tóxica em si mesma, mas se acumula nos rios, fermenta e priva o meio aquático do seu oxigênio dissolvido, sobrecarregando esse meio com produtos de decomposição.

Tais substâncias tóxicas afetam igualmente os peixes, singularmente sensíveis a certos produtos químicos e ao teor de gás dissolvido nas águas. Inúmeros sais minerais, especialmente os de chumbo, de zinco, de cobre, de mercúrio, de prata, de níquel e de cádmio, têm como efeito precipitar e tornar compacto o muco que cobre as brânquias, impedindo assim as trocas gasosas que se efetuam através desses órgãos. Várias experiências demonstraram que os peixes colocados em águas possuindo um certo teor de sais de metais pesados ou de ácidos* manifestam inicialmente uma notável aceleração dos movimentos das brânquias. Em seguida, esses movimentos tornam-se irregulares, mais lentos, e os peixes morrem por asfixia. As modalidades dependem, evidentemente, das espécies e principalmente da quantidade de oxigênio de que necessitam.

Outras substâncias freqüentemente responsáveis pela poluição das águas doces comportam-se como venenos internos, paralisando as reações bioquímicas a diversos níveis, especialmente perturbando as oxidações celulares. É o caso, por exemplo, dos cianetos e dos sulfetos solúveis que provocam uma redução maciça das trocas respiratórias. O mesmo acontece com a amônia e os seus derivados, que, atravessando as brânquias e espalhando-se no sangue, bloqueiam os fenômenos respiratórios, transformando a hemoglobina e, muito provavelmente, atacando os próprios glóbulos vermelhos.

PRINCIPAIS CAUSAS DE POLUIÇÃO**

POLUIÇÕES QUÍMICAS COM EFEITOS NOCIVOS BRUTAIS

Poluintes: produtos tóxicos minerais (sais minerais — sais de metais pesados, ácidos, álcalis, . . . — ou orgânicos — fenóis, hidrocarbonetos, detergentes, . . .)

Responsáveis: todas as indústrias, devido aos despejos acidentais maciços.

POLUIÇÕES QUÍMICAS CRÔNICAS

Poluintes: fenóis, hidrocarbonetos, resíduos industriais diversos. Produtos fitossanitários (inseticidas e herbicidas). Detergentes sintéticos. Adubos sintéticos (nitratos).

Responsáveis: indústrias diversas (refinarias, indústrias petrolíferas, de plásticos, de borracha; fábricas de gás, de carvão, destilação de madeira, alcatrões . . .). Agricultura. Usos domésticos e indústrias de detergentes.

POLUIÇÕES BIOLÓGICAS

Poluintes: detritos orgânicos fermentescíveis.

Responsáveis: esgotos das coletividades urbanas. Indústrias de celulose (serrarias, fábricas de papel), indústrias têxteis e alimentares (destilarias, fábricas de cerveja, de conservas, indústria de laticínios, indústria de açúcar, matadouros). Cortumes.

*Mesmo que o ânion seja inofensivo (HCl, H_2SO_4, HNO_3), o cátion hidrogênio provoca uma coagulação do mucus ao nível dos brônquios; estes por outro lado, são também atacados pelos ácidos que possuem propriedades corrosivas.

**Segundo dados de Klein (1962) e de Carbenier (1969).

POLUIÇÕES FÍSICAS

Poluições radioativas

Poluintes: resíduos radioativos das explosões nucleares e das reações nucleares controladas. Radioatividade induzida.

Responsáveis: indústrias nucleares.

Poluições mecânicas

Poluintes: matérias sólidas inertes (lodos, argilas, escórias, poeiras)

Responsáveis: grandes estaleiros de construção, construção de estradas. Indústria de extração. Lavagem dos minérios. Dragagens.

Poluições térmicas

Poluintes: despejo da água de refrigeração que eleva a temperatura dos rios.

Responsáveis: centrais elétricas térmicas e nucleares. Refinarias. Indústrias diversas.

Por outro lado, os peixes são também, em graus diversos, extremamente sensíveis à falta de oxigênio. Se as enguias e a maior parte dos Ciprinídeos[3] sobrevivem com um teor de oxigênio relativamente baixo, o mesmo não acontece com muitos outros peixes, particularmente com os Salmonídeos, os mais exigentes de todos, que morrem por asfixia logo que a quantidade de oxigênio dissolvido na água desce abaixo de um certo limite.

[3]A esse grupo de peixes pertencem as carpas (nota do Coordenador).

É preciso não esquecer que os peixes, pecilotérmicos[4] por excelência, apresentam uma taxa metabólica rigorosamente dependente da temperatura*. Os efeitos da poluição são, portanto, muito mais sensíveis nas águas quentes do que nas águas frias, devido a um acréscimo de necessidades fisiológicas. Isso torna particularmente séria a ameaça que pesa sobre as comunidades aquáticas, provocada pela elevação da temperatura dos rios devido à utilização de suas águas como agentes de refrigeração, a que se dá o nome de poluição térmica. Inúmeras indústrias, como é o caso, em especial, das centrais térmicas, a siderurgia e as indústrias do petróleo, já recorrem a esse processo, utilizando grandes quantidades de água. As necessidades serão decuplicadas quando as centrais termonucleares atingirem seu pleno desenvolvimento. Prevê-se que, daqui a uma dezena de anos, as centrais elétricas francesas precisarão da totalidade das águas dos grandes rios. Resultará daí um aumento médio de 7º na temperatura das águas, o que, nos períodos estivais, e tendo em conta as poluições, provocará a destruição de quase toda a vida aquática.

[4]Pecilotérmicos são os animais chamados de sangue frio (peixes, anfíbios, répteis). A temperatura de seu corpo varia com a do ambiente. Como grupo, também chamados de poiquilotérmicos, esses animais opõem-se aos homeotérmicos (animais de sangue quente — aves, mamíferos), cuja temperatura é quase constante, independentemente da temperatura ambiental (nota do Coordenador).

Note-se, igualmente, que os efeitos da poluição com matérias orgânicas, reduzindo maciçamente o teor de oxigênio dissolvido, sensibilizam os peixes à poluição por substâncias minerais;

*Uma elevação térmica de 10° multiplica por 2,7 o consumo de oxigênio da truta-arco-íris.

várias experiências e observações na natureza mostraram que em meios muito arejados os peixes são capazes de resistir a concentrações de produtos tóxicos que lhes seriam fatais em águas menos ricas em oxigênio. Ora, sabe-se que as poluições são, na maioria das vezes, extremamente complexas, e provêm de misturas de substâncias orgânicas e minerais.

Finalmente, as poluições das águas doces são altamente nocivas para o próprio homem e para as suas atividades. A maioria das grandes coletividades depende dos rios para a sua provisão de água bruta; ora, o tratamento de águas com um alto grau de poluição orgânica ou mineral é cada vez mais difícil e dispendioso, e a saúde pública corre riscos muito sérios. Resquícios de certos elementos que nenhuma instalação de depuração consegue extrair das águas podem, a longo prazo, tornar-se prejudiciais para o homem. Os sais de metais pesados concentram-se ao longo das cadeias alimentares e atingem taxas alarmantes nos peixes, tornando a sua carne tóxica para o homem. Foi o que aconteceu nos Grandes Lagos americanos, cujos peixes se tornaram impróprios para o consumo humano devido ao seu teor de mercúrio.

Por outro lado, também, as poluições causam graves prejuízos às próprias indústrias. Fortes concentrações de produtos químicos nas águas são incompatíveis com determinados usos, tanto nas instalações de refrigeração (depósitos de tártaro, de sais de ferro, corrosão pelos ácidos) quanto nas utilizações mais diretas, como por exemplo nas indústrias químicas, indústrias do papel, indústrias alimentares. Inúmeras instalações industriais são, desse modo, forçadas a tratar previamente as águas para extrair os produtos nelas despejados a montante, não hesitando, porém, em despejá-las novamente no rio, carregadas de novos agentes poluidores. O industrial, que contribui tão intensamente para a poluição das águas doces, é, no entanto uma de suas primeiras vítimas[5].

[5]Isso é o que poderíamos chamar de desenvolvimento irracional da tecnologia, pois ele mesmo leva à necessidade de uma contratecnologia capaz de anular os efeitos perniciosos que a tecnologia, em seu desenvolvimento, não previu ou não evitou.

E esse industrial, vítima da poluição, que não hesita, no entanto, em contribuir para aumentá-la, evidencia, de forma clara, o fato atrás mencionado, da defasagem existente entre o progresso tecnológico e o progresso moral da humanidade (nota do Coordenador).

De um modo geral, portanto, as poluições constituem um problema muito sério em todo o mundo moderno. Os rios das regiões fortemente industrializadas transformaram-se em verdadeiras cloacas que transportam os resíduos das atividades humanas. É necessário que essa situação se modifique, pois prejudica tanto a natureza selvagem quanto o próprio homem. Os rios não foram feitos para servirem de meios de transporte para todas as imundícies da vida moderna.

Sem dúvida, a maior parte dos países já tomou consciência da urgência e da gravidade desses problemas. As medidas adotadas referem-se tanto à ação jurídica (interdição dos despejos, regulamentação da devolução das águas usadas, responsabilidade civil) quanto à ação técnica (elaboração de processos de depuração, criação de instalações bem adaptadas). Evidentemente, convém estudar cada caso em particular, em função da natureza das poluições, de seu volume e das possibilidades de autodepuração dos rios. Por outro lado, tais medidas devem integrar-se no seio de uma planificação de conjunto que se aplique a toda a bacia fluvial, bem como de grandes comunidades humanas.

Certos Estados adotaram uma classificação dos rios, proibindo todo e qualquer despejo de resíduos em alguns deles, e autorizando-os em outros, que se transformaram, desse modo, em esgotos naturais (por exemplo nos Estados Unidos e na Bélgica). Outros esforçam-se, pelo contrário, em limitar em toda a parte os prejuízos com medidas técnicas adequadas (especialmente a Grã-Bretanha, onde a devolução de todas as águas residuais é proibida antes de ter sido efetuado um tratamento prévio e um despejo nos esgotos comunais; disposições similares existem também na Alemanha, onde associações mistas agrupam, desde o início deste século, as indústrias e os particulares).

Os processos técnicos, sobre os quais não nos deteremos aqui, são infinitamente variados. No caso das instalações industriais, a solução ideal consiste, evidentemente, na "reciclagem" das águas em circuito fechado, os resíduos não sendo nunca evacuados nos rios. De um modo geral, os processos de purificação elaborados são satisfatórios no plano técnico. Devem ser aplicados sem demora, para o bem da humanidade.

2 — POLUIÇÃO DOS MARES

Os mares também não estão ao abrigo das poluições, pois desde há muito que servem de depósitos de detritos*. Evidentemente, suas águas têm um volume considerável, relativamente ao das matérias e dos líquidos que nelas são despejados, e pode-se esperar que as correntes e as marés sejam capazes de os misturar e diluir com uma velocidade suficiente. A devolução de águas usadas e de detritos de toda a espécie, inclusive de resíduos industriais, assume, no entanto, proporções importantes. Seus efeitos são por vezes imprevisíveis, pois as correntes marinhas, em vez de os arrastarem para o mar alto, trazem-nos de volta para as costas, a grandes distâncias do ponto de despejo. Tanto na América do Norte quanto na Europa, certas praias muito famosas e freqüentadas foram assim poluídas pelos esgotos das cidades costeiras e invadidas pelos detritos mais inesperados.

Além desses efeitos, de que o homem é a primeira vítima, a contaminação dos mares pelas águas usadas, domésticas ou industriais, pode modificar o equilíbrio dos organismos marinhos, particularmente do plâncton, determinando a proliferação de inúmeras algas (algas verdes, diatomáceas), cuja morte torna as águas pútridas. Existe certamente uma relação entre a composição das associações animais e o grau de poluição, pois certas espécies mais resistentes podem proliferar**, exceto em um determinado raio em volta do ponto de depuração, em zonas onde a fauna e a flora marinhas foram completamente esterilizadas.

Efeitos semelhantes foram também observados relativamente aos peixes, sobretudo em Portugal e na Escandinávia, onde a poluição dos fiorde tem repercussões no rendimento da pesca. Muitos estuários, por onde se escoam as águas devolvidas ao longo das bacias fluviais e à margem dos quais foram edificadas grandes cidades, apresentam um grau de poluição alarmante. Na foz dos rios existe assim uma "barreira envenenada" que impede a subida de certos peixes como os salmões.

Com efeito, os mares recebem atualmente um volume considerável de afluentes onde se podem encontrar todos os poluintes das águas doces e da atmosfera. As comunidades marinhas já estão gravemente perturbadas e a vida diminuiu de 30 a 50% até uma profundidade de pelo menos 500 m (Cdt Cousteau). Desse modo, o homem corre o risco de se privar de recursos essenciais e de comprometer alguns dos mecanismos fundamentais da biosfera dos quais depende a conservação da vida sobre a terra.

*Ver, sobre esse assunto, E. A. Pearson (editor), *Waste Disposal in the Marine environment*, Oxford (Pergamon Press), 1960.

**Por exemplo certos Anelídeos Poliquetos.

Os poluintes que podem ser encontrados no mar são extremamente numerosos e não vamos enumerá-los aqui. Entre eles, pode-se constatar a presença de todos os resíduos transportados pelos rios, até mesmo os sais de metais pesados (o teor de chumbo das águas do Mediterrâneo é 5 vezes maior do que há 50 anos). Esses sais concentram-se ao longo das cadeias alimentares marinhas. Nos E.U.A., 23% das conservas de atum analisadas continham uma taxa de mercúrio superior ao limite admitido. Milhões de caixas foram retiradas do mercado (o mercúrio age como um veneno perigoso sobre o cérebro, o fígado e os rins).

Uma poluição quase especificamente marinha é a que resulta das quantidades crescentes de hidrocarbonetos lançados ao mar, que aumentam paralelamente ao desenvolvimento da indústria e do transporte de produtos petrolíferos (ver Hawkes, 1961; Tendron, 1962; Zobell, 1962). Essas substâncias, não miscíveis com a água, bóiam à superfície formando um filme de espessura variável, tendendo para uma camada monomolecular. As correntes marinhas levam-nas para longe, especialmente para as praias. Tais poluições são tanto mais graves quanto os hidrocarbonetos são, na maioria, notavelmente estáveis e apenas atacados, muito lentamente, por um número reduzido de organismos microbianos, o que lhes garante uma existência prolongada, tornando os seus efeitos particularmente perniciosos.

Compreendeu-se a gravidade da situação já há uns trinta anos. Os armadores da Grã-Bretanha, aliás seguidos pelos de outros países da Europa, decidiram, nessa ocasião, não lançar nenhum produto petrolífero a menos de 50 milhas marinhas de suas costas. Em 1936, os Estados Unidos aplicaram a mesma interdição a uma zona de 100 milhas.

No entanto, essas medidas revelaram-se ineficazes, pois as correntes marítimas trazem de volta para as costas os produtos despejados no mar alto, e, igualmente, devido à intensificação do tráfico petroleiro. Depois da Segunda Guerra Mundial, a poluição dos mares pelos hidrocarbonetos atingiu tais proporções que alarmou as mais altas instâncias internacionais (ver relatório ONU, 1956).

Os hidrocarbonetos espalhados nos mares provêm principalmente dos petroleiros que transportam os óleos brutos dos centros de extração para os locais de transformação e utilização. Sabe-se que após terem descarregado o seu conteúdo, enchem-se os reservatórios com água, que serve de lastro e garante a estabilidade do barco. As cisternas ainda contêm, no entanto, produtos petrolíferos relativamente leves que se misturam com a água e são lançados ao mar a cada uma das rotas do navio no momento da limpeza dos reservatórios.

Por outro lado, os reservatórios de óleo e as cisternas dos petroleiros contêm sempre uma massa pastosa de produtos pesados que se sedimentam e não podem ser utilizados pelos motores nem retirados na ocasião do descarregamento. Esse resíduo parcialmente sólido que atulha os reservatórios e obstrui as canalizações só pode ser extraído após um tratamento com vapor ou água quente sob pressão que liquidifica o depósito, emulsiona os óleos, e os arrasta em seguida.

A essas causas de poluição — de que os navios petroleiros são os principais responsáveis — é preciso acrescentar as águas de diversas proveniências, que se carregam de gorduras e óleos antes de serem relançadas ao mar. Nestes últimos tempos, a exploração de petróleo no planalto continental por perfuração submarina aumentou consideravelmente os riscos de poluição. Há escapes ao nível dos poços, que provocam, ao menor acidente, o derramamento de grandes volumes de produtos petrolíferos. O mais espetacular destes acidentes deu-se ao largo de Santa Bárbara, na Califórnia, em 1969, provocando uma verdadeira "maré negra" ao longo das costas dessa parte da América do Norte.

Não é possível imaginar a amplidão das poluições dos mares pelos hidrocarbonetos e o volume dos produtos despejados nas águas. Durante o ano de 1966 foram transportados, em todo o mundo, 1 160 milhões de toneladas de produtos petrolíferos. Supondo que apenas se deite ao mar uma de cada mil* toneladas desses produtos, obtém-se a quantidade fenomenal de um milhão de toneladas de hidrocarbonetos espalhados à superfície dos oceanos, principalmente nas zonas mais freqüentadas, ao longo das costas americanas e européias. Esses cálculos aproximados são, no entanto, perfeitamente verossímeis se nos lembrarmos de que um petroleiro moderno expulsa, ao limpar as suas cisternas, entre 3 000 e 5 000 toneladas de água carregada de 100 a 200 toneladas de hidrocarbonetos. Essas cifras devem ser multiplicadas pelo número de petroleiros que circulam em todo o mundo e pela freqüência das rotas anuais. Os efeitos dessas poluições são consideráveis devido à estabilidade química dos resíduos que as correntes e as marés transportam para longe.

As zonas marítimas mais gravemente poluídas são especialmente o Mediterrâneo, utilizado por todos os petroleiros vindos do Oriente Próximo, o Atlântico Oriental (por exemplo as costas da Bretanha, expostas aos ventos do N.O.), a Mancha, e o mar do Norte. Parece que os mares frios já atingiram um grau de poluição nitidamente mais alarmante do que os mares quentes (provavelmente devido aos raios solares e às condições de emulsionamento), e que os mares pouco profundos estão mais poluídos do que os outros, pois, aparentemente, os hidrocarbonetos "diluem-se", aí, com menos facilidade.

As primeiras vítimas da poluição dos mares são as aves. Pousando à superfície das águas ou atravessando o filme superficial, suas plumas ficam carregadas de produtos petrolíferos irremovíveis. A plumagem perde assim as suas propriedades calorífugas e hidrófugas (devido à modificação dos fenômenos de tensão superficial). A ave morre rapidamente de congestão ou de perturbações consecutivas à má termoregulação, já não estando isolada do meio líquido pela camada de ar contida entre as suas penas (Portier e Raffy, *C. R. Acad. Sci,* 1934). Existe, no entanto, uma verdadeira intoxicação consecutiva à ingestão de óleo pela ave que o absorve mergulhando ou tentando limpar a plumagem. A dissecação de aves mortas pelos efeitos do óleo mostrou graves lesões dos órgãos internos: fígado congestionado, glândulas supra-renais hipertrofiadas, impermeabilização da mucosa, destruição da flora intestinal. Note-se que a ação dos detergentes utilizados para limpar os mares quando se dão poluições acidentais é pelo menos tão nefasta quanto a dos próprios hidrocarbonetos.

É sem dúvida difícil avaliar numericamente as perdas provocadas pelas poluições de hidrocarbonetos, pois a maioria das aves morre em alto mar, e só é possível calcular a sua importância pelo número de cadáveres que vão ter às praias. Citam-se, a esse respeito, as observações efetuadas em Terra Nova (península de Avalon), onde, numa parte da costa ocidental, em março de 1956, contaram-se 464 cadáveres do mergulhão *Uria lomvia*, em cada milha de costa, além de outras aves pertencentes a 11 espécies. Essa situação torna-se tanto mais grave, uma vez que essa zona do Atlântico constitui o local de hibernação de inúmeras aves marinhas e que o tráfico se está tornando aí cada vez mais intenso, devido ao aproveitamento do Saint--Laurent. Isso explica igualmente que uma colônia de pingüins de 250 000 indivíduos tenha sido dizimada em dois anos, nessa região. Calculou-se, por outro lado, que de 20 000 a 50 000 aves marinhas — pertencentes a umas cinqüenta espécies, das quais 14 de patos — são vítimas, todos os anos, das poluições por hidrocarbonetos ao longo das costas neerlandesas. Na Grã-

*Tendron (1958) avaliou a proporção de detritos em 1%, assim, em 1955, por exemplo, dos 295 milhões de toneladas de produtos petrolíferos transportados em todo o mundo, 2,95 milhões foram lançados ao mar, ou seja, 7 100 m^3 por dia para o conjunto dos oceanos.

-Bretanha esse número aumenta aproximadamente para 250 000 (especialmente pingüins, cercetas, alcatrazes e mergulhões). O mesmo acontece nos outros setores marítimos da Europa, sobretudo do Mar do Norte, o que é particularmente lamentável, pois esse mar constitui o local de hibernação de inúmeros patos vindos do Ártico, e, principalmente, do *Clangula hyemalis*, extremamente raro hoje em dia.

Não podemos deixar de lembrar sucintamente a catástrofe de que foram vítimas as aves do sul da Inglaterra por ocasião do naufrágio do "Torrey Canyon", no dia 18 de março de 1967 [ver J. E. Smith (Ed.), *"Torrey Canyon" Pollution and Marine Life* Cambridge, 1968]. Espalharam-se sobre o mar aproximadamente 50 000 toneladas de petróleo bruto que, arrastado pelas correntes, atingiu as costas britânicas e francesas, formando uma verdadeira "maré negra", tristemente célebre. A ação dos hidrocarbonetos veio acrescentar-se à dos detergentes utilizados para emulsionar as gorduras e limpar as praias. As aves ressentiram-se profundamente, em particular as da Reserva das Sete Ilhas, ao largo das Côtes-du-Nord: no dia 10 de abril de 1967 ficaram arruinados os esforços que, durante 60 anos, haviam permitido a reconstituição de colônias prósperas. Os efetivos de certa ave diminuíram de 5 000 para 600, os dos pingüins de 700 para 100, e os dos mergulhões ficaram também consideravelmente reduzidos. Essa catástrofe tornou-se mais lamentável visto que muitas espécies de Alcídeos[6] já estavam manifestando, há alguns anos, uma contínua diminuição de seus efetivos.

[6]Grupo de aves como alcas, papagaio-do-mar, pingüins, etc. Algumas têm "vôo no ar reto e rápido; nadam e mergulham rapidamente . . ." Outras "voam" sob a água (vide Zoologia Geral — Storer e Usinger, 1971. Ed. Univ. S. Paulo e Companhia Editora Nacional; nota do Coordenador).

O desastre biológico provocado pelo naufrágio do Torrey Canyon foi, sem dúvida, um acidente, uma "doença aguda" com conseqüências espetaculares. Porém a "doença crônica" dos mares, provocada pelo despejo regular de hidrocarbonetos, é muito mais grave ainda, pois todos os anos se espalha deliberadamente à superfície dos oceanos uma quantidade equivalente a 50 Torrey Canyon.

As aves não são as únicas a sofrerem devido aos hidrocarbonetos e à sua ação física (modificam localmente a tensão superficial cujo papel é fundamental na vida dos animais planctônicos) e química (alguns de seus componentes comportam-se como verdadeiros venenos relativamente aos Invertebrados marinhos, especialmente Crustáceos e, mesmo, Peixes). As praias poluídas com óleo tornam-se azóicas; anelídeos, crustáceos e moluscos morrem ao mesmo tempo que microorganismos (ver especificamente O'Sullivan e Richardson, *Nature,* 214, 5 087, 1967). Foram assinaladas perdas sérias em locais de pesca famosos*. Essas observações aplicam-se especialmente aos peixes micrófagos. A desova, sobretudo a que flutua à superfície, fica igualmente afetada.

Os "frutos do mar" comestíveis, que absorveram certos compostos cancerígenos dos produtos petrolíferos, constituem um perigo sério para o homem. Encontrou-se especialmente benzopireno em ostras, mexilhões e outros mariscos. Esse perigo não deve ser minimizado, se bem que ainda se ignore como se metabolizam estes compostos eminentemente cancerígenos. Não é impossível que haja, como no caso dos inseticidas, uma espécie de concentração ao longo das cadeias alimentares: o homem corre assim o risco de ser a última vítima. As vasas

*Os produtos da destilação do petróleo e dos alcatrões agem sobre o sistema nervoso, provocando uma excitação anormal e uma hipersensibilidade dos indivíduos afetados, seguidas por perturbações no equilíbrio, na locomoção e nos movimentos respiratórios, causando uma forte mortalidade.

contêm proporções notáveis de certos corpos provenientes dos hidrocarbonetos lançados ao mar (Vasserot, 1962; Mallet, Tendron e Plessis, 1960); essas substâncias passam das águas para o corpo dos micrófagos, principalmente dos moluscos consumidos pelo homem.

Por outro lado, os detritos petrolíferos, arrastados pelos ventos e as correntes, dão à costa nas praias e acumulam-se em certa região, em longas faixas ou em concreções trazidas pelas vagas. Esses acúmulos têm uma influência profunda nos organismos litorâneos e constituem um inconveniente sério para os banhistas. Já não é possível freqüentar as praias da Europa Ocidental e do Mediterrâneo, para citar apenas estas, sem sofrer os efeitos dessa poluição. Tem havido inúmeras queixas de turistas e de todos aqueles que vivem direta ou indiretamente da exploração balneária.

Esses diversos inconvenientes vão acentuar-se num futuro próximo. Prevê-se, unicamente no que respeita à Europa, que o consumo de produtos petrolíferos, que em 1957 atingia apenas 134 milhões de toneladas, vai aumentar para 340 milhões, no mínimo, em 1975, duplicando assim os perigos de poluição dos mares com hidrocarbonetos. Essa situação já provocara em 1926 a convocação, em Washington, de uma Conferência reunida por iniciativa dos Estados Unidos (Conferência Preliminar sobre a Poluição das Águas Navegáveis pelo Petróleo), e em 1935 de uma outra, por iniciativa da Sociedade das Nações. No entanto, foi apenas em 1953 que uma nova conferência foi efetuada em Londres sob a égide da Organização Intergovernamental Consultiva da Navegação Marítima (O.I.C.N.M., a 12.ª instituição especializada das Nações Unidas, encarregada dos problemas de navegação comercial internacional). Essa reunião levou, em 1954, à assinatura de um convênio que definia um certo número de zonas no interior das quais não era permitido que os barcos limpassem ou esvaziassem cisternas ou lastros, sendo eles obrigados a despejarem os detritos fora dos perímetros definidos ou eliminá-los nos portos, utilizando separadores.

Dezenove nações ratificaram esse convênio*, fora do qual no entanto permaneceram ainda várias, cuja importante frota marítima continua agindo sem restrições. Por outro lado, os efeitos das interdições não foram plenamente satisfatórios, pois a ação das correntes modifica os dados do problema, trazendo de volta para as costas os produtos despejados em alto mar. E a poluição dos mares continua . . .

Em março-abril de 1962 reuniu-se em Londres uma nova conferência, da qual participaram 55 nações e que conduziu à adoção de um certo número de emendas que completam o texto de 1954, constituindo, de fato, um novo convênio internacional para a prevenção da poluição das águas do mar com hidrocarbonetos, aplicável a todos os navios de uma tonelagem superior a 150 toneladas (com exceção dos navios de guerra). A proibição de todo e qualquer despejo de produtos petrolíferos no mar foi admitida, em princípio, por todas as nações contratantes, se bem que seja ainda impossível aplicá-la atualmente (exceto em relação aos navios com uma tonelagem bruta superior a 20 000 toneladas, já submetidos a essa regulamentação). A medida prática mais importante consiste num aumento considerável das áreas de interdição, particularmente nas águas pacíficas do Canadá, no noroeste do Atlântico, nos mares que cercam a Islândia e a Noruega, e na totalidade do mar do Norte e do Báltico (Fig. 40). Novas zonas proibidas foram criadas no Mediterrâneo, no mar Vermelho e no golfo Pérsico, assim como em torno da Índia e de Madagáscar, prevendo já a utilização de novas rotas marítimas quando a tonelagem dos petroleiros tiver ultrapassado a capacidade do canal de Suez.

*Reino-Unido, México, Suécia, República Federal Alemã, Dinamarca, Canadá, Noruega, Irlanda, Bélgica, França, Países Baixos, Finlândia, Polônia, E.U.A., Kuwait, Islândia, Libéria, Ghana, Austrália.

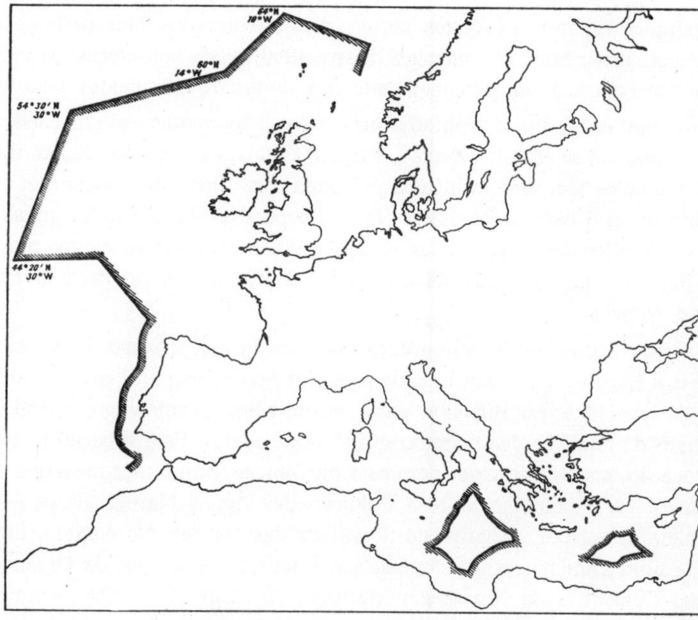

Figura 40. Mapa das zonas de interdição de despejo de produtos petrolíferos ao largo das costas da Europa Ocidental e no Mediterrâneo. Segundo os documentos da Conferência Internacional sobre Poluição das Águas do Mar com Hidrocarbonetos, 1962

Esse novo convênio entrará em vigor quando dois terços dos governos que ratificaram o primeiro tiverem ratificado igualmente o segundo. Esperemos, no entanto, que as medidas previstas sejam aplicadas o mais rapidamente possível, pois o homem está correndo um sério risco de ser a vítima dessas poluições perigosas.

Os navios, portanto, não poderão mais despejar produtos petrolíferos em vastas zonas de todos os mares, e deverão assim possuir instalações a bordo, ou aproveitar as que existem nos portos, para carregar e descarregar os produtos que transportam. Esses aparelhos, denominados *separadores*, têm como função separar os hidrocarbonetos em suspensão na água que serviu para a limpeza das cisternas, conduzindo-os para vasilhame especial do qual serão despejados em terra, devolvendo ao mar as águas que contêm apenas vestígios de produtos petrolíferos.

É indispensável que os armadores possam desfazer-se dos detritos petrolíferos rapidamente e sem grandes despesas, pois, para que seja rentável a rota dos barcos, especialmente a dos petroleiros, ela deve ser rápida com o mínimo de tempo perdido. Assim, as instalações que permitem essas operações devem estar bem localizadas nos circuitos utilizados pelo transporte petroleiro, e sempre em estado de funcionar rapidamente.

O novo convênio representa, portanto, um progresso muito sensível, com a condição de ser aplicado depois de assinado por todas as nações com frotas importantes, sobretudo com frotas petroleiras. Para os ornitologistas ele tem o grande mérito de proteger eficazmente os planaltos continentais que cercam as terras e os mares interiores (mar do Norte, Báltico, Mediterrâneo) onde vive a maioria das aves (salvo, evidentemente, as mais pelágicas de todas elas, como as Procelariformes[7]).

[7]Grupo de aves como albatrozes e procelárias, oceânicas, que fazem seus ninhos em ilhas, geralmente; muitas vezes acompanham os navios em seu curso no mar (nota do Coordenador).

No entanto, deve-se reconhecer que esse convênio tem de ser considerado como o primeiro passo para uma interdição total do despejo de produtos petrolíferos no mar. Consultando, por exemplo, os mapas das zonas proibidas, constata-se que a parte do Atlântico compreendida entre o continente europeu e os Açores permanece largamente aberta ao derramamento desses resíduos. Devido à direção das correntes marinhas, todos os detritos irão concentrar-se nas proximidades dessas ilhas e a poluição poderá ter graves conseqüências nessas zonas.

A única solução plenamente satisfatória é, incontestavelmente, uma interdição *total* de despejo de todo e qualquer produto petrolífero no mar. A Convenção de Londres representa uma primeira etapa importante, pois permitiu uma tomada de consciência do público e de diversos especialistas, suscitou uma livre discussão entre armadores e companhias petroleiras, de um lado, biólogos, especialistas em assuntos de turismo, administradores e políticos, de outro. Mostrou que é possível um entendimento, a despeito das dificuldades de direito internacional que têm de ser enfrentadas sempre que se trata de mar alto.

Podemos assim esperar que os oceanos deixem, um dia, num futuro talvez próximo, de ser considerados como zonas de despejo de produtos cuja toxicidez e caráter nocivos já não são mistério para ninguém.

3 — POLUIÇÕES DA ATMOSFERA

A terra e a água não foram os únicos ambientes envenenados pelo homem: o ar não escapou à poluição. Com efeito, as indústrias lançam na atmosfera uma quantidade insuspeitada de gases e de detritos sólidos sob forma de finas partículas, capazes de permanecerem em suspensão e de passarem para as vias respiratórias do homem e dos animais, ou se depositarem, depois de terem sido transportadas por vezes a distâncias consideráveis.

Como no caso da poluição das águas doces, trata-se de um problema antigo. Já no século XVII, um decreto proibia que se ateassem fogos durante a sessão do Parlamento, e, no entanto, ainda não existia indústria em Londres. Evelyn escreve em 1661, num opúsculo intitulado *Fumifugium* (citado por Landsberg, 1956), a respeito de Londres: "enquanto que, em todos os outros lugares, o ar é puro e sereno, aqui foi eclipsado por uma tal nuvem de enxofre, que o próprio sol, que tudo ilumina, quase não consegue penetrá-la e dispersá-la; e, a milhas de distância, o viajante cansado já sente, muito antes de a ver, a cidade para onde se dirige". O que diria o mesmo viajante chegando hoje na capital britânica, assim como, aliás, em outra metrópole qualquer[8]!

[8]Em 1971 voltei a Londres onde estivera antes, em 1958, e encontrei situação bem melhor que anteriormente, em face das medidas adotadas contra a poluição. Em contrapartida, a situação se agrava rapidamente em outras grandes cidades. Entre nós é de causar muita preocupação, especialmente o elevado grau de poluição da cidade de São Paulo (nota do Coordenador).

Esse problema assumiu atualmente proporções tais que conseguiu sensibilizar a opinião pública. Trata-se de um assunto de grande interesse para a saúde do homem, assim como para toda a natureza*.

*Ver particularmente Besson, 1931; Kratzer, 1937; Lansberg, 1956; e Détrie, 1969, além de inúmeras revistas especializadas, tais como *Air and Water Pollution* e *Revue de la Pollution atmosphérique,* assim como o importante relatório de G. Tendron, "Efeitos da poluição sobre os animais e as plantas" *Conf. eur. Poll. Air.* Conselho da Europa, Strasburgo, 1964.

Essa forma de poluição provoca uma alteração mais ou menos profunda da atmosfera. As cidades ficam cobertas por uma verdadeira cúpula cinzenta, flutuando a altitudes que variam entre 1 500 e 2 500 metros, constituída pelas poeiras suspensas no ar; vivem assim "agachadas sob um teto de fumaças gordurosas e pestilenciais"*. Essa camada absorve uma parte considerável dos raios solares, acarretando um notável *deficit* de insolação, que, segundo alguns autores, pode atingir 20% no verão e 50% no inverno. Medidas efetuadas em Viena, entre o nível do solo e as torres da catedral, a 70 metros, mostram que essa simples camada de ar intercepta 5,7% das radiações. A composição espectral da luz é modificada, pois os raios ultravioleta são filtrados numa proporção particularmente alta: segundo Maurain (*in* Landsberg, 1956), os raios ultravioleta constituem apenas 0,3% da energia da irradiação solar em Paris, enquanto que, nos arredores da cidade, essa proporção é de 3%. Simultaneamente, o número de dias em que a visibilidade é de 6 km no centro de Paris, passou de 95 por ano na década de 1901-1910, para 60 durante os anos 1921-1930.

A poluição da atmosfera é produzida tanto pelos gases como pelos sólidos em suspensão. Os primeiros provêm especialmente da combustão dos múltiplos fogões domésticos e industriais. Os mais importantes são o gás carbônico, poluinte de um tipo muito particular sobre o qual falaremos mais adiante (ver p. 252), e o monóxido de carbono, oxidado apenas parcialmente em seguida, verdadeiro veneno para os animais. A influência desse gás sobre o homem pode ser considerável, nas cidades, tendo em conta as grandes quantidades produzidas. Os veículos que circulam em Paris deitam 50 milhões de metros cúbicos de monóxido de carbono. Mil automóveis produzem por dia 3,2 toneladas de monóxido de carbono, de 1 800 a 3 600 gramas de vapores de hidrocarbonetos incompletamente queimados, e entre 450 a 1 400 gramas de derivados de nitratos**. Ora, em 1967, existiam 204 120 000 veículos no mundo, contra 83 140 000 em 1953; só na França o seu número passou de 2 020 000 em 1953 para 11 500 000 em 1967 (Nações Unidas, *Anuário estatístico*, 1968). O monóxido de carbono torna-se perigoso quando atinge uma concentração de 10 para 1 milhão, taxa atingida freqüentemente nas grandes cidades, por exemplo durante um terço e mesmo metade do dia em Chicago e Filadélfia. Em Los Angeles, essa taxa é atingida durante 40% do dia devido à produção de aproximadamente 10 milhões de quilogramas de monóxido de carbono, o que basta para diminuir de 20% a faculdade de oxigenação do sangue de inúmeros habitantes particularmente expostos.

Os produtos da oxidação do carbono não são, evidentemente, os únicos poluintes, pois a combustão mais ou menos incompleta das impurezas dos combustíveis utilizados produz muitos outros, principalmente a amônia e uma série de derivados de cloro, flúor, nitratos e enxofre. Os derivados de enxofre existem em proporções consideráveis nos produtos das combustões domésticas, mas são mais abundantes ainda nos das combustões industriais. Calculou-se que uma só grande central térmica rejeita, por dia, 500 toneladas de compostos de enxofre, especialmente sob a forma de dióxido de enxofre, que se oxida e se transforma em ácido sulfúrico, cujas propriedades corrosivas são muito conhecidas.

Além desses produtos gasosos, as combustões produzem abundantes produtos sólidos que permanecem durante mais ou menos tempo em suspensão no ar, alguns deles formando verdadeiras nuvens artificiais. A densidade dos núcleos de condensação, como um diâmetro

*G. Duhamel, *Cenas da vida futura* (Mercure de France), Paris.

**Certos especialistas consideram que 47% da poluição da atmosfera de Paris é produzida por gases de automóveis, 33% por combustões domésticas, 20% pelas indústrias.

de 0,01 a 0,1μ[9], é de 5 a 10 vezes maior na cidade do que no campo, e a proporção de poeiras (com um diâmetro de 0,5 a 10 μ) varia no mesmo sentido. Foram assinaladas concentrações de 25 a 30 partículas por cm^3 no ar das cidades, enquanto que, nos campos limítrofes, encontraram-se apenas 1 a 2. Calcula-se que uma grande central térmica espalha por dia 50 toneladas de poeiras que saturam a atmosfera, indo depositar-se em seguida num raio de aproximadamente 5 km, e por vezes muito mais longe. Inúmeros produtos químicos, indo dos sais minerais à sílica e aos compostos sulfurados, alguns deles francamente tóxicos, podem encontrar-se sob essa forma de poeira. A complexidade dessas suspensões misturadas com os gases naturais é ainda acentuada pelas diversas reações químicas que se dão na atmosfera sob a ação do oxigênio, do ozônio e da irradiação solar.

[9] μ é letra grega usada como símbolo do milésimo do milímetro, isto é, do mícron; diz-se mais modernamente micrômetro, palavra que se representa pelo símbolo μm (nota do Coordenador).

A quantidade global de poeiras produzidas pelas grandes aglomerações é, de fato, extremamente importante. Medidas efetuadas nos Estados Unidos, em Pittsburgh, na Pensilvânia, cidade que foi, durante muito tempo, considerada como a mais poluída do mundo, permitiram calcular que se depositam todos os anos, em média, sobre um quilômetro quadrado, 235 toneladas de poeiras*. Esse depósito é de 276 toneladas por km^2/ano em Loraine, de 345 toneladas em Sarre, de 372 toneladas no Ruhr, e de 390 toneladas em Osaka, no Japão. Essas cifras traduzem a amplitude da poluição da atmosfera com produtos sólidos, cujo depósito está quase assumindo a importância de um fenômeno geológico**.

Essa situação tem conseqüências graves sobre a saúde do homem. Independentemente da ação indireta pelo intermediário das modificações do clima das cidades e de uma sensível diminuição da insolação (os poluintes em suspensão na atmosfera provocam a formação de nuvens artificiais, determinando a condensação do vapor de água), os produtos lançados na atmosfera — particularmente os compostos sulfurados, os diversos aldeídos e a fuligem — provocam irritações graves nas vias respiratórias.

Nem sempre é possível incriminar diretamente as poluições pela morte dos citadinos; porém, elas acrescentam os seus efeitos a outros males, "acabando", a bem dizer, com os pacientes que já sofrem de deficiências fisiológicas. Matam aqueles cuja resistência já está diminuída, atingindo principalmente os que apresentam uma sensibilidade particular ao nível das vias respiratórias*** ou do aparelho circulatório. Note-se, igualmente, que a grande quantidade de monóxido de carbono despejada na atmosfera urbana é prejudicial aos citadinos, pois pode determinar anemias que os tornam susceptíveis a outras afecções.

Os produtos lançados na atmosfera, finalmente, incluem um certo número de substâncias conhecidas pelas suas propriedades cancerígenas, particularmente os carbetos policíclicos

*5% desse depósito é constituído por fuligem, 20% por óxido de ferro, 16% por sílica, e o resto principalmente por diversos óxidos metálicos.

**É necessário evocar igualmente o alto teor de germes vivos existente na atmosfera das cidades. Existem 12 micróbios por m^3 de ar no Ballon da Alsácia, nos Vosges, contra 88 000 nos Champs Elysées e 4 milhões numa grande loja parisiense. Essas cifras depõem em favor dos espaços verdes. Note-se também que o acúmulo de poeiras nos pulmões, resultante das poluições atmosféricas, favorece consideravelmente a ação dos bacilos, fato definitivamente provado por estudos recentes.

***As substâncias inaladas com o ar inspirado agem sobretudo ao nível dos alvéolos pulmonares, desorganizando o epitélio alveolar e provocando exsudações ao nível do parênquima e dos bronquíolos mais finos.

(o benzopireno, por exemplo foi evidenciado na atmosfera das cidades em concentrações até 100 vezes mais fortes do que as do campo). Está já praticamente provado que certos cânceres, especialmente os pulmonares, são provocados pela inalação desses produtos, que, mesmo quando não são determinantes, favorecem consideravelmente a instalação do câncer.

A ação das poluições sobre o homem é particularmente perniciosa quando, devido a determinadas circunstâncias meteorológicas, o ar estagna sobre as cidades*. Produz-se então mistura íntima de nevoeiro e de partículas sólidas em suspensão, fenômeno denominado *smog***, que fez a triste reputação de inúmeras cidades fortemente industrializadas. Em Londres, célebre nesse ponto de vista devido a um concurso de circunstâncias climáticas e às múltiplas indústrias que se estabeleceram nessa cidade gigantesca, deu-se uma "crise" de uma gravidade excepcional, que já se tornou clássica, entre os dias 5 e 8 de dezembro de 1952. Segundo medidas efetuadas na época, o teor de dióxido de enxofre no ar passou bruscamente de 0,07-0,23 a 1,34 partes para 1 milhão, essa taxa sendo mesmo por vezes localmente muito superior. Simultaneamente, o teor de matérias sólidas em suspensão subiu para 4,46 mg por m^3, ou seja, de 3 a 10 vezes o teor normal. O número de mortes imputáveis ao *smog* foi avaliado, na ocasião, em 4 000, o número total de pessoas afetadas sendo também extremamente elevado (as admissões nos hospitais londrinos foram quatro vezes mais numerosas no que respeita às doenças das vias respiratórias e do aparelho circulatório). Acidentes desse tipo acontecem freqüentemente em Londres, assim como em várias regiões da Inglaterra. Calculou-se que as poluições atmosféricas custam ao país 700 milhões de dólares por ano. Na Bélgica, no vale do Meuse, um *smog* persistente entre os dias 1 e 5 de dezembro provocou inúmeras afecções cardiovasculares e respiratórias, e mortalidade dez vezes superior à normal (sessenta mortes aproximadamente numa área de uns vinte quilômetros ao longo do rio).

No Novo Mundo, inúmeras cidades estão igualmente sujeitas ao *smog*, e o exemplo do "acidente" de Donora, perto de Pittsburgh, na Pensilvânia, permanece tristemente célebre. Em outubro de 1948, um *smog* extremamente denso abateu-se sobre essa cidade, de cerca de 12 000 habitantes, ocasionando perturbações cardíacas e respiratórias em aproximadamente 42% dos habitantes (10,5% de casos graves). A poluição atmosférica foi aí diretamente responsável por cerca de vinte mortes.

Em agosto de 1967, o U. S. Public Health Service publicou uma lista de 65 cidades gravemente atingidas por esses males. As três primeiras são, por ordem, Nova York, Chicago e Filadélfia; 7 300 centros urbanos tiveram de enfrentar problemas desse tipo. A cidade que mais sofreu no passado foi Los Angeles. Inversões térmicas, freqüentes nessa zona, juntamente com uma irradiação solar intensa, que ativa as reações, provocam uma estagnação do ar ao nível do solo. A poluição atmosférica, assim como os acidentes de saúde dos habitantes, tornaram-se tristemente célebres. Porém, uma vigorosa campanha venceu essas poluições, o que prova que o homem pode eliminá-las quando quer.

Todos esses casos provam a importância da poluição atmosférica sobre as cidades e particularmente sobre os centros industriais. A saúde do homem é gravemente afetada e ainda não se fez mais do que tentar medir, de modo muito imperfeito, as conseqüências do envenenamento da atmosfera sobre a saúde pública. Note-se que nas cidades os próprios edifícios são atingidos pelas substâncias espalhadas no ar, sujando-os e por vezes, mesmo, atacando-os

*Principalmente nos casos de *inversão térmica*. Enquanto que, normalmente, as camadas de ar inferiores são mais quentes do que as superiores, a situação inverte-se nessas condições, o que produz uma notável estabilidade da camada de ar que se estende sobre o solo.

**Termo proveniente da combinação de duas palavras inglesas: *smoke*, fumaça, e *fog*, nevoeiro.

(particularmente os ácidos). Afirmou-se até que o obelisco de Louxor, que ornamenta a praça da Concórdia, em Paris, desgastou-se mais na sua localização atual do que na primitiva desde Ramsés II. E, durante esse tempo, os parisienses respiraram o ar que atacava a pedra.

Os homens não são os únicos a sofrerem os efeitos da poluição atmosférica: a natureza tem sido também gravemente afetada. As comunidades naturais, de um modo geral, ressentem-se de se encontrarem cobertas por um depósito de produtos corrosivos que afetam principalmente os vegetais. Estudos recentes mostraram que, mergulhados no ar poluído, os brotos jovens apresentam deformações estruturais e a diferenciação de camadas superficiais anormais, especialmente de súber[10]; em seguida, em estágios ulteriores, há profundas modificações, principalmente ao nível dos tecidos clorofilianos; aparecem rapidamente necroses que se traduzem por um escurecimento dos órgãos vegetativos, provocando freqüentemente a morte. Foram assinalados inúmeros casos nos Estados Unidos, tanto em plantas herbáceas quanto em Coníferas. Os Alpes franceses oferecem-nos um exemplo particularmente demonstrativo. Muitos dos seus vales foram desfigurados pela indústria; na Maurienne, no estreito formado pelo vale entre Modena e Aiguebelle, onde foram implantados complexos metalúrgicos que produzem alumínio, uma poluição por flúor*, extremamente grave, é responsável pela degenerescência de uma parte das florestas de Coníferas. O flúor provoca uma necrose das agulhas[11], que escurecem e em seguida caem, acarretando a morte das árvores ou, pelo menos, uma diminuição no ritmo de crescimento e uma redução da frutificação. Dos 700 ha nos quais se fizeram investigações, os especialistas encontraram 16 565 árvores mortas. Os pinheiros silvestres são particularmente sensíveis a esse tipo de poluição (80% foram destruídos), assim como as epíceas, enquanto que os abetos e os lariços parecem mais resistentes.

[10]Súber é tecido vegetal formado por células mortas, devido à impregnação de suas paredes com suberina, que é impermeável; encontra-se especialmente em raízes e caules velhos, formando a cortiça (nota do Coordenador).

[11]Chamam-se agulhas às folhas cilíndricas e pontiagudas de plantas do grupo das Coníferas, como os pinheiros europeus e norte-americanos, em geral pertencentes ao gênero *Pinus* (nota do Coordenador).

Casos semelhantes foram assinalados em muitas outras regiões fortemente industrializadas, principalmente nos Estados Unidos, onde os gases das fundições são responsáveis pela destruição de vastas superfícies de florestas.

Não devem ser minimizados atualmente os perigos que correm os habitats naturais. Milhares de toneladas de substâncias diversas, cujos efeitos se combinam da maneira mais ameaçadora, são espalhados sobre os campos**, as florestas e as extensões que permaneceram selvagens, contribuindo para os "envenenar", no sentido literal do termo. A situação é tanto mais grave quanto, para lutar contra o gigantismo das grandes aglomerações, muitos Estados, especialmente na Europa Ocidental, aplicam atualmente uma política de descentralização e adotam medidas econômicas que provocam uma verdadeira explosão dos centros industriais, encorajando a implantação de fábricas em zonas que até então haviam permanecido rurais. Tais medidas, por mais benéficas que sejam do ponto de vista social, correm o risco de alastrar

*As fábricas de alumínio utilizam como fundente certos produtos químicos extremamente ricos em flúor (principalmente a criolita).

**A grande imprensa relata, aliás, periodicamente, acidentes devidos à poluição, mencionando "chuvas de enxofre" que destruíram pomares, ou depósitos de fuligem que deixaram a paisagem como após a "passagem do fogo".

o mal, criando e multiplicando os focos de poluição em todo o país. É o que se passa na França, por exemplo na Normândia, onde, em vários vales (principalmente a parte baixa do vale do Sena) se estão desenvolvendo indústrias que abandonaram a capital excessivamente povoada.

A extensão do perigo provocou uma reação por parte da opinião pública. As autoridades oficiais, por iniciativa nos serviços sanitários e de inúmeros agrupamentos de particulares, começaram a tomar medidas para controlar, e até mesmo suprimir, as poluições atmosféricas. Os meios de prevenção e de luta consistem, especialmente, num bom condicionamento dos aparelhos de combustão (tanto domésticos quanto industriais), na instalação de aparelhos de recuperação das substâncias nocivas (principalmente dos hidrocarbonetos incompletamente queimados e dos compostos sulfurados), assim como numa absorção mecânica, por filtros, de partículas contidas nas fumaças e outros detritos lançados em estado bruto na atmosfera.

Dispomos atualmente de meios técnicos que nos permitem diminuir as poluições atmosféricas, como o provam os resultados satisfatórios obtidos em certos países. Na Grã-Bretanha, as medidas adotadas após o *Clean Air Act* de 1956 produziram efeitos positivos. Em Londres, eliminaram-se 80% das 156 000 toneladas de poeiras projetadas anualmente na atmosfera, e calcula-se que durante o inverno a cidade recebe mais 50% de raios solares. Tais medidas custam, evidentemente, muito caro, porém é o preço que temos de pagar para nos beneficiarmos da civilização industrial.

O mesmo acontece com a poluição provocada pelos automóveis. Estão sendo estudados atualmente, ou mesmo realizados, vários processos de controle dessa poluição, sobretudo nos Estados Unidos, onde leis extremamente rigorosas serão aplicadas nos próximos anos. Fala-se até em proibição do clássico motor de explosão, bem como do uso de gasolina contendo chumbo.

Outra série de medidas da mais alta importância consiste na criação de *espaços verdes* tão vastos quanto possível, em todas as zonas urbanas. Nesses locais, árvores e outras plantas judiciosamente escolhidas protegem os citadinos contra a poluição do ar que respiram. A folhagem, capaz de reter as partículas em suspensão no ar, pode igualmente "regenerar" a atmosfera. Todos os planos de urbanização e de constituição de zonas residenciais têm, portanto, de incluir espaços reservados à vegetação; estes são destinados não só à recreação dos citadinos e ao seu bem-estar moral, como também, no plano estritamente material, à preservação de um pouco de ar puro em plena cidade.

Mas a poluição da atmosfera não interessa apenas ao especialista em higiene, pois o envenenamento do ar tem graves repercussões sobre o equilíbrio natural, viciando a atmosfera e espalhando sobre os diferentes habitats quantidades consideráveis de substâncias tóxicas. Nesse aspecto, o problema interessa também ao conservacionista da natureza, que terá de unir os seus esforços aos do médico para dominar esse flagelo dos tempos modernos.

O ambiente não deve servir de local de despejo para detritos que o homem tem meios técnicos de eliminar.

4 — PERTURBAÇÕES DO EQUILÍBRIO DA ATMOSFERA

Certas formas de poluição podem ter conseqüências sobre todo o planeta, ameaçando o equilíbrio do conjunto da biosfera. É esse o caso da produção de gás carbônico proveniente da utilização de combustíveis fósseis, carvões, petróleos e gases naturais. O carbono armazenado nesses produtos e posto fora de circulação durante os períodos geológicos anteriores é libertado sob forma de gás carbônico, cujo teor está aumentando na atmosfera desde o início da era industrial. É preciso não esquecer que um automóvel consome, ao percorrer 1 000 km, tanto quanto um homem em um ano. Um avião com quatro reatores, indo de Paris a Nova York, queima tanto oxigênio quanto aquele que é produzido por um hectare de floresta exuberante durante um ano. A taxa de gás carbônico normalmente de 0,03 %, aumentou de aproximadamente 15 % desde o começo deste século, como atestam claramente as medidas efetuadas durante os últimos Anos Geofísicos Internacionais. Tal tendência acentuar-se-á ainda durante as próximas décadas. Esse fenômeno, de proporções "geológicas", pode ter efeitos muito profundos sobre o equilíbrio global da biosfera, de tal modo importantes que serão provavelmente estudados com a ajuda de satélites.

Até épocas muito recentes, a produção e o consumo de CO_2 se equilibram. Se bem que uma parte desse gás se dissolva na água e aí se precipite sob a forma de carbonato de cálcio, ele é utilizado especialmente pelos vegetais clorofilados, para os quais constitui a única fonte de carbono. Esses vegetais fixam, portanto, o carbono, que está na origem de toda a matéria orgânica, e libertam o oxigênio. A síntese clorofiliana[12] é simultaneamente a etapa essencial do ciclo do carbono e o único produtor de oxigênio, indispensável à vida sobre a terra. Estabeleceu-se assim um equilíbrio estável durante a evolução, favorecendo o funcionamento da biosfera inteira*.

[12] Essa síntese só se faz em presença de luz, motivo pelo qual o processo tem o nome de fotossíntese. Graças ao mesmo, a planta clorofilada (verde) absorve dióxido de carbono, liga o carbono ao hidrogênio da água que retira também do meio em que vive e devolve oxigênio à atmosfera. O carbono fixado vai constituir os carboidratos e todos os demais compostos orgânicos indispensáveis às plantas e aos animais. Somente as plantas verdes, isto é, as que possuem clorofila, são capazes de efetuar fotossíntese. Todas as demais plantas e todos os animais dependem delas para obtenção de alimentos orgânicos, pois são incapazes de fabricá-los partindo de compostos inorgânicos (nota do Coordenador).

Infelizmente, ao mesmo tempo em que aumentava a produção de gás carbônico devido às combustões provocadas pelo homem, a produção de oxigênio diminuía consecutivamente à redução da vegetação em todo o mundo. As florestas regrediram, assim como muitas outras associações vegetais.

Atualmente, as diatomáceas e as algas microscópicas do plâncton[13] marinho produzem 70 % do oxigênio que passa para a atmosfera (estão assim na origem das cadeias alimentares tão prósperas das biocenoses marinhas). Esses organismos são particularmente sensíveis aos efeitos de certas poluições muito freqüentes no mar. Os hidrocarbonetos são-lhes nefastos, assim como os inseticidas; ora, sabe-se a amplitude das poluições efetuadas com essas subs-

*Segundo dados de que dispomos (Rabinovitch; *in* Sukachev e Dylis, *Fundamentals of Forest Biogeocoenology*, 1964), a fixação de carbono e a produção de oxigênio são as seguintes:

	C (t/ha)	O_2(t/ha)
Oceanos	3,75	10,00
Florestas	2,50	6,67
Terras cultivadas	1,48	3,95
Estepes	0,35	0,93

A produção anual de matéria seca das florestas varia entre 0,8 t/ha (coníferas, norte da Finlândia) e 28,5 t/ha (florestas tropicais ou temperadas muito úmidas, no Japão). Tal produção corresponde a 0,34 e 12 t/ha de carbono fixado, e a 0,9 e 32 t/ha de oxigênio liberado. No caso das florestas francesas, os valores são, em média, de 3-5 t/ha para o carbono, e de 8-13 t/ha para o oxigênio.

tâncias, principalmente com o DDT, de que se encontraram vestígios até nos mares antárticos. O mesmo acontece com os herbicidas provenientes das terras e aos quais o fitoplâncton é extremamente sensível (comentou-se que se o "Torrey Canyon" estivesse carregado de herbicidas em vez de petróleo, seu naufrágio poderia ter provocado a destruição de todo o fitoplâncton dos mares do noroeste da Europa).

[13]Dá-se o nome de plâncton à comunidade biológica constituída por organismos vegetais (fitoplâncton) e animais (zooplâncton), que vivem em suspensão em águas doces, salobras ou salgadas (nota do Coordenador).

Estamos, portanto, correndo o risco de perturbar gravemente um sistema fundamental da biosfera. As combustões "artificiais", acrescentadas aos efeitos da destruição da vegetação natural e das poluições esterilizadoras, deslocam um equilíbrio do qual depende a manutenção das condições indispensáveis à vida.

O aumento da taxa de gás carbônico pode igualmente provocar um notável aquecimento da atmosfera terrestre. Um meio gasoso mais rico em CO_2 deixa passar mais facilmente as radiações de curto comprimento de onda, vindas do sol, com maior valor energético, e, por outro lado, pode reter as radiações térmicas de origem terrestre, como nos informam os geofísicos. Esse efeito vem acrescentar-se ao das diversas formas de poluição térmica provocadas pelas múltiplas atividades humanas; a temperatura da terra corre, assim, o risco de aumentar sensivelmente. Tal aquecimento poderia ter como conseqüências a fusão dos gelos polares e uma elevação do nível dos mares, o que acarretaria a submersão de uma parte das terras emersas, inclusive de grandes cidades aí existentes. Por outro lado também, o aquecimento dos mares perturbaria a fixação do gás carbônico, do que resultaria uma aceleração do fenômeno, e esterilizaria comunidades essenciais ao funcionamento da biosfera e ao abastecimento de uma parte da humanidade.

No entanto, parece não existir um perigo imediato; certas medidas recentes mostraram que a taxa de oxigênio não mudou de forma significativa, segundo medidas dignas de crédito efetuadas desde 1910 (Broecker; Matcha e Hughes, *Science* 168, 1970).

As diversas poluições pelas quais o homem é responsável podem igualmente provocar perturbações profundas nas condições climáticas. As modificações do clima, hoje muito conhecidas nas cidades, podem afetar superfícies muito mais vastas. Sobrecarregando a atmosfera com poeiras, o homem transforma radicalmente a composição da irradiação incidente, os intercâmbios térmicos e as correntes aéreas. Foi, exatamente, o que se evocou para explicar a desertificação do noroeste da Índia e do Paquistão Ocidental (Bryson e Baerreis, 1967). Nessas regiões, a atmosfera está carregada de uma tal quantidade de poeira que, a uma altitude de 3 000 m, o solo não é mais visível. Chegou-se a medir aí 800 microgramas de partículas sólidas por m^3, enquanto que o seu teor em poeira não ultrapassa 200 microgramas sobre Chicago, onde o ar, no entanto, não é tido como particularmente límpido. O deserto de Rajputana, provavelmente o mais poeirento do mundo, está, contudo, situado sob uma atmosfera de uma umidade comparável àquela que se pode encontrar sobre a floresta tropical úmida. E, no entanto, as precipitações são extremamente fracas. De fato, esse deserto deveria estar coberto de savanas, mas a cobertura vegetal foi destruída por um pastoreio excessivo, sobretudo de cabras, e por práticas de cultivo perniciosas que desencadearam uma erosão eólica e sobrecarregaram o ar de poeiras. Tais condições atmosféricas provocaram uma diminuição das condensações e, portanto, uma nova desertificação e uma erosão mais acelerada ainda devido a um pastoreio também mais abusivo. O teor de poeiras no ar aumentou novamente, recomeçando assim o ciclo infernal. A civilização Indu, outrora tão próspera, como o atestam as poderosas cidades sepultadas nas areias, já não poderia florescer hoje em dia. O homem é assim responsável pela desertificação dessas regiões ainda densamente povoadas, com o seu cortejo de problemas econômicos e sociais. Um processo análogo poderia dar-se ao redor do Saara, acentuando uma tendência natural para o dessecamento, numa zona de equilíbrio instável.

É necessário mencionar igualmente a grave ameaça que constitui a multiplicação dos aviões com velocidade supersônica, voando a grandes altitudes. Sua passagem destrói a camada de ozônio que filtra as radiações nocivas do sol, camada a cuja existência se deve provavelmente o aparecimento e a manutenção da vida sobre a terra. Existem fortes probabilidades de que essa camada protetora seja destruída por uma frota de aproximadamente 500 aviões supersônicos, em exploração comercial normal.

Não se podem ainda oferecer dados precisos, mas o perigo de que a superfície da terra seja, em parte, esterilizada, é real, mesmo que atualmente não seja ainda uma certeza.

Essas diversas perturbações ocorrem, portanto, em todo o planeta. Não pertencem infelizmente à ficção científica, mas repousam sobre observações já substanciais. Suas conseqüências poderiam ser trágicas e significar o fim da vida sobre a Terra. Embora não tenhamos nenhuma certeza científica sobre o assunto, não devemos correr semelhante risco, mas sim efetuar meticulosas verificações antes que se desencadeiem processos tão poderosamente destruidores.

5 — POLUIÇÕES RADIOATIVAS

Desde a última guerra mundial, o homem descobriu um novo meio de poluir a terra inteira espalhando os produtos de fissões nucleares artificiais. Sem que se possam ainda avaliar exatamente as conseqüências dessa forma de impacto sobre a natureza, pode-se no entanto afirmar que, indubitavelmente, são enormes. Sem mencionar a possibilidade de um conflito atômico generalizado, que significaria incontestavelmente o fim da nossa espécie, a multiplicação das substâncias radioativas e a generalização, doravante inelutável, de sua utilização pacífica constituem uma séria ameaça para o homem, assim como para todos os seres vivos.

Os especialistas em assuntos atômicos garantem-nos que foram tomadas todas as precauções e que a radioatividade nunca ultrapassou o limite crítico, mesmo se, localmente, sofreu um aumento. Somos obrigados a dar-lhes crédito, e, aliás, convém ser objetivo e não chegar aos extremos de certos "alarmistas" movidos por paixões sem grandes fundamentos científicos.

O problema nuclear, em suas relações com a conservação da natureza, será apenas evocado aqui em suas linhas gerais. Várias obras importantes foram já consagradas a esse assunto numa perspectiva médica, e pouco se sabe quanto à influência da radioatividade sobre a natureza selvagem. Deve-se, aliás, assinalar que a documentação à disposição do público e mesmo dos cientistas é relativamente escassa. Muitos "segredos militares" protegem ainda certos aspectos das poluições nucleares. Os perigos atômicos são voluntariamente minimizados por alguns e, pelo contrário, consideravelmente amplificados por outros. A opinião pública mereceria, sem dúvida, ser mais informada e mais tranqüilizada do que está sendo atualmente sobre assuntos que permanecem extremamente inquietantes, até mesmo pelo mistério que os cerca.

Existem três tipos de atividades responsáveis pelas poluições com produtos radioativos, que afetam tanto o ar quanto o solo, as águas doces e salgadas. As primeiras são as explosões atômicas: aquelas que se dão na atmosfera provocam poluições consecutivas à formação do "cogumelo" atômico, muito conhecido, e à libertação de uma grande quantidade de gás e de produtos sólidos radioativos que, ao caírem sobre a terra, podem poluir vastas superfícies após terem sido transportados pelos ventos*. A segunda fonte de poluição deve-se à utilização das águas nas usinas atômicas, principalmente para o resfriamento dos reatores; estas podem tornar-se radioativas e transportar corpos perigosos, após terem sido devolvidas aos rios. A terceira é constituída pelos detritos atômicos. As usinas que produzem, transformam ou utilizam produtos radioativos ficam atulhadas de um volume crescente de detritos, que devem eliminar nas melhores condições. Os produtos fortemente radioativos são armazenados em reservatórios especiais, extremamente dispendiosos e que se tornam rapidamente insuficientes; esses reservatórios são por vezes enterrados nas galerias de minas que já não estão sendo utilizadas. Uma outra solução adotada por diversos países consiste em colocar os detritos em recipientes hermeticamente fechados, envoltos em camadas que absorvem as radiações, e imersos em betume, sendo em seguida afundados nas fossas oceânicas mais profundas. Os "coveiros atômicos" consideram que este é o processo mais eficaz porque é o mais perfeitamente adaptado a produtos perigosos: os recipientes são sólidos, ficam protegidos contra toda e qualquer colisão e, mesmo se um deles fosse destruído por uma razão fortuita, as profundidades abissais, como que excluídas do mundo dos vivos, deixariam o homem ao abrigo de todo e qualquer perigo.

Tal segurança nem sempre é verdadeira, como observou o Professor Fontaine (1956). A duração de vida do recipiente é por vezes nitidamente inferior à dos corpos radioativos que ele contém. O iodo 129 tem uma duração de vida de 20 milhões de anos, o césio 135 de 3 milhões de anos e o zircônio D_3 de 1 milhão de anos. Esses corpos representam mais de 10% dos produtos de fissão dos elementos pesados, principalmente urânio 235 e plutônio 239. Temos, portanto, o direito de recear que, apesar de sólidos, os recipientes não consigam resistir à água do mar durante um milhão de anos. Os oceanógrafos evidenciaram recentemente correntes marinhas que, a despeito de serem extremamente lentas, são capazes de movimentar as águas, mesmo a profundidades abissais. Alguns pensam que existe uma circulação de água entre os fundos marinhos e a superfície. Por outro lado, os seres vivos podem transportar compostos ao longo de cadeias alimentares complexas. Essas substâncias perigosas podem, portanto, eventualmente, voltar à superfície, de onde o homem pensou eliminá-las definitivamente. Se bem que a nossa geração, caso não haja nenhum acidente, se encontre ao abrigo desses detritos, o mesmo não podemos dizer sobre as gerações futuras.

Os resíduos que possuem uma radioatividade mais reduzida são diretamente evacuados no mar ou nos rios, sob o controle de especialistas em assuntos atômicos, de forma a evitar que se ultrapassem determinados limites, o que seria perigoso. Segundo diversas constatações, a radioatividade das águas que serviram para a refrigeração dos reatores, ou que transportam resíduos dessa refrigeração, é relativamente fraca, muito inferior às taxas perigosas para o homem, e incapaz de suscitar perturbações na vida aquática.

Pode-se admitir que, no estado atual das coisas, a menos que se dê um conflito atômico generalizado ou que haja um acidente grave numa usina atômica — circunstância cuja probabilidade é infelizmente muito maior —, o mundo não está exposto aos efeitos *diretos* das

*Sabe-se que após uma explosão atômica a maior parte das partículas são depositadas ao longo de um eixo sobre uma faixa relativamente estreita em função dos ventos que sopravam no momento da experiência. As partículas mais finas, porém, são transportadas para longe, podendo dar várias vezes a volta ao mundo antes de caírem sobre um ponto qualquer do globo. As experiências nucleares no espaço, na atmosfera e sob a água, foram proibidas pelo Tratado de Moscou, assinado em agosto de 1963. Essa interdição, se observada, deveria impedir a poluição das terras e dos mares com substâncias radioativas.

poluições atômicas, e o pior risco não ultrapassa ao que resulta de outras formas da atividade humana.

No entanto, os fatos são mais complicados devido à *concentração biológica* das substâncias radioativas ao longo das cadeias alimentares. Tal como no caso dos pesticidas (ver p. 212), essas substâncias passam para a matéria viva dos organismos mais simples, que os concentram e os transmitem aos seus predadores em quantidades perigosas.

Esse fenômeno é particularmente nítido no mar. Sabe-se, há muito tempo, que os animais aquáticos são capazes de concentrar substâncias muito diluídas no meio em que estão imersos. Certos moluscos concentram 4 300 vezes o cobre, 6 900 vezes o flúor; certos crustáceos, (Copépodes) 13 000 vezes a sílica; certos peixes, 2 500 000 vezes o fósforo dissolvido na água do mar. As substâncias radioativas não constituem uma exceção, sobretudo os elementos raros, normalmente presentes em doses infinitesimais na natureza; espalhados em quantidades mais elevadas nos detritos atômicos, podem provocar uma grave contaminação dos meios naturais e acumular-se nos seres vivos. É esse o caso, particularmente, do estrôncio 90, cuja origem resulta apenas das fissões nucleares artificiais; metade da sua duração de vida, 25 anos, é suficiente para permitir o seu acúmulo nos seres vivos e a sua concentração ao longo das cadeias alimentares. Esse elemento, que se metaboliza como o cálcio, fixa-se nos ossos e é mobilizado muito lentamente. O mesmo acontece com certos isótopos do iodo (como por exemplo o iodo 129) que se fixam ao nível da tiróide.

Foram evidenciadas concentrações importantes em diversas plantas aquáticas. Na Inglaterra, medidas efetuadas em Plymouth mostraram que certas algas marinhas concentram entre 20 (*Ascophyllum nodosum*) e 40 vezes (*Fucus serratus*) o estrôncio 90 da água do mar. Nos Estados Unidos, no rio Colúmbia (que recebe os efluentes da usina atômica de Hanford), as algas apresentam uma radioatividade 1 000 vezes mais forte do que a da água. No rio Clinch (que recebe os efluentes da usina de Oak Ridge), o plâncton é 10 000 vezes mais radioativo do que a água na qual vive. Certos Moluscos bivalves de água doce concentram 100 vezes o iodo radioativo. Certos peixes de água doce situados num nível elevado das cadeias alimentares são 20 000 a 30 000 vezes mais radioativos do que a água onde vivem. O mesmo acontece com alguns peixes marinhos cujas migrações podem, além disso, dispersar os produtos radioativos*. Por todas essas razões, não se deve despejar grandes quantidades de produtos radioativos nas zonas de pesca intensiva.

Fenômenos de concentração desse tipo existem também ao longo das cadeias alimentares, cujo ponto terminal é constituído pelas aves aquáticas, principalmente no que respeita ao fósforo. No rio Colúmbia, um isótopo desse elemento (fósforo 32**) passou de uma concentração de 1 na água, para 35 nos Invertebrados aquáticos (crustáceos, insetos), para 7 500 nos patos, e para 200 000 nos ovos destes últimos (a gema, extremamente rica em fósforo, contém 2 milhões de vezes mais do que a água do rio)***.

Os Procelariformes — albatrozes, procelárias — são também muito sensíveis às poluições dos mares efetuadas pelos produtos radioativos que caem sobre as águas ou pelos detritos

*Esse fato explica a catástrofe atômica ocorrida com os pescadores japoneses do "Fukuryu Maru".

**Esse elemento tem, no entanto, uma duração de vida relativamente curta.

***Durante as experiências nucleares do Pacífico, vários observadores constataram que as colônias de aves marinhas (principalmente certas andorinhas-do-mar) foram inteiramente destruídas, seus ovos ficando imediatamente esterilizados. Não se sabe se se trata de uma esterilização devida aos efeitos dos raios emitidos durante a deflagração ou se se trata de uma conseqüência do acúmulo de substâncias radioativas na própria matéria do ovo.

nelas despejados imprudentemente. Com efeito, essas aves se alimentam especialmente de plâncton, e já vimos que o plâncton é capaz de concentrar maciçamente diversas substâncias radioativas. Os ornitologistas ficaram preocupados com as explosões efetuadas no Pacífico, pois todas elas se deram sobre as vias de migração do Procelarídeo *Puffinus tenuirostris*, que descreve um vasto arco através de todo o oceano, da Tasmânia ao estreito de Bering e à Califórnia.

Se bem que as cadeias alimentares terrestres sejam menos sensíveis do que as aquáticas, podem também ser observadas aí concentrações do mesmo tipo, como por exemplo no caso de diversos isótopos do iodo, felizmente menos perigosos devido a uma pequena duração de vida. Podem ocorrer perturbações importantes consecutivas à contaminação das pastagens consumidas pelas vacas leiteiras, provocando uma notável concentração de elementos radioativos no leite, principalmente do estrôncio 90, constituindo assim um perigo sério para a alimentação humana, especialmente das crianças. Segundo observações efetuadas principalmente na Grã-Bretanha e nos Estados Unidos, uma parte dos elementos radioativos que caem sobre o solo é absorvida pelas plantas forrageiras, ao nível das raízes; outra parte cai sobre as próprias plantas, sendo ingerida diretamente pelos herbívoros. Foram assinalados vários acidentes graves que justificam as medidas de controle adotadas em seguida.

Não lembraremos aqui os efeitos das substâncias radioativas sobre os seres vivos, principalmente sobre os animais e sobre o homem. A pele, os olhos, os tecidos hematopoéticos[14] (baço, medula dos ossos) e as glândulas genitais são particularmente sensíveis. Certas observações mostraram que o aumento da radioatividade de alguns lagos norte-americanos provocou modificação do equilíbrio da fauna aquática (devido a diferenças de sensibilidade das espécies), uma diminuição do ritmo de crescimento e uma redução da longevidade dos peixes. Em Hiroshima, local de sinistra memória, constataram-se graves perturbações na fauna marinha, principalmente nos moluscos (mortalidade elevada, destruição dos tecidos, regressão das glândulas genitais transformadas em parênquima indiferenciado).

[14]Hematopoético – que diz respeito à hematopoese. Hematopoese – formação dos glóbulos vermelhos de sangue, isto é, das hemácias. A palavra provém do grego *haimatos*: sangue, e *poesis*: fabricação. Hematopoéticos são, pois, tecidos ou órgãos que se incubem da formação dos glóbulos vermelhos do sangue (nota do Coordenador).

Devem igualmente ser assinalados os perigos de um acréscimo de radioatividade sobre o futuro genético das populações vegetais, animais e mesmo humanas. Se bem que, sem dúvida, tenham sido emitidas opiniões alarmantes sobre esse assunto, a ameaça é, no entanto, real, pois as probabilidades de mutações aumentam com a radioatividade, podendo assim modificar o patrimônio hereditário do mundo vivo, num sentido provavelmente desfavorável.

Contudo deve-se admitir que, até o presente, os perigos devidos às poluições radioativas são apenas *potenciais*. Salvo um certo número de acidentes infelizmente trágicos, nem o homem nem a natureza sofreram de forma generalizada os efeitos das fissões atômicas, a despeito do que afirmaram aqueles que consideram as experiências atômicas responsáveis pela rarefação de certos animais, assim como pelo mau tempo que deploram durante as férias.

Certas anomalias na muda de pequenas aves pernaltas que vivem nas regiões árticas foram "explicadas" pelos efeitos das radiações. Os próprios animais podem tornar-se radioativos. Constatou-se que as bernacas *Branta leucopsis*, que se reproduzem na Nova Zembla e passam determinados períodos em Gotland, na Suécia, tinham uma plumagem radioativa. Tal contaminação foi evidenciada nos caribus do Canadá e do Alasca, assim como nas renas da Suécia, provocada pelos líquenes, principal alimento desses animais. Esses vegetais fixam, praticamente, a totalidade dos produtos radioativos que caem sobre o solo, após explosões nucleares (estrôncio 90 e césio 137, entre outros).

Os radiobiólogos estão muito menos otimistas do que ainda há pouco tempo com relação aos efeitos nucleares. O aumento da radioatividade foi maior do que o previsto, em todo o mundo, particularmente no hemisfério Norte. As recaídas de produtos radioativos, nomeadamente do estrôncio 90, provocou uma concentração em vários alimentos, como por exemplo o leite. O teor de radioisótopos artificiais em certos órgãos humanos, principalmente nos ossos, tem tendência a aumentar, como o provaram as medidas efetuadas nos dentes-de-leite das crianças, nos Estados Unidos ("Baby Tooth Survey", organizado pelo Saint Louis Committee for Nuclear Information). A maioria dos países foi levada a reconsiderar os seu programas de desenvolvimento atômico, devido aos perigos a que este expõe o homem.

Eis, portanto, uma breve exposição das ameaças da poluição atômica, aquela que mais põe em risco a sobrevivência da espécie humana.

Esperemos que o homem saiba evitar a catástrofe de utilizar na guerra a formidável energia de que dispõe desde que explodiu a primeira bomba atômica — insignificante perto das atuais —, no dia 6 de agosto de 1945. Desse modo, muito provavelmente, o problema do lugar do homem na natureza não mais se apresentaria . . .

O perigo atômico permanece, no entanto, no contexto de uma utilização pacífica da energia atômica. A fissão nuclear constituiu a mais séria esperança da humanidade, num momento em que as outras fontes de energia se estão esgotando de forma alarmante. Pode-se prever, portanto, um aumento da poluição atômica, isto de um modo *normal*, mesmo que não surja nenhum acidente fortuito.

Deve-se considerar, porém, como um dado positivo o fato de que, no próprio instante em que começou a dominar o poder do átomo e a libertá-lo sob o seu controle, o homem tenha tomado consciência do perigo grave dessa nova forma de atividade. Se bem que ainda muito incompletamente, está informado sobre os efeitos da radioatividade na nossa espécie. E multiplicou as precauções, das quais a natureza, em conjunto deveria beneficiar-se.

Entramos na idade atômica e dela não poderemos mais sair. Renunciar à energia nuclear seria agora renunciar à civilização atual. Os benefícios que ela nos proporcionará são suficientemente importantes para que valha a pena termos todo o cuidado para não "envenenar" a natureza; perto das poluições radioativas, as outras parecer-nos-iam insignificantes.

CAPÍTULO **8**

O HOMEM, ARTESÃO DE COMUNIDADES BIOLÓGICAS ARTIFICIAIS

"Pequenas causas, grandes efeitos. Os equilíbrios da natureza estão suspensos por um fio."
Roger Heim, *Un naturaliste autour du monde.*

Como se quisesse aperfeiçoar a criação, o homem transportou deliberadamente plantas e animais por todo o mundo, seja para satisfazer um prazer sentimental, reconstituindo as comunidades naturais da zona longínqua de onde emigrara, seja para aumentar a produtividade das regiões onde se estabeleceu.

Paralelamente a essas tentativas, algumas delas já antigas, convém não esquecer a introdução dos animais domésticos, que podem provocar rupturas de equilíbrios análogas àquelas pelas quais são responsáveis os animais soltos em estado selvagem; seu impacto é mesmo ainda, mais grave, pois o homem protege-os artificialmente contra toda e qualquer competição real. A essas introduções, efetuadas deliberadamente pelo homem, é necessário acrescentar os transportes involuntários, que a aceleração e o aumento do volume do tráfico nos tempos modernos tornaram muito mais freqüentes. Trata-se principalmente de vegetais, sob a forma de sementes, e de animais pequenos. As seqüelas dessas verdadeiras aclimatações são, por vezes, incalculáveis.

Inicialmente, o homem dedicou-se à introdução de aves e de mamíferos; como já se sabe há muito, as conseqüências foram espetaculares; a introdução de elementos da microfauna, que têm uma função biológica fundamental, foi desse modo desprezada.

Sem entrar no pormenor dessas operações, devemos assinalar a importância do transporte e da introdução dos microorganismos do solo. As terras caracterizam-se por um equilíbrio entre os milhões de vegetais e de animais microscópicos, ou de tamanho muito reduzido; sua fertilidade e estabilidade dependem diretamente desses microorganismos. Ora, transportando vegetais, assim como a terra que os acompanha, o homem introduz inadvertidamente elementos exógenos cuja proliferação pode modificar profundamente os equilíbrios pedológicos. Esse fenômeno dá-se, por exemplo, no caso do transporte de Nematóides, ou mesmo de minhocas, os mais comuns vermes dos solos, que desempenham um papel essencial na sua transformação.

Os animais e os vegetais ocupam, no seu meio de origem, nichos ecológicos bem determinados, e encontram-se em equilíbrio com os outros componentes da biocenose. Suas populações são controladas pelos efeitos da competição e da predação. Em contrapartida, sua introdução em nova biocenose, onde são estranhos, é, na maioria das vezes, extremamente perigosa, devido à ausência freqüente de competidores e de inimigos naturais, suscetíveis de limitarem os seus efetivos. Desse modo, sua aclimatação é seguida de uma alternativa: ou não conseguem radicar-se e desaparecem rapidamente, sem deixar descendência, sendo, de certa forma, "abafados" pelo meio, ou têm êxito, proliferam e transformam-se em *pestes*, constituindo, a curto ou a longo prazo, uma catástrofe para os habitats naturais, para os animais e os vegetais autóctones, e até mesmo, por vezes, para a economia humana.

O êxito dos animais introduzidos pode ser explicado de diversas formas. A espécie transportada pelo homem é, por vezes, colocada numa biocenose que possui um nicho ecológico vago, ao qual pode, facilmente, ajustar-se: ocupa-o, portanto, imediatamente e sem esforço. A espécie introduzida pode igualmente comportar-se como um competidor mais robusto e mais bem armado do que os seus homólogos autóctones, que são assim eliminados. Note-se, aliás, que, na maioria das vezes, as espécies introduzidas manifestam uma considerável maleabilidade ecológica, não se estabelecendo no nicho ecológico que os responsáveis pela aclimatação esperavam que elas ocupassem. Frequentemente modificam até o seu modo de vida, sobretudo no tocante ao regime alimentar*. Essa transformação, por vezes relacionada com condições ecológicas diferentes, pode também resultar de modificações genéticas, devido ao número relativamente reduzido de genitores introduzidos, o que provoca uma redistribuição do patrimônio hereditário**.

As aclimatações tentadas antigamente foram reiteradas várias vezes nos tempos modernos. Juntamente com as inúmeras introduções involuntárias, acentuaram o desequilíbrio provocado por outros fatores, e ocasionaram a ruína de certas comunidades naturais. Muito poucas beneficiaram o homem, exceto as de alguns vegetais, e os danos que causaram são extremamente variados. Evocaremos, a título de exemplo, algumas dessas aclimatações, para que se possa ter uma visão de conjunto da situação atual***.

1 — TRANSPORTE E ACLIMATAÇÃO DE VEGETAIS

Desde os tempos mais remotos, o homem tem transportado inúmeros vegetais por todo o mundo, as plantas cultivadas tendo sido, evidentemente, as primeiras a serem aclimatadas. Paralelamente aos desbravamentos, contribuíram para criar meios inteiramente artificiais; sua importância é, desse modo, primordial. Não nos alongaremos, no entanto, nesse aspecto do problema, qualquer que seja o impacto das plantas cultivadas no mundo vivo, pois sua cultura exige transformações profundas dos habitats, às quais já nos referimos.

O homem modificou, simultaneamente, os habitats naturais pela aclimatação de plantas selvagens. Inúmeras plantas, comuns nos campos da Europa e da América do Norte, parecem

*Foi assim que o cão *Nyctereutes procyonoides*, transportado da Ásia Oriental para a Rússia e a Sibéria (onde se tornou um fornecedor de pele de grande importância econômica), modificou seu regime alimentar em certas zonas do seu novo habitat: enquanto que, no seu país de origem, se alimenta principalmente de peixes e de crustáceos, nas regiões onde foi introduzido transformou-se num predador de roedores, de aves de caça, aquáticas e terrestres, e até mesmo de aves domésticas (ver Bannikov, *Mammalia,* 1964). Tornou-se, assim, extremamente nocivo para a caça, para a criação e para os equilíbrios naturais.

**Essas diferenças são por vezes visíveis na morfologia do animal, como, por exemplo, no caso dos argalis da Córsega, introduzidos na Tchecoslováquia, que apresentam diferenças na forma dos chifres. O melhor exemplo é o das lebres (*Lepus timidus*) das ilhas Feroë, importadas em 1854-55 da Noruega; em menos de um século, diferenciaram-se em uma nova subespécie (*seclusus*), caracterizada por um tamanho mais reduzido, por particularidades dentárias e pelo fato de não mudarem o pêlo durante o ano, como as populações a que originalmente pertenciam (Degerbol, *Mammalia,* 1940, *in* Zoology of the Faroes, vol. 3, parte 2, fasc. 65).

***É de extremo interesse a leitura dos relatórios da 10.ª Reunião Técnica da UICN, Lucerna, 1966. A 3.ª parte (UICN Publ. N. S., n.º 9) é inteiramente consagrada ao problema da aclimatação.

encontrar-se na sua pátria de origem, fazendo parte da paisagem há muitas gerações. No entanto, muitas são intrusas, transportadas em épocas diversas, por vezes muito remotas. O homem fabricou assim, inteiramente, determinadas *comunidades*, por vezes estáveis, com toda a aparência de comunidades naturais; a influência humana torna-se, porém, manifesta logo que se efetuam estudos florísticos aprofundados. Salvo certas associações de montanhas altas e os habitats verdadeiramente árticos, já não existe, certamente, nenhuma comunidade vegetal natural na Europa; esse fato provém, em parte, de uma profunda modificação do equilíbrio das espécies autóctones, mas a aclimatação de vegetais importados desempenhou, igualmente, um papel muito importante. O mesmo aconteceu na América do Norte. Segundo Clark (1956), as associações vegetais da Califórnia possuem apenas uma fraca percentagem de plantas autóctones, sendo que as espécies introduzidas dominam mesmo nas formações relativamente estáveis. Desse modo o homem modelou o mundo vegetal numa vasta parte do planeta. É lícito que nos perguntemos o que aconteceria se a nossa espécie desaparecesse e se as plantas fossem abandonadas às leis do equilíbrio natural. Em muitos casos, evidentemente, as espécies autóctones recuperariam o seu vigor inicial, dominando as outras; porém, as associações sofreriam modificações profundas e as formações primitivas só se restabeleceriam ao fim de muito tempo, por vezes nunca.

A influência humana é particularmente nítida no caso das formações de gramíneas (Foury, Vernet, 1960). Já há muito tempo que os agrônomos não admitem que "tudo é perfeito no melhor dos mundos" mesmo se, enquanto biólogos, ficam "maravilhados com a perfeição dos equilíbrios naturais" (Vernet). Se o naturalista é partidário da planta espontânea, mais bem adaptada às condições locais, o agrônomo pensa principalmente na produtividade e deseja *melhorar* as pastagens com a introdução de espécies exógenas, por vezes mesmo após seleção num campo experimental. Substitui, assim, as associacões naturais por formações inteiramente artificiais, com um rendimento mais elevado; as espécies introduzidas ocupam, portanto, o primeiro plano.

A lista das gramíneas ou das herbáceas introduzidas nas diversas regiões do mundo é extremamente longa e não podemos, portanto, apresentá-la aqui. Entre as principais gramíneas forrageiras cultivadas no mundo (aproximadamentes 40), 24 são originárias da Eurásia, 8 da África Oriental, 4 da América do Sul, e 4 de outras zonas do globo. A maior parte das Leguminosas vieram da Europa Ocidental e mediterrânea. A América ofereceu apenas uma planta importante, o milho, mas importou muitas da Europa. Várias gramíneas *Poa* e *Agrostis* foram abundamente cultivadas e já se encorporaram intimamente à flora norte-americana. A maior parte das plantas forrageiras que se encontram atualmente nas pastagens da Austrália e da Nova Zelândia vieram da região mediterrânea. A aclimatação de plantas similares nas zonas intertropicais, muito mais recente, está em plena expansão, tende-se para uma uniformização das pastagens, do Brasil à África e à Indonésia. Note-se que a introdução de plantas forrageiras foi muitas vezes acompanhada por um cortejo de "ervas daninhas", cujas sementes estavam misturadas com as da espécie procurada pelo homem, apesar de terem sido efetuadas triagens rigorosas.

Essas diversas introduções modificaram profundamente os equilíbrios naturais das associações de gramíneas. Sua conseqüência no plano da conservação dos habitats primitivos é, portanto, considerável.

As florestas, principalmente as das zonas temperadas, sofreram também modificações profundas devido à introdução de essências exógenas, assim como à seleção artificial das espécies autóctones, mais interessantes para o homem, e aos métodos da silvicultura moderna. Inúmeras árvores foram igualmente transplantadas em todo o mundo.

Devem-se mencionar, particularmente os Eucaliptos, Mirtáceos originários da Austrália, onde constituem o elemento dominante da vegetação, hoje aclimatados em grande parte das zonas quentes e temperadas (Penfold e Willis, 1961). As primeiras sementes chegaram a Paris em 1804 e, por volta de 1810, os Eucaliptos já prosperavam em Malmaison; porém, só a partir de 1857 é que foram estabelecidas verdadeiras plantações na Europa meridional e na África do Norte. Em 1823, essas árvores foram introduzidas no Chile, em 1828 na África do Sul; na Índia em 1843, na Califórnia em 1853 e na Argentina em 1857. Inúmeras espécies, das 500 que constituem o gênero, estão sendo cultivadas, em todo o mundo, numa superfície total de 1,4 milhão de hectares. Só no Brasil, onde o Eucalipto foi introduzido entre 1855 e 1870, as plantações ocupam uma superfície de 800 000 ha e possuem aproximadamente 2 000 milhões de árvores, 1 200 milhões só no Estado de São Paulo. As plantações de Eucaliptos estão atualmente em plena expansão em todas as regiões do mundo, devido principalmente ao incentivo de grandes organismos internacionais.

Os Eucaliptos, cujas múltiplas espécies correspondem a necessidades e a exigências diversas, segundo a natureza dos solos e os climas, apresentam vantagens incontestáveis. Permitem regenerar as terras estragadas pelo homem, e foi esse o caso, particularmente, do sudeste do Brasil, devastado pelo desflorestamento e por práticas de cultivo perniciosas. Devido a seu rápido crescimento, oferecem, a curto prazo, uma quantidade apreciável de madeira* (se bem que de qualidade medíocre, no caso de certas espécies), constituindo assim um recurso natural valioso nos países desflorestados, onde desempenham um papel de relevo na economia. Esse fato é particularmente importante, atualmente, devido à redução das florestas e a uma procura crescente de produtos lenhosos. Mas os Eucaliptos foram erradamente considerados como uma panacéia: a longo prazo, o reflorestamento com outras essências é freqüentemente mais proveitoso. O biólogo considera as florestas de Eucaliptos como verdadeiros desertos no que concerne ao povoamento animal[1].

[1]O problema do eucalipto no Brasil, merece, sem dúvida, alguns comentários adicionais. O grande divulgador do mesmo, entre nós, foi Edmundo Navarro de Andrade. Ele reuniu aqui, provavelmente, a maior soma de espécies de eucalipto, não havendo igual em nenhum outro país. No Horto da Estrada de Ferro Paulista, em Rio Claro (hoje a estrada e todo o seu patrimônio pertencem ao Estado), encontram-se imensas plantações, árvores magníficas que serviam como matrizes de sementes; fazia-se muita experimentação visando ao cultivo das inúmeras espécies, em diferentes espaçamentos; referentes ao desbaste, à época de corte, produtividade; aos diversos usos (dormentes, moirões, madeiramento, tábuas, mobília, etc.); consorciação e comparação com essências florestais nacionais, etc. Construiu-se, no Horto, um pequeno Museu com animais capturados em eucaliptais, desde pequenos insetos, inúmeros pássaros, até jaguatiricas.

Muito se escreveu a favor ou contra o eucalipto, geralmente sem a sólida base de informações científicas obtidas com a seriedade requerida.

Falava-se, por exemplo, que o eucalipto consumia muita água, tanto que podia ser usado para drenar brejos. Se isso é verdade no caso de certas espécies, não é no de outras. De outro lado, muitas outras plantas de interesse para a Silvicultura e a Agricultura apresentam consumo tão elevado ou ainda maior. Villaça e Ferri (1954) baseados em dados experimentais de Rawitscher e Ferri (1942), calcularam que o nosso cedro (*Cedrela fissilis* — um exemplar isolado, de 6 anos) consumia 37 000 litros de água

---

*Uma floresta tropical formada de essências autóctones produz, no máximo, 20 toneladas de madeira (madeira seca) por hectare e por ano (as florestas da Malásia são mais produtivas), enquanto que certos pinhos e eucaliptos produzem 35 toneladas[2].

por ano, enquanto que, segundo dados de Franco e Inforzato (1950-1952), o consumo anual por planta de *Eucalyptus saligna* seria de 19 600 litros.

Meguro e Ferri (1956), estudando a cana-de-açúcar, encontraram, também, um consumo de água muito alto. Ninguém, no entanto, recomendaria não cultivar cana por esse motivo, pois precisamos de açúcar. Assim, também, precisamos de lenha, e por isso cultivamos eucalipto, entre outras plantas. O que devemos é ter o cuidado de não cultivar, em certa região, cana, eucalipto ou qualquer outra planta, em extensão tal que o equilíbrio hídrico da região possa perigar.

Em tudo é preciso bom-senso. No caso particular do eucalipto, se é verdade que suas extensas culturas, em substituição a espécies autóctones, afastou muitos componentes da fauna local, não é menos verdade que essas culturas forneceram lenha, poupando matas naturais que, de outra forma, teriam sido sacrificadas, acarretando igualmente, com seu desaparecimento, a extinção daquela fauna (nota do Coordenador).

[2] Numerosos estudos sobre a produtividade de diversas espécies de eucaliptos, no Brasil, foram feitos especialmente no Horto Botânico de Rio Claro, Estado de São Paulo (nota do Coordenador).

Muitas outras essências foram igualmente transplantadas pelo homem, particularmente do grupo das Coníferas. A América do Norte (sobretudo o oeste) e o Japão, especificamente mais ricos do que a Europa, seduziram os nossos silvicultores, que importaram dessas regiões uma longa série de espécies; muitas delas adaptaram-se perfeitamente ao seu novo meio, por vezes melhor do que as espécies autóctones. A necessidade atual foi em grande parte satisfeita pela introdução dessas essências com um crescimento rápido, que garantem um rendimento elevado das florestas, permitindo a reconstituição ou a manutenção de uma cobertura vegetal considerável em inúmeras regiões do globo. No entanto, a substituição das árvores de folhas largas por coníferas apresenta múltiplos inconvenientes para o solo (degradação, ação desfavorável sobre o balanço hídrico) e para a fauna, inclusive para a caça.

Deve-se, evidentemente, evitar uma condenação *a priori* da introdução dessas diversas plantas, freqüentemente seguida por reais e duráveis êxitos econômicos, bem como a crítica sistemática ao aproveitamento das florestas, com aumento da produtividade em madeira de alta qualidade. Do mesmo modo, não se deve condenar o melhoramento das pastagens, obtido graças à introdução de novas espécies de gramíneas. Existe, no entanto, um conflito entre, o silvicultor e o agrônomo, de um lado, e, de outro, o conservacionista. O homem destruiu deliberadamente certas associações vegetais pela introdução de plantas exógenas favorecidas em detrimento das plantas autóctones. E os métodos modernos da silvicultura e da agrostologia assemelham-se muito aos da agricultura: cultivam-se árvores ou gramíneas forrageiras, como os cereais ou as beterrabas. Tais métodos conduzem à criação de meios muito artificiais, pois as espécies dominantes são, na maioria das vezes, exógenas. O naturalista tem, evidentemente, de entender a necessidade da valorização das terras e de sua transformação em vista da obtenção de uma produtividade maior. Em contrapartida, o economista tem de admitir a necessidade de conservar certas parcelas em seu estado original, de modo a assegurar a sobrevivência de ao menos algumas amostras das diferentes comunidades naturais; essas parcelas devem, antes de mais nada, estar protegidas contra a intrusão de toda e qualquer planta que não seja autóctone, o que romperia o equilíbrio. Só conseguiremos conciliar esses dois pontos de vista diferentes, ambos dignos de respeito, com a compreensão e a boa vontade de todos.

Muitas outras aclimatações vegetais, voluntárias ou não, resultaram em verdadeiras catástrofes.

Algumas plantas importadas para regiões tropicais a fim de constituírem cercas-vivas nas zonas de criação de gado transformaram-se em pestes, invadindo as pastagens. Na Nova Caledônia (Barrau e Devambez, 1957), o camará (*Lantana camara*), originário da América tropical e introduzido no início da colonização como planta ornamental, foi preconizado como cerca-viva, pois seus longos ramos espinhosos se opunham à passagem do gado. Rapidamente se multiplicou de forma incontrolável, invadindo pastagens inteiras* juntamente com outras plantas igualmente prolíficas: a *Acacia farnesiana*, uma sensitiva, a *Mimosa invisa* (introduzida nos anos 30 e erradamente considerada como uma Leguminosa forrageira de grande valor) e a goiabeira *Psidium guajava*, importada da América. Essas plantas invadiram as terras de utilização pastoril da vertente ocidental da ilha, que possui um clima seco. Se bem que, por vezes, tenham contribuído para proteger o solo contra a erosão, sua multiplicação diminuiu consideravelmente o rendimento das pastagens, em detrimento das plantas autóctones, mais interessantes.

A introdução dos figos-da-índia na Austrália foi mais catastrófica ainda. Um só pé dessa espécie (*Opuntia inermis*), importado em 1839 na Nova Gales do Sul, multiplicou-se com uma velocidade acelerada. No fim do século, essa Cactácea cobria uma superfície de 4 milhões de hectares; em 1920, aproximadamente 24 milhões, continuando a estender-se sobre 4 milhões de hectares por ano. As melhores terras de criação de gado desapareceram sob esse flagelo. Tentaram-se, em vão, vários métodos de luta. Foi apenas em 1925 que surgiu a idéia de importar do Uruguai e do norte da Argentina uma pequena borboleta *Cactoblastis cactorum*, cuja lagarta devora os caules achatados, cavando galerias por onde penetram agentes de decomposição, bactérias e fungos. O resultado foi espetacular: a planta desapareceu tão rapidamente quanto havia proliferado**.

Outro motivo de introdução foi o estabelecimento, em estado subespontâneo de plantas ornamentais. Pelo menos 20 000 espécies vegetais foram objeto de práticas hortícolas. Muitas delas, evidentemente, só podem sobreviver em estufas sob certos climas, não tendo portanto nenhuma probabilidade de se propagarem na natureza. Outras, no entanto, podem escapar ao "cativeiro", adaptar-se à vida selvagem e entrar em competição com as espécies autóctones tentando eliminá-las, e transformando-se por vezes em verdadeiras pragas. O melhor exemplo é-nos fornecido pelo aguapé *Eichhornia crassipes* que alguns não hesitaram em denominar o "flagelo verde".

Monocotiledônea da família das Pontederiáceas, apresenta-se como uma planta aquática flutuante, com pecíolos entumescidos, dispostos em roseta e com o rizoma imerso a uma pequena profundidade (Fig. 41). Suas flores formam cachos simples com formato de espigas

*Introduzido como planta ornamental em todos os países tropicais, o cambará comportou-se, em toda a parte, do mesmo modo, especialmente na Índia e nas ilhas Havaí. A luta biológica com insetos que atacam diversos órgãos vegetativos e reprodutores, e que foram importados de sua pátria americana, conseguiu bloquear a invasão. Note-se que, nas ilhas Havaí, o cambará importado foi largamente disseminado pelo mainá, também aclimatado, que se alimenta de frutas. Curiosa aliança de dois elementos exógenos dirigida contra o equilíbrio natural dessas ilhas.

**A vitória da lagarta sobre o cactus foi celebrada por um poema publicado no *Cactus and Succulent Journal*, em que o autor se interroga sobre uma eventual transferência desse inseto para outras espécies vegetais. Na luta biológica acontecem, por vezes, tais "caprichos da Natureza", o elemento benéfico tornando-se prejudicial. Nesse caso, porém, parece não haver nada a temer, devido ao regime alimentar altamente especializado dessa lagarta (citado por C nsdale, 1952)

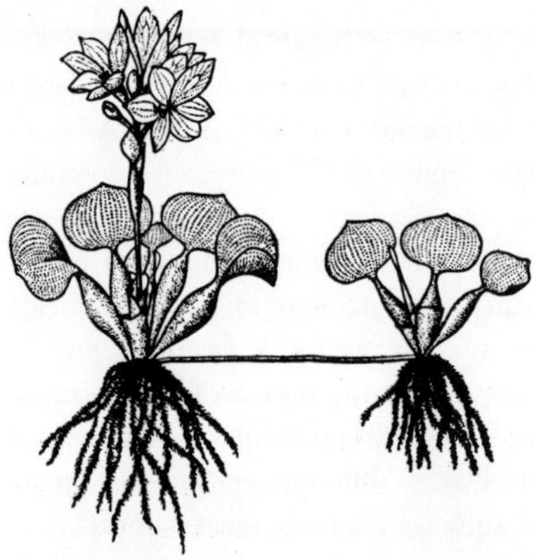

Figura 41. Pé florido de aguapé *Eichhornia crassipes*, com uma jovem planta desenvolvida por estolho. Segundo Robyns, 1955

púrpuras ou azul-malva, muito decorativos. Habitualmente, porém, multiplica-se de forma vegetativa*.

Essa planta originária da América tropical (seus centros de dispersão localizam-se principalmente na Guiana e nos limites entre o Brasil e o Paraguai), foi introduzida em várias regiões quentes do mundo para ornamentar lagos** de jardins. Rapidamente escapou desse meio limitado, colonizando a natureza selvagem (Robyns, 1955).

Sua primeira aparição, fora do habitat normal, deu-se no sul dos Estados Unidos. Introduzida em 1884 na Luisiana e depois na Flórida, em 1888, invadiu todo o sul dos Estados Unidos até a Virgínia e mesmo a Califórnia, tornando-se rapidamente uma praga*** e chegando a dificultar a navegação no Mississípi.

Cultivada a partir de 1894 no célebre jardim botânico de Bogor (Buitenzorg), espalhou-se imediatamente em Java e, em seguida, em toda a Indonésia, nas Filipinas, na Austrália e numa parte das ilhas do Pacífico (ilhas Fidji e Havaí, entre outras). Em 1902 foi importada para Hanoï, de onde invadiu a península Indochinesa, a Índia, inclusive o Ceilão (aí chegou em 1905, e em, 1907 já se tinha transformado em verdadeiro flagelo).

Na África, se bem que existisse em estado subespontâneo no Congo já em 1910, só começou a pulular mais recentemente, por volta de 1952, invadindo a bacia do Congo e de seus afluentes; mesmo em Leopoldville, o grande rio transporta montes de aguapé, enquanto que os afluentes mais estreitos, estão de tal forma obstruídos que a navegação se tornou impraticável. A planta está atualmente colonizando uma parte da África Oriental (Quênia, Rodésia), já penetrou no Congo e, até mesmo, na República dos Camarões. A partir de 1958 começou a invadir a bacia do Nilo, e em 1959 já se encontrava no Sudão, de Juba a Khartoum.

O aguapé invadiu, portanto, a quase totalidade das regiões paleotropicais com uma velocidade espantosa, graças ao seu formidável poder de reprodução por estolhos. Uma planta pode produzir um novo indivíduo em duas semanas. Calculou-se, na Louisiane, que dez plan-

*Deve-se notar que as plantas equipadas com mecanismos de reprodução assexuada (aguapé, figo-da-índia) são particularmente favorecidas, pois tais processos de multiplicação são menos sensíveis aos fatores do meio do que a sexualidade.

**Uma espécie vizinha (*Eichhornia diversifolia*) habita a África tropical e Madagáscar; nunca se tornou prejudicial e parece estar em equilíbrio com o seu meio graças a processos de controle desconhecidos.

***Deram-lhe o nome de "erva-dos-milhões-de-dólares", devido aos milhões que foram gastos para tentar controlar sua expansão.

tas-mãe podem produzir 655 360 novas plantas numa só estação de vegetação (ou seja, entre 15 de março e 15 de novembro); e está provado que o aguapé se multiplica durante o ano inteiro nas regiões tropicais propriamente ditas. Esse fato explica a invasão rápida e total das águas, que, assim, ficaram inteiramente obstruídas por essas associações monofíticas[3].

[3]Uma associação é, via de regra, um conjunto de espécies mas há casos em que estamos diante de uma associação, isto é, de um agrupamento grande de plantas de uma só espécie; essa associação é chamada monofítica: do grego *monos*: único, e *phyton*: planta (nota do Coordenador).

Essa planta decorativa, muito apreciada pelos amadores, é entretanto responsável por quebras de equilíbrios em conseqüência de sua competição com plantas aquáticas autóctones que ela conseguiu reduzir ou mesmo eliminar. Por outro lado, dificulta consideravelmente a navegação, prejudica as pescarias e provoca a rarefação dos peixes, pois modifica os locais de desova.

Diante dessa ameaça, preconizaram-se vários meios de combate (De Kimpe, 1957). A destruição mecânica com grupos de homens que retiram os aguapés e os lançam sobre as margens ou os conduzem para um triturador foi extremamente decepcionante. Iniciou-se então uma vasta campanha de destruição com pulverizações de herbicidas, principalmente o 2,4 D (ácido 2,4 diclorofenoxiacético). A partir de 1955, conseguiu-se o controle do aguapé e a sua erradicação de parte da sua área de distribuição. O custo de tais operações, porém, é extremamente elevado. Podem subsistir alguns focos esparsos que constituem o ponto de partida de uma nova invasão*.

A história da naturalização dessa espécie vegetal mostra quanto pode ser perigosa uma introdução impensada, à primeira vista inofensiva. Como afirmou Robyns (1955): "As rupturas do equilíbrio biológico resultantes podem modificar inteiramente a flora e a fauna autóctones, destruir alguns de seus componentes e, até mesmo, perturbar a existência normal dos habitantes". Esse exemplo deve ser meditado por todos aqueles que projetam aclimatação cujas conseqüências são imprevisíveis.

Note-se, finalmente, que o homem contribuiu, pelo cruzamento de diversas espécies vegetais introduzidas com outras nativas, para a formação de novas espécies. Conhecem-se vários casos na América do Norte, porém o melhor exemplo pode ser encontrado na Europa; trata-se de uma gramínea halófila, *Spartina Townsendii,* um híbrido natural entre uma espécie européia, *Sp. maritima*, e uma espécie norte-americana, *Sp. alternifolia*, importada no início do século XIX para a Grã-Bretanha**. Esse híbrido poliplóide, descoberto em 1870, só começou a se espalhar no início deste século; sua expansão nas regiões costeiras de pântanos salobres acelerou-se, então, tanto na Inglaterra quanto no norte da França. Essa *Spartina* não se revelou nociva para o homem, porém sua implantação contribuiu poderosamente para modificar os habitats, sobretudo consolidando grandes extensões de lodo movediço. Substitui localmente os campos de *Zostera* misturada com algas (*Enteromorpha*, entre outras), ambiente predileto de bernacas (*Branta bernicla*) para as quais essas plantas constituem o alimento fundamental.

*Existe um problema semelhante ao do aguapé, na Rodésia, no lado de barragem do Kariba invadido por *Salvinia auriculata*, felicíneas aquáticas importadas da América do Sul. Esses vegetais, que haviam apenas constituído povoamentos reduzidos nas águas correntes do Zambeze, aproveitaram a formação de um lago artificial para proliferar modificando as condições ecológicas em detrimento dos peixes.

**Onde foi assinalada pela primeira vez em 1829.

A modificação das condições ecológicas, devida à introdução e à propagação dessa *Spartina*, foi portanto prejudicial para as bernacas, cujos efetivos já são limitados, assim como para inúmeros patos e pequenas aves pernaltas (Ranwell, 1962).

2 — UM MOLUSCO NOCIVO: O CARACOL AFRICANO GIGANTE

Os caracóis pertencem ao grupo dos Moluscos, que possui inúmeras espécies distribuídas pelas regiões tropicais do Velho Mundo; muito bem diversificadas, especialmente na África, onde vivem sobretudo nas floresta úmidas, algumas delas povoam o sudeste da Ásia, a Malásia e a Indonésia. Lembraremos apenas o caso de uma delas, *Achatina fulica*, distribuída originalmente pela África Oriental desde a Abissínia até Moçambique: trata-se de uma espécie de tamanho grande, cuja concha atinge 13 cm e o corpo estendido 20 cm (Fig. 42). De um modo geral arborícola, sobe às árvores, alimentando-se, sobretudo quando jovem, de botões e de brotos. Foram assinalados poucos estragos na sua área de origem, porém o mesmo não acontece nas regiões tropicais, onde foi introduzida, voluntariamente ou não, pelo homem (Mead, 1961).

Figura 42. Caracol terrestre gigante da África Oriental *Achatina fulica*

Algumas dessas aclimatações já são antigas. Está provado que essa *Achatina* não é originária de Madagáscar, onde, no entanto, existe desde épocas muito remotas; foi assinalada pela primeira vez fora da África em 1803, na ilha Maurícia, e em seguida em 1821 nas ilhas Reunião, cujo governador a havia importado de Madagáscar e criava-a no seu jardim, pois sua esposa apreciava sopa de caracóis, que, segundo se dizia, curava tuberculose. Em 1847, o malacologista W. B. Benson transportou essa *Achatina* da ilha Maurícia para a Índia, onde a soltou no jardim da Bengal Asiatic Society.

Em seguida ela foi espalhada pelas regiões tropicais do Velho Mundo (Fig. 43). Foi assinalada por volta de 1840 nas Seicheles, nas Comoras em 1860, no Ceilão em 1900, em Perak e na Malásia em 1928. Já estava então causando estragos nas culturas, principalmente nas plantações de chá e de seringueira. Em 1931 surgia na China meridional, em 1935 em Java, em 1936 na Sumatra, e no Sião em 1937.

Os japoneses introduziram-na deliberadamente nas ilhas Marianas (Saipan e Tinian) em 1938, desejando utilizá-la para fins culinários; espalhou-se, desse modo, por todo o arquipélago, ao acaso dos transportes de matérias vegetais (principalmente em Guam, em 1946). Instalou-se em várias outras ilhas da Oceânia e nas ilhas Havaí, onde surgiu em 1936, mas onde não parece ser muito abundante (salvo em Oahu). Apareceu até nos Estados Unidos em 1947, invadindo certos distritos da Califórnia (provavelmente, colados aos veículos militares repatriados do Pacífico depois da guerra, foram transportados ovos ou jovens moluscos); o clima californiano, no entanto, não parece ser conveniente para essa *Achatina*, típica dos habitats úmidos dos trópicos, de forma que desapareceu rapidamente. Porém, em 1967, foi

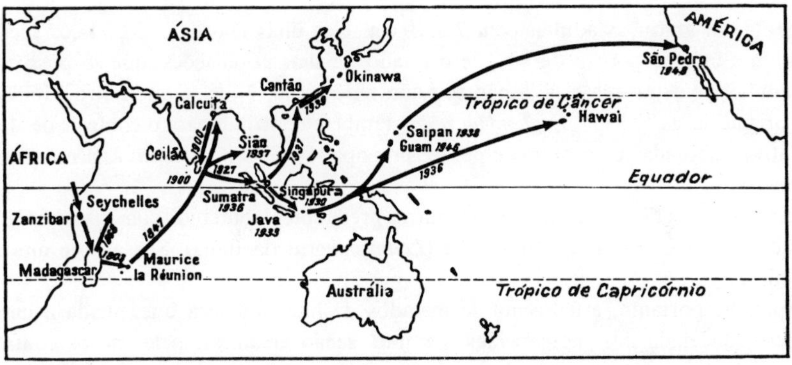

Figura 43. Transporte e aclimatação voluntária ou não do caracol *Achatina fulica.* Segundo R. Tucker Abbott, 1949

introduzida fortuitamente, devido a uma imprudência. Acha-se espalhada por todo o sudeste dos E.U.A., e ameaça propagar-se por todas as regiões quentes da América.

Atualmente, portanto, esse Molusco já invadiu uma vasta área das zonas tropicais do Velho Mundo. Começou a pulular graças a sua extraordinária faculdade de reprodução* e a uma notável maleabilidade ecológica. No Ceilão, observaram-se 227 indivíduos num único tronco de coqueiro; em Java, um colono chegou a apanhar mais de 400, todas as manhãs, num pequeno jardim. Nas ilhas Marianas existem tantas que chegam a provocar acidentes de automóvel, pois os pneus escorregam sobre os moluscos esmagados nas ruas.

De uma forma bastante curiosa, acentuou suas tendências arborícolas em todos os países que conquistou. Ataca os botões e os brotos de uma longa série de plantas cultivadas (principalmente das bananeiras, dos cacaueiros, dos mamoeiros, das seringueiras, das plantas cítricas e das plantas de cobertura), causando prejuízos que assumem localmente proporções de catástrofes, sobretudo na Malásia e nas Marianas. Os plantadores acusam-na, para mais, de transportar os esporos e os germes de inúmeras doenças vegetais (mosaico, por exemplo) devido à larga base sobre a qual se desloca, tal como todos os caracóis.

Perante essa grave ameaça para a agricultura, foram preconizados vários meios de combate; o mais simples consiste em apanhar sistematicamente os bichos; ofereceram-se recompensas aos que os coletassem: em Singapura foram apanhados meio milhão de adultos e aproximadamente 20 milhões de ovos, sem no entanto se conseguir que a espécie desaparecesse da ilha. As iscas envenenadas também não tiveram muito êxito.

Os biólogos tentaram então a luta biológica. As populações de *Achatina* parecem em equilíbrio, na África, devido à ação limitante de inimigos naturais que não existem nas áreas onde foram introduzidas. Foram pois enviadas ao Quênia missões científicas para procurarem os inimigos naturais desse Molusco. Além de alguns insetos, trouxeram dois Moluscos Gasterópodes carnívoros, da família dos Streptaxidae: *Gonaxis kibweziensis* e *Edentulina affinis.* Uma primeira tentativa foi efetuada na ilha Agiguan, nas Marianas. Introduzido em 1950, o *Gonaxis* já havia destruído 20% das *Achatina* em 1952, e 60% em 1954. Diante desse êxito, a experiência foi renovada na maior parte das ilhas do Pacífico, principalmente nas ilhas Havaí. Introduziram-se umas trinta espécies de *Gonaxis,* das quais 5 se mostraram realmente eficazes, particularmente *Gonaxis quadrilateralis.* Essa espécie destrói os ovos e as jovens *Achatina,*

*Em três anos a descendência potencial de um só indivíduo pode atingir 8 bilhões.

e não hesita em atacar as adultas com 7 a 10 cm. Nas ilhas Havaí, os Moluscos predadores diminuíram numa proporção de 80%, e o estado de suas populações, que só possuem indivíduos adultos, mostra que elas já não se estão renovando. Note-se que outro Molusco carnívoro, originário da Flórida, *Englandina rosea,* também contribui para o controle de *Achatina*. As tentativas efetuadas com outras espécies, principalmente com *Gonaxis kibweziensis*, foram abandonadas.

Fizeram-se experiências análogas com outros predadores, sobretudo com insetos: Carabidae (*Tefflus* da África Oriental) e Lampyridae (*Lamprophorus* da Índia). Sua ação é nitidamente menos eficaz.

Dispomos, portanto, atualmente de métodos de luta biológica que, aliada a uma utilização bem concebida dos moluscicidas, permite, senão erradicar, pelo menos controlar as populações de um molusco particularmente perigoso para as culturas e o equilíbrio natural (Abbott, 1949, 51; Mead, 1961; Petitjean, 1966).

3 — PEIXES E OUTROS ANIMAIS AQUÁTICOS

Há muito tempo o homem vem tentanto transportar certos peixes para fora de sua área de distribuição natural. Algumas dessas tentativas foram bem sucedidas e permitiram resolver problemas alimentares, colocando à disposição das populações humanas recursos apreciáveis em proteínas animais. Outras, porém, provocaram modificações profundas nos equilíbrios biológicos, em detrimento de espécies autóctones, por vezes mais interessantes no plano econômico (Vibert e Lagler, 1961). Foram assinalados verdadeiros êxitos, tais como a aclimatação de diversas trutas nos rios de montanhas do Extremo Oriente ou da África Oriental, a de salmões na Nova Zelândia, e a da savelha (*Alosa sapidissima*) na costa pacífica da América do Norte, que se explicam pelo fato de essas espécies estarem "pré-adaptadas" aos meios onde foram introduzidas, ocupando nichos ecológicos vagos, sem eliminação de espécies autóctones e sem proliferação exagerada (Fig. 44).

A introdução e a criação intensiva da tilápia, originária da África, atualmente objeto de práticas piscícolas extremamente prósperas no Extremo Oriente, devem igualmente ser consideradas como altamente benéficas. Esse peixe, verdadeira providência das regiões tropicais que carecem de proteínas animais, não teve, de um modo geral, nenhum impacto nas comunidades naturais, pois nunca saiu dos meios artificiais, lagos ou arrozais, onde foi confinado pelo homem. Em contrapartida, seu estabelecimento em estado selvagem pode ter profundas repercussões nos equilíbrios, entre outras coisas devido ao seu extraordinário poder de multiplicação.

Em outros casos, porém, a aclimatação pode conduzir a uma verdadeira pululação, que provoca o nanismo da espécie introduzida — baixando, portanto, a sua rentabilidade econômica —, a eliminação de espécies autóctones por competição ou predação, e até mesmo a transformação dos habitats.

Um exemplo de proliferação excessiva é-nos fornecido pela carpa, cuja introdução na América do Norte quase degenerou catástrofe. Um estoque original de 345 indivíduos, transportado em 1876 para os Estados Unidos e criado em estabelecimento de piscicultura, foi em seguida espalhado por todo o país. Multiplicou-se desmesuradamente, proliferando em detrimento de espécies mais interessantes, provavelmente devido à sua rusticidade e à melhor utilização do alimento. Além disso, as carpas modificam os meios originais, destruindo a vegetação aquática e turvando a água com a lama que levantam. Certas extensões de água ficaram assim

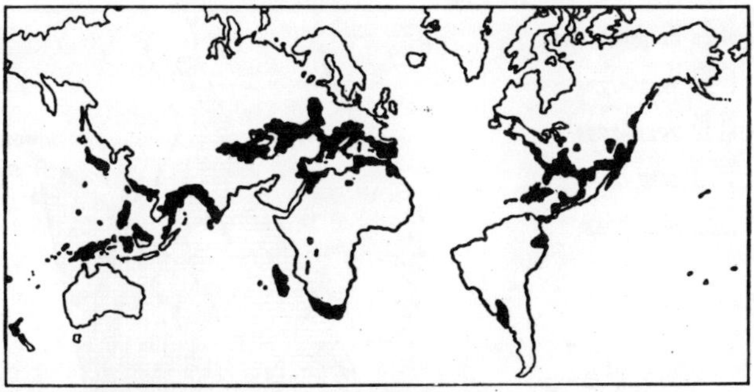

Figura 44. Distribuição de guaru-guaru *Gambusia affinis* no mundo. A área de origem está em preto. Em todas as outras zonas esse peixe foi introduzido pelo homem com vistas ao controle dos mosquitos cujas larvas aquáticas constituem o seu principal alimento. Se bem que, de um modo geral, tenha sido benéfica, essa aclimatação provocou, em alguns pontos, rupturas de equilíbrio consecutivas à pululação. Segundo Krumholz, *Ecol. Monogr.* 18, 1948

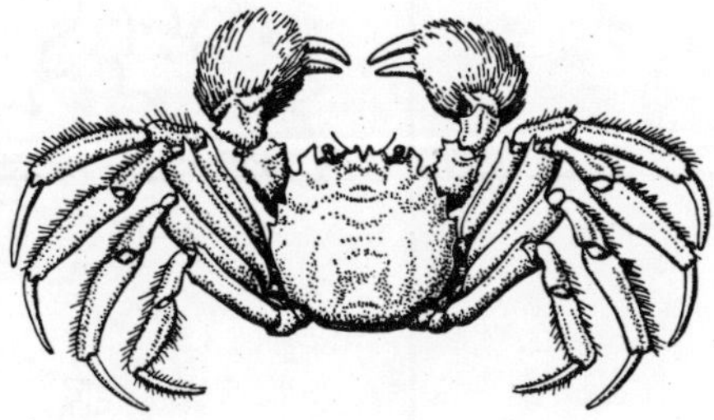

Figura 45. Caranguejo-chinês *Eriocheir sinensis.* A carapaça pode atingir 9 cm por 7,5 cm

inteiramente privadas de sua vegetação devido à atividade desse peixe, responsável por um "excesso de utilização do ambiente aquático". A carpa foi introduzida no Brasil, no rio Iguaçu, enfurecendo os pescadores que ficaram privados de peixes mais apreciados, porém eliminados por um competidor mais forte. O mesmo aconteceu na África do Sul (Bigalke, 1937).

Na Europa também se efetuaram aclimatações infelizes, particularmente a do peixe-gato *Ameiurus nebulosus*, introduzido na França em 1870. Reputado pela delicadeza de sua carne, é na realidade difícil de preparar devido às suas nadadeiras espinhentas, tendo ocupado o lugar de espécies mais interessantes. O mesmo aconteceu com a perca-sol *Eupomotis gibbosus*, aclimatada em França desde 1886 e instalada atualmente nas águas de quase todo o país, em detrimento de espécies com um valor nutritivo muito maior.

Não podemos deixar de mencionar aqui a introdução, provavelmente involuntária, do caranguejo chinês *Eriocheir sinensis,* assinalado pela primeira vez em 1912 na Alemanha do Norte, num afluente do Weser, trazido acidentalmente do Extremo Oriente, viajante clandestino na água usada como lastro de um barco. (Fig. 45). Esse caranguejo (vive nas águas doces mas reproduz-se nas águas salobras ou salgadas) espalhou-se, a partir de 1923, sobre uma boa parte da Europa, graças ao seu temperamento migrador e aos seus deslocamentos periódicos entre as águas doces e salgadas. Atualmente, a espécie pulula* numa vasta zona do mar Báltico, na bacia da Gironda e mesmo no Mediterrâneo. Penetrou no interior das terras a grandes distâncias, tendo sido encontrado ao longo dos rios Elba e Moldau até Praga (Fig. 46).

Devido a sua extrema prolificidade, esse caranguejo revelou-se altamente nocivo, modificando os habitats aquáticos (destruição das plantas submersas), entrando em competição

*Essa pululação parece relacionada com o fato de ter encontrado um nicho ecológico vago, pois a fauna de água doce da Europa não inclui Crustáceos Braquiúros, e também com a ausência de certos parasitas (Trematódeos, Saculina), que não se podem manter na Europa por motivos ecológicos; na sua área de distribuição natural, estes últimos constituem, sem dúvida, fatores limitantes.

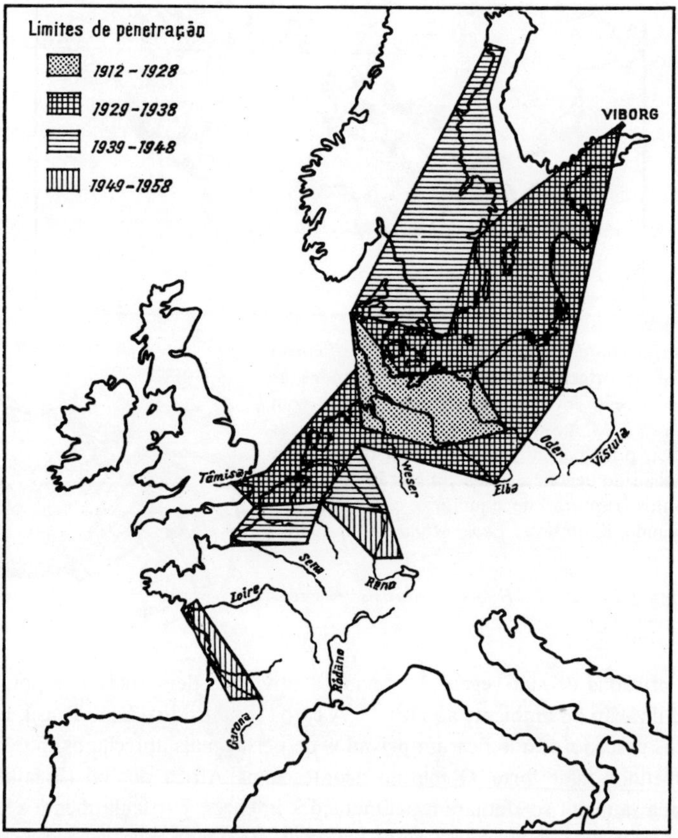

Figura 46. Expansão do caranguejo-chinês *Eriocheir sinensis* na Europa, de 1912 a 1958. Se por um lado penetrou no Mediterrâneo, parece, por outro lado, ter desaparecido da Suécia e da Finlândia onde, recentemente, foram assinalados apenas alguns espécimes isolados. Segundo Hoestlandt, 1959

com certos peixes (concorrência alimentar*), minando as margens e os diques, provocando desmoronamentos (grandes fossadores, esses caranguejos escavam tocas e galerias que chegam a atingir 80 cm de profundidade e 12 cm de diâmetro; foram assinaladas por vezes 30 num só m^3) e dificultando a pesca (estragam as redes e obturam as nassas)[4]. Nenhum método de controle teve ainda resultados satisfatórios, apesar das capturas maciças realizadas graças à constituição de barragens e de fossas por ocasião das migrações; num rio perto de Berlin foram apanhados 2,5 milhões de indivíduos em 5 meses; perto de Magdeburgo foram coletadas no Elba, em 1932, 355 toneladas. Tais destruições revelaram-se inoperantes, e nenhum meio foi ainda descoberto para bloquear a sua expansão. Esse caranguejo contribuiu, portanto, para a destruição do equilíbrio natural das águas doces da Europa, causando simultaneamente graves prejuízos para o homem (André, 1947).

[4]Nassa é um tipo de cesto afunilado, utilizado na pesca (nota do Coordenador).

*Note-se que esse caranguejo modificou seus hábitos alimentares na Europa. Enquanto que na Ásia se alimentava principalmente de vermes e de matérias em decomposição, seu regime europeu é constituído por insetos, moluscos e até mesmo peixes.

Se as introduções de peixes vegetarianos e dos que se alimentam de plâncton não são isentas de perigos, as introduções de espécies carnívoras são muito mais graves ainda, pois algumas delas podem tornar-se predadoras temíveis no meio onde foram imprudentemente libertadas*. Foi o que aconteceu especificamente nos rios e nos lagos das zonas temperadas e montanhosas dos Andes, onde foram introduzidos vários Salmonídeos norte-americanos. Ora, estas águas, pobres em peixes, são povoadas por Silurídeos (gênero *Trichomycterus*) e Ciprinodontídeos (gênero *Orestias*, Fig. 47), diferenciados em um número considerável de espécies, cada uma delas adaptada a um modo de vida diferente, sobretudo sob o ponto de vista das especializações alimentares (umas são vegetarianas, outras alimentam-se apenas de Crustáceos, outras ainda de pequenos Moluscos). Trata-se de grupos que "explodiram", literalmente, durante a sua evolução, e ocupam uma série de nichos ecológicos que se mantinham vagos devido ao número reduzido de espécies estabelecidas nos planaltos andinos.

Figura 47. *Orestias agassizi* do lago Titicaca. Segundo Neveu-Lemaire, *Lacs des Hauts plateaux de l'Amerique du Sud*, Paris, 1906

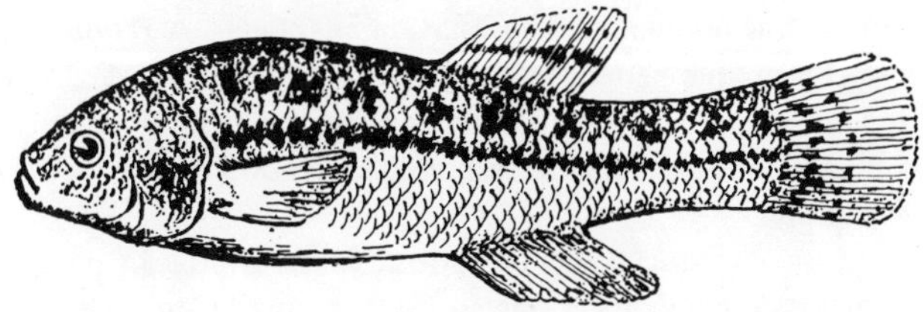

Essa notável experiência natural está hoje gravemente ameaçada pela introdução dos Salmonídeos predadores que estão eliminando as espécies autóctones; muitas delas já se encontram quase extintas. O interesse econômico dessa aclimatação ainda não é muito claro, porém a catástrofe científica é evidente.

Um exemplo similar pode ser encontrado na ilha Célebes, onde em 1939, descobriu-se da forma mais inesperada o peixe *Clarias batrachus*, desconhecido até então a leste de Java e de Bornéo. Um inquérito revelou que um particular trouxera alguns indivíduos de Java e os libertara nas águas da região, pois gostava desse peixe, que lhe lembrava a sua juventude. Trata-se, na verdade, de um perigoso predador que se alimenta de ovos e que pode causar graves danos a peixes de grande importância econômica. Não foi possível erradicá-lo de Célebes onde constitui, portanto, ameaça permanente (Schuster, 1952).

O homem é, por vezes, indiretamente responsável pela introdução de certos peixes. O melhor exemplo é certamente o da lampreia *Petromyzon marinus*, nos Grandes Lagos americanos (East, 1949). Sabe-se que esse "peixe" bizarro — membro de um grupo de Vertebrados muito particulares, o dos Agnatos — efetua migrações regulares que o conduzem do mar, onde passa a maior parte de sua vida, até os rios, onde se reproduz. Outrora estabelecera-se naturalmente no lago Ontário e em alguns lagos do leste dos Estados Unidos (Finger Lakes), mas as famosas quedas do Niágara constituíam um obstáculo maior para a sua extensão.

*A aclimatação de um peixe carnívoro só deve ser efetuada quando um nicho ecológico se encontra manifestamente vago e quando o carnívoro introduzido não pode ter impacto sobre o equilíbrio das populações de presas; ou, também, quando existe uma quantidade excessiva de peixes sem interesse econômico ou de espécies introduzidas que se tornaram nocivas. Na Europa, por exemplo, a introdução do "Blackbass" americano *Micropterus salmoides* restabeleceu, de certa forma, o equilíbrio predador-presa do meio original, pois esse peixe limita as populações do peixe-gato e da perca-sol. Como é evidente, investigações profundas devem ser efetuadas antes de qualquer tentativa desse gênero; deve-se acabar com o descuido romântico das aclimatações da "belle époque".

Em 1929, foi construído o canal Welland para permitir que a navegação contornasse as quedas; 100 anos depois a lampreia soube aproveitá-lo: penetrou no lago Erié, sem, todavia nele proliferar, em seguida surgiu no rio Saint-Clair (em 1930), nos lagos Huron e Michigan (em 1937) e até na parte ocidental do lago Superior (em 1946). Tal invasão assumiu, a partir desse momento, proporções de uma verdadeira explosão. As lampreias multiplicaram-se rapidamente nos rios, que as conduziram para as grandes extensões de água, e começaram a exercer as suas devastações nestes "verdadeiros mares" interiores, onde a pesca representa um recurso econômico de aproximadamente 80 milhões de cruzeiros. Noventa por cento das trutas cinzentas *Salvelinus namaycush** apanhadas pelos pescadores traziam graves mordidas de lampreias que se agarram às suas presas, devorando-as vivas. Por vítima que sobrevive aos ataques desses perigosos carnívoros, centenas e talvez milhares morrem imediatamente sem jamais serem descobertas pelo homem. O estoque de trutas e de *Coregonus clupaeformis*, objetos da pesca comercial, regrediu assim em proporções catastróficas, em conseqüência de uma predação à qual essas populações não estavam adaptadas. A produção total das águas dos lagos Huron e Michigan, que pertencem aos Estados Unidos, caiu de 3 900 toneladas de trutas, para menos de 11,8 toneladas. Uma indústria próspera periclitou assim devido a uma introdução pela qual o homem é indiretamente responsável, tendo criado vias de migração por onde passaram os predadores.

Essa introdução tão desastrosa exigiu a criação de um comitê encarregado de estudar os meios de combater o flagelo (Sea Lamprey Committee, organizado pelo Fish and Wildlife Service dos Estados Unidos, em colaboração com os organismos similares do Canadá). Empreendeu-se uma vasta campanha e tentaram-se vários processos de destruição dos predadores: bloqueamento, com grades elétricas, da passagem dos reprodutores que se dirigem para os seus desovadouros nos rios com correntes rápidas; destruição das larvas com tóxicos (principalmente utilização de rotenonas que matam freqüentemente a totalidade dos peixes de um rio); utilização de armadilhas especiais. Apesar disso, a invasão não está atualmente bloqueada, nem mesmo limitada. Após terem sido tentados mais de 6 000 produtos, parece que foram finalmente descobertas certas substâncias seletivas capazes de exterminar as lampreias sem prejudicar os outros peixes.

Esse exemplo mostra até que ponto um ato à primeira vista sem importância — a criação de um canal navegável — pode influir no equilíbrio da natureza e gerar problemas graves para a conservação das espécies e a proteção de uma riqueza natural da qual dependem milhares de homens.

4 — TRANSPORTE E ACLIMATAÇÃO DE INSETOS

Os insetos são manifestamente os animais terrestres dominantes, atualmente. Alguns vivem associados ao homem, outros, muito mais numerosos, estão ligados às suas culturas e às suas indústrias. Não é de espantar, portanto, que o homem, voluntariamente ou não, tenha sido responsável pelo transporte de muitos deles por todo o mundo.

O número e a variedade dos insetos transportados aumentaram consideravelmente nestes últimos tempos devido à maior freqüência de intercâmbios comerciais, à maior facilidade das viagens, assim como também à aceleração destas, o que permite o transporte de animais vivos, impossível de realizar outrora.

*Aparentadas à nossa truta *Salvelinus alpinus*.

Foto 68. Poluição atmosférica em Paris, causada pelas combustões domésticas

Foto 69. Poluição do Sena pelos detergentes a jusante de Paris

Foto 70. Extermínio maciço de peixes num rio poluído do Estado de Nova York

Foto 71. Coelhos num bebedouro, durante uma seca na Austrália

Foto 72. Erosão das pastagens australianas, causada pela pululação do coelho

Foto 73. Degradação da cobertura vegetal em conseqüência de excesso de pastejo por coelho na Austrália. À esquerda, na parte protegida por uma cerca e, portanto, inacessível a esse roedor, o tapete de gramíncas é denso; à direita desapareceu completamente

Foto 74. Efeitos de um excesso de pastejo devido à grande densidade das populações de veados-mula. As árvores são *Juniperus occidentalis*. Modoc National Forest, Califórnia

Foto 75. Bando de veados-mula

Foto 76. Erosão das barrancas de um rio em seguida a múltiplas passagens de hipopótamos. Na maioria dos casos, essa erosão não tem conseqüências perigosas para a estabilidade das terras, exceto quando os hipopótamos são muito numerosos. Queen Elizabeth National Park, Uganda

Foto 77. Grupo de hipopótamos às margens do rio Rwindi. Parque Nacional Albert

Num barco carregado de arroz, vindo de Calcutá e de Rangoon e dirigindo-se para Cuba, foram encontrados nada mais nada menos que 42 espécies de Artrópodes (entre as quais Tenebrionídeos, Curculionídeos e Piralídeos), que sobreviveram a fumigações e a desinsetizações reiteradas (Myers, 1934). Os serviços sanitários dos Estados Unidos descobriram inúmeros insetos a bordo de 28 852 aviões dos 80 716 que foram inspecionados entre 1937 e 1947. Esses dados permitem avaliar a importância da transferência de insetos efetuada pelos meios de transporte modernos, e as probabilidades que têm de se estabelecer, apesar da vigilância de serviços de inspeção especializados, francamente insuficientes em muitos países e, de qualquer forma, apenas capazes, no tocante aos insetos, de limitar, o número de "passageiros e imigrantes clandestinos"*. Como no caso dos vegetais, voluntariamente ou não o homem criou novas comunidades de Artrópodes, em detrimento de espécies autóctones e, sobretudo, em prejuízo de seus próprios interesses.

Esse impacto na fauna é particularmente evidente nas regiões insulares, onde o equilíbrio natural foi profundamente modificado. Segundo Zimmermann (1948), das 5 000 espécies de insetos assinaladas nas ilhas Havaí, 1 300 foram trazidas pelo homem. A presença da maioria desses elementos exógenos deve-se a aclimatações involuntárias, devidas, principalmente, ao transporte de produtos alimentícios (cereais, farinhas) ou de outras matérias vegetais (inclusive materiais de embalagem). Um número relativamente reduzido foi aclimatado voluntariamente, em vista, sobretudo, de sua utilização na luta biológica. Muitos insetos introduzidos estão na origem do desaparecimento ou, pelo menos, da regressão maciça de certas populações de insetos autóctones, especialmente nas regiões de baixa e média altitude. Uma formiga, *Pheidole megacephala*, deve, justamente, ser incriminada como predador; quase ubiquista, exceto nas regiões montanhosas ainda cobertas por florestas, elimina a maioria dos insetos endêmicos, agindo como um verdadeiro flagelo. Entre os Himenópteros Eumenídeos, as espécies indígenas de *Odynerus*, cujas populações se podiam contar em milhões de indivíduos, praticamente desapareceram devido à competição com certos Himenópteros Icneumonídeos introduzidos, que privaram os primeiros das larvas de lepidópteros que eles parasitam. A luta entre espécies endêmicas e espécies introduzidas parece particularmente desigual devido à especificidade parasitária das primeiras e à notável maleabilidade das segundas.

Esses dois casos não são típicos das ilhas Havaí, cuja fauna entomológica regrediu consideravelmente em conseqüência da depredação e da competição com as espécies introduzidas (além da destruição dos habitats e da vegetação indígena, problema de que não falaremos aqui**). Reproduziram-se em muitas outras partes do mundo, onde a aclimatação modificou profundamente o equilíbrio das populações de insetos autóctones e, provavelmente, eliminou certas espécies.

Outro problema que interessa diretamente ao homem é o dos insetos que se comportam como pestes relativamente às culturas. Inúmeros insetos aproveitavam o deslocamento de equilíbrio consecutivo ao estabelecimento de culturas e à quantidade suplementar de alimento colocada à sua disposição, para pulular e causar sérios estragos nas colheitas, quer nos campos

*Em 1961-62, os inspetores dos Serviços de Agricultura dos E.U.A. interceptaram cerca de 36 000 remessas contendo insetos perigosos, nematóides, moluscos e fungos parasitas.

**Mangenot (1963) assinala que, quando o homem vindo da Polinésia desembarcou no arquipélago, a flora das ilhas Havaí era constituída por 100% de espécies endêmicas, na maioria altamente especializadas e não-competitivas. Atualmente a flora tem apenas 55% de formas endêmicas, muitas delas gravemente ameaçadas. Quase metade das espécies vegetais é, portanto, constituída por plantas importadas da América, da Indo-Malásia, ou da Europa, que substituíram as plantas autóctones.

quer nos armazéns, onde estas permanecem enquanto não são consumidas. Note-se que muitos insetos nocivos pertencem a espécies introduzidas. Já em 1939 Smith observava que nos Estados Unidos, das 183 espécies prejudiciais às culturas, 81, ou seja, 44% tinham sido importadas pelo homem. Estas transformam-se facilmente em flagelos econômicos, pois sua pululação não é controlada devido à ausência de predadores e de competidores naturais.

Para os europeus, o melhor exemplo é do *Leptinotarsa decemlineata,* Coleóptero originário do oeste dos Estados Unidos, do Colorado ao México. Esse parasita das Solanáceas vivia sobre espécies selvagens (*Solanum rostratum,* entre outras), encontrando-se em equilíbrio com o seu meio. Quando o progresso da América do Norte avançou para o oeste e a extensão das culturas de batata (*Solanum tuberosum*) atingiu os limites da área natural desse Coleóptero, produziu-se uma transferência desse inseto para a espécie cultivada. Manifestou imediatamente uma extraordinária capacidade de adaptação e começou a pulular, principalmente porque os predadores que limitavam os seus efetivos nas plantas selvagens não o acompanharam quando de sua passagem para a planta cultivada.

A partir de 1859 foi-se espalhando para leste e, por volta de 1874, já havia atingido a costa oriental dos Estados Unidos, graças a uma extensão, de um certo modo, natural. Em seguida o homem transportou-o para o outro lado do Atlântico. Em 1876, foi detectado na Alemanha o primeiro foco de infestação, logo eliminado, e foram também neutralizadas várias tentativas de colonização ulteriores. Em 1920, porém, não foi possível bloquear a sua implantação na região de Bordéus, e, a partir daí, o referido inseto invadiu a França inteira (1935), e em seguida o resto da Europa. As ilhas Britânicas foram as únicas que escaparam à sua invasão, defendidas pelos serviços de proteção dos vegetais. Foi necessária uma luta química dispendiosa para reduzir os estragos, a qual, no entanto, não teve conseqüências graves para o equilíbrio da fauna. A história do Coleóptero referido mostra como uma planta importada pelo homem do Novo Mundo, transformada na Europa pelas práticas agrícolas, e exportada de novo para a América favoreceu a extensão natural de um parasita para além dos limites do seu habitat de origem, e em seguida em toda a área de cultura da planta parasitada, após uma transferência artificial através do Atlântico (Elton, 1958).

A lista das espécies de Insetos aclimatados é extremamente longa; o mecanismo de extensão, por mais variado que seja nos pormenores, reduz-se sempre ao mesmo esquema geral. A irrupção num novo meio é quase sempre seguida por uma pululação desenfreada; a população pode em seguida estabilizar-se a um nível mais baixo, sem no entanto deixar de apresentar problemas que, em muitos casos, continuam sendo graves e exigem uma luta dispendiosa com inseticidas, geradores, eles próprios, de rupturas de equilíbrio.

A introdução de insetos prejudica principalmente a agricultura; porém, por vezes tem profundas repercussões no plano médico. Involuntariamente o homem transportou insetos vetores de doenças epidêmicas, que estão na origem de catástrofes com conseqüências extremamente graves. O melhor exemplo é, sem dúvida, o da malária no nordeste do Brasil (Soper e Wilson, 1943).

Em fins de 1929, ou no início de 1930, um barco francês vindo de Dakar chegava a Natal munido de correspondência. Trazia passageiros clandestinos: alguns Anofelinos da espécie *Anopheles gambiae*, mosquito espalhado em grande parte da África, um dos dois principais vetores da malária, que goza desse triste privilégio por estar intimamente adaptado ao homem. Contrariamente a outras espécies de Anófeles, particularmente as que habitam o nordeste do Brasil, vivem de preferência no interior das habitações humanas, e todo o seu ciclo se desenrola na vizinhança imediata destas últimas; suas larvas podem desenvolver-se em minúsculas quantidades de água, até mesmo em pedaços de louça, muito comuns em volta das casas*.

Esses Anófeles aclimataram-se imediatamente; em março de 1930, apanharam-se 2 000 larvas em Natal, e os mosquitos espalharam-se nas proximidades da cidade. No fim de abril a malária já se tinha transformado inesperadamente num problema sério. Em janeiro de 1911, 10 000 dos 12 000 habitantes de um subúrbio operário de Natal (Alecrim) haviam sido afetados, e a epidemia estava se alastrando para os distritos vizinhos.

Em seguida, entre 1932 e 1937, a malária pareceu regredir. Houve um período de silêncio consecutivo à erradicação do *Anopheles gambiae* de Natal. Entretanto, o inseto estabelecera-se em outras localidades, e em 1937 foi assinalado em parte dos Estados do Ceará e do Rio Grande do Norte (Fig. 48). Em 1938, uma impressionante epidemia de malária arrasou a região com uma taxa de mortalidade extremamente elevada, como em todas as formas epidêmicas; houve centenas de milhares de casos e calcula-se que mais de 20 000 habitantes sucumbiram à doença**. As conseqüências foram catastróficas no plano material; toda a vida econômica ficou paralizada nas regiões contaminadas, que fazem parte das regiões mais pobres do mundo. Sem poderem trabalhar, os habitantes, que vivem do salário diário, ficaram subitamente num estado de extrema pobreza. Segundo um autor brasileiro (P. A. Sampaio): "Tal como hordas de Hunos, os mosquitos avançavam deixando atrás deles um rastro de luto e de destruição".

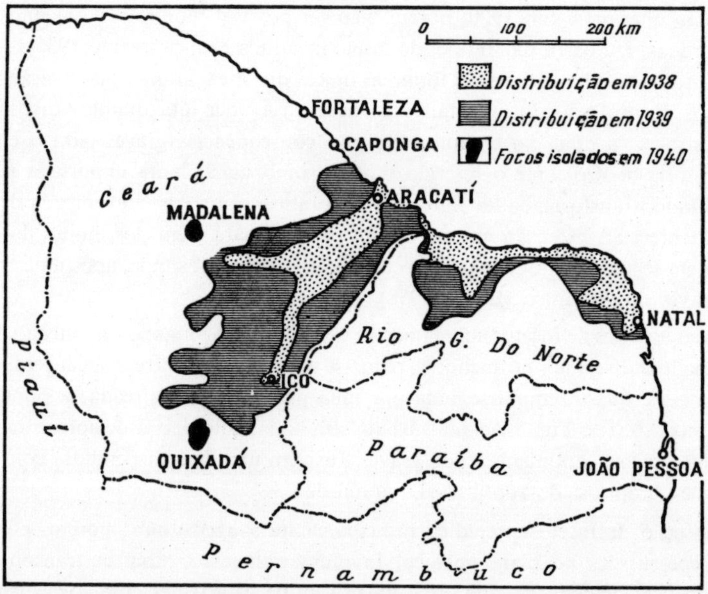

Figura 48. Distribuição do mosquito africano *Anopheles gambiae* no nordeste do Brasil. Esse inseto espalhou-se nos vales do Jaguaribe, Assu e Apodi, cujas condições ecológicas lhe são particularmente favoráveis; em contrapartida, sua progressão para o oeste e para o sul foi dificultada por zonas pouco propícias ao seu estabelecimento. Segundo Soper e Wilson, 1943

*Desse modo, desempenham a mesma função, relativamente à malária, que um outro mosquito, *Aedes aegypti*, relativamente à febre amarela.

**A malária existe em estado endêmico no nordeste do Brasil, porém nunca atinge a gravidade da forma epidêmica provocada pela presença de um mosquito, cujos costumes são muito diferentes dos das espécies autóctones.

Perante semelhante catástrofe, o governo federal brasileiro iniciou uma campanha de luta com a ajuda da Fundação Rockefeller.

Começou-se por bloquear a progressão do mosquito, e, em seguida, tentou-se eliminá-lo da zona contaminada: em novembro de 1940 estava totalmente erradicado do Brasil. Essa lamentável experiência custara milhares de vidas humanas, um pouco mais de miséria para população com um nível de vida já extremamente baixo, e mais de dois milhões de dólares. Em contrapartida, toda a América ficara protegida contra esse flagelo, pois o *Anopheles gambiae* ter-se-ia provavelmente espalhado sobre uma área indo do sul dos Estados Unidos ao Norte da Argentina. Semelhante catástrofe corre, no entanto, o risco de se repetir no futuro, principalmente devido ao rápido aumento do tráfico entre a África e a América, e a dificuldade de se efetuar um controle sanitário e entomológico dos meios de transporte, principalmente dos aviões.

Essa aclimatação involuntária demonstra uma vez mais o perigo da irrupção, num meio estranho, de um animal do tamanho de um minúsculo inseto, transportado de uma região onde se encontra, de certa forma, em equilíbrio com o seu ambiente, para outra onde pode provocar uma catástrofe.

A febre amarela constitui um exemplo similar na América do Sul, onde chegou concomitantemente com seu principal vetor, mais uma vez um mosquito, *Aedes aegypti*; sua origem é provavelmente também a África, de onde saiu na época do tráfico dos escravos negros. Esses mosquitos aclimataram-se na América tropical e vivem nas proximidades das habitações, alimentando assim a febre amarela urbana. O vírus, porém, infectou igualmente certos mosquitos autóctones, principalmente *Haemagogus*, que podem provocar uma forma silvestre de febre amarela, muito comum nas florestas da bacia amazônica e mesmo para além destas, pois inúmeros macacos constituem verdadeiras reservas de vírus. A febre amarela importada para o Novo Mundo, onde é transmitida por um inseto também aclimatado, operou uma transferência para os animais autóctones e pode, doravante, transmitir-se através de um ciclo que recorre apenas a representantes da fauna indígena.

Os efeitos das aclimatações no plano médico não devem, portanto, ser desprezados: o transporte acidental de uma espécie de insetos vetores de doenças pode ter conseqüências graves sobre a saúde pública.

5 — O ESTORNINHO E ALGUNS OUTROS INVASORES ALADOS

O estorninho *Sturnus vulgaris* é um dos membros mais empreendedores do mundo alado. Extremamente abundante em toda a região paleártica, encontra-se em plena expansão, provavelmente devido às transformações efetuadas pelo homem nos biotopos originais, a sua fecundidade elevada, a sua facilidade de adaptação e a sua antropofilia marcada.

Foi aclimatado em várias partes do mundo, particularmente na América do Norte, na África do Sul, na Austrália e na Nova Zelândia, onde provocou rupturas de equilíbrio no seio das populações de aves autóctones e estragos nas culturas, revelando-se por vezes altamente nocivo; é difícil e às vezes mesmo impossível, eliminá-lo.

A invasão da América do Norte pelo estorninho foi particularmente espetacular (Fig. 49). Após várias tentativas de aclimatação infrutíferas, foram libertados 60 indivíduos em 1890 e 40 em 1891 no Central Park, em plena Nova York. Durante 6 anos, o estorninho permaneceu confinado ao distrito urbano de Nova York; em seguida suas populações aumentaram, espalhando-se pelo nordeste dos Estados Unidos. Começou então a expandir-se para oeste e para

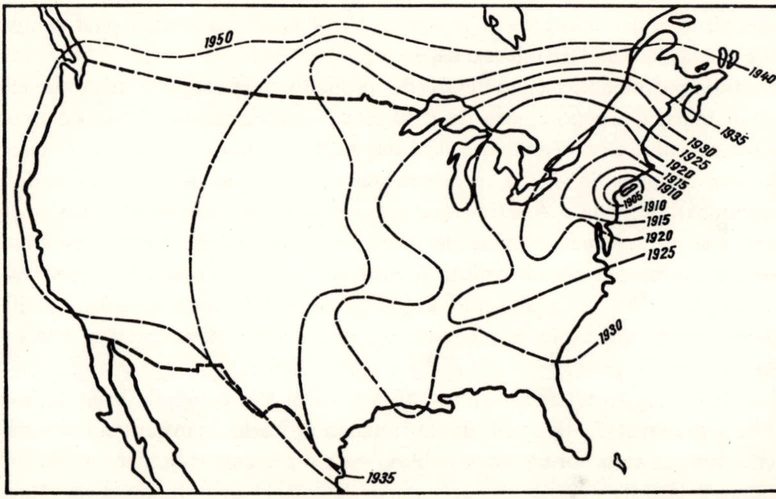

Figura 49. Extensão do estorninho *Sturnus vulgaris* na América do Norte. As linhas interrompidas marcam os limites aproximados de distribuição, nas datas indicadas. Segundo Wing, 1943

o sul. Em 1926 já havia atingido o vale do Mississípi, e, como em toda a parte o seu estabelecimento foi seguido por enorme proliferação, colonizando, assim, outras zonas virgens.

Atualmente essa ave já invadiu a totalidade dos Estados Unidos, até a costa do Pacífico, onde em 1959 se instalou na Califórnia. Já se estabeleceu também no norte do México, no Canadá até as margens da Baía Hudson, e mesmo, recentemente, no Alaska.

O estabelecimento do estorninho em toda a América do Norte apresentou assim as características de uma verdadeira explosão; em aproximadamente 70 anos, esse pássaro povoou quase um continente inteiro. Em 1943, suas populações foram avaliadas em 50 milhões de indivíduos, ou seja, mais ou menos 1% das populações instaladas nos Estados Unidos; todas provêm de um estoque inicial de uma centena de indivíduos, o que mostra a extraordinária prolificidade desse pássaro e a sua notável capacidade de adaptação.

Na África do Sul, o estorninho foi introduzido em 1899 por Cecil Rhodes, no Cabo, de onde se espalhou rapidamente para os distritos vizinhos. Na Austrália soltaram-se 36 indivíduos em Vitória em 1863; aí se radicaram e se multiplicaram rapidamente, invadindo todos os distritos habitados, exceto, aparentemente, o oeste do continente. Na Nova Zelândia foram importados 17 indivíduos por volta de 1862; novos contingentes foram libertados em seguida pelas sociedades de aclimatação e por particulares. Desse modo, o estorninho multiplicou-se a ponto de invadir toda a Nova Zelândia, e até mesmo ilhas muito afastadas, como Kermadec e Macquarie.

O caso do estorninho mostra claramente como um pássaro ativo, capaz de se adaptar a todas as circunstâncias, pode invadir as comunidades naturais após ter sido introduzido artificialmente pelo homem. As conseqüências de uma tal irrupção são extremamente variadas. Insetívoro, o estorninho é incontestavelmente útil, sobretudo por ocasião de sua nidificação, consumindo uma grande quantidade de larvas e de insetos nocivos para as culturas. É igualmente, porém, um feroz destruidor de frutas, e suas devastações, principalmente nos pomares, nas vinhas e mesmo nos campos (sementes em germinação), são por vezes consideráveis.

Por outro lado, o estorninho tem uma ação manifesta nas comunidades de aves autóctones, competindo com estas últimas e limitando os seus efetivos. Ocupa os locais de nidificação e consome grande parte do alimento disponível, devido a uma nítida dominância. Na Nova Zelândia os efetivos de *Anthus* e de *Prosthemadera novae-Hollandiae* diminuíram consideravelmente devido a sua concorrência.

Estes mesmos fatos reproduziram-se com um outro pássaro da mesma família, *Acridotheres tristis*, originário de uma larga zona que se estende do Turquestão à península Indochinesa, e introduzido em várias regiões quentes do globo, desde a África do Sul até o Pacífico. Tal como o estorninho, esse competidor pode ser tido como responsável pela rarefação de certas espécies autóctones, principalmente na Nova Caledônia (Barrau e Devanchez, 1957).

Na ilha Maurícia, onde foram aclimatadas 23 espécies de aves, na maioria asiáticas (Carié, 1916), existe um caso similar: o do *Pycnonotus jocosus*, originário da Índia, da China e da península indochinesa. Seis indivíduos foram introduzidos em 1892; multiplicaram-se de tal forma que, 8 anos depois, sua descendência já ocupava uma área de aproximadamente 100 km^2, e em 1910 já tinha invadido quase toda a ilha, onde atualmente a espécie pulula. Essas aves frugívoras causam sérios estragos nas culturas (frutas, legumes delicados, cafeeiros), atacam os pássaros autóctones, como por exemplo o *Zosterops curvirostris*, cujos efetivos se tornaram escassos, e estão atualmente, confinados às florestas espessas.

6 — O COELHO NA CONQUISTA DOS CONTINENTES

O coelho *Oryctolagus cuniculus*, animal de aparência tão simpática, e tão útil sob tantos pontos de vista, é um verdadeiro flagelo para a humanidade, a quem trouxe mais prejuízos do que benefícios.

Esse animal, originário da região mediterrânea, principalmente da Espanha e das ilhas do Mediterrâneo Ocidental*, parece ter sido importado para a Itália por volta de 230 a.C. assim como para a Grécia, onde só a lebre era conhecida pelos autores clássicos. Durante a Idade Média foi aclimatado na Europa Central e Setentrional (só foi assinalado, de forma garantida, a partir do século XIII na Inglaterra); não poderia, aliás, ter prosperado fora da região mediterrânea antes de os desbravamentos e o desflorestamento terem criados os habitats abertos, que lhe são indispensáveis.

Suas populações aumentaram rapidamente, como o provam certos testemunhos históricos. Instalado em toda a Europa, o coelho já não dá a impressão de ser um intruso, aclimatado pelo homem, inicialmente numa área de distribuição muito reduzida.

Essa invasão da Europa, com a proteção e a ajuda direta ou indireta do homem, constitui apenas, no entanto, a primeira etapa da conquista de vastas zonas em todo o mundo; o coelho é incontestavelmente o mamífero terrestre cuja distribuição é mais diversificada (Fig. 50), salvo, evidentemente, os ratos e os camundongos, que se tornaram comensais do homem.

De todas as introduções tentadas em todo o mundo, as efetuadas na Austrália foram, sem dúvida, as que tiveram mais êxito. Os primeiros coelhos importados em 1787 não deram origem a populações importantes. Os que povoam atualmente o continente descendem de 24 indivíduos selvagens trazidos da Inglaterra no clíper "Lightning" e soltos perto de Geelong, no Estado de Vitória, em 1859. Os coelhos conseguiram colonizar dois terços da Austrália,

*Já durante a Antigüidade clássica, o coelho trazia problemas econômicos. O imperador Augusto, por volta do ano 30 a.C., enviou legionários para ajudar os habitantes das Baleares a destruírem os coelhos que devastavam suas culturas; o fato é relatado por Estrabão.

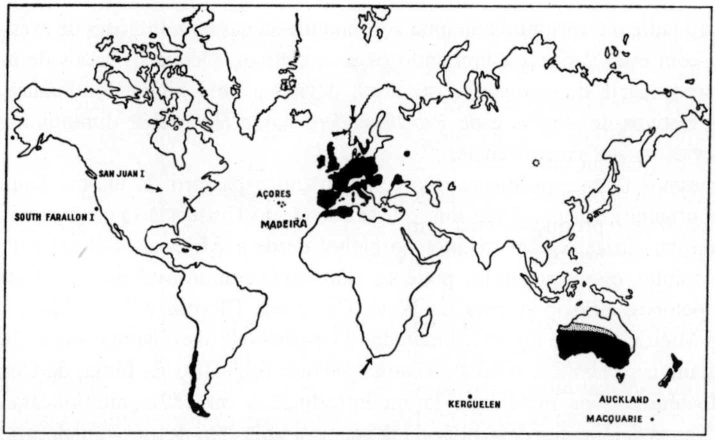

Figura 50. Distribuição do coelho *Oryctolagus cuniculus*, após ter sido introduzido pelo homem. As flechas marcam a localização de focos limitados. A zona cercada por um pontilhado, na Sibéria, indica uma região de introdução de onde o coelho parece ter desaparecido. Finalmente, na Austrália, a zona pontilhada é apenas povoada por uma população esparsa

adaptando-se a condições ecológicas variadas, inclusive às de semideserto. Tornaram-se o maior flagelo desse continente, tanto no plano científico quanto no econômico.

Na Nova Zelândia, após várias tentativas infrutíferas, o coelho foi introduzido por volta de 1864-67, e diversas vezes ainda no decurso das décadas seguintes. Começou a pulular por volta de 1874 e, desde então, invadiu todos os habitats favoráveis da ilha do sul, e uma boa parte da ilha do norte, onde os fatores climáticos e ecológicos lhe são, no entanto, menos propícios; aí também transformou-se num verdadeiro flagelo.

O coelho (forma doméstica) foi igualmente introduzido na parte chilena da Terra do Fogo, em 1910, e em 1947 já se transformara numa praga. Espalhou-se sobre o continente sul-americano, tanto no Chile como na Argentina. Apesar dos prejuízos que causa, foi também importado para a América do Norte, em algumas ilhas ao longo do Estado de Washington (San Juan Islands) e da Califórnia. Corre-se agora o risco de que seja aclimatado acidentalmente no próprio continente sob o nome falacioso de "San Juan Rabbit", pois foram enviados contingentes principalmente para o Ohio, o Wisconsin, e a Pensilvânia. Note-se, por outro lado, que o coelho foi também introduzido na África do Sul, numa pequena ilha perto de Cape Town (Robben Island). Esperemos que essas tentativas não tenham êxito, pois a América do Norte e a África poderiam ser vítimas de invasões tão desastrosas quanto as da Austrália*.

Não se pode esquecer as introduções infelizes do coelho em certas ilhas subantárticas, principalmente em Auckland, Macquarie e Kerguelen. Nessa última ilha, as estirpes domésticas soltas pela expedição inglesa do "Passagem de Vênus", em 1874, pulularam rapidamente. Esses animais são responsáveis por uma grave erosão do solo e pelo desaparecimento quase total da "couve-de-kerguelen" *Pringlea antiscorbutica*, Crucífera muito característica de Kerguelen, que se mantém apenas nos ilhéus e nas falésias inacessíveis aos roedores; esse desapa-

*Depois da epidemia de mixomatose, os caçadores pensaram em aclimatar na Europa certas espécies de *Sylvilagus*, coelhos norte-americanos refratários à doença. Felizmente foi possível impedir a tempo semelhante tentativa, pois a introdução desses animais teria certamente provocado uma catástrofe.

recimento provocou a redução dramática de uma comunidade de invertebrados altamente especializados.

O coelho já se estabeleceu hoje em dia no mundo inteiro (Fig. 50), porém sua introdução foi particularmente infeliz na Austrália e na Nova Zelândia; a "explosão" de suas populações teve como conseqüência uma série de catástrofes, abrangendo continentes inteiros. O êxito da sua aclimatação explica-se pela grande maleabilidade ecológica do coelho e pelo seu extraordinário poder de reprodução, cuja fama se justifica plenamente: uma fêmea, que com 15 semanas já se pode reproduzir, pode gerar, em média, oito ninhadas de seis filhotes por ano.

Porém, o êxito do coelho explica-se sobretudo pela sua irrupção em territórios desprovidos de predadores e de competidores suscetíveis de limitar os seus efetivos: os mamíferos naturais da Austrália são, na sua maioria, Marsupiais incapazes, pelo menos à primeira vista, de lutar contra um rival tão bem armado. A pululação do coelho ultrapassa, de fato, tudo o que a imaginação possa conceber: entre 1945 e 1949 foram exportadas da Austrália nada mais nada menos do que 428 milhões de peles, o que pode dar uma idéia da extensão das populações desse roedor.

Os mesmos fatos reproduziram-se na Nova Zelândia, como o prova o aumento das exportações de peles de coelho: 33 000 em 1873; mais de um milhão em 1877; mais de 9 milhões em 1882; e aproximadamente 17,6 milhões em 1945.

Esses animais constituem uma verdadeira calamidade para a economia da Austrália e da Nova Zelândia. Devastam a vegetação, consumindo quantidades consideráveis de Gramíneas, entram assim em competições com os carneiros, principal riqueza agrícola desses países. Se se considerar que 7 a 10 coelhos consomem tanta erva quanto um carneiro, os coelhos exportados em 1945 da Nova Zelândia equivalem a 2 milhões de carneiros, cuja venda teria dado um rendimento de mais de 30 milhões de cruzeiros, em vez de 19,5 milhões aproximadamente, obtido pela venda de suas peles, o que representa uma perda de 10,5 milhões de cruzeiros. Ora, essas cifras referem-se apenas aos coelhos *exportados*, e não ao conjunto de suas populações. Estes animais custam certamente milhões de cruzeiros por ano à Nova Zelândia. Na Austrália, o pastoreio de ovinos e de bovinos poderia aumentar de 25% se esse roedor desaparecesse. Na parte ocidental da Nova Gales do Sul, a capacidade-limite das terras baixou de 50% desde a sua introdução: esse distrito possuía mais de 15 milhões de carneiros em 1891, e menos de 7 milhões em 1951.

Mais grave ainda é o fato de o coelho destruir sistematicamente a vegetação, não apenas as gramíneas, mas também a arbustiva carbórea em suas formas mais jovens (o coelho é um grande consumidor de casca de vegetais). Modificando a cobertura vegetal que empobrece, começa um processo de erosão que se agrava, pois escava o solo para a construção de seus covis. Sua introdução foi a causa principal da degradação dos habitats, perda irremediável para a Austrália e para a Nova Zelândia, impossível de se traduzir em números.

A influência do coelho sobre a fauna australiana foi igualmente grave. Com efeito, esse roedor modificou profundamente o equilíbrio natural e eliminou todos os Marsupiais herbívoros pela competição*.

*Os efeitos nocivos do coelho tiveram repercussões em todos os países povoados pela espécie, mesmo na Europa. Em toda parte esse animal é responsável por uma modificação profunda dos biótopos, impedindo a regeneração natural ou provocada das florestas, e, além disso, causando estragos consideráveis nas culturas e nas pastagens; até 1953 calculou-se que ele causava por ano, na Grã-Bretanha, mais de 750 milhões de cruzeiros de prejuízos agrícolas.

A nocividade do coelho levou à aplicação, na Austrália, de uma série de medidas destinadas a favorecer a luta contra esse flagelo*. Algumas delas foram particularmente infelizes, como por exemplo a introdução da raposa-da-europa. Esse carnívoro, cujo regime alimentar é extremamente eclético, multiplicou-se rapidamente e, se eliminou alguns coelhos, contribuiu sobretudo para a rarefação, e talvez mesmo para a extinção, de muitos Marsupiais.

Tentou-se também bloquear a progressão do coelho construindo barreiras sob forma de gradeamentos, que se incluem entre as maiores do mundo inteiro. Assim, uma delas, edificada entre 1902 e 1907, e destinada a proteger a Austrália Ocidental e as suas terras de cultura, ligava Port Hedland, no oceano Índico, a Hopetown, na costa meridional, estendendo-se sobre 2 150 km. Outras foram construídas na Austrália Oriental para tentar limitar a progressão do coelho para o norte. Essas barreiras, que, na sua totalidade, têm 11 000 km de extensão, não conseguiram, infelizmente, impedir as invasões do coelho, seja por terem sido construídas demasiado tarde, seja por que o roedor conseguiu transpô-las, aproveitando-se de eventuais brechas.

Foram igualmente aplicados vários outros processos de destruição: batidas organizadas, caça com furão, fumaça, utilização de gases tóxicos e, sobretudo, envenenamento com iscas misturadas com fosfetos, estriquinina e arsênico (que, aliás, contribuíram para a destruição de muitos marsupiais atraídos pelas iscas). A despeito de todos estes esforços, que custaram uma fortuna à Austrália e à Nova Zelândia (entre 1943 e 1945, o custo dessas operações atingia, por ano, aproximadamente 2,5 milhões de cruzeiros), não foi possível controlar o flagelo.

Em 1950 surgiu a idéia de espalhar uma doença epizoótica que dizimava os coelhos domésticos no Brasil: a mixomatose, devida a um vírus específico, sem perigo para o homem**. Após várias tentativas infrutíferas, os australianos conseguiram contaminar uma vasta área; a extensão da doença implicava um transporte do vírus por diversos parasitas e pelos mosquitos. A epizootia assumiu enormes proporções, e calcula-se que matou 4/5 dos coelhos do sudeste da Austrália. Em certos casos a mortalidade atingiu 99,5%. O resultado foi quase milagroso.

Decidiu-se então introduzir a mixomatose na Europa; em 1952 soltaram-se coelhos contaminados na França, no Eure-et-Loire. A epizootia propagou-se rapidamente por toda a Europa Ocidental, destruindo uma proporção considerável de coelhos. Tal iniciativa deu azo, aliás, a polêmicas veementes, pois na França, principalmente, o coelho, se bem que nocivo à Silvicultura e às culturas agrícolas, tem uma grande importância para a caça.

Não nos alongaremos sobre os efeitos dessa doença que, pela primeira vez, conduziu a um controle efetivo das populações de coelhos. Eliminando virtualmente este roedor em vastas superfícies, permitiu que fosse avaliado o impacto deste animal na natureza (ver, sobre esse assunto, os relatórios da 6.ª reunião da UICN, Edinburgo, 1956). O aspecto mais espetacular refere-se à vegetação. Na Austrália, certas regiões, antes virtualmente desérticas, cobriram-se de vegetação e, nos anos 1952-53, o aumento da produção agrícola foi avaliado em 50 milhões de libras. Na Europa, a paisagem vegetal modificou-se notavelmente, sobretudo na França, onde se assistiu, nas florestas degradadas, a um renascer da vegetação arbustiva e a sementeiras naturais de várias essências florestais, em toda a parte em via de regeneração.

*Entre 1883 e 1887 pagaram-se 13,8 milhões de cruzeiros de prêmios pela destruição do coelho na Austrália.

**Esse vírus (vírus sanarelli) existe em estado endêmico nos coelhos do gênero *Sylvilagus*, os quais, porém, estão naturalmente imunizados, se bem que possam transmitir a doença aos coelhos do gênero *Oryctolagus*. A idéia de introduzir esse vírus na Austrália foi sugerida em 1934 por Aragao.

Pode-se, então, considerar o perigo do coelho definitivamente eliminado? Não, evidentemente, pois o extermínio nunca é total. Nos anos que seguiram a introdução da mixomatose na Austrália, observou-se uma diminuição da taxa de mortalidade, devida a uma atenuação do vírus e, sobretudo, à seleção de linhagens de coelhos refratários à doença. É provável que a situação esteja se encaminhando para um equilíbrio entre os coelhos e uma doença que persiste em estado endêmico nas regiões infestadas. Salvo se uma linhagem de coelhos completamente refratários for selecionada e se lançar novamente na conquista das zonas atualmente abandonadas, medidas de controle cuidadosas deveriam bastar para conservar um justo equilíbrio entre o coelho e o meio em que vive, e para manter esses predadores em nível suportável*.

Esperemos que se consigam esses resultados, que a todos beneficiaram**. Caso contrário, o simpático coelho voltará a transformar-se na calamidade que foi para todo o mundo, importado de uma zona muito reduzida do Mediterrâneo Ocidental, trazido pelo homem, que desconhecia as faculdades destruidoras desse animal de aspecto tão inofensivo.

7 — OS MAMÍFEROS, ALIADOS OU CÚMPLICES DO HOMEM

Devido ao seu grande valor econômico, os mamíferos deram azo a inúmeras tentativas de aclimatação, em todo o mundo (De Vos, Manville e Van Gelder, 1956). Existem pelo menos 200 espécies cuja naturalização foi tentada com êxitos diversos***, principalmente lagomorfos[5], roedores, carnívoros e ruminantes.

[5]Lagomorfos é o nome da ordem de animais que reúne lebres e coelhos (nota do Coordenador).

Algumas dessas aclimatações foram acidentais; foi esse especialmente o caso dos ratos e dos camundongos transportados pelo homem por todo o mundo, a tal ponto que essas espécies são atualmente ubiqüistas. Seu impacto nas comunidades naturais foi considerável. Devastaram a cobertura vegetal e comportaram-se como predadores perigosos. Os lamentáveis exemplos dos francolins do Pacífico, eliminados em grande parte pelos ratos, e das aves marítimas das ilhas antárticas, dizimadas pelos mesmos, permitem-nos avaliar a importância desses roedores. Note-se que estes até eliminaram os competidores autóctones, como pode ser constatado, por exemplo, nas ilhas Galápagos, de onde as formas endêmicas desapareceram onde quer que os ratos se estabeleceram (Brosset, 1963).

Outras introduções foram deliberadas, como os animais de caça ou os animais com peles apreciadas. Pode-se acrescentar ainda a aclimatação de animais domésticos que, recuperando seu estado selvagem, integraram-se no seio das comunidades biológicas provocando rupturas de equilíbrio.

*Além da utilização do vírus da mixomatose, os australianos efetuaram campanhas em grande escala com iscas envenenadas, principalmente, com o famoso "1 080" (monofluoroacetato de sódio) que teve excelentes resultados.

**Deve-se assinalar que foi constatada uma evolução análoga em todos os países onde a mixomatose foi introduzida. Deu-se particularmente, na França, onde a doença tem hoje um caráter endêmico e onde já foram constatados sinais de resistência no roedor, sem que se saiba ainda ao certo se se trata efetivamente de seleção de linhagens resistentes. De qualquer forma, as populações reconstituíram-se parcialmente, permanecendo, no entanto, num nível muito inferior ao antigo. Provavelmente criou-se um estado de equilíbrio para o benefício de todos (ver particularmente Siriez, *Phytoma*, 1960).

***A aclimatação de mamíferos é particularmente freqüente na U.R.S.S., mesmo nas reservas naturais. Entre 1925 e 1948, foram introduzidos 115 000 indivíduos, pertencentes a 32 espécies.

Muitas dessas aclimatações fracassaram. Outras, pelo contrário, tiveram êxito excessivo, e os animais introduzidos transformaram-se rapidamente em pestes. Deve-se, no entanto, evitar os julgamentos gerais, pois as conseqüências de uma introdução variam freqüentemente, em larga medida, segundo as condições locais.

Um caso significativo é o do rato-almiscarado (*Ondatra zibethica*) do tamanho de um coelho, originário da América do Norte, cujos costumes lembram vagamente os do castor. O valor de sua pele determinou sua introdução na Europa, onde foi aclimatado pela primeira vez em 1905 na Tchecoslováquia, nas proximidades de Praga. Em 1914 toda a Boêmia já fora colonizada por populações que, segundo os cálculos efetuados, atingiam 2 milhões de indivíduos. Em seguida, a Baviera foi igualmente invadida: a progressão do animal era de, aproximadamente, 50 a 70 km por ano, principalmente ao longo dos sistemas hidrográficos que oferecem condições ecológicas favoráveis a esse roedor aquático. Em 1933, o rato-almiscarado já ocupava uns 200 000 km^2 na Europa Central.

Criado na França em granjas especializadas desde 1920, esse roedor apareceu numa dúzia de locais espalhados na parte norte do país, constituindo assim vários focos de propagação. Alguns deles extinguiram-se rapidamente, porém outros estenderam-se, principalmente, na Normândia, no rio Somme, nas Ardenas e na Alsácia. Atualmente o rato-almiscarado, em vias de expansão, ocupa uma vasta área no norte da França (Fig. 51); faz parte também da fauna de mamíferos de uma grande parte da Europa, que vai desde a França até a Rússia.

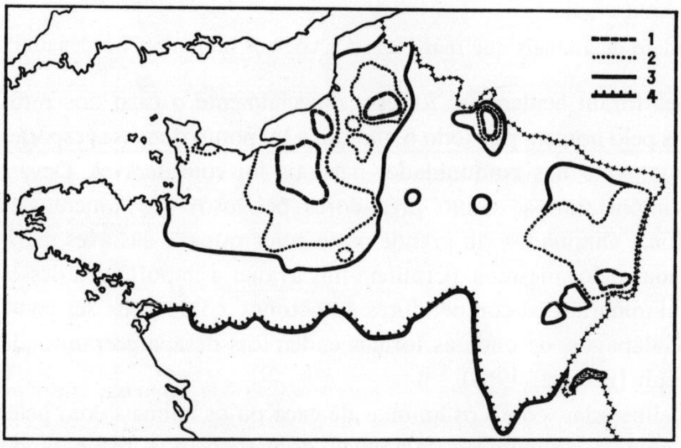

Figura 51. Progressão da área de distribuição do rato-almiscarado *Ondatra zibethica* na França. 1) situação em 1932; 2) situação em 1951; 3) situação em 1954; 4) situação em 1963. Segundo Dorst e Giban, 1954, completado

Por volta de 1929, foi aclimatado nas ilhas britânicas, onde se estabeleceram, várias colônias, desde a Escócia até o sul da Inglaterra. Organizou-se uma campanha de extinção em grande escala e, em 1937, já estava praticamente eliminado das ilhas Britânicas.

O rato-almiscarado foi, finalmente, introduzido na Finlândia (em 1922), na Suécia (em 1944), e na U.R.S.S., onde as aclimatações, iniciadas em 1927, foram várias vezes reiteradas tanto na Rússia quanto na Sibéria, aí, esses roedores foram soltos em inúmeros locais (Lavrov, 1960) (Fig. 52).

Esse animal estabeleceu-se, portanto, em toda a Eurásia, da França ao Kamtchatka, e sua distribuição tornou-se holártica[6] graças à intervenção do homem. Seu impacto na natureza foi julgado de formas muito diversas. Na Europa Ocidental, foi considerado como uma verdadeira peste. Com efeito, o rato-almiscarado escava covis de grandes dimensões nas margens e nos diques que ficam assim perigosamente minados. Além disso, completa freqüentemente

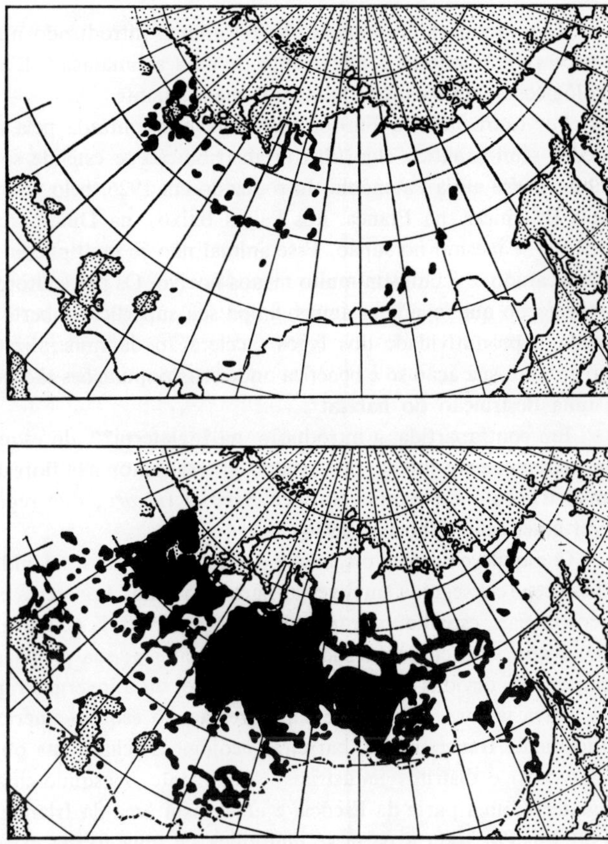

Figura 52. Extensão da área de distribuição do rato-almiscarado *Ondatra zibethica* introduzido na U.R.S.S. Em cima: situação em 1936; embaixo: situação em 1956. Segundo Lavrov, 1960

o seu regime vegetariano com presas animais; alguns indivíduos tornam-se mesmo francamente carnívoros. Acusam-nos de cometer estragos nas populações de peixes e de crustáceos de água doce. Sua influência sobre essas populações exerce-se, no entanto, principalmente, através da transformação dos habitats (colmatagem de grandes extensões de água, transformação das águas correntes em lamaçais). Os prejuízos que causam (e que a venda das peles não compensa de forma alguma) explicam por que, nessa parte do seu novo habitat, o homem luta dispendiosamente contra sua expansão e sua multiplicação exagerada, sem contudo conseguir sua erradicação.

[6]Que abrange toda a região ártica (nota do Coordenador).

O mesmo não acontece na U.R.S.S. e na Finlândia, onde esse roedor parece não ser prejudicial aos habitats. Talvez por que nessas regiões a natureza tenha sido menos afetada pela intervenção humana e o rato-almiscarado ainda ocupe, aí, o lugar que lhe foi destinado. A "resistência" do meio é maior e os danos cometidos nas indústrias humanas são mais reduzidos devido à manutenção de um equilíbrio próximo do estado original. Isso explica o fato de as autoridades soviéticas protegerem a propagação e a exploração racional desse roedor que, assim tornou-se uma riqueza natural. Em 1954, aproximadamente, foram coletadas na U.R.S.S. 649 000 peles.

Tais variações no impacto de um animal introduzido num novo habitat mostram como é necessário nuancear o julgamento de uma aclimatação. Elas podem explicar-se por fatores ecológicos sobre os quais falaremos mais adiante.

Por outro lado, a Europa foi também colonizada pela nutria *Myocastor coypu*, grande roedor semi-aquático, cuja área de distribuição se estende sobre a América do Sul, desde o sul do Brasil até a Patagônia. Introduzido em 1926, pelo valor de sua pele, estabeleceu-se nas ilhas Britânicas, na França, nos Países Baixos, na Dinamarca, na Alemanha, na Suécia, na U.R.S.S. e mesmo no Japão. Esse animal não se multiplicou tão rapidamente quanto o rato--almiscarado, e é também muito menos nocivo. Os piscicultores consideram-no útil, pois corta a vegetação que invade as águas, limpa sua superfície coberta por uma vegetação densa e aumenta a produtividade dos lagos (aceleração da mineralização das vasas) (Ehrlich, 1959). No entanto sua ação só é benéfica onde suas populações são pequenas; caso contrário, conduz a uma destruição do habitat*.

Em contrapartida, a introdução, na Inglaterra**, do esquilo-cinzento *Sciurus carolinensis* foi extremamente infeliz, produzindo graves danos nas florestas e uma ruptura de equilíbrio em detrimento do esquilo-europeu *Sciurus vulgaris*, que regrediu perante a invasão do seu rival americano (Shorten, 1954).

O esquilo-cinzento, originário do leste dos Estados Unidos, foi introduzido em 1876 no Cheshire, e em seguida em diversas partes do sul da Inglaterra entre 1890 e 1929. A partir desses focos iniciais, espalhou-se rapidamente e, em 1930, já ocupava uma área de aproximadamente 26 000 km^2, sobretudo no sudoeste da Inglaterra; sua propagação foi rápida, com regressões temporárias devidas a epizootias (coccidiose) ou a invernos rigorosos. Em 1945, todo o sul da Inglaterra já fora invadido, e a progressão do esquilo-americano só era bloqueada por rios dificilmente transponíveis, barreiras ecológicas (charnecas ou zonas pantanosas desprovidas de árvores) e distritos industriais. Atualmente o esquilo-cinzento ocupa a maior parte da Inglaterra, uma parte da Escócia e uma vasta área da Irlanda, onde foi introduzido em 1913 (Fig. 53). Por toda a parte se multiplica de uma forma extremamente rápida.

Os biólogos britânicos consideram-no uma verdadeira peste. Alguns não hesitam em afirmar que é difícil encontrar-se um animal cuja nocividade ultrapasse a do esquilo-cinzento. Sem dúvida, todos os esquilos são nocivos para as florestas, pois atacam as árvores, tiram-lhes a casca e danificam o câmbio[7], inflingindo-lhes feridas graves pelas quais penetram fungos patogênicos. Por outro lado, também causam estragos nos viveiros e nas plantações jovens. Porém o esquilo-cinzento é particularmente nocivo, pois manifesta uma nítida predileção pelo ataque às árvores; os danos que causam são mais sensíveis, devido, também, a uma densidade maior do que à do esquilo-europeu.

[7]Câmbio é uma camada de células capazes de gerar novos tecidos e, por isso, de determinar o crescimento do caule em espessura (nota do Coordenador).

*A nutria foi introduzida na Luisiana, onde se multiplicou rapidamente. Entrou em competição com o rato-almiscarado, cuja pele é mais apreciada, fazendo-o regredir.

**O esquilo-cinzento foi igualmente introduzido na África do Sul, no Cabo, por Cecil Rhodes, pouco depois de 1900. Propagou-se ao redor do seu foco inicial e ocupa atualmente uma área de várias centenas de quilômetros quadrados. A ausência de árvores produtoras de sementes com que ele se alimenta parece, porém, ter limitado sua distribuição. Esse esquilo causou graves estragos nos pomares e nos viveiros, de forma que tem sido caçado sistematicamente (Davis, 1950, *Proc. Zool. Soc. Lond.*: 120: 265-268).

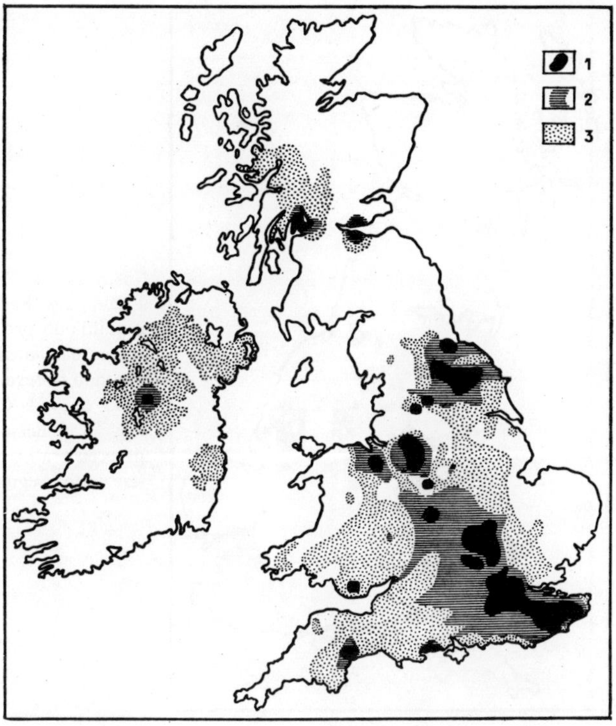

Figura 53. Extensão da área de distribuição do esquilo-cinzento *Sciurus carolinensis* nas Ilhas Britânicas. 1) área ocupada por volta de 1920; 2) área ocupada em 1930; 3) área ocupada em 1952. Segundo Shorten, 1954, modificado

A invasão da Inglaterra por esse roedor provocou, em 1931, a organização de uma campanha de destruição em escala nacional, reforçada por diversas medidas legislativas (por exemplo em 1947). A partir de então foi empreendida uma luta com armadilhas e iscas envenenadas; os animais foram caçados e seus ninhos destruídos. Apesar da importância dos meios utilizados, é pouco provável que se consiga exterminar, por ano, mais de um terço da população, o que não permite esperar a erradicação do esquilo-cinzento; na melhor das hipóteses, conseguir-se-á controlar sua proliferação.

A introdução e a expansão do esquilo-americano nas ilhas Britânicas exerceram uma profunda influência sobre o equilíbrio das populações de esquilo-europeu, que desapareceu progressivamente de todas as zonas invadidas por motivos apenas parcialmente conhecidos (Fig. 54). Alguns afirmaram que havia competição e luta entre as duas espécies, o esquilo introduzido não hesitando em atacar e matar o esquilo autóctone; é provável que se trate apenas de casos isolados. A competição alimentar também não é flagrante, e não existe, igualmente, uma taxa de reprodução que favoreça nitidamente o intruso. No entanto, a concomitância dos dois fenômenos é demasiado perfeita para que não estejam ligados de alguma forma. Basta que duas espécies apresentem diferenças ecológicas à primeira vista mínimas para que o equilíbrio se desloque em benefício daquela que esteja mais bem armada. Uma sensibilidade diferente às doenças, melhor metabolização dos recursos alimentares, um domínio, ainda que pequeno, no comportamento, uma "recuperação" mais rápida das populações após um período desfavorável, são suficientes para explicar tais rupturas de equilíbrio.

Em contrapartida, o esquilo-europeu parece mais bem adaptado que o americano à vida nas florestas de Coníferas; de fato, manteve-se no norte do seu habitat, principalmente na

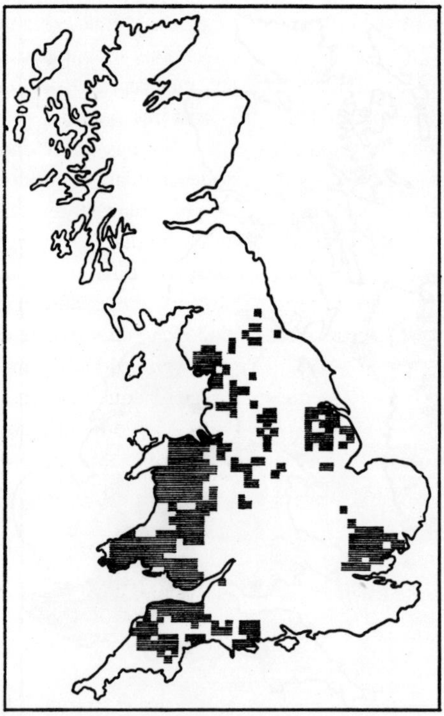

Figura 54. Redução da área de distribuição do esquilo-europeu *Sciurus vulgaris* na Inglaterra (o mapa não menciona a distribuição na Escócia), segundo os resultados dos inquéritos efetuados entre 1945 e 1952. Comparando este mapa com o da Fig. 53, pode-se constatar que essa espécie já desapareceu praticamente da área povoada pelo esquilo-cinzento. Segundo Shorten, 1954, modificado

Escócia, onde a espécie introduzida não se estendeu com a mesma rapidez que no sul, em que colonizou sobretudo as florestas latifoliadas[8] (manifesta uma nítida predileção pelas faias). É possível que um novo equilíbrio se estabeleça graças à implantação de florestas que se está processando na Inglaterra, assim como no resto da Europa. Trata-se, de qualquer forma, de uma experiência extremamente interessante, pela qual, no plano econômico, o homem tem pago muito caro.

[8]Florestas em que dominam plantas de folhas largas, em oposição às florestas de Coníferas (vários pinheiros, por exemplo), que são aciculifoliadas (de folhas aciculares, isto é, estreitas) (nota do Coordenador).

Diremos apenas algumas palavras sobre as outras aclimatações de mamíferos. Algumas delas, relativas a animais de caça, foram coroadas de êxito, como por exemplo a do veado-sika, *Sika nippon*, na França e na Inglaterra, onde se adaptou perfeitamente ao meio e se revelou menos destruidor do que o veado-nobre europeu. Sua aclimatação fez-se, no entanto, em detrimento deste último, e não estamos certos de que, mesmo no caso de tais introduções, não seja mais útil aumentar as espécies autóctones.

Foram efetuadas também aclimatações de carnívoros. A introdução de mangustos, principalmente nas Antilhas, já foi lembrada anteriormente, assim como as verdadeiras catástrofes que causou na fauna endêmica. O vison americano *Mustela vison* escapou das fazendas de criação na Escandinávia e na Islândia, cometendo depredações por vezes graves. A introdução do vison e do coati-lavador *Procyon lotor* em algumas ilhas ao longo da costa pacífica do Canadá (Lanz Island, Cox Island), realizada em 1938, conduziu, a partir de 1950, a uma multiplicação desses predadores que devastaram as ricas colônias de aves marinhas. Esse exemplo deve ser meditado por aqueles que estão projetando aclimatar o vison nas ilhas subantárticas; se essa introdução tivesse êxito, muito provavelmente arruinaria as colônias reprodutoras de aves marinhas, pingüins entre outras, que constituem uma das suas maiores belezas.

Note-se, finalmente, que a introdução de mamíferos aparentados a formas autóctones é por vezes seguida por uma deplorável hibridação dos dois estoques de populações. Foram introduzidas várias formas do tipo *Capra* a partir de 1901 nos Tatras, particularmente o cabrito-montês *C. ibex*, a cabra selvagem *C. aegagrus* e o bode-selvagem da Núbia *C. nubiana*; resultou daí uma lamentável hibridação que conduziu a população inteira à ruína completa, devido, principalmente, a um desregramento do período de reprodução, os filhotes nascendo em pleno inverno. Na Tchecoslováquia, a cabra-montesa da Sibéria, *Capreolus pygargus*, hibridou-se com a cabra-montesa autóctone *C. capreolus*. Muitas das fêmeas deste último, cobertas por cabritos da Sibéria muito maiores, morreram durante o parto, que se tornou extremamente difícil devido ao tamanho dos fetos por ocasião do nascimento. Tais conseqüências, por vezes inesperadas, devem tornar-nos extremamente cautelosos no que respeita à aclimatação, visto que podem produzir-se também no caso de animais que não pertencem ao grupo dos mamíferos*.

8 — A NOVA ZELÂNDIA DEVASTADA PELOS ANIMAIS INTRODUZIDOS

Os exemplos que acabamos de lembrar referem-se a casos específicos. Convém observar, paralelamente, considerando uma unidade geográfica, de que maneira a introdução de múltiplas espécies animais e vegetais pode provocar graves rupturas de equilíbrio. O exemplo da Nova Zelândia parece particularmente bem indicado para que se possa avaliar o impacto de uma série de aclimatações mal concebidas no seio de uma determinada biocenose.

Fatores extremamente complexos intervieram, sem dúvida, na devastação dessas ilhas cuja fauna e flora incluem uma grande proporção de espécies endêmicas, evoluídas devido ao isolamento geográfico. O aproveitamento da região para fins agrícolas e pastoris provocou o desaparecimento de uma vasta parte dos habitats primitivos, fruto de uma ação direta do homem: calcula-se que no século XIV, antes da chegada dos Maoris, a maior parte do país, ou seja, 25 milhões de hectares, fosse arborizada; a florestas estão atualmente reduzidas a 5,8 milhões de hectares, o resto tendo sido convertido em pastagens ou em terras cultivadas.

O impacto humano, todavia, manifestou-se igualmente pela introdução de múltiplas espécies vegetais e animais exógenas. Nesse ponto de vista, a Nova Zelândia constitui o melhor exemplo de ruptura do equilíbrio frágil de uma fauna insular, sob a influência de competidores e predadores estranhos.

Tal como inúmeras regiões insulares, a Nova Zelândia é, em seu estado natural, de uma extrema pobreza florística e faunística. Sua flora, altamente especializada, pode dividir-se em dois tipos de associações principais: savanas ervosas e florestas úmidas (formadas por essências muito particulares, dos gêneros *Podocarpus, Dacrydium, Metrosideros* e *Nothofagus*). Quanto à fauna, não incluía, na origem, Mamífero algum, exceto dois Quirópteros (um rato, *Rattus exulans*, e o cão foram trazidos pelos Maoris vindos da Polinésia Central no século XIV). A fauna avícola era constituída por espécies altamente especializadas, principalmente formas ápteras, as mais conhecidas sendo os Moas (*Dinornis*) e os Quivis (*Apteryx*).

*O pato selvagem *Anas s. superciliosa* da Nova Zelândia está, assim, desaparecendo como linhagem pura, devido à sua hibridação com o pato-de-pescoço-verde *A. platyrhynchos*, aclimatado.

Uma região tão pobre no plano faunístico não poderia deixar de tentar aqueles que desejassem aclimatar animais, quer para reconstituir o seu "lar" longínquo, quer para aumentar os recursos naturais (Clark, 1949; Wodzicki, 1950-61; Murphy, 1951; Elton, 1958; Howard, 1964).

As primeiras tentativas foram realizadas pelo Capitão Cook, que já em 1774 e 1777 aclimatou a couve, a beterraba, a batata, assim como a cabra, o carneiro e o porco, com o objetivo de aprovisionar com alimentos frescos as tripulações dos navios que aí faziam escala.

O impacto do homem acentuou-se no século seguinte, quando a Nova Zelândia começou a ser povoada por colonos. A preocupação essencial desses últimos foi, então, de introduzir o maior número possível de animais, de acordo com a tendência generalizada em todo o mundo, na época. As medidas legislativas traduzem claramente esse estado de espírito*, assim como a fundação de inúmeras sociedades de aclimatação. No início do século XX manifestou-se um considerável abrandamento desse tipo de preocupação, chegando-se mesmo a tomar medidas que visavam a proteção da fauna indígena e a luta contra os animais introduzidos, que haviam começado a invadir a ilha; porém a situação já era bastante grave.

Até 1950 foram aclimatadas aproximadamente 53 espécies de mamíferos e 125 espécies de aves, das quais respectivamente 34 e 31 tiveram êxito. Mais ou menos metade dos mamíferos e 72% das aves foram introduzidos entre 1860 e 1880. A maior parte fora importada da Europa; entre a fauna que se adaptou ao novo meio, a percentagem de espécies européias foi mais considerável ainda.

Entre os mamíferos que conseguiram aclimatar-se na Austrália estão 6 cangurus, um opossum, o ouriço-da-europa, o arminho, a doninha, o furão, o coelho, a lebre, a camurça, o veado-nobre europeu, o veado-axis, o veado-sambar, o alce-americano, o veado-sika, o gamo, o veado-da-virgínia e o alce. Devem-se acrescentar também os animais domésticos que recuperaram seu estado selvagem. Entre as aves figuram a bernaca-do-canadá, o cisne-preto, o pato-de-pescoço-verde, o faisão-de-caça, o colim-da-califórnia, uma perdiz, a cotovia-dos-campos, o tordo-músico, o melro-negro, o estorninho, o martim-triste, o corcovelo, o corvo-flautista (*Gymnorhina hypoleuca*), o pardal, o verdelhão, o tentilhão, o pintarroxo, o pintassilgo e o verdelhão-amarelo.

Essa lista permite imaginar a extensão das devastações causadas pelos animais introduzidos. Muitos nichos ecológicos estavam vagos, o que explica a verdadeira "explosão" de certas espécies. A competição e a depredação fizeram progressivamente regredir as formas autóctones, principalmente entre as aves que são os elementos dominantes das biocenoses selvagens da Nova Zelândia**.

As propagações mais espetaculares foram as dos grandes mamíferos. O veado-nobre *Cervus elaphus* foi introduzido pela primeira vez em 1851, perto de Nelson, na ilha do Sul; a essa introdução seguiram-se várias outras***, de tal forma que atualmente a espécie já se espalhou sobre toda a Nova Zelândia (Fig. 55). Os habitats criados pelo homem — uma alternância de florestas, de caapões e de pastagens — são particularmente propícios à expansão

*Por exemplo os decretos legislativos emitidos em 1861 pelo Conselho Provincial de Nelson e pelo Parlamento Colonial, encorajando "a importação de animais e aves não indígenas na Nova Zelândia, suscetíveis de contribuírem para o prazer e o proveito dos habitantes".

**Mesmo o rato indígena, *Rattus exulans*, foi eliminado pelo *Rattus rattus* e o *R. norvegicus*; mantém-se apenas nos ilhéus ao largo da Nova Zelândia, onde os competidores não penetraram (ver T. S. Watson, *Proc. 9th Pacific Sci. Congr.* 1957, vol. 19: 15-17, 1961).

***Só na ilha do Norte foram efetuadas 155 introduções em 55 pontos.

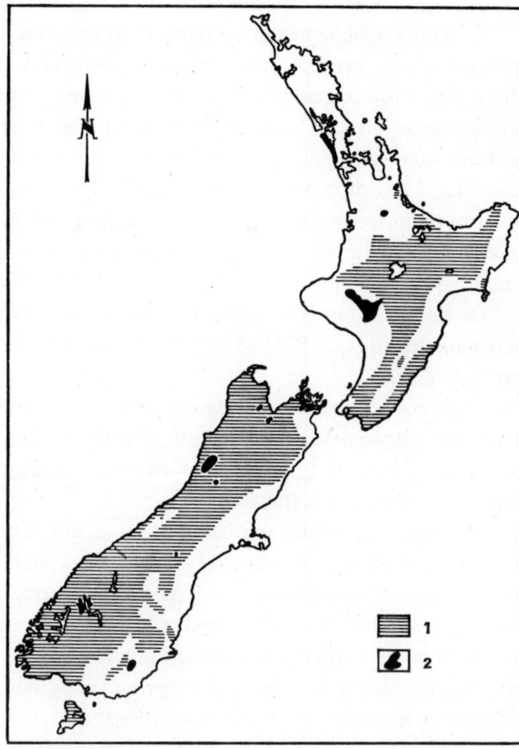

Figura 55. Distribuição atual (1) do veado-nobre europeu *Cervus elaphus* e (2) do gamo *Dama dama*, introduzidos pelo homem na Nova Zelândia. Contrariamente ao veado, o gamo permaneceu nas proximidades dos pontos de introdução, multiplicando-se desenfreadamente. Segundo Wodzicki, 1961

desse animal. O gamo *Dama dama* tem uma distribuição mais circunscrita, tendo permanecido nos pontos onde foi introduzido; sua densidade, porém, é extremamente forte nessas regiões em conseqüência de uma verdadeira explosão de suas populações (chegou-se a caçar 6 000 numa área de 8 000 ha).

A camurça *Rupricapra rupicapra*, importada da Áustria em 1907 e em 1913 (10 indivíduos soltos no Monte Cook), espalhou-se ao longo dos Alpes da Ilha do Sul. De todos os animais domésticos que recuperaram o estado selvagem, a cabra e o porco foram os que mais prosperaram devido a suas grandes faculdades de adaptação.

O opossum *Trichosurus vulpecula* da Austrália, introduzido pelo valor de sua pele em 1858, multiplicou-se imediatamente com uma velocidade assustadora; sua área de repartição abrange atualmente toda a Nova Zelândia, salvo algumas zonas limitadas. Contrariamente ao que se passa no seu habitat australiano, revelou-se extremamente devastador nas florestas, pois alimenta-se de rebentos e gomos, chegando a matar as árvores em poucos anos. Por outro lado, comete estragos sérios nos pomares. O crescimento de suas populações pode ser avaliado pelo número de peles coletadas pelos portadores de licença de caça, que passou de 163,8 por caçador, em 1921-25, para 299,7 em 1935-40 e para 597,2 em 1940-45. Em certos distritos sua densidade ultrapassa 600 indivíduos por km^2.

As importantes populações de mamíferos introduzidos tiveram repercussões profundas nos solos e na cobertura vegetal. O opossum devasta os estratos superiores, devido à sua vida arborícola, enquanto que os Ungulados e o coelho degradam os estratos inferiores. As florestas regrediram, acelerando, desse modo, o processo de erosão desencadeada pelo desflorestamento e pelo excesso de pisoteio por animais domésticos.

Esse crescimento numérico desmedido introduz inúmeros problemas práticos. Após uma primeira fase de proteção das espécies introduzidas, até por volta de 1930, começou-se a distribuir prêmios pelos animais abatidos. Criaram-se equipes de destruição sistemática, e, durante os anos que seguiram a Segunda Guerra Mundial, os caçadores profissionais chegaram a abater, cada um, 40 veados por dia, e até 2 000 durante um único verão. Entre 1932 e 1954, foram abatidos 512 384 veados por caçadores profissionais pagos pelo governo. Se se acrescentarem os que foram mortos por particulares, e tomando como termo de referência a exportação de peles de veado, pode-se calcular que 1,4 milhão de indivíduos foi abatido durante esse período, e é muito provável que, na verdade, tenham sido duas vezes mais.

Os opossuns também são alvo de uma caça intensiva, pois em 1945 foram abatidos nada mais nada menos que 922 088 indivíduos. Já lembramos anteriormente as operações dirigidas contra o coelho.

É preciso considerar, evidentemente, a importância dos recursos econômicos obtidos com a exploração desses animais, que deve ser inscrita a seu favor. O *deficit*, porém, permanece considerável, sobretudo se se levar em conta a degradação das terras, cujos efeitos permanentes continuam se agravando.

Note-se, finalmente, que também se aclimataram inúmeros vegetais. Allan (1936) calculou que foram introduzidas 603 espécies, mas só 48 entram verdadeiramente em competição com as espécies autóctones. Contrariamente ao que acontece com os animais, as plantas introduzidas só prosperam sob a proteção humana ou em habitats mais ou menos modificados, quer pelo homem quer pelos animais aclimatados. É provável que, se o homem e os animais introduzidos desaparecessem, os vegetais indígenas recuperariam sua situação inicial, eliminando a maioria das espécies exógenas*.

As diversas tentativas de aclimatação foram, portanto, extremamente prejudiciais para o equilíbrio da natureza na Nova Zelândia. Os esforços dos colonos para construir um mundo vivo semelhante ao que haviam conhecido na Europa conduziram a uma caricatura do mundo europeu. Comprometeram o futuro de muitas espécies autóctones e arruinaram os habitats. Criaram também graves problemas econômicos devido à pululação de certas espécies. A Nova Zelândia constitui um lamentável exemplo de ruptura de equilíbrio provocada pela introdução de elementos exógenos que se multiplicaram desenfreadamente.

O mesmo aconteceu em outras regiões do globo, principalmente nas regiões insulares, cujo equilíbrio é particularmente frágil. Foi esse o caso específico das ilhas Havaí, dos Galápagos, da maioria das Antilhas, não contando as ilhas subantárticas, onde a introdução do rato, do camundongo e do coelho foi verdadeiramente catastrófica para a flora e a fauna autóctones.

Os exemplos de aclimatação lembrados nestas páginas e escolhidos entre muitos outros mostram, principalmente, que as importações, voluntárias ou não, de espécies animais e vegetais, saldam-se por fracassos totais ou por proliferações excessivas. Salvo algumas notáveis exceções, a maioria dos "êxitos" transformou-se em desastres.

É preciso evitar o amadorismo em matéria de aclimatação, como o provaram eloqüentemente as experiências do século passado: o homem divertiu-se em transportar os animais e os vegetais mais inesperados por todo o mundo. Deve-se desconfiar, também, da aclimatação "científica". Salvo em casos muito particulares, nossos conhecimentos no que respeita

*Note-se que a preponderância das espécies vegetais autóctones sobre as espécies introduzidas na ausência de toda e qualquer influência, direta ou indireta, do homem parece ser geral, como o assinala particularmente Egler (1942) relativamente ao equilíbrio dos vegetais em Oahu, Havaí.

à biologia dos seres vivos são ainda muito rudimentares para que possamos imaginar as conseqüências de uma introdução e ajuizar, de antemão, o futuro das espécies transportadas e o seu impacto na natureza.

A introdução de um animal ou de um vegetal num meio estranho modifica o equilíbrio das espécies autóctones e cria novas cadeias alimentares. Todo o ecossistema fica perturbado e sujeito a graves rupturas de equilíbrio. Esse fenômeno torna-se particularmente evidente quando um nicho ecológico está vago e a espécie introduzida pode, assim, invadir rapidamente o novo meio: o coelho na Austrália, o veado na Nova Zelândia, o caranguejo-chinês na Europa, o estorninho nos Estados Unidos, constituem uma prova decisiva. O mesmo acontece quando a espécie introduzida está mais bem aparelhada para a luta pela vida do que a espécie autóctone ecologicamente similar, que é então eliminada; a concorrência entre o coelho e os Marsupiais herbívoros na Austrália, entre a carpa e os peixes autóctones nos Estados Unidos, entre o esquilo-cinzento e o esquilo-europeu constitui apenas um dos casos significativos, entre muitos outros.

Tendo percebido seu erro, o homem tenta por vezes restabelecer o equilíbrio introduzindo uma espécie predadora, que é o próprio princípio da luta biológica. Porém, se esse método teve êxitos notáveis no caso dos insetos, os fracassos foram particularmente nefastos no caso dos Vertebrados: o cão, introduzido nas Galápagos para lutar contra as cabras, destruiu os jovens répteis; o gato, introduzido em certas ilhas subantárticas para controlar os ratos e os camundongos, devastou as colônias de aves; a raposa, introduzida na Austrália para combater os coelhos, conduziu muitos Marsupiais à extinção.

Assim, as aclimatações provocam reações em cadeia cujo desenvolvimento e cujas conseqüências o homem não pode prever. Deve-se notar que a maioria das catástrofes produziram-se quer em ilhas naturalmente empobrecidas, quer em regiões profundamente transformadas pelo homem, fenômeno explicável por considerações ecológicas brilhantemente expostas por Elton (1958). Os ecossistemas insulares são relativamente simples, devido a uma redução natural do número de espécies e, portanto, de cadeias alimentares. Nas zonas modificadas pelo homem e por suas indústrias, as biocenoses foram consideravelmente empobrecidas, estando reduzidas a verdadeiras caricaturas.

Uma espécie estende-se e multiplica-se em função inversa da resistência que o meio lhe oferece. Ora, a resistência dos habitats, natural ou artificialmente simplificados, é mínima. A espécie introduzida pode, assim, proliferar ilimitadamente, transformando-se numa peste. Foi o que aconteceu na Nova Zelândia desprovida de mamíferos, assim como nas Antilhas e em muitas outras regiões insulares possuindo elementos faunísticos extremamente reduzidos. Foi igualmente o que aconteceu na Europa e na América do Norte, continentes onde vastas superfícies foram inteiramente modificadas pelo homem e onde essas transformações profundas resultaram no empobrecimento dos meios naturais, que se tornaram eminentemente vulneráveis. As introduções efetuadas em meios complexos, possuindo numerosas cadeias ecológicas, como por exemplo a floresta higrófila, têm, ao contrário, poucas probabilidades de êxito, e menos ainda de terem conseqüências dramáticas.

Essa é uma razão suplementar para conservar, tanto quanto possível, os habitats naturais, que conferem maior resistência à região, protegendo-a, assim, das espécies exógenas introduzidas, voluntariamente ou não, pelo homem.

CAPÍTULO **9**

PILHAGEM OU EXPLORAÇÃO RACIONAL DOS RECURSOS DOS MARES

"Ó mar, não há quem conheça as tuas riquezas íntimas..." Charles Baudelaire, *Fleurs du mal,* XIV. *L'homme et la mer.*

Embora os recursos dos mares não sejam inesgotáveis, representam, no entanto, uma biomassa considerável, de que o homem tira proveito desde épocas muito remotas. As águas salgadas, consideradas em seu conjunto, encontram-se entre os meios naturais de mais alta produtividade; aliás, boa parte das proteínas naturais consumidas pela humanidade provém delas*.

O volume desses recursos deriva principalmente da enorme superfície dos mares, que se estendem sobre 71% do globo, assim como da sua riqueza excepcional em elementos minerais, entre os quais todas as substâncias simples são representadas sob forma de sais ou de íons livres.

Nenhuma parte das águas salgadas é desprovida de vida; esta, pelo contrário, é extremamente abundante, embora se concentre sobretudo nas camadas superficiais. O estrato "útil" é, no entanto, muito mais espesso do que sobre a terra: os vegetais marinhos, particularmente as algas microscópicas, ocupam um profundidade de cerca de 20, e por vezes 100 metros, enquanto a camada produtiva do solo atinge apenas algumas dezenas de centímetros.

A biomassa total dos vegetais e dos animais marinhos, de que já se descreveram verdadeiras galáxias, não é, por este motivo, comparável às biomassas terrestres. As águas marinhas formam biocenoses extraordinariamente complexas e particularmente prósperas, com cadeias alimentares inumeráveis, das algas microscópicas e dos pequenos animais do plâncton, aos gigantes dos mares, peixes, polvos e baleias.

Por outro lado, apesar dos progressos da pesca e da sua industrialização, esta é ainda pouco importante, em valor relativo. Calcula-se que atualmente se pescam de 50 a 60 milhões de toneladas (63,1 milhões em 1969) por ano no mundo, contra 20 milhões de toneladas em 1938-50 e 33,2 milhões em 1958. Em 1969, 39,1% dessa tonelagem foi pescado pelos pescadores asiáticos; 17,7% pelos da Europa; 17,9% pelos da América do Sul; 10,3% pelos da U.R.S.S.; 7,2% pelos da América do Norte; 7,2% pelos da África e 0,3% pelos da Oceânia**. Certos setores, como parte das costas africanas e os mares do hemisfério austral, são ainda muito pouco atingidos pelas pesca e suas indústrias anexas.

*A proporção é de 12% para o conjunto da humanidade, mas é bastante mais elevada no caso de certos países.

**Segundo o *Yearbook of Fishery Statistics* de 1969, publicado pela FAO, a tonelagem mundial é de 63 100 milhares de toneladas: o Peru vem em primeiro lugar, com 9 223,5 milhares de toneladas, seguido pelo Japão (8 623,5), a URSS (6 498,4), os EUA (2 495,7) e a Noruega (2 481,0). Não se conhecem, todavia, os números oficiais da China; as últimas estatísticas apresentam 5,8 milhões de toneladas em 1960, o que indica que a China deve ocupar o 2.º ou 3.º lugar no mundo.

Apesar desses fatos, os recursos marítimos já estão sendo explorados de um modo demasiado intensivo em inúmeros pontos do globo, sobretudo na vizinhança das grandes concentrações humanas; o aperfeiçoamento dos meios de captura e a procura crescente de alimentos tirados do mar explicam essa situação, que se está tornando de ano para ano mais preocupante.

Sem dúvida alguma, *a priori* é impossível pensar que uma espécie marinha possa ser exterminada em conseqüência da ação humana, salvo no que diz respeito aos mamíferos: a vaca-marinha é um exemplo lamentável, e algumas otárias exploradas por sua pele estão perto de uma erradicação total. Não se pode porém pensar que o mesmo aconteça com todos os outros animais marinhos, tanto peixes como invertebrados. O mar é tão vasto e a fecundidade dos organismos que nele vivem tão desmesurada que, na prática, não se encara tal possibilidade. Os peixes põem milhões de ovos, dos quais desaparece uma enorme proporção mesmo quando a população está em perfeito equilíbrio natural.

O perigo de uma exploração excessiva se refere muito mais à *rentabilidade comercial das pescarias*, que corre o risco de ser gravemente afetada quando a pesca se torna muito intensa. O homem constitui um elemento inteiramente estranho ao equilíbrio normal das populações animais marinhas. Quando as capturas são efetuadas, um novo equilíbrio se estabelece, não necessariamente desfavorável ao conjunto da biocenose marinha; bem mais do que no caso dos ecossistemas terrestres, existe um enorme excedente de populações, eliminado naturalmente em conseqüência dos efeitos da predação e da competição, e no qual o homem se vem abastecer sem que isso constitua um dano para o conjunto dos estoques. Capturas maciças e repetidas podem, porém, comprometer a rentabilidade comercial, não tanto por exterminarem os reprodutores, como no caso dos animais terrestres, particularmente dos pássaros e dos mamíferos, pois quase sempre ficarão ainda em número suficiente, mas por eliminarem indivíduos que não atingiram ainda um tamanho adequado.

O fenômeno foi particularmente bem estudado no que diz respeito aos peixes explorados pelos pescadores. Em nenhum outro domínio das ciências da natureza se acumularam tantas informações relativas à estrutura e à dinâmica das populações; essa abundância de dados provém dos múltiplos estudos efetuados, devido à importância econômica do problema e ao enorme material à disposição do biólogo e do especialista em estatísticas.

Sem entrar nos pormenores dessas pesquisas, que resultaram em sólidos conhecimentos quanto à *teoria das pescas*, recordemos previamente diversos fatos indispensáveis à compreensão das leis que regem uma exploração racional dos estoques de peixes.

Como acontece com todos os outros animais, uma quantidade idêntica de alimento garante, em grande parte, o *crescimento* dos jovens, enquanto que no caso de indivíduos adultos, serve quase unicamente para sua *manutenção*, sem aumento de peso apreciável*. Se os peixes adultos predominam, monopolizam o alimento em detrimento dos mais jovens, cujo crescimento fica, desse modo, atrasado, e morrem em grande número. A captura de adultos aumenta, portanto, as probabilidade de sobrevivência dos indivíduos mais jovens, para os quais o crescimento será mais rápido, o que tem como efeito o aumento da biomassa total. Chegamos, pois, a um resultado à primeira vista paradoxal, mas que se explica perfeitamente pelas leis da dinâmica das populações. Sob certas condições, uma exploração do estoque de peixes pelo homem *aumenta* a biomassa do conjunto da população, devido ao *crescimento diferencial* em função da idade.

*Segundo certos dados, nas percas de 20 anos, só 1% da alimentação é consagrado ao aumento ponderal, enquanto que essa proporção se eleva a 25% nos indivíduos de 4 anos.

Assim, enquanto as capturas efetuadas pelo homem não ultrapassam um certo limite, beneficiam as populações de peixes. Verifica-se especialmente que a produtividade dos distritos explorados pela pesca é superior à dos distritos "virgens", em conseqüência de uma profunda modificação da estrutura da população, pois os indivíduos adultos são eliminados em proveito dos que ainda não culminaram inteiramente o seu crescimento*.

Quando, porém, as capturas efetuadas pelo homem se tornam mais numerosas, então ele elimina setores da população constituídos por indivíduos que não completaram o seu crescimento. Isso conduz a uma diminuição gradual e acelerada da biomassa total: é a isso que se chama *overfishing*** (Fig. 56).

O conjunto dos estudos teóricos e práticos realizados nesse domínio mostra que as capturas excessivas diminuem a *produtividade* e, em conseqüência, o volume das coletas. Num exemplo preciso, mostrou-se que, capturando 80% dos indivíduos das diferentes classes etárias, ob-

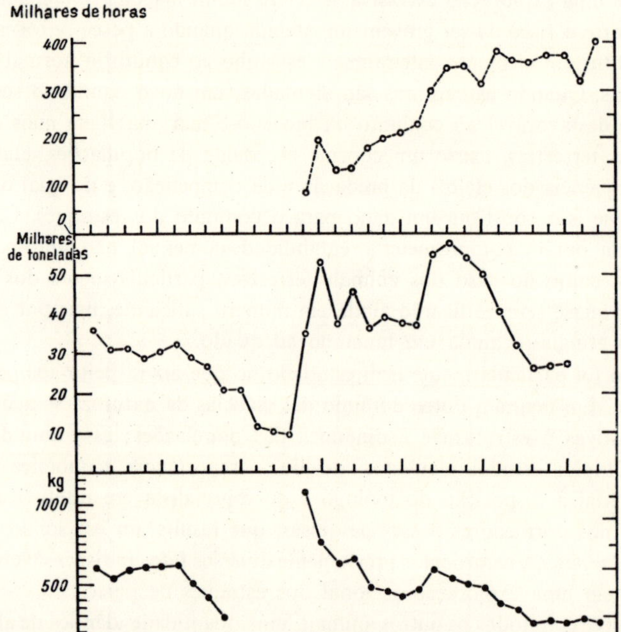

Figura 56. Um exemplo de *overfishing*: o bacalhau nos mares da Islândia. *Em cima*: devido ao desenvolvimento da pesca do bacalhau (que é traduzido pela curva ascendente indicando a duração das operações de pesca), todos os peixes foram excessivamente explorados; *no meio*: flutuações da tonelagem do bacalhau desembarcado; *embaixo*: flutuações das capturas por unidade de esforço, em declínio acentuado. Observe-se que a tonelagem diminui apesar do aumento de esforço de pesca, sinal característico de uma exploração excessiva. Segundo Graham 1956

*Certos oceanógrafos não hesitaram em comparar essa intervenção à poda das árvores frutíferas, que elimina os ramos muito velhos e concentra hormônios e seiva ao nível de numerosas gemas que despertam, aumentando a produtividade. (Esta nota foi refundida para torná-la mais em acordo com os conhecimentos atuais. Nota do Coordenador.)

**Utilizaremos esse termo inglês, pois parece que não existe equivalente em português. Poder-se-ia, talvez, pensar no termo sobrepesca. (Nota do autor adaptada pelo Coordenador.)

tinha-se um peso de 106 102 unidades; capturando somente 50%, esse número elevava-se a 161 138 unidades, devido a uma repartição diferente dos tamanhos dos peixes capturados. Isso significa que, para um menor esforço de pesca (pescando 50% em vez de 80%), a coleta aumenta de metade, estabelecendo-se o equilíbrio da população em um nível mais elevado (Hardy, 1959).

Como se pode verificar no clássico diagrama publicado por Graham (1948) (Fig. 57), se o *esforço da pesca* atinge 30% do estoque por ano, obtém-se o mesmo peso total de peixes do que com um esforço de pesca de 90% — ou seja, três vezes mais elevado — devido à eliminação dos indivíduos de tamanho médio e à predominância dos indivíduos de pequeno tamanho. Nesse último caso compromete-se o futuro da população e é-se obrigado a aumentar sucessivamente o esforço de pesca — logo a diminuir a rentabilidade da pescaria — para tentar manter no mesmo nível a tonelagem capturada; e assim, rapidamente, o estoque explorado chega à ruína.

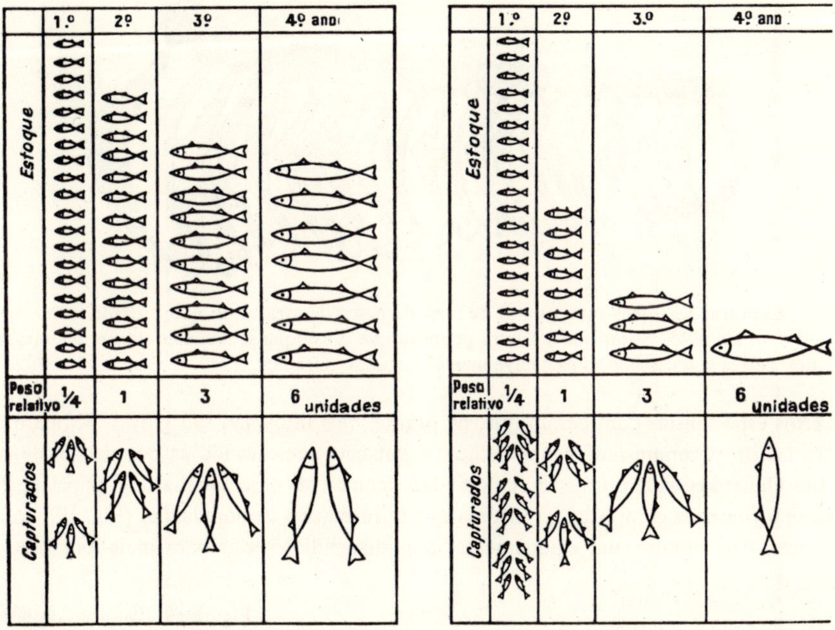

Figura 57. Efeito dos esforços de pesca sobre as capturas de peixes (levando em conta a mortalidade natural calculada em 5%). *À esquerda*: esforço de pesca atingindo por ano 30% do estoque; para o mesmo peso total (ou seja, no total, 26 1/2 unidades) pescam-se mais peixes grandes, pois tiveram tempo de crescer, e menos pequenos; *à direita*: esforço de pesca atingindo por ano 90% do estoque; para o mesmo peso total (26 1/2 unidades) pescam-se sobretudo peixes pequenos. Esse esquema mostra que se deve deixar os indivíduos atingirem um certo tamanho, pois, desse modo, obtém-se o mesmo volume de capturas com um menor esforço de pesca. Segundo E. S. Russell, *in* Graham, 1949

Já se deram múltiplas definições de *overfishing*, sendo que algumas exigem extensos conhecimentos sobre o equilíbrio das populações. A melhor, e mais prática, assinala que existe *overfishing* sempre que há combinação de um maior esforço de pesca com um menor rendimento.

A rentabilidade da pesca repousa, portanto, sobre noções bastante sutis de dinâmica das populações e das variações da biomassa dessas últimas. De um modo geral, o estoque de reprodutores continua sendo bastante importante, assim como o número de peixes de pequeno tamanho, devido à extraordinária fecundidade dos peixes e dos outros animais marinhos. Não é interessante, porém, para o homem, capturá-los antes que tenham atingido o seu pleno desenvolvimento, que não corresponde ao seu tamanho máximo tendo em conta a dinâmica das suas populações e as leis do seu crescimento ponderal* (Fig. 58).

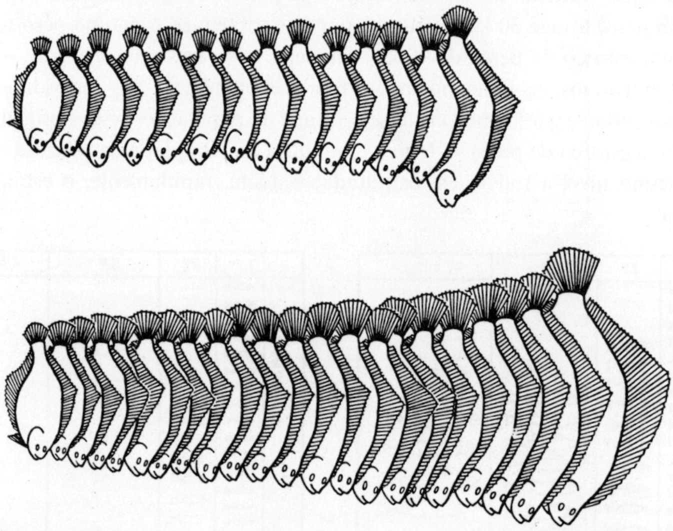

Figura 58. Capturas de solhas num quarto de hora de pesca de arrasto no mar do Norte. *Em cima*: *em* 1938; *embaixo*: *em* 1945. Notar que a guerra permitiu que o estoque se reconstituísse e que o tamanho médio dos peixes aumentasse consideravelmente. Segundo Graham, 1949

Certos especialistas consideram que, na prática, tais fatos não são graves. Segundo estes, as pescarias provocariam fenômenos de auto-regulação, preservando as populações de peixes onde são efetuadas as capturas; a rentabilidade comercial desempenharia o papel de freio: a pesca se torna mais complicada à medida que se rarefazem as populações (Fig. 59); torna-se então necessário adquirir um equipamento mais dispendioso, e ir para mais longe da costa

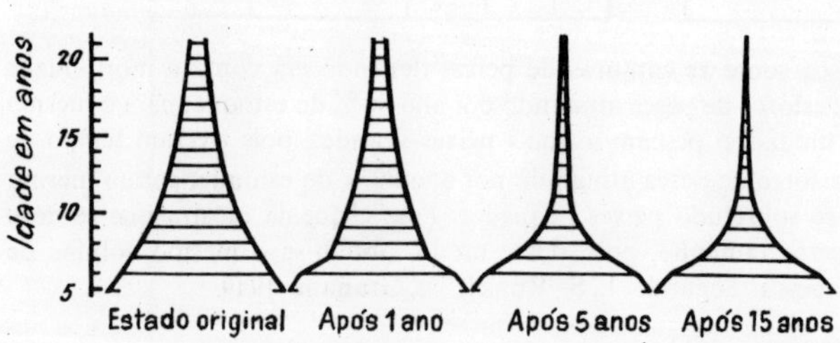

Figura 59. Evolução da pirâmide de idade da mesma população de peixes durante um período de quinze anos de exploração. O desaparecimento dos indivíduos grandes é devido a uma exploração excessiva das classes de idade superior. A diminuição da biomassa proporcional à superfície dos gráficos é evidente. Segundo Huntsman, 1948

*Note-se também que os peixes grandes têm um valor comercial superior, o que faz com que, para um peso igual, as capturas de peixes grandes sejam mais rentáveis para os pescadores. É o exemplo que dá Postel (1962) a propósito das solhas: dois indivíduos de 500 g valem mais que 5 de 200 g, sendo estes últimos mais caros que 10 de 100 g.

Foto 78. Tigre da Índia

Foto 79. Repressão da caça ilegal. Um avião da polícia do Quênia localiza os caçadores perseguidos pelos guardas

Foto 80. Esqueletos de elefantes cobrindo um antigo acampamento de caçadores ilegais, no Quênia

Foto 81. Antílope-ruano preso pelo pescoço por caçadores (ilegais)

Foto 82. Grupo de caçadores (ilegais) capturados com seus arcos, flexas envenenadas e suas armadilhas de arame. Essas duas fotos foram tiradas perto do Parque Serengeti, Tanganyika

Foto 83. Parque Nacional suíço. Vista sobre o "Piz Terza" e o vale do Spöl, a jusante de "Alp la Schera". Florestas do pinho-de-montanha *Pinus mugo*

Foto 84. Colônia de alcatrazes-de-bougainville, principais produtores de guano. Ilhas Chincha, Peru

Foto 85. Antílopes saiga no bebedouro. Ilha Barsa-Kelmes, mar de Aral

Foto 86. Harém de otárias fornecedoras de pele, instaladas nas praias de cascalho da ilha Saint-Paul, arquipélago das Pribiloff

Foto 87. Quedas do Zambeze em Livingstone, Zâmbia (Victoria Falls N. P). Essas quedas, chamadas Mosi-oatunya (o fumo que ruge) pelos autóctones, têm 1 700 metros de comprimento e uma centena de metros de altura

a fim de alcançar outros setores; a pesca perde, *ipso facto*, a sua rentabilidade. Assim, o preço pelo qual o peixe é suscetível de ser comercializado constitui um freio para a pesca, cuja pressão diminui imediatamente, logo que ela deixa de ser rentável. A pesca só recomeça depois de passado um certo lapso de tempo, devido à inércia do equipamento, o que dá oportunidade às populações de peixes se reconstituírem.

No entanto, tais afirmações são apenas parcialmente exatas, devido a dois fatores muito importantes: de um lado, a crescente procura de peixe num mercado mundial, que não está de modo algum saturado; de outro lado, o atual aperfeiçoamento dos meios técnicos que permitem uma pesca mais eficaz do que os meios primitivos utilizados até há pouco, conservando e mesmo aumentando o seu rendimento. Certamente a pesca industrial tem os seus imperativos econômicos, que limitam sua rentabilidade para além de um certo limite; mas este é muito mais elevado do que no caso da pesca artesanal, e tende a aumentar à medida que a técnica se aperfeiçoa. Assim o *overfishing* manifesta-se em diversos pontos do globo e deve ser levado em consideração por todos aqueles que se preocupam com a exploração racional dos recursos naturais.

A gravidade desse problema tem-se acentuado correlativamente ao desenvolvimento da pesca de arrasto em alto mar. A aparição das traineiras a vapor por volta de 1880 e das mais aperfeiçoadas ainda, por volta de 1894, perturbou o equilíbrio da pesca ao permitir a exploração de setores cada vez mais afastados das costas. Além disso, o tamanho das traineiras tem aumentado progressivamente: a tonelagem média das traineiras inglesas passou de 177 toneladas em 1906, para 231 em 1926, 284 em 1937, e 410 em 1960. Cada vez maiores e mais aperfeiçoados*, os barcos podem ir cada vez mais longe e explorar setores até então "virgens".

De um modo geral, a tonelagem de peixes pescados aumenta, em primeiro lugar, em função do crescimento dos meios utilizados; depois começa a diminuir rapidamente, mesmo em certos casos. Trata-se de um sintoma característico do *overfishing*, que vamos precisar lembrando alguns exemplos particularmente demonstrativos, e mostrando também como se conseguiu, em certos casos, aplicando à pesca uma regulamentação bem concebida, restabelecer uma situação anteriormente comprometida.

É certo que a depleção de certos estoques de pesca não se explica unicamente pelas capturas excessivas realizadas pelo homem. Com efeito, inúmeras causas naturais podem modificar o equilíbrio das populações, e mesmo provocar sua ruptura sem a interferência de qualquer ação humana. Os peixes dependem, sobretudo na ocasião da desova, de estritas condições oceanográficas, particularmente no que diz respeito à temperatura e à salinidade, agindo diretamente ou modificando a quantidade de alimentos disponíveis. A intervenção das transgressões e das regressões marinhas explica, em certos casos, a diminuição maciça das populações de peixes, sem interferência do homem. Não se deve incriminar automaticamente o *overfishing* no caso de uma depleção dos mares.

Eis uma razão suplementar para o homem administrar cuidadosamente os recursos naturais dos oceanos, não acrescentando um fator de destruição artificial às outras causas que escapam a qualquer controle.

1 — A PESCA DO HIPOGLOSSO E AS SUAS VICISSITUDES

Ao redor de todo o Círculo Ártico, tanto no Atlântico como no Pacífico, encontra-se um peixe de excelente qualidade, o hipoglosso *Hippoglossus hippoglossus* ou "Halibut", o

*Incluindo aparelhos eletrônicos para a deteção do peixe e instalações de congelamento que lhes permitem ficar até seis meses no mar.

maior de todos os Pleuronectiformes (dos quais o linguado é o mais conhecido), podendo ultrapassar 3 metros de comprimento e pesar mais de 300 kg. Seu crescimento é lento e sua maturidade sexual tardia. As populações do Atlântico foram já consideravelmente empobrecidas por excessivas capturas, sobretudo as de indivíduos jovens demais e de tamanho insuficiente, particularmente apreciados em certos países anglo-saxões. Sem dúvida, ainda povoam os mares, da Groenlândia à Escandinávia, mas os estoques que sobreviveram já não podem dar azo a uma pesca industrial regular, salvo ao longo da Noruega, onde os hipoglossos são protegidos por uma regulamentação estrita, assegurando sua exploração racional.

As populações de hipoglossos do Norte do Pacífico teriam seguido uma evolução semelhante sem as medidas de conservação tomadas pelo Canadá e Estados Unidos. Com efeito, no começo do século foram explorados com uma intensidade crescente; em 1888 foram desembarcadas 680 toneladas, em 1908 22 500 toneladas. Mas em breve as tonelagens começaram a baixar de um modo inquietante, apesar da exploração de novos setores de pesca. Num distrito da costa do Pacífico, a captura por unidade de esforço passou de 145 kg em 1915, para 65 kg em 1920, e para 36 kg em 1927. No conjunto dos setores, esses números atingiram em 1927 apenas um terço dos valores relativos de 1915. O conjunto da população dos hipoglossos havia sido reduzido de dois terços durante esse período, apresentando inegáveis sinais de *overfishing* (Fig. 60).

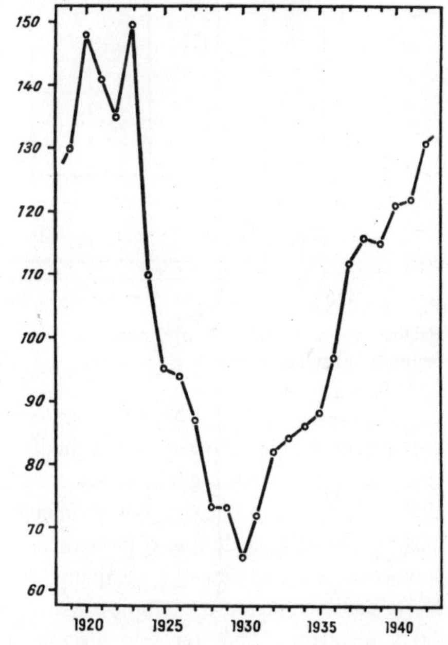

Figura 60. Variações do rendimento da pesca do hipoglosso na costa do Pacífico da América do Norte, traduzidas pela tonelagem das capturas por unidades de esforço (em kgs). Segundo Burkenroad, 1948

Diante dessa situação, os governos do Canadá e dos Estados Unidos viram-se obrigados a tomar medidas. Uma primeira convenção, firmada em 1923, fechou a pesca durante o período da reprodução. Outros acordos para regulamentar a pesca foram assinados em 1930 e 1937, e completados em 1953.

Tais medidas não tardaram a produzir seus efeitos, pois já em 1931 a tonelagem global e as capturas por unidade de esforço aumentaram de novo; estas últimas passaram de 65 em

1930, para 86 em 1934, para 112 em 1937 e para 151 em 1944, nas zonas de pesca a oeste do cabo Spencer, na parte mais meridional do Alasca.

Desde 1931, o número de hipoglossos aumentou de 150%, e a tonelagem desembarcada anualmente nos portos ultrapassa freqüentemente, hoje em dia a 25 000 a 30 000 toneladas; em 1960 atingiu o recorde de 32 500 toneladas. Uma comissão (International Pacific Halibut Commission) cuida da conservação dos estoques, permitindo sua exploração racional. O Pacífico foi dividido em setores no interior dos quais a pesca é regulamentada, as capturas são limitadas, e os períodos de abertura da pesca muito estritamente circunscritos (Fig. 61). Essas medidas são submetidas a freqüentes revisões em função do estado das populações, o que garante uma exploração de boa rentabilidade econômica.

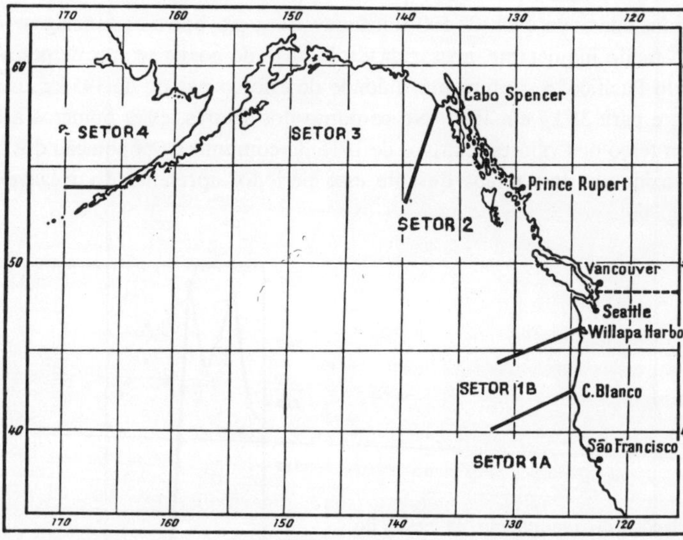

Figura 61. Setores definidos em 1950 pela "International Pacific Halibut Commission" na costa do Pacífico da América do Norte, para a conservação e exploração racional dos estoques de hipoglossos. Segundo Monod, 1956

É provável que os efeitos do *overfishing* tenham-se sobreposto às flutuações naturais das populações de hipoglossos, pois a análise das variações das tonelagens capturadas e do declínio das populações, seguido do seu crescimento, assinala algumas discordâncias (Burkenroad, 1948). Mas tal não chega a comprometer o valor do argumento; muito pelo contrário, isso mostra a prudência de que o homem se deve armar na exploração de um estoque de peixes submetido a flutuações que escapam totalmente ao seu controle. O hipoglosso do Pacífico Norte continua sendo o exemplo clássico de um recurso natural marinho restaurado por medidas adequadas, após ter sido seriamente ameaçado por uma exploração excessiva.

2 — O PROBLEMA DA SARDINHA DO PACÍFICO

A sardinha do Pacífico, *Sardinops caerulea*, pode também, sem dúvida, ser citada como exemplo de exploração excessiva de um animal marinho (Fig. 62). A abundante literatura consagrada a esse problema, considerado quer sob o ângulo científico quer prático, assinala suas incidências sobre a economia humana.

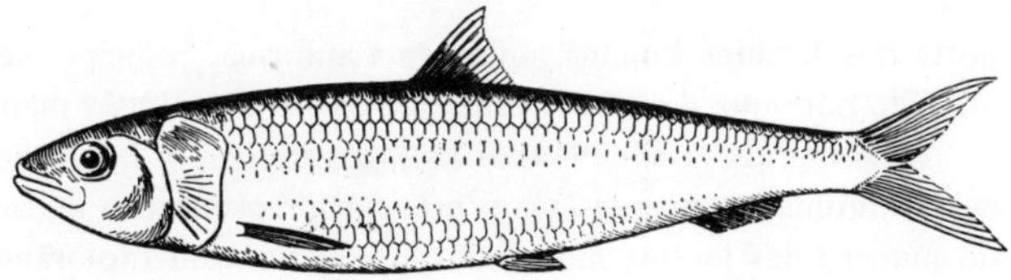

Figura 62. Sardinha do Pacífico (*Sardinops caerulea*)

Esse pequeno peixe vive em cardumes enormes, que reúnem freqüentemente um milhão de indivíduos, por vezes mais de 10 milhões, ao longo das costas da América do Norte, do Alasca à Baixa Califórnia. Embora habite águas próximas das costas, pode afastar-se até 350 milhas no momento da desova, que se efetua em águas profundas (Gates, 1960). A pesca dessa sardinha começou nos fins do século passado (a primeira fábrica de conservas se estabeleceu em 1899, na Califórnia). A tonelagem desembarcada anualmente oscilou entre 300 e 2 000 toneladas até 1912; em seguida aumentou durante a Primeira Guerra Mundial, para depois se estabilizar, antes de aumentar de novo em proporções extraordinárias: em 1916-17 era da ordem de 27 000 toneladas; em 1924-25, de 174 000, e cerca de 800 000 toneladas foram desembarcadas nos portos americanos espalhados entre a Colômbia Britânica e San Diego, durante a estação de pesca de 1936-37. As tonelagens mantiveram-se nesse nível durante os anos 30 e os primeiros anos da década seguinte; a exploração dessa sardinha tornou-se a primeira de todo o Novo Continente no que respeita à tonelagem desembarcada, e a terceira quanto ao seu valor comercial (depois da do atum e do salmão): o valor mercantil ultrapassava anualmente os 10 milhões de dólares. Durante esse período de extraordinária prosperidade, as sardinhas foram utilizadas não só pelas fábricas de conservas, mas também no fabrico de adubos e de farinha de peixe destinada à alimentação do gado.

A partir dos primeiros anos da década de 40, a tonelagem desembarcada tornou-se bastante irregular, para depois diminuir de forma dramática (Fig. 63): em 1953-54 foram desembarcadas apenas 4 460 toneladas, condenando à ruína uma indústria próspera e obrigando os armadores a desarmarem os barcos e a fecharem as fábricas de transformação. Os primeiros sintomas da rarefação da espécie manifestaram-se no Canadá, onde a tonelagem desembarcada passou de 34 000 toneladas em 1945-46, para menos de 500 em 1947-48. Depois foi a vez do

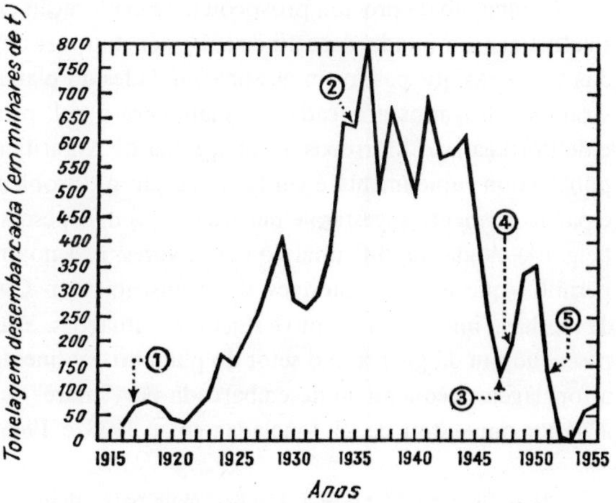

Figura 63. Flutuações das tonelagens de sardinhas do Pacífico desembarcadas nos portos americanos da costa oeste. 1. Início das pescarias na Colômbia Britânica. 2. Início das pescarias no Oregon, em Washington. 3. Abandono das pescarias na Colômbia Britânica. 4. Abandono das pescarias em Oregon e Washington. 5. Abandono das pescarias em São Francisco. Segundo Calif. Dept. of Fish and Game, Report, 1957

norte dos Estados Unidos, antes da Califórnia, principal centro de exploração, que só foi atingido por volta de 1951. Desde essa época a produção manteve-se em níveis muito baixos*.

No entanto, já em 1940, os biólogos tinham-se inquietado com essa exploração abusiva, cujos sintomas se manifestavam pela menor proporção de sardinhas adultas e pelo aumento do número das jovens, mostrando que se estavam explorando as sardinhas imaturas, ainda não adultas. Os efeitos do *overfishing*, porém, nessa ocasião, eram ainda superados pelo aumento do esforço de pesca e da tonelagem da frota.

A exploração excessiva das sardinhas foi responsável por essa rarefação acentuada, que culminou com o desaparecimento da rentabilidade comercial das operações de pesca, embora causas naturais possam ter acelerado o fenômeno. Parece que se deve incriminar as capturas maciças de adultos, que causaram a diminuição do estoque de reprodutores, e, em seguida, as de jovens ainda imaturos, pescados antes de terem atingido a idade de se reproduzirem. A ação do homem veio, sem dúvida, acrescentar os seus efeitos a uma flutuação natural de grande amplitude dessas populações, no momento em que se encontravam em nítida diminuição.

A pressão da pesca diminuiu, e é provável que os estoques se reconstituam em virtude da legislação adotada para sua proteção (estação de pesca limitada, restrições nos contingentes de tonelagem, constituição de reservas onde a pesca é proibida). No entanto, uma indústria próspera ficou arruinada no momento em que as pescarias de outras partes do mundo (talvez tão imprevidentes quanto esta) monopolizaram um mercado onde a indústria californiana ficou, portanto, em desvantagem. Esse exemplo mostra claramente que a economia humana deve preservar os estoques que constituem sua matéria-prima, sem o que estará condenada ao fracasso, apesar de euforias momentâneas, causadoras da delapidação do capital natural que ela representa.

3 — A MERLUZA

A merluza, *Merlucius merlucius*, conhecida nos mercados pelo nome de "pescada", próxima dos "bacalhaus", é típica dos mares temperados ou quentes, e se encontra particularmente da Irlanda às costas do Marrocos e do Senegal. Desde há muito tempo é objeto de uma pesca intensiva e, sobretudo desde a Primeira Guerra Mundial, é um peixe muito procurado na Europa.

O aumento da procura provocou uma exploração exagerada das zonas de pesca, de extensão relativamente limitada. A partir de 1910, constatou-se uma diminuição sensível nos desembarques das traineiras que pescavam nas proximidades do planalto continental atlântico. Os pescadores viram-se obrigados a ir cada vez mais para o sul, primeiro ao longo das costas da Espanha e de Portugal, do Marrocos, e em seguida da Mauritânia e do Senegal. As zonas de pesca empobreceram rapidamente e em breve surgiu o "problema da merluza". O exame dos números é particularmente sugestivo e mostra que as más pescas se devem ao esgotamento dos estoques (Fig. 64). A guerra, dificultando e, por vezes, mesmo impedindo a saída dos barcos pesqueiros, permitiu que aqueles estoques se reconstituíssem. Constatou-se um aumento da tonelagem de merluza, inicialmente lento e sujeito a flutuações, e depois muito rápido quando recomeçou a pesca, ao fim da guerra. No setor do planalto continental, explorado pela frota de La Rochelle, a tonelagem média anual desembarcada por "maré" (campanha de 12 dias) por um pesqueiro a vapor aumentou de 21 toneladas entre 1938 e 1946; desembarcavam-se 23,3 toneladas de

*Em 1960, registrou-se a 4.ª cifra mais baixa desde 1915 (*Yearbook of Fishery Statistics*, FAO).

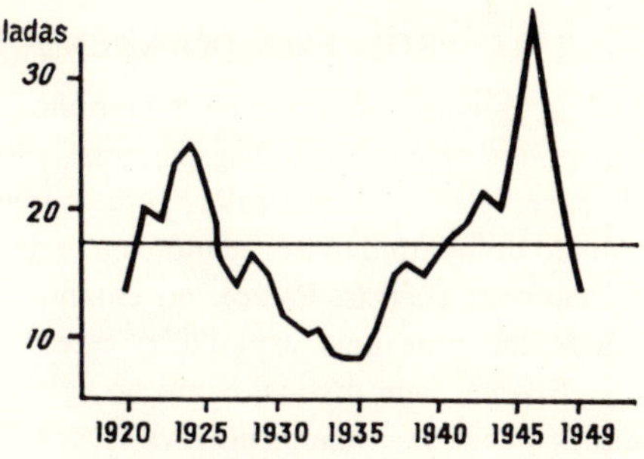

Figura 64. Flutuações das tonelagens de merluza desembarcadas em La Rochelle (total das pescas por maré de 12 dias). O traço horizontal marca a tonelagem média durante o período visado. Segundo Letaconnoux, 1951

merluza por maré, ou seja, mais 13 toneladas do que a média de antes da guerra. As merluzas adultas aumentaram em mais forte proporção do que as jovens (com menos de 880 g, tendo de 3 a 6 anos), revelando o envelhecimento da população cuja biomassa aumentara consideravelmente devido ao novo equilíbrio (Letaconnoux, 1951).

No entanto, esse estoque foi rapidamente dizimado e sua prosperidade foi de curta duração. Já em 1949, a tonelagem desembarcada descia abaixo da média geral dos últimos trinta anos: três anos de má exploração das populações bastaram para delapidar o benefício decorrente da interrupção da pesca durante as hostilidades; um simples aumento das malhas das redes teria, sem dúvida, permitido manter a população em um nível elevado, e assegurado à pesca um rendimento satisfatório.

Em 1949, o rendimento dos arrastões foi apenas de 14,4 toneladas em média por maré, ou seja, o mesmo dos anos de 1937 a 1939 (14,7 toneladas). Essa baixa manteve-se durante os anos seguintes. Simultaneamente observou-se uma diminuição do estoque dos outros peixes, também gravemente ameaçados. O exame da distribuição por tamanho e a estrutura da população por classes etárias mostram que estamos manifestamente perante um *overfishing* devido ao esgotamento do estoque que se tinha reconstituído durante a guerra.

Esses resultados foram inteiramente confirmados por constatações similares feitas em outras zonas de pesca, e particularmente na porção do Atlântico situada a sudoeste das Ilhas Britânicas (Hickling, 1946). Se nos basearmos nas tonelagens desembarcadas em Milford Haven, no País de Gales, constataremos uma notável diminuição da intensidade de pesca durante a guerra, reduzindo a tonelagem desembarcada nos anos 1941-1943 a 39% do que tinha sido antes das hostilidades. Desde o fim da guerra, registrou-se um aumento notável da tonelagem, sobretudo devido ao aumento de tamanho das merluzas (o número de eglefins e de raias aumentou simultaneamente). O rendimento dos barcos pesqueiros por hora de trabalho aumentou de 200% em certos casos. Em 1945, uma frota de 10 000 toneladas capturou 2 vezes e meia mais merluzas do que uma frota 3 vezes mais importante em 1932, o que mostra a rapidez com que se pode reconstituir um estoque de peixes. Esse processo de reconstituição não prosseguiu, porém, pois tais populações não tardaram a ser, por sua vez, dizimadas por capturas excessivas.

Desse modo, o homem comprometeu o futuro de uma população que se tinha reconstituído graças a circunstâncias fortuitas. Não se deve esperar nenhuma melhoria dessa situação enquanto não se tomarem medidas severas que dêem tempo para que as populações aumentem os seus efetivos e atinjam a biomassa máxima, da qual poderá ser extraído um rendimento maior.

4 — O PROBLEMA DO ARENQUE

Se as populações de peixes marinhos de profundidade parecem particularmente sensíveis aos efeitos de um *overfishing* perigoso, pensava-se que o mesmo não acontecia com os peixes de superfície e, em particular, com o arenque *Clupea harengus*, o peixe mais importante no mundo do ponto de vista econômico, e de tal modo que o controle das zonas de pesca chegou a ocasionar guerras. Parece, no entanto, que algumas das suas populações apresentam inegáveis sinais de uma exploração excessiva.

Existem, sem dúvida, como no caso dos outros peixes, flutuações naturais muito importantes (devidas especialmente a variações da taxa de sobrevivência no estado larvar), que devem ser levadas em conta para se poder apreciar a influência da ação humana.

Parece inegável, no entanto, a existência de um *overfishing*, como declarou Ancelin (1953) no caso dos setores sul do mar do Norte e da Mancha Oriental. O estudo da composição das populações afetadas pela pesca nessas regiões mostra-o claramente, em particular a substituição anormal das classes constitutivas do estoque. A comparação com as espécies de peixes pescados em excesso, tais como a merluza e a solha, é particularmente sugestiva. Aliás, os profissionais da pesca queixam-se pelo fato de os rendimentos atuais, apesar de favorecidos pelo aperfeiçoamento dos meios técnicos, não atingirem nem de longe os que foram registrados depois da guerra, índice convincente, na ausência de estatísticas referentes à tonelagem por hora de pesca. As capturas totais desceram de 165 000 toneladas para 50 000 toneladas entre 1950 e 1965.

Temos de admitir, portanto, que os peixes de superfícies não estão ao abrigo de um *overfishing*, apesar de só aparecerem em determinadas estações, a despeito do seu caráter pelágico e da densidade de seus cardumes.

É provável que a pesca de arrasto exerça influência sobre o estado das populações de arenques, visto que as zonas de pesca são exploradas no momento da desova, e que os ovos se depositam no fundo dos mares; a exploração dos ovos pode ter graves repercussões sobre os efetivos das populações. Os principais responsáveis, porém, pela diminuição dos efetivos são as capturas excessivas por meio de redes. Os prognósticos efetuados há muito revelaram-se, infelizmente, exatos (Garreau, 1970). Desde 1965 assiste-se a uma diminuição considerável das tonelagens: no mar do Norte as capturas desceram de 1 500 000 toneladas de arenques em 1965, para 820 000 toneladas em 1968. Enquanto que, em 1960, se pescavam arenques de 3 a 7 anos, a maior parte dos lotes tem agora 2 anos. Cada vez se capturam mais peixes que não atingiram ainda o seu pleno desenvolvimento, e uma pequena proporção do estoque está em estado de desova. Se não forem fixadas e aplicadas normas muito estritas, arriscamo-nos a assistir à liquidação das populações de arenques do mar do Norte, e também de outros peixes, principalmente da cavala, para os quais os pescadores se voltaram devido à baixa de rendimento dos arenques.

5 — A PESCA NO MAR DO NORTE

Há muito tempo que o mar do Norte é uma das zonas mais prospectadas; nada menos do que doze nações enviam a essas paragens as suas frotas de barcos pesqueiros de alto mar.

Essa exploração intensiva provocou uma diminuição inquietante dos estoques de peixes do mar do Norte. As tonelagens de eglefim *Gadus aeglefinus* desembarcadas nos portos ingleses para cada dia de pesca dos arrastões desceu de 470 kg em 1906 para 280 em 1914, atingindo 950 em 1919, tornando a descer para 280 em 1933 e 110 em 1935. Nos Países Baixos, o total da tonelagem de eglefins passou de 32 634 toneladas em 1915, para 10 355 em 1928. Simultaneamente, os indivíduos de pequeno tamanho tornavam-se proporcionalmente bem mais numerosos de 1910 a 1913: representando inicialmente 39% das capturas; a proporção passou para 69% no decurso do período 1923-30. As proporções referentes às Ilhas Britânicas aumentaram de 42,5% em 1913, para 81,7% em 1928. O mesmo se pode constatar com os bacalhaus e as solhas. De 1925 a 1938, e de novo depois de 1950, os arrastões operavam com um rendimento mínimo.

As duas guerras mundiais beneficiaram igualmente o estoque de populações nessa zona, devido ao abrandamento ou mesmo à suspensão completa da pesca (Fig. 65). O rendimento, por dia de pesca, dos arrastões ingleses, no conjunto das capturas, que se elevava a 1 050 kg em 1906, subiu para 1 850 kg em 1919; em seguida passou a diminuir regularmente, até a média de 770 kg entre 1934 e 1937.

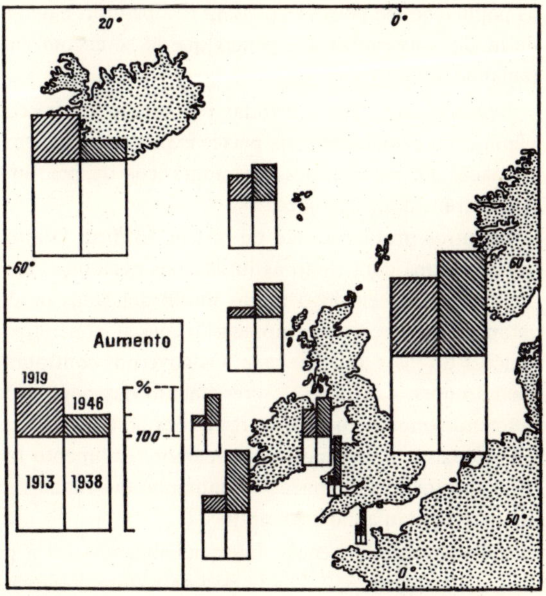

Figura 65. Crescimento do estoque de peixes no mar do Norte e no nordeste do Atlântico, em virtude da suspensão da pesca durante as duas guerras mundiais. O aumento é indicado (pela zona tracejada) em porcentagem em relação às tonelagens desembarcadas no ano precedente ao início das hostilidades (conforme explica o gráfico no canto inferior esquerdo). A superfície de cada diagrama é proporcional à tonelagem desembarcada. O crescimento dos estoques é sensível nas diversas zonas. Segundo Graham, 1949

Não é difícil conceber-se a importância desse problema para o conjunto das pescarias, cuja atividade se exerce nessa parte dos mares. Tal situação provocou medidas de conservação sobre as quais voltaremos a falar.

6 — COMO REMEDIAR A EXPLORAÇÃO EXCESSIVA DAS POPULAÇÕES DE PEIXES

O estado atual das populações em seu conjunto é, portanto, deveras alarmante. Se alguns mares são ainda muito pouco prospectados (por exemplo os mares austrais e, especialmente, os que rodeiam a Austrália), em outros se verifica um *overfishing* caracterizado, muitas vezes, por proporções dramáticas. A situação se agrava muito com o aumento incessante da procura, o que provoca uma pressão cada vez maior sobre as populações de peixes.

As capturas intensivas, graças a meios técnicos em aperfeiçoamento constante, permitem que o volume de tonelagens desembarcadas aumente. Pesca de alto mar e pesca litoral são igualmente recrimináveis, esta última especialmente responsável pela destruição de um grande número de peixes jovens, em particular de Pleuronectiformes. A pesca de camarões é igualmente considerada mortífera devido à malha apertada das redes utilizadas, que capturam simultaneamente inúmeros peixes jovens sem qualquer valor mercantil, inutilmente subtraídos às populações de que depende a grande pesca.

Em face desses graves perigos, os legisladores preconizaram numerosas medidas, aconselhados por especialistas em oceanografia e técnicos em pesca.

Uma das primeiras visa a regulamentação do tamanho da malha das redes, de modo a que os peixes de tamanho inferior possam escapar. Evidentemente, isso suscita um grande número de problemas técnicos, devido às características das redes e às dimensões dos peixes em causa*.

Além disso, tentou-se limitar os períodos de abertura da pesca, constituir reservas onde as populações de peixes se possam reconstituir, e delimitar os setores explorados rotativamente de modo a assegurar aos peixes que aí se encontrem o tempo suficiente para atingirem um tamanho ótimo.

O conjunto dessas medidas repousa sobre um conhecimento preciso de ecologia e de dinâmica das populações dos peixes explorados. Tais exigências provocaram por todo o mundo a criação de laboratórios oceanográficos de pesquisa pura ou aplicada, cujas atividades se concentram nestes estudos.

Outros problemas são de ordem jurídica. O alto mar, para lá do limite das águas territoriais, escapa com efeito às jurisdições nacionais; em conseqüência, a regulamentação da sua exploração põe em jogo regras muito delicadas de direito internacional. Todas as nações fizeram um esforço de compreensão que se concretizou pela assinatura de uma série de convenções do mais alto interesse. Os governos contratantes comprometeram-se a tomar medidas visando quer a favorecer o crescimento das populações de peixes (por exemplo interdição de pesca no tempo e no espaço, restrições no contingente de capturas), quer a limitar as capturas a fim de assegurar à pesca um melhor rendimento (por exemplo, proibição do uso de certos instrumentos, determinação do tamanho das malhas das redes utilizadas pelos arrastões, tabelamento do tamanho mercantil).

A primeira convenção internacional, relativa à pesca no mar do Norte, foi assinada no dia 6 de maio de 1882. Desde essa data, foram efetuados cerca de 150 acordos bilaterais, uma dezena de acordos regionais e ainda alguns referentes a uma espécie de peixes determinada, sendo que muitos dos acordos regionais continham também cláusulas específicas referentes a determinadas espécies. Houve cerca de uma dúzia de "grandes" convenções, interessando 42 Estados (Gros, 1960).

As convenções que regulamentam a pesca no mar do Norte e no nordeste do Atlântico figuram entre as mais importantes pelo fato de múltiplas nações para aí enviarem suas frotas, e ainda por que esses mares constituem zonas de pesca há muito exploradas, de grande interesse em virtude da sua riqueza e proximidade dos grandes centros de consumo da Europa. Em conseqüência, os problemas do *overfishing* são particularmente graves nessas regiões.

Uma primeira conferência reuniu-se em novembro de 1936 e em março de 1937; conduziu à assinatura da Convenção Internacional de 23 de março de 1937, que se aplicava ao Atlântico norte e aos mares adjacentes (excluindo uma parte do Báltico e o Mediterrâneo). Essa con-

*Por outro lado, as redes só deixam escapar os peixes menores se não estiverem cheias. Depois de repletas, retêm tudo o que encontram e as mais sábias estimativas revelam-se inoperantes.

venção fixava essencialmente o tamanho da malha das redes de arrasto, em função das zonas a que eram destinadas, e os tamanhos mercantis mínimos de diversos peixes.

Em 1946, uma nova conferência, reunida em Londres para rever a Convenção de 1937 e lhe acrescentar as emendas tornadas necessárias pela evolução do estoque de peixes (Fig. 66), levou à assinatura da Convenção Internacional do *overfishing*, a 5 de abril de 1948*. A medida das malhas mínimas aumentou, assim como as dimensões mínimas mercantis dos peixes, aos quais duas novas espécies se vinham juntar (a pescada marlonga e a *Limanda*). Essas disposições tornaram-se efetivas a partir de 1954. Além disso, a convenção previu a criação de uma comissão permanente que agruparia os delegados dos países signatários e que seria encarregada da aplicação do acordo.

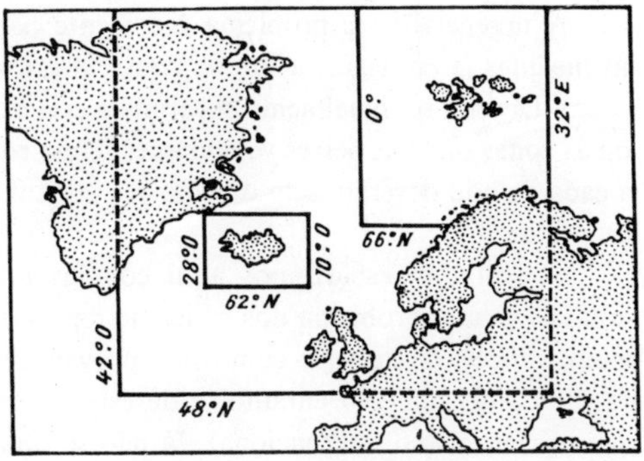

Figura 66. Setores definidos pela Convenção das Pescarias do Atlântico Nordeste. Convenção de Londres (1946). Segundo Monod, 1956

No decurso dessa conferência foi ainda discutido, por proposta da Inglaterra, um projeto de restrição dos contingentes das tonelagens capturadas, que foi aplicado e vigora nesse país desde 1937, por acordo voluntário entre os armadores e por intervenção do governo. A atribuição de quotas foi recusada, mas talvez no futuro venha a ser aceita.

Observemos também que existe uma outra Convenção Internacional referente às zonas de pesca do Atlântico noroeste (Washington, 8 de fevereiro de 1949), firmada a fim de preservar os estoques de eglefins e de bacalhaus, que são os peixes mais importantes dessa zona**.

Além disso, convenções similares abrangem outras regiões do globo, especialmente a que citamos, relativa ao hipoglosso no nordeste do Pacífico. A exploração do atum também foi objeto de um acordo entre diversos países, principalmente no que se refere aos mares que banham o Novo Mundo (Inter American Tropical Tuna Commission).

Apesar de essas medidas constituírem um progresso substancial, não tiveram os resultados esperados. Assim, depois de prévias discussões técnicas, reuniu-se em 1959, em Genebra, uma conferência das Nações Unidas, para que se chegasse a um acordo mundial sobre a exploração dos recursos marinhos. Foi essa conferência que levou à redação da "Convenção sobre a pesca e a conservação dos recursos biológicos do alto mar". Tal convenção representa um passo importante para uma regulamentação da pesca em alto mar, pois, pela primeira vez, se insistiu

*Essa Convenção foi assinada pela Bélgica, Dinamarca, Irlanda, Espanha, França, Grã-Bretanha, Irlanda do Norte, Islândia, Noruega, Países Baixos, Polônia, Portugal e Suécia. A ela aderiram posteriormente a Alemanha Federal (1954) e a URSS (1958).

**Essa Convenção foi assinada pelo Canadá, Dinamarca, Espanha, Estados Unidos, França, Grã-Bretanha, Islândia, Itália, Noruega, Portugal; a ela aderiram ulteriormente a Alemanha Federal (1957) e a URSS (1958).

na necessidade da *conservação* dos recursos, resultante de um equilíbrio dinâmico capaz de garantir um *rendimento ótimo constante*. Do ponto de vista do direito internacional, essa convenção é igualmente muito original. No decurso dos debates se manifestou, com efeito, uma nítida oposição entre os partidários dos velhos princípios liberais do direito internacional clássico e os que defendiam uma espécie de direito preferencial de que se beneficiariam as nações do litoral, em contradição flagrante com o direito tradicional do alto mar*. Reservar-se-ia assim um lugar importante aos direitos econômicos e sociais dos países em desenvolvimento, à custa das velhas economias baseadas na pesca a grande distância. Essa convenção, assinada depois de laboriosas discussões por umas trinta nações (com a oposição viva de alguns países), ainda não foi, no entanto, ratificada. Espera-se que o seja, pois sua aplicação constituiria um progresso sensível no sentido de uma exploração racional dos recursos do mar (Gros, 1960).

A urgência desse problema é evidente para todos. É necessário reforçar imediatamente as medidas já em vigor, a fim de conter a grave depleção que se acentua em muitas zonas de pesca. Deveria ser igualmente encarada a criação de vastas reservas que protegessem as desovas ou as zonas onde os peixes vêm crescer. Uma rotação dos distritos e a atribuição de uma quota a cada Estado deverão, sem dúvida, ser instituídas proximamente, a fim de diminuir a pressão de pesca.

No entanto, esbarramos aqui com as inúmeras dificuldades dos regulamentos supra-estatais, com o problema dos meios de repressão e de represália em caso de infração, medidas muito difíceis de aplicar, como nos provam, em outros planos, os acontecimentos políticos da última década. No entanto, é de esperar que os homens consigam entender-se, uma vez que seja, no plano internacional. Já não se trata mais de prestígio ou de chauvinismo, pois o que está em causa é a utilização racional de um recurso natural em perigo. É necessário não esquecer que, por trás das ideologias e dos interesses econômicos de comunidades e de particulares, existem razões "ecológicas", pois no fundo é a fome que leva os homens a reivindicarem os mares e a explorá-los excessivamente. O meio marítimo só terá um melhor rendimento — e pode tê-lo rapidamente — quando se fizer um acordo entre os homens de boa vontade.

Observemos ainda que já se iniciou a criação de peixes de mar, como por exemplo a do bacalhau na Noruega, do linguado na França e da solha na Escócia**. Apesar de algumas dessas tentativas serem antigas (algumas se vêm fazendo desde 1884), ainda continuam em estado experimental, assim como no que diz respeito à introdução artificial de espécies marinhas (por exemplo, a aclimatação da savelha, *Alosa sapidissima,* da costa oriental dos Estados Unidos, na Califórnia), de que *a priori*, no entanto, se deve desconfiar, pois essas tentativas podem provocar rupturas no equilíbrio natural. O que também nos deixa bastante céticos relativamente a essas tentativas é o fato de o mar estar destinado a ser ainda durante muito tempo, ou mesmo para sempre, um meio natural que não sofrerá qualquer modificação por parte do homem, a não ser os efeitos da sua predação. A humanidade escravizou a terra na sua quase totalidade;

*Essa questão está intimamente ligada à dos limites das águas territoriais.

**Note-se, a esse respeito, a transplantação das solhas (*Pleuronectes platessa*) na Dinamarca, entre a costa oeste e a costa este da Jutlândia; essa operação, benéfica nos planos econômico e biológico, mereceria ser levada a efeito em outros setores do mar do Norte. (Postel, *Science et Nature*, n.º 152, 1962).

Observemos ainda que alguns Crustáceos marítimos foram objeto de aclimatações, particularmente um camarão do Extremo Oriente, *Palaemon macrodactylus*, introduzido por volta de 1954 na baía de São Francisco, onde veio a ser objeto de uma pesca rentável (Newman, *Crustaceana,* 5: 119-132, 1962).

o mar continua selvagem e as intervenções do homem consistem apenas em capturar, muitas vezes, infelizmente, em excesso, aquilo que ele pensa necessário para seu consumo. Nos mares, estamos ainda no estágio da "apanha", apesar dos nossos meios altamente aperfeiçoados.

7 — A CAÇA À BALEIA E A SUA REGULAMENTAÇÃO

Lembramos anteriormente algumas das grandes etapas da caça à baleia no mundo, e a história da rarefação progressiva de certas espécies.

Atualmente os baleeiros dispõem de um material que lhes permite capturar todos os Cetáceos, seja qual for o seu tamanho, inclusive a baleia-azul (rorqual), protegida durante muito tempo por sua força e velocidade*. No início limitada ao hemisfério norte, a caça estendeu-se, a partir de 1905, aos mares antárticos (Budker, 1957). Começou por ser feita com navios-fábrica, a seguir servindo de estações flutuantes sedentárias. Em 1925 deu-se a invenção do *slip-way*, rampa inclinada na parte traseira do barco, permitindo içar a baleia para o convés. O número de Cetáceos mortos no mundo seguiu então uma curva ascendente rápida, conforme se pode verificar pelos seguintes dados (segundo o International Whaling Statistics, Oslo, 1966):

1900:	1 635	1935:	39 311	
1905:	4 592	1938:	54 835	
1910:	12 301	1951-52:	49 794	
1915:	18 320	1956-57:	58 990	
1920:	11 369	1961-62:	66 090	
1925:	23 253	1964-65:	64 680	(dos quais
1930:	37 812		32 563,	ou seja, 50% na região Antártica)

Embora a exploração das baleias tenha sido mundial, atualmente é a região Antártica a principal zona de caça; durante a estação de 1930-31, nada menos de 38 navios-fábrica e 184 barcos de caça aí atuaram. Na estação de 1966-67 contaram-se 9 navios-fábrica e 120 barcos de caça (entre os quais 3 soviéticos, com 55 barcos de caça).

Houve sem dúvida flutuações no número de Cetáceos capturados, devido a uma produção excessiva e a uma consecutiva baixa dos preços, especialmente em 1932, ano em que o número de Cetáceos mortos passou para 12 988, quando em 1931 tinha sido de 43 129. E, desde essa época, as companhias baleeiras começaram a tomar consciência do perigo de depleção.

Por essa razão, foram assinados acordos limitados pelas grandes nações baleeiras, e mesmo pelas companhias que começaram a reduzir as capturas e a fixar quotas. Já em 1932, uma primeira Convenção firmada pela Noruega e a Grã-Bretanha limitou o número de baleias e a produção de óleo, assim como o período de caça. Essa convenção foi reformulada nos anos seguintes, enquanto a Noruega promulgava leis baleeiras relativas ao seu equipamento. Algumas companhias, no entanto, não eram abrangidas por esses acordos.

Em 1937 deu-se um passo decisivo, com a assinatura, em Londres, da Primeira Convenção Baleeira Internacional, ratificada pelas principais noções interessadas (África do Sul, Argentina, Austrália, Alemanha, Estados Unidos, Grã-Bretanha, Irlanda, Noruega, Nova Zelândia); em suas cláusulas se fixavam as datas de abertura e de fechamento da caça, as dimensões-limite

*A bordo dos navios-fábrica modernos, chega-se a cortar 49 baleias trazidas pelos barcos de caça, em 24 horas. Esse número é suficiente para indicar a eficácia dos meios de captura e de tratamento.

e a interdição de caçar as baleias-cinzentas. Essa convenção foi reformulada em 1938, com um artigo adicional importante: a criação de uma reserva total, localizada entre 70º e 160º de longitude Oeste.

O estoque de baleias reconstituiu-se durante a Segunda Guerra Mundial. Mas quando a paz voltou, todo o mundo sofria de graves carências alimentares; em conseqüência, temeu-se uma captura excessiva à medida que as nações baleeiras reconstituíam o equipamento destruído durante as hostilidades.

Assim, desde 1944, efetuou-se em Londres uma primeira reunião; entre as decisões mais importantes figura a introdução da noção de *Unidade Baleia Azul* (Blue Whale Unit = BWU). Os 4 Cetáceos com barbatanas caçados são de dimensões extremamente diferentes. Como na prática é difícil limitar as capturas por espécie, fixou-se um limite global por equivalência, levando em conta a quantidade de óleo fornecida pelos Cetáceos e tomando como unidade a do maior, a baleia-azul = 2 baleias-"Fin" = 2 1/2 baleias-de-corcova *Megapteras* = 6 baleias "Sei".

Desse modo tornou-se possível limitar o número de capturas sem fazer distinções específicas, fórmula prática que, no entanto, não leva em consideração a extensão das populações das diferentes espécies. Fixou-se arbitrariamente o montante em 16 000 BWU para a caça na região Antártica em 1944 (antes da guerra a média das capturas era da ordem de 24 000 BWU).

Em novembro de 1945 efetuou-se em Londres uma conferência baleeira que reuniu delegados de 12 nações. Diante da falta de gorduras no mundo, que se tinha tornado particularmente grave, decidiu-se remediar essa situação com a caça dos Cetáceos, limitando no entanto as capturas para não comprometer o futuro. Essa regulamentação materializou-se na *Convenção Internacional para a Regulamentação da Caça da Baleia,* assinada por 19 nações em Washington, em 2 de dezembro de 1946. As cláusulas dessa convenção, verdadeira carta da exploração dos Cetáceos, dizem respeito à proteção dos indivíduos jovens (interdição de capturar uma fêmea acompanhada pelos filhotes, dimensões-limite), à limitação do número de baleias capturadas (quota fixada em BWU ou para uma espécie determinada, limitação no tempo através da fixação das datas de abertura e de fechamento), à constituição de reservas integrais (região Antártica compreendida entre 70º e 160º de longitude Oeste) e à proteção das espécies ameaçadas. Além disso, a convenção delimitou uma série de zonas dispersas por todo o mundo, onde as modalidades de caça são regulamentadas (o navio-fábrica só é autorizado ao sul de 40º de latitude Sul e numa parte do Pacífico norte, pois seu grande raio de ação aumenta sua capacidade de destruição). Foi criada uma comissão baleeira permanente (assistida por comitês científicos) encarregada da aplicação dessas cláusulas, particularmente do estabelecimento de penas aos caçadores de baleias que infringem esses regulamentos. Dezessete nações aderiram à convenção de Washington*.

Apesar do número de Cetáceos capturados anualmente continuar muito elevado, está tendendo, no entanto, a diminuir, devido à depleção dos estoques. Em 1955-56, foram capturados na região Antártica 31 564 Cetáceos, entre os quais 27 958 baleias "Fin" e 560 baleias "Sei"; acrescentem-se as capturas efetuadas pelas estações em terra, que não são atingidas pela limitação imposta aos navios-fábrica, e as que são efetuadas em outras partes do mundo. Em 1964-65, só foram capturados 28 211 Cetáceos na região Antártica, entre os quais se contavam somente 7 811 baleias "Fin" e 20 380 baleias "Sei" muito menores, contando apenas como 1/6 de Uni-

*Austrália, Brasil, Canadá, Dinamarca, Estados Unidos, França, Grã-Bretanha, Islândia, Japão, México, Noruega, Nova Zelândia, Panamá, Países Baixos, República da África do Sul, Suécia, URSS.

dade Baleia Azul; a baleia-azul passou de 5 130 em 1951-52 para 20 em 1964-65. Em 1966-67, o número de Cetáceos mortos no mundo descia para 51 593.

Essas cifras são inquietantes para quem se preocupa não só com a proteção da natureza, mas também com a manutenção de uma exploração racional dos recursos naturais. Segundo os trabalhos realizados pelo *Discovery Committee*, os *Balaenoptera* da região Antártica possuíam populações compreendidas entre os 142 000 e os 340 000 indivíduos, com média da ordem dos 220 000 (a proporção das espécies foi avaliada da seguinte forma: 75% de baleias "Fin", 15% de baleias-azuis e 10% de *Megaptera*). O número de indivíduos capturados parecia já nitidamente muito elevado, e os especialistas começavam a inquietar-se com uma exploração excessiva, principalmente no que dizia respeito à baleia-azul e à baleia "Fin". A espécie de longe mais ameaçada parecia ser a baleia-azul. Durante as estações de caça (região Antártica) anteriores a 1937-38, constituía a espécie predominante. Assim, entre 1930 e 1933, considerando o conjunto das capturas de baleia-azul + baleia "Fin", constata-se que a proporção era aproximadamente de 80% para a primeira e 20% para a segunda. Essa proporção foi progressivamente se invertendo, a ponto de a baleia-azul representar apenas 5% do total. A baleia "Fin" foi, portanto, a mais atingida pela atividade baleeira antártica e, por essa razão, foi dizimada (entre as estações de 1955-56 e 1963-64, teria diminuído de dois terços, segundo a Comissão Baleeira). Atualmente, o mesmo fenômeno se verifica com a baleia "Sei", muito menor, mas cujas capturas foram quase três vezes mais importantes do que as da baleia "Fin" em 1964-65. Conseqüentemente está em rápida diminuição no Antártico (diminuiu de 30% entre 1966-67 e a estação de caça precedente).

Portanto, a maior preocupação das nações baleeiras consiste, cada vez mais, em procurar os meios de salvaguardar a sua "matéria-prima".

O Comitê Científico da Comissão Baleeira Internacional insiste há vários anos na necessidade de se tomarem medidas enérgicas. Em 1960 formou-se um comitê de três especialistas em dinâmica das populações, aos quais ulteriormente se juntou um quarto; reuniu-se em Roma e depois em Seattle, e apresentou o seu relatório final na última sessão da Comissão. As conclusões desse relatório são muito pessimistas e confirmam as advertências que o Comitê Científico da Comissão Baleeira vinha reiterando desde há alguns anos.

Seria desejável abolir a Unidade Baleia Azul (BWU), pois na realidade não passa de um artifício permitindo marcar um limite ao número das capturas. O ideal seria prescrever uma limitação *por espécie*: foi este o voto formulado pelo Comitê Científico, assim como pelo "Comitê dos Três". Infelizmente sua aplicação prática comporta dificuldades consideráveis, e, por enquanto, conservou-se a BWU.

A Comissão tomou diversas medidas destinadas a proteger os estoques de Cetáceos, começando por interditar a captura da baleia-azul numa boa parte do Antártico e a dos *Megaptera* no hemisfério Sul.

No entanto, apesar dessas restrições, as populações continuaram a declinar. Vimos que a baleia-azul está particularmente ameaçada, e tem-se a sua extinção virtual. Seus efetivos no Antártico são atualmente constituídos por menos de 2 000 indivíduos, não ultrapassando talvez 650, enquanto que a população ótima seria da ordem dos 100 000 indivíduos. O comitê dos três especialistas mencionados acima concluiu que é possível que as populações tenham regredido para além do mínimo necessário a uma reprodução normal e, conseqüentemente, que a espécie esteja condenada. A situação das outras baleias não é melhor, quando mais não seja, devido à pressão de caça, que se torna cada vez mais forte, pois a baleia-azul, de muito melhor rendimento devido ao seu tamanho, já não se inclui nas capturas. Ora, existe um conflito grave entre os baleeiros e os cientistas encarregados do estudo dos efetivos de baleias. Devido aos imperativos de rentabilidade atual das campanhas de caça e às necessidades mundiais de gorduras, as capturas anuais continuam a ser extremamente elevadas. Assiste-se assim, progressivamente, à depleção dos estoques. As espécies correm o risco de atingirem uma rarefação crítica, e uma riqueza natural de importância considerável está em vias de ser delapidada nos próximos anos.

Esperemos que sejam tomadas medidas sábias, que sejam aplicadas com rigor pelas mais altas autoridades internacionais, a fim de não comprometer definitivamente o futuro desse recurso marinho, de que depende uma parte importante da humanidade.

8 — O PROBLEMA DOS CRUSTÁCEOS

Trataremos rapidamente do caso dos Crustáceos, embora estejam em diminuição em todo o mundo em virtude da depleção dos estoques provocada por capturas excessivas. Aliás, as diferentes "guerras das lagostas" a que ultimamente temos assistido, por exemplo ao largo do Brasil, assinalam a rarefação dos Crustáceos em certas zonas de pesca, forçando os pescadores a se dirigirem para outras regiões, onde se chocam com problemas de concorrência, complicados por contestações jurídicas.

Essa evolução não é perceptível apenas nos mares que rodeiam a Europa, pois foram assinalados inegáveis sintomas de *overfishing* em mares tão afastados quanto os que banham as ilhas subantárticas de Saint-Paul e Amsterdã, onde uma lagosta (*Jasius lalandei*) é objeto de exploração regular (Paulian, 1957). Pelos resultados das campanhas de pesca entre 1950 e 1956, verifica-se que as tonelagens pescadas não variaram nada apesar de um melhor conhecimento do fundo do mar: os pescadores têm cada vez mais dificuldade em atingir os mesmos resultados. Parece que a punção considerável levada a efeito em 7 anos foi excessiva, e que nos encaminhamos para uma ruptura de equilíbrio. Seria sem dúvida conveniente limitar a tonelagem de pesca, tanto mais que o planalto "continental" e de extensão limitada, e que as populações de lagostas aí se confinam, mesmo se mares mais profundos servem de "reservatórios". Essa medida deveria ser acompanhada por uma interdição da pesca à lagosta durante um determinado período do ano.

Seria aconselhável tomar decisões semelhantes em diversas regiões do mundo, principalmente fixando de um modo mais estrito os limites dos tamanhos mercantis (regulamentação da dimensão das malhas das armadilhas). Chega-se mesmo a observar uma diminuição sensível do rendimento da pesca ao camarão em diversos setores, principalmente ao largo da África Ocidental.

9 — O PROBLEMA DOS MOLUSCOS

Os moluscos não estão de modo algum ao abrigo de uma exploração excessiva por parte do homem. Se a ostreicultura, tendo como fim a produção de ostras comestíveis, tornou-se um verdadeiro empreendimento industrial, escapando, num certo sentido, às leis biológicas e só dependendo muito longinquamente das populações naturais* — freqüentemente apresenta

*É assim, pelo menos, que se apresenta a situação na Europa. Nos Estados Unidos, porém, um terço das ostras provém de bancos naturais explorados sem a mínima preocupação de manter a sua produtividade. Isso provocou, pelo menos na costa atlântica, uma diminuição sensível da produção anual devido a uma exploração não controlada.

muito mais semelhanças com a criação no sentido agrícola da palavra —, o mesmo não acontece na exploração dos moluscos produtores de madrepérola. Com efeito, esta última afeta populações selvagens que o homem, com suas capturas excessivas, devastou em inúmeros locais.

O melhor exemplo ainda são as colônias francesas da Oceânia e, particularmente, as ilhas Tuamotu, cujo principal recurso econômico são precisamente a madrepérola, o "copra" e o fosfato (Ranson, 1962).

Os moluscos produtores são as ostras perlíferas da família das Aviculidae, pertencentes a diversas espécies, das quais a mais importante, de longe, é a *Pinctada margaritifera,* disseminada do Tahiti às ilhas Fidji e à Nova Caledônia; espécies vizinhas se distribuem em outros distritos, principalmente no Japão e no Oceano Índico (antigamente pescavam-nas para extrair as pérolas, mas essa exploração foi abandonada). Sua concha oval, em tons de verde ou preto por fora, apresenta por dentro, na parte central, uma camada de nácar esbranquiçado (aragonite); pode atingir 30 cm de diâmetro e pesar até 10 kg.

Nas lagunas das ilhas oceânicas, onde os mergulhadores atingem o fundo, os estoques de ostras produtoras de madrepérola esgotaram-se progressivamente. Ora, esses moluscos têm poucas possibilidades de garantir sua descendência, apesar de sua enorme fecundidade. Calcula-se que, para um milhão de ovos expulsos (uma fêmea de grandes dimensões emite várias dezenas de milhões), de um a dez apenas darão indivíduos que chegarão à idade adulta. Prevê-se a extinção total da população num prazo relativamente curto, assim que o estoque de reprodutores descer abaixo de um certo limite. É necessário concentrar dezenas de milhares de reprodutores num espaço relativamente pequeno para garantir a continuidade da espécie; essa concentração é condição imperiosa para a sobrevivência das populações, tanto mais que os sexos são separados.

Os imprevidentes mergulhadores polinésios, que esgotaram verdadeiramente a maior parte das lagunas, não tinham compreendido isso. Os números globais publicados referentes à exportação de "madrepérola" dão apenas uma idéia muito aproximada da evolução da produção devido ao caráter irregular da comercialização. As informações recolhidas referentes a lagunas precisas são muito mais demonstrativas; apresentamos aqui algumas, todas relativas às ilhas Tuamotu:

	Por volta de 1900 kg	*Por volta de* 1940-50 kg
Arutua	60 000	1 500
Kaukura	40 000-50 000	0
Manihi	80 000	4 688
Aratika	80 000-100 000	911
Hikueru*	1 000 000	528 401
Takapoto	400 000	211 000

Atualmente restam apenas seis importantes centros de produção, além de 8 lagunas que conservam uma rentabilidade apreciável. Todos os outros, ou seja, 35, têm uma produção nula ou insignificante, pois suas populações já praticamente se esgotaram.

Apesar das advertências de alguns observadores, remontando a 1884, o homem conseguiu, desse modo, empobrecer gravemente os recursos naturais de ilhas consideradas felizes.

As medidas destinadas a regenerar os efetivos consistem especialmente na constituição de reservas naturais em cada laguna, para abrigar ostras já plenamente adultas, portanto capazes

*O maior produtor de todo o arquipélago.

de emitir em grande número células reprodutoras; a pesca nunca deve ser permitida nessa zona pois ela fornece as larvas que se dispersam em seguida por toda a laguna. No espaço remanescente é conveniente colocar suportes (pedras ou varas) sobre os quais as larvas se possam fixar: numa palavra, aplicar as técnicas classicamente empregadas na ostreicultura (Fig. 67).

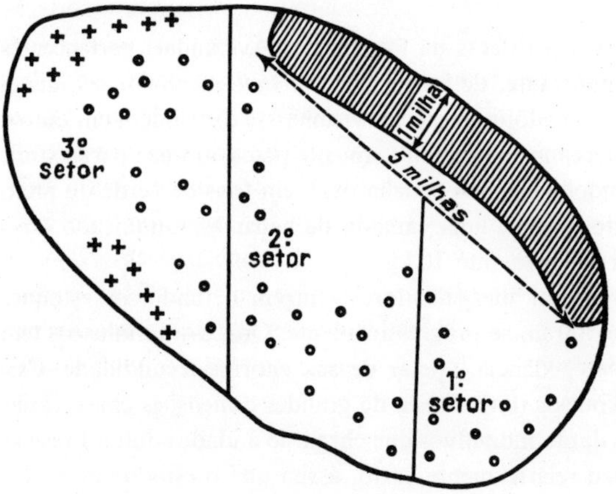

Figura 67. Plano esquemático da laguna de Hikueru, ilhas Tuamotu, e delimitação das zonas tendo em vista a exploração racional das ostras produtoras de madrepérola. A reserva em que o mergulho é proibido aparece em tracejado. Delimitaram-se três setores a explorar por rotação. Os coletores (destinados a favorecer a fixação das larvas) são representados por cruzes (feixes de varas) e círculos (pedras). Segundo Ranson, 1962

Assim se consegue enriquecer lagos esgotados, mantendo constante o meio alimentar em que as ostras encontram subsistência. A definição dos setores explorados por rotação completaria a regulamentação, assim como a interdição da pesca de ostras com menos de 15 cm de diâmetro.

Assim os princípios gerais de uma exploração racional aplicam-se também às ostras perlíferas; a saber, a constituição de uma reserva intocável onde a espécie se multiplique, e a administração sensata de um capital frágil, mas com possibilidades de regeneração, devido à fecundidade desses moluscos.

Na Nova Caledônia deparamos com um problema similar, no caso de *Trochus niloticus,* um outro molusco que produz madrepérola espessa e resistente (Angot, 1959) (Fig. 68). Embora uma abundante população se tenha estabelecido no planalto de recifes, os lucros consideráveis provenientes da sua exploração puseram em perigo a rentabilidade da operação. Quando, por volta de 1907, começou a pesca, esse molusco, extremamente abundante, era apanhado com

Figura 68. *Trochus niloticus*

pás e ancinhos sobre os recifes, na maré baixa; mas a partir de 1910-20 tornou-se raro nesse meio, e começou a ser explorado por mergulhadores. Apesar do aumento do esforço de pesca e do aperfeiçoamento dos métodos de captura, a partir de 1930 a produção média diminuiu regularmente, exemplo caracterizado de *overfishing*: exportaram-se anualmente 1 000 toneladas até por volta de 1913, 790 em 1916, 622 em 1922, 389 em 1924 e 358 em 1928.

Apesar de se ter dado o alarme nessa época, a exploração continuou, com uma exportação média de 400 toneladas por ano até a Segunda Guerra mundial. Depois da reorganização dos mercados, em 1946, a exploração excessiva recomeçou com mais intensidade ainda. De 1946 a 1948, o esforço de pesca manteve-se no mesmo nível, mas a tonelagem coletada caiu espetacularmente de 1 221 toneladas (esse número elevado explica-se pela interrupção da pesca durante a guerra) para menos de 500 toneladas. Depois de uma estabilização de 1948 a 1953, com uma tonelagem média de 500 toneladas, um prodigioso aumento do esforço de pesca levou, inicialmente, ao aumento maciço da tonelagem coletada (880 toneladas em 1954), seguido de um declínio igualmente rápido: 723 toneladas em 1955, 402 em 1956. Os pescadores tinham aumentado, e exploravam zonas de maior profundidade, que até então haviam permanecido virgens; contudo, já não conseguiam manter a tonelagem coletada, o que provocou o aumento vertiginoso do preço do molusco (Fig. 69).

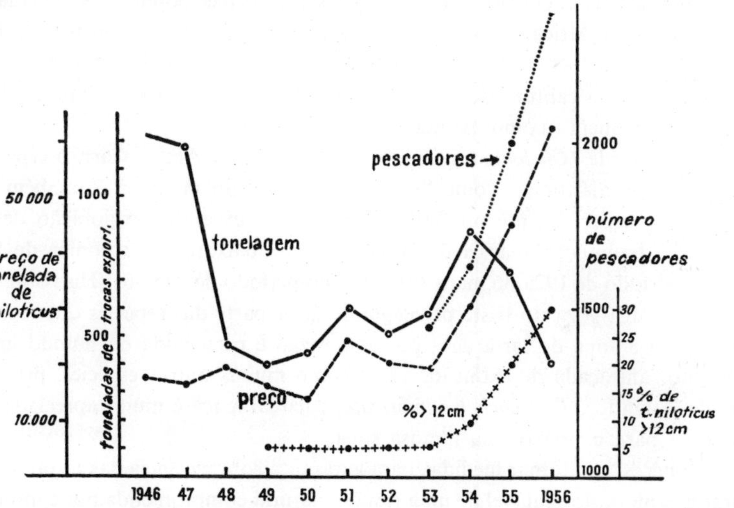

Figura 69. Variação do rendimento da pesca de *Trochus* na Nova Caledônia, de 1946 a 1956. Notar a diminuição espetacular da tonelagem em 1947-48. De 1953 a 1956, observa-se uma intensificação das atividades de pesca (traduzida principalmente pelo aumento do número de pescadores), mas a tonelagem capturada diminui. (O aumento do tamanho das conchas, devido à exploração em zonas mais profundas, exigiu ainda um maior esforço de pesca.) A comparação dessas curvas diversas torna o *overfishing* patente. Segundo Angot, 1959

Para cercear os efeitos nefastos do *overfishing*, as autoridades locais tomaram um certo número de medidas, entre as quais a interdição da pesca durante um ano a partir de setembro de 1956, para restaurar o estoque, fixando o tamanho-limite das conchas negociáveis em 10 centímetros de diâmetro no mínimo. O limite do tamanho dos moluscos constitui por si só uma medida adequada, pois permite que inúmeros adultos se reproduzam, repovoando, desse modo, as superfícies de recifes de onde a espécie havia quase inteiramente desaparecido. Tudo parece indicar que a regulamentação adotada terá êxito, permitindo que o estoque de *Trochus* se renove, garantindo, assim, através de uma exploração racional, um rendimento constante às comunidades de pescadores para as quais a pesca de mergulho constitui o único recurso.

10 — AS TARTARUGAS MARÍTIMAS

A exploração das tartarugas marítimas é muito antiga, particularmente em função dos seus ovos. Com efeito, esses Quelônios vêm à terra para enterrar seus ovos na areia; e é bastante fácil localizar esses lugares de reduzida extensão, pois são sempre os mesmos, todos os anos, desde tempos remotos. Algumas espécies são exploradas pela qualidade das suas carapaças; outras, cujo plastrão tem uma textura particular*, servem para preparar a "sopa de tartaruga", considerada como um petisco raro no mundo "civilizado", principalmente nos países anglo-saxônicos.

Essas utilizações diversas provocaram uma exploração excessiva das várias espécies de tartarugas marítimas, que assim diminuíram consideravelmente nos mares quentes onde habitam (Hendrickson, 1961; Parsons, 1962). Da tartaruga Luth *Dermochelys coriacea* — a gigante do grupo, pesando até 700 kg, verdadeiro fóssil vivo desprovido de carapaça, que é substituída por placas encravadas na pele — restam apenas populações relictuais na Costa Rica, na Guiana, na África do Sul e na Malásia (Trengganu), onde menos de 1 600 fêmeas põem seus ovos anualmente, em locais considerados como as mais importantes zonas de reprodução. A excessiva captura dos ovos é responsável pela rápida diminuição dessa espécie, tida num dado momento como extinta.

A tartaruga-verde *(Chelonia mydas)* — considerada por Archie Carr, o especialista mundial das tartarugas marítimas, como "o réptil mais útil do mundo" — também é explorada pelos seus ovos, especialmente no Sudeste asiático; a excessiva exploração desses animais provocou uma diminuição maciça da produção, que baixou, nas colônias de Sarawak, de 2 184 095 no período de 1929-36, para 1 038 129 no período de 1955-61 (Harrison, 1962). Além disso, essa tartaruga goza do triste privilégio de fazer parte das espécies que fornecem a matéria-prima para a sopa de tartaruga; por essa razão é perseguida no mundo inteiro.
Está, portanto, ameaçada de extinção, assim como muitas outras espécies, principalmente a tartaruga do Atlântico, *Eretmochelys imbricata,* cuja carapaça é muito apreciada, fornecendo um sucedâneo para o preparo da famosa sopa.

Assim, é necessário tomar medidas para garantir a sobrevivência das tartarugas marítimas e assegurar a exploração rentável de uma riqueza natural comprometida por capturas abusivas. As zonas das praias onde as tartarugas põem os ovos devem ser transformadas em reservas, tal como foi feito na Malásia e em Costa Rica; e a colheita dos ovos deve ser severamente controlada. As tentativas de transferir os ovos para zonas fechadas (especialmente tratadas para esse efeito, cujo êxito é muito promissor, merecem prosseguir e ser ampliadas especialmente na Malásia; Hendrickson).

11 — OS PERIGOS DA PESCA ESPORTIVA E DA CAÇA SUBMARINA

A pesca esportiva desenvolveu-se muito nos últimos anos, sobretudo no Novo Mundo, e em particular nos mares quentes que rodeiam a Flórida e as Antilhas. O número crescente

*De todo o corpo do animal, que chega a pesar 180 kg, só 2,5 kg são utilizados; o resto é abandonado no local da captura, conforme observou Carr.

de amadores obrigou os governos interessados a promulgarem regulamentos a fim de protegerem as populações de peixes exploradas dessa forma. O grande interesse da pesca esportiva, que se transformou numa verdadeira indústria, devido às atividades que suscita, tais como construção de barcos e fabrico de equipamento, sem contar com a hotelaria (na Flórida um em cada quatro visitantes é um pescador esportivo), justifica plenamente a proteção dos estoques à custa dos quais se efetua.

Por outro lado, é preciso mencionar o rápido desenvolvimento da caça submarina em todas as regiões onde o mar é suficientemente quente e límpido, por exemplo na região mediterrânea. Os inúmeros mergulhadores com o seu equipamento podem contribuir para exterminar certos peixes nas zonas litorais. Em diversos pontos se assinalou a rarefação de espécies particularmente apreciadas. No entanto, os caçadores submarinos exploram apenas uma faixa costeira muito estreita, pois só podem atingir pequenas profundidades. Desse modo, representam uma ameaça ainda pouco grave, não sendo conveniente, porém, negligenciar futuramente esse problema.

Deve-se assinalar, nesse campo, a notável iniciativa do Estado da Flórida, que criou na zona costeira próxima de seu território o primeiro parque submarino do mundo (Fig. 70). A Sudeste da península, ao longo de Key Largo, estende-se uma franja de recifes de corais que se prolonga pelas Florida Keys; essa franja é formada por corais variados, entre os quais vivem

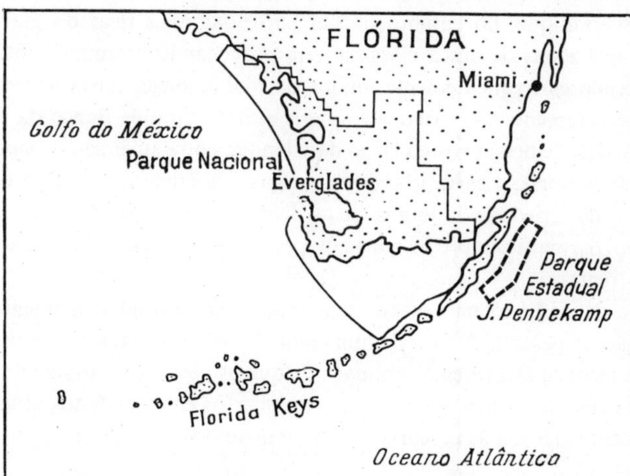

Figura 70. Localização do Parque Submarino criado ao largo da Flórida

plêiades de peixes multicores. Esse distrito havia sido saqueado pelos fornecedores de lojas de curiosidades, que utilizavam explosivos para arrancar os corais, cujos esqueletos embranquecidos são vendidos aos turistas em enormes quantidades. Além disso, os pequenos peixes, alvo da pesca esportiva, aí se vêm abrigar, e as populações estavam em risco de diminuir em virtude das perturbações infligidas à sua "creche". Já em 1957 os biólogos se preocupavam com a proteção dessa riqueza natural. Dificuldades administrativas retardaram a criação da reserva, que foi finalmente promulgada em 1960. A Pennekamps Coral Reef Preserve (ou Key Largo Coral Reef Preserve) estende-se numa área de 39 km de comprimento e 7,5 km de largura, cuidadosamente balizadas. Essa reserva está aberta aos visitantes, que podem mergulhar, mas não pescar com arpão ou retirar a mínima amostra. Iniciou-se um programa de pesquisas científicas nessa zona, que se encontra doravante ao abrigo das perturbações trazidas pelo homem.

Essa reserva não é a única no gênero; é necessário citar também as reservas submarinas de Virgin Islands National Parks, de Buck Islands, perto de Ste-Croix Islands, das Dry Tortugas e em Exuma Cay nas Bahamas. Outros projetos visam a estabelecer zonas de proteção na Phosphorescent Bay, Porto Rico, e em Bucco Reef, Tobago.

Além disso, em março de 1968, o Quênia estabeleceu dois parques nacionais marinhos destinados a proteger o espetacular habitat aquático das suas costas. Cobrindo uma superfície de aproximadamente 17,5 km^2, são complementados por reservas nacionais das quais a maior, na região de Malindi, se estende sobre 181 km^2.

Não podemos deixar de insistir na importância da criação dessa reserva natural, a primeira que se encontra inteiramente sob as águas; seria conveniente tomar medidas idênticas em outras regiões do mundo.

12 — OS RECURSOS MARINHOS NO FUTURO

Os recursos marinhos, considerados em seu conjunto, foram e ainda são objeto de uma exploração irracional, que põe em perigo a sua própria perenidade. O *overfishing* está afetando regiões muito diversas que, no entanto, fazem parte das mais ricas do globo.

A depleção das zonas de pesca clássicas está provocando no mundo inteiro "guerras de peixe" entre pescadores freqüentemente vindos de muito longe. Basta lembrar os incidentes que ocorreram recentemente entre russos e americanos no Grande Banco da Terra Nova e no Alasca, entre islandeses e britânicos ao largo da Islândia, entre americanos, japoneses, coreanos e russos no Pacífico Norte, e entre irlandeses, belgas e holandeses ao largo da Islândia, para nos convencermos da seriedade da luta entre as diversas nações para se apropriarem do peixe, ameaçando despovoar para sempre as zonas de pesca mais freqüentadas e tornar as operações cada vez menos rentáveis.

A gravidade da situação não escapa a ninguém. Devido ao crescimento da população humana, a pressão de pesca não pára de aumentar e exigir-se-á cada vez mais do mar, principalmente no que respeita às proteínas animais, de que os oceanos continuam sendo a principal fonte. Conseqüentemente, convém continuar e ampliar os esforços feitos atualmente para garantir um rendimento elevado às pescarias, ou mesmo aumentá-lo, salvaguardando, no entanto, o próprio capital.

Não se pode conceber hoje em dia que, salvo em casos particulares e em escala muito reduzida, o homem possa modificar o meio marinho, e "valorizá-lo", transformando-o, como no caso dos meios terrestres. Portanto, tratar-se-á sempre da exploração de uma riqueza natural não transformada.

De um modo geral, os recursos marinhos continuam sendo muito pouco explorados, com exceção dos mares do hemisfério boreal — mar do Norte, Atlântico e Pacífico Norte. É ainda possível aumentar o rendimento global dos mares, explorando novos setores, principalmente ao longo das costas da África, da América do Sul (Argentina, Uruguai) e da Austrália. Os mares tropicais abrigam numerosos peixes praticamente inexplorados; é certo que nesses mares a pesca de arrastão não é possível devido aos corais; novos processos de pesca devem, pois, ser inventados (como a pesca elétrica) antes que esses setores possam ser utilizados em grande escala.

Dever-se-ia também aumentar a gama de espécies consumidas pelo homem. Noventa por cento da biomassa dos animais marinhos é constituída por invertebrados, praticamente inexplorados, excetuando alguns Moluscos e Crustáceos. Não há dúvida de que a maioria não parece comestível, porém deveriam efetuar-se pesquisas nesse campo.

Mesmo no caso dos peixes, só é consumida pelo homem uma fração muito reduzida, objeto de uma exploração regular. Apenas 6% das espécies são exploradas e apenas 2% correntemente. Na prática, uma dúzia de espécies são objeto da pesca comercial; se se considerar a tonelagem como base de comparação, 33% são constituídas por arenque e sardinha, 25% por bacalhaus e espécies vizinhas, 9% por cavalas e atuns, 3% por peixes chatos como linguados, rodovalhos, etc., sendo o resto formado por espécies diversas. Seria, portanto, aconselhável encarar a exploração de outros peixes.

Não há dúvida de que isso suscitaria inúmeras dificuldades. Para começar, é preciso não esquecer que se o homem se limitou até agora a consumir algumas espécies, fê-lo por razões biológicas e práticas, visto que as populações desses peixes são particularmente importantes, e que a sua pesca apresenta facilidades excepcionais. Seria necessário estudar novos engenhos e modificar as técnicas de pesca em função da biologia das espécies. Além disso, seria necessário educar os consumidores; mesmo em países altamente evoluídos, inúmeras barreiras "psicológicas" impedem o consumo de peixes aos quais o público não está habituado. Mas se a humanidade quiser garantir sua subsistência terá de vencer esses preconceitos que, na maior parte dos casos, não têm fundamento.

Lembramos, finalmente, que houve quem preconizasse a exploração direta do plâncton. Do ponto de vista ecológico, isso teria como efeito a supressão de múltiplos estágios intermediários das cadeias alimentares; resultaria em melhor rendimento: são necessários 10 kg de plâncton para fazer um quilo de peixe; no mar do Norte, 2 milhões de toneladas de arenque equivalem a 50-60 milhões de toneladas de plâncton. Em vez de passar pelo intermediário peixe da superfície (arenque, sardinha), o homem consumiria, desse modo, diretamente, sob uma forma ainda por descobrir, a alimentação planctônica destes últimos, o que significaria um melhor rendimento energético.

O plâncton — composto de inúmeras espécies de algas e de invertebrados de pequenas dimensões — é particularmente rico em elementos nutritivos, que vão dos hidratos de carbono aos oligoelementos. Por mais sedutora que seja, à primeira vista, essa solução para a alimentação humana, não pode ser encarada como solução imediata, pois logo se apresentariam diversos problemas. Uns são de ordem técnica, devido à dificuldade de apanhar esses animais e vegetais microscópicos em suspensão na água. Calculou-se que, no mar do Norte, são necessárias, em média, 100 horas de trabalho para pescar 58,6 toneladas de arenque; para obter o equivalente em plâncton, seria preciso filtrar 57,5 milhões de toneladas de água, trabalho impossível de realizar, mesmo consagrando-lhe um lapso de tempo muito mais longo e consumindo maior quantidade de energia*.

Mesmo que esses problemas estivessem resolvidos, seria necessário encontrar a solução para muitos outros relativos ao preparo do plâncton, à sua transformação num alimento consumível pelo homem, e ao seu acondicionamento. Sem contar com as dificuldades psicológicas que seria necessário vencer para que este fosse aceito pelos homens, mesmo por aqueles que estivessem famintos. Salvo certos casos particulares — incluindo as experiências feitas pelo

*A coleta de uma tonelada de plâncton (peso seco) custaria de 35 000 a 55 000 cruzeiros.

Dr. Bombard —, o consumo direto do plâncton pelo homem é ainda um sonho, e não será amanhã que o homem substituirá os peixes de superfície nas cadeias alimentares marinhas.

O mar reserva ainda atualmente a sua alta produtividade, e é mesmo capaz de regenerar bastante rapidamente as populações dos animais que o homem dizimou imprudentemente. Constitui uma das grandes fontes de alimentos do mundo de amanhã. Uma exploração racional por parte do homem pode assegurar as coletas marinhas de que depende em grande parte a sua sobrevivência.[1]

[1]Desejamos adicionar às razões apontadas contra a utilização direta do plâncton como alimento do homem uma que, talvez por ser a mais óbvia, não mereceu melhor consideração por parte do autor: se o homem se serve do plâncton como alimento, subtrai-o da cadeia alimentar mencionada, e é indiscutível que isso terá repercussões sobre todas as outras formas de vida marinha, que o homem usa como alimento; assim, ele não teria uma fonte adicional de alimento, mas uma fonte substitutiva da que ele já usa (nota do Coordenador).

CAPÍTULO 10

O HOMEM NA NATUREZA

"Que Allah seja louvado pela diversidade da sua criação" (provérbio árabe).

Acabamos de lembrar os grandes problemas relativos à preservação da natureza selvagem no mundo moderno. Cabe-nos agora tentar uma síntese desses vários tópicos, à primeira vista heterogêneos, tentando em seguida extrair deles uma doutrina, uma filosofia de conservação da natureza e de seus recursos renováveis, tendo em vista a manutenção de um equilíbrio entre a humanidade e o seu meio, a satisfação das necessidades legítimas do homem e a resposta a uma das nossas maiores preocupações: os recursos do mundo de amanhã.

Nossas considerações afastaram-se por vezes da proteção da natureza tal como muitos a concebem ainda. Talvez a leitura deste livro os decepcione pelo fato de nele não se falar suficientemente de animais já raros ou de plantas cuja área natural de ocupação se vem reduzindo progressivamente. Sem dúvida acusar-nos-ão igualmente de termos deixado de lado, deliberadamente, o ponto de vista sentimental. Talvez devêssemos insistir nos aspectos emocionais do problema, perfeitamente respeitáveis e de uma grande importância. Em vez disso, mencionamos o estabelecimento de culturas, a exploração racional das riquezas naturais e a obtenção de um melhor rendimento das terras para benefício do homem. Assim, podem acusar-nos de termos traído a "Causa".

No entanto, não é mais possível, atualmente, uma política simplista. Sob a pressão de uma população humana que está crescendo ininterruptamente, e de uma tecnologia em perpétua evolução, as "reservas" estão sendo atacadas, uma após outra: suas barreiras são violadas e os limites corroídos a tal ponto que as medidas de proteção se tornaram rapidamente inoperantes.

Na realidade, pode-se constatar atualmente que o homem não pode ser dissociado dos habitats naturais, tomados em sua totalidade. Se se pretende salvar a natureza selvagem — ou pelo menos o que sobra dela —, só se atingirá o objetivo proposto integrando-a no teatro das atividades humanas.

Alguns indignam-se constatando que o homem pensa ter todos os direitos sobre a terra, em detrimento do resto da criação, e consideram que um animal ou uma planta têm os mesmos direitos à sobrevivência. Se bem que todas as metafísicas e todas as religiões confiram ao ser humano uma posição central em nosso mundo, e que esta não possa ser colocada em questão, o homem não tem o direito moral de exterminar o resto dos seres vivos.

Na realidade, o verdadeiro problema não se põe nesses termos: trata-se sobretudo de saber se é de seu interesse fazê-lo, e a resposta a essa pergunta é muito mais inteligível para os tecnocratas, donos de nosso destino. Os biólogos dispõem hoje em dia de dados suficientes para poderem afirmar, com segurança, que seria um erro capital querer transformar a totalidade do mundo num sistema artificial regido por leis inteiramente fabricadas em função do nosso interesse imediato.

É preciso insistir, para começar, sobre o fato de que a natureza não poderá nunca ser salva *contra* o homem. Se interesses humanos poderosos e legítimos — não estamos pensando em interesses sórdidos em vista do proveito imediato de um indivíduo ou de um grupo de particulares — se opuserem à manutenção do equilíbrio primitivo numa parcela da natureza selvagem, a decisão de suprimi-lo estará sempre nas mãos do homem, e os habitats naturais desaparecerão, apesar de alguns lamentarem o fato.

No entanto, hoje em dia, o problema é de outra natureza: trata-se atualmente de salvar o homem dele mesmo, tanto quanto de salvar a natureza. A civilização de tipo ocidental tornou-se quase monstruosa por ser excessivamente artificial. Ora, o homem é ser vivo e não máquina; precisa de um certo equilíbrio, e os médicos, os higienistas, os psicólogos têm-se provado de forma cada dia mais convincente. Depende e dependerá sempre dos recursos naturais para o seu alimento e para muitos dos objetos usuais da vida cotidiana. Desse modo não lhe é possível infringir certas leis que regem as produções naturais das quais depende. O homem e o conjunto da criação formam um todo, apesar das aparências por vezes deformadas pelos tecnocratas, maus pastores de uma humanidade que se transformou num rebanho servil.

Atualmente, porém, está se esboçando uma reação. As transformações radicais da natureza já pertencem ao passado, pois os engenheiros modernos descobriram o valor da conservação de um certo equilíbrio entre a natureza e os meios transformados num sentido antrópico.

O homem e todos os outros seres vivos — agrupados em comunidades equilibradas — formam um *todo* do qual é preciso que nos ocupemos *em conjunto*, contrariamente ao que pensam certos "protetores" atrasados, ou certos engenheiros, demasiado orgulhosos de seus brinquedos modernos.

É essa síntese que vamos tentar nestas páginas, evocando em primeiro lugar os grandes problemas humanos da atualidade, e, em seguida, algumas das soluções suscetíveis de garantir um desenvolvimento do homem num mundo que poderá, assim, preservar seu sentido primitivo.

I. *OS GRANDES PERIGOS QUE AMEAÇAM O HOMEM E A NATUREZA NO MUNDO MODERNO*

Tais perigos provêm principalmente da desproporção entre uma população humana em expansão demográfica rápida e os recursos naturais em vias de diminuição e de degradação acelerada, em conseqüência de uma exploração mal concebida e devastadora.

1 — A EXPLOSÃO DEMOGRÁFICA

O primeiro problema que a humanidade de hoje tem de enfrentar é, sem dúvida, o *excesso* de população. Foram precisos 600 000 anos para que a humanidade atingisse um efetivo de 3 bilhões de indivíduos; se a tendência atual se mantiver, bastarão 35 anos para duplicar essa cifra. Evidentemente, o homem conseguirá encontrar novos recursos e aumentar os rendimentos das suas explorações. A energia atômica vai decuplicar o seu poder, substituindo as fontes de energia clássicas, já esgotadas. Talvez seja possível, num futuro relativamente próximo, irrigar os desertos. Já foram elaborados planos no que respeita ao Saara. Os soviéticos estão projetando modificar consideravelmente uma vasta parte da Ásia central. Hoje em dia, desviar o curso de um grande rio ou nivelar uma montanha são projetos que se podem encarar seriamente, e muitos deles já estão sendo realizados. Estão também sendo estudados novos recursos alimentares, e bastará fazer com que sejam aceitos pelas populações humanas, que se adaptam lentamente a inovações desse tipo. Poder-se-á explorar terras ainda virgens (infelizmente em detrimento da natureza selvagem), e o rendimento dos solos já explorados poderá aumentar consideravelmente num futuro próximo. Seria, portanto, falso afirmar que a terra não é capaz de assegurar a alimentação da população atual, apesar dos rendimentos ainda insuficientes e da má distribuição dos produtos de consumo, devido a fatores políticos e econômicos. Porém, quando a situação tiver melhorado, quando a fome tiver sido eliminada e se puderem proporcionar condições de vida decentes às populações humanas atuais, a população mundial já terá novamente sofrido um aumento maciço. Tudo se passa como se a quantidade de alimento e a dos inúmeros produtos que o homem extrai da terra tentassem continuamente neutralizar o seu atraso sobre os efetivos de consumidores, sem nunca conseguir. A taxa de crescimento de uma e de outra são de tal ordem que restam poucas esperanças de se conseguir algum dia um verdadeiro equilíbrio, na prática. Estar convencido dessa impossibilidade não implica a adoção das idéias malthusianas.

Quando a revolução industrial determinou na Europa um súbito crescimento das populações, uma larga fração das riquezas mundiais estava ainda intacta. Essas reservas permitiram que a civilização ocidental superasse sua crise de crescimento, transpusesse uma etapa difícil e se estabilizasse num nível nitidamente superior. Infelizmente, hoje em dia, a situação modificou-se, pois já não se trata apenas de uma fração, mas da totalidade do planeta. Cada um dos nossos contemporâneos, informado pela imprensa, pelo rádio, pelo cinema, alimenta o desejo, sem dúvida legítimo, de atingir um nível de vida comparável ao dos mais evoluídos e privilegiados. Infelizmente, porém, uma fração considerável da humanidade permanece num estado de miséria total, em terras desgastadas, mal exploradas, povoadas por comunidades cujas taxas de nascimentos se situam entre as mais elevadas do mundo. O conjunto da humanidade interroga-se sobre o seu futuro, porém poucos estão conscientes do perigo que constitui uma população excessiva. Parece que não conseguimos ainda libertar-nos dos terríveis complexos de solidão de que sofriam provavelmente os nossos longínquos ancestrais da Pré-história. Na Idade Média, o homem devia sentir-se só, e sua raça parecia estar à mercê de catástrofes imprevisíveis. As taxas de mortalidade infantil eram extremamente elevadas. As epidemias devastavam os povos do Ocidente. Ondas de fome causaram a morte de dezenas de milhões de seres humanos no Extremo Oriente. Era necessário ter-se muitos filhos, pois sabia-se que muitos morreriam enquanto crianças. Como afirmou Jean Fourastié, "o homem é biologicamente construído para as pesadas mortalidades da Pré-história".

Apesar das circunstâncias se terem modificado radicalmente, os mitos antigos subsistem. Alguns continuam a aconselhar ardentemente a família numerosa, símbolo de todas as virtudes. Na América do Norte, um crescimento contínuo da população é considerado como o reflexo exato do poder de expansão da sempre jovem América. A Europa aderiu ao movimento e encontra-se em plena expansão demográfica desde a última guerra mundial. A população da França aumentou numa proporção importante, sob a pressão de uma política metódica dos seus dirigentes. A Suíça, no entanto, tão conservadora, "esquecendo como fora difícil alimentar seus filhos entre 1940 e 1945, manifestou uma alegria imbecil quando soube que nascera o seu quinto milionésimo cidadão" (R. Matthey*). E, enquanto isso, os povos ditos

*Posse do Professor Robert Matthey na qualidade de reitor. Publ. Univ. Lausanne, 20, 1958.

subdesenvolvidos continuam multiplicando-se em um ritmo mais adequado a coelhos do que a seres humanos dotados de razão.

A falta de uma tomada de consciência, em escala de indivíduo, é cuidadosamente alimentada pelos dirigentes políticos. Um país com muitos filhos é um país forte e rico: eis o *leimotiv* de inúmeros discursos no mundo inteiro. Muitos políticos escondem segundas intenções imperialistas, tanto no plano comercial quanto no plano militar, sob idéias nobres, aparentemente defensáveis*. Calculam o "material humano", para retomar um neologismo atroz, porém carregado de significado, em vista de sua utilização pacífica ou guerreira. Fala-se, freqüentemente, de corrida de armamentista; poder-se-ia falar igualmente de corrida à população. Num passado ainda próximo, os chefes fascitas provaram-no claramente, encorajando seus povos a se multiplicarem para servirem à sua política de agressão em todo o mundo.

A humanidade, encarada como uma população animal, conseguiu libertar-se da maioria das entraves relativamente à sua proliferação, principalmente aplicando os princípios da higiene e da medicina preventiva e curativa, e com o risco, aliás considerável, de multiplicar as doenças hereditárias, outrora limitadas em maior proporção pela seleção natural**. Gostaríamos, por vezes, de perguntar: as descobertas de Pasteur são prejudiciais? Não, evidentemente. O homem, com sua sabedoria, soube eliminar as causas da mortalidade precoce e recuar estatisticamente o limite fatal da vida de todo o ser humano. Deve, portanto, encontrar também o mais rapidamente possível um meio de controlar uma prolificidade exagerada, verdadeiro genocídio em escala mundial.

Os processos de regulação são idênticos aos que intervêm no seio das sociedades animais. Um primeiro meio é o da emigração para fora da área ocupada primitivamente pela espécie, e a colonização de novos territórios. Ora, tal solução já não é viável hoje em dia, pois todo o planeta está rigorosamente compartimentado em zonas limitadas por barreiras. Se bem que existam ainda terras com uma densidade de população extremamente baixa, as autoridades responsáveis reservam-nas exclusivamente para os seus nacionais. De qualquer forma, tais soluções funcionariam apenas a curto prazo, pois as emigrações humanas do passado, por exemplo dos europeus para a América, provaram que, segundo uma lei biológica clássica, a irrupção num novo meio desencadeia sempre uma proliferação intempestiva.

Um segundo processo de limitação é o aumento da taxa de mortalidade, conseqüência direta ou indireta da falta de alimento. Certas sociedades humanas primitivas eliminam os

*Essas teorias foram defendidas muito antes da época contemporânea pelas escolas "mercantilistas" e "cameralistas" dos séculos XVII e XVIII, que insistiam sobre as vantagens econômicas, políticas e militares das populações em vias de expansão.

**O exemplo de todas as pululações animais deve servir-nos de lição. Os roedores parecem estar destinados a um futuro brilhante quando sua reprodução se acelera, quando suas ninhadas se sucedem com breves intervalos e suas populações aumentam em progressão geométrica. No entanto, é nesse momento que aparecem os sintomas da degenerescência; não doenças, mas sinais de um desregramento fisiológico profundo, talvez relacionado com o "stress", em conseqüência do excesso de população. A população regride então, por vezes rapidamente e de forma dramática, só sobrevivendo alguns indivíduos para assegurar penosamente a conservação da espécie. Assim, a pululação é sempre o sinal precursor da morte. Ora, já houve quem diagnosticasse esses sinais de degenerescência na espécie humana, e pode-se pensar que são fruto de uma proliferação excessiva acompanhada de uma ausência total de seleção natural. Será que devemos resignar-nos à ruína fisiológica, como os roedores vítimas de sua proliferação, que esperam a morte, amontoados, o pêlo colado e os olhos semifechados, num estado letárgico? O homem não é um roedor sem cérebro, e tem obrigação de encontrar um modo de limitar sua explosão demográfica.

velhos, enquanto que outras preconizam o infanticídio quando os recursos alimentares já não permitem satisfazer toda a população. Como é óbvio, processos desse tipo são inconcebíveis no caso de uma humanidade evoluída.

O terceiro método de controle consiste numa diminuição da taxa de natalidade. A limitação dos nascimentos — o *birth control* dos anglo-saxões — recorre a vários procedimentos; não tomaremos partido por nenhum deles. Tal limitação esbarra com várias objeções de consciência e com tradições perfeitamente respeitáveis. Sem que nos enquadremos em nenhuma doutrina, podemos, no entanto, afirmar que constitui o único meio de manter a humanidade em seus justos limites, permitindo-lhe apenas uma expansão lenta, inteiramente desejável, e proporcionando-lhe um desenvolvimento econômico. Conseguimos descobrir meios de luta contra as doenças, melhorar nossa condição material, fazer com que o progresso penetrasse em nossa vida cotidiana, permitindo que camadas sociais cada vez mais numerosas alcancem o bem-estar e o conforto material, condições indispensáveis ao progresso moral de um povo. Tendo diminuído a força de freio que limitava a expansão demográfica, temos agora de diminuir a força do motor. Nenhuma religião ou moral e nenhum preconceito nos deveriam tolher. Fechar os olhos e deixar que a Providência resolva o problema não é digno de homens, pois uma justa limitação da prolificidade humana é tão antinatural quanto a vacina e o tratamento das doenças com antibióticos. A gravidade desse problema exige uma solução urgente, pois, na melhor das hipóteses, admitindo que as técnicas da limitação dos nascimentos sejam aceitas e difundidas entre as diversas populações do globo, serão precisas 2 ou 3 gerações para que se observe uma estabilização do crescimento demográfico. E, evidentemente, esta dar-se-á em nível superior ao atual, o que nos obriga, de qualquer forma, a nos esforçarmos para aumentar a quantidade de recursos alimentares.

Homens que pensam possuir uma alta moralidade ainda condenam esses princípios. Ficam talvez com a consciência mais em paz deixando uma parte da humanidade vegetar na mais irremediável das misérias e correndo o risco de precipitar nela o resto da humanidade, a curto prazo. Deixar que os povos se lancem uns contra os outros, induzidos, finalmente, por motivos ecológicos, seria, por ventura, mais altamente moral do que lutar para manter as populações humanas em harmonia com o seu meio?

O excesso de população é, de fato, um dos fatores fundamentais do grande problema da conservação da natureza no século XX; mas, para o biólogo, constitui igualmente um fator determinante no que respeita à sobrevivência do homem na terra. Seria lamentável que a humanidade regressasse ao nível do animal irracional após ter-se libertado de uma parte das leis naturais, por não ter tido a sensatez de manter um equilíbrio entre suas populações e o meio em que vivem.

2 — DESPERDÍCIO DAS TERRAS

A utilização racional das terras constitui outro problema que é indispensável resolver para garantir a sobrevivência do homem. Durante milênios, este se esforçou em modificar os habitats naturais, transformando-os totalmente para seu único benefício. Resultaram daí erros graves. Um estudo mais aprofundado dos fenômenos biológicos, principalmente das relações dos seres vivos com o seu meio, assim como das relações que mantêm entre si, revelou um certo número de leis que regem o equilíbrio do mundo vivo.

Cada uma das biocenoses naturais é de uma complexidade extrema. Sobre uma dada área cai, sob forma de raios solares, uma determinada quantidade de energia, variável nos diferentes pontos da terra. Essa energia, fonte de toda e qualquer forma de vida, é utilizada pelos organismos clorofilados, sobretudo pelas plantas vasculares, na terra, e pelas algas microscópicas, no mar; a partir dessa produtividade primária, puramente vegetal, resultando da fotossíntese*, vão desenvolver-se cadeias alimentares de uma grande complexidade, em que se integram todos os seres vivos e nas quais a energia, vinda do sol, passa por inúmeros escalões.

Esses conjuntos de cadeias alimentares formam biocenoses bem articuladas, cuja complexidade é variável. As mais simples encontram-se nas regiões frias, principalmente nas regiões árticas, onde o clima invernal, sem calor e sem luz, constitui um fator limitante de grande importância. As mais complicadas são características das regiões intertropicais úmidas, onde a flora e a fauna são de uma riqueza específica extrema, e onde a vida prolifera com uma exuberância sem igual. Em qualquer dos casos, todavia, cada um desses ecossistemas naturais é sempre complexo e encontra-se em equilíbrio com o meio físico ao qual está intimamente adaptado.

Em contrapartida, os habitats criados pelo homem são extremamente simplificados. A transformação de um habitat natural em terreno de cultura, ou mesmo em pastagem, traduz-se sempre por uma simplificação do ecossistema e por uma redução por vezes maciça das cadeias alimentares. Em certos casos, o homem provocou progressivamente tais simplificações. O cultivador primitivo estabelece um campo de extensão reduzida no meio de biotopos naturais, que se estendem de novo sobre a área modificada logo que o homem deixa de lutar contra sua invasão. O cultivador europeu soube manter, até épocas muito recentes, um equilíbrio harmonioso entre os campos cultivados cercados de sebes e entrecortados de pequenos bosques e a natureza selvagem das florestas e dos pântanos. Uma sábia rotação das culturas e das práticas milenares conservou a terra num estado de alta produtividade, garantindo a perenidade de seu rendimento. Os cultivadores "modernos" da maioria dos países, ao contrário, transformam brutalmente os habitats originais e substituem as cadeias alimentares, primitivas e complexas, por cadeias alimentares simplificadas de que o homem é o último e único beneficiário. A monocultura é o exagero, a caricatura de um tal sistema, pois tende a concentrar toda a energia disponível em uma só direção, a canalizá-la segundo uma via única.

As inúmeras conseqüências dessa simplificação podem, segundo os ecologistas, agrupar-se em duas categorias.

A primeira refere-se ao fato de o rendimento *global* de um meio artificial ser nitidamente inferior, comparativamente ao dos meios naturais; no caso de culturas, o desperdício de energia vinda do sol é considerável.

Em vez de explorar as inúmeras possibilidades de um complexo natural, o homem tenta concentrar a energia numa só produção**. Desse modo, não explorando as possibilidades do meio, deforma-o. É evidente que uma só planta não pode nunca substituir todas as que vivem

*Aliás, as plantas utilizam apenas 1 a 2% da energia solar que recebem.

**Esses problemas estão intimamente ligados com o da *produtividade* dos habitats, que depende do seu ciclo de conversão, ou seja, dos processos de construção e de demolição das substâncias vivas, e da velocidade com que se integram novamente no circuito. Como afirmou Sir Julian Huxley (1961), "o ciclo de conversão é o mecanismo sobre o qual repousa a circulação da energia entre os vegetais e os animais de um mesmo habitat", ou, por outras palavras, o metabolismo da comunidade ecológica típica desse habitat. A conservação de um habitat exige o respeito de dois mandamentos fundamentais que são: "Manterás a circulação da energia" e "Não sacrificarás o eterno ou o permanente em favor do temporário e do útil". Ora, inúmeros exemplos mostram que a influência do homem sobre a natureza se traduziu freqüentemente por um abrandamento da circulação de energia.

em estado natural no mesmo local, e o número de plantas cultivadas é incrivelmente pouco elevado, relativamente às que constituem o mundo vegetal.

O mesmo acontece no caso dos animais domésticos. O homem domesticou o boi, o carneiro, a cabra, o cavalo, o burro e algumas aves, e toda a sua ação tende a substituir, em todo o mundo, a fauna selvagem por esses animais. Conseguiu-o nas zonas temperadas: a maioria deles, precisamente originários dessas regiões, no fundo passaram simplesmente do estado selvagem ao estado doméstico, e multiplicaram-se sob a influência do homem, que estendeu progressivamente seu habitat, transformando os biotopos naturais.

À medida que se ia estabelecendo em novas terras, o homem introduzia por toda a parte os animais domésticos, convencido de que as únicas espécies que poderiam ajudá-lo eram aquelas que domesticara em alguma parte das estepes da Ásia ou das florestas da Europa. No entanto, adaptados a um determinado regime alimentar, estes animais não encontram um alimento equivalente nos trópicos. Apesar dos esforços efetuados pelos zootecnistas para melhorar o gado em função das condições locais nas regiões quentes, este não poderá nunca explorar todos os recursos alimentares que oferecem, por exemplo, as savanas africanas. Enquanto que os bovinos introduzidos consomem apenas uma parte da vegetação, os animais autóctones são, pelo contrário, muito mais diversificados. Num mesmo meio vivem, lado a lado, vegetarianos que vão do elefante ao pequeno antílope, passando por toda a gama dos búfalos, das girafas e das gazelas. Retomando a imagem de Fraser Darling (1960), substituindo a grande fauna selvagem pelos animais domésticos, fechou-se o leque da criação, deixando-o apenas entreaberto sobre algumas espécies. Ora, a maioria dos animais foram domesticados no Neolítico; desde essa época o homem nada mais fez, o que é verdadeiramente espantoso!

No entanto, deve-se admitir que a transformação de uma parte dos habitats naturais é indispensável, se se considerar o rendimento em produtos consumíveis pelo homem. Num meio natural, só é utilizável uma fração da produtividade global, por mais importante que esta seja, e essa fração aproveitável é nitidamente inferior à produção de um campo ou de uma pastagem artificial, mesmo que a produtividade global destes últimos seja inferior à dos meios naturais que eles substituem. É evidente que o rendimento em cereais e outros produtos agrícolas das planícies da *Beauce* é incomparavelmente superior, na perspectiva de um aproveitamento humano, ao das florestas naturais que cobriam outrora essa região da França e cujos produtos eram recolhidos pelo homem pré-histórico.

Nossa alimentação exige, portanto, a transformação radical de uma parte da superfície do globo, o que não implica que a totalidade das terras deva ser submetida a modificações profundas, pois um segundo elemento intervém paralelamente: a estabilidade dos biotopos deliberadamente simplificados pelo homem. Os meios naturais, bem protegidos pela sua complexidade, apresentam, de um modo geral, uma resistência considerável aos agentes de degradação, enquanto que os habitats artificiais sofrem uma erosão muito mais rápida.

Já lembramos esse problema a propósito da conservação dos solos. Basta relembrarmos que a transformação radical de um habitat natural, mesmo quando se traduz inicialmente por um benefício importante para o homem, pode, a longo prazo, conduzir à ruína das terras, devido a fatores físicos, climáticos e biológicos.

Constata-se, por outro lado, que nos habitats antrópicos ocorrem pululações de insetos, de roedores ou de aves, das quais por vezes nos espantamos com uma certa ingenuidade. Como o demonstrou Elton (1958) com inúmeros exemplos, os meios onde foi mantido um equilíbrio semelhante ao equilíbrio natural são muito raramente atacados com violência por parasitas*. Já está provado, hoje em dia, que a luta contra os inimigos das culturas e suas populações deve também recorrer à manutenção de um equilíbrio natural, paralelamente aos processos de luta química perfeitamente justificados enquanto permanecerem moderados e proporcionais aos objetivos que se pretende atingir.

De um modo geral, portanto, o homem tem todo o interesse em conservar um equilíbrio próximo do natural nas zonas que deseja explorar. Isso não quer dizer, evidentemente, que se deva manter a terra inteira num estado primitivo, pura utopia que talvez não desagrade aos naturalistas. O homem precisa de culturas artificiais, que são as únicas capazes de lhe fornecerem as quantidades de alimento de alta qualidade que lhe são indispensáveis. É, portanto, necessário que possa modificar as cadeias alimentares para seu benefício, em inúmeras regiões, criando novas cadeias mais simples das quais é o único beneficiário. Não conseguiria nunca integrar-se numa cadeia alimentar natural, depois de ter ultrapassado a fase da coleta, e a maioria dos homens já não está nesse estágio desde o fim do Paleolítico.

No entanto, a transformação total de um vasto distrito, de onde foi abolida toda e qualquer vida selvagem e cuja produção se limita à conversão da energia solar em trigo, arroz ou algodão, deve ser proibida futuramente, pelo menos em grande parte do mundo. A mecanização excessiva, a supressão de todos os biotopos mistos e a monocultura são extremamente prejudiciais à conservação de um alto rendimento. Os Estados Unidos, no decurso de sua história, sofreram as conseqüências desses erros. É sintomático constatar-se que, atualmente, os serviços de agricultura e de conservação dos solos recuperaram os métodos antigos, preconizando a manutenção ou a restauração de um certo equilíbrio. Aconselham práticas de cultivo que foram consideradas como ultrapassadas, assim como a criação e a conservação de sebes, de cortinas de árvores e de reservas destinadas a restabelecer um certo equilíbrio ecológico. E, simultaneamente, de forma paradoxal, muitos países da Europa continuam destruindo os habitats equilibrados que fizeram a riqueza desse continente!

Um outro fator, mais grave, intervém igualmente; há pouco tempo começou-se a pensar que era possível transformar brutalmente os habitats naturais em terrenos de cultura inteiramente artificiais, sem estabelecer nenhuma transição e sem sofrer as conseqüências de uma modificação violenta. Graças à mecanização atual dos meios de destruição (*bulldozers*, pás e gruas mecânicas), poucas horas bastam para desbravar uma superfície de floresta tropical, o que, com os processos clássicos, não se teria conseguido em um mês. Passa-se assim bruscamente de um meio natural extremamente rico para um meio artificial empobrecido, abandonado a todos os agentes de degradação. O estabelecimento de culturas bem concebido deve, pelo contrário, ser progressivo, o que dá tempo ao meio biótico para se adaptar. A riqueza agrícola da Europa Ocidental provém precisamente do fato desse continente ter demorado séculos para atingir o seu estágio atual.

Mas não é tudo. Desde o século passado acredita-se que o homem pode transformar *todos* os habitats naturais, quaisquer que sejam, e que uma tal transformação se traduz automaticamente por um benefício substancial. Esse postulado, ainda em vigor em muitos círculos, de resto bem informados, é um erro grosseiro, como o provam os recentes fracassos financeiros e técnicos em todo o mundo. Na realidade, além das zonas que apresentam uma nítida vocação agrícola ou pastoril, existem *zonas marginais* que só podem ser transformadas para o exclusivo

*Pelo menos os habitats complexos das zonas "médias" do globo. O mesmo não acontece com os "habitats-limite" (zonas árticas e montanhosas, por exemplo), onde as flutuações das populações animais podem ser muito mais brutais.

benefício do homem ao preço de investimentos consideráveis, ou em detrimento da estabilidade dos solos. Talvez, no futuro, os progressos técnicos permitam que esses meios sejam aproveitados sem ser apenas através de uma exploração sensata da flora e da fauna selvagens; o homem não tem o direito, hoje, de comprometer esse futuro com uma valorização prematura.

Em vez de se desperdiçarem as terras, como acontece principalmente nos países jovens em via de desenvolvimento, convém estudar cuidadosamente as possibilidades de sua utilização, e não querer a todo o custo aplicar uma "receita" estereotipada que funcionou em condições particulares.

A diminuição da superfície das terras cultiváveis e a redução do capital que ainda permanece intacto merecem toda a nossa atenção, sobretudo num momento em que as populações estão sofrendo de uma febre demográfica, e em que as terras de cultura se estão esgotando, cada vez mais profundamente arruinadas pela erosão. Em fevereiro de 1963, na Conferência das Nações Unidas sobre Ciência e Tecnologia, que se realizou em Genebra, os membros da Academia, Gerosimov e Ferdorov, declararam que, segundo inquéritos efetuados, as terras desgastadas pela erosão cobrem uma superfície de 600 a 700 milhões de hectares em todo o mundo, ou seja, metade das terras cultivadas; uma parte delas já pode ser considerada como morta. Essas cifras prescindem de todo e qualquer comentário.

Muitas dessas verdades parecem dignas do Conselheiro Acácio. É pouco encorajador pensarmos que, apesar disso, é preciso proclamá-las, tal é a aberração do mundo moderno que desconhece as leis biológicas e confia excessivamente em suas técnicas admiráveis.

II. *APROVEITAMENTO RACIONAL DA TERRA*

1 — CONSIDERAÇÕES PRELIMINARES

Talvez não seja ainda tarde demais para a Humanidade tomar consciência dos perigos que a ameaçam. Longe de nós a idéia de propor um retrocesso à idade de Neanderthal e uma vida baseada na coleta e na caça, em plena selva. O homem do século XX — brevemente do século XXI — tem de entender, porém, que o seu futuro não estará garantido pela transformação radical da superfície da Terra e pela erradicação pura e simples dos animais e dos vegetais que constituem os elementos bióticos dos habitats naturais.

A primeira necessidade, e a mais imperiosa, é a conservação do estoque de todas as espécies ainda vivas atualmente, e uma amostragem completa de todos os habitats.

Uma vez tomadas essas medidas, o homem poderá então projetar o aproveitamento do resto do território em função das suas necessidades, dos objetivos procurados e, sobretudo, dos fatores físicos e bióticos do meio. Um tal aproveitamento pode ir da manutenção quase integral das associações originais, à transformação agrícola ou à urbanização, com todos os estágios intermediários. A superfície da Terra deve assim ser formada por zonas muito diversas, incluindo:

1) reservas naturais integrais, onde o conjunto das comunidades é conservado no seu estado primitivo;

2) extremo oposto, zonas inteiramente transformadas, consagradas à urbanização, à indústria e à agricultura;

3) entre esses dois extremos, uma ampla gama de ambientes mais ou menos transformados, tendo conservado, no entanto, uma parte do seu equilíbrio primitivo. Esses habitats propor-

cionam ao homem a obtenção de um rendimento econômico por vezes considerável, preservando simultaneamente a sobrevivência de muitos seres vivos.

Essas diferentes zonas, justapostas e dispostas em mosaico em função da "vocação" das terras, reconstituem, em certa medida, o equilíbrio primitivo. O homem recupera a sua posição *na* natureza, parcialmente transformada para o seu exclusivo benefício; porém, a própria estabilidade dessas zonas é garantida pela manutenção de um equilíbrio menos nitidamente antrópico nos distritos vizinhos.

Isso pode parecer pouco original, e, de fato, tal concepção já tem milênios, ou quase. O homem — pondo de lado toda e qualquer perspectiva espiritual — constitui apenas uma espécie entre muitas outras, com as quais forma uma comunidade viva, regida por leis que nenhum dos seus elementos, nem mesmo o único dotado de razão, tem o direito de transgredir.

Insistimos igualmente sobre o fato de que não existem soluções genéricas, pois os dados variam infinitamente em função de múltiplos fatores. Existem apenas casos particulares que devem ser estudados sem espírito dogmático e após pesquisas locais aprofundadas, realizadas por especialistas, o biólogo tendo a mesma importância que o especialista em assuntos hidráulicos, o economista ou o financista. Bem vistas as coisas, o biólogo conhece muito melhor o valor e a fragilidade do capital que os outros se limitam a explorar.

Examinaremos, em seguida, como é possível conceber a gestão dessas diversas zonas em função de sua "vocação" e daquilo a que estão destinadas.

2 — CONSERVAÇÃO INTEGRAL DE HABITATS PRIMITIVOS

"Há mais nas florestas do que nos livros." São Bernardo.

Na opinião dos naturalistas, a primeira medida a ser tomada, e a mais importante também, é a constituição de *reservas naturais integrais,* colocadas sob o controle público e nas quais todo o ato humano que possa modificar os habitats ou perturbar de alguma forma a fauna ou a flora é rigorosamente proibido. Nessas reservas, a natureza é abandonada a si mesma, e tudo se passa, pelo menos em teoria, como se o homem não existisse. Isso quer dizer que a primeira condição a ser preenchida é a de que essas áreas de reserva sejam de tamanho suficiente e cercadas de zonas protetoras (parques nacionais, reservas de caça, reservas parciais, onde as atividades humanas são submetidas a determinadas restrições); caso contrário, a influência do homem repercutiria na reserva integral através dos seus limites, e as leis naturais não poderiam agir livremente num habitat que certamente sofreria uma deterioração rápida.

Talvez alguns se espantem que se possa, ainda hoje, aconselhar a colocação de certas parcelas da Terra em reserva integral, subtraindo-as assim inteiramente a toda e qualquer influência do homem, num momento em que as populações humanas aumentam explosivamente e que, em todo o mundo, uma "fome de terra" incita ao desbravamento. Essa medida indispensável é tão imperiosa quanto, para as sociedades industriais, a constituição de reservas financeiras intangíveis, que constituem um capital permanente, permitindo enfrentar, no futuro, situações imprevistas e evitar catástrofes. A criação de reservas integrais justifica-se por dois tipos de razões.

Em primeiro lugar, esses territórios constituem *reservatórios* onde são preservados, em suas condições naturais primitivas, determinados habitats, na sua totalidade. Os museus guardam preciosamente os espécimes de animais ou de plantas que serviram para a descrição de novas espécies; tais espécimes, denominados *tipos,* são conservados de certa forma como *padrões* da espécie, e constituem uma referência indispensável para os estudos de sistemática. O mesmo acontece com a coleção de *tipos de habitats,* escolhidos de forma a representarem todos os meios primitivos, desde a floresta higrófila ao deserto e à tundra ártica. É altamente recomendável que vários tipos de habitats estejam representados na mesma reserva, o que permite conservar as zonas de transição, de grande utilidade para o biólogo. Evidentemente, se bem que haja interesse em proteger imediatamente uma amostra de cada um dos biomas, na prática tem de ser respeitada a hierarquia que se impõe, devendo-se estabelecer uma lista de habitats prioritários a fim de preservar os mais ameaçados, o mais rapidamente possível.

A amostragem dos habitats que devem ser preservados não deve, aliás, limitar-se à superfície da terra. Terá de incluir zonas marítimas próximas dos continentes, principalmente os bancos de corais e as lagunas da beira-mar, meios que apresentam um interesse biológico considerável. Deve-se estender igualmente sob a terra: o domínio cavernícola, notável laboratório natural, fica por vezes gravemente ameaçado pela intrusão de "exploradores" ineptos (C. Delamare Deboutteville, *in litt.*). O ambiente das grutas tem características ecológicas bem definidas e consideravelmente mais rigorosas do que as dos habitats da superfície. Salvo alguns animais que podem viver em outros meios, é habitado por seres exclusivamente cavernícolas (trogloditas), cujas adaptações são limitadas, e que constituem documentos fundamentais para o estudo da evolução. Esses animais evoluíram localmente, sem relações com os das grutas por vezes próximas; cada um desses meios constitui assim um sistema fechado, e a proporção de tipos endêmicos é extremamente elevada. Recentemente, o homem tem penetrado nos ambientes subterrâneos, por vezes apenas por simples prazer, outras por interesse econômico. Ora, o meio das grutas é de uma extraordinária fragilidade. Os animais são sensíveis à luz, da qual fogem, às modificações de temperatura e de umidade (provocadas, particularmente, pela abertura de passagens artificiais) e a qualquer perturbação consecutiva à presença humana. Suas linhagens altamente especializadas, com populações pouco numerosas, regrediram devido a tais perturbações. Certas grutas regularmente freqüentadas transformaram-se progressivamente em desertos zoológicos que até os morcegos desertaram. Convém, portanto, classificar em reservas integrais um certo número dessas grutas. Caso contrário, corremos o risco de eliminar os vestígios mais preciosos de faunas hoje já desaparecidas dos ambientes de superfície, testemunhos de adaptações a condições extremas.

É necessário insistir sobre o fato de que não se deve exercer nenhuma influência humana sobre essas zonas, fechadas ao turista e abertas apenas ao administrador e ao cientista em condições muito precisas de utilização: o impacto humano deve ser limitado ao mínimo indispensável. Existe, mesmo nos parques nacionais mais bem protegidos, porém abertos ao turismo, uma "erosão humana" muito conhecida que se manifesta sob vários aspectos, indo desde a modificação local dos habitats, a modificações dos comportamentos dos animais.

A criação de uma rede de reservas integrais em todo o mundo exige, evidentemente, um plano de conjunto elaborado por inúmeros especialistas, e uma estreita cooperação internacional sob a égide de um organismo mundial, como por exemplo a União Internacional para a Conservação da Natureza.

Tal medida visa principalmente à preservação de uma amostragem de tipos de habitats, em sua integridade, porém é igualmente a única que permite a sobrevivência de muitos seres vivos. É talvez possível salvar um certo número de animais grandes em condições relativamente artificiais (inclusive no caso-limite de sua criação em cativeiro); porém não se conseguiria nunca preservar os animais pequenos ou os vegetais sem conservar a totalidade do habitat ao qual estão intimamente ligados. Ora, relembramos que a conservação da natureza não se refere unicamente aos grandes mamíferos e às aves, mas também aos invertebrados e às mais humildes plantas herbáceas. O homem tem o maior interesse material — e, num certo sentido, o dever moral — de assegurar a sobrevivência de todos os seres que ainda vivem na superfície da Terra, mesmo que, à primeira vista, muitos não "sirvam" para nada, ou sejam "nocivos". Mesmo no plano estritamente material, corremos o risco de nos privarmos de grandes benefícios se exterminarmos espécies suscetíveis de serem proveitosamente utilizadas no futuro. O homem estaria profundamente prejudicado se destruísse as reservas animais e vegetais que lhe podem ser úteis um dia, tanto os mais ínfimos microorganismos quanto os maiores Vertebrados.

No caso dos Mamíferos, citaremos um exemplo entre muitos outros; o melhoramento do gado doméstico no Canadá, onde, no norte do país, o inverno excessivamente rigoroso impede a extensão desejável da criação de gado. Os zootecnistas tiveram a idéia de cruzar espécies domésticas com os bisontes da América; os híbridos estão na origem de uma nova raça doméstica mais resistente ao frio, que permite assim estender a zona de criação e aumentar o potencial econômico do país (os híbridos são denominados "cattalos"). Se o bisonte tivesse sido totalmente exterminado na América do Norte, como esteve quase a acontecer, os naturalistas não teriam sido os únicos a lamentarem o seu desaparecimento. Do mesmo modo, muitos Ungulados africanos são suscetíveis de serem domesticados*, ou, eventualmente, cruzados com gado doméstico, permitindo assim a criação de novas raças mais resistentes ao clima e às doenças.

Outros exemplos poderiam ser citados no caso dos vegetais. Nos Estados Unidos, vários híbridos entre as essências de grande interesse comercial, mas pouco resistentes ao frio ou aos ataques dos parasitas, e outras espécies confinadas a certas localidades incluídas em reservas, permitiram estender as áreas arborizadas e aumentar o rendimento em produtos lenhosos.

Foram realizados inúmeros cruzamentos entre plantas cultivadas e plantas selvagens, e os programas de melhoramento repousam hoje, em grande parte, na utilização destas últimas. Os morangos, os tomates, diversos cereais e as batatas constituem exemplos clássicos. Os cafeeiros mostram igualmente até que ponto pode ser interessante a utilização de espécies selvagens para a criação de novas variedades cultivadas, e também como foi prejudicial para o homem ter-se privado de recursos inusitados, devastando os habitats onde se encontravam determinadas formas, hoje definitivamente perdidas. Deve-se preservar a diversidade taxonômica do conjunto das espécies selvagens, assim como a sua diversidade gênica, protegendo populações inteiras e não apenas alguns indivíduos. Pensa-se atualmente na utilidade da constituição de *bancos de genes,* aos quais se poderá recorrer para a constituição de novas combinações hereditárias. Porém é preciso, sobretudo, conservar vastas amostragens dos mais diversos meios, pois só aí podem ser preservadas populações inteiras com toda a sua variedade genética original (Leroy, 1971).

Por outro lado, inúmeros vegetais podem fornecer-nos substâncias hoje desconhecidas, talvez úteis no futuro em medicina, ou que possam mesmo vir a constituir as plantas cultivadas de amanhã. Até agora apenas se analisou uma fração limitada do mundo vegetal.

As reservas naturais integrais constituem, assim, santuários onde são conservadas espécies que, de outra forma, já teriam desaparecido há muito, e reservatórios de onde poderão sair novos "servidores" do homem, novas combinações genéticas ou simplesmente estoques reprodutores suscetíveis de serem transportados para as áreas degradadas, que poderão talvez ser restaurados graças à recuperação de um equilíbrio natural.

*Por exemplo, o alce-do-cabo, criado já há muito tempo, principalmente na U.R.S.S.

Mas as reservas naturais não são apenas conservatórios intocáveis de habitats e de espécies; constituem igualmente *laboratórios* naturais, abertos às pesquisas científicas que não impliquem nenhuma perturbação grave e irremediável do meio, de acordo com o próprio princípio desse tipo de reservas. A estrutura e a evolução das comunidades bióticas, encaradas em seu conjunto, não podem ser estudadas de forma experimental; é, portanto, unicamente na natureza inviolada das reservas que se podem realizar com êxito estudos ecológicos a longo prazo. O campo de atividade dos pesquisadores é quase ilimitado e cobre o conjunto das disciplinas científicas, particularmente os estudos ecológicos, únicos capazes de informar-nos sobre a evolução natural dos meios e sobre os seus "mecanismos", e de elucidar os segredos de adaptação de uma fauna, de uma flora, ou de um bioma inteiro às condições físicas do meio. Tais estudos, de um interesse capital no que respeita à pesquisa pura, são igualmente fundamentais para as ciências aplicadas, pois o meio natural conservado nas reservas serve de termo de comparação para os meios transformados pelo homem. Só a compreensão dos fenômenos naturais, fora de toda e qualquer intervenção humana, pode permitir a elaboração de novas técnicas de aproveitamento, real e estreitamente adaptadas às condições locais. Isso se verifica principalmente nas regiões tropicais, onde as lacunas em nossos conhecimentos ecológicos nos obrigam a uma extrema prudência no que respeita à transformação dos meios naturais.

Note-se que toda a experimentação deve ser banida dos habitats-padrão, pois esta é contrária ao próprio princípio de sua conservação. O homem não deve modificar o meio no que quer que seja; do mesmo modo não se experimenta com o metro universal e não se destrói, dissecando-o, o "espécime-tipo" de uma espécie. As zonas protetoras que cercam a reserva integral podem, pelo contrário, ser utilizadas para tais experiências.

Todas essas razões levaram os biólogos a considerar, unanimemente, que a conservação de habitats de amostragem apresenta uma necessidade urgente, não apenas para a pesquisa pura — cujo campo é limitado devido ao estado embrionário dos nossos conhecimentos no que respeita à biologia — mas também no caso das aplicações. Somente um conhecimento aprofundado dos equilíbrios *naturais* e da dinâmica dos habitats originais, não transformados pelo homem, pode servir de base a uma exploração racional das terras.

3 — UTILIZAÇÃO RACIONAL DAS TERRAS DE CULTURA

No extremo oposto ao das reservas naturais integrais estão as zonas suscetíveis de serem exploradas pelo homem. Se bem que os naturalistas deplorem as transformações profundas que sofreram certos meios, hoje definitivamente desfigurados, tais modificações constituem evidentemente para o homem uma necessidade imperiosa pois não podem ser obtidos altos rendimentos agrícolas senão através de métodos artificiais de cultivo.

O estabelecimento de culturas e a exploração agrícola, porém, destruindo a natureza primitiva, implicam, de certa forma, determinados deveres morais, pois constituem a *realização* do próprio capital natural, particularmente do solo. A primeira condição de uma gestão racional é, portanto, que só sejam convertidas em campos ou em pastagens as terras apresentando uma nítida vocação agrícola. Tentou-se, freqüentemente, utilizar os solos marginais, pobres, que assim se degradaram rapidamente de forma irremediável, prejudicando tanto a humanidade quanto a sobrevivência da vida selvagem. O saque das terras é um crime, e simultaneamente um mau cálculo para o homem, que assim compromete toda a possibilidade de tirar partido, no futuro, de meios que os seus conhecimentos atuais não permitem explorar.

A segunda condição é um aproveitamento sensato dos solos transformados em campos de cultura. Práticas agrícolas mal concebidas podem, em alguns anos apenas, arruinar solos que levaram séculos para se formar, implicando igualmente a dilapidação de um capital precioso.

Os solos devem ser cultivados, evidentemente, em função do seu relevo, da sua natureza, da sua estrutura e do clima a que são submetidos. Não abordaremos aqui essas questões técnicas, de competência do agrônomo.

4 — APROVEITAMENTO E EXPLORAÇÃO RACIONAL DAS ZONAS MARGINAIS

Existem, por todo o mundo, vastas extensões de terra impróprias para o cultivo, que receberam a denominação de *zonas marginais**. As tentativas de transformá-las em campos de cultura resultaram sempre em fracasso, a curto ou a longo prazo, devido à erosão acelerada e à degradação dos solos. Essas terras foram freqüentemente arruinadas, de modo irremediável, por homens que não compreenderam que sua "vocação" não era a de serem transformadas radicalmente em campos ou em pastagens melhoradas. A única maneira de as integrar na economia humana consiste principalmente numa exploração racional de seus recursos naturais, por vezes consideráveis. É indispensável, porém, que nelas se mantenha um equilíbrio natural relativamente pouco modificado, de preferência uma cobertura vegetal onde poderá viver a fauna autóctone. Essas zonas são de uma importância capital para a conservação da natureza.

Note-se que é possível que um dia o homem venha a tirar um proveito mais imediato das zonas marginais graças ao aperfeiçoamento de novas técnicas. O progresso permitirá talvez transformá-las mais completamente, aumentando sua produtividade para o exclusivo benefício do homem. Já se conhece um certo número de casos em que o homem conseguiu conferir uma fertilidade adquirida a terras quase improdutivas no seu estado natural, ou mesmo degradadas. Na França, o exemplo da "Champagne pouilleuse" mostra como podem ser eficazes os trabalhos *especiais* de transformação dos habitats. Essas perspectivas constituem razões suplementares para manter as zonas marginais no seu estado natural, a fim de conservar suas potencialidades e não comprometer sua rentabilidade futura com transformações prematuras. O homem que as transformasse atualmente encontrar-se-ia na situação de um financista que dilapidasse um capital mais rentável no futuro do que no presente.

Por outro lado, devido a uma evolução rápida, deverão ser efetuadas certas mutações na Agricultura dos países da Europa ocidental, particularmente na França. A concentração das culturas nas zonas mais favoráveis a uma exploração mecanizada, transformadas em verdadeiras "máquinas de produzir calorias" em vista da alimentação humana, vai desocupar terras que se tornaram marginais por terem um rendimento não competitivo. A *reconversão* das atividades agrícolas nesses *espaços biológicos* vai permitir que se reconsidere a sua "vocação", aproveitando-as eficazmente de outra forma.

É, portanto, nessas zonas que se conciliam mais perfeitamente os interesses do conservador da natureza e do economista. A melhor maneira de garantir a conservação da natureza consiste atualmente numa exploração racional dos seus recursos; um rendimento equilibrado incita o homem à manutenção de comunidades naturais que, de outra forma, ele teria tendência a querer substituir por habitats antrópicos, à primeira vista mais rentáveis, mas destinados a uma degradação acelerada.

*Correspondendo, de um modo geral, às categorias V e VIII da classificação dos solos.

A primeira utilização em que se pode pensar é, evidentemente, a manutenção de uma *cobertura florestal* importante, cuja existência se justifica plenamente pela procura crescente de produtos lenhosos no mundo moderno. Muitas das zonas marginais apresentam uma nítida "vocação" florestal e têm, assim, um excelente rendimento no plano da economia humana. Além disso, sobretudo quando os exploradores das florestas não se empenham demasiado em transformar sistematicamente os povoamentos naturais com práticas exageradas de Silvicultura, essas florestas abrigam uma longa série de plantas, que assim ficam protegidas, e uma fauna extremamente rica que vai dos mamíferos e aves silvícolas, aos mais humildes invertebrados.

A gestão das florestas tem já uma tradição considerável na Europa Ocidental, e certos especialistas dos países novos não fizeram nada mais que redescobrir princípios e métodos práticos conhecidos e aplicados há muito tempo. Limitando-nos à exploração florestal francesa — uma das escolas que tiveram êxitos indiscutíveis, juntamente com as escolas alemãs e suíças —, relembramos os múltiplos decretos emitidos pelos reis da França. Apesar de Francisco I ter tomado medidas já muito "modernas" em 1515, a verdadeira carta constitucional das florestas francesas foi promulgada em 1669 por Luís XIV, sob a instigação de Colbert ("Decreto de Luís XIV, rei da França e de Navarra, sobre as águas e florestas, emitido em Saint-Germain-en-Laye, no dia 13 de agosto de 1669"). Essa verdadeira obra-prima de legislação, baseada em reais conhecimentos ecológicos, foi retomada pelas regulamentações ulteriores, particularmente pelo Código Florestal de 1827; o espírito de legislação atual aí se encontra quase totalmente, com noções redescobertas 300 anos mais tarde por certos especialistas de florestas que não sabem ler os textos antigos.

O aproveitamento das florestas, em vista de um máximo rendimento, ao mesmo tempo em que preserva o capital, apresenta um interesse considerável para a manutenção de um equilíbrio nas zonas marginais. As florestas integram-se, desse modo, num vasto sistema de valorização e de defesa de um país inteiro. É preciso não esquecer que elas constituem o meio de luta mais eficaz contra a erosão de certos solos, principalmente em regiões montanhosas. Seria uma loucura desarborizar as bacias superiores dos rios, mesmo no caso de uma forte pressão agrícola. O que aconteceu na América Central e na região mediterrânea deve nos servir de lição.

Existem muitas outras utilizações possíveis das zonas marginais. Entre outras, a exploração cinegética da fauna selvagem. Certos "conservadores" da natureza insurgiram-se contra a caça* e preconizaram sua interdição. Qualificam-na de atividade bárbara, da mesma forma que o saque das cidades ou a escravização das mulheres pelos guerreiros vitoriosos.

Nos países evoluídos, a caça perdeu, é certo, sua função utilitária enquanto meio de aprovisionamento. Conservou, no entanto, seu caráter esportivo, permitindo ao homem satisfazer sua atração pela natureza selvagem, assim como exercitar sua habilidade surpreendendo e acertando na caça. Contrariamente às aparências, os interesses bem compreendidos dos caçadores coincidem, de um modo geral, com os dos conservacionistas, particularmente no que se refere à conservação dos habitats.

A pressão da caça deve, é claro, ser rigorosamente proporcional às populações dos animais caçados. Cada ano, numa população em equilíbrio com o seu habitat, o excesso de indivíduos, consecutivo à reprodução, é eliminado por causas naturais (doenças, parasitoses, acidentes,

*É evidente que a palavra "caça", na acepção que aqui lhe damos, não pode ser aplicada a massacres não proporcionais aos efetivos dos animais de caça, nem ao desejo de obter, a todo custo, um belo "quadro" ou um bom recorde, nem à matança de animais indefesos, debilitados pelo frio e pelas intempéries. Deixando de ser esportiva, a caça deveria chamar-se vandalismo.

predação dos carnívoros) até que os efetivos recuperem o nível da capacidade-limite da área em questão. Se o homem souber limitar o número de indivíduos abatidos em função da importância das populações, estará se comportando como um predador natural e substituindo, em certa medida, outras causas de redução. É preciso julgar a caça sem sentimentalismos, considerando-a como uma atividade normal e como a exploração legítima de um capital natural para o benefício e a satisfação esportiva do homem.

Desse modo, a condição fundamental para a caça é que seja limitada no tempo e no espaço, de modo a conservar as populações dos animais no nível mais elevado compatível com os habitats. Existem sérios problemas nos países que possuem uma forte densidade de população e de caçadores*. Os caçadores locais nem sempre entendem as restrições que os biólogos lhes propõem, considerando-as como represálias. Erradamente, no entanto, pois estes encaram o problema sem preconceitos, apenas na perspectiva da dinâmica das populações e das exigências ecológicas dos animais em questão, ainda muito mal conhecidas, infelizmente (importância dos efetivos, taxa de crescimento e mortalidade natural). A caça *bem concebida* constitui, na realidade, não um mal que é preciso suprimir, mas a utilização racional de certas zonas marginais, assim preservadas das transformações intempestivas muito mais prejudiciais para a conservação de toda a natureza.

Entre as outras utilizações possíveis das zonas marginais, assinalaremos a exploração dos grandes mamíferos com vistas à produção de proteínas, as atividades turísticas e a recreação das populações urbanas. Vamos nos dedicar, separadamente, a estes aspectos especiais da utilização racional de uma parte da Terra.

A — *UTILIZAÇÃO RACIONAL DOS GRANDES MAMÍFEROS TERRESTRES*

"Para preservar a fauna selvagem é preciso encontrar um meio-termo entre um massacre brutal e desprovido de sentido e um sentimentalismo piegas que conduziria à sua própria perda, acabando por provocar a extinção total da grande fauna de caça." Théodore Roosevelt, *Outdoor pastimes.*

1 — *Razões de um aproveitamento da grande fauna*

Até épocas muito recentes, considerou-se que a única maneira de converter a cobertura vegetal em proteínas animais consistia em apascentar gado doméstico, explorando-o segundo os costumes multisseculares dos pastores. Atualmente está se constatando que os grande mamíferos selvagens também constituem uma excelente forma de aproveitamento da vegetação, pois, freqüentemente, revelam-se transformadores de energia mais eficazes do que o gado doméstico. Desse modo, é lícito pensar-se que, em certos casos, é mais racional explorar a fauna selvagem do que eliminá-la substituindo-a por animais domésticos.

Muitos daqueles que só raciocinam em função da rentabilidade econômica consideram que as zonas de reservas servem apenas para a satisfação de alguns "amigos da natureza" atrasados, num século onde o rendimento imediato é considerado como uma necessidade incondicional; semelhante atitude verifica-se, por exemplo, na África, onde os autóctones, evidentemente, não têm a mesma concepção que os europeus**, mais sensíveis à beleza da grande

*A título de exemplo, assinalamos que, na França, existem aproximadamente 1 800 000 portadores de licença de caça.

**Devemos acrescentar que muitos europeus que passam por "evoluídos" demonstram a mesma mentalidade e consideram freqüentemente preferível substituir os habitats selvagens por culturas e pastagens artificiais, suprimindo a fauna autóctone.

fauna e a seu interesse científico. Os africanos, pelo contrário, consideram que essas terras de extensão considerável deveriam ser transformadas em pastagens e que os grandes animais selvagens representam um "desperdício", quando, no entanto, uma parte da África carece de proteínas. É o que se passa, por exemplo, na parte oriental da África, onde o Parque Nacional Albert, no Congo, está ameaçado, desde a sua fundação, pelos pastores vindos do Ruanda, já devastado pelo excesso de pastoreio.

O mesmo acontece no Parque Nacional de Serengeti, vítima de pressões políticas e econômicas por parte das populações Masaï, em forte crescimento nestes últimos anos. Uma parte considerável desse parque teve de ser entregue, para ser transformada em pastagem, em detrimento da fauna selvagem, que era uma das mais bem conservadas e mais representativas de toda a África. Tal política está manifestamente prejudicando os interesses dessa fauna de Ungulados, que precisa de terrenos de percurso de grande extensão, devido aos deslocamentos que efetua em determinadas estações, segundo o ciclo climático.

É preciso, no entanto, compreender o ponto de vista dos autóctones, freqüentemente privados, outrora, de seus direitos de caça pelos poderes colonizadores. A grande fauna pareceu assim estar reservada aos europeus que, no espírito de certos africanos, tinham constituído reservas de caça para seu uso exclusivo. A constituição de reservas foi, desse modo, identificada com a colonização, e muitos africanos consideram-na como uma sobrevivência do passado, da mesma forma que os fetiches e o folclore. Consideram, portanto, que devem ser eliminadas, uma vez que se pretende transformar a África num país moderno.

A destruição intensificou-se à medida que se divulgou o uso de armas aperfeiçoadas. Os meios de transporte e as vias de comunicação em progresso constante facilitaram a comercialização dos produtos da caça. Os animais foram vítimas de uma destruição metódica e, até mesmo, de uma verdadeira erradicação, numa parte considerável da África. Os Ungulados são acusados da transmissão de diversas doenças, particularmente de tripanossomíases que afetam o homem e o gado. Como a desinsetização preventiva (sobretudo a destruição das tsé-tsés) não produzia efeitos suficientes, considerou-se que o único meio de luta consistia na eliminação do reservatório de vírus, ou seja, os Ungulados. Em diversos países da África Oriental começou-se, então, uma campanha de destruição sistemática dos grandes mamíferos, hoje em dia já eliminados em vastas superfícies*. Sem querer manifestar um pessimismo exagerado, pode-se prever que daqui a alguns anos não subsistirão mais Ungulados na África, além daqueles que vivem nos parques e nas reservas; já em 1950, Caldwell dizia que em Uganda "constata-se que na maior parte desse protetorado a fauna de caça foi quase inteiramente exterminada, exceto nas reservas" (*Oryx* 1: 173-186, 1951).

Mencionamos principalmente o caso da África, continente onde a fauna está atualmente mais ameaçada devido à evolução política e econômica. O mesmo está acontencendo, porém, com algumas variantes, no resto do mundo, e, em toda a parte, o estabelecimento de culturas e a conservação das terras em pastagens, para fazer face às necessidades de uma população em pleno crescimento e para substituir as terras desgastadas por práticas agrícolas mal concebidas, provocam a redução progressiva do domínio dos grandes mamíferos, assim ameaçados de desaparecimento por "sufocação".

Por outro lado, chegou-se à conclusão de que a melhor maneira de preservar os animais, e particularmente a grande fauna, nem sempre consiste em deixar suas populações aumentarem

*Entre 1932 e 1954, foram abatidos 500 000 Ungulados só na Rodésia do Sul no quadro das operações de controle de "tsé-tsé", 36 910 durante o ano de 1954 somente. Outras operações estão sendo realizadas, mesmo nas reservas de animais.

livremente. Durante muito tempo prevaleceu o critério simplista segundo o qual o êxito de uma reserva se media pelo número de animais que a povoavam. Isso pode conduzir a situações extremamente perigosas tanto para a fauna que se quer proteger quanto para os habitats. Poucas reservas, incluindo os grandes parques nacionais, constituem unidades ecológicas suficientemente vastas para se poderem equilibrar sozinhas.

Um exemplo clássico, particularmente demonstrativo, é o dos veados cariacous de cauda preta ou dos veados *Odocoileus hemionus* do planalto de Kaibab, no norte do Arizona, nas proximidades do grande Canyon do Colorado (Fig. 71). Em 1906, essa zona foi transformada em reserva federal e a caça foi proibida. A essa altura os veados eram pouco abundantes, talvez devido à caça, mas principalmente aos inúmeros carnívoros: pumas, lobos, coiotes, linces, que limitavam as populações de Cervídeos. Decidiu-se então exterminar sistematicamente esses predadores. Os efetivos de veados aumentaram com uma velocidade acelerada, para a satisfação de todos: entre 1906 e 1925 a população passou de 4 000 a mais de 100 000 indivíduos (Rasmussen, 1941). Esse enorme aumento provocou imediatamente um pisoteio excessivo e a degradação do habitat.

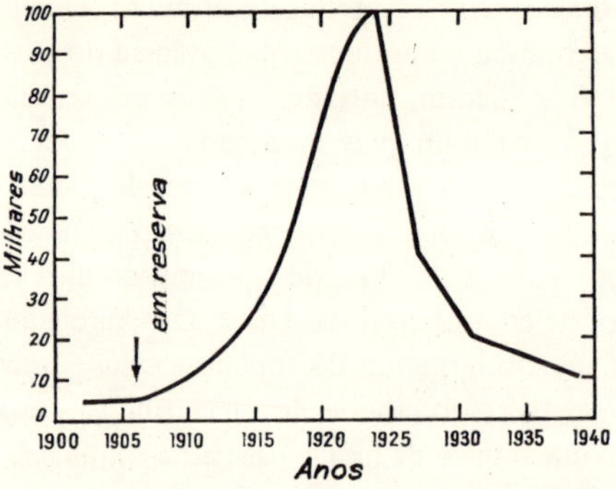

Figura 71. Flutuações da população de veados-mula do planalto de Kaibab. Segundo Rasmussen, 1941

Devido à redução maciça da massa vegetal, começou então um período de fome para os veados, sobretudo durante o inverno. Os animais esfomeados sofreram perdas sérias, sucumbindo a diversas doenças e parasitoses, cujas verdadeiras causas provêm, na realidade, da subalimentação. Em 1930 restavam apenas 20 000 veados, em 1940 aproximadamente 10 000. Esse exemplo prova claramente que a concepção de "proteção da natureza" aplicada rigidamente opõe-se aos verdadeiros interesses dos animais que se pretende proteger. Em função de sua *capacidade-limite*, um território só pode alimentar um determinado número de indivíduos, segundo os recursos alimentares oferecidos pela vegetação. Assim que a capacidade-limite é ultrapassada, ocorrem sérias catástrofes, cujos sinais mais evidentes são a degradação da cobertura vegetal, a erosão do solo e epizootias devastadoras.

Uma concepção igualmente errônea prevaleceu, aliás, até épocas muito recentes, no que respeita à manutenção dos grandes mamíferos nas zonas abertas à caça. Com efeito, considera-se geralmente que só é lícita a caça aos machos: como a maior parte dos animais é polígama, a capacidade de reprodução da espécie não diminui. O código de honra cinegético faz com que se considere como um "canalha" o caçador que mata uma fêmea. Se isso se justificava e se justifica ainda nas zonas onde os efetivos da caça caíram abaixo de um certo nível, tais restrições constituem um erro grave nas zonas que são objeto de uma exploração cinegética normal. Uma administração desse tipo errôneo prevaleceu particularmente nos Estados

Unidos depois da famosa "Buck Law" em vigor em inúmeros Estados, que proibia a caça às fêmeas de Cervídeos. Essa proteção exagerada provocou uma proliferação excessiva desses animais e a degradação dos habitats. Se bem que não tenha atingido as proporções de uma catástrofe, como no planalto de Kaibab, uma forte mortalidade, conseqüência direta de um excesso de população, dizimou os efetivos, em detrimento dos interesses dos caçadores, numa boa parte do oeste dos Estados Unidos.

A destruição dos habitats observada nos Estados Unidos reproduziu-se, aliás, em outras regiões, principalmente em certas reservas onde medidas de proteção absoluta determinaram uma proliferação que ultrapassou a capacidade-limite. Bourlière e Verschuren (1960) assinalam, por exemplo, o aumento maciço de elefantes no Parque Nacional Albert, devido, por um lado, à sua multiplicação, e, por outro, à imigração de animais vindos das zonas limítrofes*. Sua densidade ultrapassa seguramente as possibilidades do meio, como o prova principalmente o desflorestamento intensivo em diversos pontos. Com efeito, o elefante é um grande destruidor de árvores, as quais freqüentemente ele abate para comer a folhagem. Uma forte densidade desses animais conduz à transformação da savana arbustiva em savana herbácea, em detrimento de uma associação vegetal primitiva em melhor equilíbrio com as condições climáticas.

As condições psicológicas de uma proteção exagerada devem igualmente ser consideradas relativamente aos prejuízos que pode provocar uma concentração de animais excessivamente forte. O exemplo dos elefantes da Costa do Marfim parece-nos particularmente demonstrativo. A população desses Paquidermes — constituindo a única manada importante de todo o oeste africano — havia sido reduzida a um mínimo por uma caça excessiva. Tomaram-se então certas medidas de proteção, especialmente a criação de reservas tais como a de Bouna e a de Tai-Sassandra. Os elefantes se beneficiaram muito com essas medidas, proliferando a ponto de ultrapassarem a capacidade-limite das zonas protegidas. Então se dispersaram e invadiram as zonas de cultura, causando incontestáveis estragos e enfurecendo os plantadores europeus assim como os africanos, que começaram a persegui-los. Proteger o elefante na Costa de Marfim equivaleria, segundo alguns, a proteger o arganaz na Europa! A perseguição aos Paquidermes assumiu tais proporções que ultrapassou seus objetivos e, atualmente, teme-se uma perigosa rarefação do elefante nessa parte da África.

Essas observações se aplicam igualmente aos animais predadores que o homem tem se esforçado por destruir em todo o mundo, levado por sentimentalismo e deduções simplistas, sob o pretexto de que se trata de animais "nocivos". Essa tomada de posição constitui, na realidade, um erro grosseiro, cujos resultados foram por vezes desastrosos**.

Para começar, deve-se admitir que a predação não é necessariamente um fator limitante das populações sobre as quais se exerce. Os predadores eliminam sobretudo os indivíduos doentes (impedindo a propagação de epizootias), velhos ou inválidos, melhorando, desse modo, o estado das populações. Por outro lado, quando a predação constitui uma fator limitante real, é incontestável que na maioria das vezes é útil a longo prazo. A regulação exercida pelos predadores evita o crescimento numérico de certos animais que, caso contrário, provocaria

*Nas planícies que se estendem ao sul do lago Edouard, passaram de aproximadamente 150 em 1931, para 3 290 em 1959, ou seja, 1,7 por km^2.

**A destruição organizada dos predadores chegou a conduzir alguns deles a uma extinção total ou quase total; foi esse o caso de *Mustela nigripes* na América do Norte, e o leopardo *Acinonyx jubatus venaticus* na Índia. Este último, aliás está também ameaçado na África, assim como todos os Felinos malhados, cuja pele é muito apreciada.

graves perturbações nas biocenoses e nos equilíbrios biológicos. Os exemplos são múltiplos*, e todos mostram que os animais qualificados de daninhos têm, apesar das aparências, uma função benéfica a longo prazo.

Essas afirmações, já provadas no que respeita às biocenoses terrestres, são igualmente válidas no caso dos meios aquáticos**. A guerra empreendida contra os peixes carnívoros — particularmente contra a solha — provocou a proliferação de espécies indesejáveis e a multiplicação exagerada de outras; o excesso de população conduziu a um nanismo contrário aos interesses do homem. O mesmo acontece com a destruição desmesurada dos crocodilos. Seu regime alimentar extremamente variado inclui, é certo, uma parte de peixes (sobretudo no caso de indivíduos de meia idade); porém é principalmente constituído por espécies sem interesse econômico, sobretudo no caso do crocodilo do Nilo (H. B. Cott, *Trans. Zool. Soc. London*, 29, n.º 14, 1961). Esses grandes Répteis têm, assim, uma função importante nas biocenoses aquáticas das regiões quentes do globo, freqüentemente ignorada por aqueles que os condenam sem apelo***.

De um modo geral, os predadores nunca devem ser considerados como nocivos em essência. Deve-se conservar-lhes um lugar nas biocenoses, pois constituem elementos fundamentais de equilíbrios biológicos dos quais o homem é o primeiro beneficiário.

Essas diversas constatações incitaram aqueles que se preocupam com a conservação da natureza a reverem algumas de suas concepções e a admitir que, fora das reservas naturais integrais, a sobrevivência da grande fauna só poderá ser assegurada se esta se integrar nos vastos conjuntos que constituem os planos de desenvolvimento econômico. A noção de *aproveitamento da fauna* nasceu há muito tempo, e pode-se ler com proveito os textos legislativos dos países da Europa Ocidental, alguns do tempo de Carlos Magno, os decretos dos reis da França e dos príncipes alemães. Não se encontrarão aí as grandes palavras que ornam os textos científicos atuais. Os princípios importantes para uma administração racional da fauna selvagem todavia, aí já se encontram, integralmente. Isso nos dá toda a liberdade de reconhecermos

*Citaremos, a título de exemplo, o caso da destruição, no oeste dos E.U.A., dos coiotes, dos lobos, dos pumas e dos linces, acusados de terem morto inúmeros cordeiros. Sua redução maciça provocou a proliferação dos roedores que devastaram os habitats. Os criadores de gado abandonaram então a luta contra os carnívoros para se voltarem contra os roedores. Os coiotes voltaram, mas como os roedores já haviam desaparecidos, os danos infligidos aos animais domésticos foram muito maiores, pois os Canídeos haviam sido privados de uma parte de suas presas naturais. A manutenção de um equilíbrio entre as diversas espécies, parece ser, bem vistas as coisas, mais benéfica para o homem.

Vários outros exemplos referentes às aves de rapina que o homem tem perseguido em todo o mundo poderiam ser citados. Salvo algumas raras exceções, essas aves nunca são fundamentalmente nocivas, e, por outro lado, sua densidade é sempre fraca devido às dimensões consideráveis de seus territórios e de seus domínios vitais. No entanto, são vítimas de uma destruição sistemática, apesar das constatações objetivas relativas ao regime alimentar de muitas delas.

**Na bacia do Amazonas, por exemplo, a destruição do caimão provocou a proliferação de piranhas, pequenos peixes carnívoros capazes de devorar um boi em alguns minutos[1].

[1]Visto que ocorrem em cardumes muito extensos (nota do Coordenador).

***É inútil acrescentar que esses répteis são vítimas de uma exploração exagerada por parte do homem, que os caça para obter peles. Todos os crocodilianos estão em vias de rarefação avançada, principalmente o crocodilo de Nilo, já desaparecido de uma vasta parte de seu habitat e em nítido declínio nas regiões onde ainda subsiste, assim como o crocodilo do Yucatan, quase extinto em seu habitat restrito. Os caçadores de peles estão assim comprometendo um recurso natural, que capturas proporcionais à importância das populações e a seu crescimento natural poderiam tornar extremamente rentável.

o valor das contribuições dos ecologistas norte-americanos que, nestes últimos trinta anos, precisaram inúmeros pontos importantes no que respeita ao aproveitamento da grande fauna. Essa política, ainda revolucionária para alguns, tem o imenso mérito de associar a proteção da natureza, particularmente a dos animais, com a rentabilidade econômica das zonas marginais. O princípio de tal administração consiste em manter durante um tempo ilimitado o maior número de animais compatíveis com a capacidade-limite, garantindo a eliminação anual do número indispensável de indivíduos. Tudo se passa, portanto, como no caso de um capital que se procura conservar (não pode ser aumentado além de um certo limite, pois é preciso levar em consideração a associação complexa da fauna com o seu meio), extraindo dele o máximo rendimento. O princípio é o mesmo no caso do gado doméstico, do qual se tenta extrair o máximo benefício sabendo que uma pastagem determinada não pode sustentar mais do que um certo número de cabeças de gado.

Isso implica, evidentemente, um grande número de pesquisas ecológicas relativas a todos os aspectos do problema, principalmente à capacidade-limite do habitat e à estrutura estática e dinâmica das populações animais nas condições iniciais da experiência e em função de uma pressão variável da caça.

2 — *Aproveitamento da grande fauna nas regiões temperadas*

Os primeiros dados modernos foram-nos fornecidos pelos Cervídeos norte-americanos. Tomemos, a título de exemplo, o caso dos veados *Odocoileus hemionus californicus* do distrito de Jawbone, na vertente ocidental da Sierra Nevada, na Califórnia. Constituem uma população de aproximadamente 5 570 cabeças, que aumenta anualmente de 1 800 indivíduos, ou seja, 32% da população (Leopold *et al.*, 1951). Apenas 7% são abatidos pelos caçadores (400 indivíduos) e 2% são vítimas de predadores: 23% morrem, portanto, anualmente em conseqüência da subalimentação, representando o excedente da população que o habitat não pode alimentar; poderiam ser explorados pelos caçadores sem prejuízo para a manutenção de um nível constante dos efetivos, em vez de morrerem miseravelmente no seu habitat, parcialmente desgastado pelo excesso de pisoteio.

Se bem que a caça e a eliminação de um contingente anual possam parecer à primeira vista opostos à conservação, os fatos demonstram o contrário, de uma forma aparentemente paradoxal. A produtividade de uma população é nitidamente superior quando esta se encontra em equilíbrio com o seu meio. Uma alimentação abundante favorece a reprodução, garantindo às fêmeas melhor condição física durante a gestação e a amamentação. Numa floresta de Utah, Costley (citado por Longhurst *et al.* 1952) constatou que nas áreas onde era permitida a caça às fêmeas, e onde a população estava mais equilibrada, a mortalidade das crias era de apenas 25%, enquanto que atingia 42% nos distritos onde só se caçavam os machos, pois a população se tornara excessiva. De uma forma aparentemente paradoxal, o crescimento da população é nitidamente mais elevado nas zonas onde a pressão da caça é mais forte*. Se bem que seja difícil fazer com que certos conservacionistas admitam essas conclusões, elas satisfazem, no entanto, as suas exigências bem concebidas.

Os Cervídeos não são os únicos aos quais se podem aplicar tais considerações, pois, na realidade, o mesmo acontece com todos os grandes mamíferos, inclusive com os bisontes da América. Segundo Fuller (1961), a manada de bisontes do Wood Buffalo Park, no Canadá,

*O que não deixa de lembrar o caso das populações de peixes exploradas pela pesca (ver p. 301).

que possui entre 14 000 e 16 500 indivíduos, já se tornou excessiva para o seu habitat. O mesmo se verifica no Elk Island National Park, na província de Alberta. A parte sul foi especialmente preparada e vedada pouco antes de 1950. Em 1951 soltaram-se aí 10 machos e 65 fêmeas. Em 1959 os efetivos tinham atingido 520 indivíduos e o habitat já apresentava sinais tão evidentes de excesso de pisoteio que foi necessário retirar 110 bisontes para evitar a degradação ambiental.

O constante crescimento dos efetivos fez com que as autoridades canadenses autorizassem de novo a caça regular ao bisonte no Canadá. Em 1959 foi permitida a caça de trinta indivíduos aproximadamente, o que não acontecera desde 1893. Outros animais motivaram uma exploração desse tipo, particularmente os uapitis e, sobretudo, certos antílopes.

Em certos casos, tal exploração é consideravelmente mais rentável do que a dos animais domésticos, quando encarada sob o ângulo da economia de um Estado. Calculou-se, assim, que nos E.U.A., no Estado de Idaho, cada argali abatido pelos caçadores rendia 4 236 dólares, devido a diversas despesas ocasionadas por essa caça (apenas 42 caçadores haviam conseguido conquistar o seu troféu, dos 602 que tinham pago uma licença e efetuado despesas de caça), o que permite atribuir ao argali vivo o valor de 89 dólares, em função dos efetivos, enquanto que um carneiro se vende por 35 dólares (Spillett).

No Velho Mundo, o melhor exemplo é, incontestavelmente, o dos antílopes (*Saiga tatarica*), na U.R.S.S. (Bannikov, 1961). Já vimos anteriormente que essa espécie, outrora abundante e com uma área de distribuição considerável, tornou-se de tal modo escassa que, por volta de 1920, pensou-se que desaparecesse a curto prazo*. Pouco tempo depois, porém, as populações começaram a aumentar de novo, contrariamente à opinião daqueles que consideravam esse animal como um fóssil vivo condenado ao desaparecimento, a tal ponto que atingiram aproximadamente 2 milhões de indivíduos, numa área de distribuição de mais ou menos 2,5 milhões de km^2 (Fig. 72). Mais de 500 000 saigas vivem atualmente na margem direita do Volga. Esses efetivos permitem que sejam abatidos, desde 1951, 300 000 indivíduos por ano, garantindo um excelente rendimento de carne de alta qualidade (6 000 toneladas), de gordura, couro (20 milhões de dam^2), cornos, sem comprometer a sobrevivência da espécie cujos efetivos têm, pelo contrário, tendência para aumentar. O domínio vital da saiga é de uma extrema pobreza, na maior parte de sua extensão. Esse antílope, que não degrada o seu habitat como os animais domésticos devido à sua mobilidade e às suas migrações regulares, e que é capaz de comer as plantas das estepes recusadas pelo gado, proporciona um bom rendimento a zonas que, ao contrário, permaneceriam improdutivas para o homem, no estado atual das coisas.

Outros exemplos poderiam ser lembrados mostrando que uma exploração racional não só não compromete as probabilidades de sobrevivência de uma espécie, como também aumenta o seu potencial de reprodução, tal como no caso das populações de peixes, mencionado anteriormente. Na U.R.S.S., as populações de zibelina *Martes zibellina* atingiam aproximadamente 25 000 indivíduos quando foi proibida a caça a esse animal; em 1940 suas populações haviam aumentado para 350 000 indivíduos, e a caça foi de novo autorizada. No entanto, seus efetivos continuaram apresentando um nítido crescimento e já atingiram atualmente os 800 000 indivíduos. O mesmo aconteceu com o castor e com o alce, cujas populações passaram de 300 000 indivíduos em 1950, para 600 000, atualmente, apesar da caça (Bannikov).

Parece, portanto, que, de um modo geral, salvo no que respeita às reservas naturais integrais e certos parques nacionais, a melhor maneira de garantir a sobrevivência dos grandes mamíferos e a sua preservação em boas condições é efetuar um "aproveitamento" de suas popu-

*Em 1920 não restavam mais de um milheiro de indivíduos em toda a sua área de distribuição.

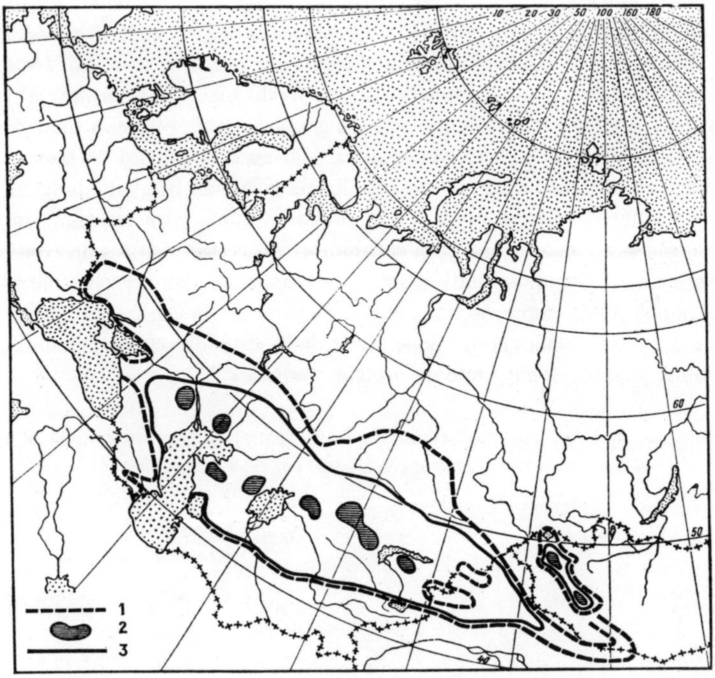

Figura 72. Área de distribuição do antílope *Saiga tatarica*. 1 – Distribuição no período histórico. 2 – Redução da área de distribuição por volta de 1920. 3 – Distribuição atual. Segundo Bannikov, Jirnov, Lebedeva e Fandieev, *Biologia da Saiga*, 1961

lações em função das condições do meio. Com a condição dos habitats serem mantidos em bom estado, uma utilização racional deve sempre constituir o objetivo a longo prazo da conservação. Uma proteção total, indispensável enquanto a espécie não chega a atingir um determinado limite, acaba tornando-se nociva, conduzindo por vezes a catástrofes.

Tais métodos têm a vantagem de conciliar os interesses dos protetores da natureza com uma indubitável rentabilidade econômica. Desse modo, as zonas marginais são utilizadas de forma consideravelmente mais eficiente do que se fossem profundamente transformadas pelo homem para seu benefício exclusivo. Essas concepções repousam, por vezes, em paradoxos aparentes, tal como a exploração dos recursos marinhos: baseiam-se, no entanto, em leis ecológicas precisas, que favorecem os animais selvagens assim como os interesses bem concebidos do homem.

3 — *Aproveitamento da grande fauna africana*

O êxito do aproveitamento da grande fauna nas regiões temperadas sugeriu que métodos semelhantes pudessem conduzir outros países a resultados de extremo interesse tanto para o naturalista quanto para o economista. O problema é particularmente agudo na África, onde vive o último conjunto sobrevivente de grandes mamíferos; os Ungulados apresentam, sobretudo nas savanas, uma nítida predominância nas biocenoses desse continente. Em função da atual situação africana, de sua evolução política, econômica e social, é preciso conciliar, urgentemente, os imperativos da proteção da natureza selvagem com as necessidades da população autóctone mais preocupada com o presente do que com o futuro. Uma exploração racional da caça protegeria esse continente de um modo mais eficaz do que a multiplicação de reservas, cujo perímetro está diminuindo progressivamente, podendo mesmo desaparecer sob a pressão das reivindicações dos habitantes. Um aproveitamento da fauna protegê-la-ia mais eficazmente contra os humanos, em cuja língua a mesma palavra* designa, simultaneamente, carne e animal, e proporcionaria aos autóctones uma parte da alimentação protéica cuja carência está assumindo proporções calamitosas em certos distritos do continente negro.

Uma série de estudos quantitativos sobre os Ungulados das savanas (recenseamentos e análises das populações), empreendidos localmente no leste da África e na parte oriental do Congo desde o fim da última guerra, pode servir de base sólida para uma utilização racional da grande fauna africana como fonte de proteínas animais**.

Biomassas de Ungulados nas Savanas do Setor Central do Parque Nacional Albert
(*segundo recenseamentos efetuados em* 1959 *sobre* 600 *km*^{2})

Espécies	*Peso médio kg*	*População recenseada*	*Média por km*^{2}	*Biomassa por km*^{2} *kg*
Elefante	3 500	1 026	1,7	5 950
Hipopótamo	1 400	4 800	8	11 200
Búfalo	500	7 402	12,3	6 150
"Topi" (*Damaliscus korrigum topi*)	130	1 199	2	260
"Waterbuck" (*Kobus defassa*)	130	760	1,3	195
"Cobe de Buffon" (*Adenota kob*)	70	4 976	8,3	581
"Reed-buck" (*Redunca* sp.)	40	61	0,1	
Antílope-listrado (*Tragelaphus scriptus*)	50	53	0,09	
Porco-de-verrugas (*Phacochoerus*)	70	603	1	70
Grande-porco-da-floresta (*Hylochoerus meinertzhageni*)	140	35	0,05	
				24 406

Tais estudos mostraram que a densidade dos animais de caça pode ser *enorme* nos habitats abertos. A título de exemplo, assinalamos que o número de indivíduos por km^2 recenseados por Bourlière e Verschuren (1960) no Parque Nacional Albert atinge, por vezes 86, dos quais 25 búfalos e 40 "Cobes de Buffon" (*Adenota kob*).

É igualmente interessante converter o número de animais em peso global, ou seja, conhecer a *biomassa* — quer dizer, o peso vivo — dos Ungulados por unidade de superfície, multiplicando o número de indivíduos de cada espécie pelo peso médio. Esse dado, extremamente importante e aliás utilizado em zootecnia para calcular o valor das pastagens para a alimentação do gado, traduz a capacidade nutricional de um determinado habitat. Bourlière e Verschuren (1960) citam biomassas variando entre 7 580 e 20 485 kg por km^2 nas savanas do Parque Nacional Albert. Os resultados dos recenseamentos efetuados sobre 600 km^2 são, como o indica o quadro que apresentamos, de 24 406 kg de Ungulados por km^2.

*Por exemplo *nyama,* em kiswahili.

**Além das obras citadas, podem-se consultar proveitosamente os relatórios da Conferência de Manyara, Tanganica (fevereiro, 1961), e os do Simpósio de Arusha (setembro, 1961; *Conservation of Nature and Natural Resources in modern African States*).

Existem ainda densidades maiores. Assim, Petrides e Swank (1958) assinalaram no Queen Elizabeth Park, em Uganda, uma densidade de grandes animais, que constitui indubitavelmente o recorde atual. Cada milha quadrada (ou seja, 2,59 km^2) era aí povoada, em média, por 40 hipopótamos, 7 elefantes, 10 búfalos, 8 "Waterbucks", 7 *Phacochoerus*, 1,5 "Cobe de Buffon", 1,3 antílope-listrado, o que corresponde a uma biomassa de 34 944 kg por km^2.

De um modo geral, essas cifras mostram que a biomassa de grandes mamíferos, se bem que eminentemente variável em função da natureza do terreno, é por vezes nitidamente mais forte do que as que se observam nas outras partes do mundo, particularmente nas grandes planícies da América do Norte.

A comparação com biomassas de herbívoros domésticos é, talvez, mais interessante, ainda que seja uma comparação entre os biotopos naturais dos Ungulados selvagens e os mesmos meios, de onde estes últimos foram eliminados para ceder o lugar aos animais domésticos. Assim, no Congo, certas pastagens naturais* não suportam mais de 5 500 kg por km^2; se tal carga for ultrapassada, o habitat apresentará imediatamente sinais de degradação, conseqüência de um excesso de pisoteio.

Os habitats naturais africanos são, portanto, capazes de suportar massa de animais selvagens pelo menos tão considerável quanto de animais domésticos; na maioria dos casos, o peso vivo dos Ungulados autóctones atinge, nas savanas não transformadas, os valores obtidos em pastagens melhoradas por processos dispendiosos**. As razões provêm principalmente da melhor utilização da cobertura vegetal, pois os bovinos domésticos são seletivos e rejeitam inúmeras plantas. O *conjunto* dos Ungulados selvagens (por vezes 10 a 20 espécies coabitam no mesmo distrito) utiliza, pelo contrário, o *conjunto* dos vegetais que constituem a associação vegetal característica do habitat, onde cada espécie ocupa um nicho ecológico particular. Algumas dessas espécies consomem plantas herbáceas (por exemplo as zebras, os gnus e os "topis"); outras alimentam-se de arbustos, mesmo com espinhos (como, por exemplo, as "impalas" e muitas gazelas), enquanto que o elefante come quase todas as plantas, inclusive a folhagem das árvores e as plantas herbáceas rejeitadas pelos outros herbívoros. Desse modo, a produtividade é nitidamente superior no caso de animais selvagens. Estes atingem também mais cedo a maturidade sexual: na África Oriental, a primeira reprodução dá-se, em média, aos três anos e meio no gado, enquanto que as gazelas se reproduzem com menos de um ano e os Ungulados maiores com apenas pouco mais de um ano. O aumento de peso diário é nitidamente superior no caso da fauna selvagem. Substituir toda uma fauna por um único tipo de animal constitui, portanto, um erro ecológico que pode conduzir a uma dilapidação da produção vegetal***.

*Evidentemente, no caso de pastagens melhoradas, a biomassa aumenta consideravelmente e pode atingir, segundo cifras citadas por Bourlière e Verschuren, 65 000 kg por km^2. Dever-se-ia, no entanto, examinar como e a que preço de custo foi possível obter tal carga. Se isso é viável em certas regiões, em muitas outras tal sobrecarga não é compatível com a manutenção de uma produtividade alta. Está provado que a maioria dos biotopos africanos não poderiam nunca suportar uma tal biomassa, mesmo se fossem transformados pelo homem.

**Ver também L. M. Talbot e M. H. Talbot, *Trans. 28th N. Amer. Wildlife Nat. Res. Conf.* 1963: 465-476.

***Note-se igualmente que a parte das carcaças utilizável para a alimentação parece sempre maior, proporcionalmente, nos animais selvagens. Enquanto que não ultrapassa quase nunca 50% do peso vivo no gado doméstico criado pelos africanos, essa percentagem é sempre maior no caso dos Ungulados autóctones (atinge 58% no alce, 63% na gazela). O rendimento em proteínas parece, por outro lado, ser nitidamente superior no caso da carne com pouca gordura — que aliás facilita sua transformação

Ora, está cada dia mais patente que, em grande parte da África, a cobertura vegetal e as características dos solos são tais que não se lhes pode infligir grandes transformações sem comprometer gravemente a sua resistência aos fatores de degradação. Por outro lado, as intervenções do homem exigem investimentos financeiros (desbravamento, criação de bebedouros, cercas, desinsetização (tsé-tsés), além das despesas de manutenção) que os jovens Estados africanos não estão em condições de enfrentar facilmente na conjuntura econômica atual. Desse modo, a solução mais elegante parece ser a conservação das biocenoses naturais em sua integridade, e principalmente as dos grandes animais, pois estes estão melhor adaptados ao seu meio do que os bovinos domésticos que poderiam substituí-los*. Sua exploração racional consiste fundamentalmente na utilização anual de um determinado contingente para estudos ecológicos precisos, incidindo principalmente na estrutura das populações, na produtividade e na taxa de substituição anual.

A primeira forma de exploração possível é, evidentemente, a caça esportiva, os caçadores podendo assim eliminar o contigente que está em excesso. Um método mais adequado consiste na matança organizada de animais selvagens considerados como "gado". O problema prático fundamental, ainda incompletamente resolvido, consiste na conservação e no transporte da carne até os centros de consumo. Contrariamente ao gado doméstico, que se deixa facilmente conduzir aos matadouros, os animais selvagens têm de ser abatidos na "savana" e a sua carne encaminhada até o consumidor urbano, nas melhores condições e o mais rapidamente possível.

É possível manter certos mamíferos em vastos cercados, facilitando-se, assim, sua captura e seu transporte. É esse o caso de certas gazelas criadas em inúmeras fazendas da África do Sul, que comercializam sua carne. Em outros casos, é possível, em certos períodos do ano, encaminhar os animais para currais onde são selecionados. Pode-se igualmente, após ter abatido os animais, convertê-los, no próprio local da matança, em carne seca — o *biltong* dos africanos. Processos mais modernos virão, certamente, facilitar, no futuro, as operações de conservação.

Várias tentativas de exploração racional da caça selvagem estão sendo efetuadas atualmente na África Oriental, especificamente no Henderson Ranch, na Rodésia do Sul, no sudeste de Bulawayo. Foi feito um recenseamento prévio, assim como um estudo da estrutura das populações de Ungulados por idade e por sexo. Esses dados permitiram determinar o contingente de indivíduos (principalmente "impalas" e zebras) suscetíveis de serem abatidos sem comprometer a manutenção das populações em nível alto.

Essa operação traduziu-se por um benefício substancial que pode ser avaliado em aproximadamente 225 000 cruzeiros, superior ao que se poderia obter com a exploração clássica de gado.

Uma utilização similar da grande fauna selvagem está sendo praticada atualmente na África do Sul**, principalmente no Transvaal (Riney, 1963). Em 1959 foram comercializadas

em carne seca (Ledger, *Conservation of Nature and Natural Resources in Modern African States*, N. S. Publ. n.º 1, UICN, 1963). Ver igualmente L. M. Talbot, Wild animals as a source of food, *U. S. Dept. Interior Bureau of Sport Fisheries and Wildlife. Sp. Sci. Rep. Wildlife*, n.º 98, 1966.

*Os animais autóctones apresentam também uma resistência natural a inúmeras doenças tropicais, particularmente às tripanossomíases, e estão melhor adaptados ao clima, sobretudo às temperaturas excessivas e às secas.

**A África do Sul, onde se realizaram massacres incomparáveis no continente, tomou a iniciativa, há já muito tempo, de criar grandes mamíferos.

Foto 88. Bisonte da Europa em liberdade na floresta de Bialowieza, Polônia. A espécie foi salva graças à criação em cativeiro

Foto 89. Águia-dos-macacos, endêmica nas Filipinas, gravemente ameaçada pelos coletores que abastecem os jardins zoológicos

Foto 90. Casal de orangotangos no cativeiro

Foto 91. Pântano no "Corkscrew Swamp Sanctuary", Immokalee, Flórida

Foto 92. "Half Dome" (Meio-domo), monólito de granito elevando-se a 2 766 m no Yosemite National Park, E.U.A

pelos proprietários de ranchos nada mais nada menos do que 3 593 toneladas de carne proveniente sobretudo de "impalas" (em excesso devido a uma proliferação intempestiva da espécie), de certo antílope e de gnus; o rendimento global dessas operações foi de 3 000 000 de cruzeiros. Numa área determinada, os fazendeiros tornaram patente que uma carga de gado de 4 toneladas de peso vivo por milha quadrada provocava uma degradação das pastagens e dava apenas um rendimento de 900 cruzeiros, enquanto que uma carga de 8 toneladas de peso vivo de Ungulados selvagens permitia uma exploração racional, proporcionando um rendimento de 10 500 cruzeiros por ano, e preservava o habitat que se regenerava mesmo nas zonas anteriormente desgastadas pela erosão.

Uma utilização racional da grande fauna africana teria também a vantagem de suprimir, ou pelo menos de diminuir, a caça ilegal. As causas dessa atividade delituosa são, essencialmente, além da inegável atração do lucro, a "fome de carne" das populações e o gosto inato pela caça, impossível de eliminar em certos povos (também não foi possível suprimi-lo nos países altamente civilizados da Europa, assim como na América do Norte). A racionalização da caça eliminaria certamente uma parte das desculpas para certas atividades ilegais, que assim se transformariam em ato delituoso sem nenhuma justificativa econômica ou psicológica.

O aproveitamento da fauna permitiria igualmente evitar uma população excessiva de grandes mamíferos cujas populações já ultrapassaram certamente a capacidade-limite de seus habitats em muitas regiões da África; o excedente corre o risco de desaparecer sem nenhum proveito nem para o homem nem para a natureza. Evitaria também o excesso de pisoteio, que pode ser observado localmente, pois absorveria o excedente da população, causa da degradação dos habitats. O Queen Elizabeth National Park, em Uganda, oferece-nos um exemplo significativo; nas proximidades desse parque, os hipopótamos se beneficiaram, segundo alguns, de uma proteção exagerada concedida pelos regulamentos. As populações dos lagos Edouard e George são, com efeito, superiores a 28 000 cabeças, o que é considerado por certos autores como um excesso relativamente à capacidade-limite do habitat, e tanto mais grave que esse distrito serve igualmente de pasto para elefantes, búfalos, "Waterbucks", "Cobes" e *Phacochoerus*. Sabendo que um hipopótamo consome aproximadamente 180 kg de vegetais (peso úmido) por noite, é possível avaliar o impacto desses animais no seu habitat, que apresenta uma grave degradação da cobertura vegetal e uma erosão avançada (principalmente ravinas abundantes). Uma fração importante do solo está se desnudando, enquanto que as plantas anuais e herbáceas estão desaparecendo em proveito de moitas espinhosas que não são consumidas pelos hipopótamos*.

Propõe-se, em conseqüência disso, a redução do número de paquidermes de modo a que seus efetivos se mantenham entre 4 000 e 6 000 indivíduos, o que corresponde aproximadamente à capacidade-limite do habitat (Petrides e Swank, 1958). Seria possível abater milhares de indivíduos por ano sem prejudicar a população. Essas medidas têm a vantagem de manter as populações de hipopótamos num certo nível de equilíbrio com o seu meio e de proporcionar aos africanos alimentos protéicos altamente apreciados**.

*Note-se que o mesmo não acontece no Parque Albert, onde a população de hipopótamos também é bastante densa, mas onde o habitat permanece em tão boas condições como quando a zona foi transformada em reserva. É possível que determinados fatores edáficos acrescentem os seus efeitos à influência dos animais (ver, sobre esse assunto, Curry-Lindahl, *Expl. P. N. Albert* e *P. N. Kagera*, IPNCRU, Bruxelas, 1961).

**Essa solução deve, sem dúvida, ser igualmente preconizada no caso dos elefantes, cujos efetivos estão em nítido aumento no leste africano (particularmente no Congo, no Uganda, e no Quênia). Esses

Deve-se, evidentemente, ter o cuidado para não pôr em perigo o futuro das populações que fornecem esses recursos alimentares: é preciso, antes de mais nada, evitar os massacres incontrolados que se observam por vezes durante certas caçadas tradicionais, como aconteceu por exemplo na Rodésia, no caso do *Kobus leche.* Se bem que tenham regredido numa parte de seu antigo habitat, esses antílopes vivem em manadas numerosas nas planícies de inundação, e as extensões pantanosas são ainda localmente abundantes, principalmente nos Kafue Flats, onde suas populações são talvez mesmo excessivas (os distritos habitados por esses animais apresentam já sinais de um pisoteio excessivo, podendo-se observar uma mortalidade importante durante a estação seca). Os africanos costumavam encaminhar periodicamente as manadas de *Kobus*, cujo gregarismo é muito desenvolvido, para currais onde se massacravam vários milhares de indivíduos. Essa caça — denominada *chila* — poderia certamente ser substituída no futuro por uma exploração mais racional (matança de 25 000 a 30 000 cabeças, segundo os efetivos atuais), o que garantiria a sobrevivência desse belo antílope e, simultaneamente, um rendimento econômico extremamente interessante nas planícies inundadas pelo rio Kafue.

O aproveitamento da fauna africana parece, portanto, ser extremamente promissor, pois pode conciliar, de forma muito feliz, os interesses da conservação da Natureza e os da rentabilidade econômica das zonas marginais. É preciso, evidentemente, tomar todas as precauções, pois o menor erro pode ter graves conseqüências e provocar uma sensível diminuição dos efetivos. Porém, se a exploração da caça for efetuada racionalmente, após inquéritos preliminares, parece já provado que o rendimento em alimentos protéicos constituirá uma contribuição importante para o balanço nutricional africano.

Evidentemente, tais soluções não podem ser aplicadas em toda a África. É preciso, em primeiro lugar, fazer uma exceção para as reservas naturais integrais e os parques nacionais de grande superfície, onde nenhuma intervenção humana deve interferir com o equilíbrio natural*. Por outro lado, o aproveitamento da fauna não pode ser encarado da mesma forma em todas as regiões. Existem diferenças fundamentais entre o leste e o oeste africano, devidas simultaneamente às condições ecológicas e às densidades das populações dos animais de caça. Como em tudo o que respeita ao problema da conservação da natureza, em seus vários aspectos, não há soluções gerais mas sim uma infinidade de casos particulares.

Se o homem for prudente, todavia, o aproveitamento da fauna na África, assim como no resto do mundo, pode assegurar a sobrevivência dos animais selvagens num mundo transformado num sentido antrópico, resolvendo o problema complexo da coexistência de grandes mamíferos e de uma indústria humana em vias de expansão.

grandes mamíferos provocam uma transformação profunda dos habitats devido ao desfloramento consecutivo ao excesso de população. Entre 1932 e 1956, 55 a 59% das árvores desapareceram devido à ação desses animais, no Murchison Falls National Park (ver as fotos espetaculares publicadas por Bourlières e Verschuren, 1960, pl. XII). Um grave problema de excesso de população surgiu igualmente no Quênia, em 1966, no Tsavo National Park, onde se recensearam nada mais nada menos do que 20 000 elefantes. Para remediar essa situação, que provocou uma degradação do habitat, foi preciso matar vários milhares desses animais. Parece indispensável, na maioria dos distritos de reserva, "controlar" as populações de elefantes, cuja regulação natural só se efetua a longo prazo, quando o equilíbrio dos habitats já estiver em perigo.

*O equilíbrio das populações de grandes mamíferos — já vimos, através de vários exemplos, como é difícil de obter — exige que as zonas integralmente protegidas tenham uma superfície muito vasta para que as leis naturais de competição e predação possam agir e manter uma harmonia entre os diversos elementos da biocenose.

B — *EXPLORAÇÃO RACIONAL DAS POPULAÇÕES DE MAMÍFEROS E DE AVES MARINHAS*

1 — *Pinípedes*

Os grandes mamíferos terrestres não são os únicos suscetíveis de uma exploração racional por parte do homem, que pode proteger, do mesmo modo, outras espécies, extraindo delas um benefício razoável. O caso mais significativo é, sem dúvida, o das otárias das ilhas Pribiloff *Callorhinus ursinus*, no Pacífico Norte, cuja pele é muito apreciada (Kenyon, Scheffer e Chapman, 1954). Essas otárias, que se estabelecem durante o verão em bandos numerosos, nos areais, dão azo atualmente a uma exploração racional organizada em escala verdadeiramente industrial. Suas populações, no entanto, sofreram inúmeras vicissitudes, a tal ponto que se chegou a pensar que esse animal estava prestes a desaparecer ou a partilhar o triste destino de muitas outras espécies, principalmente na região Antártica.

Quando as ilhas Pribiloff foram descobertas durante os anos 1786-87, os efetivos de otárias atingiam certamente 2,5 milhões de indivíduos. Porém as coletas ultrapassaram rapidamente as potencialidades do estoque reprodutor e, em 1835, sobrava apenas 1 milhão. Quando os americanos se apoderaram das ilhas, em 1868, o massacre continuou, tão intenso quanto antes. Nesse ano foram mortas nada mais nada menos do que 242 000 otárias, e as capturas anuais mantiveram-se em nível elevado até o fim do século. A matança era praticada tanto em terra quanto no mar alto, e essa caça pelágica era particularmente nociva por não ser possível fazer nenhuma distinção de idade ou de sexo. Não espanta, portanto, que a população de otárias das ilhas Pribiloff estivesse reduzida a 400 000 indivíduos em 1897, e a 216 000 em 1912, ou seja, a menos de um décimo dos efetivos que habitavam essas ilhas no momento de sua descoberta.

O governo dos Estados Unidos aplicou então uma rigorosa política de conservação, principalmente a proibição da caça no mar*. Essas medidas sensatas tiveram efeitos imediatos e os efetivos reconstituíram-se progressivamente. Atualmente as populações comportam mais de 1,5 milhão de indivíduos, apesar das capturas efetuadas, segundo estudos aprofundados, em função das particularidades biológicas da espécie (Fig. 73).

A estrutura das populações repousa essencialmente na poligamia. Como em muitas outras espécies de otárias, os machos reprodutores, que são os primeiros a se instalarem nas colônias, possuem um harém de fêmeas, cada um deles monopolizando, em média, 80 a 90, e por vezes mesmo 160 e até mais**. Esses haréns são conquistados em violentas lutas contra os outros machos. Existe, portanto, *a priori*, um excedente considerável de machos cuja sobrevivência não é absolutamente necessária à prosperidade da espécie devido à enorme desproporção entre o número de machos reprodutores e o das fêmeas. Esses machos, chamados "solteirões" quando têm apenas de um a sete anos, reúnem-se em grandes grupos à parte, esperando ter idade e força suficiente para lutar com os chefes dos haréns. É possível, assim, capturar um

*Essa caça foi proibida por um Tratado Internacional assinado em 1911, que protegia igualmente a lontra-marinha. Uma nova convenção, assinada em 1957, entre o Canadá, o Japão, a URSS e os EUA, substituiu a primeira, retomando suas cláusulas.

**A média do número de fêmeas por harém passou de 42 em 1935, para 95 em 1947, correlativamente ao crescimento das populações. O aumento do número de fêmeas, prejudicial ao equilíbrio das populações e suscetível de fazer com que estas ultrapassem a capacidade-limite do habitat, determinou a autorização dos biólogos para a eliminação anual de um determinado contingente (entre 15 000 e 30 000).

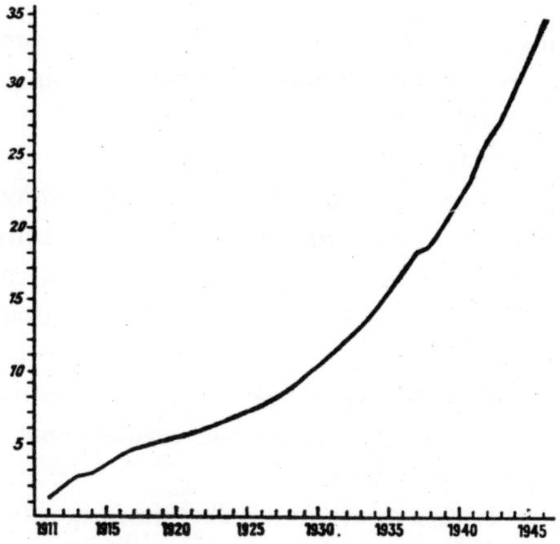

Figura 73. Crescimento da população de otárias fornecedoras de pele (*Callorhinus ursinus*) das ilhas Pribiloff, após a aplicação de medidas de proteção e de uma exploração racional desses Pinípedes. *Nas ordenadas*, efetivos em centenas de milhares. Segundo os dados publicados por Kenyon e Scheffer, *U. S. Dept. Interior, Fish and Wildlife Service*, Special Sci. Report-Wildlife n.° 12, 1954

contingente dessa população. Os efetivos anuais permitem uma coleta anual de aproximadamente 62 000 indivíduos (principalmente machos de 3 a 4 anos), que garantem, com sua pele reputada e todos os subprodutos, um rendimento extremamente interessante das colônias de otárias, única riqueza dessas ilhas desfavorecidas. Desde 1911, o governo dos Estados Unidos gere diretamente esse capital natural* e realiza os estudos científicos indispensáveis.

Esse exemplo de aproveitamento de uma população animal de um tipo muito diferente da dos Ungulados terrestres, lembrada anteriormente, mostra que os mesmos princípios podem ser aplicados com modalidades diversas. Entre uma destruição desmedida e uma proteção estática, há lugar para uma exploração racional, assegurando da melhor maneira possível a sobrevivência das espécies e um benefício legítimo para o homem. Uma exploração desse tipo está sendo efetuada nas costas da África do Sul, no caso da otária do Cabo *Arctocephalus pusillus*, fornecedora de uma pele apreciada. As populações de outras espécies austrais, outrora abundantes, foram reduzidas, porém, em proporções tais que já não se pode esperar que recuperem, a curto prazo, um nível que permita encarar uma exploração proveitosa.

2 — *Aves produtoras de guano*

As aves produtoras de guano mostram também como o homem pode tirar proveito das riquezas naturais sem comprometer o equilíbrio biológico; nesse caso, trata-se menos do aproveitamento do que da proteção de espécies selvagens cuja produção é explorada (Dorst, 1956).

Sabe-se que, na margem de certos mares com uma alta produtividade, as aves marinhas vivem em enormes colônias e depositam o *guano*, adubo famoso pelo seu teor elevado de produtos nitrogenados. Essa produção tem uma importância considerável nas costas do norte do Chile e do Peru, devido a fatores biológicos e físicos extremamente complexos. Apesar de suas latitudes tropicais, essas costas são banhadas por águas frias (corrente de Humboldt), onde os organismos planctônicos e os peixes são de tal modo abundantes que os oceanógrafos falam de vagas "negras de animais marinhos" e de "purê de plâncton". Um dos peixes mais comuns é a anchova *Engraulis ringens*, verdadeira pedra angular da vida marinha da corrente de Humboldt. Calcula-se que seus efetivos atinjam 10 mil bilhões de indivíduos, ou seja, aproximadamente 20 milhões de toneladas. Esses peixes constituem a alimentação de inúmeras

*O Fish and Wildlife Service está oficialmente encarregado dessa tarefa.

aves do mar, particularmente dos representantes da ordem dos Pelecaniformes: alcatrazes, mergulhões e pelicanos. Três espécies dominam largamente as outras e fornecem a maior parte da produção de guano: o alcatraz-de-bougainville *Phalacrocorax bougainvillii*, o mergulhão-variegado *Sula variegata* e o pelicano-marrom *Pelecanus occidentalis thagus*. Essas aves, eminentemente gregárias, estabelecem colônias prósperas em pequenos ilhéus a pouca distância do continente. Sua densidade é considerável: os alcatrazes chegam a estabelecer três ninhos por metro quadrado; como cada casal cria uma média de dois filhotes, ficam assim 12 aves concentradas num só metro quadrado. Todas essas aves apresentam a particularidade de depositar os seus excrementos no próprio local da nidificação, em vez de dispersá-los, como as outras aves marinhas. Como não constroem ninhos e como nunca chove na costa peruana, essas matérias acumulam-se regularmente, acabando por formar uma crosta que aumenta de ano para ano.

Essas aves vivem nas ilhas desde épocas muito remotas, de modo que o guano acumulou-se até o século passado em camadas que chegavam a atingir quarenta metros. No entanto já se explorava o guano como adubo na época pré-colombiana, e uma regulamentação rigorosa dos incas protegia as aves produtoras. Garcilasso de la Vega, no seu "Comentário Real" ou "História dos Incas" publicado em 1604, conta que "no tempo dos reis incas tinha-se tanto cuidado com a conservação dessas aves que, quando estas estavam chocando os seus ovos, não era permitido a ninguém, sob pena de morte, entrar nas ilhas onde estavam, para não as assustar, fazendo-as sair de seus ninhos; era igualmente proibido matá-las, evidentemente, tanto nas ilhas quanto fora, e quem o fizesse expor-se-ia às mesmas sanções". Infelizmente, em meados do século passado o mundo inteiro descobriu o valor desse adubo, cuja obtenção se transformou numa verdadeira "febre de guano". Vieram então frotas inteiras retirar o produto que exploravam, armadas de carregadores asiáticos, em verdadeiras minas ao ar livre. Calcula-se que entre 1851 e 1872 foram retiradas 10 milhões de toneladas só das ilhas Chinchas, um dos principais centros de nidificação, enquanto que o estoque inicial não ultrapassava 13 milhões de toneladas. Entre 1848 e 1875 foram exportadas 20 milhões, ao todo, para a América do Norte e a Europa.

Essa exploração desenfreada provocou a destruição total das colônias produtoras: o guano era coletado durante o ano inteiro, mesmo durante a estação de reprodução, e os trabalhadores divertiam-se matando as aves a bastonada, segundo nos contam viajantes da época. Os ovos também eram apanhados e enviados em barris para diversas utilizações industriais.

Isso conduziu rapidamente ao desaparecimento total do estoque inicial de guano, que já não se renovava. Durante a campanha de 1909-1910, foram coletadas apenas 23 000 toneladas. Assim, perante essa grave ameaça para a economia peruana, o governo tomou medidas rigorosas e confiou a administração dessa riqueza natural a uma organização do estado, a *Compañia administradora del Guano*, fundada em 1909. As primeiras medidas estabeleceram uma proteção absoluta das colônias de nidificação, cujo acesso foi proibido. As colônias regeneraram-se rapidamente. É certo que o equilíbrio das espécies já não é o mesmo que antigamente, pois os vários tipos de aves marinhas ressentiram-se mais ou menos intensamente, e os mais adaptáveis à presença humana tornaram-se preponderantes. Assim, o alcatraz-de-bougainville ocupa atualmente a maior parte dos terrenos disponíveis, e os seus efetivos constituem 85% dos efetivos totais — aproximadamente 15 milhões de indivíduos — produtores de guano.

Hoje em dia explora-se o guano que se deposita todos os anos em camadas espessas de 7 a 10 cm, por vezes mesmo mais, segundo um ritmo que não prejudica as colônias. A produção anual tem aumentado progressivamente, tendo atingido, já em 1953, 255 000 toneladas.

Desse modo, a história dessas colônias de aves marinhas mostra, também, o interesse do homem em explorar racionalmente as riquezas naturais em vez de as desbaratar inconsideradamente. A conservação das colônias permite usufruir de um magnífico espetáculo, e, simultaneamente, obter benefícios materiais de que o homem, por pura inconsciência, quase se privou definitivamente.

C — *A NATUREZA E O TURISMO EM BENEFÍCIO DA SAÚDE DA HUMANIDADE*

"É indispensável que os homems consigam preservar outra coisa além daquilo que lhes serve para fazer solas de sapatos ou máquinas de costura; é indispensável que estabeleçam uma reserva onde possam se refugiar de vez em quando. Só então se poderá falar de uma civilização." Romain Gary, *Les racines du ciel.*

Um dos problemas importantes que o homem terá de enfrentar nas próximas décadas é, paradoxalmente, o do seu lazer. A máquina o está libertando cada vez mais do trabalho físico, e o tempo consagrado à atividade profissional está baixando espetacularmente em todos os países que já atingiram um certo grau de desenvolvimento. Como disse Georges Hourdin (*Uma civilização do lazer*, Paris, 1961), "Nossa civilização é uma civilização do trabalho, dizem os livros de economia política. O *Homo sapiens* ter-se-ia transformado em *Homo faber*. Sem dúvida. Temo, porém, que os livros estejam atrasados. Já não estão explicando tudo. O fenômeno que descrevem é um fenômeno do século XIX. Pertence aos primeiros tempos da civilização industrial. Hoje, em dia, tudo está mudado . . . *nasceu o homem do lazer*"*. É possível que não estejamos longe do momento em que os homens poderão dispor da maior parte de seus dias para atividades que não tenham como objetivo imediato a subsistência cotidiana.

Evidentemente existem inúmeras distrações, e todos os dias o homem inventa novos "brinquedos" que lhe permitem alargar sua cultura ou simplesmente ocupar o tempo de que dispõe. O volume das publicações — quer se trate de livros ou de revistas — aumenta dia a dia**; o rádio, a televisão, o cinema, têm um público cada vez maior. A prática do esporte está se generalizando com uma velocidade crescente e o homem inventa e aperfeiçoa ininterruptamente outras distrações.

Entre essas múltiplas atividades estão, em primeiro lugar, as que se realizam ao ar livre, e, antes de mais nada, o turismo sob todas as suas formas. O gosto pela natureza, nascido no século passado, sob a influência das Escolas românticas, que fizeram com que se apreciasse "os sublimes horrores", adquiriu uma amplitude até hoje inigualada. Apesar de um certo esnobismo e de uma voga conseqüente a uma excitação coletiva, esse movimento tem motivação muito profunda. O homem moderno, da civilização "ocidental", vive de um modo artificial, em cidades monstruosas. Passa a maior parte do seu tempo em casas, escritórios ou *ateliers*, longe de todo e qualquer elemento natural. O barulho, a agitação, as múltiplas agressões da vida coletiva, vão progressivamente usando os seus nervos, que as preocupações e as ameaças de toda a espécie acabam por destruir. A curva ascendente das doenças nervosas — tanto a

*Poderia ser qualificado de *Homo ludens*, para retomar a expressão de J. Huizinga. Note-se, no entanto, que isso só se aplica aos países industrializados, ou seja, a uma pequena minoria. (Quem desejar se inteirar das idéias de Huizinga poderá ler seu livro *Homo Ludens*, em português, Ed. Universidade de São Paulo e Ed. Perspectiva, 1971, nota do Coordenador).

**Em detrimento das florestas cuja superfície corre o risco de se reduzir progressivamente, devido ao aumento da procura de papel.

das doenças mentais menores quanto das mais graves — mostra claramente a que perigos se expõe a humanidade que decidiu afastar-se de um meio natural mais equilibrado. Essa tendência está se acentuando com o crescimento demográfico contemporâneo.

Reagindo a esse estado de coisas, o homem aproveita cada instante de liberdade para recuperar condições mais normais, mais próximas da natureza. Uma das principais formas desse comportamento consiste num "turismo a curto prazo", e basta lembrar as longas filas de carros que, todos os domingos, se dirigem para fora da cidade, para avaliar a sua amplitude. Os citadinos não hesitam em permanecer horas e horas nas estradas para usufruir de um pedacinho de floresta ou das margens de um rio, longe das cidades e de suas fábricas. Concebe-se, desse modo, a importância extrema das zonas verdes que cercam as cidades, florestas ou paisagens de aspecto natural — em suma, das áreas marginais, mesmo parcialmente "aproveitadas" pelo homem — na vida dos habitantes das zonas urbanas. A supressão ou a transformação desses distritos seria indubitavelmente uma catástrofe do ponto de vista do naturalista, pois suprimiria os últimos refúgios da vida selvagem nos países industrializados e com uma forte densidade humana; traduzir-se-ia certamente por sérias perturbações psíquicas nos habitantes desses países, que ficariam assim impossibilitados de todo e qualquer contacto com um meio natural mais são, menos poluído do que a atmosfera citadina, e onde são ainda praticáveis todas as atividades de ar livre (*camping*, esporte ou, simplesmente, repouso).

Outro problema é o do turismo em maior escala, durante as férias, cuja duração está aumentando progressivamente. As viagens são cada vez mais fáceis e estão se tornando acessíveis a classes da população que até hoje não podiam realizá-las. A conservação da natureza selvagem reveste-se, portanto, aqui também, de uma importância considerável. A utilização turística dos recursos naturais, com a condição de ser bem concebida, permite conciliar de forma feliz a preservação da natureza, a rentabilidade econômica das zonas marginais e a satisfação de uma necessidade crescente das populações humanas de se deslocarem e de usufruírem das paisagens naturais com sua flora e sua fauna selvagens.

Se o homem gosta de visitar as catedrais e os palácios construídos no passado, também gosta de admirar os monumentos naturais, as paisagens e os lugares de que ouviu falar nos seus tempos de escola e cuja beleza é incessantemente mencionada pela imprensa cotidiana. Certos países apresentam apenas um interesse medíocre do ponto de vista arqueológico ou histórico. A África tropical, por exemplo, não possui história "comercializável" (desejamos exprimir com essa expressão bárbara o valor turístico do palácio de Versailles ou dos palácios florentinos), nem arquitetura também. Possui, porém, atrativos humanos e folclóricos evidentes, que infelizmente estão diminuindo dia a dia; uma boa parte dos africanos já vive da mesma forma que os europeus ou os americanos e os outros segui-los-ão rapidamente*. Pode-se prever que daqui a algumas décadas restará muito pouco daquilo que fez a originalidade dos costumes africanos; um dia o folclore desaparecerá da África, como desapareceu da Bretanha ou da Provença; restarão apenas resquícios esvaziados de sua significação própria. Então o continente negro poderá apenas explorar suas paisagens naturais e sua grande fauna. Se bem que semeadas de belezas naturais — quedas-d'água espetaculares, montanhas equatoriais cobertas de neve, florestas exuberantes —, as savanas são, de um modo geral, monótonas.

*Não estamos evidentemente fazendo aqui um julgamento crítico sobre a evolução social e técnica da África; apenas nos limitamos a relembrar um fenômeno inevitável da evolução geral da humanidade nos tempos modernos.

Seu único interesse turístico reside nos grandes mamíferos que as habitam*. A sobrevivência de uma fauna prestigiosa onde o biólogo encontra o tema de mil pesquisas pode também constituir a fonte de um rendimento material considerável, de grande importância econômica. As quedas Vitória, onde o Zambeze se precipita, são de uma beleza incomparável, e talvez proporcionem melhor rendimento econômico devido aos inúmeros turistas que atraem do que se, de forma sacrílega, tivessem sido convertidas numa central hidroelétrica. Por outro lado, o turismo cinegético pode igualmente contribuir para o equilíbrio financeiro de um país.

Pode-se, assim, compreender a importância econômica da constituição de parques nacionais, de reservas turísticas ou cinegéticas: essas medidas de conservação constituem igualmente uma parte da valorização de um país. As paisagens, os habitats, a fauna e a flora são recursos naturais cuja importância o homem tem sempre tendência a minimizar. Evidentemente, essa forma de turismo só é praticável se forem efetuados estudos prévios por especialistas capazes de elaborar em seguida a infra-estrutura necessária: transportes, hotéis, pistas, guias, publicidade. O biólogo terá de intervir também nesses estudos, estabelecendo um regulamento para proteger a natureza dessa forma específica de "erosão" humana. Eliminar-se-ia, desse modo, a principal objeção dos economistas à constituição de reservas, ou seja, a improdutividade dos territórios reservados. Contrariamente à opinião de alguns, que afirmam que as reservas naturais só podem ser mantidas por nações ricas, é evidente que os países novos, cujo orçamento sofre um *deficit* crônico, podem, através do turismo, obter rendimentos importantes sem grandes investimentos, evitando arruinar os seus solos com aproveitamentos prematuros e mal concebidos.

Um dos exemplos mais demonstrativos em favor dessa forma de exploração é-nos fornecido pelos Estados Unidos, cujo sistema de parques nacionais é tido freqüentemente como um modelo no gênero. Esses parques, 33, que se estendem sobre 5 477 759 ha, são destinados, antes de mais nada, a proteger paisagens naturais grandiosas, habitats naturais com sua fauna e sua flora. São igualmente preservados, porém, "para o proveito, a satisfação e a inspiração do povo americano", e notavelmente bem organizados no plano turístico; possuem estradas e pistas, dispõem de hotéis, de *chalets*, de campos, de terrenos de *camping* que proporcionam o conforto necessário. Por outro lado, um esplêndido serviço de informação e uma abundante documentação permitem aos visitantes compreender o que vêem (por exemplo a história geológica e a geografia física das áreas em questão), reconhecer as plantas e os animais que possam encontrar, em suma, aproveitar espiritual e intelectualmente da natureza selvagem. Transportes em comum, garages, *boutiques*, por vezes mesmo hospitais e locais onde se celebram cultos religiosos, estão à disposição dos visitantes que, com certas reservas, podem até pescar e dedicar-se a esportes náuticos. O objetivo desses parques nacionais é, portanto, colocar o público em contacto íntimo com a natureza, proporcionando-lhe um mínimo de conforto e preservando o capital natural de toda e qualquer degradação.

Esses parques estão tendo um êxito considerável. Foram registradas 37 milhões de entradas em 1950, 121 milhões em 1965, 133 milhões em 1967. Os visitantes gastaram o equivalente a 800 bilhões de cruzeiros em 1965, deixando aos parques um benefício de 45 bilhões de cruzeiros. Considerando o caso particular da Califórnia, em 1961, 40 milhões de visitantes percorreram os parques que se encontram no território desse Estado, principalmente o Yosemite, o Point

*Não podemos deixar de pensar no que escreveu Sir Julian Huxley: "Ver grandes animais passeando livremente e sem medo em seu meio natural é um dos espetáculos mais comoventes e mais exaltantes do mundo, comparável à contemplação de um nobre edifício ou à audição de uma grande sinfonia" (*A proteção da grande fauna e dos habitats naturais na África Central e Oriental*, Unesco, Paris, 1961).

Lobos e o Sequoia National Parks, "atrações" naturais mundialmente conhecidas. O êxito desses parques determinou uma verdadeira indústria e constitui uma apreciável fonte de rendimentos para o país (Deturk, 1962): *apenas num ano*, os visitantes gastaram aproximadamente 320 milhões de dólares (talvez mesmo muito mais), enquanto que a criação e a manutenção das reservas custou apenas 277 milhões de dólares *em* 10 *anos*. Podem ainda acrescentar-se outras despesas, como por exemplo a compra de gasolina com taxas especiais, fontes indiretas de rendimentos para as coletividades. Essas cifras, por si só, mostram a importância dos parques nacionais, peças mestras do turismo no oeste dos Estados Unidos, que constituem uma boa aplicação de capital na perspectiva de homens de negócio que não podem ser acusados, como o são geralmente os naturalistas, de alimentarem sonhos românticos. Com investimentos moderados, a constituição de um parque nacional proporciona uma boa rentabilidade econômica, cria empregos, e integra-se na valorização de um país.

Os Estados Unidos prevêm que, até o fim do século, a procura, nesse campo, triplicará. Para enfrentá-la estão sendo executados vastos programas, particularmente a "Missão 66", plano de desenvolvimento que começou a ser aplicado em 1956 e que inclui um considerável orçamento de investimentos anuais (os investimentos são de 350 milhões de dólares).

Muitos outros países compreenderam o lucro que poderiam obter com a exploração turística de suas riquezas naturais. É esse o caso de vários Estados africanos, principalmente dos do leste do continente, Quênia, Tanzânia e Uganda (Mathews, 1962). Segundo cifras citadas por Lamprey (in *The Natural Resources of East Africa*, Nairobi, 1962), o turismo é a segunda fonte de rendimentos do Quênia, depois da exportação do café: os visitantes gastaram 135 milhões de cruzeiros em 1963, mais de 150 milhões em 1965, e mais de 180 milhões em 1966. Ora, pelo menos 80% dos 60 000 visitantes que vão todos os anos para a África Oriental são atraídos principalmente pela natureza selvagem, sobretudo pela grande fauna. Os turistas vêm, em grande parte, para caçar, e a organização de *safaris* de caça representa uma atividade extremamente próspera nas grandes cidades do leste africano. Muitos outros, porém, preferem admirar as paisagens, ver e fotografar os animais e usufruir das zonas que ainda permanecem selvagens, na grande África.

É preciso não esquecer dois fatores importantes. O primeiro é que o turismo africano é ainda um turismo de luxo, reservado a um certo número de privilegiados. No entanto, o preço do custo de uma viagem da Europa ou da América até a África está tendendo a diminuir, tornando assim o grande turismo acessível a um público cada vez mais vasto. É necessário, portanto, que se aumente a capacidade hoteleira desses países e se aperfeiçoe a organização dos circuitos, a fim de que todos possam usufruir das belezas desse continente, e não apenas o turista de luxo.

O segundo fato é que o turismo *local* está se desenvolvendo cada vez mais à medida que a África evolui para a civilização moderna de tipo ocidental. O aluno da escola de uma grande cidade do continente negro não tem mais probabilidades de ver um elefante ou uma girafa do que o seu coleguinha europeu. Deve-se preconizar, desse modo, a organização de um turismo nacional, que não faz entrar no país divisas estrangeiras, mas que constitui, no entanto, uma exploração racional das zonas marginais. O Nairobi National Park, no Quênia, e o Parque Bialowieza, na Polônia, são exemplos significativos.

Assinalamos apenas alguns casos entre muitos outros, tomando como exemplos a América, país altamente industrializado, e a África, continente em vias de desenvolvimento. O caso dos parques nacionais europeus, principalmente os da Europa Oriental — Polônia e Tchecoslováquia — também merece ser mencionado, pois muitos constituem belas realizações no campo da preservação da natureza, numa parte do globo que possui uma forte densidade humana.

É preciso igualmente insistir no fato de que a regulamentação de um parque nacional ou de uma reserva aberta ao público deve prever disposições que preservem a natureza de uma "erosão" humana consecutiva à vaga de visitantes*. É preciso não esquecer que a necessidade de proteger a natureza selvagem deve prevalecer sobre qualquer outra consideração. Os visitantes dos parques nacionais desejam, antes de mais nada, poder usufruir de um espetáculo natural; é indispensável, portanto, que os administradores tenham o cuidado de proibir a implantação de hotéis luxuosos ou de grandes dimensões, assim como de atrações artificiais, contrárias à harmonia do local.

O número de visitantes deve, por vezes, ser limitado em função da superfície e da natureza dos habitats de um parque, a fim de que a vida selvagem não seja perturbada por filas de automóveis e que os turistas possam desfrutar verdadeiramente o espetáculo sem se encontrarem numa atmosfera de feira popular.

Uma regulamentação bem concebida, adaptada às condições locais, permitirá certamente resolver esses problemas. É preciso, aliás, não esquecer que, nos nossos regimes democráticos, o contribuinte que financia os parques nacionais graças ao imposto tem o direito de desfrutá-los, do mesmo modo que tem o direito de visitar o Museu do Louvre ou a National Gallery, com a condição de não degradar o próprio objeto de sua visita. Um conhecimento mais profundo dos objetivos da conservação da natureza, dos métodos utilizados e dos resultados obtidos só poderá favorecer a manutenção e a defesa das reservas, destinadas a todos, contra os interesses particulares.

Isso constitui, aliás uma das preocupações essenciais dos conservadores de parques nacionais, que têm uma função educativa primordial. Os visitantes manifestam o desejo não apenas de desfrutar os espetáculos da natureza, como também de conhecer e, na medida do possível, de compreender o que vêem. Muitos desses organismos editam, assim, publicações simples e baratas**, e organizam conferências e visitas orientadas. Esse esforço pedagógico e documental, particularmente apreciado pelo público, contribui aliás para proteger a natureza, pois os visitantes bem informados respeitam muito mais os seres vivos do que aqueles que só possuem conhecimentos superficiais.

Os parques nacionais prosseguem, portanto, em toda a parte, uma obra de educação e de conservação, mesmo nas regiões do globo ainda "subdesenvolvidas". Basta constatar o interesse que os indianos manifestam pela reserva de Kaziranga, em Assam, onde vivem os rinocerontes da Índia, e o interesse crescente que estão suscitando as reservas na África, para admitir que o turismo, o conhecimento da natureza e a sua conservação são três aspectos, intimamente ligados, de um só problema cuja solução deve e pode satisfazer interesses aparentemente opostos***,[2].

*Deve-se consultar, sobre esse assunto, os Relatórios da Décima Reunião Técnica da UICN, Lucerna, 1966, cuja primeira parte (UICN, Publ. N. S., n.º 7) é inteiramente consagrada ao impacto ecológico do desenvolvimento do turismo.

**As publicações dos parques nacionais americanos abordam todos os aspectos da História Natural, desde a Geologia até o reconhecimento dos principais vegetais, das aves e dos mamíferos, e podem servir de modelo assim como as de certos países do leste da Europa (Polônia e Tchecoslováquia, particularmente).

***No que respeita à educação do público, não poderíamos deixar de mencionar a ação de certos grupos privados, que não só mantêm reservas, como também informam e educam o público. É esse o caso, particularmente, da National Audubon Society, nos Estados Unidos. A ação dessas sociedades,

[2]Este capítulo se aplica inteiramente ao nosso País. Dotado de extensão territorial fantástica, com diversos tipos de solos e climas, condiciona os mais variados tipos de vegetação: no norte a floresta amazônica, a nordeste a caatinga, no Planalto Central os cerrados, no sul os campos e as matas de *Araucaria angustifolia*, o nosso pinheiro-do-paraná, a oeste o complexo do pantanal. Cada um desses tipos de vegetação abriga uma fauna específica. Em cada parte ocorrem rios, montanhas, grutas, quedas-d'água, das quais mencionamos apenas como exemplo as cachoeiras de Iguaçu, de Sete Quedas e de Paulo Afonso.

E as praias do Ceará, da Paraíba, de Pernambuco, da Bahia, do Rio; e os manguezais, as dunas e as restingas inúmeras, em seus atrativos específicos, que ocorrem por todo o litoral, são apenas alguns dos inúmeros pontos de atração turística, quer para o brasileiro, quer para o estrangeiro.

Itatiaia e Campos do Jordão, a Serra do Cipó e Lagoa Santa são somente mais alguns dos inúmeros exemplos que poderiam ser mencionados.

É evidente, todavia, a necessidade imperiosa do desenvolvimento de uma infra-estrutura adequada, para que tudo isso possa, realmente, ser aproveitado (nota do Coordenador).

5 — SOBREVIVÊNCIA NO CATIVEIRO OU EM SEMILIBERDADE DE ESPÉCIES AMEAÇADAS

A — *CRIAÇÃO NO CATIVEIRO*

Apesar de todos os esforços dos conservacionistas, chegou-se infelizmente à conclusão de que a sobrevivência de um certo número de espécies animais só poderá ser assegurada em cativeiro ou em semicativeiro. A área de distribuição de algumas delas, já muito reduzida, corre o risco de ser profunda e irremediavelmente transformada sem que possam ser encaradas medidas de proteção do habitat; em outros casos, as causas de destruição direta não podem ser suprimidas. Sem dúvida, é lamentável que não seja possível salvar simultaneamente o animal e o seu habitat, com o qual forma uma verdadeira entidade biológica. Essa solução desesperada, a criação no cativeiro, constitui, no entanto, a única garantia de que a espécie será conservada para as gerações futuras*.

Já há muito se fazem tentativas nesse sentido, muitas delas com êxito (ver particularmente Appelman, 1959). O caso mais famoso é o do veado-do-Padre David *Elaphurus davidianus*, Cervídeo de um tipo muito peculiar, característico das planícies de aluviões do nordeste da China. Esse veado, no entanto, nunca foi encontrado em estado selvagem, desde a dinastia Shang; os sobreviventes eram mantidos em cativeiro num parque imperial cujo acesso estava proibido aos estrangeiros (Non Hai-Tzu), situado ao sul de Pequim. O padre David descobriu-os, aí, em 1865, e mandou alguns espécimes para o Museu de Paris no ano seguinte. Seus descendentes perpetuaram a espécie, que desapareceu na China a partir de 1894, quando uma enchente do Huan Ho destruiu os muros do parque. Os veados fugiram e foram massacrados pelos camponeses esfomeados; os últimos indivíduos foram abatidos durante a guerra dos boxers em 1900. A espécie pôde sobreviver graças à constituição de pequena manada nas

conjuntamente com a dos movimentos de escotismo, das associações de juventude e de *camping*, é fundamental para a criação de um estado de espírito e de uma opinião pública aberta à noção de equilíbrio entre o homem e o seu meio.

*Mesmo se ela for apenas salva como recordação, para retomar a expressão do Professor V. Van Straelen, devido a possíveis degenerescências a que estão sujeitos os animais selvagens conservados em cativeiro em condições excessivamente artificiais.

propriedades do duque de Bedford, em Woburn Abbey, de onde foram retirados alguns indivíduos, distribuídos em seguida pelos jardins zoológicos de todo o mundo. Os efetivos do veado-do-Padre David passaram, assim, de 64 em 1922, para mais de 300 em 1935, e para 389 em janeiro de 1963.

O mesmo processo permitiu salvar o cavalo de Przewalski, última estirpe selvagem da espécie de onde vieram os nossos cavalos domésticos*, e, igualmente, o gamo da Mesopotâmia, *Cervus* (*Dama*) *mesopotamicus*, cuja distribuição é hoje muito restrita e a condição muito precária em estado selvagem**. A conservação do bisonte da Europa em estado de cativeiro ou de semicativeiro foi também efetuada com êxito total***.

Uma operação de grande envergadura foi realizada recentemente pela Fauna Preservation Society de Londres para a preservação do órix da Arábia *Oryx leucoryx*, gravemente ameaçado no seu habitat natural pela caça intensiva com automóveis (em dezembro de 1960 foram abatidos 48 indivíduos por "caçadores" que perseguiam, de carro, os infelizes antílopes). Espalhado outrora por toda a Arábia, a Palestina, a Jordânia e uma parte do Iraque, esse órix tem atualmente uma distribuição limitada, circunscrita a uma estreita área no deserto de Rub-al-Khali, na parte mais meridional do centro da Arábia.

Segundo estimativas otimistas, subsistem apenas 200 indivíduos. Uma expedição efetuada em abril-maio de 1962 permitiu a captura de dois machos e uma fêmea; sua manutenção em cativeiro, inicialmente prevista no Quênia (Isiolo), é hoje assegurada no Arizona (Phoenix), onde um pequeno núcleo de reprodutores (11 machos e 7 fêmeas em 1968; 1 macho e 4 fêmeas são conservados no jardim zoológico de Los Angeles) encontra-se em segurança num clima particularmente favorável. Esperemos que sua multiplicação permita conservar esse belo antílope, cuja sobrevivência em estado selvagem parece ser atualmente muito problemática****.

*Apenas alguns indivíduos vivem ainda em estado selvagem nos confins da Mongólia e da China (Bannikov, *Mammalia*, 22: 152-160, 1958). Em contrapartida, a espécie está relativamente florescente nos jardins zoológicos; segundo o "*Pedigree Book*", publicado pelo jardim zoológico de Praga (J. Volf), 161 indivíduos (67 garanhões e 94 éguas) viviam no cativeiro, em janeiro de 1970.

**O gamo da Mesopotâmia tinha outrora uma vasta área de distribuição, que se estendia sobre o sudeste da região mediterrânea, desde a Síria e o Irã, até a Líbia e o Sudão. Essa área está hoje limitada a algumas florestas nas margens dos rios Dez e Karcheh, na província de Khouzistan, no Irã. Esse Cervídeo notável, caçado desde épocas muito remotas, como o provam os vestígios arqueológicos, corre o risco de desaparecer em estado selvagem devido à caça e ao desflorestamento dos seus últimos refúgios. Subsistem apenas entre 200 e 400 indivíduos. A criação desse animal em vastos cercados no sudoeste do Irã já foi projetada, porém atualmente a espécie está se reproduzindo na Alemanha, em Kronberg, no Georg von Opel-Freigehege, o que constitui a melhor garantia da sua sobrevivência (Haltenorth, *Säugetierkundl. Mitt.* 9: 15-39, 1961).

***Devem-se mencionar, a esse respeito, os magníficos esforços efetuados pela Polônia. Graças à criação no cativeiro, em 1939 esse país dispunha de 30 indivíduos dos 96 sobreviventes em todo o mundo (35 estavam na Alemanha). Apesar das devastações causadas pela guerra, o estoque polonês, conservado em cinco centros de criação, particularmente na célebre floresta de Biolowieza, multiplicou-se e atinge atualmente 150 indivíduos (ou seja, 40% da manada mundial). Em 1952, os poloneses soltaram alguns indivíduos na floresta de Biolowieza — onde vivem perto de quarenta —, e podem hoje oferecer reprodutores a vários países estrangeiros, multiplicando assim as probabilidades de sobrevivência de uma espécie notável sob tantos pontos de vista.

****Vários outros indivíduos vivem em cativeiro, em várias partes do mundo, particularmente na Arábia, o que aumenta as probabilidades de sobrevivência da espécie. Está sendo igualmente prevista sua criação na Jordânia, nas proximidades da Estação Biológica de Azraq.

Um método análogo permitiu salvar espécies de aves cuja sobrevivência na natureza já não é mais possível. Foi esse o caso do cisne-corneteiro *Cygnus c. buccinator* nos Estados Unidos* (Fig. 74) e, sobretudo, do ganso-nenê ou bernaca das ilhas Havaí *Branta sandvicensis*. Esse Palmípede endêmico, representante de um grupo de aves comum nas regiões frias e temperadas do hemisfério norte, viu suas populações diminuírem de forma inquietante: em 1950, subsistiam apenas entre 24 e 40 indivíduos, enquanto que, um século antes, sua população

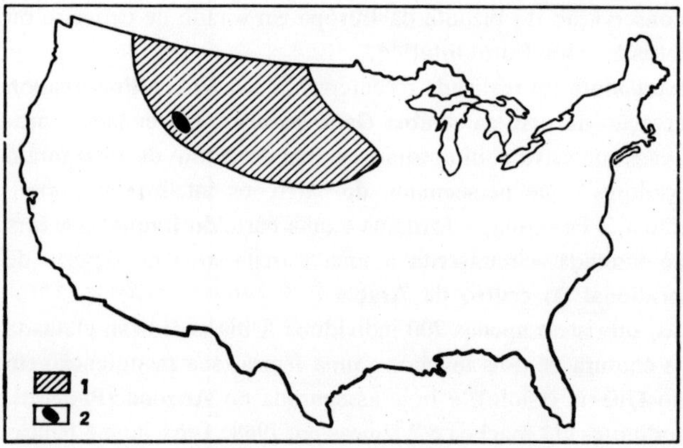

Figura 74. Redução da área de reprodução do cisne-corneteiro *Cygnus cygnus buccinator* nos Estados Unidos (ele nidifica igualmente no Canadá). 1 – Área de reprodução anterior. 2 – Área de reprodução atual. Segundo H. H. T. Jackson, 1943

fora avaliada em 25 000. A redução maciça dos efetivos foi provocada pela caça (principalmente durante a muda da pena, período em que não conseguem voar) e pela ação dos mamíferos introduzidos (gatos, cães, porcos, ratos), assim como pela transformação dos habitats. Tentou-se então fazer com que os nenês se reproduzissem em cativeiro, inicialmente no Havaí mesmo, sem gande resultado, e, a partir de 1952, na Grã-Bretanha, em Slimbridge, no célebre Wildfowl Trust. Essa última tentativa teve um êxito total, pois a habilidade técnica e a grande experiência dos criadores fizeram com que a espécie se multiplicasse abundantemente. Segundo um recenseamento de janeiro de 1966, existiriam 500 indivíduos vivos, 200 deles em cativeiro. Foi então elaborado um vasto programa de restauração e de defesa da espécie em territórios havaianos, pelo governo dos Estados Unidos**. Esse ganso endêmico, que chegou a estar muito próximo da extinção definitiva, pôde, portanto, ser salvo graças à criação em cativeiro, que permitiu multiplicar os efetivos e proceder, em seguida, à reintrodução da espécie em sua área de distribuição primitiva. Técnicas semelhantes poderiam ser aplicadas com inúmeras espécies de aves cuja existência não pode mais ser assegurada em estado selvagem, como, por exemplo, no caso do grou-branco americano.

Deve-se, no entanto, assinalar que a conservação em cativeiro constitui apenas uma solução deseperada, que só deve ser adotada quando as outras medidas já não têm chances de êxito. É preciso sublinhar, a esse propósito, os inegáveis perigos a que os jardins zoológicos expõem a fauna selvagem, principalmente as espécies raras. Certas organizações desse tipo

*Por volta de 1925, subsistia apenas uma centena de indivíduos: foram tomadas medidas de proteção e, sobretudo, iniciou-se uma criação intensiva no cativeiro a partir de 1943, permitindo às populações se reconstituírem (Delacour, 1945). Em 1957 existiam aproximadamente 1 400 indivíduos, e perto de 5 000 em 1968, o que permite considerar a espécie fora de perigo atualmente.

**No Havaí, 129 nenês, foram soltas e 65 em Maui. Os efetivos que subsistiram em estado selvagem não podem ser avaliados com precisão.

têm como objetivo, ao apresentar os animais ao público, contribuir para a educação popular de uma forma particularmente sedutora; sua função na conservação da natureza pode ser extremamente importante, tanto pela propaganda naturalista quanto pela criação de espécies raras. Existem, porém, jardins zoológicos com objetivos puramente mercantis, que não dispõem de infra-estrutura técnica e científica indispensável; tais organizações encorajam todas as irregularidades, inclusive a caça ilegal, para obterem animais raros que possam proporcionar rendimentos substanciais, mantendo por vezes os seus hóspedes nas piores condições, depois de terem ameaçado gravemente sua sobrevivência em estado selvagem.

Inúmeros exemplos poderiam ser citados. O mais flagrante é incontestavelmente o do orangotango *Pongo pygmaeus*, o grande Antropóide de Sumatra e de Borneu; objeto de um comércio ilícito em grande escala. Apesar de uma proteção legal na Indonésia, os preços elevados pagos pelos jardins zoológicos estimulam um verdadeiro contrabando cujo centro é Singapura. A escassez dos efetivos do orangotango — muito maior do que se pensa geralmente — e as inúmeras capturas efetuadas para satisfazer a procura, transformaram esse Primata num dos mamíferos mais ameaçados atualmente.

O orangotango não é, porém, o único animal que se encontra numa situação precária devido ao seu valor comercial, fruto da atração que exerce sobre o público. Na realidade, o conjunto da fauna é vítima da multiplicação inconsiderada dos parques zoológicos. A águia-dos-macacos, das Filipinas, *Pithecophaga jefferyi*, está em vias de desaparecimento devido às capturas efetuadas para esses jardins. Em Iquitos, centro da Amazônia peruana, exportam-se, por ano, 25 000 macacos, 35 000 papagaios e 12 000 outros animais, vivos; essas capturas, juntas às 300 000 peles, aproximadamente, que transitam pela mesma cidade, explicam o despovoamento das zonas, de acesso relativamente fácil, que se estendem ao longo dos rios amazonenses. Podem-se fazer as mesmas constatações em todos os portos das regiões tropicais de todo o mundo.

Convém igualmente assinalar a ameça que pesa sobre o conjunto dos Primatas devido à procura crescente da pesquisa médica. Esses animais, cuja estrutura física e fisiológica é próxima à do homem, são utilizados em toda a espécie de estudos, experimentação de novos medicamentos e preparação de vacinas. Se os transplantes de órgãos e os enxertos começassem a ser praticados correntemente, certos macacos e, sobretudo, chimpanzés pagariam imediatamente um pesado tributo a esse ramo da cirurgia.

Segundo as estatísticas alfandegárias que nos informam sobre a importância do tráfico, em 1962 foram exportados da África Oriental 25 000 tordos; a Índia exportou 100 000 macacos, e constatou-se, simultaneamente, uma nítida regressão dos efetivos de "entelos" e de *Rhesus*. Os Estados Unidos importam entre 115 000 e 223 000 Primatas por ano.

Não é possível duvidar do valor da maior parte das pesquisas médicas efetuadas nesses animais, e, portanto, da necessidade da medicina de dispor de um material vivo adequado. Esse consumo considerável, e até hoje incontrolado, põe em perigo, todavia, as populações desses Primatas selvagens (tanto mais que, para cada macaco que chega a seu destino, calcula-se que dois morrem no seu país de origem no momento da captura ou durante o transporte).

Tentou-se também criar macacos quer em cativeiros, quer largando-os nas zonas reservadas onde vivem em estado selvagem (por exemplo em Porto Rico e em St. Kitts, nas Antilhas). A taxa de reprodução, porém, é suficiente para fornecer os contingentes exigidos pelos pesquisadores. Assim, a manutenção de populações suficientemente numerosas de Primatas em liberdade parece ser a melhor solução para o problema. Seria conveniente saber-se com precisão a produtividade dos macacos e melhorar suas populações de modo a permitir o abastecimento dos laboratórios com o material de experimentação indispensável para o progresso da medicina. Tal solução proporcionaria simultaneamente o progresso da ciência e a sobrevivência das populações selvagens no seu habitat natural.

De um modo geral, é necessário regulamentar rigorosamente o tráfico de animais. A Grã-Bretanha deu um bom exemplo promulgando o "Animal Act" em 1964, que estabelece restrições à importação de espécies em perigo. Para ser eficaz, no entanto, tal regulamentação deveria abranger todos os países. Esperemos que a Convenção Internacional para a exportação e a importação de animais raros, atualmente em estudo, seja brevemente assinada e ratificada por todos os Estados, de modo a pôr um termo ao tráfico "mercantil" e a explorar de forma racional esses animais que também fazem parte da riqueza natural dos respectivos países. Além disso, deve-se igualmente proibir a conservação dos animais raros em cativeiro, exceto em zonas determinadas onde tenham probabilidade de se reproduzir, e estabelecer, assim, uma "lista negra" das espécies em questão.

Note-se, finalmente, que a preservação de seres vivos fora de seu habitat natural aplica-se tanto aos animais quanto aos vegetais. Os jardins botânicos, tal como os jardins zoológicos, podem servir para conservar estirpes de espécies que não poderiam ser protegidas em estado selvagem. Foi assim que se manteve até nossos dias o ginkgo *Ginkgo biloba*, desconhecido em estado espontâneo, mas cultivado nas proximidades de certos templos da China, de onde é originário.

A título de exemplo, assinalamos que existem probabilidades de se poder salvar um pinheiro *Abies nebrodensis* típico da Sicília, onde em 1968 subsistiam apenas 21 espécimes, vários deles já profundamente afetados pela pastagem. A sobrevivência dessa espécie, que pode vir a ter um grande interesse econômico devido às suas características xerofíticas, é assegurada

Figura 75. *Pelagodoxa Henryana* das ilhas Marquesas (os frutos podem atingir 10 cm de diâmetro cada um). Essa palmeira endêmica, localizada nas florestas úmidas de baixa altitude, tornou-se extremamente rara. Foi descoberta em 1916 em Taipi Vai, Nukuhiva, onde restam apenas alguns indivíduos. Sua conservação em jardins botânicos no Tahiti e na Flórida constitui a sua maior probabilidade de sobrevivência. Segundo uma foto publicada em J. C. Mc Currah, *Palms*, Nova York, 1960

pela manutenção em viveiros de vários pés que frutificam regularmente (Messeri, 1959; Morandini, 1969). O mesmo acontece com uma palmeira das ilhas Marquesas, *Pelagodoxa Henryana*, ameaçada na sua área de origem, mas cultivada em diversas regiões quentes, principalmente no Tahiti e na Flórida (Fig. 75); é o caso também do flamboyant *Delonix regia* (Leguminosa), conhecido em estado natural num vale de Madagáscar; da *Camellia granthamiana* (Teácea), que existe num único viveiro em Hong-Kong; e até mesmo do cedro-do-líbano, tão ameaçado em sua pátria.

Para conservar certas plantas raras convém, portanto, tentar a cultura "em cativeiro", reconstituir grupos artificiais e mesmo associações inteiras. Evidentemente, para o botânico trata-se apenas de uma solução de emergência, pois os vegetais sofrem mais ainda do que os animais a influência do meio em que crescem; as plantas selvagens cultivadas correm o risco de ficar ligeiramente transformadas pelas condições de cultivo. Esse método deve, no entanto, ser preconizado em casos desesperados, quando a planta não tem mais nenhuma probabilidade de sobrevivência no seu habitat natural.

B — *TRANSFERÊNCIAS DE ESPÉCIES AMEAÇADAS PARA FORA DE SEU HABITAT DE ORIGEM*

Um outro método, aparentado à criação no cativeiro, consiste no deslocamento dos animais selvagens que são capturados numa área determinada e transportados para outra. Tem a vantagem de multiplicar os centros de povoamento de uma espécie já rara, e, eventualmente, de reintroduzir a espécie numa parte de sua área primitiva de onde já desapareceu*, subtraindo os indivíduos deslocados às ameaças locais, ou retirando o excesso de população de uma espécie rara, mas localmente abundante.

Tais tentativas são particularmente aconselháveis no caso de espécies ameaçadas, as quais convém subtrair às condições locais, que se tornaram precárias devido à ação direta ou indireta do homem. Devem também ser preconizadas no caso de animais cujas populações se concentram em alguns pontos. A captura e o transporte de animais grandes são atualmente relativamente fáceis graças à utilização de drogas imobilizantes ou tranquilizantes que são injetadas com uma seringa ou um fuzil a gás carbônico ou pólvora (ver particularmente Buechner, Harthoorn e Lock, *Terra e vida*: 361-367, 1961). Bem utilizada (principalmente no que respeita à dose injetada), esta técnica é nitidamente superior aos métodos clássicos de captura (perseguição em automóvel, captura com laço), pois evita o "choque" por vezes fatal a animais cuja manipulação é delicada e perigosa.

Tais transferências foram realizadas principalmente na África, no caso dos rinocerontes, já raros, mas cuja presença pode ser prejudicial para o aproveitamento de certas zonas e, portanto, fazer com que estes animais sejam vítimas dos cultivadores; sua transferência para as zonas marginais permite que sobrevivam ao abrigo do homem. A operação mais rentável no plano da conservação da natureza foi a captura de rinocerontes brancos em Uganda; com efeito, esses animais estão diminuindo sensivelmente nessa região, e a população total do país passou de 350 em 1955, para 80 em 1962 (Cave, *Oryx* 7: 26-29, 1963). Foram assim efetuadas transferências entre o distrito de West-Madi, a oeste do Nilo, e o Parque Nacional de Murchison Falls, onde esses rinocerontes, já raros no norte de sua distribuição, se beneficiarão de maior

*Desde que as características ecológicas não se tenham modificado a ponto de já não permitirem a sobrevivência da espécie.

segurança. Outros, capturados em Natal (Umfolosi Game Reserve), foram transportados em agosto de 1962 para a Rodésia do Sul, outrora povoada pela espécie*.

Têm-se efetuado inúmeras transferências desse tipo. Entre as mais recentes citaremos a transferência do macaco aye-aye (*Daubentonia madagascariensis*) de Madagáscar, onde está ameaçada de extinção, para Nossi Mangabe, pequena ilha de 520 ha, a 6 km ao largo de Maroantsetra, ainda coberta de florestas propícias a esse Lêmure raro. As populações deslocadas poderão prosperar, beneficiando-se de uma proteção que não seria possível realizar no território malgaxe (J. J. Petter). Tais transferências são altamente aconselháveis sempre que a espécie não possa ser protegida na sua área de origem e que o meio para onde é transportada lhe seja propício.

III. *A CAMINHO DE UMA RECONCILIAÇÃO ENTRE O HOMEM E A NATUREZA*

"Qualquer homem que tenha conhecido a fome, o medo, ou o trabalho forçado, começa a entender que a proteção da natureza o afeta diretamente." Romain Gary, *Les racines du ciel.*

Os grandes problemas da conservação da natureza, tais como se colocam atualmente, estão na realidade intimamente ligados aos da sobrevivência do próprio homem sobre a Terra. Certos filósofos não hesitam em afirmar que a humanidade está mal encaminhada. Não nos cabe, aqui, fazer semelhantes considerações ou julgamentos, porém podemos afirmar, de acordo com todos os biólogos, que o homem cometeu um erro capital pensando poder isolar-se da natureza e não respeitar certas leis de alcance geral. Existe, já há muito, um divórcio entre o homem e o seu meio. O velho pacto que unia o primitivo e o seu habitat foi rompido de forma unilateral pelo homem, logo que este considerou que já era suficientemente forte para seguir apenas as leis elaboradas por ele mesmo. Devemos reconsiderar essa posição, mesmo que o nosso orgulho sofra, e assinar um novo pacto com a natureza, que nos permita viver em harmonia com ela. É a melhor maneira de extrair do meio um rendimento que permita ao homem manter-se sobre a Terra e fazer com que sua civilização progrida tanto no plano técnico quanto no plano espiritual.

Só essa harmonia fará com que seja possível salvar simultaneamente o homem e a natureza selvagem: dois aspectos, dois dados de um mesmo problema que durante muito tempo se pensou poder dissociar; no entanto, constata-se atualmente que estão intimamente ligados e não é mais possível separá-los. A natureza não deve ser salva para rechaçar o homem, mas sim porque a sua salvação constitui a única probabilidade de sobrevivência material para a humanidade, devido à unidade fundamental do mundo onde vivemos.

Antes de mais nada, é preciso que o homem se convença de que não tem o direito moral de conduzir à extinção uma espécie animal ou vegetal. Primeiro porque não é capaz de criá-la, apenas de conservá-la. Segundo — talvez seja uma razão sórdida e interessada, mas tem o

*A transferência desses rinocerontes tem a vantagem de multiplicar os centros de povoamento e, igualmente, de evitar o excesso de população já patente nas reservas de Natal onde, segundo o coronel J. Vincent, existem 400 cabeças em excesso; o pisoteio excessivo provoca a deterioração do habitat e ameaça o futuro de uma espécie cujos efetivos são baixos em valor absoluto, apesar de uma concentração local demasiado forte. No entanto, o transporte de animais de tamanho tão grande é bastante problemático, entre outras coisas devido a um preço de custo extremamente elevado.

seu valor — porque um dia poderemos talvez utilizá-la, extraindo dela um benefício hoje imprevisível. Para garantir essa sobrevivência, deve-se recorrer a todos os meios, inclusive à transformação de parcelas de terra em reservas integrais, medida indispensável na perspectiva do naturalista, assim como de quem pretenda dispor de um padrão para poder avaliar a evolução das comunidades biológicas sob a influência do homem, orientando-a com vistas a um melhor rendimento das terras que se deseja valorizar.

Exceto nessas zonas intangíveis, e uma vez todas as condições preenchidas, o homem deve tirar o melhor partido da superfície do globo através de uma exploração inteligente, que garanta a conservação do capital, mais importante do que uma taxa de lucro elevada; o aproveitamento das terras varia infinitamente segundo os casos, e vai de uma transformação quase total dos habitats primitivos até a sua preservação quase integral. É preciso, aliás, levar em consideração o estágio que cada região do mundo atingiu, pois os métodos que devem ser utilizados variam muito em função desse dado básico.

Nas zonas industrializadas, cuja superfície continuará aumentando durante as próximas décadas (particularmente na Europa Ocidental e em certas partes da U.R.S.S. e da América do Norte), o problema da conservação da natureza é principalmente o da manutenção de um certo número de localidades, por vezes ínfimas, onde subsistem ainda restos de habitats primitivos e onde sobrevivem populações relictuais de animais ou de vegetais. Deve-se também defender os *espaços verdes* necessários à saúde física e moral dos habitantes dos grandes centros urbanos*. Essas zonas "aproveitadas" têm apenas um parentesco longínquo com os habitats primitivos; no entanto, abrigam uma flora e uma fauna que, em outras circunstâncias, teriam desaparecido. Assinalamos, nesse ponto de vista, o esforço notável efetuado por certas grandes metrópoles, como por exemplo Moscou, cujos vereadores fazem questão de conservar ao redor dos subúrbios um enorme cinturão de floresta que constitui um local agradável para os passeios de domingo, assim como o refúgio de animais de todas as espécies, inclusive de grandes mamíferos.

A manutenção de meios florestais ou aquáticos, necessários para a saúde dos citadinos, permite que uma fauna e uma flora vivam em "simbiose" com o homem. Nas zonas profundamente transformadas para fins agrícolas, que garantem o abastecimento de uma boa parte da humanidade, também só será possível, evidentemente, conservar parcelas de natureza selvagem. A necessidade de assegurar altos rendimentos à agricultura implica uma modificação profunda dos habitats e um conjunto de práticas de cultivo inteiramente artificiais — inclusive a utilização de adubos químicos e de pesticidas. No entanto, o homem deverá evitar uma transformação excessiva, ou mesmo radical, prejudicial, a longo prazo, à produtividade agrícola e, sobretudo, à conservação do capital. A monocultura constitui, na prática, um erro fundamental, devendo ceder o lugar a uma policultura que mantenha um feliz equilíbrio agro-silvo-pastoril, mais próximo do equilíbrio natural que reina sobre a maior parte da superfície da terra, e que leve em consideração a "vocação" própria de cada parcela. Esse equilíbrio permite também conservar fragmentos de vida selvagem, proporcionando simultaneamente ao homem a garantia de viver numa paisagem harmoniosa (ver especialmente Nicholson, 1952).

*Relembramos, a esse respeito, a sugestão jocosa de Alphonse Allais, que propunha que se estabelecessem cidades no campo, pois lá o ar é mais puro. Isso exprime claramente a necessidade de reintegrar a natureza na cidade. Le Corbusier afirmou que "as condições da natureza estão inscritas numa das Tábuas da Lei do Urbanismo contemporâneo, cujos três materiais são: o ar puro, o sol e o verde".

Nas zonas do globo ainda relativamente pouco transformadas, as condições são outras. Existem ainda espaços enormes que, nas circunstâncias atuais, pelo menos, não podem ser convertidos em terras de cultura ou em pastagens, a não ser que se façam investimentos consideráveis, solução que não podem encarar seriamente a maior parte dos jovens Estados. Além disso, é preciso não esquecer que a maioria dessas regiões situa-se na zona intertropical onde, por causa do clima, não é diretamente aplicável a experiência adquirida nas zonas temperadas. Apesar dos progressos realizados pelos nossos conhecimentos pedológicos, ainda é prematuro submeter certas terras, qualificadas como *marginais*, a transformações profundas. Tais terras podem, no entanto, ser utilizadas de forma racional, de modo a garantirem um rendimento imediato, conservando intacto o valor do capital.

Precisamos expulsar de nosso espírito os conceitos ultrapassados há muito, segundo os quais a única forma de tirar proveito da superfície do globo é através de uma transformação completa dos habitats e da substituição das espécies selvagens por alguns vegetais e animais domésticos, descobertos pelo homem no Neolítico e relativamente pouco modificados, segundo afirmam os biólogos, apesar de todos os progressos da técnica. Tal solução é por vezes possível, e até aconselhável, sob o ângulo da produtividade. Não constitui, porém, uma panacéia, pois não existe apenas uma, mas múltiplas soluções em função das circunstâncias.

Recuperou-se atualmente, com trezentos anos de atraso, a concepção de *"aproveitamento do território"*. Uma região determinada deve ser estudada, em seu conjunto, em função da "vocação" de cada uma de suas parcelas, que se organizam num mosaico, e em função do objetivo que se pretende atingir. A solução proposta para a sua valorização deve levar em consideração todos esses dados, na maioria independentes da nossa vontade, e relacionados com o clima, com a natureza do solo, a geomorfologia e os imperativos biológicos. O homem deve saber interpretá-los, sendo que apenas um comitê de "sábios" agrupando especialistas nos campos mais diversos, desde o economista até o sociólogo e o biólogo, poderá decidir a repartição das zonas, cujo conjunto deverá, na exata medida do possível, respeitar a diversidade dos meios naturais que constituem os ecossistemas do nosso planeta. Poder-se-á assim, no futuro, evitar os erros graves que foram cometidos repetidamente no passado. Evitar a construção de barragens hidroelétricas rapidamente improdutivas devido à erosão e à modificação do regime das águas, mas que, no entanto, desfiguram definitivamente vales até então mais harmoniosos. Evitar a urbanização e a industrialização de zonas com "vocação" agrícola, que assim desaparecem sob casas e fábricas, apesar de apresentarem todas as qualidades para uma produtividade agrícola extremamente rica. Evitar o cultivo, graças a investimentos gigantescos, de zonas marginais sem "vocação" agrícola, tais como pântanos e savanas tropicais, onde os solos são frágeis e o clima pouco propício. Evitar a intoxicação do planeta com detritos industriais e produtos químicos espalhados deliberadamente em doses excessivas. Evitar, finalmente, o massacre de animais, dos maiores aos menores, e a destruição de associações vegetais que, a longo prazo, só prejudicam a humanidade.

Note-se, aliás, que o homem já tomou consciência da necessidade de uma exploração racional, no interesse da sua própria economia. Os planos de aproveitamento de muitos países europeus, tais como estão sendo realizados atualmente, conciliam freqüentemente as transformações inevitáveis dos meios naturais com a conservação de certas parcelas, que se tornam partes integrantes de um conjunto onde o equilíbrio natural não é totalmente abolido. Muitas nações, que só há pouco tempo começaram a participar da civilização ocidental, também compreenderam essa necessidade, talvez mais imperiosa para elas do que para os países mais evoluídos. É o que se passa, particularmente, na África, onde os novos dirigentes manifestam

Foto 93. Ruínas de Ramrod, antiga Ram Chahrestan, outrora capital do Séistan sob os Sassânides. A cidade desapareceu, coberta pela areia, no século X

Foto 94. Tartaruga terrestre de Galápagos *Testudo porteri*, pastando. Ilha de Santa Cruz

Foto 95. Alcatraz áptero e pingüins de Galápagos. Ilha Fernandina

Foto 96. Iguana terrestre de Galápagos. Ilha Barrington

Foto 97. *Notornis* ou "Takahé"

Foto 98. Tigre dourado

Foto 99. Leão da Ásia. Floresta de Gir, Gujarat

Foto 100. Flor de *Rafflesia.* Monte Kinabalu, Borneo do Norte

Foto 101. Zebus pastando. Parque Nacional de Kanha, Madhya Pradesh, Índia Central

Foto 102. Cabra-montesa. Grande Paraíso, Itália

Foto 103. Águia-imperial. Marismas (terrenos alagadiços) do Guadalquivir, Espanha

Foto 104. Veados-do-cabo no bebedouro. Reserva de Wasa, República dos Camarões

Foto 105. Gansos-nenê no cativeiro, The Wildfowl Trust, Slimbridge (Grã-Bretanha)

Foto 106. Óryx da Arábia capturado para a preservação da espécie em cativeiro

Foto 107. Pau-brasil (*Caesalpinia echinata*). Corte ligeiramente oblíquo do tronco. O cerne tem cor de brasa, donde se originou o nome de nossa pátria; a parte clara que envolve o cerne é o alburno, que é revestido por casca fina. Material proveniente de mata próxima da costa, em Mamanguape, Paraíba, e coletado pelo Coordenador em 1970

Foto 108. Mata pluvial subtropical. Foto feita em 1972, pelo Coordenador, entre Santa Cruz e Rio Pardo, Rio Grande do Sul. Note a densidade da vegetação de inúmeras espécies, representadas por árvores, arbustos, trepadeiras e epífitas

Foto 109. Pinheiro-do-paraná (*Araucaria angustifolia*). Essa Conífera ocorre principalmente nos Estados do Sul do Brasil. Em menores latitudes, só aparece em altitudes maiores. Assim, no Estado de São Paulo ocorre em Campos do Jordão e no Itatiaia, por exemplo

Foto 110. Pastagem empobrecida por pisoteio excessivo; vêem-se, além do gado magro, numerosos cupins. Foto feita no vale do Paraíba (próximo de São José dos Campos) pelo Coordenador, em 1956

Foto 111. Grupo de barrigudas (Bombacáceas) numa cultura de algodão, a 50 km de João Pessoa, na estrada para Campina Grande. O ninho é de um pássaro chamado casaca-de--couro (*Pseudoseisura cristata*). Foto feita em 1970 pelo Coordenador

Foto 112. Vegetação de cerrado em Emas, próximo de Pirassununga (Estado de São Paulo). A árvore do primeiro plano, com casca espessa, revela evidentes sinais de queima, aliás freqüente nesse tipo de vegetação. Foto feita em 1972 pelo Coordenador

Foto 113. Na floresta amazônica são muito freqüentes árvores enormes cujo tronco, na parte basal, se expande muito pelo crescimento de raízes tabulares (sapopemas). Essa floresta pode estar em solo paupérrimo. Ela se formou durante milênios e hoje vive num ciclo solo--planta-solo que é facilmente destruído quando a floresta é removida. Foto feita pelo Coordenador em 1959, no Alto Rio Negro (Taraquá)

freqüentemente uma compreensão dos problemas que gostaríamos de poder observar no espírito dos políticos dos países mais antigos, presos a concepções que têm mais de um século. É igualmente o que se passa na Ásia, e poderíamos citar vários exemplos de aproveitamento do território que concilia o estabelecimento de plantações e a manutenção sobre vastas superfícies dos habitats primitivos, propícios à conservação dos seres vivos que constituem os seus elementos bióticos.

Tais exemplos devem multiplicar-se em todo o mundo, se o homem desejar manter sua posição sobre um planeta que não lhe foi dado para que ele destrua, mas para que saiba utilizar sensatamente e para que nele possa prosperar nas melhores condições. Estas dependem realmente de uma harmonia e de um equilíbrio natural, do qual o homem é apenas uma parcela essencial. Esperemos que cada país defina uma política a longo prazo num *Código da Natureza* baseado sobre sólidos conhecimentos biológicos.

Esses vastos planos de conjunto, em que o homem se encontra integrado na natureza são, evidentemente, da responsabilidade das coletividades e as decisões devem ser tomadas no escalão mais elevado. Cada um de nós, porém, tem um papel a desempenhar, pois pode contribuir para a destruição, ou, pelo contrário, para a proteção de uma parcela da natureza. Essa ação não é de modo algum desprezível; muito pelo contrário, é capital, pois é dessa soma de boas vontades individuais que depende a sobrevivência da natureza selvagem e talvez mesmo da humanidade. Mesmo que o homem tenha de ganhar *freqüentemente* contra a natureza, não deve fazê-lo *sempre* e *obrigatoriamente*, pois, a longo prazo, é o nosso interesse que está em causa. Só assim o homem recuperará o seu lugar no mundo vivo de onde pensou poder evadir-se graças ao seu gênio técnico.

O dodó, o grande pingüim, o pombo migrador, o auroque, a zebra quaga e muitos animais mais humildes desapareceram definitivamente devido aos erros de uma humanidade mal encaminhada, que pensou poder substituir toda a natureza pelos produtos da sua própria indústria. Esperemos que essas extinções sejam compensadas pelo desaparecimento do *Homo faber* e do *Homo "technocraticus"* produtos recentes mas já arcaicos do "filo hominiano". Chegou o momento de o *Homo sapiens* dominar novamente, pois ele sabe que só um justo equilíbrio com toda a natureza poderá assegurar-lhe a legítima subsistência, bem como a felicidade espiritual e material que pretende alcançar.

CONSIDERAÇÕES FINAIS

"E quem pode dizer ao homem o que virá depois dele sob o sol?" Ecclesiaste: 6, 12.

Tentamos analisar, nestas páginas, as causas da degradação da natureza e demonstrar, com argumentos objetivos, que o homem comete um erro tentando construir um mundo inteiramente artificial. Estamos profundamente convencidos, como biólogos, de que o segredo da melhor utilização dos recursos naturais reside numa harmonia entre o homem e o seu habitat.

Não é só isso, no entanto. O mundo atual está em perpétua transformação. Cada geração pensa que está vivendo um momento crucial da história da humanidade. Num certo sentido é verdade, pois cada geração acrescenta algo fundamental ao já adquirido por aquelas que a precederam. No entanto, há períodos em que a história se acelera; como no curso de um rio, em certos pontos a corrente se precipita, a água se agita, antes de atingir uma porção mais calma.

Não se pode duvidar de que a nossa época, desde 1940, talvez mesmo desde o fim da Primeira Guerra Mundial, constitui uma etapa crucial. Está-se criando um mundo novo sob os nossos olhos e graças a nós. A energia de que dispomos aumentou enormemente, e aumentará ainda nos próximos anos; os meios de produção, de transporte, de comunicação estão se acelerando; sua eficácia e seu rendimento progridem ininterruptamente. A própria forma do pensamento modificou-se. Estamos vivendo uma época de tecnicismo, o humanista tendo cedido o lugar ao tecnocrata. Uma civilização em escala humana está sendo progressivamente substituída por uma civilização de máquinas e de *robots*, que talvez nos devorem um dia, como num conto de escritos visionário.

O *Homo faber* de hoje tem uma fé inquebrantável e absoluta no futuro. Amanhã deslocará montanhas, desviará rios, fará colheitas no deserto, irá à Lua e a outras partes. Um terrível conceito utilitário apoderou-se de nós. Só nos interessamos por aquilo que serve, por aquilo que tem um rendimento, e, de preferência, imediato.

Tal confiança em nossa tecnologia leva-nos a destruir voluntariamente tudo o que permanece selvagem no mundo, e a converter todos os homens ao culto da máquina. Nossa ambição é de transformar os pigmeus, os índios da Amazônia e os papuas, para citar apenas os mais "primitivos", em adeptos da nossa civilização ocidental, de tal forma estamos convencidos de que a única maneira de conceber a vida é a dos habitantes de Chicago, de Moscou e de Paris. Temos uma fé inabalável no progresso técnico e na necessidade de fazer com que o mundo inteiro participe da nossa própria concepção das coisas. Dentro de algumas gerações, sábios professores exporão a seus alunos quais eram as diferenças no modo de vida e de pensamento dos esquimós e dos bantos, no século XX.

Como observou o professor Roger Heim "o homem desliga-se de sua própria história, tenta abafar as fontes de sua vida, e, do alto da imensa torre que construiu, mergulha naquilo a que chama o futuro".

E se o homem estivesse enganado? E se a confiança nos novos brinquedos que criou fosse uma ilusão? A civilização que estamos construindo, suprimindo tudo aquilo que constituía o contexto de nossa vida até hoje, é talvez um impasse; talvez não conduza a nada, exceto à ruína da humanidade. Mesmo se o homem decidir seguir cegamente os pastores modernos, tem o dever de tomar certas garantias e de não romper todos os laços com o meio no qual nasceu. Se se constatar que a civilização moderna é um erro, uma nova civilização poderá nascer da natureza primitiva que tiver sido conservada. Os historiadores do futuro poderão, assim, descrever a civilização técnica do século XX como um câncer monstruoso que quase arrastou a humanidade para a sua ruína total, tendo esta sido salva por restos de civilizações anteriores, por vezes muito mais brilhantes, e parcelas de natureza selvagem com as quais estavam em equilíbrio, que desabrocharam novamente. Longe de nós a idéia de afirmar que a civilização atual *é* um erro. Estamos apenas manifestando um certo ceticismo, e incitamos a que se tomem certas garantias preservando a natureza do nosso mundo.

Isso constitui também, num certo sentido, um argumento para que se conservem as estirpes naturais, pois seu conjunto garantirá a sobrevivênvia de nossa espécie, caso a orientação atual da humanidade fracasse.

A conservação da natureza selvagem, porém, deve ser defendida por outros motivos, além da razão e do nosso interesse imediato. Um homem digno da condição humana não deve encarar unicamente o lado utilitário das coisas. A noção de rentabilidade, que invocamos freqüentemente, o aspecto "funcional" de tudo o que procuramos, fazem-nos cometer erros imperdoáveis no nosso comportamento diário. A natureza selvagem não deve apenas ser protegida por ser a melhor garantia de salvação para a humanidade, mas também por que é bela. Ainda o homem não existia, e assim foi durante milhões de anos, e já um mundo semelhante ou diferente do nosso desabrochara em todo o seu esplendor. As mesmas leis naturais regiam o seu equilíbrio e distribuíam montanhas e geleiras, estepes e florestas por todos os continentes. O homem apareceu como um verme numa fruta, como a traça numa bola de lã, roeu o seu habitat, secretando teorias para justificar a sua ação.

Qualquer que seja a posição metafísica adotada e o lugar concedido à espécie humana no mundo, o homem não tem o direito de destruir uma espécie de planta ou de animal sob o pretexto de que ela a nada serve. Não temos o direito de exterminar o que não criamos. Um humilde vegetal, um inseto minúsculo contêm mais esplendores e mais mistérios do que a mais maravilhosa das nossas construções.

A natureza selvagem não serve para nada, dizem os tecnocratas atuais. Mais do que isso, prejudica-nos, pois toma o lugar das nossas culturas, abriga parasitas, e impede-nos de fazer com que reine em toda a parte a lei do homem, baseada na rentabilidade comercial. Temos de suprimi-la como um vestígio da nossa barbárie passada, para esquecermos — mais um complexo — que descendemos do homem das cavernas.

Porém o Partenon também não serve para nada; no seu lugar poderiam ser construídos edifícios que acolheriam uma população atualmente mal alojada. A Notre-Dame de Paris é totalmente inútil, ou pelo menos mal localizada; abatendo suas torres e seus transeptos, facilitar-se-ia a circulação e poderiam construir-se locais de estacionamento onde os empregados de escritório deixariam os seus carros antes de se encaminharem para os arranha-céus da metrópole de amanhã. A negligência e a falta de imaginação dos tecnocratas confundem-nos: por que razão deixam subsistir monumentos tão ultrapassados e anacrônicos, tais como os pretórios dos foros romanos, as catedrais da Idade Média, o palácio de Versailles, os templos da Índia ou da América Central, cuja única razão de ser são a beleza, a harmonia e o poder de conduzir o homem para formas de pensamento e de meditação que, felizmente, não têm nada de "funcional"?

No entanto, se o homem quisesse, poderia refazer dez vezes o Partenon. Porém não conseguirá nunca recriar um único "canyon", formado por milênios de erosão paciente, onde o sol, o vento e a água conjugaram os seus esforços; ou reconstituir os inúmeros animais das savanas africanas, derivadas de uma evolução que se desenrolou com todas as suas sinuosidades durante milhões de anos, muito antes do homem ter começado a surgir num obscuro filo de Primatas minúsculos.

O homem tem razões objetivas suficientes para se dedicar à salvação do mundo selvagem. A natureza, porém, só poderá mesmo ser salva pelo nosso coração. Só será preservada se o homem manifestar por ela um pouco de amor, simplesmente porque é bela e porque nós precisamos de beleza, qualquer que seja a forma a que sejamos sensíveis, devido a nossa cultura e a nossa formação intelectual. Isso também é parte integrante da alma humana.

BIBLIOGRAFIA

Esta lista de referências inclui apenas uma pequena parte dos livros e artigos consagrados aos problemas da conservação da Natureza. Uma bibliografia exaustiva constituiria, por si só, um volume deste formato, pois, além dos trabalhos que tratam especificamente desses problemas, existe um número considerável de informações esparsas numa vasta literatura que se refere aos mais diversos assuntos. Contentamo-nos, portanto, em indicar os artigos citados, mas cujas referências bibliográficas não foram dadas no texto, acrescentando as de algumas obras de interesse geral.

ABBOTT, R. T. 1949. March of the Giant African Snail. *Natural History,* 58:68-71. — 1951. Operation Snailfolk. *Natural History,* 60:280-285.

ABEYWICKRAMA, B. A. 1964. *Pre-industrial man in the tropical environment. Pastoralism.* U.I.C.N. 9.ª Reunião Técn. I.U.C.N. Publ. N.S. n.º 4:50-59.

ADAMS, A. B. (Editor). 1964. *First World Conference on National Parks.* U.S. Dept of Interior. National Park Service, Washington.

ALEXANDER, P. 1965. *Atomic radiation and life.* Londres (Penguin Books).

ALLAN, H. H. 1936. Indigene versus Alien in the New Zealand Plant World. *Ecology,* 17:187-193.

ALLEN, G. M. 1942. *Extinct and vanishing Mammals of the Western hemisphere with the marine species of all the oceans.* Am. Com. Int. Wild Life Prot. S.P., n.º 11.

ANCELIN, J. 1953. Peut-on parler d'un "overfishing" du Hareng? *La Pêche maritime* 32, n.º 903:246-248.

ANDRE, M. 1947. L'envahissement du réseau hydrographique français par le Crabe chinois *Eriocheir sinensis* H. M. Edw. *Rev. Scient.* 85:33-38.

ANGOT, M. 1959. Evolution de la pêche du Troca *Trochus niloticus* L. en Nouvelle-Calédonie. Un exemple d'"overfishing" avec ses causes et les remèdes apportés. *Terre et Vie:* 307-314.

APPELMAN, F. J. 1959. *Zoological gardens and private collections can make an important contribution to the preservation of wild fauna.* Netherlands Com. Int. Nat. Protection (Amsterdam) Medd. 18:15-31.

ARVILL, R. 1967. *Man and Environment. Crisis and the Strategy of Choice.* Harmondsworth (Pelican Books).

AUBRÉVILLE, A. 1947. The disappearance of the tropical forests of Africa. *Unasylva,* 1:5-11. — 1949. *Climats, forêts et désertification de l'Afrique tropicale.* Paris (Soc. Ed. Géo. Mar. Colon.).

BAELS, H. 1946. Protection du cheptel marin. *La Pêche maritime,* 29 (n.º 822), p. 193.

BANNIKOV, A. G. 1961. L'écologie de *Saiga tatarica* L. en Eurasie, sa distribution et son exploitation rationnelle. *Terre et Vie*:77-85.

BARKER, R. J. 1958. Notes on some ecological effects of DDT sprayed on elms. *F. Wildlife Mgt,* 22 (3): 269-274.

BARRAU, J. e L. DEVAMBEZ. 1957. Quelques résultats inattendus de l'acclimatation en Nouvelle-Calédonie. *Terre et Vie*: 324-334.

BARTLETT, H. H. 1955. *Fire in relation to Primitive Agriculture and Grazing in the Tropics.* Annotated Bibliography. Ann. Arbor (Univ. Michigan, Botanical Garden).

BATTISTINI, R. 1965. L'importance de l'action de l'homme dans les transformations proto-historiques du milieu naturel à Madagascar. *Ann. Univ. Mad.* Série Lettres et Sci. Humaines. Taloha 1. Archéologie. Hors série: 215-223.

BAUER, L. e H. WEINITSCHKE, 1964. *Landschaftspflege und Naturschutz.* Iéna (G. Fischer).

BENNETT, H. H. 1939. *Soil conservation.* Londres (McGraw Hill).

BESSON, L. 1931. L'altération du climat d'une grande ville. *Ann. Hygiène publique, industrielle et sociale,* 9 (8): 1-34.

BIGALKE, R. 1937. The naturalization of animals, with special reference to South Africa. *S. Afr. F. Sci.* 33: 46-63.

BLANC, M. 1958. Lutte contre l'onchocercose et protection piscicole en A.O.F. *Terre et Vie*: 112-127.

BONNEFOUS, E. 1970. *L'homme ou la nature.* Paris (Hachette).

BOURLIÉRE, F. e J. VERSCHUREN. 1960. *Introduction à l'écologie des Ongulés au Parc national Albert.* Inst. P. N. Congo Belga (Bruxelas).

BROSSET, A. 1963. Statut actuel des Mammiferes des îles Galapagos. *Mammalia,* 27: 323-338.

BROWN, A. W. A. 1960. *Ecological consequenses of the development of resistance.* Rapport 8.ª Reunião Técn. U.I.C.N., Varsóvia-Cracóvia, 1960, R.T. 8/11/3, 4 p.

BRYSON, R. A. e D. A. BAERREIS. 1967. Possibilities of major climatic modification and their implications: north-west India, a case for study. *Bull. Amer. Meteor. Soc.* 48: 136-142.

BURKENROAD, M. D. 1948. Fluctuation in abundance of Pacific Halibut. *Bull. Bingham Ocean. Coll.* 11: 81-129.

CANSDALE, G. S. 1952. *Animals and man.* Londres (Hutchinson).

CARBENIER, R. 1969. Aperçu sur quelques effets de la pollution des eaux douces de la zone tempérée sur les biocénoses aquatiques. *Min. Educ. Nat. Com. Trav. Hist. Scient. Bull. Sect. Géogr.* 80 (1967): 45-132.

CARIÉ, P. 1916. L'acclimatation à l'île Maurice. Mammifères et Oiseaux. *Bull. Soc. nat. Acclim. France,* 63: 10-18. 37-46, 72-79, 107-110, 152-159, 191-198, 245-250, 355-363 (ver também) *ibid.*: 1910, p. 462).

CARSON, R. 1969. *Primavera Silenciosa.* São Paulo. Edições Melhoramentos. A edição original americana contém uma bibliografia importante que falta na edição brasileira.

CHEVALIER, A. 1950. La décadence des sols et de la végétation en Afrique occidentale française et la protection de la nature. *Bois et forêts des tropiques,* n.° 16: 335-353.

CHINARD, G. 1949. *L'homme contre la nature. Essais d'histoire de l'Amérique.* Paris (Hermann).

CLARK, A. H. 1949. *The invasion of New Zealand by people, plants and animals.* New Brunswick (Rutgers Univ. Press).

CLARK, A. H. 1956. The Impact of exotic invasion on the remaining New World Mid-latitude Grasslands. *In: Man's Role in changing the Face of the Earth,* Chicago (Univ. Chicago Press): 737-762.

CLARK, C. 1963. Agricultural Productivity in relation to population. *In: Man and his future,* Londres (Churchill): 23-35.

CLAUSEN, C. P. 1956. *Biological Control of Insect Pests in the Continental United States.* U.S. Dept of Agriculture, Techn. Bull., n.° 1139.

COLAS, R. 1962. *La pollution des eaux.* Paris (Presses universitaires de France).

COMMONER, B. 1969. *Quelle terre laisserons-nous à nos enfants*? Paris (Seuil).

COUTURIER, M. 1962. *Le Bouquetin des Alpes.* Grenoble (Ed. do autor).

CRAMP, S. 1963. Toxic chemicals and birds of prey, *Brit. Birds,* 56: 124-139.

CROKER, R. S. 1954. The sardine story — a tragedy. *Outdoor Calif.* 15 (1): 1, 6-8.

CUMBERLAND, K. B. 1962. Moas and men. New Zealand about A.D. 1250. *Geogr. Rev.* 52: 151-173.

DALE, T. E V. G. CARTER. 1955. *Topsoil and civilization,* Norman (Univ. Oklahoma Press).

DANSEREAU, P. (Ed.) 1970. *Challenge for Survival.* Londres (Columbia Univ. Press).

DARBY, H. C. 1956. The clearing of the woodland in Europe. *In: Man's Role in changing the face of the earth,* Chicago (Univ. Chicago Press): 183-216.

DARLING, F. F. 1960. *Wild life in an African Territory.* Londres (Oxford University Press).

— 1970. *Wilderness and Plenty. The 1969 Reith Lectures.* Londres (Oxford Univ. Press).

— et J. P. MILTON (Editores). 1966. *Future environments of North America.* New York (Nat. Hist. Press).

DASMANN, R. F. 1959. *Environmental Conservation.* New York (John Wiley).
— 1964. *African Game Ranching.* Oxford (Pergamon Press).
— 1965. *The Destruction of California.* New York (Macmillan) et Londres (Collier et Macmillan).
DELACOUR, J. 1945. Le sauvetage du Cygne trompette *Cygnus cygnus buccinator. Oiseau R.F.O.*, 15: 40-48.
DÉTRIE, J. P. 1969. *La pollution atmosphérique.* Paris (Dunod).
DETURK, C. 1962. *The economic value of a state park to an area.* U.I.C.N., Rapport lst World Conf. Nat. Parks. (Seattle 1962).
DORST, J. 1956. L'exploitation du guano au Pérou. La protection de la nature au service de l'économie humaine. *Terre et Vie*: 49-63.
— 1958. Le Cobe Lechwe en Rhodésie du Nord. *Terre et Vie*: 103-111.
— 1961. Le rôle du scientifique dans la conservation de la nature. *Experientia,* 17: 1-4.
— 1961. The fate of wildlife in the Galapagos Islands. *Oryx,* 6: 53-59.
DORST, J. e J. GIBAN. 1954. Les Mammifères acclimatés em France depuis un siècle. *Terre et Vie*: 217-229.
DORST, J. e L. HOFFMANN. 1963. The importance of wetland habitat for european and asiatic migrant waterfowl wintering in Africa. U.I.C.N., *Conservation of Nature and Nat. Res. in modern African States.* Publ. N.S. n.º 1: 144-147.
DORST, J. e PH. MILON. 1964. Acclimatation et conservation de la Nature dans les îles subantarctiques françaises. *In: Biologie antarctique.* Paris (Hermann): 579-588.
EAST, B. 1949. Is the Lake Trout doomed? *Nat. Hist.,* 58: 424-428.
EGLER, F. E. 1942. Indigene versus alien in the development of Arid Hawaïan vegetation. *Ecology*, 23: 14-23.
EHRLICH, S. 1959. De l'intérêt de l'élevage du Ragondin en étangs de pisciculture. *Bull. Fr. Pisciculture,* 32 (194): 28-32.
ELLIS, M. M. 1937. Detection and measurement of stream pollution. *Bull. U.S. Bur. Fish.,* 48, n.º 22: 365-437.
ELTON, C. S. 1958. *The ecology of invasions by animals and plants.* Londres (Methuen) e New York (John Wiley).
ERICHSEN, J. J. R. 1964. *Fish and River Pollution.* London (Butterworths).
FONTAINE, M. 1956. Les océans et les dangers résultant de l'utilisation de l'énergie atomique. *F. Cons. F. Cons. int. expl. Mer,* 21: 241-249.
FORDE, C. D. 1934. *Habitat, Economy and Society: A Geographical Introduction to Ethnology.* Londres (Methuen).
FOSBERG, F. R. (Editor). 1963. *Man's place in the island ecosystem.* A symposium. Honolulu (Bishop Museum Press).
FOURY, A. 1960. L'acclimatation des plantes prairiales. *In*: Colloque Etude. Prairies. Soc. Trabalhos publicados pela revista Bot. France. *Fourrage,* n.º 4: 4-14.
FRIES, C. 1959. *The fate of Arcadia. Land use and human history in the Mediterranean region.* U.I.C.N. 7.ª Reunião Técnica (Atenas, 1958) vol. 1: 90-97 (devem consultar-se igualmente duas obras do mesmo autor: *Vägentill Rom,* 1953, e *Romerska Vägar*, Stockholm 1957).
FULLER, W. A. 1961. The ecology and management of the American Bison. *Terre et Vie*: 286-304.
FUNAIOLI, V. e A. M. SIMONETTA, 1961. Statut actuel des Ongulés en Somalie. *Mammalia,* 25: 97-111.
FURON, R. 1947. *L'érosion du sol.* Paris (Payot).
GABRIELSON, I. N. 1959. *Wildlife Conservation.* New York (Macmillan).
GARREAU, J. 1970. La surpêche. *Pen ar Bed* n.º 63: 398-413.
GATES, D. E. 1960. Pacific Sardine. *In: California Ocean Fisheries Resources to the year* 1960. State of Calif. Dept. Fish and Game: 46-48 (vide também *Biennal Reports*, California Dept of Fish and Game, especialmente 1954 e 1957).
GEIER, P. W. e L. R. CLARK. 1960. *An ecological approach to pest control.* U.I.C.N. Relatório, 8.ª Reunião Técnica (Varsóvia-Cracóvia, 1960); R.T. 8/11/7, 6 p.

GILLET, H. 1960. Etude des pâturages du Ranch de l'Ouadi Rime (Tchad). *F. Agri. Trop. Bot. appl.* 7: 465-528; 615-708.

GILLET, H. 1969. La végétation du Parc national de Zakouma (Tchad) et ses rapports avec les grands mamifères. *Terre et Vie,* 116: 373-485.

GOODMAN, G. T., R. W. EDWARDS e J. M. LAMBERT (editores). 1965. *Ecology and the industrial society.* Oxford (Blackwell). (Brit. Ecol. Soc. Symp. 5).

GRAHAM, E. H. 1944. *Natural Principles of Land Use.* New York (Oxford Univ. Press).

GRAHAM, M. 1949. *The Fish Gate.* Londres (Faber and Faber).

GREENWAY, J. C. Jr. 1958. *Extinct and vanishing Birds of the World.* Am. Com. for Int. Wild Life Prot. (Nova York) S.P. n.º 13.

GRISON, P. e J. LHOSTE. 1960. *Aspects écologiques des traitements effectués sur des parasites autochtones ou importés.* U.I.C.N. Relatório, 8.ª Reunião Técnica, Varsóvia-Cracóvia, 1960, R.T. 8/11/10, 6 p.

GROS, A. 1960. La convention sur la pêche et la conservation des ressources biologiques de la haute mer. *Recueil Cours Acad. Droit Int.* (1959), 97: 1-89.

GRZIMEK, M. e B. GRZIMEK, 1960. Census of plains animals in the Serengeti National Park, Tanganyika. *F. Wildlife Manag.* 24: 27-37.

GUERRIN, A. 1957. *Humanité et subsistances.* Neuchâtel (Ed. Griffon).

GUILLOTEAU, J. 1949. La dégradation des sols dans les territoires d'outre-mer. Enquête en Afrique occidentale française et au Cameroun. *Bull. agr. Congo Belge,* 40: 1193-1242 (Conf. Afr. Sols, Goma 1948; Comm. n.º 74).

— 1950. La dégradation des sols tropicaux. *C.R. XXVe session, Inst. Int. Sci. politiques et sociales appl. pays civilisations differentes* (1949): 83-135.

— 1958. Le problème des feux de brousse et des brûlis dans la mise en valeur et la conservation des sols en Afrique au sud du Sahara. *Terre et Vie*: 161-185.

HADEN-GUEST, S., J. K. WRIGHT e E. M. TECLAFF (editores). 1956. *A world geography of forest resources.* New York (Ronald Press).

HARDY, A. 1959. *The open sea: its natural history.* Part II. *Fish and Fisheries.* Londres (Collins).

HARPER, F. 1945. *Extint and vanishing mammals of the world.* Am. Com. Int. Wild Life Prot. (New York) S.P., n.º 12.

HARRISSON, T. 1962. Present and future of the Green Turtle. *Oryx,* 6: 265-269.

HARROY, J. P. 1944. *Afrique, terre qui meurt.* Bruxelas (Hayez et Office int. de Librairie).

HARTHOORN, A. M. 1962. Translocation as a means of preserving wild animals. *Oryx,* 6: 215-227.

HAW, R. C. 1959. *The Conservation of Natural Resources.* Londres (Faber and Faber).

HAWKES, A. L. 1961. A review of the nature and extent of damage caused by oil pollution at sea. *Trans. 26th N. Amer. Wildlife and Nat. Res. Conf.:* 343-355.

HEICHELHEIM, F. M. 1956. Effects of classical Antiquity on the land. *In: Man's role in changing the face of the earth.* Chicago (Univ. Chicago Press): 165-182.

HEIM, R. 1952. *Destruction et protection de la nature.* Paris (Colin).

— 1961. *Equilibres de la nature et déséquilibre du monde.* Bordeaux (Imp. Bière).

HENDRICKSON, J. R. 1961. Conservation investigations on Malayan Turtles. *Malayan Nat. Journ.* Special issue: 214-223.

HICKLING, C. F. 1946. *The recovery of a deep sea fishery.* Min. Agr. Fish. Fish. Invest. Ser. II. 17 n.º 1 (Londres), 59 p.

HOESTLANDT, H. 1959. Répartition actuelle du Crabe chinois *Eriocheir sinensis* H. Milne Edwards en France. *Bull. Fr. Pisciculture,* 32 (194): 5-14.

HOLDGATE, M. W. e N. M. WACE 1961. The influence of man on the floras and faunas of Southern Islands. *Polar Rec.,* 10: 475-493.

HOWARD, W. E. 1964 *a.* Modification of New Zealand's flora by introduced Mammals. *Proc. N.Z. Ecol. Soc.,* n.º 11: 59-62.

— 1964 *b.* Introduced browsing Mammals and habitat stability in New Zealand. *F. Wildlife Management,* 28: 421-429.

HUMBERT, H. 1927. La destruction d'une flore insulaire par le feu. Principaux aspects de la végétation à Madagascar. *Mém. Acad. Malgache*, 5.

— 1949. La dégradation des sols à Madagascar. *Bull. Agr. Congo belge*, 40: 1141-1162 (C.R. Conf. Agr. Sols, Goma 1948, Comm. n.º 73).

HUNT, E. G. e A. I. BISCHOFF. 1960. Inimical effects on wildlife of periodic DDD apllications to Clear Lake. *California Fish and Game*, 46: 91-106.

HUNTINGTON, E. 1915. *Civilization and Climate* (New Haven).

HUNTSMAN, A. G. 1948. Fishing and assessing populations. *Bull. Bingham Ocean. Coll.* 9 (4): 5-31.

HUXLEY, J. 1961. *La protection de la grande faune et des habitats naturels en Afrique centrale et orientale.* Paris (Unesco).

HYAMS, E. 1952. *Soil and civilization.* Londres, Nova York.

ISE, J. 1961. *Our national parks Policy. A Critical History.* Baltimore (John Hopkins Press).

JACKS, G. V. e R. O. WHYTE. 1939. *The rape of the earth. A world survey of Soil erosion.*

JACKSON, H. H. T. 1943. Conserving endangered wildlife species. *Trans. Wisconsin Acad. Sci. Arts Letters*, 35: 61-89.

JANZEN, D. H. 1960. *Problems with fish and pesticides in the United States.* U.I.C.N., Rapport, 8.ª Reunião Técnica, Varsóvia-Cracóvia 1960, R.T. 8/II/IV, 6 p.

JEANNIN, A. 1947. *L'Eléphant d'Afrique.* Paris (Payot).

JEFFREYS, M. D. W. 1951. Feux de brousse. *Bull. I.F.A.N.*, 13: 682-710.

JOUANIN, C. 1959. Les Emeus de l'expédition Baudin. *Oiseau R.F.O.*, 29: 169-203.

JULIEN, M. H. 1965. *L'Homme et la Nature.* Paris (Hachette).

JUNGIUS, H. 1971. The Vicuna in Bolivia: The status of an Endangered species, and Recommendations for its Conservation. *Zeitschr. f. Saugetierkunde.* 36: 129-146.

KENYON, K. W., V. B. SCHEFFER e D. G. CHAPMAN. 1954. *A population study of the Alaska fur-seal herd.* U.S. Dept Interior. Fish and Wildlife Service. Sp. Sci. Rep., Wildlife n.º 12, 77 p.

KIMPE, P. DE, 1957. Le contrôle de la Jacinthe d'eau. *Bull. Agric. Congo belge*, 48:105-151.

KLEIN, L. 1962. *River pollution.* I. *Chemical analysis.* II. *Causes and effects*, Londres (Butterworths).

KLEMM, C. de. 1969. Conservation et aménagement du milieu. *IUCN Publ.* N.S. Sup. Pap. 19.

KNIPLING, E. F. 1960. The eradication of the Screw-worm fly. *Scient. Amer.*, 203 (4): 54-61.

KRATZER, A. 1937. Das Stadtklima. *Die Wissenschaft*, vol. 40.

KUENEN, D. J. 1960. *The ecological effects of chemical and biological control of indesirable plants and insects. General introduction.* U.I.C.N., Relatório, 8.ª Reunião Técnica, Varsóvia-Cracóvia, 1960, R.T. 8/II/R.G., 6 p.

KUHNHOLTZ-LORDAT, G. 1938. *La terre incendiée*, Montpellier (Lab. Botanique, Ecole nationale d'agriculture).

— 1958. *L'écran vert.* Mém. Mus. nat. Hist. Nat. N.S. B 9. Paris.

LANDSBERG, H. E. 1956. The climate of Towns. *In: Man's role in changing the face of the earth.* Chicago (Univ. Chicago Press): 584-606.

LAVROV, N. P. 1960. *Acclimatization of Muskrats in the USSR.* Translations of Russian Game Rep., vol. 7.

LAWS, R. M. 1960. Problems of Whale Conservation. *Trans. 28th North Amer. Wildlife Conf.*: 304-319.

LE CREN, E. D. e HOLDGATE (editores). 1962. *The Exploitation of natural animal populations. A. Symposium.* Oxford (Blackwell).

LEOPOLD, A. S. 1947. Status of Mexican Big-game herds. *Trans. 12th North Amer. Wildlife Conf.*: 437-448.

LEOPOLD, A. S., T. RINEY, R. MCCAIN e L. TEVIS. 1951. *The Fawbone Deer Herd.* State of Calif. Dept. Nat. Res. Fish and Game. Game Bull. n.º 4.

LEROY, J. F. 1971. Réflexions sur l'évolution naturelle et l'évolution artificielle des ressources génétiques végétales; le cas des *Coffea. Bull. Fard. Bot. Nat. Bruxelles*, 41: 53-67.

LETACONNOUX, R. 1951. Considérations sur l'exploitation du stock de Merlu depuis 1937. Rev. Trav. Off. Sci. Tech. *Pêches Marit.*, 16: 72-89.

LEVI, H. W. 1952. Evaluation of Wildlife Importations. *Scient. Monthly,* 74: 315-322.

L'HARDY, J. P. 1962. Le rôle du mazout dans la destruction des oiseaux marins sur le littoral du Finistère. *Penn ar Bed,* n.º 29: 187-191.

LOCKIE, J. D. e D. A. RATCLIFFER. 1964. Insecticides and Scottish Golden Eagles. *Brit. Birds,* 57:89-102.

LONGHURST, W. M., A. S. LEOPOLD e R. F. DASMANN, 1952. *A survey of California Deer Herds.* State of Calif. Fish and Game. Game Bull. n.º 6.

MALIN, J. C. 1956. The grassland of North America: its occupance and the challenge of continuous reappraisals. *In: Man's role in changing the face of the earth.* Chicago (Univ. Chicago Press): 350-366.

MALLET, L. 1961. Recherche des hydrocarbures polybenzéniques du type benzo-3.4 pyrène dans la faune des milieux marins (Manche, Atlantique et Méditerranée). *C.R. Acad. Sci.* 253: 168-170.

MANGENOT, G. 1964. *Impact de l'homme sur le milieu tropical.* Espèces introduites. U.I.C.N. 9.ª Reunião Técnica. Nairobi. I.U.C.N. Publ. N.S. n.º 4: 253-260.

MARSH, G. P. 1864. *Man and Nature.* Londres (Sampson Low, Son and Marston).

— 1874. *The Earth as modified by Human Action.* New York (Scribner, Armstrong & Co).

MARTY, J. P. 1955. Les Antilopes d'Afrique sont-elles menacées par l'industrie des peaux? *Mammalia,* 19: 344-346.

MATHEWS, D. O. 1962. *Some economic aspects of National Parks and Reserves in relation to tourism.* U.I.C.N. Rapports 1st World Conf. Nat. Parks (Seattle 1962).

MEAD, A. R. 1961. *The Giant African Snail: a problem of economic malacology.* Chicago (Univ. of Chicago Press).

MEGGITT, M. J. 1963. *Aboriginal food-gatherers of tropical Australia.* U.I.C.N. Relatório, 9.ª Reunião Técnica, Nairobi, R.T. 9/I/4, 9 p.

MELLANBY, K. 1967. *Pesticides and Pollution.* Londres (Collins).

MESSERI, A. 1959. Notes sur l'*Abies nebrodensis* (Lojac) Mattei. U.I.C.N. 7.ª Reunião Técnica, Atenas 1958, vol. 5: 130-134.

METCALF, C. L. et W. P. FLINT. 1951. *Destructive and useful insects: their habits and control.* New York (Mc Graw Hill).

MILLER, R. R. 1961. Man and the changing fish fauna of the American Southwest. *Pap. Michigan Acad. Sci. Arts Lett.* 46: 365-404.

— 1963. Is our native underwater life worth saving? *Nat. Parks Mag.* 37, n.º 188: 4-9.

MITCHEL. B. L. e J. M. C. UYS. 1961. The problem of the Lechwe *Kobus leche* on the Kafue Flats. *Oryx,* 6: 171-183.

MONOD, TH. 1956. La protection de la faune marine. *Le grand livre de la mer et des poissons.* Mônaco (Union eur. Editions): 319-327.

— 1959. *Parts respectives de l'homme et des phénomènes naturels dans la dégradation du paysage et le déclin des civilisations à travers le monde méditerranéen* lato sensu, *avec les déserts ou semi-déserts adjacents, au cours des derniers millénaires.* U.I.C.N. 7.ª Reunião Técnica, Atenas 1958, vol. I: 31-69.

MOORE, N. W. (editor). 1966. *Pesticides in the environment and their effects on wildlife.* Oxford (Blackwell). Suppl. *F. Applied Ecol.* 3.

MORANDINI, R. 1969. Abies nebrodensis (Lojac) Mattei. Inventario 1968. *Pub. Ist. Sper. Selvicoltura Arezzo,* n.º 18.

MUMFORD, L. 1967. *The Myth of the Machine Technics and Human Development.* Londres (Secker and Warburg).

MURPHY, R. C. 1951. The impact of man upon Nature in Zew Zealand. *Proc. Amer. Philos. Soc.* 95: 569-582.

MYERS, J. G. 1934. The arthropod fauna of a rice-ship, trading from Burma to the West Indies. *F. Anim. Ecol.* 3: 146-149.

NARR, K. J. 1956. Early Food-producing populations. *In: Man's Role in changing the face of the world.* Chicago (Univ. Chicago Press): 134-151.

NATIONS UNIES. *Travaux de la Conference scientifique des Nations Unies pour la conservation et l'utilisation des ressources naturelles.* 17 *août-6 septembre* 1949. Lake Success, N.Y. New York (Nações Unidas, depto assuntos econômicos). 8 vol.

Nature, ressources naturelles et société. Bruxelles (Inst. de Sociologia, Univ. livre de Bruxelas), 1965.

NICHOLSON, E. M. 1952. *General introduction. Le paysage rural considéré comme milieu naturel de la flore et de la faune dans les pays densément peuplés.* U.I.C.N., 2.ª Reunião Técnica La Haye (1951): 54-57.

NIETHAMMER, G. 1963. *Die Einburgerüng von Säugetieren und Vögeln in Europa.* Hambourg et Berlin (Parey).

OLSON, T. A. e F. F. BURGESS (editores). 1967. *Pollution and marine ecology.* Nova York e Londres (Interciência).

PARSONS, J. J. 1962. *The Green Turtle and Man.* Gainesville (Univ. Florida Press).

PATTERSON, N. A. 1956. *Changes caused by spray of chemicals in the fauna of apple orchards in Nova Scotia* U.I.C.N., Relatório, 5.ª Reunião Técnica, Copenhague 1955: 123-126.

PAULIAN, P. 1957. La pêche autour des îles Saint-Paul et Amsterdam et son avenir. *Terre et Vie*: 267-282.

PEAKALL, D. B. 1970. Pesticides and the reproduction of Birds. *Scienfific Amer.* 222 (4): 72-78.

PETITJEAN, M. 1966. Le contrôle biologique des mollusques nuisibles. *Année biol.,* 5: 271-295.

PETRIDES, G. A. 1956. Big game densities and range carrying capacities in East Africa. *Trans.* 21*st North Amer. Wildlife Conf.*: 525-537.

— 1961. The management of wild hoofed animals in the United States in relation to land use. *Terre et Vie*: 181-202.

PETRIDES, G. A. e W. G. SWANK. 1958. Management of the Big game resource in Uganda, East Africa. *Trans.* 23*rd North Amer. Wildlife Conf.*: 461-477.

PHILLIPS, J. 1959. *Agriculture and ecology in Africa.* Londres (Faber and Faber)

PICKETT, A. D. 1960. *The ecological effects of chemical control practices on Arthropod populations in apple orchards in Nova Scotia, Canada.* U.I.C.N., Relatórios 8.ª Reunião Técnica, Varsóvia-Cracóvia, 1960: R.T. 8/II/6, 5 p.

PIEL, G. (editor). 1964. Population Growth in Man and its Consequences. *Proc. XVI Int. Congr. Zool.,* vol. 9.

RAMADE, F. 1970. Influence des traitements pesticides sur l'avifaune. *Science, Progrès, Découverte* 3427: 24-35.

RANSON, G. 1962. *Missions dans le Pacifique.* Paris (Lechevalier) (ver também *Préliminaires à un rapport sur l'huître perlière dans les E.F.O.,* Paris, não publicado).

RANWELL, D. S. 1962. *Conservation and management of estuarine marsh in relation to Spartina marsh in the British Isles.* U.I.C.N., Relatório, Projeto MAR.

RASMUSSEN, D. I. 1941. Biotic communities of the Kaibab Plateau. *Ecol. Monographs,* 11: 229-275.

RIDLEY, H. N. 1930. *The dispersal of Plants throughout the world.* Ashford, Kent (L. Reeve & Co).

RINEY, T. 1963. *Utilization of wildlife in the Transvaal.* U.I.C.N. Conservation of Nature and Nat. Res. in Modern African States. Publ. N.S. n.º 1, 303-305.

ROBYNS, W. 1955. Le genre *Eichhornia,* spécialement *E. crassipes* (Jacinthe d'eau) au Congo belge. *Bull. Séances Acad. Roy. Sci. colon.* N.S. 1: 1116-1137.

ROSE, J. (Ed.). 1969. *Technological Injury. The effect of Technological Advances on Environment, Life and Society.* Londres, Nova York, Paris (Gordon and Breach Science Publ.).

RUDD, R. L. 1960. *The ecological consequences of chemicals in pest control, particularly as regards their effects on mammals.* U.I.C.N., Relatório 8.ª Reunião Técnica Varsóvia-Cracóvia 1960, R.T. 8/II/11, 8 p.

RUDD, R. L. e R. E. GENELLY. 1956. *Pesticides: their use and toxicity in relation to wildlife.* State of Calif. Fish and Game, Game Bull. n.º 7, 209 p.

RUSSELL, R. S. 1959. *The biological consequences of the pollution of the environment with fission products.* U.I.C.N., 7.ª Reunião Técnica, Atenas 1958, vol. 1: 236-254.

SCHORGER, A. W. 1943. The Prairie Chicken and Sharp-tailed Grouse in early Wisconsin. *Trans. Wisconsin Acad. Sci. Arts. Lett.* 35: 1-59.

SCHUSTER, W. H. 1952. Provisional survey of the introduction and transplantation of fish throughout the Indo Pacific region. *Proc. Indo-Pacif. Fish. Coun.* 3 (2), 3: 187-196.

SEARS, P. B. 1967. *Deserts on the March.* Norman (Univ. Oklahoma Press). 3.ª éd.

SHANTZ, H. C. 1948. An estimate of the shrinkage of Africa's tropical forests. *Unasylva,* 2: 66-67.

SHORTEN, M. 1954. *Squirrels.* Londres (Collins).

SILLANS, R. 1958. *Les savanes de l'Afrique centrale.* Paris (Lechevalier).

SIMON, N. 1962. *Between the Sunlight and the Thunder. The wild life of Kenya.* Londres (Collins).

— 1963. *The Galana River Game management scheme.* U.I.C.N. Cons. Nature Nat. Res. in modern Afr. States. Publ. NS n.º 1: 325-328.

SOPER, F. L. e D. B. WILSON. 1943. *Anopheles gambiae in Brazil,* 1930 to 1940. New York (Rockfeller Foundation).

STEWART, O. C. 1956. Fire as the first great force employed by Man. *In: Man's Role in changing the face of the earth.* Chicago (Univ. Chicago Press): 115-133.

TALBOT, L. M. 1959-60. A look at threatened species. *Oryx,* 5: 153-293.

TENDRON, G. 1958. Les pollutions chimiques des mers, des estuaires et des côtes. *C. R. Acad. Agr. France.* 44: 582-588.

— 1962. La pollution des mers par les hydrocarbures et la contamination de la flore et de la faune marines. *Penn ar Bed,* 29: 173-182.

TERNISIEN, J. A. 1968 a. *Les pollutions et leurs effets.* Paris (PUF).

— 1968 b. *La lutte contre les pollutions.* Paris (PUF).

THOMAS, W. L. (editor). 1956. *Man's role in changing the face of the Earth.* Chicago (Univ. Chicago Press). Algumas partes desta obra fundamental para o estudo do impacto do homem estão assinaladas sob o nome dos seus autores.

THOMPSON, W. F. 1950. *The effect of Fishing on Stocks of Halibut in the Pacific.* Publ. Fish. Res. Inst. Univ. Washington. Seattle 1.

— 1952. Condition of Stocks of Halibut in the Pacific. Cons. Perm. Int. Expl. Mer. *Journ. du Conseil,* 18: 141-166.

THOMPSON, W. F. e N. L. FREEMAN. 1930. History of the Pacific Halibut fishery. *Rep. Intern. Fish. Comm.,* n.º 5: 3-61.

THOMSON, G. M. 1922. *The naturalization of Animals and Plants in New Zealand.* Cambridge (Cambridge Univ. Press).

TRICART, J. 1962. *L'épiderme de la terre.* Paris (Masson).

TURNBULL, C. M. 1963. *Forest hunters and gatherers: the Mbuti pygmies.* U.I.C.N., Rapport 9.ª Reunião Técnica, Nairobi, R.T. 9/15, 7 p. (ver também do mesmo autor): *The Forest People,* New York 1961).

U.I.C.N. Première Conférence technique internationale pour la Protection de la nature: Lake Success. U.S.A. 1949 (1950). UNESCO.

U.I.C.N., Ata e relatórios da 2.ª Reunião Técnica: *Le paysage rural considéré comme milieu naturel de la flore et de la faune dans les pays densément peuples. Gestion des réserves naturelles.* Haya 1951 (1952).

— (Tercera Reunion Tecnica.) Entre outras: *Conséquences du recours au feux courants en agriculture. — Les espèces endémiques des petites îles.* Caracas 1952 (1954).

— 4.ª Reunião Técnica. *Protection de la nature et tourisme. — La protection de la faune et de la flore dans les hautes altitudes.* Salzbourg 1953 (1954).

— *Hydroélectricité et protection de la nature.* Une confrontation (Tema I da 3.ª Reunião Técnica, Caracas 1952). Vol. II. Coll. U.I.P.N. "Pro Natura", Paris 1955.

— Atas e relatórios da 5.ª Reunião Técnica: *Faune de l'Arctique. — Insecticides, herbicides et leurs répercussions.* Copenhague 1954 (1956).

— *Les conséquences biologiques dues à la présence de la Myxomatose*. Relatórios e resumos da 6.ª Reunião Técnica, Edimburgo 1956 (in *Terre et Vie*, 1956: 121-290).

— Sexta Reunião Técnica: *Aménagement et contrôle des réserves. Réhabilitation des régions biologiquement dévastées. Ecologie et aménagement du paysage*. Edimburgo 1956 (1957).

— 7.ª Reunião Técnica: Vol. I. *Erosion et civilisations* (1959). Vol. II. *Conservation du sol et de l'eau* (1960). Vol. III. *Conservation du sol et de l'eau* (não publicado). Vol. IV. *Conservation du sol et de l'eau* (1960). Vol V. *Animaux et végétation rares de la région méditerranéenne* (1959). Atenas 1958.

— 8.ª Reunião Técnica: *La protection et le contrôle des herbivores sauvages dans les zones tempérées. Contrôle biologique et chimique des plantes et animaux indésirables*. Varsóvia-Cracóvia 1960.

— 9.ª Reunião Técnica: *L'écologie de l'homme dans le milieu tropical*. Nairobi 1963 (1964). UICN Publ. N.S., n.º 4.

— *Conservation of Nature and Natural Resources in modern African States*. U.I.C.N. Publ. N.S. n.º I (Simpósio de Arusha, 1961). (1963).

— *Projet Mar*. (C.R. Conf. Mar. Stes-Maries-de-la-Mer, 1962). Vol. I et 2 (UICN Publ. N.S., n.os 3 et 5) (1964-65).

— *Première Conf. mondiale sur les Parcs nationaux*, Seattle 1962 (UICN Publ. N.S., n.º 2) (1965).

— 10.ª Reunião Técnica: *Vers un nouveau type de relations entre l'homme et la nature en région tempérié*. Partes I, II et III, Lucerna 1966 (UICN Publ. N.S., n.º 7, 8 et 9) (1967).

— 11.ª Reunião Técnica. Technical Papers. 1-6, Nova Delhi 1969 (foram publicados os Vols. 1, 2 e 4 (UICN Publ. 17, 18 e 20), 1970-71).

— *Liste des Nations Unies des Parcs nationaux et réserves analogues* (estabelecida por J.P. HARROY) (1967; 2.ª ed. 1971).

— *Proc. of a technical meeting on Wetland Conservation*, Ankara, Bursa, Istanbul 1967 (Com. Ecologia) (UICN Publ. N.S., n.º 12). (1968).

— *Conservation in Tropical South East Asia* (Proc. Conf. Bangkok, 1965) (UICN Publ. N.S., n.º 10) (1968).

— *Proc. Latin American Conf. Cons. Renewable Nat. Res.* (UICN Publ. N.S. n.º 13) (1968).

— Survival Service Commission. *Red Data Book*. I. *Mammalia* (N. Simon), 1966; 2. *Aves* (J. Vincent), 1966; 3. *Pisces* (R. R. Miller), 1968; 4. *Amphibia and Reptilia* (R. E. Honegger), 1968.

— *Conservation et aménagement du Milieu. Aspects juridiques et institutionnels internationaux*. Suppl. Pap. 19 (C. de Klemm). 1969.

— *Proc. Conf. Productivity and Conservation in Northern Circumpolar Lands*. (UICN Publ. N.S. n.º 16) (1970).

UNESCO. 1963. *Enquête sur les ressources naturelles du continent africain*. Paris (Unesco).

UVAROV, B. 1963. Influence du développement agricole sur les pullulations d'insectes *Phytoma*, janeiro 1963: 19-22.

VAN DYNE, G. M. (Ed.). 1969. *The ecosystem concept in natural resource management*. Nova York e Londres (Academic Press).

VASSEROT, J. 1962. La pollution des animaux marins comestibles par des hydrocarbures cancérigènes. *Penn ar Bed*, n.º 29: 183-186.

VAYDA, A. P. 1969. *Environment and Cultural Behavior*. New York.

VERNET, A. 1960. Plantes spontanées et plantes cultivées. *In* Colloque Etude Prairies, Soc. Bot. France. Trabalhos publicados pela revista *Fourrages*, n.º 4: 15-25.

VIBERT, R. et K. F. LAGLER, 1961. *Pêches continentales. Biologie et aménagement*. Paris (Dunod).

VIVIER, P. 1951. Poissons et Crustacés d'eau douce acclimatés en France en eaux livres depuis le début du siècle. *Terre et Vie*: 57-82.

VOGT, W. 1950. *La faim du mond*. Paris (Hachette).

VOS, A. DE, R. H. MANVILLE e R. G. VAN GELDER. 1956. Introduced mammals and their influence on native biota. *Zoologica*, 41: 163-196.

WALFORD, L. A. 1958. *Living resources of the sea opportunities for research and expansion.* New York (The Ronald Press Co).

WALLACE, G. J. 1959. Insecticides and birds. *Audubon Mag.* 61 (1): 10-12, 35.

WASAWO, D. P. S. 1963. *Some problems of Uganda swamps.* U.I.C.N. Relatório 9.ª Reunião Técnica Nairobi 1963. 9/II/14, 10 p.

WESTHOFF, V. e P. ZONDERWIJK, 1960. *The effects of herbicides on the wild flora and vegetation in the Netherlands.* U.I.C.N. Relatório 8.ª Reunião Técnica. Varsóvia-Cracóvia, 1960. R.T. 8/II/8, 6 p.

WILLIAMS, G. R. 1962. Extinction and the Land and Freshwater-inhabiting Birds of New Zealand. *Notornis,* 10: 15-32.

WING, L. 1943. Spread of the Starling and English Sparrow. *Auk*, 60: 74-87.

WODZICKI, K. A. 1950. Introduced mammals of New Zealand. An ecological and economic survey. *Dept. Sci. Ind. Res., (New Zeal.) Bull.* 98: 1-255.

— 1961. Ecology and management of introduced Ungulates in New Zealand. *Terre et Vie*: 130-157.

WOLSTENHOLME, G. (editor). 1963. *Man and his Future.* Londres (Churchill).

WORTHINGTON, E. B. 1961. *The Wild Resources of East and Central Africa.* Londres (H. M. Stationery Office) 26 p. (Colonial office, n.º 352).

ZIMMERMANN, E. C. 1948. *Insects of Hawai.* Vol. I. *Introduction.* Honolulu (Univ. Hawai Press).

ZOBELL, C. E. 1962. The occurence, effects and fate of oil polluting the sea. *Int. Conf. Water Pollution Res.* 3 (48): 1-27.

Este trabalho foi elaborado pelo processo de FOTOCOMPOSIÇÃO
Monophoto - no Departamento de Composição da Editora
Edgard Blücher Ltda. - São Paulo - Brasil